新编21世纪心理学系列教材

发展心理学

第5版·数字教材版

雷雳 著

Developmental Psychology

中国人民大学出版社
·北京·

第 5 版修订顾问委员会

陶　沙　北京师范大学心理学部教授，中国心理学会发展心理专业委员会主任

王争艳　首都师范大学心理学院院长，教授，中国心理学会发展心理专业委员会委员

张丽锦　陕西师范大学心理学院教授，中国心理学会发展心理专业委员会委员

刘俊升　华东师范大学心理与认知科学学院副院长，教授，中国心理学会发展心理专业委员会委员

孙晓军　华中师范大学心理学院院长，教授，中国心理学会发展心理专业委员会委员

内容简介

本书从身体发展、认知发展、心理社会性发展三个方面描绘了人生发展的历程，阐述了生物学因素、心理因素、社会文化因素对生命过程的交织影响。

本书较为完整地介绍了人类发展的理论观，涵盖六大类十余种视角；同时，也较为完整地描述了个人发展过程中的特点及规律，反映了关于个人发展的最新研究成果。本书的特色模块包括：开脑思考、名家肖像、模型图示、经典图片、拓展阅读、概念术语，以及两套二维码链接——前沿扫描、研究范例。在写作上，本书则是深入浅出，把那些看似深奥晦涩的内容，阐述得既浅显易懂又科学专业。

总之，本书向读者展现了一幅线条清晰的人生画卷。

作者简介

雷　雳　中国人民大学二级教授、心理学博士生导师，中国心理学会认定心理学家。兼任中国心理学会理事、中国心理学会网络心理专业委员会副主任。曾任中国心理学会发展心理专业委员会副主任。《心理发展与教育》《心理技术与应用》杂志编委，*School Psychology International*杂志副主编。多年来一直在高校从事心理学的教学及研究工作，专注于发展心理学、互联网心理学，主要研究领域是个性与社会性发展，已在国内外学术期刊发表论文300余篇，出版专著、教材110余种。

序

年轻心理学家雷雳教授的《发展心理学》一书将在中国人民大学出版社出版，该书以全面、细致、科学、新颖的内容，向广大读者展现了线条清晰的人的毕生发展画卷。

我读过不少发展心理学著作，雷雳教授的《发展心理学》具有下面五个与众不同的特点：

一是继承性与创新性的统一。雷雳教授重视继承发展心理学的一般体系、经典理论和研究，进行了充分扎实的“推陈”。但雷雳教授并不是仅满足于“推陈”，还积极地“出新”，著作中阐述了近年来声名鹊起的发展心理学新理论，引用了大量采用最新研究工具和手段得到的实验结果，并使用新的研究方法对这些研究结果进行梳理，在此基础上提出了很多新颖的观点。

二是国际化与中国化的统一。发展心理学的体系来自国外，中国发展心理学的研究与国际研究相比又存在很大差距，因此，雷雳教授在本书中吸收了大量国际公认的理论和观点，体现了心理学研究的国际化趋势；与此同时，他又非常注重中国化的研究，比如说对朱智贤教授的观点、我的观点和他自己的观点都非常重视，书中反映了中国发展心理学家几十年来丰富的研究成果，体现了发展心理学中国化的道路。

三是生理面与心理面的统一。目前，国际上越来越重视从生理与心理两个层面关注青少年的发展。联合国教科文组织曾围绕儿童青少年的发展，提出了儿童青少年发展指数，这个指数包括生理、认知和情绪三个方面。雷雳教授在这本著作中，从身体发展、认知发展、心理社会性发展角度完整地揭示了人一生的发展历程，阐述了生物学因素、心理因素、社会文化因素对个体毕生发展的交互影响，这与国际上关于青少年发展的理解一致，体现了国际前沿性。

四是正常发展和克服异常特点的统一。雷雳教授的这本著作以人的正常成长和发展为主线，但是对各个年龄阶段出现的异常问题，特别是心理健康问题，也进行了阐述，并提出了有针对性的辅导和矫治原则及措施，让读者既能了解每一个阶段正常的心理状态具有什么样的特点，也能知晓哪些行为标志着当前心理脱离了正常轨道，以及如何回到正常轨道，从而有机地把发展、预防和治疗结合在一起。

五是思想性和实用性的统一。该著作重视思想性，坚持正确的观点，特别是提出了发展心理学研究的伦理道德问题，为此还设置了一个介绍《赫尔辛基宣言》的专栏，这些都说明雷雳教授重视思想性、伦理性、规范性和严谨性。同时，他又强调著作的实用性，例如，如何帮助幼儿克服恐惧、如何减少儿童的攻击行为、新入学的时候如何适应、成年期如何应对压力、如何适应退休等内容，都体现了发展心理学的应用性。

我相信，雷雳教授《发展心理学》一书的出版将增进人们对心理发展规律的认识，推动我国发展心理学研究水平的提高。

是为序。

林崇德

2009年1月于京师园

前言

本书的第1版于2008年冬完成写作，于2009年春出版面世。当时写完这本书，我觉得自己仿佛也走过了一生一世，对过去的时光、未来的岁月都有了新的感受和认识。实际上，每次费尽心思做新版的修订时，这种感受都如影随形。所以，如果读者也能够从本书对人生历程的描绘中，对自己的过去温故而知新，对自己的未来怀有信心和憧憬，那么我觉得就更有意义了。

另外，在国家层面，习近平总书记在中国共产党第二十次全国代表大会上作的报告第九条“增进民生福祉，提高人民生活品质”中论及推进健康中国建设时，明确提出要重视心理健康和精神卫生。发展心理学对人生不同阶段心理特点的揭示，恰恰是做好心理健康和精神卫生工作的重要基础，所以，也非常期待这本书能够为健康中国建设奉献微薄之力。

一、架构逻辑

本书的架构安排主要以年龄为据，意在反映各个阶段的基本特点，不过，并不苛求面面俱到地阐述个人发展，而是定位于以适当的篇幅来反映个体“正常”发展过程的主要方面。对于各个年龄段可能出现的一些“异常”，本书则辅以“拓展阅读”专栏稍加补充。本书内容架构的安排主要基于以下几方面的考虑：

1. 对个人发展的阐述采取毕生发展的视角，整体架构上对各个发展阶段平衡兼顾，以避免重儿童青少年期而轻成年期式的虎头蛇尾。

2. 对多种发展心理学的理论观点博采众长，利用各自的优势来对相应的发展问题进行阐述，其中对新近出现的理论观点也有适当论及。

3. 对反映个人发展的身体、认知和社会性三方面，分合交织处理，其中关于身体发展的内容主要聚焦于其在心理发展上的意义。

4. 对理论观点、实证研究及知识运用的关系，注重交互融合，既描述和解释发展中的问题，也对一些人们可能很关心的实践问题予以解答。

5. 对于文化和环境背景对个体发展的影响，尽量呈现基于中国文化或环境背景的研究成果，同时也呈现其他文化中个体发展的某些特点。

二、修订思路

此次第5版合计补充了40页（Word页）更新内容。具体到每次的修订，则主要做了以下几方面的工作：

1. 补疏漏。虽然每一版都“经过字斟句酌”，可是之后在使用过程中还是遗憾地发现，百密一疏之漏未能幸免，因此每次修订都会对新发现的不算太多的文字错误、疏漏等一一进行更正补充。

2. 补缺憾。书中某些章节、段落涉及的内容本身可能并无问题，却让人有意犹未尽之感，如果对此再多加一些阐述，再补充一些文献，那么其结构可能会更加完整，其内容可能会更加明了。每次修订也会做这方面的工作。

3. 补新知。这一点正是每次修订工作的重点所在。在研究视角、研究方法、研究手段、研究领域等不断改变和扩展的背景下，发展心理学的新成果不断涌现，补充这些新成果可以为我们关心的人类发展问题的诸多方面描绘出新的图景。

4. 除旧识。与上述“补新知”相对应，“除旧迎新”的另一半工作就是剔除一些“旧知识”。当然，这并非因为这些所谓的“旧知识”属于错谬之列，而是因为随着发展心理学相关研究工作的进步，获得的新知识可以让我们对相关的问题形成更为完整科学的认识。

5. 求更好。本书总体架构在修订中保持不变，然而，在局部结构乃至文字表达等方面，则有不少可以追求“更好”的空间，所以在这方面进行了一些微调和修饰，虽然不敢奢谈完美，却也算是有所进步。

三、特色模块

读者最后看到的书中，有以下几个特色模块：

1. 开脑思考，每章基本上有两三个问题，出现在每章的开头，意在让读者开开脑洞、激发兴趣、发散思维，同时也提示该章的核心内容。

2. 名家肖像，呈现了主要心理学家的肖像照，大约有70位。对于已经离世的心理学家，我们可以纪念缅怀；对于仍然健在的心理学家，我们可以领略风采。

3. 模型图示，展示了一些理论观的概念模型图、结构模型图，便于我们更好地理解理论观的重要概念构成、逻辑传递过程、因素关系结构。

4. 经典图片，呈现了有助于说明经典研究、重要事件的图片，让我们仿佛可以穿越时空，直观感受其时其境，深切感悟研究的精妙之处。

5. 拓展阅读，描述了各个年龄段可能出现的某些“异常”发展，帮助读者对比认识个体发展过程中形形色色的个别差异。

6. 关键术语，梳理及突出显示了重点概念，意在帮助读者把握要点、留意核心支点。

7. 研究范例，扫描二维码可以链接到相关研究，意在帮助读者了解一些典型研究的研究过程和研究设计。

8. 前沿扫描，扫描二维码可以链接到与互联网心理学交叉的领域最新而有趣的研究进展报道，意在帮助读者了解最新热点问题的研究解析及应对策略。

四、真诚致谢

本书能够顺利完成且不断修订，需要感谢很多人。

首先感谢我的导师林崇德教授，是林老师的不拘一格和循循善诱使我在当时能够写一点关于初中生发展的东西，各方面也得到锻炼，并因此受益至今。也感谢俞国良教授，因为他的热情鼓励和鼎力支持，我才开始认真构思和勉力完成这本《发展心理学》。

感谢其他所有在我成长过程中给予我谆谆教诲的老师们，以及所有帮助和启发过我的同行与朋友们；感谢所有我教过的学生及我的家人，与你们共同成长使我对发展心理学有了更深入的理解。特别感谢为发展心理学研究做出贡献的诸多专家学者，是他们的辛勤耕耘让我们对个人的发展有了更加科学、全面的认识，本书也是他们的智慧结晶。同时，非常感谢中国心理学会发展心理专业委员会主任陶沙教授及委员王争艳教授、张丽锦教授、刘俊升教授、孙晓军教授为此次修订工作提供的热情支持和专业建议。最后感谢中国人民大学出版社编辑张宏学女士为本书的出版所付出的一切。

总之，希望这一图文并茂的修订版可以让读者读得开心、用着顺手。同时，书中如有错谬或不当之处，也请各位专家和读者批评指正。

雷 雳

2024年初春

目录

第一章 绪 论

第二章 发展心理学理论观

第九章 中年期的发展

第十章 老年期的发展

前沿扫描

研究范例

第一章
绪 论

开脑思考

1. 一个人毕生的发展大体上可以分为若干不同的发展阶段，比如婴儿期、幼儿期、学龄儿童期、青少年期、青年期、中年期和老年期；同时，人的毕生发展又体现为身体、认知及心理社会性发展三个方面。那么，在人生的不同阶段，这三个方面的发展有没有轻重之分呢？比如，在青年期，你认为哪一方面的发展更为重要？

2. 心理学的研究通过搞清楚人们心理与行为的特点和规律，最终将会服务于人们的成长和幸福。如果你有机会被邀请参加心理学的研究，那么你希望对整个研究过程中的哪些方面有所了解？你会有什么担心和顾虑？

教学目标

通过本章的教学，应该实现两个目标。其一，清楚发展心理学的研究对象，把握发展心理学从关于儿童的哲学观点，衍生出对儿童进行的系统研究，进而扩展到青少年期，直至探索老年期的演变过程。同时，对个体发展的总体特征、阶段特征、影响因素形成概括性的认识。其二，对发展心理学研究方法的基本框架有所认识，能够区分这些方法与一般研究方法的差异，并认识到研究中应该注意的伦理道德。

学习重点

把握儿童观的演变历程以及发展心理学得以形成的过程；理解个体发展包含的三个方面以及各个发展阶段的大致特点；领会影响个体发展的因素；领会发展心理学研究方法的特点。

在过去很长一段时间内，人们对待儿童的方式并不是像今天这样，而是把他们看成“小大人”。近代一些新颖的儿童观的提出，激发了人们对儿童的系统研究，随后儿童心理学得以诞生，继而研究对象范围扩展至青少年期、成年期，终于形成了研究人一生发展的“发展心理学”。人的发展可以反映在身体发展、认知发展、心理社会性发展三个主要的方面，并且个人一生的发展，从胎儿期以后，大体上可以分为婴儿期、幼儿期、学龄儿童期、青少年期、青年期、中年期和老年期等阶段。发展的过程会受到生物学的、心理学的、社会文化的因素的交织影响。

发展心理学对人一生的发展进行探索，所使用的研究方法基于一般的科学方法，同时也结合“发展”的特点，形成了自己的一些独特方法，包括纵向研究、横断研究、序列研究、微观发生研究等。当然，研究过程中的伦理道德是研究者必须注意的。

第一节　发展心理学概述

人类个体从受精的一刻起，就开始了发展的过程，直到死亡。**发展心理学**就是要对这些过程进行科学研究，研究人一生发展变化的方式，研究其中较为稳定的特征。

一、发展心理学研究起源

发展心理学　对人类个体从受精的一刻起成长变化直到死亡的整个过程中，心理发展的特点和规律进行研究的学科。

现代社会对儿童的看法可以说是以儿童为中心的。孩子的出生受到祝福，人们花费大量的金钱照料自己的幼子，让他们受教育，在他们长大成人之前不会让他们承担成年期的全部责任。然而，过去的人们并不把儿童和青少年时期看成一个非常特殊和敏感的时期，在这种观念改变之后，对儿童和个体发展过程的研究才算是真正开始了。

（一）旧时代的儿童观

在人类历史的早期，儿童几乎没有任何的权利，长者们并不会认为他们的生命有什么价值。比如，考古研究发现，古代的迦太基人就常常把儿童作为宗教祭祀品杀死，并把他们嵌在建筑物的墙内以“加固”这些结构（Bjorklund & Bjorklund，1992）。直到公元4世纪，罗马人的父母在法律上仍有权杀死他们的畸形儿、私生子，或者其他他们不想要的孩子。这种主动杀死婴儿的行为被列为非法之后，长者们常常把那些不想要的孩子遗弃在荒郊野外，任其死去，或者在孩子长到儿童中期时把他们卖作仆人或性奴（De Mause，1974）。按今天的标准看，甚至那些留下来的孩子也常常被粗暴地对待。比如，斯巴达城邦的男孩要接受严格的训练，完成严酷的任务以服务于军事。在婴儿时期，他们就得洗冷水澡以变得“坚韧不拔”。7岁时，斯巴达男孩就被带离家庭，住到公共军营里，在那里他们常常被殴打，食不果腹，被灌输他们必须成为出色战士的思想。

虽然并不是所有的早期社会的人都像迦太基人、罗马人和斯巴达人一样粗暴地对待他们的孩子，但是在公元后的几个世纪内，儿童都被看成没有任何权利的家庭财产（Hart，1991），父母可以随心所欲地剥削孩子。事实上，直到公元12世纪，基督教欧洲的世俗法律才把杀婴等同于谋杀。

从中世纪的文献和油画中可以看到，在 1600 年以前，欧洲几乎没有儿童期的概念。中世纪的儿童不会得到像今天的孩子这样的娇宠溺爱。他们穿戴的是微缩版的成人服饰，从艺术品中可以看到他们和成人一起在商店或者农田中劳动工作，或者和成人一起在晚会上饮酒作乐。中世纪的法律除了对非常年幼的儿童免罪以外，对待儿童期和成年期的违法犯罪的惩罚则一般没有区别。

但是，中世纪的儿童可能并非真的被看成微缩版的成年人。研究表明，那时的儿童期被认为是人生的一个特殊阶段，儿童也被认为有着不同于成人的需要。中世纪儿童的经验显然不同于今天的儿童，他们每天从事的经济活动与今天成人的工作非常接近。然而，如果认为中世纪社会绝对没有儿童期概念、儿童只是被看成微缩版的成年人，肯定是有失偏颇的（Cunningham，1996）。

从中国的情况看，正如我们所熟知的，科学心理学自 1879 年诞生于西方不久，就被引入中国。不过，在此之前，中国的心理学甚至是儿童心理学思想却早已有之，这些思想虽然是朴素的，有些甚至是带有猜测性的，但是反映了中国古代对人的心理的看法及其演变（朱智贤，林崇德，1988）。

孔子

比如，孔子曾指出："少之时，血气未定，戒之在色；及其壮也，血气方刚，戒之在斗；及其老也，血气既衰，戒之在得。"孔子提出了少、壮、老三个年龄阶段不同的特点。

王守仁

明代重要的教育家和哲学家王守仁（王阳明）针对儿童教育的问题，指出："大抵童子之情，乐嬉游而惮拘检，如草木之始萌芽，舒畅之则条达，摧挠之则衰痿。今教童子，必使其趋向鼓舞，中心喜悦，则其进自不能已。譬之时雨春风，沾被卉木，莫不萌动发越，自然日长月化；若冰霜剥落，则生意萧索，日就枯槁矣。"在今天看来，这些观点都颇有可取之处。

（二）现代的儿童观

1. 哲学思想林立

在 17—18 世纪，人们对待儿童及养育儿童的态度开始发生变化。那时的宗教领袖强调，儿童的灵魂是无辜的、无助的，应该保护他们免受成年人野蛮、粗鲁的行为的伤害。达到这一目的的方法之一就是送他们去学校。尽管学校教育的初始目的是提供恰当的道德和宗教教育，但是，这时人们认为教授阅读和写作这样的重要技能可以把这些无辜者转化为仆人和工人，使他们能够为社会提供良好的劳动力。尽管儿童仍然被看成家庭财产，但是这时人们并不鼓励父母虐待他们自己的儿女，而是鼓励他们对孩子更加温和慈爱。

这一时期对待儿童的态度之所以会发生如此巨大的变化，可能是由于颇具社会影响的哲学家们提出了看待儿童及其养育问题的新思想。对人性的关切使这些哲学家非常认真地思考着这样的问题：儿童生来是好的还是坏的？儿童是受到内在动机和本能的驱使，还是环境的产物？儿童是参与了塑造自己的性格，还是其性格被动地由父母、老师及其他社会化代理塑造？

托马斯·霍布斯

让-雅克·卢梭

围绕这些哲学问题的争论产生了迥然不同的儿童观及养育观。比如，托马斯·霍布斯（Thomas Hobbes，1651/1904）的原罪说（original sin）就认为，儿童生来就是自私自利的，社会必须对他们加以限制；而让-雅克·卢梭（Jean-Jacques Rousseau，1762/1955）的先天纯洁说（innate purity）主张，儿童生来就具有直觉的、关于社会的对错感。这两种观点在儿童养育上的分歧是显而易见的。原罪说的支持者认为，父母必须严格控制子女的自私心理；而先天纯洁说的追随者认为，儿童是“高尚的原始人”，应该给他们更多的自由以释放其内在的积极倾向。类似的情形是，在公元前4—前3世纪，中国古代的孟子就提出了性善论，认为人性向善，就像水往低处流一样，人性没有不善良的，水没有不向下流的；恻隐之心，人皆有之。荀子则提出了性恶论，认为人性有“性”和“伪”两部分，性（本性）是恶的动物本能，伪（人为）是善的礼乐教化，否认天赋的道德观念。

约翰·洛克

另一个有影响的关于儿童及其养育的观点是由约翰·洛克（John Locke，1690/1913）提出的，他相信婴儿的心理是一块“白板”（tabula rasa；blank slate），儿童没有什么先天的倾向。换言之，儿童生来既不好也不坏，并且他们会变成什么样完全有赖于他们的社会经验。洛克和霍布斯一样，认为在儿童养育中对其进行管教，可以保证儿童形成好习惯而不是坏习惯。

这些哲学家在儿童参与自身发展的问题上也存在分歧。霍布斯坚持认为儿童必须学会调整自己自私的兴趣，使它转到社会可以接受的轨道上来；也就是说，他们是被动接受更有力的社会成分——父母的塑造的。洛克也相信儿童的角色是被动的，因为婴儿的心理是一块白板，任何经验教训都可以涂写在上面。但是，卢梭提出了绝对不同的观点，他相信儿童积极地参与了自己智力及人格的塑造。用卢梭的话说，儿童不是“教师指导的被动接受者”，而是“忙忙碌碌的、不断尝试的、积极主动的探索者。积极探索的儿童会提出自己的问题，站在与接受者显然不同的立场上……而后者是打上了社会烙印的”（引自Kessen Ed，1965）。

2. 系统研究开始

显然，上述这些哲学家都有一些关于儿童及其养育的有意思的看法。但是，没有谁能够证明自己的观点是正确无误的，这些哲学家没有收集任何客观数据来支持自己的宣言，并且他们自己所做的一些观察也是有限的、不系统的。

到19世纪后期，对儿童的系统研究开始出现。这一时期，来自各种学术背景的调查者开始观察他们自己的孩子，并发表这些观察资料，这就是大家熟知的“婴儿传记”。

查尔斯·达尔文

查尔斯·达尔文（Charles Darwin）可能是最有影响的婴儿传记作者，他对自己儿子早期的发展每天都做了记录（Darwin，1877）。达尔文对儿童发展的好奇心源自他提出的进化论。他相信年幼稚嫩的、未经训练的婴儿与他们非人类的祖先有着很多如出一辙的特征，他提出儿童个人的发展复演了整个种系的进化历史，即“人的演化”。所以，达尔文和其同时代的许多人都认为婴儿传记是回答我们自己进化历史问题的一种方法。

婴儿传记中留下了大量的科学著作。不同的婴儿传记作者对自己孩子的行为所强调的方面千差万别，所以，不同的婴儿传记之间难以进行比较。而且，父母可能难以对自己的孩子保持完全客观的态度，像达尔文这样的婴儿传记作者也可能在他们的观察中加入自己对发展本质的偏好性假设，所以，他们只能发现他们想要找的东西。此外，每一部婴儿传记都是基于对单个儿童的观察，而且往往这个孩子是一个表现突出的孩子。所以，基于单个样本的结论可能对其他儿童来说并不是那么回事。

威廉·普莱尔

婴儿有传记，达尔文开启。

值得一提的是，德国的威廉·普莱尔（Wilhelm Preyer）除了对自己的孩子进行系统观察，还做了一些实验性的观察，最后他把这些观察记录整理成书——《儿童心理》（*The Mind of a Child*，1882），该书被认为是第一部科学系统的儿童心理学著作，奠定了儿童心理学的基石。普莱尔也被视为儿童心理学的创始人。

尽管婴儿传记存在这样或那样的缺陷，但其仍然是迈向正确方向的一步。像达尔文这样的杰出科学家都在写关于儿童发展的东西，就意味着人类发展是一个值得认真审视的主题。

（三）发展心理学的起源

斯坦利·霍尔

在发展心理学中，有多位颇具影响的先驱人物奠定了这一学科的基础，其中斯坦利·霍尔（Stanley Hall）就是最有影响的一位。

在19世纪末，霍尔为避免婴儿传记法的缺陷，开始针对较大的样本收集更为客观的数据。他对儿童的思维尤其感兴趣，开发了时至今日大家都熟悉的研究工具——问卷，以此探索“儿童心理的内容”。通过询问各种各样的问题，霍尔发现儿童对世界的理解在儿童期有快速的变化，幼儿的思维根本是不符合逻辑的。霍尔后来写了一本很有影响的书——《青少年期：它的心理学及其与生理学、人类学、社会学、性、犯罪、宗教和教育的关系》（*Adolescence: Its Psychology and Its Relations to Physiology, Anthropology, Sociology, Sex, Crime, Religion, and Education*，1904），该书第一次呼吁人们把青少年期看成人类生命全程的一个独立阶段。霍尔对发展中的青少年做了第一次大规模的科学调查，从而奠定了其作为发展心理学创始人的地位。

大概在霍尔使用问卷研究儿童心理的同一时期，欧洲一位年轻的神经科医生正在试图用不同的方法探索和揭示心理的秘密。这位神经科医生使用的方法获得了非常丰富的成果，在此基础上他提出了一种革命性的理论，颠覆了人们对儿童及儿童期的认识。他就是西格蒙德·弗洛伊德（Sigmund Freud），他提出的理论就是众所周知的精神分析理论。

在科学领域，新的理论通常是对旧的理论的修正。但是在弗洛伊德的时代，关于人类发展的理论寥寥无几，修正也就无从谈起。弗洛伊德作为一位真正的先驱者，在治疗各种各样的情绪困扰时，得到了数以千计的观察记录，从而提出了他的精神分析理论。

弗洛伊德极具创新性的、背离传统的理论建构很快吸引了很多注意。不久以后，弗洛伊德最早的理论刊物《国际精神分析杂志》（*International Journal of Psychoanalysis*）出版，其他很多研究者也开始报告他们对弗洛伊德理论的检验结果。到20世纪30年代中期，弗洛伊德的许多作品被翻译为多种语言，精神分析理论的影响已经遍及全球。几年后，弗洛伊德的理论被证明是非常具有启发性的，它继续激发新的研究，促使其他研究者去修正和扩展其思想。很显然，在1939年弗洛伊德去世之前，发展心理学领域处于一个欣欣向荣的时期。之后的20世纪40年代，埃里克·埃里克森（Erik Erikson）在精神分析原则的基础上提出了自己的发展阶段理论。

最早对儿童进行的实验室研究中，约翰·华生（John Watson）的工作是非常重要的。他在1920年进行的“小阿尔伯特”实验揭示了条件性恐惧的发展模式（Watson & Rayner，1920）。1921年，刘易斯·推孟（Lewis Terman）开始了基于儿童智商分数的纵向研究（Terman & Oden，1947）。1922年，沃特·迪尔伯恩（Walter Dearborn）开始了“哈佛成长研究”，对1 500名儿童的发展进行了长达12年的研究（Dearborn & Rothney，1941）。横断研究中较有影响的，可能是阿诺德·格赛尔（Arnold Gesell）关于儿童发展常模的研究（Gesell et al.，1947）。被苛特·考夫卡（Kurt Koffka，1899/1924）和苛特·勒温（Kurt Lewin，1929）引入人类发展研究中的格式塔心理学，则是一个新颖的视角。

卡尔·荣格

值得一提的是，霍尔也是最早对年老化（aging）感兴趣的心理学家之一，他在1922年78岁之际还出版了《衰老：生命的后半程》（*Senescence：The Last Half of Life*）一书。卡尔·荣格（Carl Jung）则是最早对成年期的心理发展进行研究的心理学家，他的发展观涉及前半生后半生分期、中年危机、临终心理等。之后，心理学家认同了发展是贯穿人一生的。1927年哈里·霍林渥斯（Harry Hollingworth）出版的《发展心理学概论》（*Mental Growth and Decline：A Survey of Development Psychology*）被认为是第一部毕生发展心理学著作。

哈里·霍林渥斯

不过，世界上最早的毕生发展观可能是来自中国古代的孔子。孔子在70多岁的时候回顾自己的一生，提出了自己所经历过的六个阶段：“吾十有五而志于学，三十而立，四十而不惑，五十而知天命，六十而耳顺，七十而从心所欲不逾矩。”时至今日，人们还对此津津乐道。在近现代中国儿童心理学的发展中，陈鹤琴是开拓者，他于1925年出版了

《儿童心理之研究》一书，此后有影响的学者包括黄翼、孙国华、艾伟、肖孝嵘、陆志伟等（引自朱智贤，林崇德，1988；林崇德，2019）。

二、发展的领域

身体发展 个体身体、大脑、感知能力、动作技能以及健康方面的成长发展。

认知发展 诸如学习、注意、记忆、言语、思维、推理和创造力等心理能力的发展变化。

心理社会性发展 情绪、人格及社会关系等方面的发展变化。

发展心理学对个体发展的研究，综合起来看，主要包含三个领域，即**身体发展**（physical development）、**认知发展**（cognitive development）、**心理社会性发展**（psychosocial development）。虽然在研究中人们往往分别探讨这些方面，但实际上它们是交织在一起的，在人的整个一生中相互影响，每一个领域在人的一生中都是重要的。

个体身体、大脑、感知能力、动作技能以及健康方面的成长发展都属于身体发展，并且会影响到其他方面的发展。比如，耳朵经常感染的孩子可能在言语发展方面比没有这种问题的孩子慢一些。在青春期，巨大的身体变化、激素变化会影响个体自我感知的发展。而在一些老年人身上，大脑中的生理变化可能会导致智力退化、人格恶化。

认知发展涉及诸如学习、注意、记忆、言语、思维、推理和创造力等心理能力。认知发展与身体发展及情绪发展有着密切关系。说话的能力有赖于嘴部和大脑的生理发展。难以用语言表达自我的孩子可能会激起他人的消极反应，影响其受欢迎的程度，从而影响其自我价值感。

心理社会性发展则包含情绪、人格及社会关系的发展变化，它能够影响认知和身体方面的功能发挥。比如，考试焦虑可能会导致成绩差，社会支持有助于人们应对压力可能对身体及心理健康造成的潜在消极影响。甚至有研究表明，人格与寿命长短之间有联系。反之，身体及认知能力对自尊有着巨大影响，也能够影响人们被他人接受的程度，影响人们的职业选择。

自我发展体现在这些领域的特点，从另一个角度看，又可以反映在两个方面，即变化性与稳定性。

在发展心理学的研究中，人们首先感兴趣的是发展中的两种主要的变化，即量变与质变。量变就是数量上的变化，比如身高、体重、词汇量、亲社会行为或者沟通频率等的变化。质变是指类别、结构或者组织的变化，其标志是出现了早先的机能无法简单加以预测的新现象，比如从胚胎到婴儿的变化、从不会说话的孩子到可以理解词语并进行言语沟通的孩子的变化。

当然，发展过程中人格与行为的稳定性也是心理学家感兴趣的。比如，10%～15%的孩子总是比较害羞，而另外的10%～15%的孩子就非常大胆。尽管各种各样的影响因素在一定程度上能够改变这些特质，但是它们实际上在很大程度上是保持不变的，尤其是特质属性较为极端的孩子更是如此。人格的大多数维度，比如对新经验的开放性、责任心等，在儿童期基本上就会稳定下来。

至于哪些特质更可能会保持稳定，哪些特质更可能会发生变化，以及为什么会发生变化，这些都是发展心理学一直在探索研究的问题。

三、发展的阶段

人一生随着时间一天天地过去而发展着，正如河水的流淌，并无明确的分界线，比如从儿童变为成年人，或者从年轻人变为老年人，都没有一个客观明确的时刻。实际上，在历史早期，儿童往往被当成小成人，甚至在今天，一些地方的儿童仍然和年长者一起劳动，做一样的工作，工作时间也一样长。在工业化之前，青少年期这样的概念并不存在；而在诸如肯尼亚的一些社会中，也没有中年期这样的概念。

发展阶段 个体在发展过程中，身体、认知和心理社会性的发展在不同年龄阶段会表现出一些相对稳定的特征。由此，人的毕生发展一般分为八个阶段。

在工业化社会中，人的发展通常被划分为八个阶段（见表1-1），这种基于年龄划分**发展阶段**是人为的，甚至有点武断。比如，成年期的划分就缺乏明确的社会性标志或者身体标志，不像开始上学或者青春期到来可以作为学龄儿童期或者青少年期的起始点。与此同时，发展的个体差异也是非常大的，有些人10岁左右可能就开始了青春期的发育，而有些人的青春期可能姗姗来迟、到十四五岁才开始。一些成年人可能会早早地就盼望退休颐养天年，另一些人可能会对退休以后的生活忧心忡忡。不过，尽管存在这样的差异，研究仍表明，在每一个正常发展的阶段，某些基本的发展需要仍然是必须满足的，特定的发展任务也是一定要完成的。

比如，婴儿依赖于成人来满足他们在衣食住行方面的基本需要，以及与人联系、建立感情的需要。他们会对父母或者照料者形成依恋，而后者也会对他们形成依恋。随着言语和自主运动能力的发展，儿童变得更多依靠自己；他们既需要宣示自己的自主，也需要父母帮助他们控制冲动。在幼儿期，他们会发展出更好的自我控制能力，对其他儿童也变得越来越感兴趣。在学龄儿童期，行为的控制渐渐地从依赖父母转向依赖同龄人，这时候同伴团体变得越来越重要。青少年期的一项主要任务是探索自我认同（或称“同一性”，identity），这涉及个人、性、职业等方面。随着青少年身体的成熟，他们试图脱离父母的保护，有时候也要面对需要和情感方面的冲突。

成年早期的发展任务包括形成独立的生活方式、找到职业和建立家庭。在中年期，大多数人需要面对身体能力的衰退，同时，一些中年人因为变换工作、孩子长大成人，而在生活的变化中找到了让自己兴奋的东西，觉得有挑战；另一些人则需要照顾日渐年迈的父母。在老年期，人们需要应对自己能力的损失，需要应对伴侣的死去，需要为自己的死亡做准备。如果退休了，他们就必须面对建立在工作基础上的人际关系的损失，当然也有可能会从友谊、家庭、志愿者工作中获得更多的快乐，也有机会去探索从前忽视的兴趣爱好。很多老年人会变得更加内省，去探索自己生命的意义。

值得一提的是，人们越来越关注青少年期和成年早期之间的过渡阶段，这一时期可能会因个人要发展更为行之有效的技能以成为合格的社会成员而延续很长时间。有研究者提出，从青少年期到成年期的过渡阶段可称为“初显成年期”（emerging adulthood），年龄范围大约是18～25岁（Arnett，2015）。实验和探索是初显成年期的特点。在此阶段，许多人仍在探索他们想要建构的自我认同、想要追求的职业道路，以及想要采取的生活方式（比如，单身、同居或结婚）（Potterton & others，2022）。

表 1-1 个体一生各个阶段的发展特点

年龄阶段	总体特点	身体发展	认知发展	心理社会性发展
胎儿期（从受孕到出生）	单细胞有机体转变为人类婴儿，具备适应子宫外的生活的非凡能力。	受孕。 遗传禀赋与最初的环境交互作用。 基本的身体结构和器官形成。 大脑开始快速发育。 身体发展最快的时期。 对环境的影响非常敏感。	学习能力、记忆能力，以及对感觉刺激做出反应的能力正在发展。	胎儿对母亲的声音做出反应，并形成偏好。
婴儿期（出生至3岁）	身体和大脑发生巨大变化，为广泛的动作、知觉、智力能力以及最初的与他人的亲密关系的出现提供了支持。	一出生，各种感觉和身体系统就会在不同程度上发挥作用。 大脑的复杂性在增加，并且对环境刺激非常敏感。 身体成长和动作技能的发展都非常快。	在最开始的几周就表现出学习能力和记忆能力。 在2岁后，符号的运用以及解决问题的能力得以发展。 语言的理解和使用发展非常快。	对父母及其他人形成依恋。 自我意识开始发展。 开始出现由依赖向自主的转变。 对其他儿童的兴趣在增加。
幼儿期（3～6岁）	这是一个游戏时期，动作技能更为精细，思维和语言也发生惊人的变化，道德感分明，儿童开始建立和同伴的关系。	身体成长较为稳定；身体外形变得细长，身体比例更接近成人的比例。 食欲减退，睡眠问题比较常见。 左右利手的表现开始出现；精细运动和粗大运动的技能以及力量都得到提升。	思维有一点以自我为中心，但是对他人观点的理解能力在增强。 认知的不成熟导致他们会对外部世界形成一些不合逻辑的看法。 记忆和语言得以改善。 智力变得更加可以预测。 普遍进入学前班、幼儿园。	自我概念和情绪理解能力在发展；自尊是综合性的。 独立性、主动性、自我控制以及自我照顾的能力在发展。 性别认同在发展。 游戏变得更有想象力、更精细、更具社会性。 利他、攻击、恐惧比较常见。 家庭仍然是社会生活的焦点，但是其他儿童也开始变得重要。
学龄儿童期（6～11或12岁）	这一时期突出的特点是运动技能的发展，逻辑思维、基本的读写能力形成，对自我、道德及友谊、同伴团体有了理解。	成长较为缓慢。 力量和运动技能在提升。 呼吸系统的疾病较为常见，但总体上健康状况是一生中最好的。	自我中心开始消退。 儿童开始拥有具体而有逻辑性的思维。 记忆和语言技能在增长。 认知发展让儿童从正规的学校教育中学有所获。 一些儿童表现出特殊教育的需要。	自我概念变得更加复杂，并对自尊产生影响。 同伴变得越来越重要。

续表

年龄阶段	总体特点	身体发展	认知发展	心理社会性发展
青少年期（11 或 12～18 岁）	青春期的到来使如成人一样的体格得以形成并引发性成熟。思维变得抽象和理想化，学业成绩更加重要。青少年专注于对个人自我价值和目标的确定，形成脱离家庭的自主性。	身体成长和其他方面的变化都是快速而深刻的。 生殖系统开始成熟。 对健康会造成危害的因素主要来自进食障碍和药物滥用等行为问题。	抽象思维能力和运用科学推理的能力在发展。 在某些态度和行为上一直会反映出不成熟的思维特点。 教育的焦点集中在为上大学或工作做准备。	探索自我认同成为中心，包括性方面的自我认同。 与父母的关系一般而言还算不错。 同伴团体有助于发展和检验自我概念，但是也可能会产生反社会的影响。
青年期（19～40 岁）	大多数年轻人离开了家，完成了教育，开始了全职工作。主要的关注点是发展事业，形成亲密的伴侣关系，结婚、生子，或者形成其他的生活方式。	身体条件达到顶峰，然后开始稍微下降。 生活方式的选择会给健康带来影响。	认知能力和道德判断变得更加复杂。 在教育和职业方面做出了选择。	人格特征变得相对稳定，但是生活阶段和生活事件可能会引起人格发生一定的变化。 在亲密关系和个人生活方式方面做出了选择。 大多数人会结婚成家，并且大多数人会成为父母。
中年期（40～60 岁）	很多人达到了自己事业的顶峰，获得了领导职位。他们也必须帮助孩子开始独立的生活，帮助父母适应一天天的衰老。他们对自己的道德有更高的意识。	感觉、健康、精力、能力等方面可能会有一些衰退。 女性会绝经。	大多数的基本心理能力达到顶峰，专业能力和解决实际问题的能力都达到很高的水平。 创造性有所衰退，但是其质量得到改善。 对一些人来说，事业成功，经济能力也达到顶峰；而对另一些人来说，可能会出现职业倦怠、变换工作的情况。	自我认同继续发展，充满压力的中年期转变开始发生。 照顾孩子和老年父母的双重责任可能会带来压力。 孩子长大离开家，会带来空巢感。
老年期（60 岁至死亡）	人们要适应退休、衰退的生理能力和健康，往往也要适应配偶的死亡，并反思自己生命的意义。	尽管健康和生理能力在某些方面有所下降，但是大多数人还健康活跃。 反应减慢会影响某些方面的功能。	大多数人心理上会比较警觉。 尽管智力和记忆在某些领域会衰退，但是大多数人找到了补偿的方式。	退休可能会给时间的利用带来新的选择。 人们需要应对家人的亡故，以及逼近自己的死亡。 与家人和亲密朋友的关系可以提供重要的社会支持。 对生命意义的探索会成为最重要的事情。

拓展阅读

为什么成长过程中有些事不能错过？

奥地利动物学家康拉德·洛伦兹（Konrad Lorenz，1952）做过一项非常有名的研究，他晃动着自己的胳膊、嘴里发出洪亮的叫声、摇摇晃晃地蹒跚而行，结果使得刚刚出生的小鹅尾随在他身后，就好像它们追随在自己的鹅妈妈后面一样。洛伦兹认为，新孵出的小鹅会本能地追随在它们看见的第一个移动物体之后，而不管它是不是自己的同类。这一现象被称为印刻（imprinting），洛伦兹相信这是自动发生的、不可逆的。通常，这种本能的联结是与母亲建立起来的；但是，如果这类事件的自然过程被扰乱，就可能会出现对其他对象（比如，洛伦兹）的依恋，甚至也可能根本不会出现依恋。洛伦兹认为，印刻是一种先天的学习倾向，它是有机体神经系统在生命早期的一个短暂的关键期（critical period）内，为获得某种特定的信息而进行的准备。

关键期是一个特定的时期，这时某一特定事件的出现与否会对发展产生特定的影响。当然，关键期不是绝对固定不变的；如果小鹅的养育条件发生变化而减慢了其成长，那么通常的印刻关键期就可能会延长。

人类是否也存在像小鹅一样的关键期？研究已发现，如果孕妇接受了 X 射线照射、服用了某种药物，或者得了某种疾病，胎儿就可能会有某些特殊的疾病，当然这有赖于这些事件的性质和发生的时间。关键期在幼儿期也会出现，儿童如果在关键期被剥夺了某种经验，就可能会在身体发展上表现出永久性的发育迟缓。比如，如果某种肌肉问题干扰了双眼聚焦的能力，在生命早期不被矫正的话，双眼深度知觉所必需的脑机制就可能会永远得不到发展（Bushnell & Boudreau，1993）。

另外，经常和关键期联系在一起的任务是语言的获得。关于语言获得的关键期假设认为，人类的大脑只在一段有限的时间内对语言具有适应性。这一关键期是从出生到青春期。在此期间，大脑会接受语言，通过相对少量的例子很快地学会语法规则。在青春期之后，语言的学习就会比较困难。不过，由于大脑的可塑性，一些研究者认为青春期之前的时期是语言学习的敏感期（sensitive period），而非关键期（Newport et al.，2001）。

总之，关键期是一个有争议的概念。因为人类发展的多样性，即使是生物学领域也都是有其可塑性，所以，人们更多地使用敏感期来谈论相关的问题，即个体在敏感期会对特定的经验非常敏感（Bruer，2001）。

后来越来越多的证据表明，可塑性并不是一种一般性特征，而是在对环境事件的反应方面存在着个体差异。某些儿童（比如，困难型气质的儿童、反应性极强的儿童）比其他儿童更可能受到儿童期经验的深刻影响（Belsky & Pluess，2009），这种影响既可能是积极的，也可能是消极的。一般被认为是消极的那些特征，在环境对发展具有支持性时，可能会是非常具有适应性的，也就是成为积极的特征。比如，对环境事件具有高反应性的儿童在面对家里的婚姻冲突时，会表现出诸如攻击性和问题行为这样的消极反应；然而，如果家里的消极因素的水平比较低，这些儿童却表现出比低反应性的儿童更加适应的行为，那么他们的亲社会性会更加突出，他们在学校里会更加活跃，外化问题也会更加少见（Obradović et al.，2010）。

四、个体发展的影响因素

以毕生发展的观点看，个体发展过程中呈现出来的差异是受到多方面因素的影响所致，包括生物学的、心理的、社会文化的因素，而且是这些因素交织在一起造就了每一个人独具特色的生命历程。

（一）生物学因素

胎儿期的发展、大脑的成熟、青春期、绝经、面部起皱纹以及心血管机能的变化，都反映了生物学因素的影响。这些生物学因素大多是由我们的遗传密码决定的。比如，很多儿童与他们的父母长得很像，这反映了遗传对发展的影响。但是，生物学因素也包括生活方式等，比如，饮食和锻炼。

总而言之，可以认为生物学因素提供了发展所必需的原材料，同时也为发展设定了界限条件。

（二）心理因素

心理因素可能是我们比较熟悉的，因为人们对一个人的特征进行描述时最经常使用的就是这些。比如，当与人见面做自我介绍时，大多数人会说自己个性好、聪明、诚实、自信，或者类似的话。诸如此类的概念反映的就是心理因素。

一般而言，心理因素就是所有会对行为产生影响的内在的认知、情绪、人格及相关的因素。心理因素在影响个体发展的因素中最受关注。比如，智力发展的不同可以让人有不同的生活经历，可以让人以不同的方式来看世界。自尊的出现又使人们对自己的能力形成不同的信念，进而又会对其行为产生影响。

总而言之，心理因素让我们注意到了对人的塑造产生最多影响的那些东西，以及让我们成为独特自我的那些有趣的差异。

前沿扫描

迷社交网络，找进化背锅？

（三）社会文化因素

每个人都是在真实的世界中成长发展，而不是生活在真空中。要想理解人的发展，我们就必须知道人与生活于其中的环境是如何发生交互作用的，彼此的关系是怎样的。换言之，我们需要把人的发展看成一个更大的系统中的一部分，系统中的任何部分都离不开其他部分的影响。这一系统包括每个人的父母、孩子、兄弟姐妹，以及家庭之外的重要他人，比如朋友、老师和同事。这一系统也包括会对发展产生影响的机构，比如学校、工作场所等。

所有的这些部分就构成了文化——与一群人有关的知识、态度、行为。文化会与特定的国家或者人民联系在一起（比如，中华文化），也会与特定时间点联系在一起（比如，文艺复兴时期的文化）。知道一个人是来自哪一种文化，就能够让我们大概知道在其毕生发展中可能会出现的重要影响因素。

（四）影响因素的交互作用

虽然上面对生物学因素、心理因素、社会文化因素的影响的描述是分别进行的，但实际上它们是交互作用的。要想理解遗传差异的影响，我们可能需要在一个特定的社会背景下来看待行为的某些特定的方面。要想理解某一社会文化因素（比如，贫穷）的影响，我们可能需要看看它对人的健康是如何产生影响的。同时，还有一个值得注意的地方是，在生命的不同时刻，这些生物学因素、心理因素和社会文化因素的特定组合可能会带来的影响是更为关键的。

（五）发展中的普遍性与特殊性

每个人的发展都受到很多因素影响，某些事件的发生影响到了很多人或者大多数人，而某些事件的发生只影响到某些人，发展过程中因此呈现相似性和差异性。

某一事件对同一个组群中的大多数人产生相似的影响，就可以反映发展中的普遍性。在特定的年龄组中，与年龄相关的因素对人们产生的影响就是非常一致的。这包括生物学事件（比如，青春期的到来或者绝经），以及社会性事件（比如，开始上学、结婚成家、为人父母或者退休养老）。生物学事件的出现时间是比较容易预测的，它大概在一个正常的范围内。比如，我们不会在 30 多岁时才进入青春期，或者女性在十几岁就出现绝经的情况。社会性事件的出现则在时间和地点上有很大的不同。比如，工业化国家的孩子通常在五六岁开始上学，而在某些发展中国家学校教育则开始得晚一些。

与历史有关的因素所产生的影响对某一同辈组来说是相同的。整个一代人由于生于特定的时期、长于特定的地方，就可能会受到当时的经济发展状况、战争、自然灾害或者核爆炸等特殊事件，以及文化的、技术的发展影响，比如妇女角色的变化、电视和计算机的普及等。

如果影响发展的因素只对个人的生活产生影响，就会呈现发展中的特殊性。这些影响因素既可能是发生在生命中某一非典型时刻的一些典型事件（比如，过早地结婚，或者孩子很小的时候父母之一去世），也可能是一些非典型事件（比如，儿童一出生就有先天缺陷，或者遇到恐怖袭击）。当然，这些事件也可能是一些令人愉快的事件，比如获得奖学金。人们也常常会自己制造一些特殊的生活事件，比如，去找一份更具有挑战性的工作，或者选择攀岩这样的危险嗜好，这些人主动地介入了自己的发展。

第二节 研究个体发展的方法

如前所述，个体发展可以从三个领域来探讨，即身体发展、认知发展和心理社会性发展，而这三个领域的发展都可能表现出变化性和稳定性的特点。这些领域一直给研究者留有答案未知的问题，为了回答这些问题，发展心理学家和其他心理学家、其他领域的科学家一样，会使用科学的方法。

在早期，诸如霍布斯、洛克和卢梭这样的社会哲学家提出他们自己关于儿童及其养育的观点时，这些未经证实的言论常常被当作事实接受了。因为人们认为伟大的头脑具有非凡的洞察力，所以当时很少有人会怀疑这些著名学者的言辞。那时候，科学的方法还没有被广泛认为是评价知识的标准。而科学的方法就是要通过缜密的控制技术，包括系统化的、有条理的观察和数据收集，来提出问题并解决问题。

科学的方法也包括对理论的规范表述、宽泛解释，以及对感兴趣的现象的预测。发展心理学家会利用理论来形成研究假设，然后通过适当的研究策略来检验假设。一般的心理学研究通常会使用两类研究策略，一是相关设计，二是实验设计。由于发展心理学的研究问题贯穿人一生的发展历程，所以发展心理学的研究设计又有了新的特点。

一、一般研究的设计

（一）相关设计

相关设计 通常在个人自然的生活环境中，研究者仅对个人信息进行收集，而不去改变他们的生活经历，然后看被试（参与者）的特征与他们的行为或者发展之间的关系。

在**相关设计**中，研究者对个人信息的收集通常是在其自然的生活环境中进行的，并不会改变他们的生活经历。然后，研究者会看被试（参与者）的特征与他们的行为或者发展之间的关系。比如，我们可能会关心：父母与孩子交往的方式是否会有助于孩子智力的发展？孩子的出生是否会影响到夫妻的婚姻满意度？老年期配偶的死亡是否会影响到生者的身体健康和幸福感？在诸如此类我们感兴趣的问题中，所涉及的条件是难以操控，甚至是无法操控的，只能是对实际发生的状况进行研究。

相关设计的一个主要局限是无法推论因果关系。比如，尽管我们发现父母与孩子的交往和孩子的智力发展存在关系，但是我们并不清楚父母的行为是否真的导致了儿童智力的差异。事实上，反过来也是可能的：非常聪明的孩子的行为可能会吸引父母与他们进行更好的交往。同时，甚至这当中可能忽视了第三个变量，比如家里的噪声高低，这既可能会导致父母与孩子交往关系的变化，也可能会引起儿童智力的变化。

在相关设计及其他类型的研究设计中，研究者常常会用相关系数来检验变量之间的关系，它描述的是两个变量之间有多大的联系。相关系数的数值范围是－1.0（完全负相关）到＋1.0（完全正相关）。完全相关极其少见。相关系数越接近－1.0或者＋1.0，不管正负，都表明关系越密切。如果相关系数为0，则意味着变量之间没有关系。

相关系数可以让我们预测某一个变量是不是以另一个变量为基础的。比如，如果我们发现观看电视中的暴力场景与现实生活中的打架斗殴有正相关，我们就可以预测观看暴力场景的儿童更可能会卷入打架斗殴。两个变量之间的相关越强，则其中一个变量对另一个变量的预测力越强。

尽管高相关可以提示我们可能的原因，但是这些可能的因果关系却需要严格的检验。从电视暴力与攻击性之间可能的相关中，我们无法确定观看暴力节目会引发攻击性的游戏；我们唯一能够得出的结论是，两个变量之间是相关的。而且这种似是而非的因果关系也可能是反方向的：攻击性的游戏可能会导致儿童更多地观看暴力节目。或者存在着第三个变量——也许是与生俱来的攻击性倾向或者生活在一个充满暴力的环境中，可能会让儿童既观看暴力节目也表现出暴力行为。同样，我们也无法确定学校教育能够抗击痴呆症；可能会有另外的变量，比如社会经济地位，可以解释受教育程度与痴呆症发病水平之间的负相关。唯一能够确定一个变量引发了另一个变量的方法是实验，只不过在对人类进行的研究中，由于实际操作或者伦理道德方面的原因，有些实验是不可能做的。

（二）实验设计

实验设计可以让我们去推论因果关系，因为研究者使用公平的程序安排被试接受两种或者更多的实验处理条件。在一个实验中，我们感兴趣的事件和行为可以分为两类，即自变量和因变量。自变量是研究者希望能够引起另一个变量发生变化的变量。因变量是研究者希望其受到另一个变量的影响而发生变化的变量。这当中因果关系可以被澄清，因为研究者通过给被试呈现实验处理条件直接控制了或者说操控了自变量的变化。之后，研究者可以比较被试在因变量上的变化。

实验设计 研究者使用公平的程序安排被试接受两种或者更多的实验处理条件，可以让我们去推论因果关系。

在发展实验研究中，研究者需要设计一种或者多种实验处理条件、环境或者事件（自变量），而它们被认为是可以影响行为的。研究者把被试随机分组，使其接受不同的实验处理，然后对所有被试进行一种测量（因变量），来看看实验处理是否产生了预期的效应。因为每个人都有同等的机会被分组接受某一种实验处理条件（这就是随机分组），所以，除了接受的实验处理不同之外，各个组应该是一样的。那么，组间的任何差异都可以归因于其在实验中接受的不同实验处理，而不是其他因素。

比如，如果研究者认为青少年在安静的房间中学习的效果比在大声播放音乐的房间中好，就可以通过实验来检验这一假设。青少年可以到实验场所（比如，学校里的一个房间）。基于随机分组的原则，每个青少年要么在安静的房间中学习，要么在大声播放音乐的房间中学习。在音乐条件下，对所有的青少年而言，音乐是同样的音乐，音量也是同样的音量。所有被试都在尽可能相同的环境下学习相同的东西，除了有些人会听到音乐、有些人不会。他们学习同样长的时间，并接受同样的测验。如果安静条件下测验的平均分比音乐条件下高，那么研究者就可以充满信心地说音乐会给学习带来不良影响。这一例子中，关于因果关系的结论是可能的，因为研究者在已经加以控制的条件下进行了直接的操控。

（三）现场实验和自然实验

大多数的实验是在实验室中进行的，在那里研究者能够对实验处理条件进行最大限度的控制。但是，实验室中获得的结果并不总能够应用到日常生活中。因此，研究者可能会对实验设计进行修订，并提出另外两种研究范式。

首先，在**现场实验**（field experiment）中，研究者会利用自然背景下的机会，把被试随机分组到实验处理条件下。比如，在实验室实验中，我们可能发现由成年人制造的情绪气氛会对儿童的行为产生影响。但是，在日常生活中也是这样吗？在一项在托儿中心进行的研究中（Yarrow et al.，1973），研究者安排照料者有意识地与两组学前幼儿进行不同形式的交往。在一种条件（关照处理）下，照料者表现得非常关爱幼儿、愿意提供帮助。在另

现场实验 研究者利用自然背景下的机会，把被试随机分组到实验处理条件下，然后比较不同条件下的个体发展特点。

一种条件下，照料者仍然像平时一样，不会特别强调对他人的关心。两周以后，研究者创设了几种要求提供帮助的情境，比如，一位来访的母亲要求每个孩子帮助照看一会儿她的婴儿，但是婴儿的玩具已经掉出了婴儿围栏。研究者发现，第一种条件下（关照处理）的儿童比控制组的儿童更有可能把玩具捡回来给婴儿。

其次，由于在真实的世界中研究者往往无法随机地对被试进行分组，进而操控实验条件，所以有时候他们就要做出妥协，采用**自然实验**或者准实验（quasi-experiment）。这时，实验处理条件已经存在，比如，不同的家庭环境、学校、工作场所等。这种研究与相关研究不同，因为被试组是精心挑选的，以确保他们的特征尽可能一样。这样，研究者可以尽可能排除会给实验处理的效应带来不同解释的因素。但是，即便如此，自然实验也无法获得真实环境下实验研究所能达到的精确度。

自然实验 也称“准实验”。当实验处理条件（比如，不同的家庭环境、学校、工作场所等）已经存在时，研究者对被试组进行精心挑选，以确保他们的特征尽可能一样，然后对它们进行比较。

表1-2简单总结了相关设计与实验设计的优劣。

表1-2 相关设计与实验设计的优劣对比

研究类型	研究程序	优势	劣势
相关设计	在不改变被试经验的情况下收集数据。	可以研究变量之间的关系。	无法推论因果关系。
实验设计	通过对被试进行随机分组使其接受实验处理，研究者操控自变量来检验自变量对因变量的影响。可以在实验室或自然环境中进行。	可以推论因果关系。	在实验室中进行时，研究发现可能无法推广到真实世界中。在现场实验中，对实验处理的控制不及实验室实验。在自然实验或准实验中，非随机分组会大大降低研究的精确度。

二、发展研究的设计

发展心理学的研究设计在相关设计及实验设计的基础上又有新的特征，我们在此可以从下面四个方面看到。

（一）纵向研究

在**纵向研究**（longitudinal study）中，同一个人在其生命的不同时间点要接受反复的观察或测量。研究跨越的时间可以是相对比较短的（几个月到几年），也可以是非常长的（十几年，甚至是整个一生）。纵向研究几乎适用于研究发展过程中的每一方面。最重要的是，这是能够回答行为的稳定性或不稳定性问题的唯一方式，比如：在婴儿期或学龄儿童期观察到的攻击性、依赖性等是否会一直持续到成年期？在幼儿期进行的某些学业方面的训练的效果能够持续多久？

纵向研究 研究者对同一个人在其生命的不同时间点进行反复的观察或测量。研究跨越的时间可以是相对比较短的（几个月到几年），也可以是非常长的（十几年，甚至是整个一生）。

人们对生活的满意度在成年期是保持一致还是会波动起伏？在中年期进行有规律的锻炼是否会在老年期受益？诸如此类的问题只有在个体发展的某一时间点进行测量，之后再进行测量，才可能搞清楚。

所以，纵向研究有两方面的优势。首先，因为它追踪了个体在一段时间内的表现，所以研究者能够确定发展中的普遍规律和个体差异。其次，纵向研究可以让研究者检验早期的事件和行为与后来的事件和行为的关系。

不过，纵向研究也有其弊端。最明显的是它的花费，仅仅对一个大样本被试组进行追踪所需的花费就可能令人望而生畏。另一个相关的问题是，在整个研究过程中样本如何保持不变。在持续几年的过程中与被试保持联系并非轻而易举，有的纵向研究甚至会持续几十年！这些流失的被试往往与留下参加研究的被试是非常不同的，这也就可能造成研究结果的歪曲。比如，研究可能发现，一组老年人的晚年智力水平一直保持稳定。然而，这实际上可能是因为那些在之前的测量中被发现智力有问题的人已经退出了研究，所以抬高了后一轮测量时的组平均值。

此外，即使样本保持不变，被试多次进行相同的测量也有可能使得他们在下一次测量时变得“聪明”。随时间推移而发生的改变可能会被归因于发展，而实际上可能是练习效应所致。改变每一年测量的内容虽然可以解决练习的问题，但带来的新问题是如何对不同的测量进行比较。鉴于如此种种的问题，发展心理学的研究者经常使用的是横断研究。

（二）横断研究

在**横断研究**（cross-sectional study）中，研究者在同一时间对不同年龄组的被试进行研究。这种设计对描述与年龄相关的趋势来说是一种行之有效的策略。因为只需要对被试进行一次测量，研究者不必担心被试退出或者练习效应的问题，所以横断研究几乎避免了与重复测量相联系的所有问题。

> **横断研究** 研究者在同一时间对不同年龄组的被试进行研究。

不过，横断设计也有自己的缺陷。因为只是在被试发展过程中的一个时间点对其进行测量，所以我们就难以了解发展的连续性。比如，如果不对个体在青少年期和青年期的攻击性都进行测量，我们就无法讲清楚青少年期的攻击性是否会保持到青年期。

横断研究也会受到同辈效应（cohort effects）的影响，即不同年龄组（同辈）之间的差异，可能源于环境事件，也可能源于发展过程。比如，我们比较两个年龄组的被试时，如果发现存在差异，可以把差异归因于年龄。但是，事实上未必如此。横断研究假设年龄大的被试在其年幼时与年龄小的被试是相同的。事实并非总是如此，因为两组被试之间的差异可能是由于他们本身是不同的，而不是由于年龄。再比如，在研究年轻人和中年人的创造力时，如果发现年轻人比中年人更有想象力，我们就能下结论说想象力随年龄下降吗？未必。也许是因为中年人毕业以后，学校引入了新的激发创造力的课程。因为年轻人学了这些课程，而中年人没有学，所以他们之间的差异就难以解释了。

（三）序列研究

序列研究 以一项简单的横断研究或者纵向研究为起点，在大体相同的间隔周期，再加进去一项横断研究或者纵向研究，从而形成一个研究设计序列。

鉴于纵向研究和横断研究各有长短，研究者在扬长避短的基础上提出了新的研究设计，**序列研究**（sequential study）就是代表。序列研究是一种更为复杂的研究设计，它克服了传统发展研究设计的局限，研究者在不同的时间点进行几项相似的横断研究或者纵向研究。

基本上，序列研究以一项简单的横断研究或者纵向研究为起点，在大体相同的间隔周期，再加进去一项横断研究或者纵向研究，从而形成一个研究设计序列（如图1-1所示）。比如，如果研究者想了解成年人的记忆能力是否随年龄而变化，一种方法是在一段时间内追踪几组不同年龄的被试，从而形成一个纵向研究序列。刚开始，它是一项横断设计，对65岁和70岁的被试进行测量。三年以后，对这两组被试再次进行测量，形成两项独立的纵向研究。

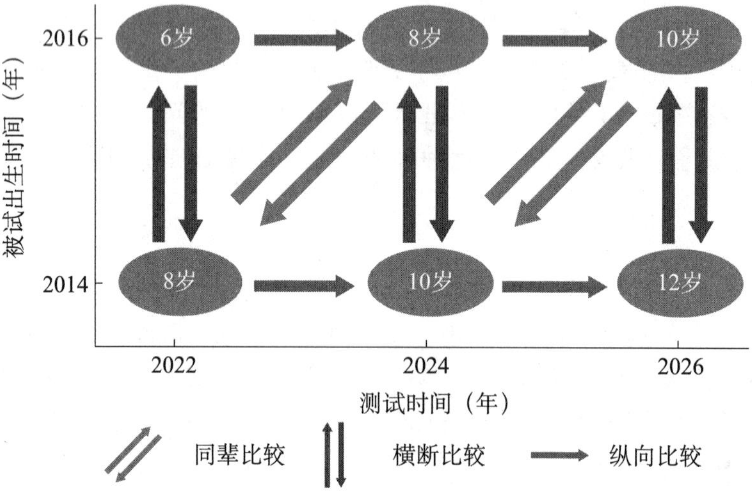

图1-1 序列研究设计示意图

尽管序列研究因为花费比较高而较少使用，但是它的优势非常明显。通过比较生于不同年代的相同年龄的被试，序列研究可以让我们发现同辈效应是否起作用，有助于解释发展中的多样性。另外，通过对横断研究和纵向研究进行比较，如果两者的结果相似，就可以让我们对研究结论更加充满信心。三类研究设计的优劣对比如表1-3所示。

表1-3 纵向研究、横断研究及序列研究的优劣对比

研究类型	研究程序	优势	劣势
纵向研究	在一段时间内收集同一个人或同一组人的数据。	可以反映与年龄相关的变化或连续性；避免了令人混淆的年龄与同辈效应。	耗时长，昂贵；存在被试损耗、样本偏好、重复测量等带来的问题；结果可能只对参加测验的同辈或参与研究的样本有效。
横断研究	在同一时间收集不同年龄段的人的数据。	可以反映不同年龄组的相似性与差异；用时短，经济；没有被试损耗或重复测量带来的问题。	无法确定年龄效应；掩蔽了个体差异；同辈效应可能会带来混淆。

续表

研究类型	研究程序	优势	劣势
序列研究	数据的收集基于连续的横断研究或纵向研究的样本。	可以避免横断研究和纵向研究的缺陷。	需要大量的时间和精力，数据处理非常复杂。

（四）微观发生研究

微观发生研究 在一段短时间内反复地让被试接受可以导致变化的刺激，或者反复地给他们学习的机会，从而使得研究者能够看到和分析变化发生的过程。

通常，发展心理学家几乎无法对日常生活中的变化进行直接的观察，因为这些变化发生的进程是非常缓慢的。但是，如果把这一过程压缩到一段很短的时间内，情况就有所不同了。**微观发生研究**（microgenetic study）就是这样，即在一段短时间内反复地让被试接受可以导致变化的刺激，或者反复地给他们学习的机会，从而使得研究者能够看到和分析变化发生的过程（辛自强，林崇德，2002）。

微观发生的概念 20 世纪 50 年代就已经被提出来了（Werner，1956），描述的是向相同的被试重复呈现刺激，以测量听知觉辨别力的方法。在维果茨基（Vygotsky，1978）的发展研究中也可以找到其起源，他就使用了所谓的微观发生实验，即通过操控实验条件，来看在一段时间内儿童的表现会有多大程度的改善。

微观发生研究可以检验变化是如何发生的，进而试图澄清和解释其内在机制。这与通常的横断研究方法形成鲜明对比。后者无法告诉我们变化是如何发生的，或者导致变化的机制是什么。同样，纵向研究只是表明发生了变化，但是由于其测量间隔太长，我们仍然无法得知变化是如何发生的。

要想详细阐述变化中的机制问题，唯一的解决方法是细致地检验这一变化的本质，这就是微观发生研究可以做的。这一方法基于以下三个主要原则：一是所进行的观察必须跨越已知的变化区间，二是观察的密度必须大到与变化的速率相匹配，三是要对所进行的观察做深入分析以确定引起变化的过程。

这一方法可以提供关于个体在一段时间内的变化的详细信息。而且，它可以确保这当中的突然跳跃、回归、平衡期等不会被错过。变化中的这些基本成分可以让我们知道一个人的知识或者能力是如何从一种水平发展到另一种更为复杂的水平的。对个体一段时间内的行为进行检验，突出了被试间的差异，从而可以反映出不同类型的转化过程，也突出了被试内的可变性，从而可以反映正在发生的变化。它使我们有机会检验一段时间内个体之间的差异以及导致这些差异的根本原因。比如，微观发生研究让我们有机会确定不同的组别，进而明确所需要的不同的治疗方式或干预方式。它为其他方法不能解决的问题给出了答案。最让发展心理学家感到兴奋不已的是，微观发生研究不但揭示了儿童知道什么，而且揭示了他们是怎么知道的（Granott & Parziale，2002；Siegler & Alibali，2020）。这同样可以应用到成年人新技能的获得上。

微观发生研究具有普适性，可以应用于很多不同领域。迄今为止，它涉及心理理论和抑制控制、记忆、运动、注意策略、对科学的理解、数学以及类比推理等。

微观发生研究之所以能够突出和强调传统方法无法捕捉到的发展特点，关键在于以下五个方面：其一，变化的路径，即变化是质变还是量变。其二，变化的速率，即变化是突然发生的还是慢慢发生的。其三，变化的宽度，即变化是限定在特定领域还是广泛存在于各个领域。其四，变化的差异，即个体的行为在某个领域内各种相似的任务中有多大的差异，相似的变化模式是否也见于不同的个体之间。其五，变化的起源，即行为中的变化，比如策略的使用会为变化的起源带来什么启示。

当然，微观发生研究也不是完美无瑕的。对被试，尤其是儿童的反复测量可能会引起厌烦、动机减弱，这可能会导致被试的流失。同时，刺激的反复呈现也会导致练习效应，这意味着研究中必须纳入控制组，以确定有多少变化是实验程序造成的、多少是发展本身带来的。

从时间和人力来看，微观发生研究也是昂贵的。而且，恰恰是其可以获得丰富的数据，导致数据难以简化并形成简明的结果和结论。

三、不同研究结果的整合

单独一项研究无论选择了什么研究方法、何种研究设计，都无法为人类发展的某一主题提出结论性的证据。很多关于同一个主题的研究各自使用了不同的研究方法，对这样的证据应该进行整合。当然，这种整合的优势就是，不管研究方法是什么，当研究结果相同时，结论就是最令人信服的。

可现实是，各项研究的发现常常是不一致的。比如，如果很多研究者发现人们经常与朋友分享一些个人的东西，而有些研究者却发现人们只是偶尔这样，还有一些研究者发现人们从来不与朋友分享个人的东西，那么我们应该相信哪一个结论呢？我们应该得出什么结论呢？**元分析**（meta-analysis）这一工具可以让研究者综合很多研究的结果，以评估变量之间的关系（Becker，2003）。在进行元分析时，研究者先查找一大段时间（比如，10～20年）内关于某一主题的所有研究，然后记录和分析其结果和重要的方法学变量。

比如，关于儿童攻击行为与同伴接受性之间的关系的研究不计其数，但是这些研究的结果存在一定程度的差异。这种研究结果的离散性在一定程度上可能反映了文化背景的影响。一项研究为了澄清东西方文化各自对儿童攻击性与同伴接受性之间的关系的影响，就采用了元分析的方法。研究者查阅了1978—2002年20多年间的所有相关资料，确定可以进行元分析的研究包括47项。在这一研究中，进行元分析时所采用的技术是多层线性模型，它需要对效应量进行计算，进而进行相应的显著性检验。结果显示，攻击行为会导致同伴拒绝，攻击行为与同伴拒绝之间的相关系数较高。同时，分析中也发现文化背景会对这种关系产生影响：在中国文化背景下，攻击行为导致同伴拒绝的程度更高（引自张雷等，2005）。

元分析 研究者先查找一大段时间（比如，10～20年）内关于某一主题的所有研究，然后记录和分析其结果和重要的方法学变量，通过综合很多研究的结果来评估变量之间的关系。

研究范例

网聊很神奇？
问问元分析。

因此，元分析是一种非常有力的工具，它可以让我们概括很多使用不同研究方法得出的结论。此外，元分析也可以揭示不同的研究方法对结果所产生的影响。

四、研究中的伦理道德

如果一项研究可能会给被试带来伤害，那么还应该接着做吗？在可能给个体的心理、情绪或者身体造成损害的情况下，应该如何选择呢？这就涉及心理学研究中的伦理道德问题。某些伦理道德问题解决起来轻而易举，只要不去做几乎肯定会造成身体伤害或心理伤害的实验就行了，比如身体虐待、饥饿、长时间孤立等。然而，很多伦理道德问题却会让发展心理学家处于两难境地。开展发展心理学的研究更需要深入地理解相关的伦理问题（Rademaker & Polush，2022）。

当初人们反对“小阿尔伯特”研究以及其他的类似研究，使得今天有了更为严格的伦理道德标准。为了保护参与心理学研究的被试，同时澄清研究者的职责，美国心理学会（American Psychological Association，1992）、加拿大心理学会（Canadian Psychological Association，2000）和儿童发展研究会（Society for Research in Child Development；SRCD Governing Council，2007）都提出了一些伦理道德指南，其缘起与《赫尔辛基宣言》有关（具体参见下一页的“拓展阅读”）。我国心理学界对研究中的伦理道德问题也日益重视，比如，中国科学院心理研究所成立了“科学研究伦理委员会”，北京师范大学心理学部也成立了“心理学科人体保护与伦理委员会”。

心理学研究中涉及的伦理道德最重要的包括以下几方面：

其一，保护被试免受伤害。研究者的任何研究操作都不可对被试的身体或心理造成损害。心理伤害固然难以判定，但这仍然是研究者的责任。研究者准备进行研究时，必须就此向他人进行咨询。如果有可能造成损害，研究者就有责任寻找其他的方式来收集信息，或者干脆放弃研究。

其二，获得被试知情同意。所有的被试，包括儿童和老年人，都有权听取研究者以他们能够理解的语言对研究中可能会影响其参与研究的意愿的各种情况的解释。当被试是儿童时，则应该获取父母或者能够代表儿童的人（比如，学校的官员）的知情同意，而且最好是书面的。对于认知能力受损的老年人，则应该指定一个代理人来做决定。如果不能这么做，则应该在详细咨询老年人的亲戚和向该老年人的专业护理人员了解情况后，由专家评估委员会指定的人来做决定。所有的被试都有权在任何时候中断参与研究。

其三，维护被试隐私权利。被试有权在研究过程中隐藏关于其身份的信息。对于该研究的书面报告和非正式的讨论中提及的相关信息，被试也有这一权利。

其四，告知被试研究结果。被试有权要求研究者以他们能够理解的语言告知研究结果。

不过，尽管当前的伦理原则提出了研究者帮助而非伤害被试的义务，但是针对研究者到底如何帮助而不是伤害被试的判断，以及保守秘密和披露问题的义务冲突，却留有空间（Hiriscau et al.，2014）。

前沿扫描

AI 做咨询，伦理行不行？

拓展阅读

对人进行研究时什么底线不能触碰？

《赫尔辛基宣言》（Declaration of Helsinki）是一个关于临床伦理的宣言，签署于1964年6月在芬兰赫尔辛基举行的第18届世界医学协会（WMA）联合大会。该宣言之后经过多次修订，最近一次是在2013年于巴西召开的第64届世界医学协会联合大会上修订的。《赫尔辛基宣言》已经是医学伦理的基础。它强调临床实验的进行是为了人类的健康，而不是为了私人的名誉、经费等因素。如果一项研究对人类健康并不会有什么帮助，那么它就是没有意义的实验，不该继续进行。由于心理学的研究也以人类为研究对象（被试），所以很多心理学研究成果的报告也被要求符合《赫尔辛基宣言》。

《赫尔辛基宣言》是第一个把临床实验的伦理规范得清清楚楚的宣言，包括37项条款。该宣言称，增进与确保人类的健康是医师的责任，医师的专业知识与良知关系到这一责任能否履行。医师必须答应遵守“患者的健康将是我的第一优先考虑”。进行医学研究的人体实验时，受试者的安危远比此研究对科学或社会的意义要重要。以人体为研究对象进行的医学研究，主要是为了改进医疗诊断、治疗与预防的方式，以及增进对病因和病理的了解；即使是已知的最好的诊断、治疗与预防之方法，其作用、效率、使用率及质量也须接受持续的研究与检验。医学研究的伦理标准在于提升全人类的尊严和保护人类的健康。有些临床研究对象处于弱势，需要特别保护。也要认清那些经济和医药匮乏者的特别需要，特别要注意那些无法自决者、被迫者、对本身无益者，或那些在研究中仍需医疗照护者的权益。

其主要内容有六点，我们做临床实验时都要想想其是否符合《赫尔辛基宣言》这六大点。第一，最重要的是病人的自愿。第二，通常我们希望可以让受试者了解实验内容，越清楚越好，而不只是手术同意书、检查同意书。第三，当我们实验时，我们要想想这个实验的目的是什么，请不要忘记是为了增进人类健康的福祉，而非个人的声誉。第四，特别强调一定要先做试管研究及动物研究。第五，保护受试者是最高指导原则，这是临床实验的精神，因此当我们发现此实验可能对人体有害时，我们必须终止实验，不能因为实验快要结束而有所改变，我们永远要记得受试者的个人权益。第六，一定要有合法的机构，包括政府、医院的人体实验委员会，做好事先的补偿措施。

概念术语

发展心理学，身体发展，认知发展，心理社会性发展，发展阶段，相关设计，实验设计，现场实验，自然实验，纵向研究，横断研究，序列研究，微观发生研究，元分析

本章要点

1. 近现代关于儿童及其养育的观点包括原罪说、先天纯洁说、白板说。

2. 对儿童的系统研究始于“婴儿传记”，儿童个人的发展被认为复演了整个种系的进化历史，即“人的演化”。

3. 普莱尔的《儿童心理》被认为是第一部科学系统的儿童心理学著作，他也被视为儿童心理学的创始人。

4. 霍尔的《青少年期：它的心理学及其与生理学、人类学、社会学、性、犯罪、宗教和教育的关系》第一次呼吁把青少年期看成人类生命全程的一个独立阶段。他是发展心理学创始人。

5. 霍林渥斯的《发展心理学概论》被认为是第一部毕生发展心理学著作。

6. 发展心理学对个体发展的研究，综合起来看，主要包含三个领域，即身体发展、认知发展、心理社会性发展。

7. 个人一生的发展，从胎儿期以后，大体上可以分为婴儿期、幼儿期、学龄儿童期、青少年期、青年期、中年期和老年期，每个阶段都有其特定的发展任务。

8. 个体发展过程中的差异是由生物学的、心理的、社会文化的因素交织在一起造就的。

9. 发展心理学的研究设计在相关设计及实验设计的基础上又有新的特征，比如纵向研究、横断研究、序列研究、微观发生研究。

10. 发展心理学的研究也涉及伦理道德问题，在可能对个体的心理、情绪或者身体造成损害的情况下必须停止研究。

复习思考

1. 从儿童心理学到发展心理学的学科演变过程是怎样的？

2. 个体的发展包括哪些主要方面？个体的发展又可以分为哪几个阶段？各阶段的主要特点是什么？

3. 发展心理学研究方法与一般研究设计的关系与区别是什么？

4. 纵向研究与横断研究的优劣各有哪些方面？

第二章

发展心理学理论观

开脑思考

1. 心理学家班杜拉认为儿童通过观察和模仿他人的行为来学习，即模仿学习构成了社会化过程。那么，儿童观看影视中的动作片会给其行为习惯带来什么影响呢？玄幻片又会有什么影响呢？

2. 信息加工理论认为，人的思维活动可以用计算机运行原理来加以解释。那么，人的大脑是否可能通过植入电脑芯片来完成信息输入、信息加工、信息输出呢？如果可能，你是否愿意接受植入电脑芯片呢？

3. 每个人都会经历青春期、更年期这样的特别时期。当个人的这些时期来临时，如果当时所处的社会是一个波澜不惊的社会，或是一个激流澎湃的社会，或是一个兵荒马乱的社会，那么个人的成长和发展会因此而有天壤之别吗？

教学目标

通过本章的教学，应该实现两个目标。其一，了解关于个人发展的心理学理论对发展问题进行分析时的三个视角，即天性与教养的关系、发展的主动性与被动性、发展的连续性与阶段性。其二，对发展心理学的各主要理论形成概括的认识。

学习重点

把握发展心理学的三个基本理论问题；领会精神分析观、认知发展观、进化观等理论对个人发展的分析；运用学习观、背景观、毕生发展观等理论对个体发展的某些特点进行分析。

发展心理学的种种理论试图对人的发展进行描述、解释，并预测在特定的条件下可能会出现什么样的行为。一方面，这些理论可以为我们提供对人进行观察和思考的框架；另一方面，经过研究证实的理论又可以为我们的实践活动提供坚实的基础。理论可以帮助我们更好地理解人的发展，使我们有可能在提升儿童和成人的福祉方面有所作为。

发展心理学理论对人类发展进行的解释，有赖于理论家对关于人的毕生发展的基本理论问题的看法，即天性与教养的关系、发展的主动性与被动性、发展的连续性与阶段性。发展心理学的主要理论包括精神分析观、学习观、认知发展观、进化观、背景观、毕生发展观等，每一种理论又包含强调不同重点的多种视角。

第一节　毕生发展的基本理论问题

对人类发展的研究是相对近期的事。关于儿童的研究直到 19 世纪末 20 世纪初才开始，而关于成人发展、年老化及跨越生命历程变化的研究则是 20 世纪六七十年代才开始的（Elder，1998）。但是，对人的成长和变化的思考源远流长。这种思考和研究结合起来，就有了发展心理学的理论。

研究人类发展的目的是要描述、解释、预测和修正人的行为。发展心理学家提出的种种理论就是关于人的发展特点的，这些理论是逻辑上相互关联的一些概念或陈述，它们试图对人的发展进行描述、解释，并预测在特定的条件下可能会出现什么样的行为。理论是通过对研究收集到的资料进行组织而提炼出来的，它也会包含很多有待于未来的研究来检验的假设。

迄今为止，已经有很多发展心理学家提出各种理论对人类发展进行解释，而这些理论的立足点又是理论家对关于人的毕生发展的基本理论问题的看法，即天性与教养的关系、发展的主动性与被动性、发展的连续性与阶段性。

一、天性与教养的关系

遗传还是环境在人的发展中起着更为重要的作用，实际上就是历史久远的关于天性与教养（nature-nurture）的关系的争论。“天性”指的是我们由遗传获得的东西，即从受精卵形成的一刻起我们从父母那里得到的遗传信息。而“教养”指的是物理世界和社会世界中的种种复杂因素，其在我们出生以前以及出生以后对我们的生物学构造和心理经验产生影响。

尽管发展心理学的理论都会谈到一些天性与教养的作用，但是不同理论的侧重点却是大相径庭。比如，要回答这样的问题：每个人以较为复杂的方式思考问题的能力，是由先天的成长时间表决定的，还是主要受父母和教师的影响的结果？儿童很快地获得语言是因为其先天就通过遗传得到了这种素质，还是因为父母在很早的时候就开始教他们？人与人之间广泛的个体差异（比如，身高、体重、身体协调能力、智力、个性等方面的差异）是由天性还是教养造成的呢？

一种理论在天性与教养的作用上的立场影响着它解释个体差异的方式。如果理论强调遗传的作用，就会认为个体的某种特征（比如，语言能力的高低、焦虑水平的高低、社会能力的高低等）在其一生中从始至终会保持稳定。如果理论认为环境的作用更加重要，就会认为早期经验对未来行为模式具有建构作用。在生命刚刚开始的头几年，一些有影响的消极事件会留下深深的烙印，即使是在后来的生活中遇到更多的积极事件，这些烙印也无法被完全抹去（Johnson，2000）。当然，有一些理论家则持更为乐观的看法，他们强调可塑性，即在新经验的支持下，变化是可能的（Greenspan & Shanker，2004；Overton & Willis，2010）。

在当今，大多数发展心理学家认为天性和教养的贡献都是毋庸置疑的（Rutter，2014；Sasaki & Kim，2017）。现在的关注焦点则是天性和教养如何交互作用、协同一致，来影响人们一生中的成长和变化过程（Bjorklund，2018；Lickliter & Witherington，2017）。

二、发展的主动性与被动性

发展心理学中另一个颇有争议的问题涉及发展的主动性和被动性。最早的争议可以追溯到英国哲学家洛克和法国哲学家卢梭对儿童的看法。洛克认为，儿童像一块白板一样由社会“书写而成”。卢梭则认为，儿童是先天的“高尚的原始人”，他们会按照自己积极的自然倾向去发展。

这种哲学争论导致了两种对立的发展模型：机械论（mechanistic）和机体论（organismic）。洛克的观点是机械论发展模型的先驱。机械论认为，人是像机器一样对环境影响做出反应的。如果我们对人类“机器”的构成及内部、外部的影响因素有足够的认识，我们就能够预测人的行为。卢梭则是机体论发展模型的先驱，这一模型把人看成主动地不断成长的机体，他们会设定自己的发展轨迹；他们会主动做一些事，也会根本不做出反应。变化的动力来自内部。环境影响不会引起发展，仅仅是可能加快或减缓发展的过程。人类的行为是一个有机整体，无法被分解为简单的对环境刺激的反应。

实际上，我们现在已经认识到事情并没有这么简单。儿童的发展受到自己内在的驱力和需要，以及遗传禀赋的影响；但是，他们也是社会性的动物，不能在孤立中获得最好的发展。现在发展心理学家中盛行的观点是，人们对自己的发展有主动的影响（Lerner et al.，2005）。人们固然会受到生活于其中的物理背景和社会背景影响，但是，也通过与这些背景的互动，以及改变这些背景，来影响自己的发展过程（Elder & George，2016）。

三、发展的连续性与阶段性

对于从婴儿期到儿童期、青少年期、成年期，个体之间的差异该如何描述，理论家们也有截然不同的立场。有些人认为，婴儿和学前儿童对外部世界的反应与成年人是一样的。成熟个体与不成熟个体之间的差异只是量上的差异或复杂程度上的差异。比如，儿童在婴儿期表现出来的知觉能力、记忆能力、分类能力等可能和成年人是完全一样的。也许婴儿的局限是他们运用这些技能时还不能像成年人一样综合更多的信息、表现得那么精准。如果是这样，他们思维能力的变化就必然是“连续的”（continuous），即相同类型的技能保持着其初始的状态，只不过数量在逐渐增加。

另一种观点则认为，婴幼儿具有独特的与成年人不同的感知、思维和行为的方式。

也就是说，发展是“非连续的”(discontinuous)，即在个体发展的不同时间点，对外部世界的理解和反应方式会出现截然不同的类型。比如，儿童对社会经验的知觉、记忆和组织并不能做到像成年人一样。相反，他们的发展会经过一系列的步骤，每一步都有其特征，直到最后达到相应机能的最高水平。

持非连续观的理论家认为发展是分阶段的，感知、思维、行为等方面的量变构成了特定发展阶段的特征。在阶段理论看来，发展就像是爬楼梯一样，每迈出一步就意味着个体有了更为成熟的、重组过的机能。阶段的概念也意味着，随着个体一步步从一个阶段走向另一个阶段，他们也经历了快速转换的时期。换言之，发生的变化是突如其来的，而不是循序渐进的。

现在大多数发展心理学家同意毕生发展的某些方面最好视为连续的，另一些方面则视为非连续的。

第二节　精神分析观

精神分析理论对发展的看法是，发展是由无意识动机推动人的行为而形成的。每个人的发展都会走过一系列的阶段，这当中他们要面对生物学驱力与社会期望的冲突，而解决这些冲突的方式决定了个体的学习能力、人际能力、应对焦虑的能力。除了弗洛伊德的经典精神分析理论以外，埃里克森的新精神分析理论也是这方面很有影响的理论。

精神分析理论家强调对个体早期经验的理解，他们运用的临床法或个案法能够对单个个人的人格做出详细的描绘。这一理论观也激发了大量对于情绪和社会性发展的研究。但是，精神分析已非发展心理学的主流，它过于专注于对个体的深入研究而忽视了其他方法，而且一些观点引发的争议也很大。

一、弗洛伊德的理论

西格蒙德·弗洛伊德

弗洛伊德是维也纳的医生，他通过让有情绪障碍的成人自由地讲述其儿童期的痛苦事件，来寻求治愈情绪障碍的方法。在此基础上，他考察了自己病人的无意识动机，进而建构了他的性心理理论(psychosexual theory)。这一理论强调，在儿童生命的早期，父母对其性驱力和攻击倾向的管理方式对其人格的健康发展是非常关键的(见表 2-1)。

在婴儿期，当快乐与口部活动联系在一起时，即口唇期(oral stage)，儿童性活动的目标在自己身体以外：母亲的乳房。从这里，他们得到了生理上的满足、温暖、快乐及安全感。母亲不仅哺育自己的婴儿，她也拥抱、爱抚、亲吻和抚慰孩子(Freud，1917/1953)。

渐渐地，儿童的快乐变成了自体性的。也就是说，儿童开始从他们自己能够进行的活动中找到快乐。在他们不再吮吸母亲的乳房时，他们会发现自己也能从其他的口部活动中获得快乐。比如，他们学会了自己吃东西。在两三岁左右，其更多的关注和快乐集中在肛门活动和排泄上，即肛门期（anal stage）。

这之后，儿童对自己身体的兴趣越来越大，也越来越有兴趣探究自己的性器官，这就是发展的生殖器期（phallic stage），年龄为四五岁。

再往后的一个阶段被弗洛伊德称为潜伏期（latency stage），大约从6岁到青春期，这期间儿童的性兴趣并不强烈，他们一直与那些帮助他们、满足他们对爱的需要的人保持着联系。他们的快乐源泉渐渐地从自我转向了他人。他们对与其他人尤其是与同性别的人建立友谊更感兴趣。

在青春期，即生殖期（genital stage），“目标找寻”的过程就完成了。随着外部及内部生殖器官的成熟，接踵而至的就是强烈的解决性紧张问题的愿望。这种解决要求有一个爱的对象；因此，弗洛伊德在理论上认为，青少年会吸引大量的能够解决其性紧张问题的异性。

表2-1 弗洛伊德的心理发展阶段

发展阶段	年龄阶段	基本特征
口唇期	出生至1岁	新的自我（ego）引导婴儿的吮吸活动指向乳房或奶瓶。如果口部需要没有得到恰当的满足，个体就可能会在儿童期发展出吮拇指、咬指甲、啃铅笔的习惯，长大以后则是暴饮暴食和抽烟。
肛门期	1～3岁	幼儿享受排便及控制排便的乐趣。大小便训练成了父母与孩子之间的主要问题。如果父母坚持要求孩子在其准备好之前接受训练，或者如果父母在这方面提的要求太少，与肛门控制有关的冲突就可能会出现，要么是极端整洁和有序，要么是极端污秽和混乱。
生殖器期	3～6岁	学前儿童会从生殖器的刺激中获得快感，这时产生了男孩的**俄狄浦斯情结**（Oedipus complex，即恋母情结）和女孩的伊莱克特拉情结（Electra complex，即恋父情结）：儿童感受到对异性父母的性渴望。为了逃避惩罚，他们会放弃自己的渴望，而采用同性父母的特征和价值观。结果，超我（superego）得以形成，而且每当儿童违背这些价值标准时，他们就会感到内疚。
潜伏期	6岁至青春期	性本能沉寂下去，而超我会有更为深入的发展。儿童从成人和同性同伴那里获得新的社会价值观。
生殖期	青春期至成年期	伴随青春期的到来，生殖器期的性冲动再次出现。如果前期各阶段的发展是成功的，就会引导个体性成熟、走向结婚、生儿育女。这一阶段一直持续到成年期。

俄狄浦斯情结 也称“恋母情结”，是男孩产生的对母亲的性渴望。

固着 儿童如果在特定的发展阶段无法使自己的需要得到满足，或者出现过度满足，就可能在心理行为上保留这一阶段的特征。

按照弗洛伊德的看法，如果儿童在特定的发展阶段无法使自己的需要得到满足，或者出现过度满足，就可能会发生**固着**（fixation）。这是由于冲突未解决而导致的，反映了儿童在早期的某个发展阶段的行为方式。比如，口唇期的固着可能会导致成年期出现不同寻常的口部活动——非常喜欢吃东西、说话、咀嚼口香糖。甚至这种现象还可能会以一些象征性的口部活动表现出来，比如喜欢对他人进行尖酸的讽刺挖苦。

二、埃里克森的理论

埃里克森是弗洛伊德的追随者之一，他从弗洛伊德的理论中汲取了营养，完善了自己的观点，形成了新精神分析理论。埃里克森修正了弗洛伊德的性心理发展理论，整合了现代社会心理学和人类学研究发现的结果。

埃里克·埃里克森

在弗洛伊德看来，发展在青少年期大体上就结束了。埃里克森则相信发展将持续人的一生。埃里克森强调儿童是积极而有好奇心的探索者，他们努力适应自己的环境，而不是被动的、有生物冲动的奴隶。人们在发展的每个阶段都会积极应对社会现实以求能够成功适应，并展现出正常的发展模式。此外，埃里克森不太重视性冲动，他更加强调的是文化的影响，即个体所谓的正常发展必须放到其生活的文化情境中来理解。他认为，人格发展是由内在的成熟和外在的社会要求交互作用决定的。

他描述了人的发展的八个阶段（Erikson，1950，1968，1982；见表 2-2）。他强调自我的作用不只是调节本我（id）冲动与超我要求之间的关系。在每个阶段，个体都有一项心理社会性任务要完成。直面每项任务都会产生冲突，且伴有两种可能的结果。如果冲突得以解决，一种积极的品质就会在个性内植根，更进一步的发展就会开始。如果冲突持续下去，或者没有得到完满的解决，自我就会受到损害，因为它整合了一种消极的品质。

表 2-2　埃里克森的心理社会性发展阶段

发展阶段	年龄阶段	基本特征
信任对不信任 (basic trust vs. mistrust)	出生至 1 岁	婴儿如果得到温情而及时的照顾，就会获得一种信任感或信心，即认为世界是美好的。婴儿如果得等很长时间才能获得所需的照顾，或者受到苛刻的对待，就会产生不信任感。这时候，主要的照料者是关键的社会化代理。
自主对羞愧和怀疑 (autonomy vs. shame and doubt)	1～3 岁	儿童通过利用新的心理技能和活动技能，想为自己做选择、做决定。如果父母允许合理的自由选择，并不强迫或者羞辱孩子，那么自主就能够培养起来。这时候，父母是关键的社会化代理。
主动对内疚 (initiative vs. guilt)	3～6 岁	通过建立信任的游戏，儿童探索他们自己可能成为什么类型的人。如果父母对孩子新的目的感给予支持，那么主动感（即感到有雄心、有责任感）就会得到发展。如果父母要求的自我控制太多，就可能会引发过度的内疚。这时候，家庭是关键的社会化代理。
勤奋对自卑 (industry vs. inferiority)	6～11 岁	在学校里，儿童会发展与他人合作的能力。如果在家、在学校或与同伴一起时体验到消极的经验，他们就会觉得自己无能，从而产生自卑感。这时候，老师和同伴是关键的社会化代理。

续表

发展阶段	年龄阶段	基本特征
自我认同对角色混乱（identity vs. role confusion）	青少年期	青少年试图回答“我是谁”“我在社会中的位置是什么”这样的问题。他们通过探索价值观和职业目标，形成个人的自我认同。消极的结果就是他们对未来的成人角色的认识含混不清。这时候，同伴团体是关键的社会化代理。
亲密对孤独（intimacy vs. isolation）	青年期	这一阶段的主要任务是建立深厚的友谊，从另一个人那里获得爱和陪伴，或共享的自我认同。孤独感或孤立感可能源于无力建立友谊或亲密关系。这时候，爱人、配偶、亲密朋友（男女两性）是关键的社会化代理。
繁衍对停滞（generativity vs. stagnation）	中年期	在此阶段的成人要面对的任务是，在自己的工作中做出成绩，支撑家庭，或关照年轻人的需要。这些相关标准是由个体生活于其中的文化决定的。那些无法或者不愿承担这些责任的人就会变得停滞和自私自利。这时候，配偶、孩子以及文化规范是关键的社会化代理。
完善对失望（integrity vs. despair）	老年期	老年人回首自己的生活，要么觉得它是有意义的、富有成果的、愉快的，要么基本上对未履行的诺言、未实现的目标充满失望。对自己的生活不满意的人会害怕死亡。个体的生活经验尤其是社会经验决定了生命最后阶段的结果。

第三节　学习观

与精神分析关心无意识作用不同，持学习观的理论家关注的是可以观察到的行为。他们认为，发展是学习的结果，即基于经验的持久的行为变化，或对环境的适应。学习理论家关心的是找出可以控制行为变化的客观规律，并将其应用到各个年龄组中。他们把发展看成连续的，强调量变。最主要的学习理论是行为主义和社会学习理论。

这些观点有助于解决个体的适应问题。行为矫正可以消除不被期望的行为、增加令人期望的反应。但是，这些观点对于环境的影响的理解显得狭隘，也低估了个人自身在发展中的作用。

伊万·巴甫洛夫

一、行为主义

行为主义是一种机械论，它把可以观察到的行为看成对经验的可预测的反应。尽管生物学对人们的行为的改变程度设定了上限，但是行为主义者仍然认为环境是更有影响的。他们认为不同年龄段的人和其他有机体一样以相同的方式来认识世界：对环境中令人愉快的、令人痛苦的、觉得有威胁的各方面做出反应。行为主义者旨在寻找那些可以决定特定行为是否会重复的事件。

约翰·华生

在俄国生理学家伊万·巴甫洛夫（Ivan Pavlov）设计的实验中，狗学会在喂食时间听到铃声而大量分泌唾液，这奠定了**经典条件作用**（classical conditioning）的基础，即刺激-反应。经典条件作用指的是一个刺激和另一个带有奖赏或惩罚的无条件刺激的多次联结，可使个体在前者单独呈现时，产生类似无条件反应的条件反应。美国心理学家约翰·华生（John Watson）把刺激-反应理论应用于儿童，声称可以以任何方式塑造任何儿童。华生认为，学习可以决定儿童会变成什么样。通过正确的方法，几乎所有人都可以学会任何东西。也就是说，经验决定了发展过程。

经典条件作用 一个刺激和另一个带有奖赏或惩罚的无条件刺激的多次联结，可使个体在前者单独呈现时，产生类似无条件反应的条件反应。

伯尔赫斯·弗雷德里克·斯金纳

不过，华生几乎没有做什么研究来支持自己的观点。华生做的最早、最有名的经典条件作用实验，就是让 11 个月大的婴儿小阿尔伯特学会害怕白毛物体。而伯尔赫斯·弗雷德里克·斯金纳（Burrhus Frederic Skinner）的研究填补了这一空白。斯金纳对**操作条件作用**（operant conditioning）进行了研究，虽然他的研究对象主要是老鼠和鸽子，但是他认为研究所用到的原理同样可以应用于人类。而研究已经证明，这些原理如果运用得当，对儿童、青少年、成年人都有非常有力的影响。

根据操作条件作用，行为的后果决定了这一行为在未来是否会重复出现。斯金纳提出了两种特别有影响的行为后果。首先是**强化**（reinforcement），这种后果会增加行为在未来发生的可能性。其次是**惩罚**（punishment），这种后果会减小行为再次出现的可能性。而一种行为后果是起强化作用还是起惩罚作用，则因人而异，对某个人起强化作用的后果可能对另一个人则是惩罚。比如，如果孩子喜欢独自待着，那么让他到自己房间去就不再是惩罚，而可能是强化。

强化可以分为正强化和负强化。正强化（positive reinforcement）就是给予奖励，比如，给食物、优惠券、表扬等，甚至是和孩子一起玩。负强化（negative reinforcement）有时候会和惩罚产生混淆，但它们是不同的。负强化是通过移除令人不快的事或物来进行奖励。比如，幼儿告诉父母自己弄脏了尿布，那么换掉这臭烘烘、黏糊糊的尿布就可以鼓励孩子下次“出事”的时候要吭声。而惩罚是通过带来一件令人厌恶的事（比如，打屁股），或者是终止某件令人愉快的事（比如，不让孩子看喜欢的电视节目）来压抑某种行为。

在运用强化时，如果是紧随在某种行为之后，其效果是最明显的。如果某种反应不再获得强化，它最后就会**消退**（extinction），也就是说，回到原来的水平。

操作条件作用 一种反应的发生频率会由于之后的一种刺激而改变。

强化 一种后果，会增加行为在未来发生的可能性。

惩罚 一种后果，会减小行为再次出现的可能性。

消退 如果某种反应不再获得强化，它最后就会回到原来的水平。

条件作用在行为改变上的运用被称为行为矫正或行为治疗。这一方法可以降低儿童发脾气的频率，增加可接受的替代行为。

二、社会学习理论

人们对行为主义是否能比精神分析更好地解释社会行为的发展充满兴趣，这就促成了理论家在条件作用的基础上建构儿童和成人如何获得新行为的观点，社会学习理论（social learning theory）随之出现，其中阿尔伯特·班杜拉（Albert Bandura）的理论最有影响。

阿尔伯特·班杜拉

班杜拉强调，儿童通过观察和模仿他人的行为来学习，即所谓**模仿学习**（modeling）。所以，模仿学习是社会化的过程，通过它，习惯化的行为反应模式得以建立。随着儿童的成长，他们在自己的社会环境中模仿不同的榜样。比如，对青少年而言，父母会被列为青少年生活中最重要的成人。兄弟姐妹也是重要他人，在大家庭里还包括叔、伯、姑、姨等。没有亲戚关系的重要他人包括老师及邻居。已经上大学的青少年往往提到学院里的老师及朋友是其生活中的重要他人。在家庭影响衰减的同时，娱乐明星和同伴成了越来越重要的榜样，尤其是会对语言表达、发型、服饰、音乐品味及基本的社会价值观产生影响。

模仿学习 儿童通过观察和模仿他人的行为来学习的过程。

班杜拉对模仿学习与攻击行为之间的关系的研究很好地证明了他的观点。他的研究表明，儿童的很多反应是在观察真实生活或者电影、卡通片中不同寻常的攻击行为后准确模仿的结果（Bandura，1973）。相似的结果也见于中学生、年轻女性及男性医院护理人员。这一研究使得人们非常关注观看电影电视中的攻击行为对儿童和青少年产生的影响：接触影视中的暴力会增加攻击反应（Bandura，1973）。这一发现已经被其他人证实。

研究范例

成人是榜样，儿童会模仿。

班杜拉指出，家庭中的很多因素都会造就男孩的攻击行为。攻击性强的男孩被鼓励在外面对其他孩子表现出攻击性，在必要的时候使用自己的拳头来维护自己的权益。攻击性强的男孩的父亲似乎从自己儿子的攻击行为中获得了替代性的享受，他们对自己儿子的攻击行为也比较容忍。

攻击性强的男孩的父母针对攻击行为还往往采取惩罚措施。他们更多地使用体罚、隔离及剥夺权利的方式，很少讲道理。男孩在家里因为攻击行为而受到的体罚越多，他们就变得越具有攻击性。所以，他们模仿父母对他们的惩罚而学会了攻击。

攻击性强的男孩的良心发展与攻击性弱的人不同。后者的行为受到内疚及内部回避的控制。如果攻击性强的男孩的攻击性完全受到抑制，那么这是因为对惩罚的恐惧，而不是因为内疚和内部控制。因为攻击性强的男孩与父母并没有很亲密的关系，所以他们的良心发展受到阻碍。

大多数学习理论家强调强化或者他人的反应在影响未来行为中的作用。班杜拉扩展了这一概念，他提出了替代强化（vicarious reinforcement）和自我强化（self-reinforcement）。替代强化涉及一个人在观察另一个人时看到的积极结果或者消极结果。比如，看到因为攻击行为受奖励，会增加观察者也表现出攻击性的可能性。

社会学习理论对解释人类的行为具有非常重要的意义。尤其重要的是，它强调成人的所作所为及其呈现的角色榜样在影响青少年的行为方面，比他们所说的要重要得多。老师和父母鼓励青少年学会为人正派、助人利他，形成道德价值观及社会良心，最好的方法就是自己表现出这些美德。

后来，班杜拉扩展了自己的理论，将其称为社会认知理论（social cognitive theory），使其包含了认知的作用（Bandura，1986，1989）。班杜拉不是认为个体会严格地受到环境的影响，而是强调个体通过选择自己的环境及希望追求的目标，在很大程度上决定了自己的命运。儿童通过观察他人的自我表扬和自我谴责，以及通过自己行动的价值反馈，会发展出个人的行为标准和**自我效能感**（a sense of self-efficacy），即对自己的能力和特征有助于自己获得成功的信念。这种认知在特定的情境中会指导个体的行为反应（Bandura，1999，2001）。

> **自我效能感** 对自己的能力和特征有助于自己获得成功的信念。

人们会对自己的思想、情感及活动进行反省和调整，以实现自己的目标。简言之，他们解释环境影响的方式决定了他们会采取什么样的做法。以攻击性强的男孩为例，研究表明，攻击性强的男孩偏好于在各种情境中把敌对意图归于他人（Dodge & Somberg，1987）。攻击性强的男孩并不留意有助于他们辨别针对自己的活动意图之善恶的信息。他们很少注意有助于他们对别人的动机进行准确推理的信息。因此，在他们很快得出结论时，他们更可能做出有敌意的意图推理。换言之，不仅仅是发生在这些男孩身上的事决定了他们的攻击水平，他们对他人意图的解释也起着作用。

社会认知理论强调，人们可以主动地控制影响自己生活的事件，而不是被动地接受环境中发生的一切；他们可以通过自己对环境的反应来对其有所控制。一个心态平和、快乐开心、容易安抚的青少年可能会对父母有非常积极的影响，鼓励他们在言行举止中表现出一种友好、温情、爱护的方式。然而，一个好动难静、喜怒无常、难以安抚的青少年则可能刺激父母变得敌对、厌烦、拒绝。从这一点来看，儿童实际上不知不觉中也在一定程度上为自己创造了环境。因为存在个体差异，不同的人在不同的发展阶段会以不同的方式解释自己的环境，并对其做出反应，这样的方式又会给每个人带来不同的经验。

第四节 认知发展观

关于认知发展观，我们在此主要关注两个方面。一方面，皮亚杰的认知发展理论对关于儿童发展的研究产生了独树一帜的影响，他让人们相信儿童是主动的学习者，他的工作激起了关于儿童研究的热潮，对教育哲学和实践也产生了重要影响。但是，他也被认为低估了婴幼儿的能力，他提出的发展阶段对社会和文化的影响也不够重视。其认知发展止于青少年期的观点也受到挑战。另一方面，信息加工理论由于强调对儿童及成人处理认知任务进行精细解读，对于教育具有重要意义。但是，恰恰由于其过于精细，结果难以形成一种综合性的理论，其对非线性的认知（比如，想象和创造）也是言之寥寥。

一、皮亚杰的理论

让·保罗·皮亚杰（Jean Paul Piaget，1896—1980）是一位瑞士心理学家，他对人类认知的发展非常感兴趣。皮亚杰大大改变了人们关于儿童认知资源的概念认知和理解。皮亚杰认为，从出生开始，人的智力能力就开始经历无休无止的发展变化。

让·保罗·皮亚杰

皮亚杰的工作开始于阿尔弗雷德·比奈（Alfred Binet）在巴黎的实验室，那是现代智力测验的发源地。皮亚杰并不赞成比奈关于智力是不变的、先天的这种看法，他开始探索高级的思维过程（Piaget & Inhelder，1969）。皮亚杰对儿童如何得出结论的兴趣超过对他们的答案是否正确的兴趣。皮亚杰并不是问了儿童问题之后再给他们打分，取而代之的是，他问问题是为了找到儿童的答案背后的逻辑。通过对自己的孩子以及其他孩子艰苦的观察，他开始建构自己的认知发展理论（Piaget，1950，1972）。

皮亚杰认为，认知发展是环境影响和大脑及神经系统成熟的综合结果。他用五个术语描述了发展的动力学。**图式**（schema）代表的是最初的思维模式，或者人们用以应对环境中发生的事件的心理结构。比如，在儿童看见他们想要的东西时，他们就会学着够过去抓它。他们形成了一种在这种情况中需要的图式。

图式 最初的思维模式，或者人们用以应对环境中发生的事件的心理结构。

同化 在对新的环境刺激做出反应时通过使用已经存在的结构来获得新的信息。

顺应 创造新的结构来取代旧的结构，以适应新信息。

适应（adaptation）是对有助于增加个人理解的新信息的包纳和顺应。适应有两种方式：**同化**（assimilation）和**顺应**（accommodation）。同化是指在对新的环境刺激做出反应时通过使用已经存在的结构来获得新的信息。顺应是指创造新的结构来取代旧的结构，以适应新信息。比如，儿童可能会看见各种各样的狗（同化），并了解有的狗是安全的，可以爱抚，有的则不是（顺应）。在儿童获得越来越多的信息时，他们改变了自己的心理结构，适应了不同的世界。

平衡（equilibrium）是指在同化和顺应之间获得一种均衡。它指的是个人所经历的现实与他所学到的是匹配的，所以令他觉得舒服的状态。现实与个人对其的理解不协调时，就会产生失衡（disequilibrium），提示有必要做出进一步适应。儿童是通过获得新的思维方式来解决冲突的，以便自己所理解的东西与所看到的是一致的。对平衡的渴望成为推动儿童走过各个认知发展阶段的动机。

皮亚杰认为，在发展中的几个关键点，儿童会使用新的方式对知识进行建构。这包含三个时间点：2岁左右、7岁左右、青少年期之前。这也意味着儿童的认知发展会经历四个不同的阶段，每个阶段儿童对环境的理解和组织方式都有一种根本的变化，都会形成更为复杂的推理方式。这就是皮亚杰所提出的认知发展四阶段（见表 2－3）。

表 2－3　皮亚杰的认知发展阶段

发展阶段	年龄阶段	基本特征
感觉运动（sensorimotor）	出生至 2 岁	婴儿关于外部世界的知识是基于他们的感觉和运动技能获得的。婴儿通过眼睛、耳朵、手和嘴与外界互动来“思维”。因此，他们会发明一些解决问题的方式，比如通过拉杠杆来听音乐盒的声音，找藏起来的玩具，把物体放入容器后又拿出来。到这一阶段末，他们会使用心理表征。
前运算（preoperational）	2～7 岁	儿童学会如何使用符号（比如，词汇和数字）来反映外部世界的各个方面，反映他们之前感觉运动时期的认识。但是，他们与外部世界的联系是以自己的观点为基础的。思维缺乏后两个阶段的那种逻辑性。
具体运算（concrete operational）	7～11 岁	儿童的推理变得具有逻辑性。学龄儿童会理解一定数量的柠檬水或橡皮泥在外形改变后仍然保持不变。他们也会把物体组织到各种分类和亚类中。然而，其思维还未达到成人智力的水平，仍然不是抽象的。
形式运算（formal operational）	11 岁以后	抽象、系统的思维能力使得青少年在面对问题时能够先提出假设，演绎出可供检验的推理，将各种变量进行分类和综合，看看哪个推理会得到证实。

二、信息加工理论

在 20 世纪七八十年代，一些研究者转向认知心理学以寻求对思维发展的理解。由计算机工作原理获得启示的心理学家提出了信息加工理论（information-processing theory），它主要是利用计算机原理来解释思维以及儿童期和青少年期思维的发展。

信息加工理论认为，人的认知就像计算机包含硬件（硬盘、随机存储内存、中央处理器）和软件（我们所用的程序）一样，也包含心理硬件和心理软件。心理硬件指的是认知结构，包括存储信息的各种记忆。心理软件包括组织起来的认知过程，它使人们能够完成特定的任务，比如读句子、投篮球等。信息加工理论家把学生参加考试的过程看成这样的：首先，他们在学习的时候要对信息进行编码并将其存储在记忆中；然后，他们在考试的时候则要恢复必要的信息。从感觉接触到信息（输入）再到它作为行为反应（输出）而出现，人们主动对信息进行了编码、转化和组织（见图 2－1）。

技术大踏步，思想会同步？

信息加工理论家通常使用流程图来描绘个体用以解决问题、完成任务的一系列精确步骤，即收集、存储、恢复和使用信息的步骤，就好像程序员给计算机设计的一系列运行步骤一样。也有的信息加工模型把人的认知系统看成一个整体（Lockhart & Craik，1990）。

信息加工理论也通过类比计算机的发展，对思维发展的变化进行了解释。今天的计算机所能够完成的工作比几年以前的计算机所能够做的更多，因为今天的计算机有了更

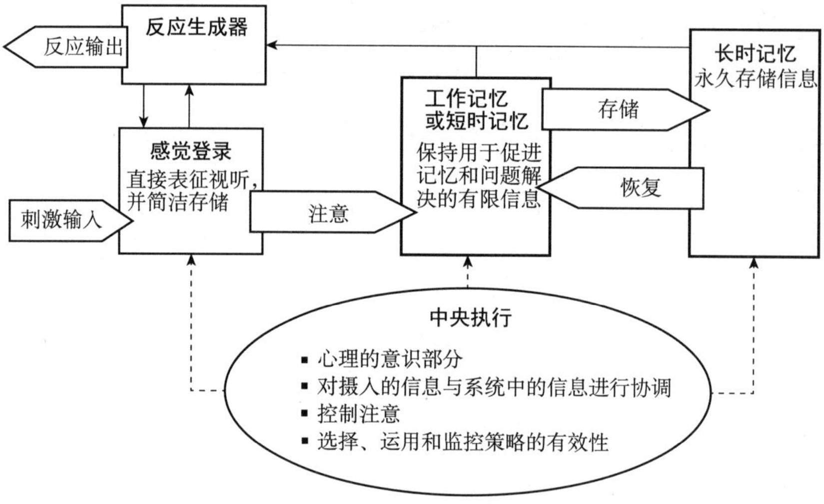

图 2 - 1　人类信息加工的模型

好的硬件（比如，更大的内存、运转更快的中央处理器）和更为复杂的可以发挥硬件优势的软件。年龄大一些的儿童和青少年就比年幼的儿童拥有更好的硬件和软件，年幼儿童的硬件和软件更像是已经老旧过时的。另外，心理硬件也会磨损，心理软件的性能也会降低，这就是对认知年老化的解释。

信息加工理论没有把发展分为几个阶段，其所研究的认知过程（知觉、注意、记忆、思维、言语理解）在各个年龄段都被看成相似的，只不过表现出的程度有所不同而已。它使研究者能够根据感知觉和信息加工的有效性来预测婴儿长大以后的智力水平，使父母和老师能够让孩子意识到自己的心理过程和认知策略，进而改善其学业。而且，信息加工模型也可以用于测量、诊断和治疗学习问题（Williams，2001）。

值得一提的是，在过去的 20 多年内，信息加工的研究朝一个新的方向进行了扩展，这就是发展认知神经科学（developmental cognitive neuroscience）。它是心理学、生物学、神经科学、医学的整合，旨在研究大脑的变化与个体认知过程和行为模式之间的关系。

从前研究者对认知过程的研究都脱离了认知过程发生于其中的大脑生理结构，现在复杂精密的仪器使我们有可能看到大脑内的活动，对儿童及成年人完成各种任务时大脑内的活动也有了更完善的分析方法，这大大提升了我们对脑功能与行为的关系的认识（Cabeza et al.，2005；Johnson，2005）。发展认知神经科学有可能解释大脑与环境发生交互作用时，认知是如何变化的；有可能帮助我们理解为什么有些人的发展不正常，为什么成年人会衰老（Posner & DiGirolamo，2000）；有可能解释为什么早期经验会影响幼儿大脑的成熟和发展，大脑内发生了什么变化使得青少年和成年人学习第二语言比儿童困难等。

研究范例

精彩在面前，到底啥入眼？

关于在不同的年龄段大脑对什么类型的经验最敏感，神经科学家的研究有了很大进展。同时，很多学习和行为障碍的大脑定位也已经被澄清，研究者正努力设计有效的干预措施来检验其对行为和脑功能的影响（Munakata et al.，2004）。

第五节　进化观

一、习性学与进化发展心理学

习性学（ethology），也就是动物行为学，关注的是行为的适应价值或生存价值及其进化史，其起源可以追溯到达尔文的工作。而欧洲的两位动物学家康拉德·洛伦兹（Konrad Lorenz）和尼可·廷伯根（Niko Tinbergen）则奠定了现代习性学的基础。

习性学强调决定行为的进化因素，即基因和自然选择的作用。习性学家试图通过研究在自然或半自然环境中生活的动物去了解动物的行为。他们从事研究的主导思想是：由于自然选择的结果，每个动物的行为都具有一定的适应意义。

康拉德·洛伦兹

习性学是从以下几个方面来研究动物行为的：分析动物的整个行为序列；进行剥夺学习机会的实验；比较系统上相近的物种的行为的相似性，研究其演化上的关系；通过杂交实验研究基因的决定性；观察和分析物种特异行为和它们的生存条件的关系，研究其适应价值。社会生物学视角（sociobiological perspective）的研究，如动物种群的组织、个体之间的交往手段、雌雄关系、亲子关系、利他行为等，都属于习性学的范畴。习性学家也研究个体行为的习得成分。

洛伦兹和廷伯根通过观察不同种系动物的自然习惯，发现了有助于其生存的行为模式。这当中最有名的是**印刻**（imprinting），即刚刚出生的小鹅的追随行为，这使得它们与母亲保持比较近的距离，能够得到喂食，受到保护而免遭危险。印刻发生在早期的一个有限的时期，如果这时候鹅妈妈不在，而与鹅妈妈相似的物体在场，那么小鹅就会对该物体形成印刻（Lorenz，1952）。

由印刻引出的关于人类发展的一个重要概念是**关键期**。这是一段有限的时间，在这段时间中，个体在生物学上做好了产生某种适应行为的准备，但是它需要得到适当的环境刺激的支持。很多研究者考察了复杂的认知行为和社会行为是否必须在特定的时间区间内学习。比如，在幼儿期，如果剥夺了其食物或生理及社会性刺激，那么个体的智力发展是否会受损？如果个体在生活早期未能掌握语言，那么以后其获得语言的能力是否会下降？

> **印刻**　刚刚出生的小鹅的追随行为，使得它们与母亲保持比较近的距离，以便得到喂食，受到保护而免遭危险。
>
> **关键期**　一段有限的时间，在这段时间中，个体在生物学上做好了产生某种适应行为的准备，但是它需要得到适当的环境刺激的支持。

习性学的研究表明，社会行为的很多方面，比如情绪表达、攻击、合作、社会性游戏等，与我们的灵长类动物亲戚非常相似。所以，研究者扩展了一个新的研究领域，即进化发展心理学（evolutionary developmental psychology），试图帮助理解种系范围内的认知能力、情绪能力、社会能力在随时间迁移过程中的适应价值（Bjorklund，2018；

Lickliter & Witherington，2017）。

进化发展心理学把达尔文的自然选择和适者生存原理用于解释个体的行为。它认为，人们会在无意识中努力谋求生存，并努力使自己的基因得以传递。这样，这一种系就会具有已经进化的解决问题的机制。比如，孕妇突然厌恶某些食物实际上可能就是一种机制，目的是在胎儿发展最为脆弱的时候保护其免受有害物质的伤害（Bjorklund & Pellegrini，2000，2002）。然而，这种“已经进化的机制”并不像动物身上发现的那样普遍，或者是自动化的。

进化发展心理学的概念也越来越多地被用于解释人类发展（Finlay，2022）。进化发展心理学就是要确定在不同的年龄段具有适应性的行为，其探索的问题包括：新生儿对类似面部的刺激的偏好，在其生存过程中扮演了什么样的角色？年龄大一些的婴儿对照料者和陌生人的区分能力与此有关吗？为什么儿童喜欢与同性同伴一起玩游戏？他们从这种游戏中学到的什么东西，可能使得他们形成成年人那样的性别类型化的行为？

可见，进化发展心理学家不只关注发展的生物学基础。他们认识到，人类更精密的大脑的存在以及儿童期的延长是由于需要适应越来越复杂的生活环境和技术环境。所以，他们也会对学习感兴趣（Blasi & Bjorklund，2003）。行为的进化选择在人的前半生作用最强，可以确保个体的生存、繁殖和有效的养育行为。而在人年老的时候，生活及文化因素变得越来越重要（Staudinger & Lindenberger，2003）。

二、依恋理论

依恋是婴儿与照料者的情感联系，是一种有助于生存的进化反应。在 20 世纪 50 年代，哈里 · 哈洛（Harry Harlow，1958）以恒河猴为研究对象，进行了著名的代理妈妈养育实验，揭示了喂养虽然是形成亲密关系的重要条件却非唯一条件，依恋不仅仅是对食物的满足这一点。

依恋 婴儿与照料者的情感联系，是一种有助于生存的进化反应。

哈洛将刚出生的幼猴从猴妈妈身边带走。在 6 个月的时间里，幼猴由两个代理“妈妈”喂养，一个代理“妈妈”是用铁丝做的，另一个是用绒布做的。一半的幼猴由铁丝“妈妈”喂养，研究者在铁丝“妈妈”胸前特别安置了一个可以提供奶水的橡皮奶嘴；另一半的幼猴则由绒布“妈妈”喂养，绒布“妈妈”胸前同样安装了奶瓶（见图 2-2）。每隔一段时间，计算幼猴与铁丝“妈妈”或绒布“妈妈”在一起的时间。结果发现，不管是哪个代理“妈妈”喂养幼猴，幼猴和绒布“妈妈”在一起的时间都要长得多。即使是铁丝“妈妈”提供奶水，而绒布“妈妈”不提供，幼猴和绒布“妈妈”在一起的时间也更多一些。

图 2-2 幼猴的铁丝“妈妈”和绒布“妈妈”

虽然两组幼猴食量不相上下，体重增长速度也大同小异，但铁丝“妈妈”喂养的幼猴对奶水消化不良、经常腹泻，这说明缺少母亲的接触安慰，幼猴产生了心理紧张。同样，当哈洛惊吓到幼猴的时候，那些被绒布“妈妈”养大的猴子会跑到绒布“妈妈”身边，紧紧抱住它，以获得安慰和保护；那些被铁丝“妈妈”养大的猴子则没有。这说明母亲是否提供安慰似乎会决定猴子是否在母亲与安全感之间建立联系。这项研究清楚地表明，对幼猴而言，喂养并不是依恋过程中的关键因素，接触的舒适性才至关重要。

后来，洛伦兹关于印刻的研究也激发了英国精神分析学家约翰·鲍尔比（John Bowlby）把习性学的理论应用到解释人类婴儿与照料者之间的关系上，其提出的依恋理论（theory of attachment，1969）认为，婴儿与照料者的情感联系是一种有助于生存的进化反应。

约翰·鲍尔比

鲍尔比相信，人类婴儿像其他动物种系的幼儿一样先天具有一套内在的行为，它们可以使父母一直待在附近保护婴儿免于危险，并在婴儿探索环境时给予支持。与父母的联系确保婴儿能够得到喂食，但是鲍尔比认为喂食并不是依恋的基础，把依恋放在进化背景下可以有最好的理解，因为种系的生存是最重要的。

在鲍尔比看来，婴儿与父母的依恋关系始于他们发出的一系列先天的、能召唤成年人来到婴儿身边的信号。比如，他们的微笑、咿呀学语、抓握、哭泣、盯着成年人的眼睛等。经过一段时间，真正的情感联系得以发展，这当中，新的认知能力、情绪能力，以及曾经得到温情而敏感的照料的经历，都会起到促进作用。

个体的早期依恋状况与后来的发展关系紧密。根据精神分析和习性学理论，由依恋促成的内部情感及安全感对心理发展的各个方面都有支持作用。追踪研究发现，具有安全依恋的学前儿童表现出比不安全依恋型儿童更强的自尊、社会能力及共情。在11岁时，安全依恋型儿童仍然表现出较强的社会能力（Shulman et al.，1994）。不过，照料行为的连续性才是决定安全依恋与后期发展之间的关系的因素（Thompson，2000）。如果父母不仅仅是在婴儿期有敏感的响应，在以后也一如既往，将有助于很多方面的发展：更为自信的自我概念、更准确的情绪理解、更好的人际关系、更强的道德责任感、更强的学业动机。相反，父母长期不敏感则可能导致儿童出现各种发展困难。

总之，婴儿期的安全依恋会使亲子关系朝积极的方向发展，但早期安全依恋的影响是有条件的，即有赖于婴儿未来关系的质量。即使儿童在婴儿期得到精心的照料，后来却缺乏与他人的情感联系，也可能会出问题。相比之下，如果父母的照料有所改善，或提供其他的补偿性关系，则儿童可能会表现出心理弹性，从逆境中恢复（Belsky & Fearon，2002）。

第六节　背景观

背景观中，维果茨基的理论是一种重要的理论，其所激发的研究表明每种文化中的人们都发展了其优势，但是他对于社会经验的强调使他忽视了发展的生物学方面。他虽然承认遗传和大脑的发育很重要，却对其在认知变化中的作用惜墨如金，言之寥寥。生态系统理论则由于过于强调个人的发展受到独特内外部因素的交互影响，而难以对大多数人的发展特点提出概括性的描述。

一、维果茨基的理论

列夫·维果茨基

苏联心理学家列夫·维果茨基（Lev Vygotsky）是背景观的先驱，尤其是对儿童认知发展进行了阐述。由于政治、历史等方面的原因，维果茨基的研究工作在最近几十年才在西方学者中产生了广泛影响，但是其作为理解发展的文化基础的重要理论，影响力与日俱增（Gauvain & Nicolaides，2015）。维果茨基提出的社会文化理论（sociocultural theory）关注的是文化（价值观、信仰、习俗、社会团体的技能）是怎么传递给下一代的。其核心观点是：社会、文化及历史的复合体是儿童生活的一部分，要理解儿童认知的发展，就必须看其思维之所以衍生的社会过程。儿童的发展与社会及文化的活动不可分离（Valsiner，2021）。

每种文化都为其成员提供了某种思维工具，特定文化中的人们解决问题的方式是通过口头和书面的交流代代相传的。所以，文化塑造了思维的本质，尤其是当文化植根于语言时。认知发展并没有普适性，它在不同的社会背景和文化背景下会因为由文化决定的思维工具存在差异而有所不同。

按照维果茨基的看法，社会互动，尤其是与社会中更有知识的成员的协作性对话，对儿童获得构成其社会文化的思维方式和行为方式是必不可少的。维果茨基相信，当成年人及更有经验的同伴帮助儿童掌握具有文化意义的活动时，他们之间的沟通交流就变成了儿童思维的一部分。当儿童把这些对话的关键特征内化以后，他们就能够用内部言语来指导自己的思想和行动，并获得新的技能（Berk & Harris，2003；Winsler et al. Eds.，2009）。通过这种互动，儿童学会使用的工具可为他们适应自己的文化并获得成功助一臂之力（Mecacci，2021）。

维果茨基的理论对认知发展研究的影响尤为明显。他认为，儿童是主动的建构者，其认知发展是一个社会中介过程，这有赖于儿童在尝试新的任务时成年人及更为成熟的同伴提供的支持。

维果茨基认为，在儿童能够掌握和内化学习内容之前，成年人（或更有经验的同伴）必须对儿童的学习进行指导和组织。这种指导对帮助儿童跨越**最近发展区**（zone of proximal development）非常有效。最近发展区指的是儿童已经能够做的与自己尚不能很好完成的之间的差距。对特定的任务而言，处于最近发展区的儿童差不多能够靠自己完成任务，然而，如果有了某种正确的指导，他们就能够做得非常好。在这一协作过程中，指导和监控学习的责任会逐渐地转移到儿童身上（见图2-3）。

> **最近发展区** 儿童已经能够做的与自己尚不能很好完成的之间的差距。

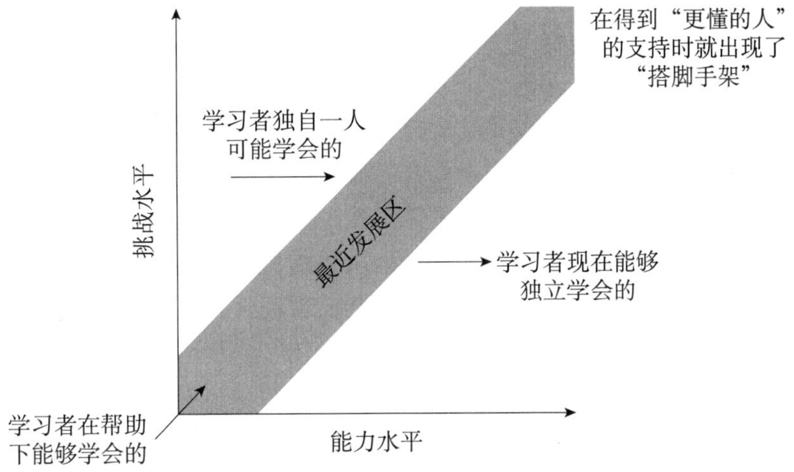

图 2-3 最近发展区

比如，在成年人教儿童漂浮的时候，成年人首先会在水里托着儿童，当儿童的身体放松呈水平姿态时，再逐渐地放手。在儿童看起来准备好了的时候，成年人会一点点地放手，直到最后让儿童自由地漂浮。维果茨基的一些追随者（例如，Wood，1980）把这种教学方式比喻为“搭脚手架”（scaffolding），也就是说，在儿童能够独立完成任务之前，父母、老师或其他人给予儿童暂时的支持。

在维果茨基看来，儿童经历了某些阶段性的变化。比如，在他们获得语言时，他们和其他人对话的能力就会大大提升，对具有文化价值的能力的掌握就会向前发展。当儿童进入学校时，他们会花更多的时间来讨论语言、读写及其他的学业概念，这种经验会鼓励他们去反省自己的思维。结果，他们的推理能力和问题解决能力得到了很大的发展。

维果茨基的理论在教育和认知测验中具有重要意义。基于最近发展区的测验是一种动态测验（dynamic testing），关注的是儿童的潜力，它为标准化智力测验（测量儿童已经学会的东西）提供了一种有价值的选择，许多儿童也能够从维果茨基所制定的专家指导意见中获益。

虽然基于维果茨基理论的研究很多是关注儿童的，但是他的理论实际上适用于各个年龄段的人。其核心是，文化为其成员选择了他们的发展任务，围绕这些任务的社会互动使人们获得了在特定文化内获取成功所必需的能力。比如，在工业化社会，老师教人们学会阅读或使用计算机；在墨西哥南部的印第安人则教少女们学习复杂的编织技术（Greenfield et al.，2000）。在巴西，卖糖果的儿童几乎没有上过学，却掌握了复杂的数学能力，因为他们要从批发商那里买来糖果，再与成年人和有经验的同伴一起协商定价，并与街上的顾客讨价还价（Saxe，1988）。

二、朱智贤的发展观

朱智贤是我国儿童心理学家，其一生主要从事儿童青少年心理学的研究，通过系统、全面的研究形成了自己的理论体系。而且，朱智贤也是主张发展心理学研究中国化的典

朱智贤

范（赵璧如，2010；林崇德，2011；白学军，林崇德，2014）。

朱智贤关于儿童心理发展的理论观，主要体现在对四大基本理论问题的阐述上。

第一，在先天与后天的关系上，朱智贤从20世纪50年代末开始，一直坚持先天来自后天、后天决定先天的观点。他承认先天因素在心理发展中的作用。不论是遗传素质还是生理成熟，它们都是儿童与青少年心理发展的生物前提，提供了心理发展的可能性；环境和教育则将这种可能性变成现实性，决定着儿童心理发展的方向和内容。朱智贤不仅提出这个论点，还坚持开展这方面的实验研究。

第二，在内因与外因的关系上，也就是心理发展的动力问题上，朱智贤认为环境和教育只是儿童心理发展的外部原因，它必须通过儿童心理发展的内部矛盾起作用。在儿童主体和客体相互作用的过程中，社会和教育向儿童提出的要求所引发的新的需要和其已有的心理水平之间的矛盾，是儿童心理发展的内部矛盾或内因，也是其心理发展的动力。

第三，在教育与发展的关系上，朱智贤认为儿童心理发展不是由内因或外因孤立决定的，而是由适合于内因的一定外因决定的。也就是说，儿童心理发展主要是由适合于他们心理内因的教育条件决定的，而且从学习到心理发展要经过一系列的量变和质变过程，这种变化是通过不断领会和掌握知识与经验实现的（见图2-4）。那么，在教育与发展的关系中，如何发挥教育的主导作用？这涉及教育要求的标准问题。朱智贤提出，只有那种高于主体原有水平，经过主体努力后又能达到的要求，才是最适合的要求。

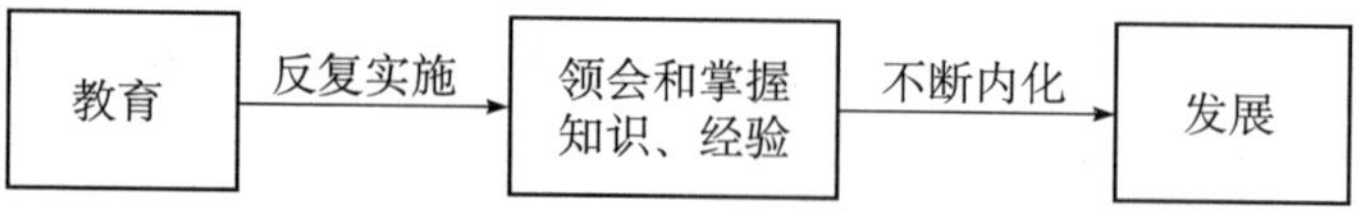

图2-4 教育与发展的关系

第四，在年龄特征与个别特点的关系上，朱智贤认为儿童心理的变化表现出年龄特征，年龄特征既有稳定性又有可变性；在同一年龄阶段，既有本质的、一般的、典型的特点，又有个体之间的差异性，即个别特点。

当然，对上述四大理论问题的分析和阐述，在中外心理学史上有过不少，但提出如此系统、辩证的观点被认为是第一次（林崇德，2002）。

值得一提的是，朱智贤提出了“儿童心理学研究中国化”的思想。他在1978年就指出，中国的儿童与青少年及其在教育中的种种心理现象有自己的特点，这些特点表现在教育实践中，需要我们深入研究。坚持在实践中，特别是在教育实践中研究发展心理学，这是我国心理学前进道路的主要方向。

朱智贤倡导建立中国的儿童心理学体系，在实际研究中确定中国儿童的心理特点和常模。他反对脱离实际、为研究而研究的学术风气，主张研究中国人从出生到成熟心理发展的特点及其规律。他认为，中国儿童和青少年与外国儿童和青少年有共同的心理特点，即存在着普遍性；但又具有不同的特点，即有其特殊性，而这是更重要的。朱智贤主持编著的、于1990年出版的《中国儿童青少年心理发展与教育》可被视作儿童心理学研究中国化的一个重要体现。

三、生态系统理论

个体并不是在真空中发展的，每个人都是在由自己的家庭、社区及国家构成的多元体系下发展的。人们会受到同伴、亲戚及与之接触的其他人的影响，受到宗教组织、学校及他们隶属于其中的团体的影响。他们也受到媒体、他们成长于其中的文化、国家和地区的领导及世界大事的影响。他们在某种程度上是环境和社会影响的产物。

尤里·布朗芬布伦纳

尤里·布朗芬布伦纳（Urie Bronfenbrenner，1987）提出了一个理解社会影响的生态系统理论模型。他的观点在过去几十年中牢牢地站稳了脚跟，现在它是得到最广泛接受和应用的生态系统理论模型之一。

在布朗芬布伦纳看来，社会影响可以分为围绕个体扩展开来的一系列系统，个体是这些系统的中心（见图2-5）。

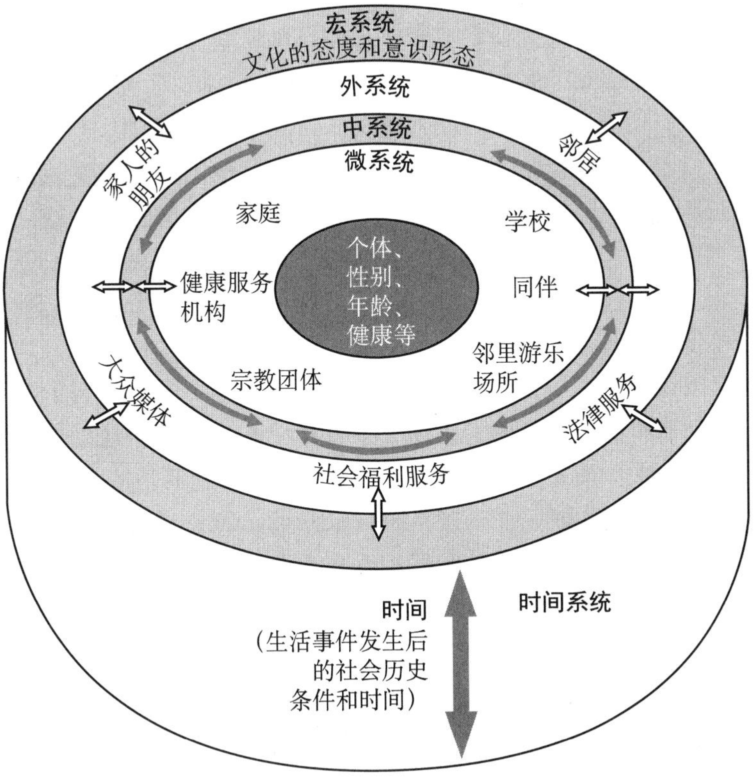

图2-5　生态系统理论模型

对个体产生最直接影响的是**微系统**（microsystem）中的因素，包括个体直接接触的那些方面。对大多数个体而言，家庭是主要的微系统，接下来是朋友和学校。微系统中的其他成分是健康服务机构、宗教团体、邻里游乐场所及个体隶属其中的各种社会团体。

微系统 对个体产生最直接影响的因素，包括个体直接接触的那些方面所在的系统。对大多数个体而言，家庭是主要的微系统，接下来是朋友和学校。

微系统随着个体在各种社会背景下的进进出出而改变。比如，个体可能会换学校、不再去教堂、退出某些活动以及参加另外的活动。布朗芬布伦纳强调，微系统中各因素的关系都是双向的。比如，成年人会对儿童的行为产生影响，但是儿童的生理特征、社会特征也会影响成年人的行为。友好、体贴的儿童可能会激发父母积极、有耐心的反应，但是活跃而注意力不集中的幼儿则可能是父母严厉管制和惩罚的对象。持续一段时间的双向互动会对发展产生持久的影响，并且微系统中的某些人会对任何两个人之间的关系质量产生影响。比如，如果这些人是支持性的，互动的质量就会得到提升。

中系统 包含微系统背景下的交互关系。比如，在学校发生的事会影响在家里发生的事，反之亦然。

中系统（mesosystem）包含微系统背景下的交互关系。比如，在学校发生的事会影响在家里发生的事，反之亦然。在考虑多方面影响因素之间相互关系的情况下，个体的社会性发展可以得到最好的理解。对中系统的研究涉及对互动的频率、性质及影响的分析，比如家庭经验与学校适应之间的关系怎样，家庭特征与同伴压力的关系怎样，或者上教堂做礼拜与其同异性之间的亲密性有无联系。

微系统和中系统可以相互强化，或者产生相反的影响。如果中系统与微系统的基本价值观有分歧，就会有麻烦。在不同的价值观体系间做选择，个体可能会感到压力过大。

外系统 由那些个体并不在其中扮演活跃角色，但是又会对他们产生影响的背景构成。

外系统（exosystem）是由那些个体并不在其中扮演活跃角色，但是又会对他们产生影响的背景构成的。比如，父母在工作中发生的事会影响父母，接下来也会影响到孩子的发展。父母的老板决定了工资、工作、假期安排及工作地点。如果公司决定解雇某一雇员，它就会影响整个家庭。所有这些因素都将影响父母与孩子的关系。

同样，社区组织也会对个体在多方面产生影响。比如，学校确定了课程、校历，雇用了教师。当地政府可能会开放或者关闭一个青年中心或者游泳池。外系统中发生的这些事会影响个体，而父母最关心的是个体的利益。

宏系统 包括特定文化中的意识形态、态度、道德观念、习俗及法律。

宏系统（macrosystem）包括特定文化中的意识形态、态度、道德观念、习俗及法律。它涉及的是教育、经济、宗教、政治及社会等方面的核心价值观。宏系统决定了谁是成人，谁是儿童或青少年。它设置了身体吸引力、性别角色行为的标准，它对吸烟这样的有关健康的行为会产生影响，它也影响教育标准及种族团体之间的关系。

文化在不同的国家、种族或者社会经济团体中是截然不同的。在每个团体内部，差异也是存在的。比如，在瑞典，法律禁止父母打孩子，而在美国这种行为却得到某些团体的宽容。中产阶层的父母与社会经济地位低的父母在抚育孩子方面往往有着不同的目标和哲学理念。农村家庭父母的价值观与城市家庭父母可能大相径庭。这些价值观和习俗会对个体产生不同的影响。所以，在谈及社会性发展时，我们必须讨论个体成长于其中的背景下的问题和所关注的东西。

时间系统（chronosystem）就是时间维度，包括家庭构成、居住地或父母职业的变化，以及重大事件的发生状况，比如战争、移民潮等。家庭模式的变化也是时间系统中的因素，比如工业化国家中参加工作的母亲数量的增加、发展中国家中几世同堂的大家庭的减少。

时间系统 即时间维度，包括家庭构成、居住地或父母职业的变化，以及重大事件的发生状况，比如战争、移民潮等。

按照布朗芬布伦纳的观点，环境并不是静态地以一成不变的方式对个体发展产生影响。相反，它是动态的、不断变化的。无论什么时候，个体在生活中所承担的角色增加或减少了，或者生活背景有所增减，其微系统的广度都会发生变化。纵观人的一生，背景中发生的这些变化（即所谓的“生态转换”）常常是发展中的重要转折点。开始上学、开始工作、结婚成家、为人父母、分居离婚、迁移住所以及离职退休等都是。

这些变化可能是外部因素造成的，也可能是个体自身引发的，因为个体会对自己的生活背景和经验进行选择、修正，甚至创造。一个人会做什么与其年龄有关，跟他的生理特征、智力特征和人格特征有关，也和他的环境机遇有关。因此，生态系统理论认为发展既不是环境控制的结果，也不是个体内在倾向驱动的。相反，人是环境的产品和生产者，人和环境一起构成了一整套相互依赖、相互影响的系统。生态系统理论系统地分析了环境宏系统和微系统，关注了环境系统的联系（Perez-Edgar，2021），这一理论也强调了家庭之外的社会背景（邻里、宗教、学校、工作场所和文化）对儿童发展的影响（Iqbal & others，2021）。

四、能力-环境压力理论

能力-环境压力理论（competence-environment press theory）也是强调个体与环境交互作用的理论，只不过没有生态系统理论那么复杂。鲍威尔·洛顿（Powell Lawton）提出的这种理论最初是用来解释老年人在其生活环境中的行为方式的（Lawton & Nahemow，1973），然而，它也可以用来理解各个年龄段的人是如何应对自己的环境的。

鲍威尔·洛顿

能力-环境压力理论认为，要理解心理年老化的过程，就需要把注意力放在个体的需要上，而不是对所有的老人一概而论，也就是说，要关注个人与其所处环境的关系（Lawton & Nahemow，1973；Nahemow，2000；Pynoos et al.，2010）。

在此，能力指的是一个人在五个方面的上限，即身体健康、感知觉技能、运动技能、认知技能、自我的力量。这几方面是所有其他能力的基础，反映了身体及心理状况。环境压力指的是环境对人在身体上、人际上、社会性上的要求，比如，上下楼梯、适应不同的人际交往、应对法律和习俗方面的问题等。

在人的一生中，个体的能力和环境压力会发生变化，年幼时的能力与青年期、中年期、老年期是大不相同的，环境压力也是如此。根据这一理论，人们对环境的适应状况基本上有赖于其能力与环境压力的匹配程度。个体的适应行为及积极情感可能来自能力与环境压力水平的多种组合。如图 2－6 所示，纵轴代表能力的高低，横轴代表环境压力的强弱，图中的不同点位代表二者的不同组合。在“适应水平”区，压力水平对某种水平的能力来说恰到好处，在这里行为和情感都是正常的。压力的稍许增强可以改善能力的表现，这是“最大表现潜力区”。压力的稍许减弱可以创造一个“最舒适区”，这时候人们快乐地生活，而无须担忧环境的压力。能力和环境压力的组合落在这两个区域内，带来的都是适应行为和积极情感，这也就是高质量的生活。

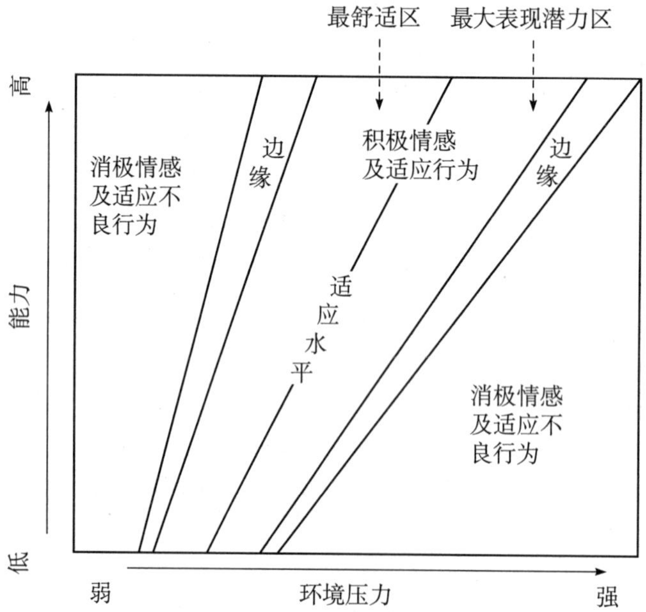

图 2-6　能力-环境压力模型

一个人如果移出了这些区域，行为就会变得越来越不适应，情感变得越来越消极。这也是不同组合的结果。比如，环境对能力低的人提出的要求太多，或者对能力高的人提出的要求太少，都会导致适应不良行为和消极情感。

该理论认为，重要的是要认识到每个人都有潜力去快乐地适应某些生活情境，但不是所有的生活情境。一个人的适应状况有赖于他是否能够符合环境对他提出的要求。如果他的能力和这些要求匹配，他就是适应的；反之亦然。具有良好适应的“最佳匹配”可能存在于人的一生。

通常人们会通过两种方式来应对环境压力与能力之间组合关系的变化。一是“主动出击”，即选择新的行为以满足新的愿望或需要，努力控制自己的生活；二是“随遇而安”，即任由情境主宰自己的选择。前者在能力高的人身上更可能出现，后者在能力低的人身上更可能出现（Lawton，1989）。

与生态系统理论一样，该理论同样强调，为了理解人的行为方式，理解他们生活于其中的系统是非常关键的。

第七节　毕生发展观

也许读者已经注意到了，大多数关于人类发展的理论很少关注成年期的发展。从历史上看，成年期被认为是各种能力已经达到顶峰的时期，之后就是老年期的衰退。自 20 世纪 40 年代后期开始，关于成年期和年老化的研究才多起来，新的理论观点强调把人的发展看成生命全程的重要性。

一、生命全程观

（一）生命全程观的基本原理

生命全程观（life span perspective）认为，人的发展是由多重因素决定的，无法在单一的框架内得到理解。

由玛蒂尔德·雷利最早提出的生命全程观（Matilda Riley，1979）认为人的发展必须从生物-心理-社会框架（biopsychosocial framework）来看，其基本的前提是：其一，年老化是一个逐渐成熟、变老的终生过程，始于受孕，终于死亡。对一个人生活的任何时期（比如，儿童期、青少年期或中年期）的理解，都不可能脱离其起源及其结果。要理解一个特定的时期，就必须知其所来、知其所往。其二，一个人的生活呈现为什么样的画面，会受到社会的、环境的及历史的变化的影响。所以，某一代人的经验可能与另一代人的并不相同。其三，发展的新模式可能会引起社会的变化。比如，过去几十年人们认识到体罚对心理发展有伤害，结果导致一些国家限制父母使用这种处罚措施的法律得以通过。这样一来，不但是生活变化会影响人的发展，而且发展的模式也会影响社会。

玛蒂尔德·雷利

生命全程观把人的发展分为两个阶段：早期阶段（儿童期和青少年期）和后期阶段（青年期、中年期和老年期）。早期阶段的特点是与年龄有关的体格和能力的快速增强。这些变化在后期阶段也会发生，只不过更慢一些；在适应环境的过程中，人的能力一直在发展（Baltes et al.，1998；Baltes & Smith，2003）。以生命全程观来看发展，需要有多个视角。

保罗·波蒂斯及其同事（Baltes et al.，1998；Lang et al.，2010；Stine-Morrow & Basak，2011）梳理了生命全程观的六个关键原理：

第一，发展是跨越终生的。发展是一个终生过程，这当中个体适应自己所选择的情境的能力在变化。生命全程的每个时期都会受到之前发生的事件的影响，也会影响之后发生的事件。每个时期都有其特征和价值，不存在哪个时期更重要或不重要的问题。从前人们认为发展止步于青少年期，现在我们知道即使是非常老的人也在发展。临死前的经验可能是最后的发展。

保罗·波蒂斯

第二，发展包含了得与失。发展是多维度、多方向的。它发生于多重交互作用的维度（生物学的、心理的、社会的），每个维度都可能有自己的发展速度。发展也是朝向多个方向的，人们可能会失之东隅、收之桑榆，并且可能会在同一时间有得有失。儿童的成长是单向的，体格和能力都处于上升期。渐渐地，天平开始倾斜，青少年主要是在生理能力上有所得，而在语言的学习上丧失优势。在成年期，虽然词汇量继续增加，但是解决不熟悉的问题的能力可能会下降；而某些新的特质，比如专业素养，可能在中年期得以发展。人们会通过学习来管理得失或对此进行补偿，以求尽可能多地得、尽可能少地失。

第三，生物学和文化的相对影响在生命全程中会变化。发展过程同时受到生物学和文化的影响，这些影响之间的平衡会随时间迁移而变化。生物学的影响，比如感觉的敏锐度和肌肉的力量与协调，会在一个人变老时减弱；但是文化的支持，比如教育、人际关系和适合老年人的技术环境，则可能会对此有所补偿。

第四，发展包含了资源的不断再分配。个体会选择把时间、精力、天赋、金钱和社会支持等资源做成各种各样的"投资"。这些资源可能有助于成长（比如，学会某种乐器或改善自己的技能）、有助于维持或恢复（通过练习保持或恢复某种熟练技能）或有助于应对无法维持和恢复时的丧失。投在这三种机能上的资源的分配，在人的一生中会发生变化，因为可用资源的总量是在减少的。在儿童期和青年期，大量的资源被用于成长；在老年期，则是被用于调节丧失；在中年期，资源的分配在此三方面比较平衡。

第五，发展是可以修正的。贯穿人的一生，发展都显示出可塑性。很多能力，比如记忆、力量和耐力，可以通过训练和练习得到明显的改善，甚至在老年期也是。然而，某些方面即使是在儿童身上变化的可能性也是有限的。所以，发展研究的一项任务就是要指出特定的发展在什么年龄段能够得到多大程度的修正。

第六，发展受到历史和文化背景的影响。每个人的发展都是在多重背景下进行的，包括生物学的、时间的、地点的。人的发展既会受到历史文化背景的影响，也会对此产生影响。

（二）带补偿的选择最优化模型

值得一提的是，波蒂斯等认为，生命全程的发展涉及成长、维持与丧失的调节之间的动态交互作用，这引发了人生多种的发展过程，使不同的发展轨迹得以形成。基于上述原理，波蒂斯等（Baltes，1997；Baltes & Rudolph，2013）提出了一个带补偿的选择最优化模型（selective optimization with compensation model，SOC），以描述和解释人们如何成功地适应随年老化而出现的变化，它包含三个交互作用的过程：选择、补偿、最优化。这一模型的基本假设是，三个过程形成了一个行为活动系统，它会催生和调节人的发展与年老化。

在人成熟、变老的时候，他们会从很多可能性或机会中进行选择。这种选择基于两种主要的原因（任真，桑标，2003）：当有了新的需要和任务时，个体会选择降低卷入程度而集中于较少的领域，这就是"随意的选择"；当预料中的个人资源或环境资源的丧失出现时，个体会选择降低卷入程度，这就是"基于丧失的选择"。在两种情况下，选择都可能涉及继续追求先前的目标（虽然不再那么强烈）或者取而代之以新的目标，并且这种选择既可能是主动的，也可能是被动的。

当个体因为在特定领域所必需的行为技能丧失或下降至必需的水平之下，而不再表现得游刃有余时，补偿就会出现。此时，个体就会寻找一种替代方式去实现目标。有时，补偿过程需要个体学习新的技能。所以，补偿与选择是不同的，因为这时是通过其他的方式来实现目标。

最优化涉及丧失的最小化和收获的最大化，也就是寻找个人资源与目标之间可能的最佳匹配。因为人不可能在每个方面都获得最好的结果，所以发展就成了一种动态平衡的过程，即在面临最大化实现目标的机会时，在选择正确的目标与补偿之间进行平衡。

可见，该模型可以在很多情境中发挥作用。比如，渐渐老了的音乐家可能会减少他们演奏的曲子的数目（选择），但是会增加演奏的次数（最优化），而且会把音调调低（补偿）。

甘西尔德·哈吉斯戴德

二、生命过程观

生命过程观（life course perspective）描绘的是不同代的人在自己的历史背景下，其发展是如何受到生物学的、心理社会性的及社会文化的因素影响的。尤其是，甘西尔德·哈吉斯戴德和戴尔·丹尼佛认为，它让研究者可以检验历史事件如何影响人们创造自己的生活方式（Gunhild Hagestad & Dale Dannefer，2001；Hareven，2002）。生命过程观的主要特征是个人与社会的动态交互作用，这反映在三个主要的方面：一是个人生活事件发生的时刻与外部历史事件的关系；二是个人生活的转换与家庭转换的同步性；三是由历史事件塑造的早期生活事件对后来生活的影响。总之，它强调的是时间、背景、过程及其意义在发展中的重要性。

戴尔·丹尼佛

受虐儿时起，长大被网欺？

生命过程观的基本概念可以从五个方面来看（见表 2-4）：

第一，它关注发展的多重时间背景，这是生命过程观的核心特征。它包括三个时间维度：一是在个体生命展开过程中个体发育的时间，它会改变行为图式或过程；二是代际时间，它会改变交互关系或自我；三是广泛社会背景下的历史时间，它会改变个体的角色或价值观。这三者的交互作用是非常关键的。而这种时间背景可以是生活产生变化的短暂时期，也可以是把几个生命阶段联系在一起的很长一段时期。

第二，社会背景被认为是理解个人生活和发展的关键因素。这涉及四点：其一，在广泛的社会结构中的位置会影响个体的发展；其二，生活转换及个人发展被赋予的社会意义非常重要，个体与社会背景和结构有交互影响；其三，社会环境的变化带来的影响不是连续的，这意味着要关注文化背景及其变化；其四，宏观水平的发展和微观水平的发展相互影响。

第三，生命过程观关注过程与变化，它采取的是动态的立场，它把连续性和变化性看成发展的辩证法体现。它会考虑年老化、同辈及时间区间对个体行为的不同影响。它强调反馈，即变化的交互作用在宏观及微观水平上对发展的影响。

第四，生命过程观指出，与发展相关的结构和过程的异质性非常重要。理论概念的建构、实验研究都必须既考虑跨越时间的发展中的一般趋势，又考虑普遍模式上的多样性。脱离正常的发展而重视多样性，可能有助于揭示变化中的重要原理。其中一个重要意义就是对伴随年老化而出现的越来越多的多样性的重新认识，这既可以从同辈（宏观）水平来看，也可以从个体（微观）水平来看。随着时间的迁移，人口统计学变量和社会结构会发生变化，个人发展的过程和结果也是如此。

第五，生命过程观强调多学科观点的运用。对发展问题进行跨学科研究的趋势已经非常明显，这涉及生物学、心理学、社会学、人类学、经济学、人口统计学。这种跨学科方法虽然有其弊端，但也获得了越来越多的共识。

表 2-4　生命过程观关于人类发展的五个主题

主题	维度
1. 发展的多重时间背景	A. 个体发育时间 B. 代际时间 C. 历史时间
2. 发展的多重社会背景	A. 社会结构中的位置 B. 关于发展和生活事件的社会意义的建构 C. 文化背景及其变化 D. 宏观-微观水平上发展的交互作用
3. 关于发展的历时观	A. 随时间迁移的连续性与变化性的辩证法 B. 年龄、同辈及时间区间对发展的影响 C. 反馈：变化影响的交互作用
4. 与发展相关的结构和过程的异质性	A. 多样性与差异性 B. 随年老化而不断增加的多样性 C. 随社会变化而不断增加的多样性
5. 关于发展的多学科观点的运用	A. 心理学：发展中的个体发育 B. 社会学：发展的社会背景 C. 人口统计学：发展的人口背景 D. 人类学：发展的文化背景 E. 经济学：发展的资本背景 F. 生物学：发展的遗传基础

基于生命过程观的研究已经清楚地表明，主要的生活转变，比如完成教育、开始工作、结婚成家、生儿育女、离职退休等，会在人的一生中的不同年龄段发生，会在处于不同代的人身上发生。在青少年期以后，人们开始对自己的生命过程有更多的控制时，这些差异就会渐渐显现出来。研究也表明，生活转变更多的是连续的、多方向的，比如，从前人们在青年期就会结束教育，现在则有了终身教育。同时，研究还表明，人们生活的不同领域是高度相互依赖的，比如生孩子的决定就常常是在个体职业和教育的背景下做出的。生命过程观特别有助于研究者理解人们生活经验的各方面（工作、家庭、教育）是如何造就独特的人生的。

最后，我们可以对上述理论观点做一个简要概括，总结一下各种理论观的要点，看看它们在关于发展心理学基本理论问题上的基本立场（见表 2－5）。

表 2－5　各种发展心理学理论观点概要

理论观	代表性理论	主要观点	基本理论问题上的立场
精神分析观	弗洛伊德的理论	人的行为由无意识驱力激发	天性与教养并重；主动发展；阶段性发展
	埃里克森的理论	人格发展有一系列的阶段	
学习观	行为主义	环境控制行为	强调教养；被动发展；连续性发展
	社会学习理论	人们通过模仿和观察来学习	
认知发展观	皮亚杰的理论	思维按照一定的阶段发展	天性与教养并重；主动发展；既有阶段性发展，又有连续性发展
	信息加工理论	思维的发展是由于信息处理效率的提高	
进化观	习性学与进化发展心理学	人的行为由遗传基因决定	天性与教养并重；主动发展；既有阶段性发展，又有连续性发展
	依恋理论	人的发展是具有适应性的生存机制	
背景观	维果茨基的理论	发展受到文化的影响	天性与教养并重；主动发展；既有连续性发展，又有阶段性发展
	朱智贤的发展观	新的需要和儿童已有心理水平间的矛盾是心理发展的动力	
	生态系统理论	个体发展是在一系列有着交互作用的系统中完成的	
	能力-环境压力理论	当能力和外在要求平衡时，适应是最优化的	
毕生发展观	生命全程观	发展是由多重因素决定的；目标的最优化	天性与教养并重；既有连续性发展，又有阶段性发展
	生命过程观	生命过程的转换与年龄的联系越来越小；发展的连续性随时间推移增强；各领域特定的生活道路是相互依赖的	

拓展阅读

到底哪一种理论才是正确的？

我们看到，关于人类发展的理论解释是百家争鸣。精神分析观、学习观、认知发展观、进化观、背景观、毕生发展观等，每种理论都有自己的立足点，对人类发展的重要方面都提出了自己的见解。这些理论解释看起来大相径庭，我们可能会问：到底哪一种理论是正确的呢？

实际上，这个问题本身就是错误的，或者说这不是一个非常恰当的问题，因为上述关于人类发展的理论各自所关注的是发展过程中的不同方面。精神分析观强调人格发展有一系列的阶段，行为主义认为环境控制行为、人们通过模仿和观察来学习，认知发展观指出思维是按照一定的阶段发展的，进化观注重的是发展的生物遗传基础，生态系统理论提出个体的发展是在一系列有着交互作用的系统中完成的，维果茨基的理论认为个体的发展受到文化的影响等。

比如：精神分析观认为，一个肥胖的年轻人具有口唇期发展阶段的固着；行为主义则认为这是其不良饮食习惯和缺乏锻炼所致；认知发展观认为，肥胖的原因是其没有学会保持适当体重的有效方式，而且不重视营养平衡；进化观认为，可能是因为其具有肥胖的遗传倾向，因为过多的脂肪有助于其祖先在饥荒年代存活下来。

因此，我们可以看到，每种理论观点关注的是发展的不同方面，而且，即使是发展中的同一现象在不同的理论观点看来也有迥然不同的意义。而今天一些发展心理学家则提出折中的观点，在对发展问题进行解释时同时采用多种理论视角。

一方面，不同理论对人的发展的描述和解释就好像是出于不同需要而绘制的地图：有的是专门为司机准备的，可能会突出道路的标志；有的是专门为公众准备的，可能会突出公共交通、公共设施的位置；有的是为旅游者准备的，可能会突出该地区的重要旅游景点……那么，哪一幅地图是正确的呢？很显然，每幅地图提供了不同的视角，没有任何一幅地图是完整的。整合这些不同的视角，我们就能够得到更为全面的认识。

另一方面，这些不同的理论观点又为发展心理学的研究提供了不同的理论指导，使得相应的研究成果能够描绘人类发展五彩缤纷的画面，不同侧面的研究成果整合在一起可以使我们对人类发展的全景有更好的认识。所以，我们无法说哪一种理论是正确的、哪一种理论是错误的。这些理论描绘了人类发展轨迹的不同方面，它们对具体问题的解释是否正确，则有赖于相应的研究来证明。

概念术语

俄狄浦斯情结，固着，经典条件作用，操作条件作用，强化，惩罚，消退，模仿学习，自我效能感，图式，同化，顺应，印刻，关键期，依恋，最近发展区，微系统，中系统，外系统，宏系统，时间系统

本章要点

1. 发展心理学理论对人类发展进行解释，可以表现为对毕生发展的基本理论问题的看法，即天性与教养的关系、发展的主动性与被动性、发展的连续性与阶段性。

2. 弗洛伊德建构的性心理理论强调，在儿童生命的早期，父母对其性驱力和攻击倾向的管理方式对其健康人格的发展是非常关键的。

3. 埃里克森的新精神分析理论相信发展持续人的一生，人格发展是由内在的成熟和外在的社会要求交互作用决定的。在每个阶段，个体都有一项心理社会性任务要完成。

4. 行为主义把可以观察的行为看成对经验的可预测的反应。根据操作条件作用，行为的后果决定了这一行为在未来是否会重复出现。

5. 班杜拉强调，儿童通过观察和模仿他人的行为来学习。而且，个体通过选择自己的环境及希望追求的目标，在很大程度上决定了自己的命运。

6. 皮亚杰认为，认知发展是环境影响和大脑及神经系统成熟的综合结果，发展过程可以反映为图式的适应过程。

7. 信息加工理论通常使用流程图来描绘个体用以解决问题、完成任务的一系列精确步骤，即收集、存储、恢复和使用信息的步骤。

8. 习性学强调决定行为的进化因素，即基因和自然选择的作用，每个动物的行为都具有一定的适应意义。

9. 依恋理论认为，婴儿与照料者的情感联系是一种有助于生存的进化反应。婴儿在从出生到建立依恋关系之后，会把这种联系当作父母不在场时的安全基地。

10. 维果茨基的社会文化理论认为，社会、文化及历史的复合体是儿童生活的一部分，要理解儿童认知的发展，就必须看其思维之所以衍生的社会过程。

11. 朱智贤的发展观认为，社会和教育向儿童提出的要求所引发的新的需要和其已有的心理水平之间的矛盾，是儿童心理发展的内部矛盾或内因，也是其心理发展的动力。

12. 布朗芬布伦纳的生态系统理论模型认为，社会影响可以分为围绕个体扩展开来的一系列系统，个体是这些系统的中心。

13. 能力-环境压力理论认为，要理解个体发展的过程，就需要关注个人与其环境的关系，人们对环境的适应状况基本上有赖于其能力与环境压力的匹配程度。

14. 生命全程观把人的发展分为早期阶段和后期阶段。早期阶段的特点是与年龄有关的体格和能力的快速增强，这在后期阶段更慢一些；在适应环境的过程中，人的能力一直在发展。

15. 生命过程观描绘不同代的人在自己的历史背景下，其发展是如何受到生物学的、心理社会性的及社会文化的因素影响的。

复习思考

1. 弗洛伊德的精神分析观与埃里克森的新精神分析观有何区别与联系？
2. 社会学习理论是如何看待攻击行为的？
3. 以生态系统理论来看，个人的成长过程受到哪些方面的影响？
4. 针对某些学生沉溺于网络游戏的现象，如何用各种理论观点进行原因分析？

第三章
生命的开始

开脑思考

1. 年轻的夫妇在得知妻子怀孕以后，通常会满心欣喜。然后，一部分孕妇在随后的多次例行体检中可能会发现胎儿的发育并不正常，孩子出生后可能会有某种疾病或缺陷。那么，你认为这些准父母应该怎么办?

2. 在当今社会中条件不算太差的地方，孕妇分娩已经不是那么危险的事了，而随着医学的进步，剖宫产技术也是日臻完善。从孩子健康的角度看，你认为孕妇选择自然生产好，还是选择剖宫产好?

教学目标

通过本章的教学，应该实现两个目标。其一，了解生命是如何开始的，以及胎儿阶段的发展会受到哪些因素的影响。其二，把握新生儿发展的基本状况。

学习重点

了解胎儿发展的过程及各阶段的主要特点；把握遗传和环境的交互作用的主要特点；理解影响胎儿阶段发展的各因素的作用原理；把握新生儿发展的基本状况。

受孕 来自男性的精子和来自女性的卵子一起创造了受精卵，然后它会不断地通过细胞分裂来自我复制，最后发展成为胎儿。

个体的生命始于来自父亲的精子进入来自母亲的卵子的那一刻，即**受孕**。受精卵不断地通过细胞分裂来自我复制，最后发展成为胎儿。遗传信息由染色体来存储和传递，它包含的遗传密码决定了所有的遗传特征。然而，遗传和环境之间存在着交互作用，甚至在胎儿期的发展就受到多方面因素的交互影响。

婴儿顺利出生后，会完成从子宫内的生活向适应子宫外生活的转变。不论白天黑夜，新生儿总是睡一会儿醒一会儿，其觉醒状态经常变换，并伴随着眼睛、呼吸、运动等方面的相应变化。新生儿拥有的一些反射具有明显的生存适应价值。新生儿正在发育的大脑使其感觉能力在最初的几个月内快速发展。

第一节　胎儿期

一、受孕与胎儿发展

（一）受孕过程

每个人类个体的生命都始于受孕。来自男性的精子和来自女性的卵子一起创造了受精卵，然后它会不断地通过细胞分裂来自我复制，最后发展成为胎儿。

通常女孩在出生的时候就拥有大约 40 万个卵子，这些不成熟的卵子在卵巢内，每一个都有自己的囊；但是，这些卵子能够成熟而排出的有 400～500 个。女性性成熟以后，在育龄期，卵巢每月会排出一个成熟的卵子，排卵日期在下次月经来潮前 14 天左右。卵子从卵巢排出后立即被输卵管伞部吸到输卵管内，并在输卵管壶腹部等待精子的到来。

精子在男性的睾丸中产生，每天能够生成 3 亿个左右。在性高潮时，男性射出这些精子。大部分精子会随精液从阴道内排出，小部分精子依靠尾部的摆动前进，先后通过子宫颈管、子宫腔，最后到达终点站——输卵管壶腹部，在那里等待和卵子结合。精子在前进过程中，沿途要受到子宫颈黏液的阻挡和子宫腔内白细胞的吞噬，最后到达输卵管的仅有 300～500 个。

精子在女性输卵管内最多能生存 6 天，卵子能生存 1 天左右。如在女性排卵日前后数天内性交，精子和卵子就可能在输卵管壶腹部相遇。这时，一群精子包围着卵子，但最终只有一个精子进入卵子，然后形成一个新的细胞，这个细胞就是受精卵，这个过程称为“受孕”。如果未能受孕，那么卵子和女性体内的所有精子都会死去，最后被排出体外。

当然，有时候女性的体内可能在一个短时间内释放了两个卵子，并且可能都受孕，那么会有异卵双生子。还有一种情况是，单个受精卵分裂为两个，各自继续细胞分裂，最后形成同卵双生子。三胞胎、四胞胎等可能是这两种方式中一种的结果，也可能是两种方式混合的结果。

同卵双生子具有相同的遗传结构且性别相同，但是可能会因为在胎儿期以及产后经验的不同而在某些方面有所不同，比如气质，然而在一些身体特征上他们可能就像是对方的镜像一样。异卵双生子因为是来自不同的精子，通常也是来自不同的卵子，所以其遗传结构并不比其他的同胞更相像，他们有可能是同性别的，也可能是不同性别的。

（二）胎儿的发展

> **妊娠期**　当一个精子穿过卵子的细胞膜以后，这里面立刻就发生了化学变化，会把所有其他精子封闭在外，就此开始的整个胎儿发育过程可以分为三个时期。

当一个精子穿过卵子的细胞膜以后，这里面立刻就发生了化学变化，会把所有其他精子封闭在外，**妊娠期**就此开始，而整个过程可以分为三个时期（见表 3 - 1）。在妊娠第一期，受精卵开始一次次地分裂，同时沿输卵管下移，形成胚泡，最后进入子宫，完成植入着床，这大概是在受孕之后一周。之后，胚泡边缘的一些细胞形成胚盘，离子宫最近的部分会形成胎盘。到第一个月末，已经有一个极小的心脏形成，同时，脑、肾、肝和消化道也开始发育。在第二个月，面部变得清晰，四肢上有了手、指、膝、踝、趾，性器官也开始发育，内脏器官开始起作用。在第三个月，胎儿性别可以确认，能够呼吸、吞咽、排尿。胎儿这时候也有了一些专门化的反应，能够活动腿、脚、指，嘴能够开合。

胎儿在妊娠的第二期发展非常快，身长、体重的增加是一方面，同时，会出现吮拇指或踢腿这样的精细动作。通过听诊器可以听到胎儿心跳，通过超声可以检测到逐渐变硬的骨架。到第四个月末，胎儿有了人形。在五六个月时，其指甲变硬、皮肤变厚，出现头皮、眉毛、睫毛。胎儿的心跳变得更强，外人耳朵贴着母亲的肚子就可以听到。这时候，胎儿身上覆盖着胎儿皮脂和胎毛，前者保护他们的皮肤在羊水中不会皲裂，后者使胎儿皮脂不会粘在皮肤上。在这一时期末，胎儿的视听觉已经起作用。

妊娠的第三期是一个结束的阶段，胎儿所有的器官系统都在快速成熟，为胎儿出生做准备。大约在受孕后的22～28周间，胎儿就到了具备生存能力的阶段，这时候在子宫外生存是可能的。此时，胎儿的神经系统得到了较好的发展，如果他们早产，这有助于他们的生存。另外，胎儿的皮下脂肪快速积累，这有助于他们应付出生以后的温度变化。这时候，胎儿已经长得很大，其最为舒适的体位可能就是头部朝下、四肢蜷曲的姿态。在最后一个月，母亲的子宫会没有规律地收缩和放松，帮助胎儿的头部进入盆骨的缝隙。随着子宫收缩越来越强、越来越频繁、越来越有规律，胎儿期将结束，胎儿很快就会出生。

表3-1　胎儿发展的主要变化

<table>
<tr><th colspan="2">孕期</th><th>时间（周）</th><th>身长（厘米）</th><th>体重（克）</th><th>主要变化</th></tr>
<tr><td rowspan="5">第一期（妊娠早期）</td><td rowspan="2">受精卵</td><td>1</td><td></td><td rowspan="4">4</td><td>受精卵繁殖，形成胚泡。</td></tr>
<tr><td>2</td><td></td><td>胚泡植入子宫壁；为其提供养分和保护的结构开始形成，包括羊膜、绒毛膜、卵黄囊、胎盘、脐带。</td></tr>
<tr><td rowspan="2">胚胎</td><td>3～4</td><td>0.6</td><td>大脑、脊髓、心脏开始形成，肌肉、肋骨、脊椎、消化道开始发展。</td></tr>
<tr><td>5～8</td><td>2.5</td><td>很多外部身体结构（面部、胳膊、腿、脚趾、手指）和内部器官开始形成。触觉开始发展，胚胎开始造血，并能够移动。</td></tr>
<tr><td>胎儿</td><td>9～12</td><td>7.6</td><td>28</td><td>胎儿快速成长，神经系统、器官和肌肉变得组织化、有联系，使其有了新的能力，身体和四肢能够运动，可以吞咽、消化养料、排尿。外生殖器成形，胎儿的性别清晰可见。</td></tr>
<tr><td colspan="2">第二期（妊娠中期）</td><td>13～24</td><td>30</td><td>820</td><td>胎儿继续快速成长。母亲可以感觉到胎儿的运动，胎儿的心跳也可以听到。胎儿皮脂和胎毛使其皮肤在羊水中不会皲裂。胎儿会对明亮的光线和响亮的声音做出反应。大多数大脑神经元会出现。</td></tr>
<tr><td colspan="2">第三期（妊娠晚期）</td><td>25～38</td><td>50</td><td>3 400</td><td>胎儿继续成长，各种器官成熟起来。大脑快速发展使感觉和行为能力得以扩展。皮下脂肪出现。出生前两周活动变得不那么频繁，睡眠更多。大多数胎儿会旋转至头部向下的位置，准备出生。</td></tr>
</table>

二、遗传机制

在精子和卵子结合以后，未来的婴儿就获得了一种遗传结构，它对从眼睛和头发的颜色到健康、智力和人格的诸多方面都会产生影响。

（一）遗传密码

每个人都是由数以万亿计的细胞构成的，每个细胞中有细胞核，它包含的棒状结构被称为**染色体**，遗传信息就由染色体来存储和传递。

染色体由脱氧核糖核酸（DNA）构成，它包含了所有的由父母传递给孩子的东西。DNA 由两个核苷酸长链组成，这两个核苷酸链绞结成一个双螺旋体，像梯子一样。它又由四种碱基构成，四种碱基的配对组合就构成了**遗传密码**，它决定了所有的遗传特征。

DNA 所包含的更小的单位是基因，它位于染色体中的特定位置，每个基因都包含了形成特定蛋白质的"指令"。人体内完整的基因系列构成了人类基因组，它确定了基因表达的顺序。据估计，人类的基因有 20 000～25 000 个（Human Genome Project，2008）。

自受孕开始，单细胞的受精卵就具备了所有的能够让其发展为人类婴儿的生物信息。在细胞不断分裂的过程中，DNA 也在自我复制，所以每个新形成的细胞都和其他细胞有相同的 DNA 结构，这也意味着它们具有相同的遗传信息。

染色体 每个人都是由数以万亿计的细胞构成的，每个细胞中有细胞核，它包含的棒状结构被称为染色体，遗传信息就由染色体来存储和传递。

遗传密码 染色体由脱氧核糖核酸（DNA）构成，它包含了所有的由父母传递给孩子的东西。DNA 由两个核苷酸长链组成，这两个核苷酸链绞结成一个双螺旋体，像梯子一样。它又由四种碱基构成，四种碱基的配对组合就构成了遗传密码。

值得一提的是，决定一个胎儿是男性还是女性的密码，也是藏在染色体中。人体的每个细胞内有 23 对染色体，包括 22 对常染色体和 1 对性染色体，性染色体包括 X 染色体和 Y 染色体。含有一对 X 染色体的受精卵会发育成女性，而具有一条 X 染色体和一条 Y 染色体者则发育成男性。这样，对于女性来说，正常的性染色体组成是 XX，男性是 XY。这就意味着，女性细胞减数分裂产生的配子都含有一条 X 染色体；男性产生的精子中有一半含有 X 染色体，而另一半含有 Y 染色体。

（二）遗传传递模式

遗传传递模式指的是来自父母的基因相互作用的方式，大体上有五种基本模式，即简单的**显性-隐性遗传**、共同显性遗传、伴性遗传、基因印刻、多基因遗传。在此，我们仅对第一种遗传模式做简要介绍。

作为遗传基本单位的基因在染色体上是成对排列的，被称为等位基因。如果来自父母的等位基因是相似的，那么孩子就是同型的，并表现出相应的遗传性状。如果等

显性-隐性遗传 如果来自父母的等位基因是相似的，那么孩子就是同型的，并表现出相应的遗传性状。如果等位基因不同，则孩子是异型的。在很多异型的等位基因中，只有一个会对孩子的性状特征产生影响，这就是显性基因，另一个没有影响的基因则被称为隐性基因，相应地，遗传性状就有显性和隐性两种。

位基因不同，则孩子是异型的。等位基因的关系决定哪一种性状会表现出来。而很多异型的等位基因中，只有一个会对孩子的性状特征产生影响，这就是显性基因，另一个没有影响的基因则被称为隐性基因，相应地，遗传性状就有显性和隐性两种（见图 3-1）。

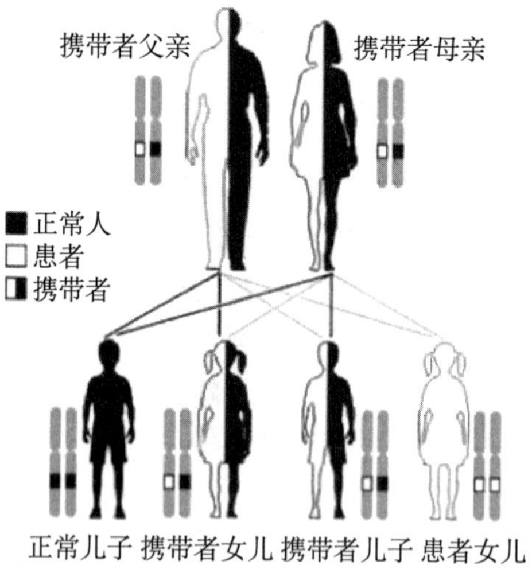

图 3-1　显性-隐性遗传模式

比如，从头发颜色来看，黑色的等位基因是显性（以大写字母 D 来代表），而棕色的是隐性（以小写字母 b 来代表）。由遗传获得同型显性等位基因 DD 的孩子，以及获得异型配对 Db 的孩子，都将具有黑头发，虽然他们的基因型并不相同。棕色头发只能来自两个隐性等位基因 bb。另外，只有一个隐性基因（Db）的个体会把这一性状传给他们的孩子，因此，他们被称为这一性状的携带者。

人类的许多特征遵循的就是这一简单的显性-隐性遗传的法则（见表 3-2）。实际上，很多遗传障碍和遗传疾病都是由隐性等位基因造成的，只有很少的严重疾病是由显性等位基因造成的，比如亨廷顿病（Huntington's disease）。

表 3-2　显性和隐性特征举例

显性	隐性
黑色头发	棕色头发
正常头发	秃发
卷曲头发	直发
非红色头发	红色头发
有酒窝	没有酒窝
正常听力	听力受损
正常视力	近视
远视	正常视力
正常视力	先天性白内障
正常色素皮肤	皮肤白化病
A 型血	O 型血
B 型血	O 型血
Rh 阳性血	Rh 阴性血

资料来源：McKusick，2007.

有时候，显性-隐性关系未能完全建立，就会出现共同显性遗传（codominance inheritance），也就是两个等位基因共同影响一个人的特征。在非洲黑人中流行的镰状细胞性状（贫血病）就是典型的共同显性遗传疾病。

另外，值得注意的是，上述遗传模式涉及的是由单独的一对等位基因决定的特征。然而，人类的大多数重要特征受到很多对等位基因影响，比如，身高、体重、肤色、智力、气质特点等，这就是多基因遗传（polygenic inheritance）（Karlsson，2006；Rucker & McGuffin，2010；Flint et al.，2020）。令人遗憾的是，到底有多少对等位基因对这些特征产生影响，仍然是未解之谜。

（三）遗传和环境的交互作用

现在越来越多的发展心理学家认为，不应该简单、孤立地研究遗传和环境，它们根本上是交织在一起、不可分割的。遗传和环境共同作用，通过纷繁复杂的方式决定了我们的特征、行为、发展和健康（Chabris et al.，2015；Ritz et al.，2017）。在生命的全程中，与生理心理构成相关的因素、社会因素、经济因素、文化因素等的组合塑造了人的发展，这些环境及其带来的经验越有利，个体获得优化发展的可能性就越大（Horowitz，2000）。而遗传和环境的交互作用可以反映为以下几种方式。

1. 限渠道化

限渠道化（canalization）是指遗传基因对某些人类特质的发展有一定的限制，使其局限在少数几种可能性上（Waddington，1966）。比如，眼睛的颜色就是主要由遗传决定的，可以说是高度限渠道化的，它不太可能有其他的变化。某些行为的发展也受到限渠道化的影响，主要依赖于成熟的行为就是这样。比如，正常婴儿的运动发展会遵循一种典型的顺序——特定的发展渠道：他们会在大致差不多的年龄开始爬、走、跑（Adolph & Franchak，2017）。当然，这种发展并不是完全限渠道化的，经验会影响其步调和开始时间。

> **限渠道化** 遗传基因对某些人类特质的发展有一定的限制，使其局限在少数几种可能性上。

相比之下，智力、气质、人格等是受限渠道化影响较小的特质，缤纷多彩的生活经验可能会使其偏离遗传所决定的路线，走向截然不同的方向。儿童成长的家庭、他们上过的学校、他们遇到的人等，就是这样的影响因素。

2. 反应区间

实际上，基因并不是刻板僵硬地对行为产生渠道化限制。相反，个人的基因型为各种生活经验的可能反应建立了一个范围，即所谓的**反应区间**（range of reaction；McCartney & Berry，2009）。比如，一个人的身材大小主要是由遗传决定的，即便如此，它也会有一个变化的范围，这有赖于环境中的机会和限制，以及个人自己的行为。在营养条件得以大大改善的社会，一代人就会长得比上一代人更高。

> **反应区间** 个人的基因型为各种生活经验的可能反应建立了一个范围，即所谓的反应区间。基因并不是刻板僵硬地对行为产生渠道化限制。

比如，以智力为例，三种基因型 A、B、C 各自可能的反应区间并不相同（见图 3－2）。

如果一个人的环境被剥夺，那么其基因型只能达到反应区间的下限。如果一个人的环境属于中等水平，那么其基因型只能达到反应区间的中间水平。如果一个人的环境较为丰富，那么其基因型就可能达到反应区间的上限。

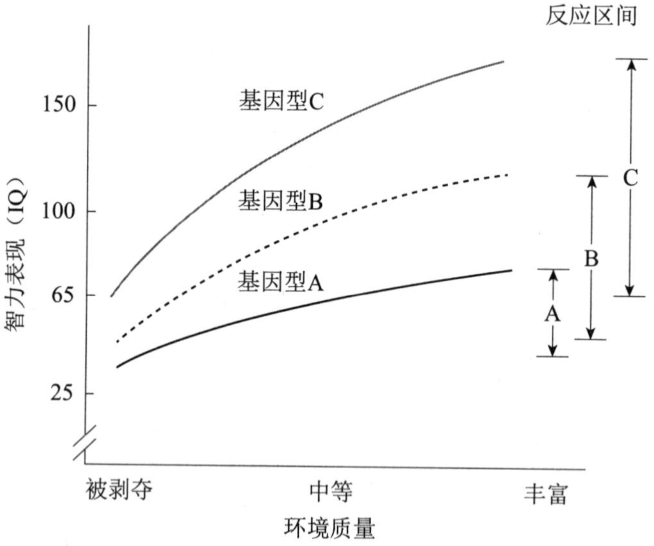

图 3-2　反应区间

资料来源：Gottlieb，2007.

遗传可以影响反应区间的宽窄。比如，一个出生时就有中度智力缺陷的儿童，比起有重度智力缺陷的儿童，更可能会对有利的环境做出反应。同样，先天智力很高的儿童，比起能力一般的儿童，更可能从刺激丰富的家庭和学校环境中受益。一个重要的推论是，因为人们的基因是不同的，所以没有任何两个人会对特定的环境做出完全相同的反应。

值得注意的是，一些发展心理学家更愿意用反应常模（norm of reaction）来替代反应区间。他们认为，尽管遗传的确设定了一些限制，但这些限制仍然是未知的，其影响也是不可预测的（Gottlieb，1991）。

3. 基因型与环境的交互作用

基因型与环境的交互作用通常指的是相似的环境条件对具有不同遗传素质的个体的影响（Rutter，2011）。比如，很多人都会接触到花粉和灰尘，但是具有某种遗传倾向的人与其他人相比更可能出现过敏反应。

同时，这种交互作用也会有不同的方式，即遗传相似的儿童常常因为家庭环境的不同而有不同的发展轨迹。比如，困难型气质的儿童在某个家庭可能会出现适应问题，在另一个家庭则未必，这主要取决于父母对待孩子的方式。

因此，个体的发展到底出现什么样的结果，有赖于遗传和环境因素的交互作用，而不是仅仅由其中的某一个因素决定的。

前沿扫描

介意点赞少，遗传决定了？

4. 基因型与环境的相关

环境通常反映或强化了遗传差异。也就是说，某种基因和环境的影响往往是朝相同的方向发生作用的。这就是所谓的“基因型与环境的相关”或“基因与环境的协变性”，它以三种方式强化基因型倾向的表达（Scarr，1992；Bergeman & Plomin，1989；Knopik et al.，2016）。

其一，**被动型相关**：父母提供了某种基因，也就预设了孩子的某种特质，他们也往往会提供鼓励这种特质发展的环境。比如，作为音乐家的父母可能会创造一种经常听到音乐的家庭环境，会让孩子上音乐课，会带孩子参加音乐会。那么，孩子的音乐能力就会反映遗传和环境的综合影响。这种相关是被动的，因为孩子控制不了什么。这尤其适用于幼儿，这时候父母对孩子的早期经验有较多的控制。

被动型相关　父母提供了某种基因，也就预设了孩子的某种特质，他们也往往会提供鼓励这种特质发展的环境。

反应型相关　遗传结构不同的孩子会激发成人不同的反应。

主动型相关　在孩子长大一点，有了更多的自由去选择自己的活动和环境时，他们会主动地选择或创造与自己的遗传倾向一致的经验。

其二，**反应型相关**：遗传结构不同的孩子会激发成人不同的反应。如果孩子在音乐上表现出感兴趣、有能力，那么并不擅长音乐的父母可能就会为他们付出特别的努力创造机会。这反过来又会促使孩子的遗传倾向朝向音乐方面发展。

其三，**主动型相关**：在孩子长大一点，有了更多的自由去选择自己的活动和环境时，他们会主动地选择或创造与自己的遗传倾向一致的经验。有音乐天赋的孩子可能会选择懂音乐的朋友，会去上音乐课，会去听音乐会。害羞的孩子与喜欢外出的孩子相比，可能会花更多的时间追求自己的爱好。

这三种类型的相关强度会随着发展而变化（见图 3-3）。正如前面提到的，被动型相关在新生儿身上司空见惯，反应型相关显示与生俱来，而主动型相关在儿童长大和成熟之后接踵而至。

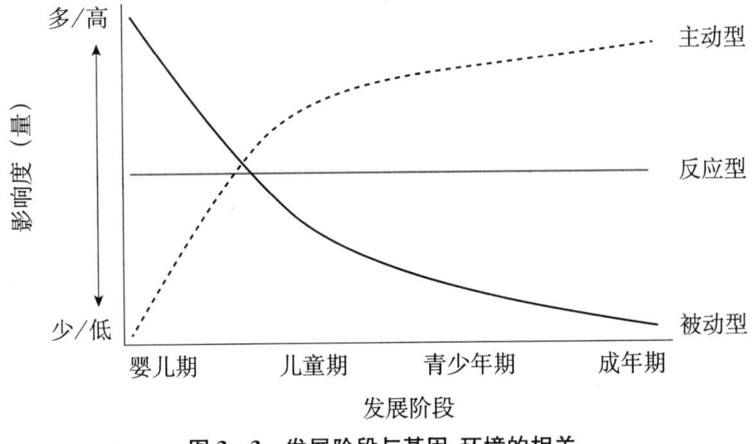

图 3-3　发展阶段与基因-环境的相关

综合起来看，遗传和环境的影响是非常复杂的，表 3-3 列举了受其影响的某些特征。

表 3-3 受遗传和环境影响的某些特征

受影响的特征	举例
身体特征	1. 同卵双生子不但长得像，而且患某些疾病的风险也是一样的，比如高血压、心脏病、脑卒中、风湿性动脉炎、胃溃疡、癫痫症（Plomin et al.，1994）。寿命可能也受基因影响。 2. 肥胖症的风险有80%决定于遗传（Leibel，1997）。但是，特定的家庭或团体的食物类型和摄入量，以及运动量，则可能会增加或减少一个人发胖的可能性。
智力和学业成就	1. 遗传对一般智力和特殊智力都有影响（Plomin & DeFries，1999）。而经验和环境会大大影响先天能力的发展和表现（Neisser et al.，1996）。比如，领养儿童的智力更接近其生母的智力，而不是领养父母和兄弟姐妹的智力。同卵双生子的智力比异卵双生子的更相似。 2. 学业成就方面也是。50%～60%的词汇能力和50%的空间能力是由遗传决定的。 3. 遗传的影响随年龄增长而增大，家庭环境对幼儿的影响更大一些，青少年则会主动选择更适合自己的遗传能力的环境（Plomin & DeFries，1999）。
人格	1. 人格的某些方面至少是部分受到遗传影响的，对“大五”人格的分析发现大约有40%受遗传影响，排除测量误差后遗传影响达66%（Bouchard，1994）。 2. 气质基本上是先天的、稳定的。活动能力、社交能力、情绪稳定性都明显地受到遗传影响（Schmitz et al.，1999）。
心理病理问题	1. 有证据表明精神分裂症、孤独症、酗酒和抑郁都受到遗传的很大影响（引自 Tu-ulio-Henriksson et al.，2002）。比如，精神分裂症患者的同胞和子女患此症的风险是一般人群的10倍，双生子和领养研究也表明这类风险主要是来自共享基因而非共享环境。但这些遗传倾向可能是由环境因素激活的。 2. 孤独症在家族内传递显示其可能有很强的遗传基础（Szatmari，1999；Rodier，2000）。这方面同卵双生子比异卵双生子更相似。而环境因素（比如，接触某种病毒或化学物质）可能会激活孤独症的遗传倾向（Trottier et al.，1999）。

拓展阅读

怎么才能避免新生婴儿的先天缺陷?

遗传咨询（genetic counseling）作为一种沟通过程，目的是帮助准备生育的伴侣评估其所生孩子会有遗传障碍的概率，并从风险及家庭目标的角度做出最优的选择（Hodgson & Spriggs，2005；Ioannides，2017）。可能会寻求遗传咨询的是那些难以保住胎儿的人，比如反复流产者，或者是那些知道自己家族有遗传问题的人。另外，那些迟至35岁才准备生育的女性也有必要做遗传咨询，因为这时候总体上染色体变异的概率陡然增加，从1/190上升到1/20（Wille et al.，2004）。国内一项调查发现，大部分人愿意做婚检和产检，其中文化层次较高者，愿意做婚检、产检的比例也较高；在医院、社区和企业中调查情况无明显差别（刘晓宇等，2011）。一项对较大样本遗传咨询者进行的细胞遗传学分析指出，遗传咨询对指导临床诊断及优生具有重要意义（欧阳鲁平等，2014）。

如果准备生育的伴侣家族史上出现过智力落后、生理缺陷、遗传病个体，遗传咨询专家就会与他们一起分析问题，画一幅家谱图，确认曾经受到影响的亲戚是哪些人（Coughlin，2009）。家谱图可以用来估计生育异常孩子的概率。遗传咨询一般需要进行全面的体检，对某些障碍来说，血液检查或遗传分析可以揭示谁带有有害的基因。

如果女性已经怀孕，可以通过多种技术来评估未出生的孩子是否健康，比如，羊膜穿刺、绒毛膜取样、胚胎镜、胎儿血液取样、超声成像等技术。

在澄清所有相关信息后，遗传咨询专家就可以帮助准备怀孕的伴侣考虑恰当的选择。通常遗传咨询专家不会给出具体的建议，只不过是列出事实和可以考虑的方案，比如，冒险试试运气、三思而后行，或者领养一个孩子，最后的决定则由伴侣自己来做。

另外，遗传咨询专家也可以帮助父母确认自身是否可能会因为遗传变异而在未来出现某些障碍。目前有超过 1 000 种遗传障碍可以通过遗传检查来预测，如果检查结果呈阴性，就可以免除人们对未来的焦虑；而如果结果呈阳性，则可能会带来相反的影响，让人寝食难安。实际上，这种做法也会带来实践和伦理上的问题（Johannes，2003）。不过，值得注意的是，是否真的会患病还受到其他很多因素影响，遗传检查只是表明一种患病的概率范围。

实际上，对于准备做父母的人来说，要想生育健康的孩子，在怀孕之前应该考虑做到以下几方面（Berk，2018）：一是安排一次体检，以便确定是否存在可能导致不孕的疾病和其他问题，或怀孕之后难以处理的问题，或可能影响胎儿的问题。二是考虑自己的遗传结构，以便搞清楚家族中是否有遗传病，如果有，在怀孕之前就要做遗传咨询。三是减少或消除可以控制的有毒物。由于发育中的胎儿在怀孕的早期几周内对破坏性的环境因素非常敏感，所以准父母应该避开药物、酒精、烟草、放射源、污染物、化学物质以及传染病等。四是确保摄取适当的营养。医生推荐的维生素矿物质补品在怀孕之前服用，有助于避免胎儿出问题。五是上次怀孕失败 12 个月之后要找医生咨询。长时间不孕可能是由于未被诊断出来的自发性流产，它可能是某一方的遗传缺陷所导致的。

三、胎儿发展的影响因素

孕妇腹中的胎儿是否能够健康成长受到多方面因素的影响，既包括营养物质等一般性因素，也包括疾病等特定的致畸物。

（一）一般性因素

1. 营养物质

母体是胎儿营养的唯一来源，所以平衡的饮食对于孕妇非常重要。平衡的饮食涉及五大类食物：谷类及粮谷类制品、豆类及豆类制品、肉鱼蛋奶类、蔬菜类和水果类、油脂类食品。通常，平衡饮食中的碳水化合物、脂肪和蛋白质的比例是 5：1.5：1，这通过上述五类食物可以获得。为了满足胎儿发展的需要以及保障自己的健康，大多数孕妇需要增加 10%～20%的热量摄入，相应地，其体重也会增长 10～14 千克。

一方面，如果孕妇未能提供适当的营养，胎儿可能会早产、低体重（WHO，2009）。在孕期最后几个月如果营养不当，极可能会影响胎儿的神经系统，因为这时候正是大脑快速发育的时期。孕期不当的饮食也可能会扭曲胎儿器官的结构，包括肝、肾、胰。另外，没有得到适当营养的孩子其免疫系统的发展会受到抑制，所以他们也很容易生病。

另一方面，如果孕妇的体重增加过多，带来的风险是胎儿较大，以至于不得不进行引产或剖宫产（Chu et al.，2008；Martin et al.，2009）。怀孕之前或怀孕的前几个月超重或肥胖的女性的分娩过程可能费时更长，婴儿也更可能会有出生缺陷（Gilboa et al.，2010）。肥胖有可能会增加出现其他怀孕问题的风险，比如流产、难产，很可能需要剖宫产。

此外，丰富的维生素、矿物质也至关重要。比如，叶酸（维生素B）对神经系统的正常发育就非常重要，孕期补充叶酸可以大大降低脊柱裂的发病率，在妊娠后期则有助于降低出现早产和低体重的风险。

总之，吃各种各样营养丰富的食物的孕妇，在孕期很少会出问题，生产过程会更加顺利，孩子一般而言也更加健康（Guerrini et al.，2007）。如果整个孕期持续营养不良，就需要干预，以更好地改善婴儿的饮食。

2. 身体活动

适当的锻炼对健康的母亲来说，并不会危及胎儿。有规律的锻炼可以防止便秘，可以改善呼吸、循环、肌肉张力和皮肤弹性，这会使孕期更为舒适，使分娩更加容易和安全。对于日常生活中很少需要身体活动的女性而言，在怀孕期间进行有氧运动尤其有好处（Stotland et al.，2010）。然而，孕妇应该避免可能会引起腹部损伤的活动。

综合中国临床研究的成果也可以看到，孕妇适度运动，可使肌肉力量保持良好，妊娠和分娩更轻松，胎儿心率无明显改变，还可提高自然分娩率，降低剖宫产率，更有利于产后恢复。依据个人的身体状况，选择不同的运动方式，对孕妇有益无害，也不会给胎儿带来危害（赵学静，李永强，2009）。

怀孕期间继续工作一般不会带来什么特别的危险。然而，紧张的工作条件、职业疲劳、工作时间长，则可能引发早产。所以，孕妇要根据自己的能力和精力来进行调节。对孕妇来说，最安全的是进行适当的锻炼，但是不要强迫自己，也不要把心率练到每分钟150次以上，同时，做任何锻炼每次都要慢慢减少运动量再停下来，而不是突然停止。

3. 母亲年龄

对女性来说，最安全的生育年龄是16～35岁。母亲的年龄与胎儿的死亡率大体上呈一种U形关系。

相比20多岁的母亲，低于16岁的母亲更可能会早产、分娩低体重婴儿，因为她们自己尚未成熟、还在成长，可能会消耗掉胎儿发育所需要的营养。当然，如果她们在孕期得到很好的照料，在分娩时有很好的医学监护，则风险会大大降低。不过，这些孩子的母亲仍然会在学校表现不佳，可能会有更多的行为问题（Fergusson et al.，2000）。

对35岁以上的女性来说，自然流产的概率大大增加，死胎和低出生体重的风险也更大（Lu & others，2022），她们的孩子更可能会出现染色体变异（Batzer & Ravitsky，2009），比如唐氏综合征。染色体变异的风险对于20多岁的母亲来说是很低的，30多岁时会有所增长，但是到40岁时，则是急剧增长（Umrigar et al.，2014）。同时，整个孕期和分娩时的风险也很大。她们可能会遇到肥胖、高血压或大出血的问题。同样，对绝大多数健康而营养良好的高龄孕妇而言，妊娠过程是正常的，孩子也是正常的。

4. 心理压力

怀孕期间孕妇高水平的焦虑、恐惧和压力可能对后代产生长期影响（Pinar，Gaglar，& Aksoy，2022；Kortesleoma & others，2021）。严重焦虑一般与高流产率、早产、婴儿低体重，以及婴儿具有呼吸道疾病和消化障碍有关（Mulder et al.，2002；Wadhwa et al.，2001），也可能与唇裂有关。

压力增加会有损胎儿的发育，这一方面是因为孕妇遇到压力时，压力激素会减少输送给胎儿的氧，造成氧和营养的供应不足，同时也会提高胎儿的心率，还可能会改变胎儿的神经机能，增强其在未来生活中对压力的反应性。另一方面，压力会弱化孕妇的免疫系统，使她容易生病，进而危害胎儿的发育。而且，压力下的孕妇更可能会吸烟、酗酒，更少休息和锻炼，更容易出现饮食不当，这些都会危及胎儿的发育。

值得注意的是，这些情况只会发生在经历持久的极端压力的孕妇身上。实际上，所有的孕妇都会为怀孕而焦虑紧张或惴惴不安，但是一点点焦虑不会对胎儿发育造成伤害。而且，如果丈夫、家庭其他成员、朋友能够提供社会支持，这些问题就会大大减少（Federenko & Wadhwa，2004）。

母亲的抑郁也会产生相似的影响。针对英国儿童的一项研究表明，怀孕期间抑郁的母亲所生的孩子在青少年期更可能表现出高水平的暴力行为和反社会行为，甚至在控制了家庭环境、母亲抑郁的持续性、孕期接触酒精和尼古丁等因素以后，也是如此（Hay et al.，2010）。不过，抑郁的母亲自己在青少年期就比常人更可能卷入相似的反社会行为之中。

5. 父亲影响

父亲也可能会传递由环境引起的缺陷。男性接触大麻、烟草、铅、大量的酒精或辐射、某种杀虫剂，可能会导致精子不正常。吸烟可能会增加男性阳痿和传递基因变异的风险，孕妇接触孩子父亲的二手烟与孩子低体重和儿童期癌症、成年期癌症有关。男性在工作中高度接触铅，可能会增加孩子早产或低体重的风险。在怀孕前一年内接受 X 光照射检查的父亲，其孩子可能会低体重，并且在胎儿期发育缓慢。饮食中维生素 C 少的父亲，更可能会拥有存在出生缺陷的孩子或患有某种癌症的孩子。

男性吸食可卡因可能会导致自己的孩子存在出生缺陷，可卡因可能会依附在精子上，在怀孕时进入卵子。铅和汞可能也会以这种“搭便车”的方式附在精子上。

父亲年龄较大（一般而言接近 40 岁）可能会增加孩子出现几种罕见症状的风险，包括马凡氏综合征（Marfan's syndrome，头部和四肢畸形）、侏儒症，以及唐氏综合征。相对女性而言，男性的细胞更可能突变，而这种突变的可能性随着年龄的增长而增加。

父亲对产前产后产生影响的另一种方式是其与母亲的关系（Hyer & others，2022）。如果父亲提供支持、帮做家务、对怀孕态度积极，那么，父亲就可能提升母亲的身体和心理状态。相反，父亲与母亲冲突不断的关系可能会带来负面的结果（Molgora & others，2019）。父亲有身体和语言上的攻击时，母亲孕期感知的压力会上升（Kashanian & others，2021）；孕期遭受家庭暴力的则更可能经历抑郁（Mahapatro & others，2022）。

（二）致畸物

在20世纪50年代，很多德国孕妇服用“反应停”（Thalidomide）以减轻妊娠反应，但是这些妇女生下的孩子却有四肢上的残疾，身体形似海豹，被称为“海豹肢体畸形”。到该药物退出市场时，全球大概有超过7 000名受害儿童（Kohlberg，1999；Moore，2013）。这一悲剧事件促使科学家们开始对**致畸物**进行广泛研究。致畸物指的是能产生致畸作用的环境因素，大致可分为化学性、生物性（如某些病毒）、物理性（如放射线）物质三类。对导致出生缺陷的原因进行探索研究的领域，被称为畸胎学（Belanger & Lui，2022）。我们可以从三方面来看这些致畸物的影响。

致畸物 能产生致畸作用的环境因素，大致可分为化学性、生物性（如某些病毒）、物理性（如放射线）物质三类。

1. 化学致畸物

有一些东西在日常生活中可能经常被人们用到，比如酒精、阿司匹林、咖啡因、尼古丁。但是，如果使用者是孕妇，它们就可能会带来特别的危险。比如，烟草中的尼古丁会阻塞血管，从而减少输送给胎儿的氧和营养。因此，吸烟的孕妇可能会自然流产，生出来的孩子可能是低体重的（Pineles et al.，2014）。随着孩子的成长，孩子可能会表现出注意力、语言能力、认知技能受损的迹象以及行为问题（Brennan et al.，2002；Sutin et al.，2017）。阿司匹林可能导致胎儿出血、生长受损（Finnegan & Kandall，2008）。一些化学致畸物的影响可见表3-4。

表3-4 化学致畸物及其影响

化学致畸物	可能的影响
尼古丁	成长迟滞，认知可能受损
酒精	胎儿酒精综合征，认知缺陷，心脏损伤，成长迟滞
阿司匹林	智力、注意力和动作技能的缺陷
咖啡因	低出生体重，肌肉张力减损
可卡因、海洛因	成长迟滞，新生儿性情急躁
大麻	低出生体重，运动控制弱

2. 疾病

怀孕期间，孕妇可能会生病，而大多数的疾病（比如感冒）并不会影响胎儿。然而，有几种细菌和病毒的感染却贻害无穷（见表3-5）。某些疾病会由母亲通过胎盘传递直接对胚胎或胎儿造成伤害（Tsimis & Sheffield，2017），或在出生过程中造成伤害（Megli & Coyne，2022）。艾滋病、巨细胞病毒感染、生殖器疱疹、麻疹、梅毒等就是通过胎盘传递的疾病。其他的疾病会在分娩时发动袭击：病毒在产道壁上，孩子通过产道时被感染。艾滋病和生殖器疱疹就是这样的疾病。

保证这些疾病不会对胎儿发育产生伤害的唯一途径是女性在怀孕之前或期间没有接触该疾病。在女性发病后可能有助于其病愈的药物，阻止不了该疾病对胎儿的伤害。

表 3－5　致畸疾病及其影响

疾病	可能的影响
艾滋病	经常感染，神经系统障碍，死亡
巨细胞病毒感染	聋，盲，畸形小头，智力迟钝
生殖器疱疹	脑炎，脾大，不当的凝血
麻疹	智力迟钝，眼睛、耳朵和心脏受损
梅毒	中枢神经系统、牙齿和骨骼受损

3. 环境危害

伴随着工业化，人们经常会在自己吃的食物、喝的饮料、呼吸的空气中接触到毒素。与工业废料有关的化学物是环境中最常见的致畸物，还包括会对胎儿造成危险的辐射、有毒物质（Warner & others，2022）。通常这些毒素含量微乎其微，但是在成年人身上不起眼的一点点毒素却可能会对胎儿造成严重伤害。比较典型的几种环境致畸物见表 3－6。所幸的是，现在人们对这些毒素的危害的认识越来越清楚，会尽量避免接触这些东西。

表 3－6　环境致畸物及其影响

致畸物	可能的影响
铅	早产，低体重，智力迟钝，大范围的生理缺陷
汞	身体残疾，成长迟滞，智力迟钝，大脑麻痹，运动不协调
聚氯联二苯（PCBs）	低体重，小头，多动症，记忆和言语技能受损
X 射线	成长迟滞，白血病，智力迟钝

（三）致畸物的作用原理

总体上，我们要注意一点：只有 15%的新生儿具有由致畸物导致的一些小问题，而存在严重异常的新生儿更是屈指可数（也许是 5%；Sadler，2012）。那么，上述各种可能对胎儿发展产生影响的因素到底是怎样产生影响的呢？总结起来，有以下几方面的基本原理（Jacobson & Jacobson，2000；Sadler，2015；Korade，Heffer，& Mimics，2022；Tsamantioti & Hashmi，2022）：

第一，致畸物的影响有赖于机体的基因型。一种物质可能对某个种系有害无益，但是对另一种系却无关紧要。某些个体对一种致畸物的敏感性高于另外一些个体。

第二，致畸物在胎儿发育的不同时期，其影响会有云泥之别。接触致畸物的时间非常重要。在受精卵阶段接触致畸物通常会导致自然流产；在胚胎期则可能导致身体结构出现重大缺陷，比如，四肢不能发育等；在胎儿期既可能导致身体结构的轻微缺陷，也可能导致身体系统的功能失调。

第三，某一种致畸物会影响胎儿发展的某一特定方面。换言之，致畸物不会伤害整个身体系统，其伤害是有选择性的。

第四，致畸物的影响有赖于剂量。少量的致畸物并不会伤害胎儿，接触越多，伤害越大，所以，最安全的是零接触。

第五，致畸物的伤害未必明显地反映在孩子出生时，很可能反映在孩子以后的生活中。致畸物的长期效应往往有赖于孩子出生后的环境质量。

第二节　新生儿

在20世纪以前，世界各地孩子出生的时刻基本都是被女性占有的：围在产妇身边的是女性亲戚和邻居，没有受过正规训练的接生婆掌控着一切。在婴儿生出来后，接生婆会切断脐带、打结，清洁和查看新生儿。农村的产妇可能会在几小时或几天之后就到田间地头去耕种劳作，较富有的产妇则可能会休养几个星期。那时候，生孩子的过程对母亲和孩子而言都是生死之战，比如，在17世纪和18世纪，法国有些地方的婴儿死亡率达到了100‰。中国在1949年，有些地方婴儿死亡率甚至高达200‰。国家卫生健康委员会发布的数据显示，2022年我国婴儿死亡率已经下降到4.9‰。

今天，尽管在亚撒哈拉地区和南亚的某些发展中国家，生孩子仍然是危险的，然而在较为发达的地方，生孩子的过程已经很专业化了，产妇的死亡率也大大降低，主要原因是抗生素、输血、安全的麻醉以及引产药物的使用。

一、分娩过程及分娩方法

（一）分娩过程

孩子的出生既是一个开始，也是一个结束。大约在受孕后266天，孕妇的脑垂体会释放出一种关键的激素——催产素，当它积累到一定的浓度时，会促使孕妇的子宫开始阶段性收缩。这时，分娩过程就算开始了。

分娩过程大体上可以分为三个阶段。在第一阶段，子宫每8～10分钟收缩一次，每次持续约30秒。之后，子宫收缩越来越频繁，越来越有力，持续时间也越来越长，直到子宫颈完全打开，最后扩展到足以让胎儿的头部通过。分娩的第一阶段是最长的阶段，如果是生第一胎，通常会持续12～14小时。

分娩的第二阶段相对就短多了，通常不超过90分钟；对第二胎、第三胎来说，则持续时间更短。在这一阶段，随着子宫一次次有力地收缩，胎儿的头部开始通过子宫颈，进入产道；随着头部、肩部露出来，胎儿的整个身体会很快完全脱离母体。这样，分娩的第二阶段也就结束了。

分娩的第三阶段，子宫仍然会收缩，使得胎盘和脐带从子宫壁脱离，排出母体。这一阶段通常会持续5～30分钟，是整个分娩过程中最快、最容易的阶段。

（二）分娩方法

关于分娩的方法可以从两个角度来看，一是阴道分娩和剖宫产，二是药物分娩和自然分娩。

1. 阴道分娩和剖宫产

阴道分娩（vaginal delivery）是通常的分娩方法，正如上面关于分娩过程的描述一样。现在，在大多数较发达的地方，正常的分娩过程中安全保障基本上没问题，所以，人们的注意力就转向了怎么能够让这一过程变得更加愉快、怎么满足情绪需要，比如让父亲及其他家庭成员参与进来。

而剖宫产（cesarean delivery）是一种手术分娩方法，医生在孕妇的腹部及子宫开切口后，从子宫中取出婴儿。剖宫产的比例在不同国家有天壤之别，而且似乎与地域或者经济发展水平无关（WHO，2014）。世界卫生组织建议剖宫产比例不应超过15%，但是很多国家都大大超过了这一比例。剖宫产的比例在国际上一直在节节攀升，比如，在澳大利亚、巴西、美国、意大利等国超过了30%，中国为15%～30%（WHO，2015）；而据中国国家卫生健康委员会发布的《中国妇幼健康事业发展报告（2019）》，2018年全国剖宫产率为36.7%。

剖宫产通常是在特殊情况下才使用的，比如Rh血不匹配、胎盘早熟脱离子宫、孕妇病重或感染。如果胎儿是臀位，有头部受损或缺氧的风险，也会使用剖宫产。产道分娩的过程太慢、胎儿可能遇到了麻烦、孕妇出血时，也会使用剖宫产。不过，正常情况下，专家仍然推荐阴道分娩。

2. 药物分娩和自然分娩

很多分娩过程都会用到药物，其中止痛剂是最常用的，目的是在分娩过程中让孕妇减轻疼痛。目前最常使用的是局部止痛，这可以让孕妇仍然能够感受到收缩的压力，活动自己的躯干和脚，在分娩的第二阶段使上力，也可以让她在孩子刚刚出生时就抱到孩子。

但是，止痛剂有可能会带来一些问题，比如弱化子宫的收缩，进而可能会延长分娩过程。而且，药物会很快透过胎盘，受影响的胎儿可能会昏睡、退缩、吮吸能力差、觉醒时易怒。此外，大剂量的药物分娩可能会给孩子的身体发展和心理发展带来长期影响。

为减少药物的使用，一种替代的分娩方法是尽量让父母都参与进来，以减少因为对分娩的恐惧而产生的疼痛。这就是自然分娩，即教给孕妇分娩过程的生理知识，锻炼她们的体能，训练她们在分娩时如何呼吸和放松，以达到消除恐惧的目的。

拓展阅读

为什么刚生完孩子的妈妈会闷闷不乐？

很多妇女在知道自己怀孕之后都会欣喜若狂，兴奋地为迎接孩子的出生做着准备。然而接踵而至的是，有些产妇在孩子出生后不久就会受到抑郁症的折磨。多达60%的产妇报告她们在孩子出生后的头几天感到悲痛、易怒、喜怒无常和抑郁。这种症状相对较轻，不足为奇，很快会随风而去，并且它可能与产后雌性激素水平陡然下降有关，与和分娩相联系的压力有关，与将要承担起母亲的责任有关。

另一种更为严重的情况就是产后抑郁症（postnatal depression），它在产妇身上会持续几个月，甚至可能持续几年。患有产后抑郁症的妇女会有强烈的悲伤、焦虑或绝望感，使得她们至少在两周时间内都无法应对日常任务（Balaram & Marwaha，2022）。大约1/10的产妇会这样，较为严重者可能会伴随与现实的完全割裂。通常，完全没有明显情绪问题的妇女，在第一次生孩子后很少会患抑郁症。而受影响的妇女大多数有过抑郁症史，很多人在怀孕期间也抑郁。对抑郁敏感的妇女，如果除了面对生孩子的压力之外，还有其他的生活压力，就很容易患抑郁症。社会支持的缺乏，尤其是与另一半的关系较差，也会增加发病的可能性（Iles et al.，2011；王丹阳等，2008；史新广等，2007）。国内多项调查表明，产后抑郁症的发病率接近甚至高于15%（例如，尹婧，2011）。

产后抑郁症对母子关系有突出的影响。有抑郁症的母亲，其孩子在婴儿期很少能对母亲形成安全型的依恋，在与母亲的交往中响应性也较差。她们的孩子也有较多的行为问题，在学校参与的游戏是初级形式的体力游戏，而不是较高级的创造性游戏。这些产妇在孩子友好地接近她们时，也倾向于做出消极反应。

之所以有如此长期的影响，是因为患产后抑郁症的母亲往往很少对孩子做出反应，并对自己的孩子怀有敌意。她们也感到疲倦，注意力不集中，常常没有精力好好地照顾孩子。即使这些产妇完全从产后抑郁症中恢复过来，她们早期形成的对孩子的态度以及相应的母子交往模式，也可能会决定之后的交往问题，进而影响孩子的行为。她们的孩子也可能有更多的反社会行为（如暴力行为）倾向（Hay et al.，2003）。因此，为自己、为孩子着想，感到有点抑郁的产妇都应该寻求专业帮助以克服产后抑郁症。

对产后抑郁症的治疗可以辅以抗抑郁药物或不用药物（Hollon et al.，2016）。比如，短程心理治疗可以有效改善抑郁母亲的症状和功能（Swartz et al.，2016；Van Lieshout & others，2022）。此外，养育方式的干预也特别重要（Goodman & Garber，2017），教父母如何与孩子互动的干预可以培育有助于健康成长的亲子关系（Messer et al.，2018）。

二、新生儿的发展

（一）新生儿的身体状况

婴儿刚刚出生时身长大约有50厘米，体重为3～3.5千克。通常，男孩身长和体重会超过女孩。新生儿的头部与躯干和脚相比，显得很大。很多新生儿皮肤粉红，也很薄，几乎盖不住毛细血管。有些婴儿在开始的几天浑身覆盖着胎毛，而所有的新生儿都会覆盖着胎儿皮脂，以保护他们在最初的几天免受感染。

新生儿在开始的几天会损失大约10%的体重，大约在第5天开始恢复，10～14天大体上能够回到出生时的体重。

婴儿出生后，其循环系统开始独立运转，其心率快而没有规律，血压也不稳定。大多数的婴儿一接触到空气就能够开始呼吸；如果5分钟内还不能呼吸，大脑就可能会由于缺氧而永久受损。

然而，有些婴儿刚刚生出来后，难以完成从子宫内的生活向子宫外的生活的转变，这时，他们就必须接受特殊的救治。为了很快地测量新生儿的身体状况，医生和护士会使用**阿普加量表**（Apgar Scale；见表 3－7）。阿普加量表指的是由阿普加提出、用以评估新生儿状况的量表，从肤色、心率、反射力度、肌肉弹性、呼吸五个方面分三级进行评分。在婴儿出生后第一分钟内测量一次，过五分钟再测一次。

阿普加量表　由阿普加提出、用以评估新生儿状况的量表，从肤色、心率、反射力度、肌肉弹性、呼吸五个方面分三级进行评分。在婴儿出生后第一分钟内测量一次，过五分钟再测一次。

表 3－7　阿普加量表

症状	评分		
	0	1	2
A 肤色	躯体、手、脚发青	躯体微红，但四肢发青	全身微红
P 心率	无心率	每分钟不足 100 次	每分钟 100～140 次
G 反射力度（打喷嚏、咳嗽、皱眉）	无反应	反射反应弱	反射反应强
A 肌肉弹性	完全松弛	四肢运动弱	四肢运动有力
R 呼吸	60 秒无呼吸	不规律的、很浅的呼吸	有力的呼吸，哭

注：表中五个字母可以组合为 APGAR，在此仅仅是为了方便记住五个项目，而非原意。字母的含义分别是 A——appearance，P——pulse，G——grimace，A——activity，R——respiration。

资料来源：Apgar，1953.

使用阿普加量表进行测量时，如果婴儿的得分是 7 分或 7 分以上，就表明其健康状况良好；如果得分是 4～6 分，就表明其需要提供呼吸等方面的医疗帮助；如果得分是 3 分或 3 分以下，就表明其非常危险，需要立即抢救。之所以使用阿普加量表进行重复测量，是因为有些婴儿在刚开始可能会有麻烦，但是过一会儿就能够适应了。

（二）新生儿的唤醒状态

不论白天还是黑夜，新生儿总是睡一会儿醒一会儿，其唤醒状态呈现五种形态（见表 3－8），而且这些状态经常变换。不同状态之间的转换伴随着眼睛、呼吸、运动等方面的相应变化。

表 3－8　新生儿的唤醒状态

状态	反应特点	时长
有规律的睡眠	眼睛闭着，没有眼动，面部放松，呼吸有规律而缓慢，没有运动；除非受到突然的惊吓，否则不会对轻微刺激做出反应。	每天 8～9 小时
不规律的睡眠	眼睛闭着，偶尔有快速眼动，面部会抽动，呼吸不规律，有轻微的肢体运动，但是没有明显的运动，声音或光会使其微笑。	每天 8～9 小时
瞌睡	眼睛或睁或闭，呼吸没有规律，偶尔有运动，会对刺激做出反应，比如微笑、惊吓、吮吸。	不确定

续表

状态	反应特点	时长
安静觉醒	眼睛睁着，呼吸均匀，安静，在向四周看的时候会活动头部、四肢和躯干，有趣的环境可能会激发或维持这种状态。	每天2～3小时
清醒时的活动及哭啼	眼睛睁着，呼吸没有规律，面部可能松弛，也可能紧张和出现皱褶，活动较多，外部刺激（如饥饿、冷、疼痛、受限制等）会引起更多的活动，也许开始的时候是呜咽及轻微的活动，随即是音调逐渐升高的有节奏的哭，或者不协调的猛烈拍打和尖叫。	每天1～4小时

一方面，新生儿平均每天睡16小时，有的孩子睡的时间长一些，有的短一些。而且，大多数新生儿不分白天黑夜，两三个小时就会醒一次。新生儿会有6～8个睡眠期间，包括安静的睡眠和活动的睡眠，后者等同于快速眼动睡眠，就成年人而言，它与做梦相联系。新生儿的快速眼动睡眠和非快速眼动睡眠时间量相差无几，但是随着他们不断成长，快速眼动睡眠会减少，到1岁时，可以降到33%，距离成年人的平均水平（20%）近在咫尺（Lushington et al.，2013；Grigg-Damberger & Wolfe，2017）。

另一方面，新生儿的哭啼也是其典型的唤醒状态。父母和照料者会花费大量的时间和精力来安抚哭闹的婴儿，以便让其入睡。婴儿的哭啼是其最早的与成人交往的方式之一，也是其影响成人的有力手段。在出生后的几周内，所有婴儿都有哭闹的时候，但是大多数时候他们的哭啼能够指引成人寻找原因，让成人满足其各种生理需求。

最初婴儿的哭啼常常是因为生理需求，主要是饿了，但是他们也可能会因为温度的变化、突然的声音、感到疼痛的刺激、湿漉漉或脏兮兮的尿布、疲倦、孤独或挫折而哭啼。婴儿的哭啼通常会遵循一条“哭啼曲线”（见图3-4；Barr，2009）：在头三周保持稳定，在第二个月末达到高峰，然后减少。这种特点在照料婴儿的方式大相径庭的各种文化中，也都是如出一辙。

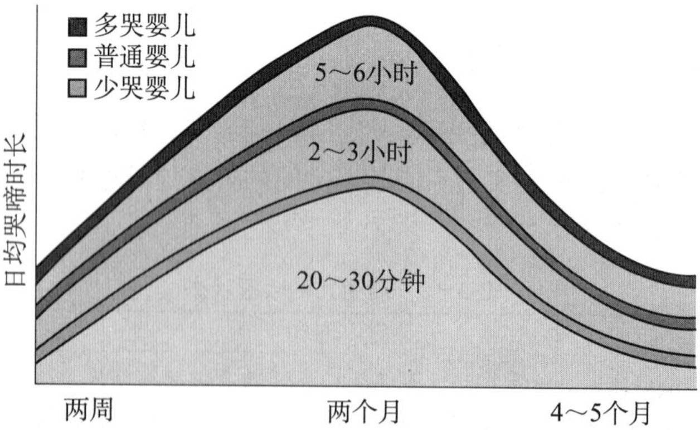

图3-4　婴儿的哭啼曲线

资料来源：Barr，2009.

到婴儿大约1个月时，大多数父母能够分清楚婴儿的哭啼是由于愤怒还是源于疼痛（Zeskind et al.，1992）。然而，婴儿也可能因为五花八门的原因而哭啼，不一定让人一目了然，这些原因包括饥饿、孤独、困倦、不适、太热、太冷、尿湿，或者其他形式的挫折。总之，形形色色的哭啼可以归为两种一般性的类型：基本型哭啼或者挫折型哭啼（basic cry or frustration cry；Wood & Gustafson，2001）。

表 3－9 呈现了婴儿在头几个月的哭啼模式，由于此时婴儿皮肤很薄，他们使劲啼哭的时候血液循环加剧，看起来皮肤发紫，而几种哭啼类型的第一个字母正好组合为 PURPLE，所以我们也可以戏称其为婴儿哭啼的“绛紫模式”且氧气吸入减少。

表 3－9 头几个月哭啼的“绛紫模式”（PURPLE）

P	尖声哭叫型 （peak pattern）	这种哭啼在 2 个月左右达到顶峰，然后削减。
U	莫名其妙型 （unpredictable）	这种哭啼在头几个月常常来来去去都不可预知，看不出显而易见的原因。
R	抗拒抚慰型 （resistant to soothing）	这种哭啼在父母费尽九牛二虎之力进行抚慰时，仍然可能持续不断。
P	面容痛苦型 （pain-like face）	这种哭啼让婴儿看起来好像痛苦不堪，实际上却可能未必如此。
L	没完没了型 （long lasting）	这种哭啼在头几个月会持续很长时间，有时候 30～40 分钟，甚至更长时间。
E	傍晚哭闹型 （evening crying）	这种哭啼一般发生在下午和夜晚。

资料来源：Barr，2009.

对一个哭啼的婴儿而言，照料者应该搞清楚其原因是什么，到底是饿、冷、困、烦、疼，还是尿布湿了。而对于不明原因的哭啼，则可以通过下面的方法来安抚（Liew et al.，2011）：把婴儿举起来放到肩膀上；通过重复性的运动来安抚，比如将婴儿放在婴儿车里轻轻地来回摇一摇；通过声音来安抚，比如唱歌、风扇转动或海浪拍岸的录音等自然声音；给婴儿洗热水澡；让婴儿吮吸橡皮奶头或手指；通过新的视觉刺激或声音来使婴儿分心。当然，如果上述方法都无济于事，也可以干脆让婴儿哭一会儿。有研究发现，父母在前 6 个月中“让孩子哭”与 18 个月时不利的行为发展和依恋无甚瓜葛（Bilgin & Wolke，2020）。

值得一提的是，与哭啼相对，人们也可能会在婴儿睡眠时看到其微笑，这是婴儿两种微笑形式中的一种，称为“反射性微笑”（reflexive smile），它并非对外部刺激的反应。另一种微笑称为“社会性微笑”（social smile），是对外部刺激的反应，尤其是当婴儿看到面孔时（见第四章）。

（三）新生儿的反射

新生儿最重要的能力之一是其拥有一整套的反射。反射是对刺激的一种自动反应，新生儿一出生或之后不久就表现出的反射有 27 种（Futati et al.，2012）。新生儿的反射可以分为两类（见表 3－10）：一是**生存反射**（survival reflexes），它们具有明显的生存适应价值；二是**原始反射**（primitive reflexes），它们几乎没什么用处，实际上它们被认为是我们的进化痕迹。

生存反射 新生儿一出生或之后不久就表现出的反射中，具有明显的生存适应价值的几种反射。

原始反射 新生儿一出生或之后不久就表现出的反射中，几乎没什么用处的几种反射，实际上它们被认为是我们的进化痕迹。

表 3-10　新生儿的反射

反射名称	反应	发展过程	意义
生存反射			
呼吸反射	反复地吸气和呼气	永远	提供氧气和排出二氧化碳
眨眼反射	闭眼或眨眼	永远	保护眼睛免受明光照射或外物的伤害
瞳孔反射	接触明光时瞳孔收缩；黑暗或弱光照射时，瞳孔放大	永远	免受明光伤害；使视觉系统适应低照明环境
定向反射	转头朝向嘴边的触觉刺激（触摸）	在生命的头几周内就会消失，取而代之的是有意的转头	使婴儿转向乳房或奶瓶
吮吸反射	吮吸放到嘴里的物体	永远	让婴儿可以吸收营养
吞咽反射	吞咽	永远	让婴儿可以吸收营养
原始反射			
巴宾斯基反射	当足底被抚摸时，脚趾会呈扇形打开，然后卷曲	通常在头8个月到1岁之内消失	在出生时就出现，在1岁消失，表明神经系统发育正常
抓握反射（达尔文反射）	触摸婴儿的手掌时，其手指会卷曲	在头三四个月消失，然后被有意识的抓握取代	在刚出生时出现，之后消失，表明神经系统发育正常
莫罗反射（惊跳反射）	很大的声音或婴儿头部位置的突然变化，会使婴儿伸出手臂、弓背，然后双臂抱拢做抱物状	在头4～6个月伸手臂和弓背会消失，然而，儿童一直会对意外的声音，或身体失去支撑做出惊跳反射（不会消失）	在刚出生时出现，之后消失，表明神经系统发育正常
游泳反射	浸在水里的婴儿会主动活动四肢，不由自主地屏住呼吸。游泳反射会使婴儿在水上漂一会儿，使之容易获救	在头4～6个月会消失	在刚出生时出现，之后消失，表明神经系统发育正常
行走反射	婴儿被抱直的时候，如果让其脚接触到平面，其就会迈步子，好像走路一样	在头8周会消失，除非婴儿经常得到做出这种反应的机会	在刚出生时出现，之后消失，表明神经系统发育正常

婴儿的反射表明他们为适应生活中各种各样的挑战做好了准备。而相关的反射及时消失，也表明他们的神经系统发育正常。生存反射不仅可以为婴儿提供保护，帮其避开令其厌恶的刺激，满足其最基本的需求，还可以对照料者产生非常积极的影响。比如，当饥饿的婴儿立即停止哭闹、轻松而有节奏地吮吸乳头时，母亲作为照料者会感到非常满足和有能力。而原始反射更重要的意义在于它们可以作为重要的发展诊断指标。如果这些反射在出生时没有出现，我们就有理由怀疑婴儿的神经系统发育是否正常。

（四）早期的感觉能力

新生儿正在发育的大脑使其能够对触摸到的、尝到的、闻到的、听到的、看到的东西形成很好的感觉，其感觉能力在最初的几个月内会快速发展（庞丽娟，李辉，1993）。

1. 触觉

新生儿对触碰会有反应（Bremner，2021），尤其是嘴的周围、手掌、脚底、生殖器是最早对触觉敏感的地方。这种能力从其吮吸反射、巴宾斯基反射、抓握反射、行走反射上都能够反映出来。其触觉实际上在子宫内就已经发展了。

婴儿一出生就对疼痛非常敏感（Zengin & others，2022）。非常疼的时候，比如，有时给新生儿打针时，他们通常会尖利而痛苦地啼哭，并且心率大幅上升、手掌出汗、瞳孔扩张、肌肉紧绷（Warnock & Sandrin，2004）。给婴儿一个能够吮吸甜水的橡皮奶嘴，会减轻他们的疼痛感，如果再加上父母温柔地抱着他们，疼痛感就能够减少更多。

2. 味觉和嗅觉

味觉和嗅觉也是在子宫内就开始发展的，新生儿一出生就有了偏好（Bloomfield et al.，2017）。新生儿的面部表情能够反映他们对几种基本味觉的区分：对甜味的反应是面部肌肉放松，酸味会让他们噘起嘴，苦味则让他们把嘴张得大大的。这些反应都有着重要的生存价值——最有利于婴儿成长的食物是有一点甜味的母乳。不过，新生儿也能够学会喜欢那些一开始并不喜欢甚至讨厌的味道。

新生儿对令人愉快的气味的偏好似乎也是在子宫内、在最初的几天内就养成的，母乳所传递的气味可能进一步促进了这种学习。嗅觉对人而言也有生存价值，使新生儿能够通过气味来辨认母亲。熟悉的气味具有强化作用，也能够减轻婴儿的应激反应（Schaal，2017）。

3. 听觉

听觉也是在出生之前就有的，新生儿在子宫内就能够辨认嗓音和语音。新生儿听觉辨别能力发展非常快，他们也可以听到范围很广的声音。几天大的婴儿就能够区分几种声音模式之间的区别。一出生，婴儿就喜欢复杂的声音，比如噪声和嗓音，而不喜欢纯音。新生儿更愿意听人的语音（Vouloumanos et al.，2010），能够侦测出任何人类语音，而且能够辨别很多语音的微小差异。他们尤其偏好听母语，以及他们在妈妈肚子里就听到的故事和声音（May et al.，2018）。

因为听觉对语言发展非常重要，所以检测听力是否受损就很必要，专业的建议是在头三个月内就对婴儿进行听力问题的筛查。对新生儿听力问题的筛查的确发现了一定比例的听力缺陷，可为早期听力训练提供依据（例如，孔祥苓等，2016；席莉华，李彩霞，2015）。

4. 视觉

视觉是婴儿出生时最不发达的感觉能力，因为其眼睛和大脑内的视觉结构尚未完全形成。比如，视网膜尚未成熟，视神经和大脑中的视觉中枢也需要几年的时间才能和成人的一样。晶状体的肌肉也很弱（Atkinson，2000）。因此，他们无法很好地聚焦，视敏度也有限；父母的脸即使凑到很近，在新生儿的眼里也是模糊不清的。到1个月时，新生儿的视力有所改善，但是仍然看不清细节；直到3个月时，他们才能够看清楚细节。

研究范例

婴儿爱看啥？面孔或其他？

尽管看不太清楚，新生儿仍然会通过视觉扫描探索环境中令其感兴趣的东西，追踪运动的物体。他们虽然颜色辨别能力尚差，却仍然更喜欢彩色的刺激，而不是灰色的（Columbo & Mitchell，2009）。同听力筛查相似，视觉筛查也是非常重要的，研究表明患各种眼病的新生儿的比例是很高的，初查通过率为79.38%（李丽红等，2015）。

概念术语

受孕，妊娠期，染色体，遗传密码，显性-隐性遗传，限渠道化，反应区间，被动型相关，反应型相关，主动型相关，致畸物，阿普加量表，生存反射，原始反射

本章要点

1. 个体的生命始于来自父亲的精子进入来自母亲的卵子的那一刻，即受孕。受精卵不断地通过细胞分裂来自我复制，最后发展成为胎儿。

2. 当一个精子穿过卵子的细胞膜以后，这里面就立刻发生了化学变化，把所有其他精子封闭在外；妊娠期就此开始，而整个过程可以分为三个时期。

3. 遗传信息由染色体来存储和传递，它由脱氧核糖核酸（DNA）构成，所包含的四种碱基的配对组合就构成了遗传密码，它决定了所有的遗传特征。

4. 遗传和环境的交互作用可以反映为以下几种方式，即限渠道化、反应区间、被动型相关、反应型相关、主动型相关等。

5. 孕妇腹中的胎儿能否健康成长，受到多方面因素的影响，既包括营养物质等一般性因素，也包括疾病等特定的致畸物。

6. 可以通过阿普加量表来很快地测量新生儿的身体状况，以评估其是否能完成从子宫内的生活向子宫外的生活的转变。

7. 不论白天还是黑夜，新生儿总是睡一会儿醒一会儿，其唤醒状态呈现五种形态，而且这些状态经常变换，并伴随着眼睛、呼吸、运动等方面的相应变化。

8. 新生儿拥有一整套的反射，分为两类，生存反射具有明显的生存适应价值，原始反射几乎没什么用处。

9. 新生儿正在发育的大脑使其能够对触摸到的、尝到的、闻到的、听到的、看到的东西形成很好的感觉，其感觉能力在最初的几个月内快速发展。

复习思考

1. 遗传和环境的交互作用主要表现在哪些方面?
2. 致畸物对胎儿产生影响的作用原理是怎样的?
3. 新生儿的反射主要有哪些?它们各有何意义?
4. 新生儿早期感觉能力的主要表现是什么?

第四章

婴儿期的发展

开脑思考

1. 我们可能都看过描绘动物生活的影视片，会发现很多哺乳动物生下来以后，过不了一会儿就可以又跑又跳，而且很快就成了“运动健将”。如果人类婴儿也能够在生下来以后不久就健步如飞，是否更有意义呢?

2. 小孩子在不会说话的时候主要通过哭泣来表达自己的需要，比如饿了、冷了、疼了、想要爸爸妈妈抱了、想要某个东西了……你认为在听到孩子的哭泣时，做父母的应该立即关注孩子的每一个需要吗?这样做会不会把孩子宠坏了?

3. 如果一个小孩子总是喜欢别人抱，而不喜欢自己的爸爸妈妈抱，年轻的父母会有什么感受?你认为什么样的原因会造成这种状况?

教学目标

通过本章的教学，应该实现几个目标。其一，了解婴儿身体发展的基本规律及其运动技能发展和知觉发展的基本特点。其二，从皮亚杰理论、朴素理论、信息加工理论、社会文化观等多角度把握婴儿认知的发展特点。其三，掌握婴儿期语言发展的基本特点。其四，明确婴儿期的心理社会性发展任务、婴儿气质的特点、婴儿情绪发展的特点、婴儿依恋的形成及其类型、婴儿自我的产生与发展特点。

学习重点

把握婴儿期运动技能发展的主要特点；了解婴儿期知觉发展的基本特点；把握婴儿期感觉运动思维的特点，了解婴儿的朴素理论、信息加工特点；把握婴儿期语言发展的基本特点；领会婴儿期的心理社会性发展任务；把握婴儿气质的特点、婴儿情绪发展的特点、婴儿依恋的形成及其类型、婴儿自我的产生与发展特点。

婴儿期一般指 0～3 岁的阶段，这时身体发育速度非常快，也遵循着一些基本原则。其运动技能的发展具有重要意义，包括粗大运动的发展及精细运动的发展。婴儿的思维发展处于皮亚杰认为的感觉运动阶段。婴儿也会建构朴素物理学、朴素生物学，以试图解释自己看到的纷繁世界。而维果茨基认为，社会背景会影响儿童认知世界的建构方式。婴儿期语言的发展是此时期的重要方面，大概会经历三个阶段，即前言语期、单词句期、多词句期。

婴儿期的发展要解决“信任对不信任”“自主对羞愧和怀疑”的冲突。婴儿的气质会有明显的表现，它主要是先天遗传的。婴儿期的情绪发展主要体现在其基本情绪的发展、自我意识情绪的出现、情绪的识别与解读、情绪调节的萌芽等方面。婴儿与照料者在交往过程中会形成依恋。婴儿表现出的“自我识别”是其自我发展的重要标志。

第一节 婴儿期的身体发展

一、婴儿期的身体发育

婴儿期是个体生长发育最快的时期，即所谓的人生生长发育的第一高峰期（第二高峰期是青春期），这一点从个体身高体重的变化上可以一目了然。

我国婴儿出生时平均身高大约是 50 厘米，平均体重大约是 3.30 千克，男婴和女婴略有差异。总体上，婴儿的身体发育非常快。6 个月时，婴儿平均身高达到 68 厘米，平均体重达 8.90 千克。到 1 岁时，身高约达 76 厘米，体重达 9.83 千克。2 岁时，身高达到 88 厘米，体重达 12.23 千克。之后，发育速度进一步减缓，但是身高体重仍然保持增长。

当然，婴儿的身体发育除了上述性别差异之外，也存在着很大的个体差异，有些婴儿长得更快，另一些婴儿长得就慢一些。婴儿的身高主要决定于遗传。父母双方都对孩子的身高有影响，研究表明父母双方身高的平均值与他们的孩子 2 岁时身高的相关度大约是 0.7（Plomin，1990）。父母双方都高，则孩子会比较高；父母双方都矮，则孩子会比较矮；父母双方中一方高、另一方矮，则孩子的身高处于中等水平。

另外值得注意的是，婴儿的身体发育除了上述量的变化外，还有基本的规律，遵循着一些基本原则，主要体现在四个方面：

其一，**头尾原则**，即身体发育从头部和身体的上半部开始，然后扩展到身体的其他部分。也就是说，头部、大脑比躯干和双脚先发育，所以新生儿及婴儿早期身体上半部与下半部的比例显得不协调。同时，头尾原则也意味着视觉能力的发展先于走路能力的发展。这一原则在出生前和出生后都发挥作用。

> **头尾原则** 身体发育从头部和身体的上半部开始，然后扩展到身体的其他部分。

其二，**近远原则**，即身体发育从中央部位向外围扩展。也就是说，头部、胸腔、躯干的发育先于四肢、手脚的发育，然后是手指、脚趾。身体各部分的能力也是如此，有效使用手臂能力的发展就早于使用手的能力的发展。

> **近远原则** 身体发育从中央部位向外围扩展。

其三，等级整合原则，即简单技能一般是独立发展的，之后这些技能会整合成更为复杂的技能。比如，相对复杂的用手抓握的技能，直到婴儿学会控制和协调每个手指的运动时才能掌握。

其四，系统独立性原则，即不同的身体系统有着不同的发展速度，某个身体系统得到发展，表现出新的特点，并不意味着其他的身体系统也有同样的发展。比如，婴幼儿期神经系统发展速度比较快，身体大小的改变相对比较少，而性别特征的变化则更加滞后，直到青春期才显现。

此外，身体发育状况受到遗传和环境的交互作用的影响，比如营养、情绪健康等都是重要的因素。

拓展阅读

孤独症是无法改变的终生性残障吗?

孤独症（autism），又称自闭症，是一种神经发育障碍。1943年，美籍奥地利精神科医生里奥·坎纳（Leo Kanner）首先在11个孩子身上发现了一组症状，这些孩子从出生起就缺乏与他人的情感互动，语言发展迟缓，并伴有重复性行为，坎纳将其命名为“早期婴儿孤独症”（early infantile autism）。此后30多年，尽管类似的发现不断出现，但这些症状仅被视为儿童精神分裂症的一个亚型，并未引起重视。1978年，迈克尔·路特（Michael Rutter）确定了孤独症的4种核心症状群：社交功能受损、言语障碍、执着于一成不变且发病时不到30个月。

这些诊断标准经过修改被写入美国《精神疾病诊断与统计手册（第三版）》（The Diagnostic and Statistical Manual of Mental Disorders-Ⅲ，简称DSM-Ⅲ）。随着人们对于孤独症的了解不断深入，DSM的分类体系也随之进行调整。2000年发布的DSM-Ⅳ修订版将孤独症谱系障碍（autism spectrum disorder，ASD）认定为5类：孤独症、阿斯伯格症（Asperger’s disorder）、雷特症（Rett’s disorder）、儿童崩解症（childhood disintegrative disorder）和未分类的广泛性发育障碍（pervasive developmental disorder/not otherwise specified）（American Psychiatric Association，2000）。2013年出版的DSM-Ⅴ对孤独症谱系障碍的分类做出进一步调整，不再包括雷特症，而儿童崩解症、阿斯伯格症和未分类的广泛性发育障碍被合并成一个诊断分类——孤独障碍（American Psychiatric Association，2013）。孤独症的核心诊断标准主要有以下几个方面：社会交往障碍、言语障碍、兴趣狭窄和刻板重复的行为，这些症状必须存在于儿童早期，并导致儿童在社交、语言或其他重要领域严重受损，这些失调无法用智力障碍或广泛性发育迟缓更好地解释。

孤独症和发育障碍监测网络显示，美国2014年ASD患病率由2012年的14.7‰上升到16.9‰，相比2012年上升了15%，相当于从68名儿童中有1名ASD儿童增加到59名儿童中有1名ASD儿童（Baio et al.，2018）。美国疾病预防控制中心发布的2018年关于孤独症谱系障碍患病率的统计显示，美国每59名儿童中就有1例孤独症患者，即发生率为1/59。我国有超过1 000万的孤独症人群，有至少200万的孤独症谱系障碍儿童（赵亮等，2020）。但国内尚未出现全国性的ASD流行病学资料。一项元分析显示，2011—2015年我国6岁及以下儿童ASD患病率为3.51‰，男女患病比例为2.59∶1（石慧峰等，2017）。

孤独症的病因目前尚不完全清楚，现有研究表明可能是遗传和孕期环境等多种因素导致的结果，而遗传因素始终比环境因素发挥更大的作用（Taylor et al.，2020）。目前的研究发现，25%～35%的孤独症患者患病由遗传因素导致，包括染色体拷贝数变异、基因突变等（刘帅妹等，2019）。虽然已有研究证明了孤独症的遗传基础，但也有研究发现一些环境风险因素在孤独症成因中的重要作用。比如，母亲在孕期体验到较大的心理压力，孩子患孤独症的风险会增加；另外，在受孕前有压力性经历的父母的男性后代也会产生患孤独症的风险（Pisu et al.，2019）。

由于孤独症的病因的不确定性，目前并没有明确一致的治疗办法，甚至有学者认为儿童的孤独症永远不会被治愈，外界的引导和干预只能使症状变得不那么明显。但对于一部分症状并不严重的儿童而言，外界的正确引导与干预是非常重要的，可以帮助他们在几年后康复。比如，在早期，可以通过一些干预训练来增强他们对社会刺激的注意，建立共同注意；对儿童进行强化训练，帮助其培养社交和语言技能，改善儿童的人际关系状态并缓解其行为问题。不管怎样，父母在整个过程中都是最核心的力量；只要孤独症儿童的父母始终坚持采用科学的引导方式，孤独症患者的症状就可以得到不同程度的改善（Happé et al.，2017）。另外，针对孤独症儿童的干预，需要针对个案的特点和能力选择个别化的干预训练方法，才能使其获得最大的进展。在我国孤独症教育和康复领域，早期密集行为干预的效果被广泛传播，6 岁前被普遍认为是干预的黄金期（吴西愉，2020）。

二、婴儿期神经系统的发展

随着婴儿的成长，某些我们看不见的方面实际上也在发生着很大的变化，大脑和神经系统的发展就是这当中非常重要的方面，婴儿的感觉、表情、动作都反映着大脑和神经系统不同部分的功能。

婴儿出生时，大脑重量为 300～390 克，为成人大脑重量的 25%，神经元超过千亿个，皮层面积为成人的 42%。到 1 岁时，大脑重量会增加到 800～900 克，约为成人大脑重量的 60%。2 岁时，大脑重量会增加到 1 000～1 500 克，约为成人大脑重量的 70%。这些变化是脑内神经元的发展所致。

大脑和贯穿全身的神经构成了神经系统。而神经系统的基本细胞是神经元，它具有一个包含着细胞核的细胞体。神经元与一般细胞不同的是，它能够通过一端的树突纤维与其他细胞相联系。树突可以接收来自其他细胞的信息。在神经元的另一端，有一段长长的伸展开来的部分，即轴突，它是神经元负责给其他神经元传输信息的部分。神经元之间并没有实际的接触，而是存在着微小的间隙，即所谓的突触。神经元对信息的传递是由神经递质这一化学信使穿过突触来实现的。

新生儿虽然拥有数以千亿的神经元，但是他们大脑中的很多神经元很少与其他神经元相连接。而 2 岁左右时，婴儿大脑中的神经元则会建立起几十亿个新连接（见图 4－1）。进而，这一神经网络会变得越来越复杂，并持续终生。

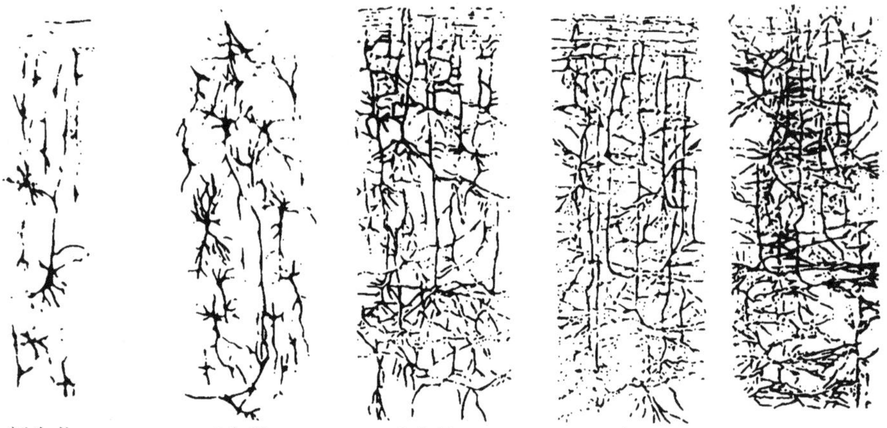

图4-1 婴儿神经元的发展及突触的形成

一方面，新生儿拥有的神经元数量巨大，远远超过实际所需要的数量，那些没有受到刺激而形成突触联系的神经元就会被消除，这就是所谓的突触修剪（synaptic pruning；Webb et al.，2001）。大体上，在儿童期和青少年期，大约40%的突触会被修剪掉，最后达到成人的水平。所以，在这一时期对儿童的大脑给予适当的刺激就非常关键了，这时正是突触形成的高峰期（Huttenlocher，2002）。也就是说，神经系统的发展存在着敏感期。

另一方面，婴儿出生以后，神经元的体积继续增加，除了树突继续生长之外，神经元的突触会覆盖上一层髓鞘。这是一种脂肪一样的物质，能够起到类似电线外面的绝缘物质的作用，有助于加快神经冲动的传递速度。

神经元在生长的同时，也会重新定位，根据功能进行重组。一些神经元会成为大脑皮层，另一些则成为大脑皮层下的皮下组织。皮下组织对呼吸和心率等基本活动进行调节，这些活动在婴儿出生时大多已经发育完善。随着时间推移，大脑皮层中负责高级过程（比如，思维和推理）的细胞开始逐步发展起来，并形成联系。

大脑皮层由许多具有不同功能的脑叶组成，它们有不同的机能定位，通常分为感觉皮层、联络皮层和运动皮层。各个机能定位区的发展与儿童各种相应能力的出现是对应的，发育最晚和髓鞘化最晚的部分是额叶区，它主管的是思维和意识。

偏侧化 大脑左右半球的功能出现特异性分化。比如，大多数新生儿在听到语音时，左半球脑波活动非常活跃；相比之下，他们在听到非语音时，右半球反应更为强烈。

此外，婴儿出生时大脑两半球的功能就已经开始**偏侧化**（lateralization），指的是大脑左右半球的功能出现特异性分化。比如，大多数新生儿在听到语音时，左半球脑波活动非常活跃；相比之下，他们在听到非语音时，右半球反应更为强烈。这一过程贯穿了整个儿童期（Kolb，2020）。一般而言，左半球专于语言，对信息的加工方式是系列性的、一步一步进行的。而右半球专于空间推理，对信息的加工方式是整体性的、整合性的（Harnad，2012）。多项研究已经表明了婴儿偏侧化的发展。大多数新生儿在听到语音时，左半球脑波活动非常活跃；相比之下，他们在听到非语音时，右半球反应更为强烈。相比语言发展较慢的同龄婴儿，发展较好的婴儿左半球的语言区发展更好。正是语言和其他技能获得的过程促进了偏侧化（Casey et al.，2002；Luna et al.，2001）。这也反映了大脑发育的可塑性。在丰富环境中长大的婴儿相比成长环境受到严重限制的婴儿，其大脑的结构和重量都是很不一样的（Cicchetti，2003；Cirulli et al.，2003）。

当然，尽管两半球的功能具有一定的特异性，但在大多数方面两半球是彼此串联、相互依赖的。正常人复杂的思维都是大脑两个半球连通的结果（Sander & others，2022）。事实上，每一半球都能够处理另一半球的大多数任务。比如，右半球就会进行一些语言加工，并且在语言理解中起着重要作用（Corballis，2003；Vilasboas et al.，2017）。

前沿扫描

婴儿刷屏幕，社交脑变木？

三、婴儿期运动技能的发展

（一）运动技能发展的顺序

对婴儿来说，运动技能的发展包括两个方面，一是**粗大运动的发展**（gross motor development），二是**精细运动的发展**（fine motor development）。粗大运动指的是对身体动作的控制。婴儿必须学会在所生活的世界里到处走走。起初，在婴儿不能独自运动时，他们要学会爬行、站立，然后才能学会走路。精细运动指的是较具体而精细的运动技能，主要体现在手臂和手指的运动上，比如够物、抓握和操控物体等。

粗大运动的发展 对身体动作的控制的发展。婴儿必须学会在所生活的世界里到处走走。在婴儿不能独自运动时，他们要学会爬行、站立，然后学会走路。

精细运动的发展 较具体而精细的运动技能的发展，主要体现在手臂和手指运动的发展上，比如够物、抓握和操控物体等。

粗大运动和精细运动可以让婴儿接触到自己生活环境中的大量信息，比如关于形状、纹理、特征等方面的信息。这些运动技能的发展有其基本的模式，遵循着运动技能发展的普遍顺序。发展心理学家（Bayley，2006；范存仁，1988）通过研究提出了婴儿运动技能发展的基本模式。中国和西方婴儿的各种运动技能的发展大体上如出一辙，并且都遵循着毫无二致的发展顺序（见表 4-1）。

表 4-1 婴儿运动技能的发展

贝利量表		范存仁量表	
运动技能	平均获得年龄	运动技能	平均获得年龄
竖着抱时，头部立起且稳定	6 周	头竖直	0.8 个月
		仰卧举头 45°	1.4 个月
俯卧时双臂支起自己	2 个月		
从侧卧翻身为仰卧	2 个月		
抓握积木	3 个月 3 周	伸手够积木	4.1 个月
从仰卧翻身为侧卧	4.5 个月	从仰卧到侧卧	4.4 个月
独坐	7 个月	独坐（较协调）	7 个月
爬行	7 个月	爬行	10 个月
拉着东西站起来	8 个月	依靠家具站起来	10 个月
独自站立	11 个月	独自站立	11 个月
独自行走	11 个月 3 周	独自行走	11.7 个月

续表

贝利量表		范存仁量表	
运动技能	平均获得年龄	运动技能	平均获得年龄
用两块积木搭塔	11个月3周	用两块积木搭塔	13.8个月
乱涂乱画	14个月	自发地乱涂画	14个月
依靠帮助上楼梯	16个月	扶栏上楼	21.9个月
原地跳	23个月2周	双脚跳	24.4个月
踮脚尖走	25个月		

资料来源：Bayley，2006；范存仁，1988.

婴儿运动技能的发展也体现了关于身体发育的基本原则。比如，婴儿首先能够控制头部，然后是手臂和躯干，再往后是腿——这符合头尾原则。同时，近远原则也历历可辨：对头部、躯干和手臂的控制先于手指的协调。

每种运动技能的获得都是以前一种技能的获得为基础的，也为新技能的获得奠定了基础。当然，运动技能的获得并不是按照固定的成熟时间表自然完成的，换言之，它不是由成熟决定的。一方面，婴儿生理上的条件必须有保障；另一方面，也必须有环境条件的支持。

此外，尽管大多数婴儿的发展遵循着这一顺序，但是运动发展的速率有很大的个体差异。如果某些婴儿很多运动技能的发展严重滞后，就应该引起特别关注。

（二）粗大运动技能的发展

新生儿的运动技能非常有限，但是他们也还是能够完成一些运动。比如，在俯卧时，他们会摆动手臂和双腿，也可能会尝试抬头。在婴儿的力气增大以后，他们就能够撑起自己的身体朝各个方向移动——通常是往后移动，而不是往前移动。到6个月时，婴儿可以让自己朝特定的方向移动。这些努力实际上是为爬行做准备，有助于手臂和双腿的协调。到6～8个月时，婴儿一般就能够爬行了。

在婴儿学习四处移动时，他们能够在一个固定位置上保持不动。刚开始，如果没有支撑物，婴儿可能就无法坐直。但是，他们很快就掌握了这种能力。大多数婴儿在6个月时，即使没有支撑物也能够坐直。在9个月时，大多数婴儿能够借助桌椅走路。到1岁时，大约一半的婴儿能够走得很好。

大多数婴儿在能够独立行走之后的几个月内就学会了跑。不过，2岁婴儿的跑更像是健步如飞的“疾走”，他们腿的移动较为僵硬；到五六岁时，儿童能够跑得很自如。另外，单腿跳也是儿童在发展的运动技能，两三岁的婴儿可以单腿跳几次，但是上身很明显非常僵硬；到五六岁时，儿童可以单腿跳较长的距离，或换腿跳。

够物 婴儿精细运动技能的发展中，在探索活动中其身体上表现出的眼手协调、去够所看到的物体的动作。

（三）精细运动技能的发展

婴儿精细运动技能的发展中，最重要的是**够物**（reaching）和抓握（grasping）。其中，够物指的是婴儿在探索活动中其身体上表现出的眼手协调、去够所看到的物体的动作。它们在婴儿粗大运动技能发展的同时，也取得了长足进步。

新生儿对自己眼前的物体会表现出欠协调的挥动或摇晃，这被称为前够物行为（prereaching），因为他们无法很好地控制自己的胳膊和手，所以他们很少能够碰到该物体。前够物行为最终会在婴儿 7 周时消退。不过，这些早期的行为表明，婴儿在探索活动中已经具备了一定的眼手协调性（Thelen，2001；Von Hofsten，2004）。

大约在 3 个月时，婴儿眼睛凝视、头部和肩部的控制得到了必要的发展，够物行为再次出现，并逐渐变得较为精确（Spencer et al.，2000）。到 5～6 个月时，婴儿在关了灯的房间里也可以够到物体，这一技能在随后的几个月内会日臻完善（McCarty & Ashmead，1999）。到 7 个月时，婴儿能够只用一只胳膊就够到物体。在随后的几个月内，婴儿能够很好地够到运动中的物体，比如旋转的、变向的、较近的或远离的物体（Wentworth et al.，2000）。

在婴儿能够够到物体以后，他们的抓握行为也会不约而同地发生变化。新生儿的抓握反射会被笨拙的尺骨抓握替代。3 个月时，婴儿能够根据物体的大小和形状调节抓握行为，这在 1 岁以前不断得以完善（Newman et al.，2001）。到 4～5 个月时，婴儿开始坐起来；在探索物体时，他们会协调双手，他们能够一手拿着物体、另一手用手指摸索，并且会经常换手。快到 1 岁时，婴儿能够将拇指和食指扣在一起做出协调的钳形抓握。之后，其操控物体的能力大大增强。1 岁的婴儿能够捡起葡萄干和玻璃片、按按钮、开关小盒子。

在 8～11 个月间，够物和抓握会得到很好的练习，这样一来，注意力就可以从运动技能转移到拿到物体前后所发生的事件上（Claxton et al.，2003）。也是在这时候，婴儿开始解决涉及够物的简单问题，比如寻找藏起来的玩具。

总之，在第一年，够物行为一直持续地发展，会变得更加顺利、直接，更能够适应物体运动及位置的变化（Berthier & Carrico，2010）。抓握行为同样变得更加顺利和准确。婴儿在自己的手碰到物体之前，就会调整手指及拇指的位置，并且在抓到物体时会根据其大小、形状和重量来进一步调整（Daum et al.，2011）。

（四）运动技能的协调发展

早先，发展心理学家阿诺德·格赛尔（Arnold Gesell，1934）通过自己的观察研究指出，婴儿的翻滚、坐起、站立和其他运动技能都以一种固定的顺序、在特定的时间框架内发展出来。这表明运动技能的发展是通过遗传计划来展开的，即由“成熟”决定的。后来的研究却证明，发展的序列并非如格赛尔所言的一成不变，遗传的作用也并非如其所述的那样压倒一切（Herzberg & others，2022）。虽然我们可以从不同的方面来看婴儿运动技能的发展，但它们并不是各行其是、割裂孤立的，每种运动技能的发展都是在其他技能发展的背景下进行的。

艾瑟·赛伦

艾瑟·赛伦（Esther Thelen）提出的动力系统理论（dynamic systems theory）对运动技能的发展和协调整合提出了解释。所谓整合，就是指儿童发展过程中各种技能的协调，涉及婴儿肌肉的发展、知觉能力和神经系统的发展，以及执行特定活动的动机和来自环境的支持（Thelen & Bates，2003）。也就是说，每一种新技能的发展都是四方面因素联合形成的结果：中枢神经系统的发展、婴儿的运动能力、婴儿头脑中的目标、环境对该技能的支持。其中任何一种成分的变化都会导致系统失衡，此时婴儿就会开始探索和选择更为有效的运动方式。

运动技能的掌握需要越来越复杂的活动系统。当运动作为一个系统开始工作时，各种能力会混合在一起，相互合作，形成最有效的方式去探索和控制外部世界。动力系统理论认为，特定运动技能的发展，比如爬行，并不仅仅有赖于婴儿大脑中促使肌肉向前推动的“爬行程序”，而且需要协调肌肉、知觉、认知和动机等。再比如，在学习走路时，婴儿每天会练习6小时，甚至更长时间。慢慢地，他们碎而不稳的步子会变成大步，他们的脚会靠得更近，脚趾向前，双腿变得对称协调（Adolph et al.，2003）。在重复千百次以后，婴儿就能够在脑中形成新的联系，以控制运动的方式。该理论强调的是儿童的探索行为如何使他们的运动技能得以提高，这种探索行为在他们与周围的环境互动时产生了新的挑战（Adolph & Young，2021）。

值得注意的是，动力系统理论强调儿童自身的动机对运动技能发展的重要作用。比如，婴儿只有具备去触碰他们够不着的物体的动机，才会发展出爬过去这一技能。这一理论也有助于解释不同的儿童在运动技能方面的个体差异。同时，该理论也表明运动技能的发展并不是由遗传决定的。照料者互动方式和照料环境的差异，也会影响儿童的运动技能，包括运动形式、开始时间、总体趋势（Adolph & Franchak，2017）。

（五）早期运动发展的心理意义

一旦婴儿有能力够到和抓握他们感兴趣的物体，尤其是他们能够通过爬行或走路展开探索，父母和婴儿的生活就都会发生巨大变化。这时候，父母发现他们不得不“防着”孩子，或者限制孩子接近某些地方，否则就得面对无穷无尽的“灾难”，比如，书本被撕碎了、花瓶被打翻了、厕所卷纸被扯了、宠物尾巴被揪了。对婴儿的这些探索活动进行限制常常会造成冲突。然而，父母又经常会沉醉于孩子运动技能的不断发展之中，因为这既表明孩子的发展是正常的，同时相互追逐以及捉迷藏的游戏也会带来无穷乐趣。

除此之外，婴儿身体运动的控制的增强，也对其认知和社会性发展有着重要影响。能够到处走动的婴儿会大胆地去见一些人、寻求更多的挑战，因为他们知道，如果觉得不安全，就能够回到照料者身边寻求安抚（Ainsworth，1979）。走路让婴儿能够得到之前够不着的东西，激发了其与父母和其他成年人的互动，因而也促进了其语言的发展（He，Walle，& Campos，2015）。

运动技能的不断发展也促进了婴儿知觉的发展。与还不能移动的婴儿相比，可以爬行的婴儿，以及被成人抱着到处走的婴儿，都更有能力去探索和发现藏起来的物体（Kermoian & Campos，1988）。能够自行爬行和走动的婴儿更能够意识到物体会移动，这反过来有助于他们调整自己的空间位置、改善自己的姿势，从而更有效地爬行或走动（Higgins et al.，1996）。爬行和走动也能够促进婴儿对距离关系的理解，帮助其意识到高度带来的危险。

四、婴儿期知觉的发展

婴儿在刚刚出生时，触觉、味觉、嗅觉和听觉等感觉都有了很大的发展。不过，这些感觉都是比较被动的过程，婴儿只是刺激的接收者。婴儿主动地对刺激进行组织和解释才是其知觉（perception）能力的反映。在此，我们主要关注婴儿的听知觉和视知觉。

（一）听知觉

在婴儿期，听力会发生很多变化（Cirelli & Trehub，2021），涉及对声音的响度、音高和定位的知觉。总体上，婴儿的听力不如成人，成人可以听到一些很轻微的声音。但婴儿对于超出人类言语范围的极高频和极低频的声音比成人敏感，这种敏感能力在 2 岁以前会一直发展。

在 4～7 个月时，婴儿就对音乐片段有感觉，他们更喜欢中间有停顿的莫扎特小步舞曲（Krumhansl & Jusczyk，1990）。到 1 岁时，婴儿可以辨认以不同的键演奏的同一旋律。如果音调顺序发生些微变化，他们也能分辨出这是不同的旋律（Trehub，2001）。

在 5 个月时，婴儿会对母语中的音节划分表现出敏感（Weber et al.，2004）。6～8 个月时，婴儿能够“筛出”不是母语中的声音（Anderson et al.，2003）。

此外，婴儿也能够确定声音的来源，即声音定位（sound localization）。婴儿在刚出生时就具备声音定位的能力，2 个月时有起伏，1 岁时大体达到成人的水平。

（二）视知觉

新生儿聚焦和颜色知觉的能力都很差，其视敏度是成人的 1/30～1/10。而在 2 个月时，婴儿对物体的聚焦以及对颜色的区分就和成人一样了（Teller，1998）。视敏度在头一年会逐渐得到改善；到 6 个月时，几乎达到了成人的水平（Slater，2001；Cavallini et al.，2002）。对环境的扫描和对运动物体的追踪在头半年会改善，因为婴儿能够更好地控制眼球的运动了（Johnson et al.，2004）。

婴儿在探索自己的视觉世界时，会梳理清楚物体的特征及其在空间中的组织关系。婴儿的深度知觉（depth perception）就是其中典型的表现。

深度知觉对理解环境布局以及对运动活动的指引是至关重要的，它可以帮助婴儿获得关于高度的知识，防止跌落。研究者（Gibson & Walk，1960）设计了视崖（visual cliff），用来探索婴儿的深度知觉。这是像桌子一样的平台，上面放一块厚玻璃板，平台可以分为两部分，其中一半紧贴玻璃板下面铺着红白相间的格子图形，另一半的格子图形则在玻璃板下方几十厘米处，形成落差。看起来玻璃板一半浅、一半深。实验时，把婴儿放在浅测，看看婴儿是否会听从站在另一侧的母亲的召唤，爬过视崖（见图 4-2）。结果发现，大多数 6～14 个月的婴儿不会爬过视崖，这表明此时其深度知觉能力已经发展成熟。

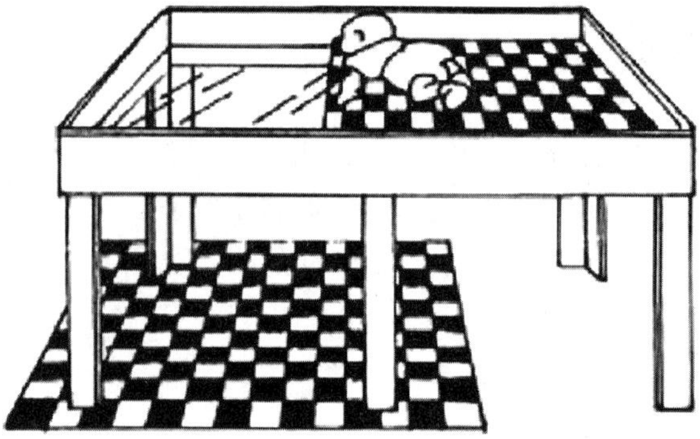

图 4-2　视崖

深度知觉的发展可以从婴儿探索特定深度线索的能力上反映出来。3～4 周大的婴儿会对从眼前经过的物体防御性地眨眼（Náñez Sr & Yonas，1994）；两三个月时，双眼线索的敏感性出现，并在头一年中快速完善（Brown & Miracle，2003）。大约在六七个月时，婴儿变得对绘画深度线索敏感，比如线性透视、纹理变化、对象重叠等（Sen et al.，2001；Kavšek et al.，2012）。

值得注意的是，婴儿从一出生就表现出明显的视觉偏好。他们更喜欢带图案的视觉刺激，而不是简单的视觉刺激。他们喜好曲线胜过直线，喜好三维图形胜过二维图形，喜好人脸胜过非脸形图形（Csibra et al.，2000；Rubenstein et al.，1999）。婴儿出生后不久就显现出对人脸的更多兴趣（Bastianello & others，2022）。出生后几小时，他们就显现出对面孔的偏好超过对其他物体的偏好，对有吸引力的面孔的偏好超过对没有吸引力的面孔的偏好（Damon & others，2019）。

（三）统合知觉

统合知觉　把从不同感觉通道获得的信息作为一个统一的整体来知觉，包括视觉、听觉、触觉、嗅觉、味觉等。

统合知觉（intermodal perception）指的是把从不同感觉通道获得的信息作为一个统一的整体来知觉，包括视觉、听觉、触觉、嗅觉、味觉等（Lewkowitz & Lickliter，2013）。

统合知觉甚至在新生儿身上就可见一斑（Bremner，2021）。新生儿大致会转向声音的方向，以简单的方式去够物。这表明他们知道物体的形象、声音与能触摸是联系在一起的。比如，他们在触摸一个被放在自己手中的物体之后，可以从视觉上加以识别，并把它与其他形状不同的物体区分开来。

在头半年，婴儿就会掌握大量的统合关系。比如，三四个月大的婴儿就能够把儿童或成人的唇动与听到的语音联系起来。他们也能把嗓音发出者的年龄段（儿童或成人）及其情绪（高兴或愤怒）与一个人相应的面孔联系起来（Bahrick，1998）。在 4～6 个月时，婴儿能够知觉到陌生人独特的面孔-嗓音配对，并记住它（Bahrick et al.，2005）。到 8 个月时，婴儿甚至能够根据性别来匹配嗓音和面孔（Patterson & Werker，2002）。

统合敏感性对于知觉的发展非常关键。在最初的几个月内，当婴儿对大量的刺激还不熟悉并容易产生混淆的时候，它可以让婴儿注意到感觉输入之间有意义的关系，并很快地理解自己的环境（Bahrick et al.，2004）。此外，统合知觉也会促进社会信息和语言的加工，它是促进各方面心理发展的基本能力。值得注意的是，早期的亲子互动能够给婴儿的统合知觉提供丰富的背景，它包含了同时出现的视、听、触的信息，这有助于婴儿的信息加工和学习（Bahrick，2010）。因此，统合知觉的早期发展有助于婴儿了解他们的物理世界和社会世界（Lewkowitz & Lickliter，2013）。

第二节　婴儿期的认知及语言发展

在婴儿的成长过程中，层出不穷的新图像、声音、气味、身体感觉冲击着他们有限的意识。婴儿试图对这些知觉进行组织整合，这就是认知的开始。

一、婴儿期的认知发展

（一）感觉运动思维

如第二章所述，皮亚杰提出儿童的认知发展经历了四个阶段，其中**感觉运动阶段**是认知发展的第一阶段，它从婴儿出生时就开始了，这时儿童主要是通过自己的感觉和运动技能来学习。经过这一阶段，新生儿就从主要是通过反射及随机行为来反应，转变为有目标指向的反应了。这一阶段又可以分为六个亚阶段（见表 4-2）。在这一阶段，婴儿感觉运动思维的发展主要反映在三个重要的方面。

感觉运动阶段　皮亚杰提出的认知发展的第一阶段，它从婴儿出生时就开始了，这时儿童主要是通过自己的感觉和运动技能来学习。

1. 对环境的适应和探索

对新生儿而言，他们对很多刺激会有反射反应，但是在 1～4 个月期间，这些反射会因为经验而被修正。婴儿可能会因为无意中用自己的拇指碰到自己的嘴唇而引发吮吸，并体验到与吮吸相联系的快感。之后，婴儿就会用自己的拇指去触摸自己的嘴唇以再造这些感觉。这样，吮吸就不再只是一种反射。

8 个月的时候是一个分水岭，这时候出现了有准备的、有目的的行为。活动的手段和目的有清楚的分界。比如，成人把手挡在玩具的前面，婴儿就会把手移开，以便拿到玩具。“把手移开”是手段，“拿到玩具”是目的。

到 12 个月时，婴儿会变成积极的实验者，他们可能会不厌其烦地摇晃各种东西，听听能够发出什么声音。或者他们会把东西往下扔，看看会发生什么事。他们会发现填充玩具落地时没什么声音，而较大的玩具常常会发出让他们更为满意的“哐”的响声。这些都是有目的行为的反映，这时候婴儿用不同的东西重复相同的活动，只是为了看看到底会发生什么。

表 4-2 皮亚杰感觉运动阶段的特点

亚阶段	大致年龄（月）	典型特点
1. 反射图式（reflexive schemes）	0～1 个月	婴儿练习自己的先天反射——吮吸、抓握、凝视、倾听。但是还无法协调来自各种感觉的信息。
2. 初级循环反应（primary circular reactions）	1～4 个月	婴儿重复令人愉快的行为，其活动的重点是自己的身体而不是行为对环境的影响。婴儿有了最初的适应，比如，以不同的方式吮吸不同的东西。他们开始能够协调感觉信息和抓握物体。
3. 次级循环反应（secondary circular reactions）	4～8 个月	婴儿对环境的兴趣增加，他们会重复能够带来有趣结果的动作。这时的动作是有意图的，但起初不是目标指向的。
4. 次级图式的协调（coordination of secondary schemes）	8～12 个月	行为变得更为精细和有目的性，婴儿更能够协调先前学会的图式，并用先前学会的行为达到自己的目的。他们也能够预期事件的发生。
5. 三级循环反应（tertiary circular reactions）	12～18 个月	婴儿表现出好奇心和对物体属性的探索，他们能够有目的地变化自己的动作来看看会有什么结果。他们主动地探索自己的世界，去发现一个物体、事件或情境有什么新颖之处。他们会尝试新的活动，并在问题解决中使用“尝试-错误”方法。
6. 心理组合（mental combinations）	18～24 个月	婴儿能够对事件进行心理表征，所以他们的问题解决不再局限于“尝试-错误”。符号思维让他们开始在不需要动作的情况下对事件进行思考，并预期其结果。婴儿开始表现出顿悟。他们能够使用姿势和词语这样的符号，并能够假装。

2. 对客体的理解

我们的世界存在着形形色色的客体，有的是有生命的，有的是没有生命的，但是它们都有一个基本的属性，那就是它们的存在独立于我们对其的所作所为、所思所想。比如，我们可能很不喜欢毛毛虫，但是，即使我们闭上眼睛或者希望它们走开，它们也仍然存在。皮亚杰把这种对客体独立存在的理解称为**客体永久性**（object permanence）。皮亚杰认为1岁以内的婴儿基本上缺乏这种理解。对婴儿而言，客体是稍纵即逝的，看得见就存在，看不见就不存在。

客体永久性 对客体独立存在的理解。

如果把一个吸引人的玩具放在4～8个月的孩子的面前，婴儿会去够它、抓它。然而，如果把玩具藏在障碍物后面，或者用布盖起来，婴儿既不会去够它，也不会去找它。婴儿看起来完全失去了对它的兴趣，就好像藏起来的玩具（客体）不存在一样。

到8个月时，婴儿会去找盖起来的客体。尽管如此，他们对客体永久性的理解仍然是不完善的。如果8～10个月的婴儿多次看到一个客体藏在某个容器中，然后又看到它被藏到另一个容器中，他们通常还是去第一个容器中找这个玩具。这即所谓“是A，不是B的错误”（A，not-B error；见图4-3）。皮亚杰认为，婴儿直到18个月才会对客体永久性有完整的理解。这可能是控制运动技能和抑制的脑回路的成熟，以及控制注意的能力提升的结果（Marcovitch et al.，2016）。

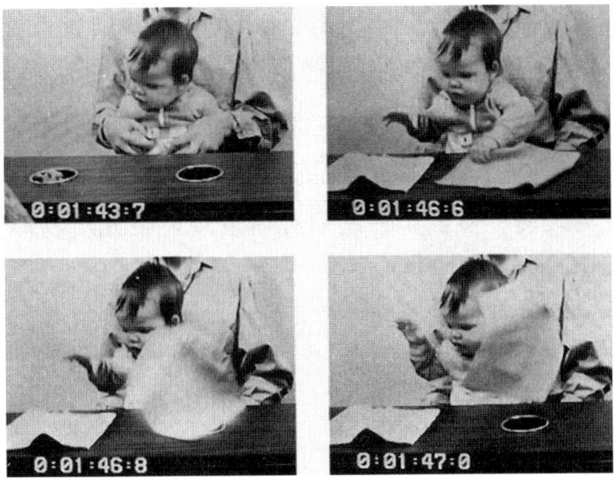

图 4-3 “是 A，不是 B 的错误”

3. 对符号的使用

到 18 个月时，大多数婴儿开始说话、做手势，这表明他们有了使用符号的能力。词语和手势是代表其他东西的符号。当一个婴儿摆手时，就好像是说“再见”。此外，婴儿也会玩假装游戏，这又是一种符号的使用。婴儿可能会把一个玩具娃娃放到床上，对它唱歌；或者用手在自己嘴前动来动去，假装刷牙。

一旦婴儿能够使用符号，他们就能够开始对活动的结果有预期，而不是要做了才知道结果。比如，他们在拉拽小猫的尾巴或者把生鸡蛋往地上扔时，会犹豫片刻，想想这么做会带来什么结果。或者，在开着的门旁边搭积木塔时，12～18 个月大的婴儿在关门时会撞倒积木塔，而 18～24 个月大的婴儿则会先把积木塔移开一些再关门，因为他们能够预见到关门会带来的后果。

到 2 岁时，婴儿已经走出反射反应，能够主动探索世界、理解客体、使用符号。这种进步非常明显，也奠定了前运算思维的基础。

（二）儿童的朴素理论

皮亚杰认为，儿童会像科学家一样建构关于世界运转规律的理论。儿童的理论通常被称为**朴素理论**（naive theories），因为它们与真正的科学理论并不一样，它们并不是由专家创造的，也不是由正规的实验研究得出的。然而，朴素理论也有其价值，因为它们可以让儿童（及成人）理解新的经验、预测未来。

朴素理论 儿童像科学家一样建构的关于世界运转规律的理论。它们并不是由专家创造的，也不是由正规的实验研究得出的。

按照皮亚杰的看法，儿童建构了宏大而全面的理论，试图在同一个框架内解释纷繁复杂的现象，包括对物体、人、道德的推理。更近期的观点强调儿童是理论家，他们像真正的科学家一样，为相对较窄的领域建构专门化的理论。幼儿最初形成的理论关注的是物理学、生物学和心理学。也就是说，婴儿和幼儿很快形成了一些理论来组织他们关于物体、人、生物的属性的知识（Wellman & Gelman，1998）。

这些针对特定领域的朴素理论包括三方面的内容：一是该特殊领域的认知对象集合；

二是特殊领域的因果原则集合；三是一个内部关联的、可以对各种现象进行一致性解释的知识体系（亢蓉，方富熹，2005）。在此，我们先看看儿童关于物理学和生物学的朴素理论。

1. 朴素物理学

很长时间以来，发展心理学家对儿童如何理解物体兴趣盎然。皮亚杰认为，儿童对物体的理解的发展较为缓慢。然而，一些研究者发现，婴儿对物体的理解大大早于皮亚杰所认为的时间（Baillargeon，1994）。

当然，知道物体是独立存在的只是一个开始，物体还有很多其他的重要属性，婴儿对此也知道很多。比如，婴儿知道物体会沿着连续的路径移动，并且它们不会“穿过”其他的物体（Hespos & Baillargeon，2001）。婴儿对违背这些属性的物体的注视时间，超过对那些与这些属性一致的物体的注视时间。比如，一个球滚着穿过墙上的一个洞，另一个滚动的球则直接穿过看起来没有洞的墙，对不足5个月的婴儿来说，他们对第二个球的注视时间就比较长，这显然是因为物体没有按照他们的朴素理论所预测的那样运动，他们惊讶不已。到半岁时，婴儿也能够理解一个物体碰到另一个物体时会引起后者的运动（Kotovsky & Baillargeon，1998）。

快满1岁时，婴儿会专注地注视显得没有支撑物的物体，这显然是因为它违背了他们对没有支撑物的物体的预测。另外，如果一个高的物体放在一个矮的物体之后完全藏起来，这时婴儿也会目瞪口呆，这显然也是因为它违背了他们关于隐藏的预测（Hespos & Baillargeon，2001）。

这些证据证明，婴儿的确是娴熟的朴素物理学家（Baillargeon，2004）。当然，婴儿的理论远不是完整的，物理属性可以从很多不同的水平来理解（Hood et al.，2000）。比如，婴儿知道没有支撑物的物体会下落，小学生知道这是因为重力，而学物理的中学生知道重力等于物体的质量乘以重力加速度。婴儿的理解显然与中学生不可相提并论。但是，重要的是，婴儿可以针对物体的某些基本属性很快地建构起一种较为合理准确的理论，来帮助他们对物体（比如，玩具）的变化做出预测。

2. 朴素生物学

成人基本的朴素理论是区分生物和非生物。比如，成人知道生物由细胞构成、从父母那里获得遗传属性、会自主运动。成人关于生物的朴素理论始于婴儿期，这时候婴儿开始区分会动的物体（比如，人、昆虫、其他动物）和不会动的物体（比如，石头、植物、家具、工具）。运动是早期区分会动的物体和不会动的物体的关键所在，也就是说，婴儿和幼儿用运动这一点来甄别会动的物体；到12～15个月时，他们确定会动的物体是自我驱动的，能够按照不规则的路径移动并趋向目标（Rakison & Hahn，2004；Rakison & Poulin-Dubois，2001）。

到学前阶段，儿童关于生物学的朴素理论已经包含与生物相联系的很多特定属性（Wellman & Gelman，1998）。比如，很多4岁儿童的朴素生物学理论让他们认识到：动物会自主运动，而非动物的运动是由其他物体或人引发的；动物会长大，非动物则一成不变；动物体内包含着不同的东西，非动物则可能是表里如一；只有动物会生和自己相像的孩子；动物受伤之后可以通过再生来治愈，非动物坏了之后只能由人工修理。

此外，学前儿童在生长、衰老维度上逐渐形成了朴素生物学理论。6 岁儿童基本形成了朴素生物学理论（朱莉琪，方富熹，2000，2005）。6 岁学前儿童也能够理解动物繁殖以及植物繁殖（张丽锦，方富熹，2005，2006）。

当然，学龄儿童的朴素生物学理论也是不完善的，其中也有一些错误概念。比如，他们相信，身体器官是有意图的——心脏“想”泵血，骨头“想”生长（Morris et al.，2000）。此外，学龄儿童虽然知道植物在生长，但是他们并不认为植物是生物；直到七八岁时，他们才确定植物是活的。学前儿童倾向于采用活力因果机制（vitalistic causality），即用生命力的交换和获取来解释与机体有关的生命现象。4～6 岁是活力机制发展的关键时期。同时，在年长儿童和成人对机体生命现象的认识中，这一机制继续发挥作用，并不会随着儿童年龄的增长被其他因果机制完全取代（苗晶磊，胡清芬，2012）。

儿童关于生物的知识，一方面来自他们对动物的观察，另一方面也是父母教育的结果，比如给他们讲关于动物的故事、谈话中涉及相关的内容等。

总之，儿童关于生物学的朴素理论以及他们的朴素物理学理论，为他们理解自己的世界、理解新的经验提供了有力的工具。

（三）信息加工

信息加工理论家对认知发展的关注集中于思维的多个方面，从注意、记忆、分类到复杂的问题解决。如第二章所述，信息加工观通过模拟计算机流程图来描述人的认知系统，这包括三个部分，即感觉登录（sensory register）、工作记忆或短时记忆（working or short-term memory）、长时记忆（long-term memory）。其中，工作记忆的一个特殊部分会决定注意什么，会对输入信息和系统中的信息进行协调，会选择应用及监控策略的有效性，这就是中央执行（central executive）。

信息加工理论认为心理系统的基本结构贯穿始终，人的一生都大同小异，只不过系统的能力（每次存储和加工的信息量及加工速度）会随年龄增长而发展，这样才能解决更为复杂的思维问题（Kail，2003）。而这种能力在婴儿期就开始发展了。

1. 注意

在一两个月时，婴儿就会把注意从简单地关注单一的、高对比的特征，转移到全面地探索客体和图案上。除了注意环境的更多方面之外，婴儿获取信息会越来越快。习惯化研究表明，胎儿及新生儿对新异刺激的习惯化需要花较长的时间，一般是三四分钟。但是到四五个月时，婴儿只需要 5～10 秒钟就可以摄取一个复杂的视觉刺激，并与之前的刺激区分开来（Slater et al.，1996）。

较小的婴儿习惯化（habituation）所花费的时间较长，一个原因是他们难以把注意从有趣的刺激中转移开（Colombo，2002）。把注意从一个刺激转移到另一个刺激上的能力，与对一个刺激加以注意同样重要。到 4 个月时，婴儿的注意才变得更加灵活（Hood et al.，1998）。到四五个月时，婴儿的习惯化大约只需要花费 10 秒钟；而到七八个月时，则只需要几秒钟（Domsch et al.，2010）。

婴儿的注意主要是受到新颖性和习惯化的主导（Hofrichter & others，2021）。当一个物体变得熟悉之后，注意就会缩短，婴儿也变得更容易分心。在头一年，婴儿注意的是新颖、抢眼的事件。之后，他们有了更多的有目的的行为，其结果是，新颖性的吸引力减小了，有意注意增加了。这尤其体现在他们玩玩具的时候。这时，婴儿在采取有目的的行为，比如搭积木或把积木收到容器里时，也会保持注意，以达到目的。

2. 记忆

操作条件作用和习惯化可以让我们对早期的记忆有所认识。这两种方法都表明，视觉事件的保持在婴儿期有了很大的发展。

通过操作条件作用，研究者教2～6个月的婴儿踢脚、通过绑在脚上的长绳移动一个玩具。结果发现，两三个月大的婴儿在一周以后仍然记得怎么移动该玩具。到6个月时，这一记忆的保持时间会增加到两周（Rovee-Collier，1999）。如果婴儿忘记了怎么移动该玩具，实验者摇一摇玩具但是不碰绳子，就会使婴儿记起原来的条件作用。这一实验从三个重要的方面证明了两三个月大的婴儿是有记忆的：一是记住了过去的一件事；二是随着时间的推移，这一事件不再被回忆起来；三是一个线索可以激活看似已经忘记的事。到半岁左右时，婴儿能够操纵按钮来控制刺激，其记忆的保持时间也大大延长，18个月大的婴儿的记忆能够保持13周（Hartshorn et al.，1998）。

正是这些看似微不足道的一点点记忆奠定了基础，使年龄大一些的婴幼儿的记忆得以快速发展。他们能够回忆起自己经历过的更多事件，并且记住的时间更长（Courage & Howe，2004；Pelphrey et al.，2004）。当成人用玩具展示一些新的动作，然后要孩子模仿自己所看到的动作时，学步儿就比小婴儿记住的更多，记住的时间也更长。记忆能力的这些进步部分原因是支持记忆的脑区的发育（Bauer，2004）。

值得注意的是，上面讨论的主要是再认（recognition），这是最简单的记忆形式。到了1岁左右，婴儿的回忆（recall）能力才出现，这反映在他们会去找藏起来的东西，或者在对行为进行观察并间隔较长时间后对该行为进行模仿。

3. 分类

即使是非常小的婴儿也有分类能力，他们会对相似的物体和事件进行归类（Rosenberg & Feigenson，2013）。这有助于婴儿对经验形成理解，也就是说，他们可以剔除每天遇到的无数新信息，从而能够学会一些东西、记住一些东西（Cohen，2003；Oakes & Madole，2003）。

基于操作条件作用的研究表明，在最初的几个月，婴儿就会根据形状、大小、颜色及其他物理属性来进行分类（Quinn，2020；Wasserman & Rovee-Collier，2001；Quinn，2016）。到6个月时，婴儿能够根据两个相关的特征来分类（Bhatt et al.，2004），这种能力使他们能够进行更为复杂的日常生活的分类。

婴儿最早的分类能力是“知觉性的”，即基于客体的大致外表或显著构件，比如，动物有腿脚、汽车有轮子。到1岁时，更多的分类是“概念性的”，即基于相同的功能或行为（Mandler，2004；Mareschal & Quinn，2001），比如，厨房餐具归为一类是因为它们都是用来吃饭的。1岁以后，婴儿会主动进行分类。随着他们分类知识和语言标签的扩展，婴儿的分类会变得更加具有灵活性。比如，给14个月大的婴儿4个球和4个方块，其中一些是软橡胶制成的，一些是硬塑料制成的；结果发现，他们可以根据形状来分类，而在成人提示他们材料的不同性质后，他们又可以换成根据软硬度来分类（Ellis & Oakes，2006）。在16个月大时，婴儿能够把客体分归为单一的类。到18个月左右，他们可以把物体分为两类。

从知觉性到概念性的这种转变，被认为是由于婴儿对客体的探索，以及婴儿关于世界的知识的扩展，让大一些的婴儿能够根据客体的功能和行为来进行分类（Mandler，2004）。此外，语言既以分类为基础，也促进了分类。成人对客体的命名帮助婴儿界定了他们最早的分类，其快速发展的词汇能力反过来又促进了分类。

（四）认知神经基础

皮亚杰认为神经系统的成熟是认知发展的一个主要因素，这一看法得到了当前大脑研究的支持。大脑的快速发展与皮亚杰所描述的认知行为的变化是一致的。

对正常成人和大脑损伤成人的研究指出了两个分离的长时记忆系统，即外显记忆（explicit memory）和内隐记忆（implicit memory），它们所需要和存储的信息是不同类型的。大脑扫描提供了这些系统定位的直接物理证据（Vargha-Khadem et al.，1997）。外显记忆通常是对事实、名字、事件或其他人们能够表述的事情的有意识、有目的的记忆。内隐记忆指的是不需要努力甚至不需要意识参与就产生的记忆，它一般是习惯和技能。

内隐记忆的发展似乎比较早，也比较快。婴儿在出生后的头几个月就会表现出两种内隐记忆。一种是对序列的记忆，其中枢位于纹状体。另一种早期的内隐记忆是条件作用，它有赖于小脑与位于脑干深处的细胞核。外显记忆的初始表现类似于反射，这主要依赖于海马体。这一记忆系统使得婴儿在几秒钟内就能够记住特定的符号或声音，并足以表现出对单一新颖刺激的偏好（Nelson，1995）。

在6～12个月期间，一种更为复杂的外显记忆会修正或取代上述反射性的外显记忆。它利用皮层结构（存储一般知识的主要大脑部位，主管语义记忆）以及和海马体有关的结构（控制特定经验的大脑部位，主管事件记忆）（Nelson，1995；Vargha-Khadem et al.，1997）。这一进步促成了复杂的跨模式转化的出现。

前额皮层被认为控制着认知的诸多方面。在婴儿半岁以后，前额皮层及相关回路会发展形成工作记忆的能力，即可以对大脑中短时存储的信息进行主动加工。正是工作记忆为心理表征做好了准备。工作记忆的出现相对晚一些，主要是因为客体永久性的发展比较慢，其脑定位是在前额皮层靠后的位置。这部分脑区的发展相对其他部位要慢一些（Johnson，1998）。在婴儿1岁时，这一脑区可能就足以让他们避开皮亚杰实验中的“是A，不是B的错误”（Bell & Fox，1992）。

尽管外显记忆和工作记忆在婴儿期之后仍然在发展，但是，脑部记忆结构早期的出现决定了头几个月环境刺激的重要性。因此，环境的影响就受到了相关研究者的注意。

（五）社会文化中的认知

在皮亚杰和信息加工理论家看来，儿童的发展是独自前行的，虽然其他人以及文化会对其发展方向产生影响，但是，基本上儿童是孤独的探险者，他们在勇敢向前。然而，维果茨基提出了不同的看法，他认为发展涉及一个“学徒期”，儿童是在与技能熟练的人合作时获得进步的。在发展道路上，如果儿童自己走，他们几乎不会有什么进展；但是如果他们与专家型伙伴手牵手，他们就会有进步。

维果茨基的社会文化理论让我们认识到，儿童生活在丰富的社会背景下，社会背景会影响儿童认知世界的建构方式。维果茨基认为，复杂的心理活动有其社会互动的渊源，儿童通过与其社会中较为成熟的社会成员的合作，可以逐渐掌握各种活动，并按照对其文化而言有意义的方式进行思考。

本来，维果茨基的概念主要适用于年龄稍大的儿童，因为他们的语言及社会交往更为熟练。不过，他的理论也被扩展应用到婴儿期。在一项跨文化研究中，研究者（Rogoff et al.，1993）考察了4个国家（危地马拉、印度、土耳其、美国）的14个1～2岁婴儿的家庭，访谈母亲的育儿行为，观察她们帮助婴儿学习自己穿衣服、玩不熟悉的玩具。结果发现，在每种文化中，大多数母亲都试图为她们的孩子提供暂时的支持（即所谓的"搭脚手架"，参见第二章），她们或是把困难的任务分解为稍微容易的小任务，或是自己为孩子做一部分，尤其是那些较为复杂的部分。然而，不同文化中的母亲却以截然不同的方式"搭脚手架"。美国和土耳其的母亲主要是通过言语指导；印度和危地马拉的母亲虽然也有言语指导，但是她们也会通过动作（比如，推孩子的胳膊肘）或眼神（比如，眨眼或凝视）来指导自己的孩子。研究者认为，在儿童的游戏和学习中，成人的参与方式并无优劣之分，只不过产生的是不同的影响。

二、婴儿期的语言发展

语言是婴儿心理发展的一个重要方面，它不但是儿童人际交往的重要工具，而且在认知和社会性发展过程中也起着重要作用。要掌握一门语言，儿童必须学会基本的语音，知道语音可以组合为词、词可以组合为有意义的句子，以及词和句子有何含义、在社会交往中如何有效地使用语言。也就是说，儿童必须掌握语言的基本要素，这包括基本的语音、词法、句法、语义、语用。当然，人类的沟通形式不只有语言，还包括各种非言语的形式（音调、面部表情、手势等）。

（一）语言发展的理论观

1. 学习观

斯金纳（Skinner，1957）认为，语言的学习就像其他的学习一样，是以经验为基础的，是通过操作条件作用来完成的。起初，婴儿随机地发出一些声音，其中有一些声音听起来像是成人的言语，父母就可能会通过微笑、注意、拥抱和言语来加以强化（Petursdottir & Mellor，2017）。而那些并不属于母语的声音就不会得到强化，于是，久而久之婴儿就不再发出这些声音了。

此外，根据社会学习理论，研究者认为婴儿通过模仿会很快地学会复杂的表达，比如词组和句子（Moerk，1992）。模仿也可以和强化一起促进语言的发展。婴儿会模仿他们从成人那里听到的声音，然后因为强化而发出相同的声音。词汇的学习有赖于选择性强化，句子的形成则是一个更为复杂的过程，婴儿要先学会一个基本的词序（比如，"主-

谓-宾”），然后学会可以用其他的词来做相应的替代。

不过，强化和模仿对早期语言发展的贡献更多地被看成一种支持性的作用，婴幼儿会创造很多未被强化过的或者从未从别人那里听过的表达。而且，他们模仿他人的言语也是有选择的，他们主要关注的是自己的词汇建构（Owens，2016）。

2. 先天观

诺姆·乔姆斯基

语言学家诺姆·乔姆斯基（Noam Chomsky，1957，2017）提出的先天观认为，人脑先天具有获得语言的能力，人们学习语言的能力会随着发育成熟而自动出现，婴儿学会说话就好像他们学会走路一样自然。所有儿童生而具有一个**语言获得装置**（language acquisition device，LAD），它蚀刻在人脑的结构中，它包含了适用于所有语言的一整套规则。无论儿童听到的是哪一种语言，LAD 都可以让儿童理解，并让他们在掌握足够词汇之后就能够说出符合语法规则的话。要想学会说话，儿童只需听到其他人说话，然后利用 LAD，很快就会掌握语言的规则（见图 4－4）。乔姆斯基后来也试图找到适用于所有语言的最基本的普遍原则体系，以确定一种可以把声音与意义联系在一起的多重目的机制（Chomsky，1995）。

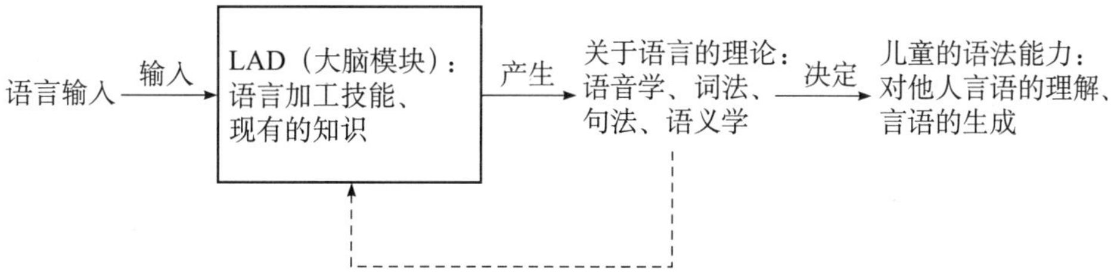

图 4－4　语言发展的先天观模型

很多证据支持语言获得由生物学决定这一观点：新生儿明显地对语音敏感，更偏好人类的嗓音；全世界的儿童都以相差无几的顺序迈过语言获得的重要里程碑（Gleitman & Newport，1996）；只有人类才能掌握复杂的语言系统，黑猩猩则不得其门而入（Tomasello et al.，2003）。此外，关于儿童语言获得的敏感期的证据也支持乔姆斯基的看法（Singleton & Newport，2004）。

语言获得装置　乔姆斯基设想的蚀刻在人脑的结构中的一种装置，它包含了适用于所有语言的一整套规则。

然而，一些研究者认为，乔姆斯基的理论也只是为语言发展提供了一部分的解释。比如，乔姆斯基所相信的普遍语法极难确认（Tomasello，2003）；儿童也不是像先天观所认为的那样很快就能获得语言，他们对很多句子结构的掌握是循序渐进的，并非一蹴而就（Tager-Flusberg，2005；Miller，2016）。

后来，有关基因的研究发现，如果个体的 FOXP2 基因受到损害，则个体无法说话，但是在其他方面并无大碍。而且，女孩在 FOXP2 蛋白上比男孩的浓度更高（Bowers et al.，2013）——众所周知，女孩的语言技能相比男孩更胜一筹。这些证据表明语言的获得有其遗传基础。

3. 交互作用观

交互作用观认为，学习观和先天观都有其可取之处，语言发展是身体成熟、认知发展、不断变化的语言环境交互作用的结果（Coffey & others，2022；Bohannon & Bonvillian，2005）。该观点强调，语言技能的获得有赖于很多其他技能的获得并与之有关，比如，知觉、思维、动机、社会能力及情绪能力。先天因素塑造了语言发展的总体框架，儿童的语言环境和他们使用语言的特定方式决定了语言发展的进程。

按照交互作用观，语言发展是天性与教养之间复杂交互的结果。儿童生来具有强大的大脑，它在慢慢地发展，同时也预设了儿童可以获得对人际交往的新的理解（Bates，1999）。然而，交互作用观也强调，与年龄较大的同伴的交谈会促进认知和语言的发展。随着神经系统的不断成熟（语言输入在一定程度上也对其有促进作用），儿童的智力能力不断提高，他们会用越来越复杂的表述方式来表达自己的理解，这又会促进亲密同伴做出更为复杂的回应。所以，整个影响模型是交互的（见图4-5）：儿童最初做出的沟通尝试会影响年长同伴的言语，反过来这又会让年长同伴为儿童提供信息，让他们的大脑语言中枢、推理语言规则得以深入发展，说话更为清楚，进而再次对同伴的言语产生影响。换言之，交互作用观认为，婴儿的语言主要受到他们自己一手造就的丰富的、响应性的、较为复杂的语言环境影响。

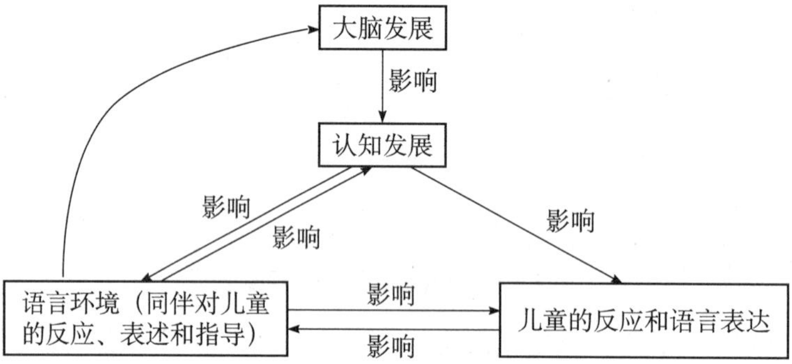

图4-5 语言发展的交互作用观模型

当然，交互作用观仍然未能解答儿童是如何获得语言的。

上述三种理论观中哪一种是正确的呢？每种理论观都有研究的支持，但是又都不能证明某一种是完全正确的。因此，很多研究者努力整合所有的研究和理论（Bowerman & Levinson，2001；Hollich et al.，2000），尝试综合几种理论观中关于婴儿期语言发展的正确部分，提出上述理论观的混合体。在今天，语言研究者一般都认为语言发展有其生物学基础，它在社会交往中得到培养（Hoff，2014）。

> **前言语期** 语言发展的准备阶段，从出生到1岁。此时，儿童能够发出一些尽管本身并没有什么意义，但是在语言发展中却起着重要作用的声音，可以为真正的语言的获得铺平道路。
> **单词句期** 婴儿在1～1.5岁时，会以一个词来代表一句话的意思。

（二）前言语期

婴儿期语言的发展有许多值得注意的变化（见表4-3），整个过程大致可以分为三个阶段：一是**前言语期**（从出生到1岁），也就是语言发展的准备阶段；二是**单词句期**

(1～1.5 岁)，这时候婴儿以一个词来代表一句话的意思；三是多词句期（1.5～3 岁），这时候婴儿说出的话多由两个或更多的词组成。

表 4-3　婴儿期语言的发展

大致年龄（月）	发展特点
刚出生	能够知觉言语、哭啼、对声音做出反应。
2	婴儿会咕咕叫，发出令人愉快的元音。
4	婴儿会咿呀学语，在之前的咕咕声中加入辅音。
7	咿呀学语中开始包括很多口语的声音。
8～12	婴儿能够理解一些词，能够更为准确地与照料者建立联合注意，会使用一些姿势来影响他人的行为。
10～14	说出第一个词。
14	会使用象征性的姿势。
16～24	学会很多词，词汇量快速增长。
18～24	说出第一个句子（两个词）。
20	较少使用姿势；能够命名更多的东西。
20～22	理解能力突飞猛进。
24	主要使用双词句；不再咿呀学语；想要交谈。
30	每天都在学会新词；说话时使用三个或者更多的词的组合；理解能力非常好；会犯语法错误。
36	能说出的词超过 100 个，其中 80%是可以理解的；会犯一些语法错误。

资料来源：Papalia & Feldman，2012；Berk，2018.

婴儿刚出生就会发出一些声音，比如哭啼、哼哼，这有助于他们练习声带，了解气流以及嘴和舌的位置如何影响声音。这些声音尽管本身并没有什么意义，在语言发展中却起着举足轻重的作用，可以为真正的语言的获得铺平道路（Swingley，2008）。这些前言语的声音会得到父母的回应，最终被整合为有意义的语音（Hoff，2014）。同时，这也是为了进行交流和吸引注意（Meyer & Hunnius，2021）。

在 2 个月左右，婴儿会发出一些类似元音的声音。渐渐地，辅音会加进去。在 4 个月左右，**咿呀学语**（babbling）开始出现，婴儿会重复“辅音-元音”的长串组合，比如“babababa”“nanananana”等（Owens，2016，2020）。全世界婴儿的咿呀学语都在相同的年龄段出现，发出的声音也非常相似（Lee et al.，2010）。这经常被误认为婴儿说出的第一批词，实际上咿呀学语并不是真正的语言。

咿呀学语　在 4 个月左右，婴儿会重复“辅音-元音”的长串组合，比如“babababa”“nanananana”等。全世界婴儿的咿呀学语都在相同的年龄段出现，发出的声音也非常相似。这经常被误认为婴儿说出的第一批词，实际上它们并不是真正的语言。

进一步，婴儿必须仔细听到有意义的言语单位，并发出像语言的声音。在 7 个月时，咿呀学语中会包含很多口语的声音。到 10 个月时，咿呀学语的声音模式和音调模式能够反映母语的特点，其中一些会变成他们的第一批词。

研究范例

婴儿辨语音，真的是很行。

另外，9 个月时，婴儿会学到一些典型的社会性姿势：挥手表示再见，点头表示同意，摇头表示反对。姿势通常在婴儿掌握 25 个词之前出现，象征性的姿势（比如，吹气表示热，吸气表示香）大体上在婴儿说出第一批词时产生，其功能更像是词。学会姿势有助于婴儿学习交谈。在词汇形成的早期，姿势是一种有益的补充。当婴儿学会了能够表达姿势所代表的意思的词汇时，姿势就会被替代。婴儿越早建立词和姿势的组合，他们就会越快地掌握这些词（Goldin-Meadow，2009）。在婴儿的交流系统中如果缺乏姿势，则表明很可能存在发展问题（Murillo & Casla，2021）。

（三）第一批词

婴儿第一个有意义的词大概是在其 1 岁时说出来的。婴儿说出的第一批词通常是指代重要的人（“爸爸”“妈妈”）、动物（“狗”）、会动的物体（“汽车”“球”）、食物（“牛奶”“苹果”）、熟悉的活动（“再见”）或者熟悉的活动结果（“湿”“热”）（Hart，2004）。这些词被称为单词句（holophrase），即单个的词能单独表达一个整句的意思。

这些单词句能够发挥多种沟通功能。婴儿经常会用同一个词传达不同的意思，而真实含义需要结合当时的情境来判断。比如，“妈妈”可能是指要妈妈抱，也可能是想说饿了，或者是问妈妈在哪里。

在 13 个月时，大多数婴儿明白每个词都代表了一件特别的东西，并且能很快学会新词的意思（Woodward et al.，1994）。婴儿会通过“快速映射”（fast mapping）来学习新词，这一过程指的是一个词在听过几次之后，就很快学会（Kan & Kohnert，2008；Marinellie & Kneile，2012）。快速映射会随着年龄而提高，也促成了“命名爆炸”（naming explosion），即 16～24 个月期间发生的快速词汇学习（Serrat-Sellabona & others，2021；Owens，2016，2020）（见图 4-6）。

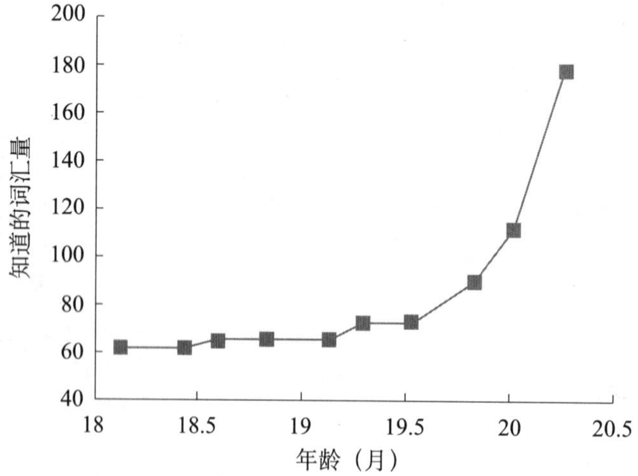

图 4-6　儿童随年龄增长而知道的词汇量

资料来源：Samuelson & McMurray，2017.

在整个单词句阶段，婴儿的词汇量一直在增长，一般会持续到 18 个月时，之后迎来词汇量增长的爆发期。值得注意的是，女孩的词汇量增长速度比男孩快，这导致了语言能力的性别差异，并且这种差异会持续整个儿童期。还有纵向研究发现，儿童在 25 个月时对口语词汇的再认及词汇量，可以帮助预测他们在8岁时的语言技能和认知技能，包括工作记忆的效率（Marchman & Fernald，2008）。

此外，研究表明，文化对第一批词的类型会产生影响。在言语获得的早期阶段，在英文中，名词的获得比动词早，而且数量更多；在中文中，儿童获得的动词与名词相当，并且是同时出现，甚至更多地使用动词（Tardif，1996；Tardif et al.，1999）。

无论儿童说的是何种语言，早期的词汇往往有以下用途（MacWhinney，2015；Owens，2016，2020）：通过命名来要求或声明一个物或人的存在、位置（小车、狗狗、外面）；要求或描述一件事或收到一个物再来一次（再、多）；描述动作（吃、摔、骑）；问问题（什么？那个？）；把某种属性（热、大）归于一个物；标识社交场景、事件和运动（不、再见）。

（四）第一批句子

婴儿语言发展接下来的一个重要突破就是，他们会把两个词放在一起来表达一个意思。通常这发生在18～24个月时（Freeman，2022）。虽然这个年龄范围变化非常大，不过大多数较晚才开始说话的孩子最后也都会赶上来。

婴儿的第一批句子通常与日常的生活、东西、人或者活动有关。这一时期词汇的学习速率非常惊人（每天都会有1～2个词），婴儿进入了词汇爆炸期，这一趋势会稳定地持续到学前期（Ganger & Brent，2004）。当婴儿的词汇量积累到200个左右时，他们就会把两三个词组合在一起，比如“妈妈鞋”“多饼干”“给糖”等，这就是所谓的**电报句**或电报语（telegraphic speech）。它们就像是电报一样，只包含几个关键的词，把不太重要的词都舍弃了。

> **电报句** 或称“电报语”，指的是当婴儿的词汇量积累到200个左右时，他们就会把两三个词组合在一起，就像是电报一样，只包含几个关键的词，把不太重要的词都舍弃了。

全世界的婴儿无论讲的是什么语言，都会使用电报句来表达五花八门的意思。这些电报句基本上由简单的公式构成，在英文中，诸如“more + X”“eat + X”等，只不过用不同的词来替代X。在中文中，婴儿的电报句主要有“动词+名词”“形容词+名词”“名词+名词”等结构，其中“动词+名词”的结构用得最多（许政援，郭小朝，1992）。

不过值得一提的是，婴儿很少会犯重大的语法错误，其电报句的语序与成人语言的语序是一模一样的（Hirsh-Pasek & Michnick-Golinkoff，1995）。电报句并不是词的随机组合或错误组合，这反映出婴儿有自己的关于句子构成的系统规则，即所谓的功能性语法（functional grammar），也就是说它只强调词之间的词义关系、所表达的意思以及句子的功能（比如，命名物体、提问、沟通；Bloom，1970）。

在使用只有两个词的电报句以后，婴儿会进一步使用包含三个词的电报句，进而使用更为复杂的长句子，并开始加入早期电报句中省略掉的词（Hoff，2014）。在20～30个月期间，婴儿表现出越来越强的语法能力，对言语的沟通目的越来越有意识，并会意识到自己说的词是否被人理解了。在2～2.5岁时，婴儿开始说出一些由两个以上的单句组成的复合句（朱曼殊，缪小春，1997）。到3岁时，婴儿的言语已经变得流畅，且长而复杂，虽然他们也经常会省略一些词，但是意思表达得已经很好了。

综合起来看，无论婴儿说的是哪一种语言，早期言语都有共同的特征（Slobin，1971；Uccelli & Pan，2013）。第一，婴儿的言语有简单化的特点，他们的电报句就足以表达自己的意思。第二，他们理解语法关系，但还不会用。第三，他们会把词的意思过分窄化（外延缩小化），把单词限定在单个物体上。第四，他们也会把词的意思过分延伸（外延扩大化）。比如，因为自己的爷爷头发花白，婴儿见到花白头发的男性就叫爷爷。第五，他们会出现过分规则化的问题，僵硬地使用某些语法规则，不知道它们有例外。

（五）早期语言学习的促进

根据语言获得方面的理论，要想促进婴儿语言的发展，我们可以精心地教他们、强化他们，可以为大脑和好奇心的发展提供支持，可以欣赏和鼓励孩子的社会动机。在婴儿先天准备的基础上提供丰富的社会环境，可以促进其语言发展。

然而，如果1岁的婴儿在语言方面没什么进步，那也许真的是出了问题。语言发展的迟滞可能有几方面的原因：照料者的不当教学，看电视太多；大脑发育异常，营养不良；缺乏社会性刺激。同时，语言发展迟滞也表明应该对孩子的听力及其他与沟通相关的方面进行检查。

在很多文化中，成人都会对婴儿说一种儿童指向言语（child-directed speech），它由简短的句子构成，高频、夸张的表情、清晰的发音、明确的断句、新词的重复等都是其特征（Ceren & Gaye，2022）。这种言语模式又被称为妈妈语（motherese），即一般而言只有妈妈才会用。这种言语模式有赖于几种沟通策略：联合注意，你一言我一语，照料者对婴儿前言语姿势的敏感性。语言的发展与儿童指向言语的质和量息息相关（Kalashnikova & Carreiras，2022）。婴儿更可能通过儿童指向言语来学会词汇，胜过通过成人指向言语（Cox & Haebig，2022）。

婴儿出生时就更喜欢妈妈语，而不是其他的成人谈话。5个月时，他们就对此有更多的情绪反应。父母会不断调整说话的长度和内容，以适应孩子的需要。相比之下，缺乏耐心和抑制孩子说话，会导致不成熟的语言技能。

因此，以下几种做法是值得推荐的（Berk，2018）：

（1）用语音和词汇对婴儿发出的咕咕声、咿呀学语做出回应，其作用是鼓励婴儿不断练习那些以后能够混入第一批词的声音，提供人际交谈模式（你一言我一语）的经验。

（2）建立联合注意，对婴儿看到的东西加以评论，其作用是促使婴儿更早地开始说话，促进其词汇量的更快增长。

（3）玩“躲猫猫”这样的社会性游戏，其作用是为婴儿提供人际交谈模式的经验。

（4）与婴儿一起玩假装游戏，其作用是促进谈话的各个方面的发展。

（5）让婴儿经常交谈，其作用是促进婴儿早期言语的快速发展，有助于其上学以后学业成功。

（6）经常为婴儿读故事，鼓励他们围绕图画书进行对话，其作用是向婴儿呈现语言的多方面特点，包括词汇、语法、沟通技能、书面语的相关信息以及故事结构。

拓展阅读

为什么有些人会丧失正常的语言能力?

根据美国失语症协会的定义，失语症（aphasia）是一种由大脑损伤引起的获得性语言障碍，患者主要表现为口语表达、听觉理解、阅读、书写能力损失。失语症不包括由于意识障碍和普通的智力减退造成的语言症状，也不包括由听觉、视觉、书写、发音等感觉和运动器官损害引起的语言、阅读和书写障碍（刘巧云，周谢玲，2013）。

当今国内外通用的以解剖-临床相关为基础的失语症分类有以下8种（唐菱，2003）：

（1）运动性失语（布洛卡失语），以口语表达障碍突出为特点，无构音肌瘫痪，但言语表达能力丧失或仅能说出个别单字，复述和书写同样困难。病灶部位大多在优势半球额叶布洛卡区、布罗德曼4区。

（2）感觉性失语（韦尼克失语），以严重的听理解障碍为特点，患者语调正常，言语流畅，但用语错误，别人听不懂；患者也不能正确复述和书写，对言语和书写文字（阅读）的理解能力丧失。病灶部位大多在优势半球颞上回后部，即韦尼克区皮质及皮质下。

（3）传导性失语，患者言语流畅，但口语中有大量音素性错语。病灶部位大多在左侧缘上回。

（4）经皮质运动性失语，复述近于正常但自发谈话严重受损。病灶部位大多在优势侧额顶分水岭区。

（5）经皮质感觉性失语，听理解缺陷但复述相对较好。病灶部位大多在优势半球后部分水岭区和（或）其皮质下。

（6）经皮质混合性失语，听理解、命名、阅读和书写均有严重障碍。病灶部位大多在优势半球分水岭区的大片区域。

（7）命名性失语，以不能命名为主要特征。病灶可在优势半球的不同部位，但如起病后急性期即表现典型的命名性失语特点，则病灶部位大多在优势侧颞中回后部或颞枕结合区。

（8）完全性失语，最严重的一种失语类型，所有言语功能都有明显障碍。病灶部位大多在优势半球大脑中动脉分布区的广泛区域。

失语症的评价方法对失语症患者的规范化康复来说非常重要。目前，失语症的神经心理学检查主要有：（1）汉语标准失语症检查法，亦称中国康复研究中心失语症检查法（China rehabilitation research center aphasia examination，CRRCAE）。此检查包括两部分内容：第一部分是通过患者回答12个问题，了解其言语的一般情况；第二部分由30个分测验组成，分为9个大项目，包括听理解、复述、说、出声读、阅读理解、抄写、描写、听写和计算（李胜利，肖兰，田鸿，2000）。（2）北医大神经心理研究室参考西方失语成套测验、结合国情编制的汉语失语成套测验（Aphasia Battery of Chinese，ABC），由会话、理解、复述、命名、阅读、书写、结构与视空间、运用、计算、失语症总共十大项目组成（田野，林伟，叶祥明，周亮，2011）。（3）简式Token测验既是听觉理解性测验，又是判断中度汉语失语症严重程度的灵敏而有效的测验方法（于增志，徐军，瓮长水，高怀民，2005）。

研究统计表明，在我国急性脑血管病患者中有1/3以上有不同程度的失语并且需要接受治疗。当代神经语言学理论指导下的语言康复主要通过功能磁共振、经颅磁刺激等电生理和大脑成像技术定位患者语言受损的部分，然后有针对性地进行治疗（王小丽，崔刚，李玲，2019）。

第三节 婴儿期的心理社会性发展

一、婴儿期的心理社会性任务

在婴儿期，个体的心理社会性方面也在快速发展，其情绪、自我等方面都表现出明显的变化（见表4-4），为其社会适应做准备。

表4-4 婴儿期心理社会性发展的主要特征

大致年龄（月）	特征
0～3	婴儿乐于接受各种刺激。他们开始表现出兴趣和好奇心，见到人就会微笑。
3～6	婴儿能够预测将要发生的事。而一旦该事未发生，他们会感到失望，这主要表现为生气，或者变得小心谨慎。他们经常会微笑、咕咕叫、大笑。这时是社会性发展的觉醒时期，婴儿和照料者之间最早的人际互动就在此时发生。
6～9	婴儿会玩一些社会性游戏，并试图获得他人的响应。他们会对其他婴儿“说话”并会摸他们、逗他们，以求获得他们的响应。他们会表现出更为分化的情绪，比如，高兴、恐惧、愤怒、惊奇。
9～12	婴儿非常专注于他们的主要照料者，可能会害怕陌生人，在新环境中活动会收敛抑制。到1岁时，他们可以更为清晰地表达情绪，包括矛盾的情绪、变化的感受。
12～18	婴儿会探索自己的环境，以他们最依恋的人作为安全基地。在他们把握了环境以后，他们会更有信心，更热衷于表现自己。
18～36	婴儿有时候会变得焦虑，因为这时候他们可以知道与照料者分离了多长时间。通过想象、游戏，或者成人的确认，他们可以意识到自己的局限。

资料来源：Papalia & Feldman，2012.

如第二章所述，埃里克森（Erikson，1950，1968，1982）把人的发展分为八个阶段，每一阶段都有其发展任务，面对每一项任务都可能会产生冲突，且伴有两种可能的结果。如果冲突得以解决，一种积极的品质就会在个性内植根，更进一步的发展就会开始。如果冲突持续下去，或者没有得到完满的解决，自我就会受到损害，因为它整合了一种消极的品质，形成“危机”。婴儿期的发展就处于埃里克森提出的第一、第二两个阶段。

信任对不信任 埃里克森提出的人的发展的第一阶段所面临的冲突，年龄为从出生至1岁，此时婴儿的主要任务就是满足生理上的需要，发展信任感，克服不信任感，体验希望的实现。

第一阶段是**信任对不信任**，年龄为从出生至1岁。这一阶段，婴儿的主要任务就是满足生理上的需要，发展信任感，克服不信任感，体验希望（hope）的实现。婴儿如果得到温情而具响应性的照顾，体验到身体的康宁，感到安全，就会获得一种信任感或信心，即认为世界是美好的，也就是说，他们发展出了希望这种品质——相信自己的需要能够得到满足、愿望能够实现。

婴儿如果得等很长时间才能获得所需的照顾，或者受到了苛刻的对待，就会产生不信任感，即怀疑感。这样一来，婴儿会认为世界是不友好的、不可预测的，这会为其未来人际关系的建立带来困扰。

第二阶段是**自主对羞愧和怀疑**，年龄为 1～3 岁。这时候，婴儿主要是获得自主感，克服羞怯和疑虑，体验意志（will）的实现。在第一阶段所建立的信任感的基础上，婴儿通过利用新的心理技能和活动技能，想为自己做选择、做决定。如果父母允许合理的自由选择，并不强迫或者羞辱孩子，那么自主就能够培养起来。

自主对羞愧和怀疑　埃里克森提出的人的发展的第二阶段所面临的冲突，年龄为 1～3 岁，此时婴儿主要是获得自主感，克服羞怯和疑虑，体验意志的实现。

大小便训练是婴儿迈向自主的重要一步，语言的发展也是。当婴儿能够更好地表达自己的愿望、让他人明白时，他们就会变得更有力、更独立。父母如果对大小便训练过分控制，或者放任自流，则可能在其他方面也如此，其结果是，婴儿会感到受强迫、受羞辱，或者对自己的能力和掌控感产生怀疑，这将为其未来的适应不良种下祸根。

这期间，婴儿喜欢大声喊“不”，这是其抗拒权威、表现自主的反应。这是婴儿正常的自我意志的表现，是健康的、对独立的追求。父母对此应该给予合适的指导和合理的选择。婴儿的这种“否定论”通常在 2 岁时开始出现，3.5～4 岁达到顶峰，6 岁时消退。

二、婴儿期的气质

气质（temperament）是较早出现的稳定的个性特征，它被认为是由人的基本生物结构决定的。气质的差异构成了个性的核心，使每个人在情感、思维和行为方面表现出相对一致的模式。

（一）婴儿气质的表现类型

关于婴儿气质的表现类型，研究者从多个角度提出了不同的理论观点，在此介绍三种：一是根据婴儿的活动水平等特点所确定的其在养育过程中容易或困难的程度来划分的类型；二是根据婴儿在面对陌生人和陌生情境时的行为抑制性来划分的类型；三是从婴儿的反应性和自我调节角度划分的类型。

亚历山大·托马斯

1. 容易-困难视角

亚历山大·托马斯和丝黛拉·切斯（Alexander Thomas & Stella Chess，1977）根据一项大型的追踪研究，提出儿童的气质可以从 9 个方面进行评价，包括活动水平、节律性、注意的转移、趋近与退缩、注意的广度和坚持性、适应性、反应强度、反应阈限、心境质量等。在此基础上，他们聚类分析出 3 种气质类型的儿童：

丝黛拉·切斯

容易型 婴儿气质类型的一种。这些婴儿性情温和，有满足感，快乐，对新的经验（比如，接触陌生人）非常开放并具有适应性。

困难型 婴儿气质类型的一种。这些婴儿活跃，易怒，习惯没有规律。他们常常对生活常规的变化做出消极反应，对新的人和环境的适应较慢，并倾向于退缩逃避。

慢热型 婴儿气质类型的一种。这些婴儿相对不太活跃，有点闷闷不乐，每天的生活有一点规律。他们像困难型的婴儿一样，对新的人和环境的适应较慢。他们的反应仍然是消极的，但是相对温和。

其一，**容易型**（easy），大约占40%。这些婴儿性情温和，有满足感，快乐，对新的经验（比如，接触陌生人）非常开放并具有适应性。他们大体上表现出积极的倾向，有好奇心。他们有定时吃东西和睡眠的习惯，他们也能够忍受挫折和不适。

其二，**困难型**（difficult），大约占10%。这些婴儿活跃，易怒，习惯没有规律。他们常常对生活常规的变化做出消极反应，对新的人和环境的适应较慢，并倾向于退缩逃避。他们经常大声哭啼，遇到挫折时（比如，受到限制或尿布湿了未换）常常发脾气。

其三，**慢热型**（slow-to-warm-up），大约占15%。这些婴儿相对不太活跃，有点闷闷不乐，每天的生活有一点规律。他们像困难型的婴儿一样，对新的人和环境的适应较慢。他们的反应也是消极的，但是相对温和。比如，他们拒绝拥抱时，可能是远远地看着要来抱他们的人，而不是打人、踢人或大喊大叫。这些婴儿最终会适应新的事物、人或地方，只不过其方式是表现出安静的兴趣。

剩下35%的婴儿则是以上几种类型的混合，并不符合某一种典型的气质类型。

在几种气质类型的婴儿中，困难型气质的婴儿是最引人关注的，因为这些婴儿非常可能出现适应问题，在儿童期早期和中期可能会出现焦虑退缩以及攻击行为（Ramos et al.，2005；Bates et al.，1994）。相比之下，慢热型气质的婴儿在早期则很少出现问题，然而，他们在上学前后往往表现出过分的恐惧、迟缓而拘谨的行为，因为这时候在课堂上和同伴团体中老师和同伴会期望他们积极一些、反应快一些（Chess & Thomas，1984；Schmitz et al.，1999）。

杰罗姆·凯根

2. 行为抑制视角

杰罗姆·凯根（Jerome Kagan，1994，2010）及其同事认为，婴儿气质有另一个非常突出的方面，即**行为抑制**（behavior inhibition），也就是在面对不熟悉的人和情境时表现出来的极端害羞、拘谨、忧虑的倾向。凯根估计，大约15%的婴儿是行为抑制型的气质，10%的婴儿是极端的非抑制型，后者在新情境中非常活跃（Kagan，1989）。

行为抑制 婴儿气质的一种表现形式，即婴儿在面对不熟悉的人和情境时表现出来的极端害羞、拘谨、忧虑的倾向。

行为抑制型的婴儿在4个月时，对新看到的东西和听到的声音做出反应时，相比大多数婴儿，会扭动，表现得更忙乱、恼怒（Fox et al.，2001）。21个月时，他们需要花很长时间才会接受陌生人，他们会躲避不熟悉的物体（比如，大个的机器人玩具），他们会感到烦恼，并黏着母亲。相比之下，非抑制型的婴儿容易且有热情与陌生人交往，对于机器人玩具以及各种新的经验都喜闻乐见。高度抑制型的婴儿到5.5岁和7.5岁时，更可能在陌生的同伴团体中感到害羞，害怕试走平衡木。13岁时，抑制型和非抑制型儿童仍然泾渭分明，抑制型的青少年较少说话和微笑。

此外，行为抑制型的婴儿对新的事件也会有明显的生理反应，表现出很高的唤醒水平（高心率）。也有证据表明，行为抑制受到遗传的影响（Kagan，1994）。

3. 自我调节视角

玛丽·罗斯巴特

玛丽·罗斯巴特（Mary Rothbart）提出了一种包括两个维度的气质结构：一是反应性，二是自我调节（Rothbart，2011；Rothbart et al.，2006，2009）。

罗斯巴特的反应性维度包括 5 个方面，即活动水平（粗大运动活动的水平）、注意广度和坚持性（兴趣的持续时间）、恐惧的忧伤（对强烈或新颖的刺激做出反应时的谨慎和忧伤，包括适应新情境所需的时间）、易怒的忧伤（当遭遇挫折时忙乱、哭啼和忧伤的程度）、积极情感（快乐表现的频率）等。这些维度与托马斯和切斯的维度有重叠，也包括他们没有提到的维度，同时还略去了一些维度（Rothbart et al.，2000）。

另外，罗斯巴特认为，个体的差异不仅表现在反应性上，还表现在气质的自我调节（self-regulatory）维度上，即努力控制（effortful control）。这种能力是指婴儿自愿抑制某种主要的反应，以便规划和执行一种更具有适应性的反应。努力控制明显地反映在儿童集中注意力、转移注意力、抑制冲动、管理消极情绪等方面。

（二）气质的稳定性

气质主要是先天遗传的，是比较稳定的。大量研究表明，在婴幼儿期，注意广度、易怒性、社交性、害羞或自我调节等方面被评定为高分或者低分的人，在几个月以后、几年以后甚至成年期以后，再接受评价时，一如既往表现出相似的倾向（Caspi et al.，2003；Rothbart et al.，2000；Sieber & Zmyj，2022）。然而，这种稳定性是中等程度的（Putnam et al.，2000）。

气质会随着各种情绪和自我调节能力的出现而变化（Rothbart et al.，2000），会在对父母的态度和行为做出反应中发生变化（Belsky et al.，1991）。比如，在最初的几个月，大多数婴儿会哭闹，当他们能够较好地调节自己的注意和情绪时，很多最初被认为易怒的孩子也会变得安静。此外，即使是 2～3 岁易怒气质的婴儿，如果他们得到父母耐心且富支持性的照料，他们也能够很好地管理自己的活动水平（Warren & Simmens，2005）。

很多因素会对气质类型的稳定程度产生影响，比如作为气质基础的生物学系统、儿童自我调节的能力、父母的养育方式。但是，儿童的气质很少会从一个极端变为另一个极端，也就是说，害羞的婴儿很少会变得非常善于交际，易怒的婴儿很少会变成随和的人。

（三）气质与养育方式

如前所述，困难型气质的婴儿在后期发展中容易出问题。如果儿童气质对其学习或人际交往造成了困扰，成人就可能会想办法来抵消儿童的适应不良行为。托马斯和切斯（Thomas & Chess，1977）提出了一个拟合度模型（goodness-of-fit model）来解释气质和环境的交互作用如何产生令人满意的结果。他们认为，要创设一种养育环境，它既承认每个孩子的气质，同时也鼓励他们表现出更具有适应性的行为。

对困难型的婴儿来说，如果他们的父母不够有耐心、总是提要求、前后不一致——气质和环境拟合不佳，那么他们长大以后就会仍然表现为困难型（Chess & Thomas，1984）。如果父母去适应他们的气质，给他们更多的时间去适应新的经验——气质和环境形成良好的拟合，他们就能有效地把握新的情境。相似地，如果抑制型婴儿的父母过度保护他们敏感的孩子，这些孩子就不能学会控制自己的抑制性；而父母生气或者变得没有耐心，也是不对的。相反，对父母而言，最好的做法是帮助抑制型的婴儿为可能带来困扰的经验做好准备，然后对他们提出合理的要求（Kagan，1994）。对于不太活跃的婴儿，过度刺激性的养育行为（鼓励、提问）能够培养他们的探索精神。而对于非常活跃的婴儿，同样的养育行为则显得太直接，会压抑他们的好奇心（Miceli et al.，1998）。

拟合度模型提示我们，婴儿有其独特的气质，成人必须接受。父母可以改变会加重儿童问题的环境，使之变为能够促进儿童发展的环境。如果养育方式是温情而接纳的，同时在孩子掌握新经验时能提出坚定而合理的要求，那么困难型的和害羞的儿童都能够从中获益。养育条件与儿童气质的有效搭配最好在不良的气质-环境关系产生恶果之前早早建立起来。

比如，国内的研究发现，高消极情绪性的儿童，其本身的情绪安全性较低，那么父亲的消极情绪较多，则可能使儿童更多处于不安全的情绪氛围中，儿童就会更多以消极的情绪和行为来对抗父母，从而表现出更多的行为问题。对于先天情绪反应比较强烈和频繁的儿童，父亲在家庭中积极的情绪表达可能会使他们觉得自己是受关注的，家庭是温暖、安全的，从而更多地内化成人的期望和要求，发展出适宜的社会行为（梁宗保等，2011）。

当然，拟合度的问题也涉及文化差异（Matsumoto & Juang，2023），因为不同的文化对活动水平、情绪表现这样的气质特征的价值有着迥然不同的看法。一般而言，亚洲的婴儿不如美国和加拿大的婴儿那么活跃，也不如后者那么易怒，他们更可能学习自我控制。比如，中国的孩子害羞就被认为是积极的品质（Chen et al.，2005）。只不过，中国现在已经发生了很大的变化，儿童期的害羞越来越被贬低，被认为是适应不良（Chen，2011）。对中国上海幼儿的追踪研究发现，害羞的儿童人际技能差、口头主张少，而内化问题、不合群行为和同伴排斥更多（朱晶晶等，2018）。

此外，婴儿气质与环境最具适应性的匹配有时候令人惊讶。比如，对东非的马赛人而言，发生干旱时，环境变得极其恶劣，婴儿死亡率极高。但是，困难型婴儿这时候却往往比容易型婴儿存活率更高，他们由于哭闹不休而得到更多的哺乳机会，会哭的孩子有奶吃（Gardiner & Kosmitzki，2018）。

后来，研究者提出了“差异易感性模型”（differential susceptibility model）和“对环境的生物学敏感性模型”（biological sensitivity to context model）（Belsky & van IJzendoorn，2017；Zhang & Belsky，2022）。这些模型强调，在不利环境中，某些使儿

童更容易受挫折的特征也会使他们更容易在富有支持性的条件下实现最佳成长。这些模型提供了崭新的角度来看待“消极的”气质特征。

三、婴儿期的情绪发展

（一）基本情绪的发展

基本情绪具有普遍性，世界各地的人都有所体验（Cordaro et al.，2018；Lench et al.，2018）。基本情绪在所有婴儿身上都会在大致相同的年龄如约而至，而且在各种文化中的解读也是相差无几（Izard et al.，2010）。

通过婴儿的面部表情和其他的外显行为，我们可以捕捉到婴儿基本情绪发展的轨迹。根据伊扎德（Izard，1982；Izard & Ackerman，2000）及其他人的研究（Lewis，2000），婴儿一出生就会表现出满足、感兴趣和痛苦。在6个月内，其他的具体情绪都会从这三种情绪中衍生出来。

到3个月左右，首先，满足变成了快乐或者激动，这表现在婴儿看到自己熟悉的东西（比如，妈妈的脸）时。其次，感兴趣变成了惊奇，比如在玩“躲猫猫”游戏中发生他们意料之外的情况时。最后，痛苦很快会演变成厌恶和悲伤，比如，如果尝到已经变味的食物，婴儿的反应就会是厌恶；如果母亲不和他们玩了，婴儿就会悲伤（Lewis，2000）。此外，此时**社会性微笑**（social smiles）首次出现，即婴儿在看到一个人的脸时会微笑。有时，社会性微笑会伴随咕咕叫，这是婴儿表达看到另一个人时的快乐的方式。

> **社会性微笑** 婴儿在看到一个人的脸时出现的微笑，有时它会伴随咕咕叫，这是婴儿表达看到另一个人时的快乐的方式。

愤怒的表现最早出现在4个月时。如果他们喜欢的食物或玩具被拿走，或者他们的目标指向行为遇到挫折（父母阻止他们拿某个玩具），或者照料者离开了一段时间，婴儿就会愤怒（Sullivan & Lewis，2003）。大约也在同一时候，婴儿对自己的四肢有了足够的控制，可以把令人不快的刺激推开。

5～7个月时，婴儿会出现恐惧的表现（Gartstein et al.，2010）。此时，当不熟悉的成人出现时，婴儿会变得警觉，他们会躲开别人的目光、变得慌乱。这种陌生人焦虑具有适应意义，因为这时候婴儿开始爬行了，这种警觉可以让婴儿避免爬得离熟悉的照料者太远。

这些“原始的”基本情绪似乎是由生物学原因决定的，在所有正常的婴儿身上它们都会按部就班地在相同的年龄出现，在不同的文化里其表现及解释也都是大同小异的（Malatesta et al.，1989）。

（二）自我意识情绪的出现

除了基本情绪，人类也能体验到派生的、更高级的情绪，包括窘迫、羞耻、嫉妒、骄傲、内疚。这些情绪也被称为自我意识情绪（self-conscious emotion），因为它们都涉及我们对自己的感受。自我意识情绪可以贯穿人的一生来塑造人的社会行为、社会交往和关系（Tracy & Weidman，2021）。当我们希望重新来过，以便别人不再注意到自己的失败时，我们会感到羞耻或者窘迫。嫉妒是对别人的长处感到不痛快或愤恨，而骄傲是获得成就时的欣喜。在我们伤害了别人并想补偿过错时，我们会感到内疚。

婴儿要体验到自我意识情绪，就必须能够有一种自我感，能够观察自我和他人，能够意识到标准和规则，能够比较自己的行为和那些标准（Lewis，2016）。自我意识情绪出现在 18～24 个月时，这时婴儿已经意识到自己是分离的、独特的个体（冯晓杭，张向葵，2007）。在他们做了自己知道不应该做的事情之后，他们会感到窘迫或内疚（Kochanska et al.，2002），他们会低下眉、垂下头、手捂脸。在第一次完成具有挑战性的任务时，他们会感到骄傲。嫉妒出现在快到 3 岁时。

窘迫是最简单的自我意识情绪，在婴儿能够进行自我识别以后就会出现；羞耻、内疚、骄傲则既要求婴儿能够自我识别，也要求他们对评价自己行为的规则或标准有所理解。

当然，自我意识情绪的获得也有赖于成人的指导。而且，自我意识情绪对儿童与成就有关的行为和道德行为有着重要影响。

（三）情绪的识别与解读

婴儿的情绪表现与其解读他人情绪线索的能力有着密切的关系。在最初的几个月，婴儿就能在面对面的沟通中把握照料者的情绪脉搏。两天大的婴儿起初对高兴面孔或厌恶面孔并无偏好，但是在对其中一个面孔习惯化之后，他们就能够成功对两者进行区分（Addabbo et al.，2018）。在两三个月时，婴儿的视力显著提高，这时候他们开始能够区分高兴、悲伤及愤怒的面孔（Hunnius et al.，2011）。大约在 4 个月时，婴儿就对面对面交往的人际结构和时机变得敏感。他们凝视、微笑、发声时，就是希望自己的社交伙伴做出以水投水的反应（Rochat et al.，2002）。婴儿此时对情绪表现的范围有了越来越好的认识。同时，婴儿开始能够理解隐藏在面部表情和嗓音后面的情绪（Bertin & Striano，2006）。

大约在 5 个月时，婴儿能够把面部表情视为有组织的模式，并且把语音中的情绪与说话者的相应表情相匹配。随着婴儿吸引他人注意以及建立联合注意的能力的提升，他们会认识到情绪表现对特定的物体或事件来说是有意义的反应（Moses et al.，2001）。6.5 个月的婴儿对代表情绪的身体动作也能够进行确认和比较了（Hock et al.，2017）。

社会性参照 在不确定的情境中，婴儿会主动从最信任的人那里寻求情绪信息来解释该情境。

到 1 岁时，婴儿就会使用**社会性参照**（social referencing），也就是说，在不确定的情境中，他们会主动从最信任的人那里寻求情绪信息来解释该情境。社会性参照有助于婴儿更加准确地解释模棱两可的情境，比如碰到陌生人并需要判断是否应该害怕这个人时（Ehli & others，2020）。这时候，照料者的情绪表现（快乐、愤怒或恐惧）会影响婴儿是否对陌生人保持警觉、是否去玩不熟悉的玩具或是否爬过视崖较深的一侧（Stenberg，2003）。比如，如果给母亲两个新的玩具，母亲对其中一个表示厌恶，对另一个则表现平静，那么 1 岁的婴儿就会对引起母亲厌恶的玩具避之不及，对另一个玩具则不冷不热（Moses et al.，2001；Schmitow & Stenberg，2013）。社会性参照表明，婴儿已经能够很熟练地利用母亲的情绪来指导自己的行为。还有研究提出，社会性参照是幽默感发展的基础，它也是在 6～12 个月期间开始发展的（Mireault et al.，2014）。当父母对某件出乎意料的事情微微一笑或哈哈大笑时，婴儿也会亦步亦趋。

社会性参照可以让婴儿比较自己对事件的评价与他人的评价。大约在 1.5 岁时，婴儿会懂得他人的情绪反应可能与自己的反应有极大的差异。比如，成人给婴儿看两种食物，并表现出对其中一种很喜欢、对另一种很厌恶，然后让婴儿分享食物，1.5 岁的婴儿就会把成人喜欢的食物给成人，而不管自己的喜好（Repacholi & Gopnik，1997）。随着儿童年龄的增长，社会性参照对面部表情的依赖会减少，而更多地依赖语言。到四五岁时，儿童更可能相信来自母亲的信息，而不是来自陌生人的信息（Corriveau et al.，2009）。

（四）情绪调节的萌芽

研究者对儿童情绪调节的关注突出表现在两个方面：一是情绪调节的起源，二是情绪调节与社会能力的关系。情绪调节很明显是在婴儿期开始的。在生命的第一年，婴儿会逐渐发展出抑制或减小情绪反应强度和缩短情绪反应持续时间的能力（De France & Hollenstein，2022）。4～6 个月时，婴儿会使用简单的策略调节自己的情绪（Rothbart & Rueda，2005）。当有什么东西让婴儿害怕或者迷惑时，比如陌生人出现，或者母亲突然停止反应，婴儿通常会把脸转过去以转移视线，这就像是年长的儿童和成人转过脸或闭上眼一样。感到害怕的婴儿也会向母亲靠近，这是另一种帮助他们控制自己恐惧的方式。幼小的婴儿主要是通过照料者来帮助他们管理强烈的情绪，比如抱住他们、摇晃他们、限制他们接触高唤醒的刺激（Gee & Cohodes，2021）。

到 12 个月时，婴儿获得了其他的策略，比如摇动自己、离开烦人的东西。痛苦的时候，他们也会求助依恋对象，这会起到立竿见影的效果。

在 18～24 个月时，婴儿会尝试控制那些让他们烦恼的人和物体的活动；他们也能通过玩玩具、分心来应对因等候食物和礼物而受到的挫折（Grolnick et al.，1996）。他们甚至会皱起眉头或抿住嘴唇以压抑自己的愤怒或悲伤。

到 2 岁时，感到痛苦的婴儿，其面部表情主要表现为悲伤，而不是恐惧或者愤怒，这是因为这时候的婴儿已经懂得悲伤的表情是吸引母亲注意和支持的上上之策（Buss & Kiel，2004）。2 岁的婴儿拥有了较为复杂的情绪调节策略（王莉，陈会昌，1998）。

到 3 岁时，婴儿开始表现出一点点掩饰自己真实情感的能力。比如，他们撒谎后可以把自己的苦恼掩饰得几乎不露出一点点蛛丝马迹（Lewis et al.，1989）。

从另一个角度看，这期间婴儿情绪的自我调节可以反映在四个方面（Thompson & Goodvin，2007；Miller，2014）：

其一，婴儿发展了能帮助他们调节自己情绪的行为。比如，感到害怕的孩子可能会跑向他们信任的成人，或抓住毛绒玩具。

其二，婴儿可以使用语言来促进对情绪的自我调节。和他人谈论自己的感受，可以让婴儿提升对自己及他人情绪的理解，进而促进其情绪的自我调节。

其三，他人的要求会扩展婴儿情绪的自我调节能力。比如，不管他们多生气，父母都不许他们打人；不管他们多高兴，父母也都不许他们爬到桌子上。

其四，婴儿自我意识情绪的发展也促进了其情绪的自我调节。能够感受到内疚、羞耻和窘迫可以促使婴儿避免这些令人不快的情绪状态。比如，在商店里大喊大叫会受到警告。

表4－5简单总结了婴儿情绪发展的主要特点。

表4－5 婴儿情绪发展的主要特点

大致年龄	情绪表现与情绪调节	情绪理解
出生至6个月	所有的基本情绪都出现。 积极情绪的表露受到鼓励，并变得很普遍。 试图通过吮吸或躲避来调节消极情绪。	婴儿能够区分快乐、愤怒和悲伤这样的面部表情。
7～12个月	愤怒、恐惧、悲伤等基本情绪变得更为明显。 婴儿能够自己翻身、咀嚼东西或摆脱令人痛苦的刺激，情绪的自我调节得以改善。	识别他人基本情绪的能力得以改善。 社会性参照出现。
1～3岁	派生情绪（自我意识情绪）出现。 婴儿能够自己从令其烦恼的刺激转移注意，或试图控制这些刺激，情绪调节进一步得以改善。	婴儿开始谈论情绪、表演情绪。 共情反应出现。

四、婴儿期的依恋

（一）依恋的发展

如在第二章中所提到的，在鲍尔比（Bowlby，1969，1991）看来，婴儿与父母的依恋关系始于他们发出的、用以召唤成年人来到自己身边的一系列先天的信号。鲍尔比认为，依恋的发展经历了四个阶段（见表4－6）。

表4－6 依恋发展的阶段

阶段	大致年龄	主要表现
前依恋阶段	出生至6周	发出先天的信号有助于新生儿与其他人建立密切的联系。这时候，婴儿能够辨认自己母亲的微笑和声音，但是还未对她形成依恋。
依恋建立阶段	6周至6～8个月	婴儿对熟悉的照料者和陌生人会做出不同的反应。当他们知道自己的活动会影响周围人的行为时，他们会开始发展出一种信任感，即认为自己发出信号时照料者会做出响应的期望。
清晰的依恋阶段	6～8个月至18个月	对熟悉的照料者的依恋已经显而易见。婴儿会表现出分离焦虑，在他们依赖的成年人离开时会变得不安。但是，分离焦虑并不一定会发生，这有赖于婴儿的气质和当时的情境。
交互关系的形成阶段	18个月至2岁及以后	表征能力和语言的快速发展让儿童能够理解某些影响父母的来与去的因素，并能够预测他们什么时候回来。因此，分离焦虑就会减弱。这时候，儿童开始与照料者谈判，会提出要求，会劝说照料者改变目标。

> **安全基地**　依恋关系的一种作用，当儿童对外部世界感兴趣时，他们能够把依恋对象当成支持者和保护者以帮助他们自由地探索。
>
> **内部工作模式**　面对压力时，个体对依恋对象及其可能提供的支持的期望。

鲍尔比认为，经过这四个阶段以后，婴儿会建构起一种与照料者的持久情感联系，他们会把这种联系当作父母不在时的**安全基地**（security base）。安全基地是依恋关系的一种作用，当儿童对外部世界感兴趣时，他们能够把依恋对象当成支持者和保护者以帮助他们自由地探索。它可以作为一种**内部工作模式**（internal working model），即面对压力时，个体对依恋对象及其可能提供的支持的期望。内部工作模式会成为人格的关键部分，对未来的亲密关系起指导作用（Bretherton & Munholland，1999）。随着认知能力、情绪能力、社会能力的增长，儿童会不断地修正和扩展其内部工作模式，这一过程也反映在他们与父母的交往中，反映在他们与成年人、兄弟姐妹和朋友形成的亲密联系中。婴儿与照料者之间形成的内部工作模式会影响婴儿以及后来的儿童对其他人的反应（Thompson & others，2022）。依恋的内部工作模式在建立依恋与随后的情绪理解、良心发展、自我概念和联合注意之间的联系方面也发挥了至关重要的作用（Naghashan & others，2021）。

同时，值得一提的是，婴儿依恋的发展并不局限于对母亲的依恋，他们也会对父亲、兄弟姐妹、祖父母、专业的照料者形成依恋（例如，Shanahan et al.，2011；Gettler et al.，2021）。也就是说，存在着多重依恋，只不过鲍尔比认为婴儿先天具有只对一个特定的人形成依恋的倾向。在焦虑或不高兴时，婴儿会优先选择母亲的安抚。

（二）依恋的类型

玛丽·安斯沃斯

在家庭中养育的婴儿与其照料者建立的依恋关系，在性质上是有个体差异的。玛丽·安斯沃斯（Mary Ainsworth）以鲍尔比的依恋理论为基础，提出了一项被广泛应用于依恋评估的实验技术（Ainsworth et al.，1978；Ainsworth，1993），即所谓的陌生情境（strange situation）法。陌生情境法由 8 个情节按一定的序列组成（见表 4－7），通过记录和分析婴儿对这些情节的反应，即探索活动、对陌生人及分离的反应、与依恋对象的重聚行为，通常可以梳理出 4 种依恋类型。其中一种是安全型依恋，另外三种是不安全型依恋。

表 4－7　陌生情境的情节序列

情节	事件	潜在的依恋表现
1	实验者把母亲和孩子带到游戏室，然后离开。	
2	让婴儿在游戏室中探索 3 分钟；母亲在旁边观察，但不参与。	将母亲作为安全基地
3	陌生人进入房间，保持沉默 1 分钟，然后和婴儿谈话 1 分钟，继而接近婴儿。母亲不知不觉中离开。	陌生人焦虑
4	陌生人不和婴儿玩，但是必要的时候试图进行安抚。	分离焦虑
5	母亲回来，和婴儿打招呼，并进行安抚。	重聚行为
6	婴儿重新开始玩的时候，母亲再次离开，并说“再见”。	分离焦虑
7	陌生人试图安抚婴儿，并试图一起玩。	被陌生人安抚时的表现
8	母亲回来，陌生人离开。	重聚行为

注：情节 1 大约持续 30 秒，其他的每一个情节最初都设定为 3 分钟。但是，如果婴儿太过烦恼，分离情节有时会缩短，重聚情节会延长。

资料来源：Ainsworth et al.，1978.

安全型依恋　一种依恋类型。这种类型的婴儿把母亲当作安全基地，在分离时，他们可能会哭，也可能不哭。如果他们哭，那是因为母亲不在场，他们更喜欢母亲而不是陌生人。母亲一回来，他们就会主动寻求接触，哭啼也马上停止。

其一，**安全型依恋**（secure attachment）。这种类型的婴儿把母亲当作安全基地，在分离时，他们可能会哭，也可能不哭。如果他们哭，那是因为母亲不在场，他们更喜欢母亲而不是陌生人。母亲一回来，他们就会主动寻求接触，哭啼也马上停止。大约65%的北美婴儿是这样。

其二，回避型依恋（avoidant attachment）。这种类型的婴儿与母亲在一起时，似乎对母亲无动于衷。母亲离开时，他们也不难过，他们对陌生人的反应与对母亲的反应差不多。母亲回来时，他们却回避，或者过很久才和母亲打招呼。当母亲抱他们时，他们通常也不依偎过去。大约20%的北美婴儿是这样。

其三，反抗型依恋（resistant attachment）。在分离之前，这种类型的婴儿紧靠母亲，通常不会去探索。母亲离开时，他们通常感到痛苦。而在母亲回来后，他们会表现出愤怒的反抗行为，有时会打人、推人。很多婴儿在母亲把他们抱起来以后仍然一直哭啼，他们不易被安抚。10%～15%的北美婴儿是这样。

其四，混乱型依恋（disorganized/disoriented attachment）。这种类型的依恋是最不安全的。在母亲回来时，这种类型的婴儿表现出混乱矛盾的行为。母亲抱他们时，他们可能会躲开目光，或者是带着忧伤的情绪去接近母亲。大多数情况下，他们以茫然的表情来表达自己的情绪。一些婴儿在被安抚之后又会大哭起来，或者表现出一些奇怪的、冷漠的姿势。大约5%～10%的北美婴儿是这样。

值得注意的是，依恋类型的表现在不同文化背景下并非如出一辙（Morelli，2015），虽然安全型依恋的比例相差无几，但其他类型的依恋却大相径庭。比如，研究发现德国的婴儿回避型依恋比美国的突出，超过35%，德国的父母更加看重独立，会鼓励婴儿别那么黏人（Grossmann et al.，1985）。非洲马里的婴儿则几乎没有表现出回避型依恋（McMahan True et al.，2001）。相似地，日本的婴儿也很少表现出回避型依恋（不足5%），但是反抗型依恋更多一些（接近30%），不过父母把这看成婴儿依赖的正常指标（Takahashi，1990）。以色列的婴儿反抗型依恋的比例和日本不相上下，回避型依恋的比例约为10%。而且，个体主义文化和集体主义文化对不安全依恋的看法有天壤之别，比如，西方父母可能把反抗型依恋看成黏人依赖，亚洲父母则可能认为这是成功连接（Gardiner & Kosmitzki，2018）。

另外，从依恋类型的评估方法看，由于陌生情境法适用于2岁以下的婴儿，所以，有研究者又提出了另外一种评估依恋的方法，即依恋Q分类（attachment Q-sort），它适用于1～5岁的儿童，通过家庭观察来完成（Waters et al. Eds.，1995）。该方法通过对90种与依恋相关的行为进行分类，最后可以计算出一个关于依恋安全的分数。

前沿扫描

依恋安全差，网聊难自拔？

（三）依恋的影响

1. 近期影响

很多理论家认为，亲子依恋这一最早的社会关系为婴儿以后的各种社会关系奠定了基础（Waters & Cummings，2000），个体的早期依恋状况与后来的发展关系密切。根据精神分析理论和习性学理论，由依恋促成的内部情感及安全感对心理发展的各个方面都有支持作用。

体验到信任和同情的安全型依恋的婴儿到学前期时，与同伴的交往充满自信，也更能获得成功。在婴儿期属于安全型依恋的幼儿及学龄儿童，更有好奇心、同情心、自信心和社会能力，他们与同伴有更为积极的互动和亲密的友谊（Grotz & others，2017）。在婴儿期和幼儿期属于安全型依恋的青少年，具有较强的社会能力，更善于结交朋友、维持友谊，在社会性团体中如鱼得水，表现出更好的情绪健康、自尊、心理弹性和同伴能力（Sroufe，2016；Stern & Cassidy，2018）。

一项对 63 个考察了亲子依恋与儿童同伴关系的研究的元分析表明，安全型依恋的儿童与同伴的关系更好，友谊质量更高（Schneider，Atkinson，& Tardif，2001）。另一项元分析表明，安全型依恋与良好的心理弹性关系紧密（Rasmussen & others，2019）。而不安全型依恋的婴儿在学前期很容易出现社会关系方面的困难。不安全型依恋与焦虑、愤怒和攻击行为等问题行为相联系（Kerns & Brumariu，2014；Madigan et al.，2013）。

追踪研究发现，安全型依恋的学前儿童表现出比不安全型依恋的儿童更强的自尊、社会能力及共情；在 11 岁时，安全型依恋的儿童仍然表现出较强的社会能力（Shulman，Elicker，& Sroufe，1994）。相比之下，在婴儿期会表现出抑制、消极情绪的不安全型依恋的儿童，在 5 岁时更可能对其他儿童有敌意，上学以后依赖性更强，更可能有外化问题，男孩尤其如此。这些影响对于回避型依恋和反抗型依恋儿童来说，相对小一些，而对混乱型依恋儿童来说，就非常明显（Fearon et al.，2010）。混乱型依恋对日后的行为问题和适应问题有着非常好的预测（Bernier & Meins，2008）。在 18 个月时的混乱型依恋的婴儿在之后的儿童期会遭遇同伴拒绝（Leblanc et al.，2022）。

国内一项追踪研究考察了婴儿 12～18 个月时的依恋类型与 2～3 岁时的认知发育和行为问题之间的关系，发现安全型依恋的婴儿在后测时的智力发育指数显著高于不安全型依恋的婴儿；在不安全依恋类型中，回避型的水平与安全型的差异不显著，反抗型的水平则明显低于安全型，但回避型和反抗型之间的差异不显著。此外，安全型依恋婴儿在幼儿期的行为问题检出率为 9.0%，不安全型为 22.5%，差异显著（丁艳华等，2013a）。元分析表明，母子之间的依恋安全与儿童的认知和语言发展息息相关（Deneault et al.，2023）。

2. 远期影响

从目前来看，人们认为婴儿期的依恋质量会形成一种趋势和期望，之后，它会受到幼儿期、青少年期及以后获得的经验的修正（McCarthy & Maughan，2010）。纵向研究发现，婴儿期不安全的依恋与 20～35 年后面对具有人际挑战的情境时缺乏有效的情绪调节策略（比如，压抑情绪、脱离亲朋好友、夸大情绪表现）息息相关（Girme et al.，2021）。

不过，照料行为的连续性才是决定安全型依恋与后期发展之间关系的因素（Thompson，2000；Thompson，Simpson，& Berlin，2022）。父母不仅仅要在婴儿期有敏感响应，在后期也应一如既往，这有助于幼儿很多方面的发展：更为自信的自我概念、更好的情绪理解、更好的人际关系、更强的道德责任感、更强的学业动机。相反，父母长期不敏感则可能会带来各种发展困难。

尽管婴儿期的依恋质量与成年期恋爱关系的质量之间并没有直接的联系，但是它们通过一条链式影响联系在一起，即早期发展阶段的关系质量会影响之后一个阶段的关系质量（见图4－7；Simpson et al.，2007）

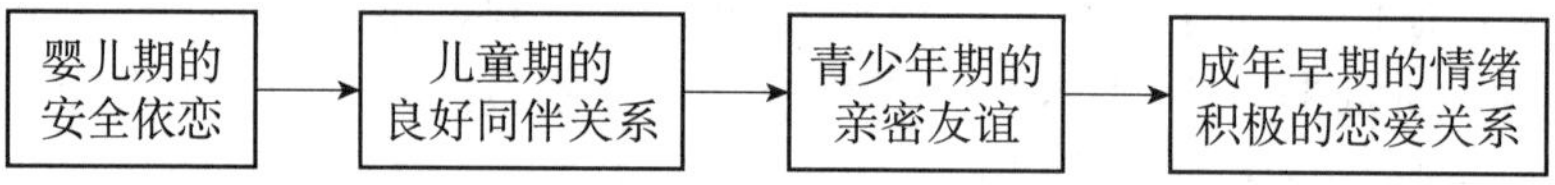

图4－7　依恋关系的链式影响

关于依恋的影响，还有一个有趣的现象是"依恋模式的代际传递"。研究者通过成人依恋访谈（adult attachment interview，AAI）要求成人回忆及解释自己与儿童期依恋相联系的感受和经验（George，Kaplan，& Main，1985）。结果发现，成人回忆早期与父母或照料者相处的经验的方式，会影响他们对待自己孩子的方式。对自己的母亲形成了安全依恋的女性，能够准确地识别婴儿的依恋行为，给予鼓励，并帮助婴儿形成对自己的依恋。然而，对自己过去的依恋关系耿耿于怀的母亲，往往会对自己的孩子表现出愤怒和强迫。拒绝接受自己过去的依恋关系的母亲，往往会对自己的孩子冷漠无情、反应呆滞（Adam et al.，2004）。经历过不敏感养育的照料者，可能对自己的婴儿也不敏感，因而会把自己的不安全型依恋特点传递给孩子（Raby et al.，2015；Risi et al.，2021）。国内一项研究也表明，母婴依恋存在代际传递性，母亲与婴儿两者依恋类型之间的总对应率为63.6%，其中安全型的对应率最高，为86.2%（丁艳华等，2013b）。

幸运的是，不安全型依恋的循环可以打破。通过干预训练，不安全型依恋的母亲可以变得更加敏感（Klein-Velderman et al.，2006）。

拓展阅读

为何一些婴儿看到陌生人会号啕大哭？

陌生人焦虑是婴儿对其不认识的人的警觉，分离焦虑是熟悉的照料者离开后的痛苦。它们是婴儿期情绪和认知发展的重要里程碑，反映了婴儿对母亲的依恋。

6个月以前，婴儿很少对陌生人有消极反应；8～9个月时，消极反应则司空见惯，并且直到1岁会变得越来越明显。这可能反映了他们的认知发展。婴儿的陌生人焦虑涉及他们对面孔的记忆、比较陌生人外表与自己母亲外表的能力、对与陌生人在一起的情境的回忆。如果婴儿在一个熟悉的背景下逐渐习惯陌生人，那么他们的反应就会更加积极。

婴儿经常会遇到的一个情境是，他们生病以后不得不去医院看医生，此时他们往往号啕大哭，死死地抓着父母。对有些婴儿来说，这可能是由于上一次的"打针焦虑"，但是对很多婴儿来说，这是因为医生给他们打针、治疗的方式让他们感到太陌生。而如果照料者和医生（陌生人）注意以下几方面，应该会有所帮助：

（1）让依恋对象就待在旁边。婴儿在与母亲分离时，会对陌生人做出消极反应，但是，大多数6～12个月的婴儿坐在母亲的膝上时，对靠近过来的陌生人并不会特别警觉。

（2）让依恋对象对陌生人做出积极反应。如果照料者对陌生人表示热烈欢迎，或以积极的音调说起陌生人，那么，陌生人焦虑就不太可能发生。

(3) 让背景变得“熟悉”一点。陌生人焦虑更可能发生在不熟悉的背景下，而不是熟悉的背景下。很少有10个月大的婴儿在家里对陌生人警惕，但在不熟悉的实验室很多婴儿就会。

(4) 做一个敏感而不唐突的陌生人。刚开始时与孩子保持一定的距离，慢慢地接近，同时微笑、说说话、给孩子一个熟悉的玩具等。

(5) 让婴儿觉得你不太陌生。可以把一些陌生的器具收起来，脱去白大褂，让婴儿觉得你和他们是一样的人。

（四）依恋的影响因素

婴儿是否能够形成安全型依恋受到许多因素的影响，比较典型的有两个方面：养育质量和婴儿特征。

1. 养育质量

婴儿依恋的性质主要取决于其受到的关注（Ainsworth，1979），所以，对于从一开始就敏感而具有响应性的母亲来说，她的孩子的依恋会是安全型的（Gerlach & others，2022）。一项对66项研究进行的综述表明，安全型依恋的婴儿的母亲具有的特征是：对婴儿的需要敏感，对婴儿的态度积极，与婴儿有互动，与婴儿一起做相同的事，为婴儿的活动提供情绪支持，经常激励婴儿（Van IJzendoorn et al.，2004；Gerlach & others，2022）。有研究表明，母亲自身的依恋类型和母亲敏感性在婴儿安全依恋的形成中均起到不可忽视的作用。母亲的依恋类型为安全型且敏感性高（以孩子为中心）时，孩子形成安全型依恋的概率更大；反之，孩子形成不安全型依恋的概率更大（张茜等，2015）。

导致回避型依恋的养育方式至少有两种。一方面，这些母亲对孩子缺乏耐心，也不敏感，她们更可能对孩子表现出消极感受，从与孩子的亲密接触中也很少获得乐趣。另一方面，一些婴儿表现出回避型依恋，则是由于其父母过分热情，在婴儿不需要的时候仍然没完没了地对他们喋喋不休，向他们提供令人不堪其扰的高水平刺激，甚至在婴儿眼神躲开或者睡着时仍然不依不饶。

婴儿表现出反抗型依恋，是由于其父母的养育方式经常是此一时彼一时，有时候热情似火，有时候冷若冰霜（Isabella，1993）。婴儿面对这种不一致的养育方式会感到绝望，不知所措。为了获得情绪支持，他们要么黏着父母，要么哭闹不休。如果一切努力都以失败告终，他们就会变得气急败坏，并带有怨恨情绪。

混乱型依恋常常发生在曾经被忽视或遭受身体虐待的婴儿身上（Van IJzendoorn & Sagi，1999）。这些婴儿不知道是趋近照料者会得到安慰，还是远离他们更为安全。这些婴儿的母亲很多患有严重的抑郁症，这容易导致她们虐待或忽视自己的孩子，这些母亲也经常表现出令人恐惧的、前后矛盾的、令人不愉快的行为（Goldberg et al，2003）。

此外，父母之间的冲突也可能与低水平的依恋安全难逃干系（Tan et al.，2018）。不安全依恋可能代表了对贫乏养育环境的适应性反应，比如，回避型依恋儿童往往依靠自己可控的应对方式，而不是寄希望于他人，因为他们的父母并不是支持性的（Zimmer-

Gembeck et al.，2017）。

2. 婴儿特征

由于依恋是在两个人之间建立的联系，所以，婴儿自身的特征也是一个影响因素。那些早产儿、一出生就患病的婴儿会使养育负担变得沉重不堪。在充满压力、贫穷困顿的家庭里，这些困难与不安全型依恋相联系（Wille，1991）。不过，如果父母有时间和耐心照顾有特殊需要的孩子，并对孩子有积极的看法，那么，这些新生儿也会与父母建立起安全型依恋（Cox，2000）。

此外，困难型气质的婴儿更可能形成不安全的依恋（Van IJzendoorn et al.，2004；Vaughn & Bost，1999）。这些婴儿的母亲通常非常焦虑，也不敏感，最后导致与孩子的关系是不和谐的。不过，值得注意的是，依恋并不具有遗传性，研究发现2/3的孩子与父母建立了相似的依恋模式，而他们之间在气质上往往是南辕北辙的（Dozier et al.，2001），这表明大多数父母会尝试调整自己的养育方式，以适应每个孩子的需要。对困难型气质婴儿的父母进行干预，能够很有效地增强他们照料孩子时的敏感性，促进安全型依恋的建立（Bakermans-Kranenburg et al.，2003）。

五、婴儿期的自我发展

（一）自我的产生

婴儿出生后的头半年主要是忙于调节生理状态和情绪状态，这反映在婴儿与照料者的互动中。婴儿可以在这种有规律且可信任的互动中形成两个概念——自我恒定性（self invariance）和他人恒定性（other invariance），这在自我意识产生之前就会出现（Meltzoff，1990）。可以说，婴儿拥有了**前自我**（pre-self），它是婴儿对自己身体永久性、身体与他人的分离以及人际联系的规律的早期模糊认识。

> **前自我** 婴儿在自我意识之前对自己身体永久性、身体与他人的分离以及人际联系的规律的早期模糊认识。

6个月以后，婴儿逐渐通过发出一些信号来让照料者满足他们的需要。如果婴儿为控制照料者而做出的努力是卓有成效的，他们就会体验到最初的自我效能感（Bandura，1990）。这时，婴儿的自我系统就开始形成了。这期间婴儿表现出的分离焦虑，也反映出他们认识到自己与照料者是分离的。依恋能够给婴儿带来安全感和乐观，所以，婴儿会以照料者为安全基地去探索环境，而最初的自我价值感就油然而生。此外，在视崖研究中，母亲的面部表情会影响婴儿对情境的反应，比如他们是否会爬过视崖（Campos et al.，1983）。婴儿通过母亲的反馈做出的反应调节，就是社会性参照的反映，这也表明他们认识到自己与他人是分离的。

在婴儿1岁以后，认知的发展开始在自我系统的发展中产生重要影响。这从婴儿建立联合注意的能力中可以反映出来（Mitchell，1997）。婴儿指向物体，并朝他的同伴看，以便让他们的注意力都集中到该物体上，这一过程就反映了其意识到自己和他人看到的并不总是相同的东西。

（二）自我识别

自我发展的一个标志性事件大概出现在婴儿 18 个月大时，这时候婴儿在看镜子里的自己时，知道那是自己而不是别人，即表现出**自我识别**（self-recognition）。给婴儿鼻子上抹上红点，再把他放在镜子前，如果婴儿对自己的脸有心理表象，并能识别镜像就是自己，他们就会注意到红点，并摸自己的鼻子或擦它，而不是触摸镜像（Lewis & Michelson，1983）。研究发现，有一部分 15 个月大的婴儿能够识别自己，绝大多数 18～24 个月大的婴儿则表现出清晰的自我识别。15 个月以上的婴儿也能够从录像中把自己从同年龄的婴儿中认出来。

自我识别　自我发展的一个标志性事件，大概出现在婴儿 18 个月大时，这时候婴儿在看镜子里的自己时，知道那是自己而不是别人。

在婴儿的自我识别出现以后，他们的自我评价、自尊也就开始出现了。自我识别也表明婴儿开始形成有意识的自我概念。随着语言的发展，他们开始自我描述。相应地，他们也就形成了**分类自我**（categorical self），即他们会按照年龄、性别或其他可见的特征把自己归为不同的社会类型，明确什么“像我”、什么“不像我”。18 个月大时，婴儿能够从性别或年龄上把自己和其他人区分开，但是从照片上还不行，后者到 2 岁时才可以做到（Brooks-Gunn & Lewis，1981）。18～24 个月大时，大多数婴儿明确意识到自己是谁——至少有独特的外貌、性别和年龄上所属的类型。

分类自我　儿童按照年龄、性别或其他可见的特征把自己归为不同的社会类型，明确什么“像我”、什么“不像我”。

此外，这期间婴儿对自己的能力也开始有所意识。比如，参加心理学实验的 23 个月大、25 个月大的婴儿在实验员要求他们模仿一系列涉及玩具的较为复杂的行为时会哭起来，而他们模仿较为简单的行为系列时则没问题。这表明他们意识到了自己缺乏完成困难任务的能力，并且对此感到不高兴——这一反应正好清晰地反映了自我意识（Gergely，2007）。

研究范例

镜中的小鬼，是我还是谁？

值得注意的是，婴儿所成长的文化环境对其自我识别的发展也会产生影响。比如，希腊的儿童由于其文化鼓励自主和分离的父母养育方式，就比喀麦隆的儿童更早地表现出自我识别。喀麦隆的文化强调的是身体接触和温情的父母养育方式，因此其亲子之间就会出现更加突出的相互依赖，儿童自我识别的出现也就更晚一些（Keller et al.，2005）。

表 4－8 对婴儿自我的发展进行了一个简明的概括。

表 4－8　婴儿自我发展的阶段

大致年龄（月）	自我发展的方面	表现
0～6	前自我（pre-self）	在婴儿与照料者的互动中，自我恒定性和他人恒定性开始萌芽。
6～12	有意图的自我（intentional self）	对照料者发出有意图的信号，社会性参照，自我效能感开始萌芽，把照料者作为安全基地，自我价值和信任感开始萌芽。
12～24	客体自我（objective self）	自我识别，早期的自我控制，早期的自尊，自主感。
24～	自我监控的自我（self-monitoring self）	自我描述，自我意识情绪，自我调节。

（三）自我意识与情绪及社会性发展

自我意识的发展为情绪和社会性发展铺平了道路。能够从镜子中认出自己的婴儿相比不能认出自己的婴儿，更可能会谈论自己、表达自己的意志。他们更可能体验到自我意识情绪，比如被要求在陌生人面前跳舞时会感到窘迫（Lewis et al.，1989）。此外，共情（即理解他人的情绪状态并感同身受的能力）的萌芽也与之有关。比如，这时候婴儿会把自己觉得有安慰作用的东西给别人——一个拥抱、一条毛毯或者一个令人喜爱的布娃娃（Hoffman，2000）。同时，他们也清楚地意识到如何让别人烦恼，比如，如果他们知道有谁害怕蜘蛛，他们就会跑去拿玩具蜘蛛来吓唬那人。

获得自我意识的婴儿更能够意识到他人，他们会通过模仿玩伴的行为来与之沟通（Asendorpf et al.，1996），他们也能够通过简单的方式与同伴合作以实现共同的目标。一旦婴儿意识到了自我，他们也就更能够协调自己的观点与他人的观点。

自我意识也能促进努力控制，即儿童抑制冲动、管理消极情绪、调整言行举止从而使自己被社会接受的程度。这要求儿童认识到自己是分离的、自主的人，能够主导自己的行为。在 12～18 个月大时，婴儿开始变得顺从（compliance），他们能够清楚地意识到照料者的愿望和期望，并且服从简单的要求和命令。不过，有时候他们也反其道而行之，这实际上是他们表现自主的一种方式。**延迟满足**（delay of gratification）的能力能够很好地反映努力控制。延迟满足指的是一种甘愿为更有价值的长远结果而放弃即时满足的抉择取向，以及在等待期中展示的努力控制能力。从 1.5 岁到 3 岁，婴儿延迟满足的能力一直在增强（Vaughn et al.，1984；Białecka-Pikul，et al.，2018；Cheng et al.，2018）。而注意及语言发展更好的孩子在延迟满足方面表现更好（Else-Quest et al.，2006）。会使用言语技术和注意转移技术的孩子（自言自语、唱歌或将目光转向别处）可以让自己忍住不去做被禁止的事。

> **延迟满足** 一种甘愿为更有价值的长远结果而放弃即时满足的抉择取向，以及在等待期中展示的努力控制能力。

概念术语

头尾原则，近远原则，偏侧化，粗大运动的发展，精细运动的发展，够物，统合知觉，感觉运动阶段，客体永久性，朴素理论，语言获得装置，前言语期，单词句期，咿呀学语，电报句，信任对不信任，自主对羞愧和怀疑，容易型，困难型，慢热型，行为抑制，社会性微笑，社会性参照，安全基地，内部工作模式，安全型依恋，前自我，自我识别，分类自我，延迟满足

本章要点

1. 婴儿的身体发育非常快，但其发育有基本的规律，遵循着一些基本原则。
2. 对婴儿来说，运动技能的发展包括两个方面：一是粗大运动技能的发展，二是精

细运动技能的发展。

3. 婴儿感觉运动思维的发展主要反映在三个重要的方面，即对环境的适应和探索、对客体的理解、对符号的使用。

4. 儿童建构了宏大而全面的理论，试图在一个共同的框架内解释纷繁复杂的现象，包括朴素物理学、朴素生物学。

5. 根据维果茨基的社会文化理论，儿童生活在丰富的社会背景下，社会背景会影响儿童认知世界的建构方式。

6. 婴儿期语言的发展过程大致可以分为三个阶段：一是前言语期，二是单词句期，三是多词句期。

7. 婴儿期的发展处于埃里克森提出的第一、第二两个阶段，其发展任务是解决“信任对不信任”“自主对羞愧和怀疑”的冲突。

8. 婴儿气质的表现类型可以从多个角度进行划分；气质主要是先天遗传的，是比较稳定的；气质和环境的拟合度决定了它们之间交互作用的结果。

9. 婴儿期的情绪发展主要体现在基本情绪的发展、自我意识情绪的出现、情绪的识别与解读、情绪调节的萌芽等方面。

10. 婴儿依恋的发展经历了四个阶段，可能会形成四种基本的依恋类型，安全型依恋的婴儿会把这种联系当作父母不在时的安全基地。

11. 在自我意识出现之前婴儿会形成自我恒定性和他人恒定性的概念，而自我发展的一个标志性事件是他们表现出自我识别。

复习思考

1. 婴儿身体发育的基本规律是什么？
2. 婴儿精细运动技能发展的主要表现是什么？
3. 婴儿知觉的发展有何特点？
4. 感觉运动思维的主要特点是什么？
5. 儿童朴素物理学及朴素生物学的特点与局限是怎样的？
6. 最近发展区在儿童的发展中有何意义？
7. 儿童是如何获得语言的？其语言发展的特点是什么？
8. 在埃里克森看来，婴儿期的主要发展任务是什么？
9. 婴儿的气质与父母的养育方式会有怎样的交互作用？
10. 婴儿的情绪发展主要表现在哪些方面？
11. 依恋对婴儿来说有何意义？
12. 婴儿期的自我是如何产生的？

第五章 幼儿期的发展

开脑思考

1. 你小时候画过画吧？是否还记得画过什么？有没有人夸奖你画得不错？你现在还能够画一幅像样的画吗？如果不行，你认为是什么泯灭了你小时候的绘画才能？如果可以，那么又是什么促进了你的绘画表现呢？

2. 你在小时候睡觉时怕黑吗？这时候，你父母会做什么？陪着你一起睡，或是为你开着灯，还是觉得你无事生非？你小时候还害怕过别的东西吗？你是怎么“熬”过来的？

3. 你小时候玩过“过家家”的游戏吧？这类假装游戏常常会使儿童沉醉其中。经常玩这类游戏是否会使儿童生活在一个虚幻的世界中，对其未来的发展产生不良影响？

教学目标

通过本章的教学，应该实现几个目标。其一，了解幼儿身体发展、运动技能发展的基本特点，尤其是精细运动技能的发展特点。其二，从皮亚杰理论、信息加工理论、社会文化观等多角度把握幼儿认知的发展特点。其三，掌握幼儿期语言发展的基本特点。其四，了解幼儿期的心理社会性发展任务，把握幼儿期的自我发展、情绪发展、心理性别、心理理论、父母养育方式、游戏、同伴关系、社会行为等方面的特点。

学习重点

把握幼儿期运动技能发展的主要特点；把握幼儿期前运算思维的特点，了解幼儿的信息加工特点；把握幼儿期语言发展的基本特点；领会幼儿期的心理社会性发展任务；把握幼儿期自我发展、情绪发展、心理性别、心理理论的特点；理解父母养育方式的特点，把握幼儿期游戏、同伴关系、社会行为的特点。

幼儿期一般指 3～6 岁的阶段，又称为儿童早期，这时候的儿童也称为幼儿。此时，运动技能的发展仍然很快，其中精细运动技能发展的一个有趣表现是绘画技能的发展。幼儿处于前运算思维阶段。幼儿的信息加工中，表征和控制自己行为的能力在发展。而自传记忆是此时记忆的新特点。维果茨基认为，此时的私人言语会内化为无声的内部言语，也就是思维。幼儿言语的发展完成了电报句的蜕变，初步的沟通技能和早期读写能力开始形成。

儿童在幼儿期要解决“主动对内疚”的冲突；此时，他们开始建立自我概念，自我价值感也在萌芽。幼儿的情绪能力也有了很大的进步，并开始了“心理性别定型”过程。他们也明显地表现出心理理论能力。随着孩子的成长，父母也会更加关心对孩子言行举止的教育，这表现为父母养育方式。游戏在幼儿期成为幼儿的主导活动，能够促进幼儿各方面的发展。在幼儿一起游戏、交往的时候，他们会形成选择玩伴和朋友的初步标准。随着幼儿之间交往的深入，最初的友谊也会逐渐形成。

第一节　幼儿期的身体发展

一、幼儿期的身体发育

幼儿期的发育速度虽然稍逊于婴儿期，但也是很快的。3 岁左右，幼儿开始变得不再像婴儿期那么浑圆，外表显得较为苗条，就好像运动员一样。随着腹肌的发育，婴儿期的圆肚子收紧了。他们的躯干、胳膊、腿脚都长长了。他们的头部相对而言还是较大，但是身体其他部分的快速发育使得其身体比例越来越接近成人。到 6 岁时，身高可达 117 厘米，而体重可达 21 千克。

值得一提的是，身高、体重的增长趋势存在性别差异。总体上看，男孩长得比女孩更高、更重。而且，这种趋势会一直持续到青春期的生长高峰期。

肌肉和骨骼也在快速发育，这使幼儿变得更加强壮。这时候，软骨转变为骨骼的速度更快，骨骼也变得更硬，让幼儿的身体更加结实，并保护其内部器官。这些变化与不断成熟的大脑和神经系统一起，促进了幼儿运动技能更好的发展。幼儿呼吸系统和循环系统的增强以及免疫系统的发展，也让幼儿更加精力旺盛、保持健康。

与此同时，实际上幼儿身体的各个系统有参差不齐的发育模式，反映为各个系统发育的非同步性（见图 5－1）。也就是说，身体外形（身高和体重）及很多内部器官的发育遵循一般的生长曲线，在婴儿期发育非常快，在幼儿期和学龄儿童期稍微慢一些，到青少年期再次快速发育。生殖系统的发育从出生到 4 岁都很慢，一直到学龄儿童期几乎也没什么变化，而到了青少年期则发育非常快。相比之下，淋巴系统在婴儿期和儿童期发育非常明显，到青少年期发育速度会慢下来。淋巴系统有助于抗感染，有助于营养的吸收，对婴儿和儿童的健康和生存都是非常重要的。此外，在生命的头几年，大脑的发育相比其他的身体结构也是很快的。

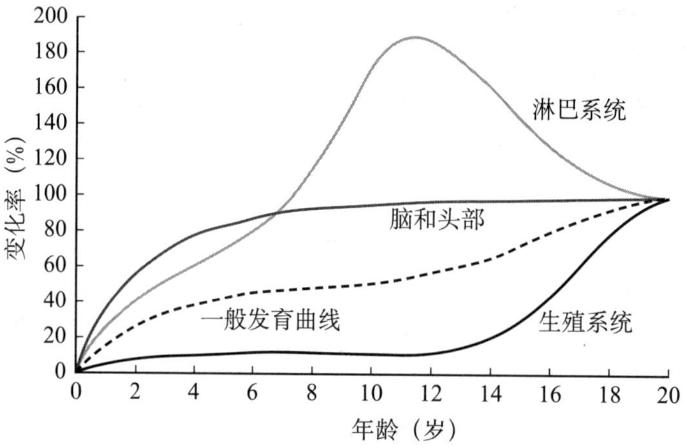

图 5-1　器官系统的发育模式

资料来源：Tanner，1990.

二、幼儿期的大脑发育

幼儿期最重要的身体变化之一是大脑和神经系统的持续发展（Bell，2023；Bell & Broomell，2022）。在幼儿期，儿童大脑的重量由占成人脑重的70%增长到90%，而此时幼儿的体重大约只占成人体重的30%。到4岁时，大脑皮层的很多部分已经形成大量突触，功能性磁共振成像（fMRI）的证据表明，这时皮层血流量达到顶峰，意味着这时候有非常高的能量需求（Huttenlocher，2002）。随着突触的形成、细胞的死亡、髓鞘化以及突触修剪的发生，幼儿的身体协调、知觉、注意、记忆、语言、逻辑思维和想象力等各方面的技能都得以改善。

在3～6岁期间，负责计划和组织行为的前额叶区和颞叶区发展最快（Gilmore et al.，2018）。而且，对大多数幼儿来说，左半球在3～6岁尤其活跃，之后变得稳定。相比之下，右半球的活动从幼儿期到学龄儿童期一直稳步增强（Thompson et al.，2000）。幼儿大脑的发展正好说明了其认知的发展：与前额叶有关的是幼儿对冲动的控制能力在增强（Diamond，2004）；与左半球有关的是幼儿惊人的语言发展；而空间技能（指方向、画画、识别地形等）的逐渐发展与右半球相联系（M. Walton et al.，2018）。左右半球发展速率的差异也反映了大脑偏侧化的进一步深化，左右利手现象（handedness）就是其中的表现。

在1岁时，婴儿已经明显地表现出对某只手的偏好，比如，他们可能会使用左手来保持玩具稳定，而使用右手来进行操控。到3岁时，左利手或右利手的偏好通常就一目了然了，随后几年内，这会逐渐扩展到各种技能的表现上（Hinojosa et al.，2003），并在学前期稳固地建立起来（Michel et al.，2013）。由于左半球通常是优势脑半球，所以很多人是右利手，而右半球占优势的则表现为左利手。实际上，左右利手并不总是泾渭分明的，并不是每个人都喜欢用某只手做每件事。

值得一提的是，在历史上，在很多文化中，左利手都被认为是危险的、邪恶的，人们都会压制儿童左利手的发展（Grimshaw & Wilson，2013）。实际上，大多数左利手的人在发展上没有什么问题，不同寻常的大脑偏侧化甚至还有某些优势。左利手和混合利手的幼儿比右利手的同龄人更可能发展出突出的语言才能和数学才能（Flannery & Liederman，1995）。

幼儿刷屏幕，是否有好处？

三、幼儿期的运动技能

幼儿期运动技能的发展同样表现在两个主要的方面，即粗大运动技能和精细运动技能，不过这一时期精细运动技能的表现还有一个非常吸引人的方面，那就是绘画技能。

首先，幼儿的粗大运动技能，比如奔跑、攀爬、跳跃和投掷有了长足进步（见表 5－1），这都涉及大肌肉的发展。大脑皮层感觉和运动区域的发展，让幼儿在他们想要做的和能够做的之间有了更好的协调。他们的骨骼和肌肉更加强壮，肺的功能更加强劲，保证他们的奔跑、跳跃、攀爬能够更快、更远、更好。到 5 岁时，幼儿能够学会骑自行车、爬楼梯、滑雪——这些活动都要求有非常高的协调能力（Williams & Monsma，2007）。

表 5－1 幼儿期运动技能的发展

年龄（岁）	粗大运动技能	精细运动技能
3～4	两只脚交替上楼梯，上下楼梯时先迈同一只脚。双脚跳、单腿跳时会弯曲上身。投掷和抓接时，上身会参与。骑三轮车时会转弯。	扣住和解开大的纽扣。不用他人帮助就可以自己吃东西。使用剪刀。描摹直线和圆圈。画出自己的第一张人像画（“蝌蚪人”）。
4～5	两只脚交替下楼梯。跑得更加平稳。飞跑，单腿跳跃。通过身体旋转和转移重心脚来投球，用手抓住球。三轮车骑得快，转弯平稳。	有效地用叉子。用剪刀沿着画好的线剪东西。描摹三角形、十字、叉、一些字母。
5～6	跑的速度加快。飞跑时很平稳，会真正地跳跃。表现出像模像样的投掷和抓接。可以骑带辅助轮的自行车。	用刀切软的食物。系鞋带。画人。描摹一些数字和简单的字。

资料来源：Malina & Bouchard，1991.

当然，幼儿几乎还不能够参加有组织的运动，大约只有 20%的 4 岁幼儿这时候能够像模像样地投球，只有 30%的幼儿能够好好地接住球。幼儿身体的发展最适合表现在非结构性的自由游戏中。一般而言，幼儿运动技能的获得更多的是来自其他儿童，而不是成人的指导。

另外，在幼儿期，粗大运动技能发展也出现了性别差异，男孩通常在强调力量或体格的技能上发展得更好，比如跳远和投球，而女孩在身体协调技能上发展得更好，比如单脚平衡（Lung et al.，2011）。

其次，精细运动技能，比如扣衣服扣子和绘画，涉及眼-手协调以及小肌肉的协调，这些方面在幼儿期都有很大的发展（见表 5－1）。幼儿可以玩拼图、用小块的积木搭东西、剪切和粘贴、串珠子等，这些让幼儿能够在生活中多一些自我照料。幼儿精细运动的主要困难在于不能对肌肉进行必要的控制以及他们的耐心和判断不足，父母对此也应该有足够的耐心。幼儿的中枢神经系统还未充分髓鞘化是一部分原因。有研究表明，儿童的精细运动能力会影响认知，尤其是他们利用手指数数的能力可以帮助预测其数学技能（Fischer et al.，2018，2020）。

令人感兴趣的是这时期幼儿在绘画方面的表现。幼儿绘画方面的变化似乎反映了其大脑和肌肉的发展，反映了他们表征能力的认知发展。同时也有其他的影响因素，比如幼儿认识到图画可以被视为一种符号、幼儿计划能力和空间理解的改善、幼儿所在文化对艺术表现的重视程度（Golomb，2004）。艺术在研磨精细运动技能方面起着非常重要的作用，而且对发展的其他方面也起着非常重要的作用（Morra，2008）。

儿童绘画的发展大体上会经过几个阶段：

第一，涂鸦（scribble）阶段。2岁儿童的绘画属于此阶段，比如画一些垂线和之字形的折线。

第二，形状（shape）阶段。大约在3岁时，儿童能画出一些形状，比如正方形、长方形、三角形、圆形、十字、叉等。

第三，图案（design）阶段。3～4岁期间，儿童能把各种形状组合为更为复杂的图案。这时候有一个重要的变化是，儿童会用线条来反映物体的轮廓，比如用一个圆圈加两条线画出来的“蝌蚪人”，这是他们画的第一张关于人的画。而且，“蝌蚪人”现象在全世界的各种文化中都如出一辙。

第四，图画（pictorial）阶段。通常始于4～5岁，这时候，“蝌蚪人”所缺的躯干会被补上，还有胳膊和手掌（Cox，1997）；而5～6岁幼儿的绘画则更为复杂，更具有现实性（见图5-2）。这与知觉、记忆、语言和精细运动技能的改善相联系（Toomela，2002）。当然，要画出更为准确的图画，则需要成人的不断鼓励和个体的不懈努力，这也是有成就的艺术家所走过的路。

图5-2　一个5岁幼儿的绘画——足球赛

拓展阅读

为什么一些意外伤害常常发生在幼儿身上？

除了饥荒时期，全世界死于意外事故的儿童比死于其他原因的儿童都多，其中死于意外事故的男孩比女孩多。这些意外事故包括吞下致命的毒药、面积达80%以上的烧伤、跌落摔碎头骨、小物件导致的窒息、溺水等，其中，溺水是最主要的原因。非致命性的意外伤害则以跌落为首。据世界卫生组织2008年的报告，1～14岁儿童中，每10万人中死于伤害的人数，南非非常高，约为45人，越南接近40人，中国也很高，接近30人；而瑞典、德国、意大利、英国等发达国家都很低，约为5人。世界卫生组织估计，世界范围内，每年大约有80万名儿童死于烧伤、溺水、车祸、跌落、中毒和其他的意外伤害。

幼儿的意外事故发生率之所以比较高，是因为他们尚不成熟的神经系统还无法让他们对事态有全面的认识，结果他们莽莽撞撞地进入危险的地方、做了危险的事情。幼儿运动技能的发展让他们在一瞬间比婴儿更能够奔跑、跳跃、攀爬、争夺，并且他们的好奇心也是无限的。他们需要得到保护，但是总有百密一疏之时。

幼儿的意外伤害是在一个复杂的生态系统中发生的，涉及个体、家庭、社区以及社会的影响。男孩由于活动水平高于女孩，并且更乐于冒险，所以受到的伤害更多。意外伤害在冲动、多动和困难型的孩子以及多动症孩子中司空见惯（Alexander & Cropper，2020；Tyrrell & Prasad，2021）。

此外，贫穷和父母的低教育水平也与意外伤害关系密切（Ramsay et al.，2003；Ordoñana et al.，2007）。每天必须应付沉重生活压力的父母，很少有精力去关心孩子的安全。儿童期的意外伤害与父母等成人的监管不足关系密切（Ablewhite et al.，2015），有些父母会认为孩子在成长过程中意外伤害是不可避免的。同时，它也与父母的分心有关，比如，与人聊天或玩手机（Huynh et al.，2017）。而嘈杂、拥挤、恶劣的家庭环境和社区环境都会带来很大的危险。

从宏观环境来看，发展中国家快速的人口增长、城市拥挤不堪、道路交通负荷大且安全措施不足，都可能是幼儿意外伤害的原因。

对幼儿意外伤害的预防和控制，可以从三个层面来做：

首先是一级预防，即对整个游戏场所进行改造，让意外伤害无从发生，也就是说创造一种让每个人都不会受到伤害的环境条件。比如，制定法律要求游泳池加装护栏，这可以防止溺水。

其次是二级预防，这一层面更为具体一些，也就是创设在伤害即将发生的一刻化解危险的情境。

最后是三级预防，即在伤害发生以后，尽可能减少创伤事件带来的损害，保住生命，防止永久性残疾。

第二节 幼儿期的认知及语言发展

一、幼儿期的认知发展

幼儿期认知能力的发展可以用几种有代表性的理论观点来分析，包括皮亚杰的前运算思维、信息加工理论、维果茨基的社会文化理论等。其主要特点见表5-2，表中反映的幼儿认知发展的特点有一部分与皮亚杰的看法大同小异，也有一部分与皮亚杰的看法背道而驰。

表5-2　幼儿期认知发展的主要特点

年龄（岁）	认知发展
2～4	表征能力有巨大的发展，反映在语言发展、假装游戏、绘画以及对双重表征的理解上。 在简单且熟悉的环境中、在日常面对面的沟通中，能够认识到他人的观点（观点采择）。 能够区分动物和非动物。否认魔法能够改变日常经验。 掌握守恒，会逆向思维，能够理解熟悉背景中的很多因果关系。 能根据共同的功能对物体和行为进行分类，提出关于每一类别共享的基本特征的看法。 能对熟悉的物体进行分层组织分类。 能区分外表与真实。
4～7	越来越意识到假装游戏（以及其他的思维过程）是表征活动。 能用似是而非的解释来替代仙女、妖精等魔法信念对违反期望事件的解释。 解决了口头上的外表-真实问题，这表明幼儿有了更为可靠的理解。

（一）前运算思维

前运算阶段　皮亚杰提出的认知发展的第二阶段，年龄在2～7岁。在这个阶段，儿童学会了如何使用符号（比如，词语和数字）来反映外部世界的各个方面，反映他们之前感觉运动时期的认识。

如第二章所述，皮亚杰认为儿童的认知发展要经历四个阶段，其中**前运算阶段**是认知发展的第二阶段，年龄在2～7岁。在这个阶段，儿童学会了如何使用符号（比如，词语和数字）来反映外部世界的各个方面，反映他们之前感觉运动时期的认识。但是，他们与外部世界的联系是以自己的观点为基础的，思维也缺乏后两个阶段的那种逻辑性。幼儿符号技能的特点可以从几个方面来看。

1. 符号思维

前运算阶段典型的特征是符号功能（symbolic function）的出现，即用一种东西代表另一种东西的能力。比如，2～3岁的儿童能够用词和形象来表征他们的经验，因而他们能够重构过去，并思考或比较现在并不存在的物体。3岁幼儿的符号功能可能在智力上与21岁的成人相差无几（Bjorklund，2000）。

语言是幼儿表现出来的符号功能的最明显的形式。尽管大多数婴儿在1岁时就说出了第一批有意义的词，但是直到18个月时，他们才把两个或多个词组合为简单的句子。皮亚杰认为，语言仅仅是反映了儿童所知道的东西，对新知识的获得并无作用，即认知发展能促进语言发展，反之则不然（但维果茨基对此则持针锋相对的看法）。

象征性游戏或假装游戏　幼儿经常会假装他们是别的什么人（比如，妈妈、超人），并在扮演这些角色时使用一些道具来代表与角色有关的其他东西，比如把鞋盒子当作婴儿床、把木棍当作枪。

前运算阶段另一个主要的标志是**象征性游戏或假装游戏**（symbolic or pretend play）的风靡。幼儿经常会假装他们是别的什么人（比如，妈妈、超人），并在扮演这些角色时使用一些道具来代表与角色有关的其他东西，比如把鞋盒子当作婴儿床、把木棍当作枪。当孩子沉浸在假想的世界里并发明了一些假想的玩伴时，有些父母可能会有点担心，皮亚杰则认为这基本上是健康的活动，这一观点也得到了研究的支持（Ruff & Capozzoli，2003；Gleason et al.，2000）。这些活动对儿童的社会性、情绪、智力的发展可能都有积极作用。与兄弟姐妹和同伴一起玩假装游戏可以让儿童在表露情绪、考虑他人观点，以及进行自我控制、调节攻击行为，并提高其对情绪的理解方面得到练习（Hoffmann & Russ，2012；G. Laurent et al.，2020）。假装游戏与一些重要的心理能力如心理表征、社会性参照、想象、角色扮演、协商、问题解决等均存在联系，并可能对非社会性认知、社会认知与社交技能等方面的发展直接或间接地产生积极影响（倪伟，2014）。

2. 自我中心

前运算阶段的儿童通常相信，别人看到的世界和他们自己看到的一模一样。**自我中心**（egocentrism）就是指这时候的儿童难以从他人的观点出发看世界，无法区分他人的视角与自己的视角。在幼儿固执倔强地坚持自己的观点时，他们并不是简单地搞对立。这时候的幼儿只是不能理解其他人的观念、信念和情绪与自己是不同的。

自我中心 儿童难以从他人的观点看世界，无法区分他人的视角与自己的视角。

皮亚杰实验中的“三座山任务”证明了前运算儿童的自我中心（Piaget & Inhelder，1956）。皮亚杰在桌子上放置三座山的模型。在高低、大小、位置上，三座山之间有明显的差异。实验时，先让一个 3 岁的幼儿坐在一边（如图 5-3 的 A 边所示），然后将一个布偶娃娃放置在对面（如图 5-3 的 C 边所示）。此时，实验者要幼童回答两个问题。第一个问题是：“你看到的三座山是什么样子？”第二个问题是：“娃娃看见的三座山是什么样子？”结果发现，前运算阶段的儿童依照同样的方式回答两个问题：只会从自身所处的角度看三座山的关系（如两座小山在大山的背后），不会设身处地从对面娃娃的立场来看问题。他们认为别人看到的山和他们自己看到的是一样的。相似地，他们常常会认为，自己知道的事，别人肯定也知道。

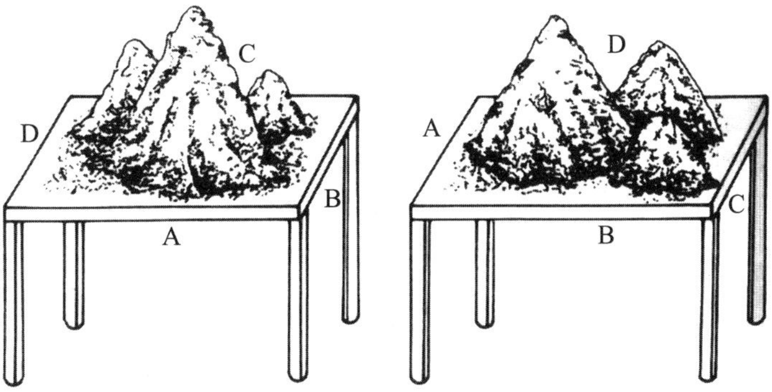

图 5-3 皮亚杰“三座山任务”示意图

自我中心也造成了前运算阶段儿童泛灵论（animism）的思维特点，即他们相信非动物有着生命体的品质，如具有感受、思维、愿望以及意图（Piaget，1926/1930）。比如，4 岁的儿童会相信，落山的太阳还活着，它生气了，躲到山后面去了。

皮亚杰认为，幼儿的自我中心阻碍了他们的适应过程，即妨碍了他们对自己在物理世界和社会世界中的错误推理进行反思和修正。

3. 中心化

> **中心化** 儿童常常集中注意力于问题的一个方面，而完全忽视其他的方面。这是前运算思维的一个特征。

前运算思维的另一个特征是，儿童常常集中注意力于问题的一个方面，而完全忽视其他的方面。这就是皮亚杰所谓的**中心化**（centration），这时候幼儿还做不到去中心化（decentration），即在同一时间关注问题的两个或多个方面。这种思维特征可以从守恒（conservation）实验中反映出来。

在皮亚杰的守恒实验中（见表5-3），他想确定什么时候儿童能够认识到，不管物体的物理外表发生什么改变，其重要的特征仍然保持不变。比如，关于数量的守恒任务中，前运算阶段的儿童会专注于石子间距的扩展，他们往往认为上面一行中石子的数量比之前更多了。关于长度的守恒任务中，前运算阶段的儿童往往认为上面这根棍比之前更长了。这也显示他们开始出现直觉思维（intuitive thinking）。

在其他的任务中，比如质量守恒、面积守恒、重量守恒等，幼儿也是倾向于专注于任务的某一方面，而忽视了能够告诉他们总量并未改变的那些方面。幼儿在守恒任务上的错误，也反映了前运算思维最重要的非逻辑特征——不可逆性（irreversibility），即无法认识到一个过程被反转之后有时还可以重新得到恢复。而这些任务对于后一阶段（具体运算阶段）的儿童来说则没问题。

表5-3 守恒任务举例

守恒类型	开始及变化后的特征	进行的改变
数量	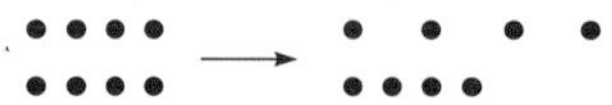	有两行数量相同的石子，然后把上面一行的间距扩大，那么，哪一行的石子多？
长度		有两根平行且一样长的木棍，然后把上面的一根稍稍往右平移，那么，哪一根更长？
容量	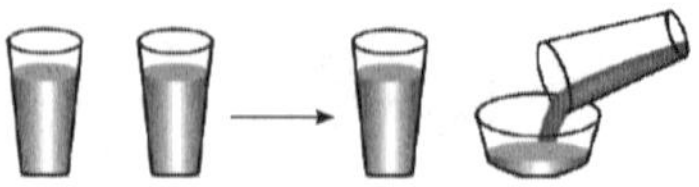	有两杯同样多的液体，把其中一个杯中的液体倒入另一个宽杯子后，杯中的液体还是一样多吗？

4. 以外表为真实

前运算思维的再一个特征是，幼儿认为物体的外表就表明了其真正的样子。比如，给幼儿一只看起来像是蜡笔的蜡烛，问他们这是不是真的蜡笔，他们通常回答“是”。只有到了六七岁时，他们才能较好地完成这类任务（Flavell et al.，1987）。

对外表（appearance）和真实（reality）的混淆，是前运算思维的一般特征。要对二者进行区分在前运算的早期阶段是非常困难的。这时候，幼儿的双重表征能力还不够强，他们还不能很好地在同一时间对一个物体进行多重表征。

（二）幼儿的信息加工

如第二章所述，信息加工理论关注个体用以把刺激流转换进入心理系统的心理策略。在幼儿期，儿童表征和控制自己行为的能力的发展，使得他们有了更有效的注意、使用信息和解决问题的方式。

1. 幼儿的感知觉

在幼儿期，大脑不断的发展保障了儿童感知觉的不断改善。比如，大脑的成熟使得儿童能够更好地控制眼球的运动和聚焦。而且，幼儿的眼睛并不如之后的几个阶段那么敏锐。尤其是学前儿童无法轻易、准确地对细小的字符进行扫描浏览，而这种能力是阅读细小的印刷体文字时不可或缺的。结果，开始进行阅读的幼儿通常只是把注意的焦点集中在一个单词的大写字母上，对其他部分则进行任意猜测——这自然会导致较多的错误。直到 6 岁时，儿童才能够进行有效的聚焦和扫描浏览。然而，即使是在这时候，他们的能力也无法与成年人相提并论（Burgund & Abernathy，2008）。

幼儿也开始能够逐渐转变他们看待由多个部分构成的事物的方式。比如，在看由水果和蔬菜构成的小鸟拼图时，幼儿不是把它看成小鸟（成年人正是如此），而是看到构成小鸟的各个部分——胡萝卜、樱桃、梨。直到 7～8 岁时，儿童才开始既可以看到图的整体，又可以看到它的各个组成部分——小鸟是由水果和蔬菜拼成的（参见 Feldman，2011）。

幼儿对物体的判断可能反映了在知觉图形时他们眼睛运动的方式。在 3～4 岁时，幼儿更加关注的是他们正在扫描浏览的二维物体的内在东西，注意力集中于内部细节，而基本上忽视了图形的外周。相比之下，4～5 岁的儿童开始更多地关注图形的边界。到 6～7 岁时，他们会系统地看到轮廓，对内部则关注较少，其结果是对图形的整体组织有了更好的意识。

此外，幼儿期的听觉也在改善，只不过因为幼儿期开始之时听觉已经发展得较为成熟，所以听觉在幼儿期的变化不如视觉那么突出。需要指出的是，幼儿从同时听到的多个声音中分离出特定声音的能力还有待完善，这也是他们在课堂上容易分心的重要原因。

再往后，进入学龄期以后，个体的感知觉能力基本上都处于成熟、稳定的状态。

2. 幼儿的注意

与婴儿相比，幼儿逐渐学会了如何集中自己的注意力，不过，与年龄更大的儿童和成人相比，他们还是经常出现注意力非常不集中的情况（Ruff et al.，1998）。幼儿很容易因为新异刺激而分心。

幼儿注意改善的一个主要的原因是他们抑制自己冲动的能力提高了，这使他们能够把心思放在目标上。同时，这时候的幼儿也能够更好地做计划，会三思而后行，会对注意力进行分配以实现目标。只要任务是他们熟悉的，并且不太复杂，他们就能够制订计划，并执行计划。比如，如果一个玩具不见了，而且可能的隐藏地点不多的话，4 岁的儿童可以在游戏场地展开系统的搜索（McColgan & McCormack，2008）。当然，学会做计划对幼儿来说还是刚刚起步；当让幼儿比较有很多细节的图片时，他们往往会半途而废。在完成需要多个步骤的任务时，他们也很少能够决定第一步做什么、接下来做什么

（Friedman & Schonick，1997）。

可以通过突出需要注意的信息来帮助幼儿集中注意力（比如，把门关起来），虽然这不一定能够完全杜绝可能导致分心的声音和气味，但是可以让它们不那么引人注意。当幼儿在桌子上做事时，可以移开与任务无关的物品。另一种有效的做法就是随时提醒他们集中注意力。另外，研究也表明，父母鼓励幼儿对日常生活中的各种活动进行规划，将有助于他们更加有效地制订计划（Gauvain，2004）。

3. 幼儿的记忆

在幼儿期，由于幼儿能用语言来描述他们记住的东西，并且在完成记忆任务时能够遵从指导语，所以这时候记忆就变得容易多了。

在4～5岁时，幼儿的“再认”已经几乎完美无缺。相比之下，“回忆”就相形见绌。这一方面与其语言发展有关，另一方面也是因为他们还疏于记忆策略的使用。他们还不会复习或重复。他们也不会对记忆任务进行分类组织，比如把动物归一类、把交通工具归一类，以便通过相似的特征进行回忆。幼儿很少使用记忆策略的原因之一是，记忆策略对其有限的工作记忆而言是不堪重负的（Kail，2003）。

自传记忆　对自己生活中重要的事件和体验的记忆。自传记忆对大多数人来说始于4岁左右，在3岁以前较少。

值得注意的是，幼儿期的记忆出现了一个新特点，那就是**自传记忆**（autobiographical memory），即对自己生活中重要的事件和体验的记忆。自传记忆对大多数人来说始于4岁左右，在3岁以前较少，在5～8岁期间缓慢增长，从这时候起的记忆可能会经久不衰或者保持几十年。

自传记忆是在儿童的语言和执行功能变得流畅自如时应运而生的，在3～6岁期间持续稳定发展（Nieto et al.，2018）。随着幼儿认知技能和谈话技能的改善，他们能依据时间对特殊事件进行更好、更详细的描述，并将其与他们更广泛的生活背景联系起来。在婴儿期，基本的记忆能力使幼儿能够记住过去的一些事情，在此基础上幼儿语言技能和自我感的发展再锦上添花（Kail & Cavanaugh，2007）。

研究范例
儿童记东西，是否很给力？

语言的发展让幼儿成为谈话对象，父母会经常和他们谈一些过去的及未来的事，尤其是与幼儿的个人经验有关的事。这样可以教会孩子明白什么是事件中的重要特征，以及如何组织这些事件，比如应该记住相关的人物、时间、地点等，以及时间顺序和事件的前因后果。经常参与这类谈话的幼儿，其自传记忆非常丰富。而父母与孩子以何种方式交谈，有赖于亲子关系的质量。与幼儿形成了安全依恋的父母，会引导幼儿进行较为详细的回忆（Fivush & Reese，2002）。另外，儿童只有在自我意识出现之后，其个人经验才可能有连贯性，从而能为儿童回忆过去提供一条时间线。

自传记忆非常重要，它可以帮助人们建构个人生活史。而且，自传记忆使人们可以把自己的经验与他人的经验联系起来，在社交中创造共享记忆（Conway & Pleydell-Pearce，2000）。对5～9岁儿童自传记忆的研究表明，年龄较大儿童的自传记忆更丰富、具体，涉及更多的他人及社会信息。儿童自传记忆与自我概念存在多方面相关，其中他人、社会成分相关显著。结果还显示，自传记忆与自我概念发展的关联具有跨文化的普遍性（林琳琳，秦金亮，2012）。

幼儿的自传记忆有时准确无误，有时则似是而非。而且，也不是所有的自传记忆都会在日后的生活中被保留下来。某件事发生后，幼儿也许在6个月或者一年后还记得，但是再往后可能就忘得一干二净了。只有非常生动或有意义的事件会被清楚地记住。此外，女孩的自传记忆比男孩的更为详细。并且，文化也有影响。研究表明，中国大学生的童年回忆更可能是非情感的，反映社会角色的活动，而美国大学生的回忆中情感更加细腻（Wang，2001，2004）。此外，由于亚洲的父母不太使用精细的亲子谈话方式，亚洲儿童就较少有机会就过去的事件进行交谈，而这种交谈是有利于自传记忆的（Kulkofsky et al.，2009；Schröder et al.，2013）。

拓展阅读

学习障碍会出现在什么样的人身上？

学习障碍（learning disabilities）一词于1958年由H. 塞兰德、J. 菲尔普斯和E. 柯克（H. Thelander，J. Phelps，E. Kirk）等人首次提出，之后S. 柯克（S. Kirk）在1963年的一次学术会议上用它作为轻微脑功能障碍儿童、学习困难儿童等的“标签”，从此这一概念被人们广泛接受。柯克认为，学习障碍是指儿童在说话、阅读和社交技能方面的发育障碍，这些障碍不包括视、听觉障碍和智力障碍，也并非由于情绪障碍，或者环境、文化、经济的劣势所致（Heward，Alber-Morgan，& Konrad，2022）。

之后，不同研究领域的研究者对学习障碍做出了不同界定。研究学习障碍近50年的美国得克萨斯州学习障碍中心首席调查员弗莱策（J. Fletcher）在他2018年的著作中总结道，学习障碍的界定由最初强调生理原因（如脑损伤、脑功能障碍），到强调基本心理过程障碍，再到后来侧重于运用差异模式进行操作化定义。后来的定义（如美国精神医学协会的定义）更侧重于与实证发现的一致性、学习障碍排除标准的多样性以及与干预对策的联系性等。

根据《精神障碍诊断与统计手册》（第五版）（American Psychiatric Association，2013），学习障碍是通过对个体的发育、医疗经历、教育和家族史的临床审查、测试分数报告，教师观察，以及对学业干预的反应来诊断的。在正规学校教育期间，学习障碍个体在阅读、写作、算术或数学推理方面出现持续困难，包括阅读的不准确或缓慢且费力、书面表达的不清晰、数学推理的不准确或难以记住数字事实。当下的学习技能得分须远远低于阅读、写作或数学测试的平均分。这些困难不能通过发育、神经、感觉（视觉或听觉）或运动障碍来更好地解释，并且这些障碍必须显著妨碍学习成绩、职业表现或日常生活。

整合各领域的研究可以看出：（1）学习障碍是一个集合性概念，包括学业、心理发展等诸方面的落后和困难，这一状况是多种消极因素相互作用的结果。（2）学习障碍儿童属于异质群体。这里的“异质”是指与普通儿童相比，学习障碍儿童的学业成绩明显落后，有着独特的心理特点，需要特定的教育和治疗。（3）学习障碍可以贯穿于毕生发展过程中。成人中也存在学习障碍，成人学习障碍者在教育、就业、社会适应等方面都会面临种种问题。（4）学习障碍是可逆的，依靠合适的教育训练可以克服（辛自强，俞国良，1999；俞国良，1995，2005；罗晓路，2005；Fletcher et al.，2018）。

我国学习障碍儿童青少年的检出率在3.9%～12.8%，并有增高趋势，男女生比例约为2∶1至3∶1（胡真等，2020；袁秀琴等，2002；周平等，2018）。对于学习障碍学生，有一些基本的方法提供干预和矫正帮助。有研究者（Perelmutter，McGregor，& Gordon，2017）总结道，用来帮助青少年和成年学习障碍者学习的辅助技术主要包括：文本-语音转换系统、语音-文本转换系统、字词加工软件、多媒体与超文本和智能扫描笔。其中，字词加工软件和多媒体与超文本是最有效的，语音-文本转换系统有小的效果，而文本-语音转换系统和智能扫描笔的效果有好有坏。

（三）社会文化中的认知

如前所述，皮亚杰否认语言在认知发展中的作用；维果茨基的观点则针锋相对，他强调认知发展的社会背景。在幼儿期，语言的快速发展使幼儿能够更多地参与社交对话，在这一过程中，知识丰富的人会鼓励幼儿掌握文化中重要的东西。很快，幼儿就开始以相同的方式与自己交流，进而大大提升了他们的思维能力和控制自己行为的能力。

在幼儿玩拼图、拼搭积木、绘画涂颜色的时候，我们可以看到他们常常在大声地对自己说话。皮亚杰把幼儿的喋喋不休称为**自我中心言语**（egocentric speech），即这是说给他们自己听的，不管别人懂不懂。认知成熟和社会经验最终会让自我中心言语销声匿迹。

自我中心言语 幼儿在玩拼图、拼搭积木、绘画涂颜色的时候，常常在大声地对自己说话。这是他们说给他们自己听的，不管别人懂不懂。

私人言语 维果茨基认为，幼儿在游戏时对自己说的话，是为了帮助儿童调节自己的行为，而不是说给别人听的。

内部言语 随着年龄增长，儿童获得了更多的技能，他们会发现任务变得容易了，指向自我的言语就会内化为无声的言语，也就是维果茨基所指的思维。

但是，维果茨基认为，语言有助于儿童思考自己的心理活动和行为，帮助他们选择活动的路线，所以，它是更高级的认知过程的基础。幼儿在游戏时对自己说的话是**私人言语**（private speech），是为了帮助儿童调节自己的行为，而不是说给别人听的。维果茨基把私人言语看成儿童认知技能迈向自我调节之前的垫脚石。

最初，儿童的行为是由别人指向他们的言语来控制的。之后，当没有其他人在场时，儿童会尝试控制自己的行为和思维；他们通过大声说话来指导自己，是为了确保自己在完成任务时能够做到必需的每一步。最后，随着年龄增长，他们获得了更多的技能，他们会发现任务变得容易了，指向自我的言语就会内化为无声的**内部言语**（inner speech），也就是维果茨基所指的思维。

维果茨基的观点几乎得到过去几十年所有相关研究的支持（Berk & Harris，2003）。研究表明，当儿童面对较为困难的任务而感到不知所措时，他们会更多地使用私人言语。面对具有挑战性的任务时，私人言语可以让儿童的注意力较为集中，让儿童更加专注、做得更好（Winsler et al.，1997）。儿童更可能在犯了错误之后出现私人言语，而不是在正确反应之后（Berk，1992）。这些都表明，语言在帮助儿童学会控制自己的行为和思维方面有重要的作用。同时，随着年龄增长，它会转变为耳语，进而变成不出声的唇动

(Winsler & Naglieri, 2003)。

关于私人言语的由来，维果茨基认为，这是在最近发展区中习得的，其中成人给予的“脚手架”支持起着重要作用（参见第二章、第四章）。在儿童对如何解决问题摸不着头脑的时候，成人会进行直接指导，把任务分解为可以管理的小单元。随着儿童能力的增强，应该逐渐撤去有效的“脚手架”支持，而让儿童自己承担起责任。这时候，儿童会把成人的指导变成私人言语的一部分，将其用于组织自己独自解决问题时的行为。

维果茨基的这些观点得到了研究的支持：父母提供过有效的“脚手架”支持的儿童，在独自解决复杂问题时更多地使用私人言语，更容易成功（Conner & Cross, 2003）。成人提供认知支持（比如，教孩子小步骤、提供策略）以及情感支持（比如，鼓励、允许孩子接管任务），能够帮助预测幼儿思维的发展和付出的努力（Neitzel & Stright, 2003）。

二、幼儿期的语言发展

（一）词汇的发展

在婴儿期词汇发展的基础上，幼儿期的词汇量继续突飞猛进地增长，6 岁幼儿的词汇量比 3 岁时增长了三四倍（引自林崇德，2002）。在这期间，幼儿掌握的词类的范围也在不断扩展，其中以名词和动词最多，但是名词和动词在总的词汇中的比例却随年龄增长而下降。在英语中，由于语言本身的特点与中文不同，幼儿词汇增长量有所不同，但一个基本的看法是，7 岁以前是词汇量增长最快的时期（Berger, 2003）。

幼儿掌握的词汇中，从幼儿对其的理解和使用来看，可以分为两类：一是他们既能够理解又能够使用的，称为**主动词汇**（active vocabulary）；二是他们只能够理解但不会正确使用的，称为**被动词汇**（passive vocabulary）。随着年龄的增长，幼儿的主动词汇在不断增加，而且被动词汇也不断转化为主动词汇（朱曼殊，1986）。到 5 岁时，一些幼儿似乎能够理解和使用他们听到的几乎每一个词（Berger, 2003）。

> **主动词汇** 儿童既能够理解又能够使用的词汇。
> **被动词汇** 儿童只能够理解但不会正确使用的词汇。

幼儿词汇量增长之所以这么快，是因为这是通过快速映射（fast mapping）的过程来实现的（Swingley, 2010），也就是说，对一个新的词，幼儿只要听到一两次就能理解其意义。幼儿能够从语境中快速形成关于该词意义的假设，并将其存储在记忆中。这一过程是快速的，但也是不够准确的，幼儿不必停下来领会词的确切定义，或者等到一个词在多个语境中出现后才去理解，只要听到一两次，他们就能把该词放入他们的心理语言地图中。幼儿也会对学到的词进行逻辑扩展，将其应用到同一类的其他没有命名的物体上。

（二）句子的发展

在幼儿期，幼儿把词组合为句子的方式变得越来越复杂（朱曼殊等，1979；刘静和等，1963；Owens，2016）。

3岁时，幼儿说出来的话基本上是完整句，已经完成了电报句的脱胎换骨。但是，他们说出的句子一般都比较短而简单，并且大多数句子是陈述句。

在4～5岁时，句子会包含5～7个词（朱曼殊，张惠芳，1990），可能是陈述句、否定句、疑问句或者祈使句。这时候，幼儿会使用更多的复合句。

在5～7岁时，幼儿的言语已经变得很像成人的了，他们会说更长、更复杂的句子，他们会使用更多的连词、介词等。这时候，幼儿可以游刃有余地使用其母语中大多数的语法结构（Tager-Flusberg & Zukowski，2009）。

（三）沟通技能的发展

随着幼儿对词汇、语法、句法的学习，他们运用这些知识与人沟通也变得更加得心应手了。大多数3岁的幼儿非常健谈，他们会把注意力放在自己的言语对他人产生的影响上；如果未获理解，他们会尝试更清晰地进行解释。4岁的幼儿对2岁婴儿说话时，会简化自己的语言。大多数5岁的幼儿会根据听者的情况调整自己说的话。他们这时候能够通过语言来解决争端，和成人谈话时会使用更有礼貌的语言，较少提出直接的要求（张琤光，林菁，1989）。差不多有一半的5岁幼儿在谈话中经过十几个来回后，仍然能够抓住谈话的主题（Owens，2016）。

不过，当我们看到两个幼儿为问题进行争论时，我们可能会发现，虽然他们在同一时间争着说话，但他们说出的话却漫无边际、不得要领，并且他们可能根本没有听对方说话。实际上，与他人的有效口头沟通涉及三个基本成分（Grice，1975）：一是应该轮流说话，变换说者和听者的角色；二是说话的时候要表达清晰，让听者明白；三是听的时候要集中注意力，并且在说者词不达意时要让其知道。

通常父母在婴儿说出第一个词以前就会鼓励其采取轮流的方式；到婴儿1岁开始说话时，父母会鼓励他们参与轮流的交谈（Hoff，2014）。2岁的婴儿与成人交谈时，对自发的轮流已经习以为常。到3岁时，幼儿在听者未能立刻做出回应时，甚至会重复自己的话，以使听者回应，让谈话得以继续（Garvey & Berninger，1981）。

在幼儿期，幼儿会尝试校准信息，以配合听者和背景。比如，针对未抓住要点的听者，他们会提供较为详细的信息（Nadig & Sedivy，2002）；玩蒙着眼睛找玩具的游戏时，幼儿会给蒙住眼睛的听者较为详细的指引；当听者似乎有误解时，幼儿会澄清自己的信息。总之，这些发现表明，幼儿已经敏感地认识到听者是否把握清晰的信息是非常重要的。

从听的角度看，由于信息有时候是模糊不清的，听者需要让说者进一步澄清。但是，幼儿往往没有意识到信息的模糊性。比如，让他们去找一个红色玩具，他们可能会拿来红色的小汽车，或是红色的积木块、红色的玩具锤。他们不会要求说者澄清要的玩具具体是哪一个，因为他们想当然地认为自己知道说者要的是什么，他们把注意力放在了他们认为说者表达的意思上，而不是放在信息本身含混不清的意义上（Flavell et al.，1993）。这一点在儿童上小学以后才会逐渐改善。

（四）早期读写能力

幼儿要理解印在纸上的东西，就需要掌握一定的**前阅读**（prereading）**技能**，这些技能以及与读写有关的知识和态度就是早期读写能力（emergent literacy）。前阅读技能包括两方面：一是一般的语言技能，比如词汇、语法以及对用于沟通的语言的理解；二是特定的技能，比如语音意识，即认识到词是由不同的声音构成的。

前阅读技能　在儿童真正能够阅读之前需要掌握的技能，包括两方面：一是一般的语言技能，比如词汇、语法以及对用于沟通的语言的理解；二是特定的技能，比如语音意识，即认识到词是由不同的声音构成的。

在儿童学习把书面语转化为言语的技能时，他们也会懂得书写能够表达观念、思想和情感。幼儿会以涂鸦来假装写字，然后他们会用字母、数字或像是字母的形状来代表词或音素。通常他们写的东西像天书一样，他们自己也不一定看得懂。

幼儿早期读写能力的发展受到诸多因素的影响，包括社会文化背景、家庭读写环境（家庭物质资源、亲子读写活动、父母自身特征、幼儿独立的读写活动）、幼儿园读写环境（幼儿园的物理环境、师生之间的读写活动、幼儿自己的读写活动）等（李燕芳，董奇，2004）。

促进读写能力提升最有效的途径之一被认为是给幼儿读故事。听故事的儿童从小就明白从左到右、从上到下这样的阅读和书写方式（Siegler，1998）。前阅读技能得到很好训练的幼儿，进入小学以后往往水到渠成，是很好的阅读者（Lonigan et al.，2000）。在发达国家，父母通常会读书给儿童听，在这一过程中儿童会解释词语的含义（Fitneva & Matsui，2015）。早期词意识也能够较好地帮助预测早期阅读能力（张笛，赵微，李莉，高桂丽，2021）。这可以帮助孩子们为未来的经济生活做好准备，因为理解和使用信息是非常重要的。相比少数族群文化中的父母，主流文化中的父母更可能读书给孩子听，这可以让孩子获得言语发展方面的先发优势，对孩子整个上学期间都大有裨益（Driessen et al.，2010）。而且有研究表明，父母的语言刺激存在阶层差异，父母的社会阶层越高，他们越可能给幼小儿童读书（Fitneva & Matsui，2015）。同时，高收入家庭的父母和孩子说话也比较多（Weisleder & Fernald，2013）。

第三节　幼儿期的心理社会性发展

一、幼儿期的心理社会性任务

如第二章所述，埃里克森（Erikson，1950）把人的发展分为八个阶段，幼儿期的发展处于第三阶段——**主动对内疚**。这时候的冲突来自不断增强的目的感（它促使幼儿制订活动计划并执行计划），来自幼儿因为这些计划而产生的内心痛苦。

主动对内疚　埃里克森提出的人的发展的第三个阶段，3～6岁，这时候的冲突来自不断增强的目的感（它促使幼儿制订活动计划并执行计划），来自幼儿因为这些计划而产生的内心痛苦。

幼儿能够做的事越来越多，这也是他们内心向往的。

大多数父母会让孩子自己承担一些责任，比如自己穿衣服。幼儿这时候开始认同父母和成人，开始理解自己的文化中什么是可以利用的机会，他们面对机会时往往会说“我行”。他们的游戏开始具有目的，他们会探索成人角色，比如母亲、父亲、老师、运动员或者作家。游戏是幼儿了解自我和社会世界的一种方式。幼儿也开始独自探索环境，就所生活的世界没完没了地提出问题，并为自己想象各种可能性。如果父母对孩子新的目的感给予支持，那么主动感（即感到有雄心、有责任感）就会得到发展。

同时，幼儿也会慢慢明白，自己想做的一些事是能够获得社会认可的，有些事则未必尽然。如果父母要求的自我控制太多，或幼儿付出的努力以失败告终，幼儿就可能会产生过度的内疚感。幼儿的“主动”会受到“内疚”的调节，即当他们认识到自己的主动可能使自己与他人产生冲突时，他们往往无法背负这一包袱去实现自己的雄心。所以，他们会努力协调自己做事的愿望与获得赞许的愿望。

这种冲突意味着人格被一分为二：一部分仍然是儿童的本色——精力充沛、尝试新东西、试试自己的新本事；另一部分则逐渐地走向成人，不断地检验自己的动机和行为是否妥当。掌握了如何调节这些对立的驱力的儿童，即儿童的主动性与同他人合作的意愿获得一种平衡时，目的（purpose）品质就会发展出来，这是一种勇气，让他们可以去想象和追求目标，但是又不会被内疚或对惩罚的恐惧过分抑制。

二、幼儿期的情绪发展

随着幼儿语言及自我概念的发展，其情绪能力也有了很大的进步。这反映在幼儿的情绪理解、自我意识情绪和情绪调节的发展上。

（一）幼儿期的情绪理解

识别和解释他人情绪的能力在整个儿童期一直稳步提升。到4～5岁时，幼儿能够准确地推断一个人是否高兴、愤怒、悲伤，他们依据的是其身体运动的表现（Boone & Cunningham，1998）。他们对情绪产生的原因更多的是强调外部因素而非内部原因。4岁以后，幼儿的心理理论使其能够更好地理解信念是如何激发行为的。而且，幼儿会越来越清楚一个人当前的情绪状态（尤其是消极情绪）可能并不是由当前事件引发的，反而可能是由对过去事件的思考引发的（Lagattuta & Wellman，2001）。他们认识到，思维和感受是相互联系的。

此外，幼儿也能够预测玩伴表达了某种情绪之后接下来可能干什么。4岁的幼儿知道，愤怒的孩子更可能会打人，高兴的孩子更可能分享他们的东西（Russell，1990）。他们也会使用有效的方法来缓解他人的消极情绪，比如通过拥抱来减轻悲伤（Fabes & Filsinger，1988）。

值得一提的是，儿童对他人情绪的理解也反映在其共情能力的提高上（Goldstein & Winner，2012），幼儿的共情在这一时期变得更加司空见惯。幼儿会更多地通过语言来传达自己的共情感受。然而，共情并不一定带来友好和帮助行为。对某些儿童而言，对成人或同伴的共情会使他们自己感到悲痛，这时候他们更关心的是如何缓解自己的感受，而不是需要帮助的人。所以，幼儿的共情未必产生同情。

父母对幼儿情绪理解能力的发展有重要影响。如果父母经常认可孩子的情绪反应，经常谈论各种情绪，幼儿以后就能很好地判断他人的情绪（Denham & Kochanoff，2002；Silkenbeumer et al.，2018）。安全型依恋的幼儿对情绪的理解也更胜一筹（Laible & Thompson，2000）。追踪研究表明，婴儿期（1岁左右）母亲的将心比心能帮助正向预测儿童5岁时的行为共情，母亲不恰当的心理相关评论能帮助正向预测儿童5岁时的认知共情，母亲陪伴总时间能帮助正向预测儿童5岁时的情绪共情（张青等，2019）。此外，元分析表明，幼儿的共情不存在性别差异，只是到了青春期以后，女生的共情表现比男生更胜一筹（颜志强，苏彦捷，2018）。

（二）幼儿期的自我意识情绪

如第四章中提到的，自我意识情绪在婴儿将近3岁时出现，这时候他们获得了自我意识，接受了父母为他们设定的行为标准。违反这些标准会带来羞耻或内疚，达到或者超越这些标准会让他们感到骄傲。

到3岁时，幼儿的自我意识情绪与自我评价有了比较明确的联系，但是由于他们心中关于行为好坏的标准仍处于发展之中，所以他们会依靠成人的信息来确定什么时候应该感到骄傲、羞耻或内疚（Lewis，1995；Stipek，1995）。如果父母对孩子及其表现的价值给予反馈，孩子就能体验到更强烈的自我意识情绪：成功以后更加骄傲，失败以后更加羞耻。相比之下，如果父母的关注点在于如何改善行为表现，引起的羞耻和骄傲则是恰到好处、具有适应性的，这会让孩子在面对困难任务时坚持不懈（Kelly et al.，2000）。

幼儿自我意识情绪的发展是一个循序渐进的过程（Harter，1996）。在一项研究中，研究人员先给孩子讲两个故事，然后问孩子：针对故事中孩子的行为，他们自己和父母会有什么感受。在4～5岁时，幼儿还说不清自己或者父母是否感到骄傲或者羞耻。5～6岁的幼儿会说父母会感到羞耻或者骄傲，但是不承认这是他们自己的感受。在6～7岁时，幼儿会说他们会感到骄傲或者羞耻，但只是在有人看见的情况下。直到7～8岁时，儿童才会说他们会为自己感到骄傲或羞耻，即使没有人看见。可以说，这时候关于骄傲和羞耻的标准才算被完全内化，并影响儿童对自己的看法。

值得注意的是，自我意识情绪在不同的文化背景下可能有不同的适应意义。在西方，强烈的羞耻感与个人的无能感（“我笨”“我特别坏”）、适应不良（退缩、抑郁、攻击）相联系（Mills，2005）。内疚则与良好的适应相联系，它可以让儿童忍住有害的冲动，激励犯错的儿童弥补自己的过错，以后三思而后行（Mascolo & Fischer，2007）。

但是，在中国文化中，由于人们是在社会团体的关系中来界定自我的，所以羞耻被看成一种适应性的信号，反映了相互依赖的自我以及他人判断的重要性（Bedford，2004）。

另外，在大多数非西方的文化中，骄傲也被认为比羞耻更加危险。比如，在中国和日本的文化中，儿童从小就被教育不要引起他人的注意，不要因为个人的成功而表现出骄傲（Miller，2014；Akimoto & Sanbonmatsu，1999）。

（三）幼儿期的情绪调节

随着幼儿语言的发展，他们变得更加健谈，会开始谈论自己的感受，而温情且耐心的父母经常会帮助他们建设性地应对消极情绪，给他们建议并解释控制情绪的策略，比如将注意力从令人不快的情境中转移出来，或者帮助他们理解恐惧、挫折、失望（Thompson，1998；Morris et al，2011）。但是，如果父母自己很少表现出积极情绪、不认为孩子的情绪重要或难以控制自己的怒火，那么孩子就很可能会有情绪管理的问题（Katz & Windecker-Nelson，2004）。

在幼儿期，幼儿越来越能够处理令人不快的情绪，他们会将注意力从令人害怕的事件上转移开来（“我害怕毛毛虫，我闭上眼睛”），会去想高兴的事来抑制不愉快（“妈妈走了，但她会回来的，她会带我去游乐场玩”），会以更令人满意的方式来解释其悲痛的原因［“他（故事角色）没有真的死，那是假装的”］，或是改变自己的目标（被其他人排挤出一个游戏之后，决定不再玩这个游戏）（Thompson & Goodvin，2007）。国内的研究还发现，5岁困难型气质的幼儿对替代调节策略的运用显著多于同年龄的容易型气质的幼儿（陆芳，陈国鹏，2009）。

研究范例

眼前有危机，是否会注意？

抑制冲动和转移注意力在幼儿期的情绪管理中仍然很重要。研究发现，遇到挫折后能转移自己注意力的3岁儿童，在上学以后往往比较合作，行为问题较少。

值得注意的一点是，适应性的情绪调节有时候是要维持和强化该情绪，而不是要压抑它。比如，儿童会学会发怒有助于他们对抗欺负行为（Thompson，1994）。

当然，即使是掌握了很好的情绪调节技能的幼儿有时也对管理自己的情绪束手无策。幼儿们生动的想象力，加上无法区分外表和真实，使得他们的恐惧感也是司空见惯的。

父母在儿童的情绪管理中仍然是不可替代的资源。母亲的情绪意识和管理技能对儿童的情绪调节技能会产生影响（Crespo et al.，2017）。父母对孩子情绪世界的认识可能有助于他们指导孩子的情绪发展，教会孩子如何有效地应对问题（Gottman，2022）。父母在孩子伤心时做出反应，父母为体验设定框架（比如，在去看医生的路上显得兴高采烈），父母为孩子解释情绪管理的期望和策略，这些都可以为情绪调节树立榜样和添砖加瓦（Sala et al.，2014；Sosa-Hernandez et al.，2020）。相反，对孩子的情绪漠不关心或者充满敌意的反应，会让他们无法学会如何管理情绪，无益于防止他们情绪反应过度（Speyer et al.，2022；Zeman et al.，2013）。

拓展阅读

大大小小的孩子会害怕什么东西呢？

在儿童期，孩子感受到恐惧是屡见不鲜的。从婴儿期开始，直到学龄儿童期，在不同阶段能让儿童感到恐惧的对象五花八门（见表 5-4）。很多 2～4 岁的幼儿害怕动物，尤其是狗。到 6 岁时，他们更可能害怕黑暗。追踪研究发现，婴儿期的恐惧可以帮助预测容易沮丧、不太爱笑的幼儿的低社交能力（刘亚鹏等，2019）。不过，随着儿童的成长，这些恐惧基本上都会烟消云散。

表 5-4　儿童在不同阶段的恐惧对象

年龄	恐惧对象
0～6 个月	失去支撑；大的噪声。
7～12 个月	陌生人；突然出现的、意外的、逼近的物体。
1 岁	与父母的分离；伤害；陌生人。
2 岁	很多刺激，包括大的噪声、动物、黑房间、与父母的分离、庞大的物体或机器、个人环境的变化、不熟悉的同伴。
3 岁	面具；黑暗；动物；与父母的分离。
4 岁	与父母的分离；动物；黑暗；噪声（包括夜晚的噪声）。
5 岁	动物；“坏人”；黑暗；与父母的分离；身体伤害。
6 岁	超自然物，比如鬼、巫婆；身体伤害；雷电；黑暗；独自睡觉或独自待着；与父母的分离。
7～8 岁	超自然物；黑暗；媒体事件，比如关于儿童绑架的新闻；独自待着；身体伤害。
9～12 岁	学校里的考试、测验；学习成绩；身体伤害；身体外貌；雷电；死亡；黑暗。

幼儿的恐惧主要来自他们丰富的想象，以及他们混淆外表与真实的倾向。有时，他们的想象天马行空，他们会担心受到老虎的袭击或者被亲人抛弃。幼儿更可能害怕看起来吓人的东西，比如卡通妖怪，而不是真正能够带来伤害的东西，比如核爆炸（Cantor，1994）。年龄大一些的孩子的恐惧更加现实一些。

恐惧也会来自个人的经验或听到的故事（Muris et al.，1997）。对危险的评估也会引起恐惧，比如被车撞过的孩子会害怕过街。经历过地震或绑架这样的恐怖事件的孩子，会害怕这种事再次发生（Kolbert，1994）。

要帮助幼儿消除无谓的恐惧，嘲笑、强迫、劝说都是无济于事的。对幼儿而言，针对其主要的几种恐惧，有以下应对建议：

（1）针对动物的恐惧。不要逼迫孩子接近猫狗等引起恐惧的动物，让孩子以自己的步调处理。给孩子演示如何搂抱动物、抚摸动物。如果孩子比动物大得多，可以说：“你这么大，这小东西可能怕你呢！”

（2）针对鬼魂、黑暗的恐惧。减少幼儿接触书籍和电视中的恐怖故事的机会。彻底“搜查”房间，让孩子知道真的没有鬼。晚上开一盏照明灯，坐在孩子床边直到其安然入睡。在孩子旁边放上其喜欢的玩具。

（3）针对幼儿园的恐惧。这是对与父母分离的恐惧的表现。在温柔地鼓励孩子独立时，也让他们感受到关心和爱护。找出让他们害怕的对象是老师、同伴还是拥挤、喧闹的环境。通过陪伴来给他们更多的支持，然后逐渐减少在场的时间。

三、幼儿期的自我发展

> **主体自我** 自我内在的、主观的方面，只有个体自己知道，公众并不是很清楚，比如，认识到自我与周围世界是分离的，自己有内在的、他人无法接触的私人生活，对自己思想和行动的控制。
>
> **客体自我** 自我中他人能够看到或想到的方面，比如，身体特征，愿望、态度、信仰、人格特质等心理特征，社会角色及人际关系。

个体自我通常包括两个方面，一是**主体自我**（I-self）或私人自我（private self），二是**客体自我**（me-self）或公共自我（public self）。主体自我是自我内在的、主观的方面，只有个体自己知道，公众并不是很清楚，比如，认识到自我与周围世界是分离的，自己有内在的、他人无法接触的私人生活，对自己思想和行动的控制。客体自我是自我中他人能够看到或想到的方面，比如，身体特征，愿望、态度、信仰、人格特质等心理特征，社会角色及人际关系（James，1892/1963）。

在幼儿期，语言的发展使幼儿能够谈论主体自我，即他们自己的主观体验（Harter，2006）。随着主体自我的日渐稳固，幼儿会把更多的注意力放在客体自我上，从而形成自我概念（self-concept），也就是个体认为能够界定他们自己的一整套品质、能力、态度和价值观。比如，他们会说“我跑得快”“我喜欢涂颜色”“我是一个大女孩”，这些都是与其自我概念相关的（Grace et al.，2008）。

（一）自我概念的建立

幼儿的自我概念是非常具体的。让他们对自我进行描述时，他们通常提到的是一些可以观察到的特征，比如他们的名字、身体外貌、拥有的财物、日常行为、家庭成员的数目等（Harter，1996）。他们也会提到一些具体的技能。同时，他们的自我描述并不是现实的，往往会言过其实，无法区分自己所想与所行。大约到7岁时，幼儿才开始使用一些概括化的特质来进行自我描述，才会承认自己有矛盾的情绪，才会对自我概念进行自我批评。

根据新皮亚杰理论的分析（Case，1992），儿童自我的整个转变过程一般被认为经历了三个阶段。第一阶段，在4岁时，幼儿自我描述的特点是“单一表征”（single representations），即提到的内容是孤立的、一维的。他们的思维是跳跃的，缺乏逻辑联系。这时候，他们无法想象同时有两种情绪（“你不能既高兴又害怕”）。他们不能去中心化，所以无法同时考虑自己的不同方面。他们的思维是“全或无”（all-or-nothing）的。他们无法承认自己的真实自我（real self）与理想自我（ideal self）是不同的。所以，他们把自己描绘成美德楷模、能力典范，即表现为自我膨胀。

第二阶段是“表征映射”（representational mappings）。在五六岁时，幼儿开始把自己的某一方面与其他方面联系起来：“我跑得快，我也爬得高。我很强壮。我能把球扔得很远。”然而，其自我各个部分的这些逻辑联系仍然是以完全积极的、全或无的方式表现的。因为好和坏是对立的，所以他们看不到自己某些方面可圈可点，但是其他方面可能乏善可陈。

第三阶段是“表征系统”（representational systems），出现在儿童中期。这时候，儿童开始把关于自我的具体特征整合为一个概括的、多维度的概念，形成自我价值感。随着全或无思维的消退，儿童的自我描述会变得更加平衡（“我运动不错，但是数学不好”）。

当然，自我概念的形成与文化也有着密不可分的联系，幼儿的自我观反映着其特定的文化看待自我的方式。比如，具有个体主义倾向的西方社会强调的是个人认同和个体的独特性，因此，这里的人更专注于成为独特的一个。而集体主义倾向的亚洲社会鼓励的是相互依赖，因此，这里的人往往把自己看成更大的社会网络中的一分子，人们相互联系，互有责任，幼儿会试图和大家打成一片，避免让自己与众不同（Lehman et al.，2004；Wang，2006）。

（二）自我价值感的萌芽

自我价值感（self-worth）作为自我概念的一方面在儿童中期开始出现，它是我们对自己的价值的判断，以及相应的情绪体验。虽然在 8 岁以前儿童清晰的自我价值概念一般没有形成，但是自我价值感在幼儿身上已经初露端倪（Papalia et al.，2007）。

> **自我价值感** 作为自我概念的一方面在儿童中期开始出现，它是我们对自己的价值的判断，以及相应的情绪体验。

到 4 岁时，幼儿会有几方面的自我判断，比如针对幼儿园的学习、结交朋友、与父母的关系、对他人是否友好（Marsh et al.，2002）。但是，与年龄大一些的儿童相比，他们的理解是有限的。因为幼儿还分不清自己所期望的能力与其实际能力的区别，所以他们往往把自己的能力估计得过高，对任务的难度则估计过低（Harter，2006）。

与其自我概念的发展如出一辙，幼儿的自我价值感也未必建立在真实的赞扬基础上。尽管他们能够对自己各方面活动的能力做出判断，但是他们还不能理清其重要性。他们往往会接受成人的判断，而成人又经常给他们积极的、没有批评的反馈，进而导致幼儿高估自己的能力（Harter，1996，2006）。

在幼儿期，幼儿的自我价值感也往往是“全或无”：“我好”或“我坏”（Harter，1996，2006）。只有到了学龄儿童期，在塑造和维持自我价值感的过程中，儿童对自己的能力及其适当性的评价才会变得有判断力。

高自我价值感对幼儿的主动性有非常大的促进作用。但是，如果父母曾经对幼儿的价值和表现持批判态度，在 3 岁时，这些幼儿面对挑战就会自暴自弃，失败以后会感到羞耻和失望（Kelly et al.，2000）。因此，成人应该调整自己对幼儿能力的期望，在他们试图完成困难任务时为他们“搭脚手架”，并指出他们付出了努力，技能也有所提高，这样能够避免幼儿出现自我打击行为。

值得注意的是，在不同的文化中，自我价值感可能被赋予不同的含义。有研究比较了生活在中国台湾地区的家庭和生活在美国洛杉矶的爱尔兰裔家庭（Miller et al.，1997，2002），结果发现美国人相信良好的自我价值感是健康成长的关键，而中国人一般认为它无关紧要，甚至是消极的。相应地，美国儿童比较自主，而中国儿童强调的是对他人的责任。

不同文化对自我的看法也会影响到父母的养育方式。大多数地方、大多数时候，父母会担心孩子变得太自私，而不是担心他们的低自尊。因此，父母通常不会在家庭社会化中鼓励自我膨胀（Harkness et al.，2015；LeVine et al.，2008），但是其产生的作用却取决于文化标准。比如，亚洲文化中的孩子不被鼓励对自我进行高评价，然而他们一般学习成绩不错，心理问题的水平也比较低（Markus & Kitayama，2010）。相比之下，如果美国主体文化中的父母太苛刻和消极，孩子则可能会表现出抑郁和糟糕的学习成绩（Bender et al.，2007；De Hart et al.，2006）。

四、幼儿期的心理性别

每当一个孩子出生的时候，家人和亲朋好友最关心的问题可能就是："生的是男孩还是女孩?"这实际上不完全是一种生物学上的差异，更关乎其社会角色。与性别相联系的社会角色是个体从婴儿期就开始学习的。在幼儿期，幼儿快速地学习其文化指定给男孩女孩的行为，同时，他们也开始确定自己是男孩还是女孩。这就是"心理性别定型"(gender typing）过程的开始。

（一）性别认同

> **性别认同**　知道一个人要么是男的、要么是女的，并且性别是不变的。
> **性别角色刻板印象**　关于男性女性应该是什么样子的看法。

心理性别定型涉及三个方面：一是**性别认同**，即知道一个人要么是男的、要么是女的，并且性别是不变的；二是**性别角色刻板印象**，即关于男性女性应该是什么样子的看法；三是行为的性别定型模式，即儿童喜欢相同性别的活动而不是通常与另一性别相联系的活动的倾向（见表 5-5）。性别认同的发展主要体现在幼儿期，所以，在此我们先谈性别认同。

表 5-5　心理性别定型的过程

年龄	性别认同	性别角色刻板印象	行为的性别定型模式
0～3 岁	开始形成区分男性女性的能力，并不断提高。 儿童能够准确地标定自己是男孩还是女孩。	出现一些性别刻板印象。	出现对性别类型化玩具和活动的偏好。 出现对同性玩伴的偏好（性别隔离）。
3～7 岁	性别恒常性出现（认识到性别不会改变）。	在兴趣、活动和职业上的性别刻板印象变得非常僵硬。	对性别类型化玩具和活动的偏好变得更强，尤其是对男孩而言。 性别隔离进一步强化。
8～11 岁		出现人格特征和成就领域的性别刻板印象。 性别刻板印象变得不太僵硬。	性别隔离继续强化。 男孩对性别类型化玩具和活动的偏好继续加强；女孩表现出对男性化活动的兴趣。
12 岁及以上	性别认同更加明显，反映了心理性别强化的压力。	在青少年早期，对跨性别的言行举止越来越难以容忍。 在青少年后期，大多数方面的性别刻板印象变得更有灵活性。	在青少年早期，对性别类型化行为的遵从增加，反映了心理性别的强化。 性别隔离变得不再那么明显。

关于心理性别的发展，存在多种理论观点。生物学观认为两性之间的很多或大多数行为差异可以追溯到生物学上的差异，即遗传、神经系统和激素的活动。以达尔文为代表的进化论者认为，儿童心理性别角色的发展是在为成年期的择偶和繁衍行为做准备，它是自然选择和性选择的结果。以弗洛伊德为代表的精神分析论者认为，性别认同发生于儿童对同性别父母的认同之时，是无意识情绪冲突的解决。以柯尔伯格为代表的认知发展论者认为，儿童一旦认识到自己是男孩或是女孩，就会根据心理性别来归类行为信息，并做到知行一致，其核心是自我归类。以马丁、鲁玻等为代表的性别图式论者认为，儿童会基于特定文化对哪些东西适合男孩或女孩的信息进行组织，并以此来监控行为，做到知行一致。儿童根据心理性别来归类信息，是因为文化认为心理性别是一种重要的图式。其核心是基于对文化信息进行加工的自我归类。以班杜拉为代表的社会学习理论观认为，儿童会在心中组合对性别化行为的观察，并创造出自己的行为方式，其核心是对榜样的观察和强化。

在此，我们主要介绍其中的两种理论观点。

1. 性别认知发展理论

劳伦斯·柯尔伯格

劳伦斯·柯尔伯格（Lawrence Kohlberg，1966；Kohlberg & Ullian，1974）认为，儿童对自己是男性还是女性的基本理解是逐渐发展的，整个过程经历三个阶段：

第一，性别自认（gender labeling）。在两三岁时，儿童理解了自己要么是男性、要么是女性，并且会给自己贴上相应的标签（Kapadia & Gala，2015）。

第二，性别稳定性（gender stability）。在幼儿期，幼儿开始理解性别是稳定的：男孩会变成男人，女孩会变成女人。然而，此时幼儿认为，女孩如果把发型变成与男孩的一样，那么她就变成了男孩；男孩如果玩布娃娃，就会变成女孩。

第三，性别恒常性（gender constancy）。在4～7岁时，大多数幼儿理解了性别并不会随着情境或者个人的愿望而改变。他们明白，儿童的性别不受他们所穿的衣服、所玩的玩具以及所留的发型影响。此时，儿童不再像之前那样害怕卷入跨性别类型的活动，因为他们知道即使参与那样的活动，自己的性别也不会改变（Halim et al.，2017）。

研究也表明，中国幼儿性别认同的发展特点符合柯尔伯格的观点（范珍桃，方富熹，2004）。

2. 性别图式理论

卡罗尔·马丁

柯尔伯格的理论虽然指出了儿童在什么时候开始学习与性别适宜的行为和活动（理解了性别恒常性之后），但是并未指出这一学习过程是如何发生的。

卡罗尔·马丁和黛安妮·鲁玻提出的性别图式理论（gender-schema theory）对此进行了分析（Carol Martin & Dianne Ruble，2004）。根据性别图式理论，儿童很早就开始根据性别来对事件和人

黛安妮·鲁玻

进行分类，并把自己的经验整合到性别图式中。在他们完成性别自认之后，他们会选择与自己性别一致的性别图式，用以加工信息、指导自己的行为。所以，儿童首先会确定物体、活动或行为是否与某一性别有关，再利用这一信息来决定他们是否应该对该物体、活动或行为有更多了解，比如是否玩布娃娃（见图5-4）。也就是说，在儿童对性别有所理解之后，他们就好像戴着有色眼镜来看世界，只有与自身性别吻合的活动才会进入他们的视野（Liben et al.，2002）。该理论作为对性别角色发展的认知解释，强调了认知加工和环境影响（Canevello，2016）。

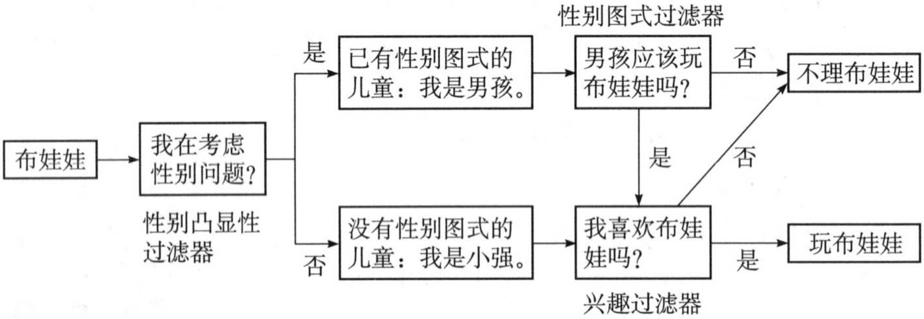

图5-4 性别图式作用原理

资料来源：Martin & Halverson，1981.

一旦幼儿具有了性别图式，他们就会努力保持自己的图式与行为之间的一致性，这一过程被称为自我社会化（self-socialization）。一方面，男孩会始终如一地做他们认为男孩应该做的事情，并避免做女孩的事情；另一方面，女孩会有意地回避做男孩的事情，而去做她们认为适合于女孩的事情（Tobin，2010）。到幼儿期结束时，性别角色不但得到来自他人的社会化的强化，而且得到自我社会化的强化，儿童会努力迎合他们生活于其中的文化的性别期望。

（二）性别角色刻板印象

虽然儿童在形成性别认同的同时，其关于性别角色刻板印象的认识就已经开始，但是，他们只有完成了性别自认并认识到性别的稳定性和性别的恒常性之后，对性别角色刻板印象的认同才是真正有意义的，才真正进入心理性别定型的核心阶段。

性别角色刻板印象在各种文化中普遍存在，它是社会文化根据社会成员的生物性别（sex）而赋予男性或女性的相应行为、价值观或动机等，也就是说，对于男性或女性，人们所期望的言行举止是迥然不同的。社会鼓励女孩要友善、文雅、合作、对他人的需要敏感，对男孩则是希望他们变得有支配性、张扬、独立、有竞争性。一项对110种非工业化社会中心理性别定型的研究发现了5种重要的性别差异：文雅、服从、责任感被认为是女性应该具有的品质，成就取向和自我依靠则是男性应该具有的品质（Barry et al.，1957）。在现代工业化社会中，心理性别定型方面的压力同样存在，人们仍然尊崇传统的针对男性女性的性别刻板印象（Twenge，1997）。

研究记录了在几项特定的认知任务上存在细微的性别差异（Grissom & Reyes，2018；Reynolds et al.，2022）。而在社会情绪方面的能力，性别差异的表现更突出一些。值得注意的是，我们在谈论性别差异时实际上指的是团体平均水平（见表5－6），它并不足以描述特定个人的特征，比如并不是每个女孩在语言能力上都比任何一个男孩好。

表5－6 性别差异的表现

领域	差异表现
语言能力	在婴儿期，女孩掌握的词汇量比男孩大（Leaper & Smith，2004）。小学和中学阶段，女孩在阅读、写作、拼写方面比男孩好，有阅读和与语言有关的问题（比如，口吃）的男孩比女孩多（Reilly，Neumann，& Andrews，2019；Miller & Halpern，2014）。
空间能力	男孩在空间能力上的表现比女孩突出（Halpern，Flores-Mendoza，& Rindermann，2020），他们的空间推理和图形加工更快、更准确，这种差异最早从4岁就开始，会持续一生（Govier & Salisbury，2000；Levine et al.，1999）。然而，在某些空间任务（比如，二维的心理旋转）上，性别差异很小，在另一些任务上则不存在差异（Miller & Halpern，2014）。
数学能力	从青少年期开始，男孩算术推理能力显得比女孩强一些（Lindberg et al.，2010）。女孩在计算技能方面优于男孩，但是男孩的数学问题解决策略更多，男孩在成就测验上的分数高于女孩。
情绪敏感性	女孩能够比男孩更好地表达自己的情绪和解读他人的情绪（Weinberg et al.，1999）。在婴儿期和儿童期，女孩对面部表情的识别比男孩更加准确（Alexander & Wilcox，2012；Thompson & Voyer，2014）。男孩表现出的关怀水平比女孩低（Cohen & Strayer，1996），女孩共情水平高于男孩（引自陈武英等，2014）。
冒险性	不到1岁时，在不确定的情境中女孩就显得比男孩更恐惧、胆怯。她们更为警觉，更少冒险（Feingold，1994）。
活动水平	男孩的活动水平在出生以前就比女孩高，并持续整个儿童期，尤其是在与同伴一起时（Eaton & Yu，1989）。
攻击性	在各种文化中，男孩的身体攻击、言语攻击都比女孩多（Martin & Ross，2005），这一点从幼儿阶段就开始，并持续一生。而女孩更可能进行关系攻击，即破坏他人的人际关系，比如取笑、造谣、故意忽视（Crick & Grotpeter，1995）。
服从性	从幼儿期开始，女孩就比男孩更服从父母、老师和其他权威人物的要求及命令（Feingold，1994；Maccoby，1998）。在发散思维方面，女孩优势相对明显；但在聚合思维方面，男孩具有一定的优势（引自沈汪兵等，2015）。
发展的脆弱性	从受孕开始，男孩在产前和围生期身体上面临的危险就比女孩更多，更容易受到疾病的影响。男孩也比女孩更容易出现各种发展问题，比如阅读障碍、多动症、情绪障碍和智力落后（Halpern，1997）。

实际上，很多性别角色的刻板印象可能只是一种“文化神话”，比如一般认为女性比男性更为突出的方面有：社交性、受暗示性、缺乏逻辑性、缺乏分析性、较少成就取向。但是，这并无事实基础。这可能是由于性别角色刻板印象在性别图式中已经根深蒂固，以致其用来解释男女的行为时造成了扭曲（Martin & Halverson，1981）。

五、心理理论

很多研究已经表明，1岁的儿童就能够对人的意图有所理解（Sommerville & Woodward, 2005）。以此为起点，儿童的朴素心理学（naive psychology）开始快速发展。在2～5岁期间，儿童发展出了**心理理论**（theory of mind），即对心理与行为之间关系的朴素理解，是儿童对人的心理过程的理解。

心理理论 对心理与行为之间关系的朴素理解，是儿童对人的心理过程的理解。

（一）心理理论的发展

心理理论的发展在幼儿期会经历三个阶段（Wellman, 1993, 2002, 2017）。在最早的阶段，2岁大的儿童会意识到愿望，也经常讲出他们想要什么、喜欢什么。他们经常会把自己的愿望与行为联系在一起。2岁的儿童理解了人会有愿望，而愿望可以引发行为。

大约3岁的时候，儿童能够清楚地区分心理世界和物理世界。比如，如果告诉3岁的幼儿，有一个女孩有饼干，而另一个在想饼干，那么他们会知道只有第一个女孩才能看见、摸到、吃到饼干（Harris et al., 1991）。而且，大多数3岁的幼儿能够使用心理动词，比如“想”“记住”“忘记”，这表明他们已经开始理解不同的心理状态（Bartsch & Wellman, 1995）。尽管儿童这时候会谈到想法和信念，然而他们在试图解释人们行为的原因时，强调的则是愿望，他们认为人的行为与其愿望是一致的，而不太理解信念这样的心理状态也会影响行为。

到4岁时，心理状态才真正在幼儿理解自己以及他人的行为中起到中心作用，他们认识到信念和愿望都会影响行为。这时候，幼儿理解了行为通常是基于一个人对事件和情境的信念，即使这些信念是错误的也是如此。这一变化在错误信念（false-belief）任务中非常明显。错误信念任务上的表现与执行功能关系密切，这种能力为计划、决策及目标设定等复杂的认知功能提供了保障（Doenyas et al., 2018）。

比如，首先，给幼儿看两个盖着盖子的盒子，其中一个是他们熟悉的装创可贴的盒子，另一个则没有什么标志。然后对幼儿说：“挑出你认为装有创可贴的盒子。”幼儿差不多每次都挑有标志的盒子。接着，打开盒子给孩子看，结果与他们的信念相反，有标志的盒子里是空的，而没有标志的盒子里却有创可贴。最后，给幼儿看一个套在手上的布偶，并问：“这是贝贝。她被割伤了，看到了吧？你认为她会从哪个盒子里找创可贴呢？为什么她会在这个盒子里找？你没有看到盒子里面的时候，你认为没有标志的盒子里有创可贴吗？为什么？”（Bartsch & Wellman, 1995）结果发现，只有屈指可数的3岁幼儿能够解释贝贝（以及他们自己）的错误信念，但是，4岁的幼儿能够做到的就很多。

在不同文化和社会经济地位的背景下，幼儿理解错误信念的年龄可能在4～6岁间。以中国幼儿为被试的研究也发现了相似的结果：3岁之前儿童已理解外表与真实的区别，但还不能理解错误信念。4岁儿童理解了欺骗外表任务中自己和他人的错误信念，5岁儿童理解了意外转移任务中的错误信念。4～5岁是儿童获得心理理论的关键年龄，但这会因测验任务的不同而有所差异。儿童对错误信念的理解不存在显著的性别差异（王益文，张文新，2002）。

（二）影响幼儿心理理论的因素

幼儿心理理论的发展呈现个别差异，有些幼儿的心理理论能力发展得更早（Veddum & others，2022）。这反映了大脑的成熟和认知能力的改善，所以遗传和环境都起着重要作用。

一方面，研究者认为儿童在生理上准备好了去获得关于心理状态的知识（Meltzoff，1995）。对心理理论的遗传基础的分析指出，心理理论在不同个体间具有差异，这种差异可能部分归因于与心理理论相关的神经化学物质如多巴胺、五羟色胺、催产素、血管升压素等（姚先莲等，2014）。甚至有人相信心理理论是进化的结果，人类大脑有专门的模块让儿童去构建关于心理活动的理解（Baron-Cohen，1997）。来自大脑成像的研究表明，心理理论与腹内侧额叶，尤其是前扣带回有密切的联系，杏仁核结构可能是其重要中枢之一（引自刘岩等，2007；张兢兢，徐芬，2005）。研究也表明，左前额皮层与心理理论的发展有关（Liu et al.，2009）。元分析表明，执行功能能够有效预测个体心理理论的发展水平，且具有跨文化和跨人群的稳定性（苏彦捷，于晶，2015）。

另一方面，社会经验也促进了心理理论的发展。比如，假装游戏就可以促使儿童去思考心理状态。幼儿经常在一起假扮角色使他们越来越能意识到人的心理状态，并设想他人的观点。

很多研究也表明，语言能力能够很明显地帮助预测幼儿对错误信念的掌握（Khanipour et al.，2021；Milligan et al.，2007）。会使用包含心理状态词汇的复杂句子的幼儿，更可能顺利完成错误信念任务。此外，抑制不当行为的能力、进行灵活思考的能力以及做计划的能力，都能够促进对错误信念的掌握（Sabbagh et al.，2006）。同时，幼儿也有很多机会从家庭谈话中学到心理活动规律，比如关于动机、意图以及其他心理状态的谈话，关于冲突解决办法的谈话以及关于道德问题的谈话（Sabbaugh & Callanan，1998）。家里有兄弟姐妹的幼儿，尤其是有哥哥姐姐的幼儿，在错误信念任务上就做得比较好，获得信念-愿望心理理论也更早。与很多成人进行交往的幼儿在错误信念任务上表现得尤为出类拔萃（Devine & Hughes，2019）。

此外，不同文化看待心理理论的方式是迥然不同的，这些态度也影响了儿童（Lillard，1998）。比如，北美和欧洲的中产阶层更多地关注心理状态如何影响行为，亚洲人则把注意力放在引发某种行为的情境上。日本父母和老师经常对儿童说的是他们的行为如何影响他人的感受（Azuma，1994）。比如，如果儿童不把饭吃完，成人就会告诉他们这样做会让辛苦种粮食的农民伤心。而“谁知盘中餐，粒粒皆辛苦”也是中国教育中常常用到的。美国儿童及其他来自个体主义文化的儿童对信念的理解先于知识；而中国儿童往往对心理理论的知识理解更早，而后才理解信念（Wellman，2017）。

六、父母的养育方式

到孩子两三岁时，尽管父母仍然是照料者和玩伴，但是他们也会更加关心对孩子言行举止的教育。

（一）父母养育方式的类型

父母养育方式 父母养育子女过程中的风格特点，可以从两个方面进行分析，一是“接受-响应”维度，二是“要求-控制”维度。

在整个儿童期和青少年期，**父母养育方式**（parenting style），即父母养育子女过程中的风格特点，可以从两个方面进行分析，一是“接受-响应”（acceptance/responsiveness）维度，二是“要求-控制”（demandingness/control）维度（Maccoby & Martin，1983）。这是关于养育方式的数十年研究所得到的非常一致的结果（Bornstein & Bradley，2014）。

“接受-响应”维度指的是父母对于孩子的需要的支持程度和敏感程度，以及在孩子满足他们的愿望后是否会对其表现出温情和给予赞扬。接受性和响应性强的父母会对孩子微笑，表扬和鼓励他们，在孩子犯错的时候也会批评他们。而接受性和响应性弱的父母则会贬低、批评、惩罚或忽视孩子，也很少告诉孩子对他们的肯定或者对他们的爱。

“要求-控制”维度指的是父母对孩子进行管理和控制的程度。控制性强、不断提要求的父母会设定规矩，期望孩子遵守，并密切监控孩子的活动以确保他们规规矩矩。控制性弱、不太提要求的父母则很少有限制，他们几乎不提要求，给孩子很多自由去发展自己的兴趣，让孩子为自己的活动做决定。

这两个维度交叉之后，就形成了父母养育方式的四种类型（见图5-5；Maccoby & Martin，1983）。一是权威型（authoritative）。这种父母较有灵活性，他们会提要求，会进行控制，但是也接受和响应孩子。他们会立下清晰的规矩，并贯彻始终，但是他们也会解释为什么这么做，对孩子的需要和观点会有响应，并让孩子参与家庭决策。他们讲道理、讲民主，虽然是他们说了算，但他们也会尊重孩子。

要求-控制 \ 接受-响应	高	低
高	权威型： 合理的要求，且前后一贯；对孩子敏感。	独裁型： 很多规矩和要求；几乎不进行解释，对孩子的需要和观点不敏感。
低	放任型： 没什么规矩和要求；给孩子很多的自由，放任纵容。	忽视型： 没什么规矩和要求；父母不参与，对孩子的需要不敏感。

图5-5 四种基本的父母养育方式

二是独裁型（authoritarian）。这是一种严厉的养育方式，是高“要求-控制”与低“接受-响应”的结合。父母会提出很多规矩，希望孩子严格遵守，也很少向孩子解释为什么他们应该遵守这些规矩，往往通过体罚这样的强力策略来让孩子服从。

三是放任型（permissive）。这是低“要求-控制”与高“接受-响应”的结合。这种父母会纵容孩子，他们一般很少提要求来让孩子变得成熟一点，而是让孩子随意表达自己的情绪和冲动，也很少对孩子的行为进行控制。

四是忽视型（neglectful）。这是低“要求-控制”与低“接受-响应”的结合。这种父母很少参与到孩子的成长中。他们似乎不太关心孩子，甚至是拒绝孩子，或者是他们自己就有太多的麻烦而分身乏术，顾不上给孩子定规矩。

（二）父母养育方式的影响

戴安娜·鲍姆林德

前三种养育方式是戴安娜·鲍姆林德（Diana Baumrind，1967，1971）针对幼儿及其父母进行研究时提出的，并且她发现采用权威型养育方式培养的幼儿发展得最好。这些幼儿快乐开心、有责任感、自我依靠、有成就取向、能与成人和同伴合作。相比之下，独裁型父母的孩子往往喜怒无常，大多数时候显得郁郁寡欢、易怒、不友好、迷茫。独裁型父母的儿子更具有攻击性、不守规矩，女儿则往往焦虑不安、闷闷不乐（Bornstein & Bradley，2014）。而放任型父母的孩子常常很冲动、有攻击性，男孩尤其如此，他们专横、以自我为中心、缺乏自控、独立性差、不思进取。之后的追踪研究仍然表明这些关系大体上是贯穿始终的（Baumrind，1991；Glasgow et al.，1997）。

忽视型养育方式是后来的研究补充提出的，它实际上是最差的养育方式（Maccoby & Martin，1983），这种父母的孩子很多从 3 岁开始就表现出行为问题，比如富有攻击性、经常发脾气（Miller et al.，1993）。他们上小学时成绩差、有行为障碍（Kilgore et al.，2000），长大以后变成充满敌意的反社会青少年，酗酒、嗑药、惹是生非（Weiss & Schwarz，1996；Lamborn et al.，1991）。

虽然鲍姆林德的研究揭示的是可以有各种解释的相关关系，但是纵向研究仍然表明权威型养育方式能够促进各种气质类型的儿童走向成熟（Hayek & others，2022；Wang，Chen，& Gong，2021；Carlo & others，2018；Hart et al.，2003；Baumrind et al，2010）。其作用方式主要有以下几种：

第一，权威型父母对自己给孩子立下的标准有信心，他们为孩子提供了关怀、自信、自控的榜样。

第二，这些孩子非常可能服从父母定下的公平合理的规矩，并将其内化为自我的要求。

第三，权威型父母既会提出要求，也会根据孩子的能力给他们适当的自主，让孩子为自己的行为承担责任。这些做法能够培养孩子的自尊，并促进其认知及社会性的成熟。

第四，权威型父母的接受、参与以及控制行为都是支持性的，这有助于保护孩子免受家庭压力和贫穷带来的消极影响（Beyers et al.，2003）。

然而，后来的研究表明，父母养育方式与儿童行为的关系并不像鲍姆林德所说的那么直接（Galambos et al.，2003）。一方面，儿童的气质会与养育方式有交互作用，比如胆小的孩子可能需要温柔的养育方式，而对胆大的孩子则要严厉一些。另一方面，文化差异会影响儿童对父母养育方式的知觉。儿童的看法非常重要，父母对孩子的同一句评语既可能被他们解读为和蔼仁慈，也可能被解读为吹毛求疵。比如，中国文化中的父母就非常严厉、控制性强，他们相信这是表达对孩子的爱的最好方式，而孩子也接受服从长者的传统价值——这些孩子照样品行端正、学业优秀（Chao，1994；Zhao，2002）。

关键的因素是父母给予孩子的温情、支持、关心——虽然在不同文化背景下，其表现形式大相径庭。凡是儿童根据自己的文化及对父母的依恋认定父母做得“对”的方式，就是“好的”养育方式。

前沿扫描

父母迷手机，孩子有危机？

尽管父母通过养育方式会对自己的孩子产生毋庸置疑的影响，但这一过程遵循的并不是一种简单的因果关系模型。实际上，不但儿童会受到父母的影响，而且父母也会受到儿童的影响，这也被称为父母与儿童之间的“交互影响”或“双向影响”（Combs-Ronto et al.，2009）。

七、幼儿期的游戏

游戏（play）是幼儿期的主导活动，能够促进各个方面的发展。游戏不仅仅可以让幼儿消磨时间，而且有助于他们身体、认知及社会性的发展（Blundon & Schaefer，2006）。幼儿能够通过游戏学会如何使用自己的肌肉、协调视觉与运动的关系、掌控自己的身体、获得新的技能。

（一）游戏的类型

不同年龄的幼儿会玩不同的游戏。根据游戏的内容（儿童在玩游戏时做些什么）及其社会性维度（是自己玩还是和其他人一起玩），可以对游戏进行分类。

1. 游戏的内容分类

根据游戏的内容，它可以分为三类。第一，从婴儿期就开始的一种最简单的游戏是**功能性游戏**（functional play），它涉及不断重复的肌肉运动，比如滚球、拍球。随着粗大运动技能的不断改善，幼儿会开始奔跑、跳跃、蹦跳、单腿跳、投掷等。这类游戏既可能需要物体，也可能不需要。2 岁以前，这类游戏尤为普遍。

> **功能性游戏** 从婴儿期就开始的一种最简单的游戏，它涉及不断重复的肌肉运动，比如滚球、拍球。随着粗大运动技能的不断改善，幼儿会开始奔跑、跳跃、蹦跳、单腿跳、投掷等。2 岁以前，这类游戏尤为普遍。
>
> **建构性游戏** 它主要涉及用一些物体或材料来做出新的东西，比如用积木搭房子、绘画。这类游戏在 3～6 岁时尤为普遍。

第二，**建构性游戏**（constructive play）包含了更为复杂的认知，它主要涉及用一些物体或材料来做出新的东西，比如用积木搭房子、绘画。4 岁的幼儿可能会每天花一多半的时间在这类游戏上。到 5～6 岁时，这类游戏会变得更加精细。这类游戏在 3～6 岁时尤为普遍。

第三，假装游戏（pretend play）又称想象游戏、戏剧游戏，它以符号功能为基础，儿童会扮演日常生活中的角色和想象的角色。在假装游戏中，儿童会尝试各种角色，处理令人不快的情绪，理解他人的观点。这类游戏在幼儿期会明显增加，上学以后会减少。

2. 游戏的社会性分类

根据游戏的社会性卷入程度，蜜尔德蕾德·帕滕的一项经典研究（Mildred Parten，1932）把早期的游戏分为6种（见表5-7）。随着儿童年龄的增长，游戏的社会性越来越明显。最初，儿童是独自玩，然后是旁边有其他的儿童，最后是一起玩。比如，在幼儿期变得越来越具有社会性的一种游戏——想象游戏，会从独自的假装游戏转变为戏剧游戏（Rubin et al.，1998），幼儿会遵守不成文的游戏规则来组织戏剧，他们会规定角色（“我是爸爸，你是妈妈”），谈判妥协（“好了，明天我再当爸爸”），设定场景（“注意——火车来了！”）。

蜜尔德蕾德·帕滕

表5-7　儿童的社会性游戏和非社会性游戏

游戏类型	游戏特点	举例
空闲行为	儿童似乎并没有在玩，只是观察一下暂时有兴趣的事。	
旁观行为	儿童会花很多时间观察别的儿童玩耍。观察者会和他们说话，向他们问问题、提建议，但是不参加游戏。	一个儿童注视着另一些儿童玩玩具车、搭积木。
独自游戏	儿童自己玩玩具，其玩具与旁边的儿童的玩具并不相同，他们也不试图接近旁边的儿童。	
平行游戏	儿童独自玩，但是与其他儿童在一起，大家玩的玩具一样，而玩的方式未必一样。他们也不试图影响其他儿童。	儿童坐在一起，各自玩自己的玩具车、拼图。
联合游戏	儿童一起玩，他们会谈论自己的游戏、彼此借玩具，会试图控制一起玩游戏的人。所有儿童玩的都差不多，但是没有劳动分工和组织分工。	两个儿童各自玩积木，可能会交换积木。
合作游戏	儿童在一个为实现目标而组织的团体中玩，比如，做一个东西、模拟一个情境。会有一两个儿童控制着谁可以来玩，并决定活动方向。儿童通过劳动分工扮演不同的角色，大家相互支持。	一组儿童一起玩拼图时，可能会轮流拼图片。玩汽车时，一起制定赛车规则。

纵向研究的发现表明，这些形式的游戏出现的顺序确实如上所言，不过，在发展系列中后出现的游戏形式并未取代之前的游戏形式（Rubin et al.，2006），相反，各个年龄段的儿童都可能会玩这些游戏（Rubin et al.，1998）。而且，非社会性游戏对儿童的社会性发展也有促进作用（Rubin，1982；Harris et al.，1997）。在整个幼儿期，很多幼儿更喜欢自己玩，独自游戏的形式也是五花八门，大多数是正常的甚至是有益健康的。花时间画画、玩拼图、玩拼插玩具并不意味着适应不良。很多幼儿有时喜欢独自活动，换个时间，他们又会选择极富社会性的游戏（Kail & Cavanaugh，2007；Coplan & Ooi，2014）。

然而，某些形式的独自游戏可能是幼儿难以与人交往的信号（Coplan et al.，2004）。其中一种不健康的独自游戏是“漫无目的的游逛”，即儿童从一个地方走到另一个地方，但是不会停下来和其他人一起玩，或者自己玩建构性的游戏。另一种不健康的形式是“徘徊”，即在别人玩的时候，他们总是站在一边袖手旁观，只是观察、绝不参与。

（二）游戏中的性别差异

在2～3岁时，大多数幼儿开始更喜欢和自己同性别的同伴一起玩（Martin & Fabes，2001；Halim et al.，2013）。这种偏好在幼儿期达到顶峰。这种男孩和男孩玩、女孩和女孩玩的倾向有几个明显的特征，并且男孩女孩各自喜欢的游戏也是截然不同的（Maccoby，1998）：

第一，在某些文化中，成人会为儿童挑选玩伴。但是，在儿童自己挑选玩伴的文化中，男孩会选男孩，女孩会选女孩。而且，儿童会自发地挑选同性别的玩伴，不一定会受到成人的影响。

第二，父母试图让儿童与异性同伴玩时，他们往往碍难从命。当父母鼓励女孩与男孩玩时，她们通常感到不快；而当父母催促男孩与女孩玩时，他们也会感到不快。当儿童勉强与异性同伴一起玩时，他们并不局限于性别类型化的游戏，比如过家家或玩汽车。即使是在与性别无关的活动中，比如玩拼图游戏，男孩女孩也都更喜欢和同性别的玩伴在一起。

第三，男孩女孩玩的是不同的游戏。男孩更喜欢与很多人一起玩需要身体能力的游戏，而女孩倾向于与一个玩伴玩较为安静的游戏。男孩的游戏较为喧闹；女孩的游戏则更多合作，会通过轮流的方式来避免冲突。

第四，在戏剧游戏中，男孩的故事常常涉及危险及不和谐，比如模拟战争；女孩的情节一般注重保持和谐的社会关系，比如过家家。

从进化的观点看，游戏中的性别差异为幼儿提供了一个练习成人行为的机会，有助于他们未来的生存。男孩的游戏反映了成年男性为获得支配地位、生殖配偶而展开的竞争，女孩的游戏则有助于她们日后养育孩子（Geary，1999）。在各种文化中，儿童游戏中的攻击性也是司空见惯的，尤其是对男孩而言（Edwards，2005；Gaskins，2015）。

（三）游戏的作用

游戏对儿童发展的所有方面都有促进作用。在所有种系的幼崽中都可以看到游戏活动，这有力地说明，游戏是一种有助于幼崽为成年生活做准备的进化行为（Scott & Cogburn，2022；Gandelman，1992）。

幼儿的假装游戏能促进他们的发展至少体现在三个方面：首先，它能帮助幼儿掌握与人平等沟通的方式。其次，在为分配角色和制定游戏规则进行谈判时，它给幼儿提供机会学习如何妥协。最后，社会性假装游戏让幼儿可以表现出可能烦扰他们的情绪，也就提供了情绪理解、接受和给予社会支持的机会，从而使信任感，甚至是与同伴的亲密联系得到发展（Howes & Matheson，1992）。

经常玩假装游戏的儿童在认知发展、语言技能、创造性上的表现都比很少玩的儿童更好（Farver et al.，2000）。游戏为幼儿提供了机会以练习刚刚获得的认知技能并加以强化，所以经常玩社会性假装游戏的幼儿也有更为娴熟的社会技能并更受欢迎。

游戏还能够促进情绪的健康发展，提供表达情绪、解决情绪冲突和面对挑战的机会（Homeyer & Landreth，1998）。比如，如果幼儿因为在墙上画画而受到母亲的责骂，那么他们可能会以相同的方式骂自己的“孩子”（玩具）。另外，受到情绪困扰折磨的幼儿可以通过游戏来表达自己关心的问题，但是他们也难以在游戏中表现出成熟的、创造性的特征。比如，来自离婚家庭的幼儿，其游戏中反映的主题更少，很难以多种方式使用道具，只能适应很少的角色。而且，其游戏中包含较多攻击性主题，反映了其对离婚的愤怒和焦虑。

总之，游戏并非一无是处，它是儿童的工作（Morrison，Breffni，& Woika，2022）。尽管幼儿游戏的时候只是为了玩，但是它间接促进了幼儿身体、智力、社会性、情绪等各方面的发展（Coplan & Abreau，2009；Lillard et al.，2013）。

（四）家庭和文化对游戏的影响

1. 家庭的影响

在家庭中，父母通常会以几种方式参与幼儿的游戏（Isley et al.，1999）。首先，他们会充当玩伴。父母会利用这一机会为孩子的游戏“搭脚手架”，使其游戏水平不断提升。

其次，父母会在幼儿的游戏中充当调停者。幼儿经常会意见不合、争吵，甚至打起来。在父母帮他们消除冲突后，幼儿的游戏会更具合作性、更持久，同时孩子也能从中学到一些社会技能。

最后，父母还可以是教练。幼儿经常会遇到对他们而言非常棘手的社交性问题，比如一个孩子在画画，另一个孩子走过来要拿他正在用的蜡笔。父母可以帮助幼儿理解和处理这类问题，给他们建设性的意见，让他们在社交上变得娴熟一些、少一点攻击性。

2. 文化的影响

幼儿喜欢的具体游戏在不同文化中是迥然不同的，会受到成人设定的游戏环境影响，而这也反映出文化的价值观。

一项人种学研究（Haight et al.，1999）对比了爱尔兰裔美国家庭和生活在中国台湾地区的家庭中的幼儿假装游戏的特点。结果发现，两种文化中游戏的社会性都显而易见，但是爱尔兰裔美国幼儿更可能和其他儿童一起玩假装游戏，中国幼儿则是和照料者一起玩——中国父母常常把游戏作为教导恰当行为的工具，这是中国文化所强调的。

一项对比韩裔美国人和盎格鲁裔美国人的研究（Farver et al.，1995）发现，盎格鲁裔幼儿保持了典型的美国价值观，父母鼓励他们独立思考、解决问题，让他们从一个很大的范围中挑选自己感兴趣的东西来学习，鼓励幼儿之间的社会交换以及和老师的合作；韩裔幼儿则保持了传统的韩国价值观，强调的是学业技能和完成任务，只有在户外休息的时候才可以说话和玩耍。因此，盎格鲁裔幼儿更喜欢社会性游戏，韩裔幼儿则表现出空闲行为或更喜欢平行游戏。盎格鲁裔幼儿更具有攻击性，经常对他人的建议做出消极反应——这可能反映了其文化中的竞争性；而韩裔幼儿在游戏时更加合作，经常给其他儿童玩具——这可能反映了其文化对团体和谐的重视。

八、幼儿期的同伴关系

同伴团体能够提供家庭之外的信息和社会比较，儿童可以从同伴团体那里得到关于自己能力的反馈。良好的同伴关系可以促进正常的社会情绪发展（Jambon & Malti，2022）。通过与同伴的互动，幼儿可以发展社会能力、沟通和情绪调节技能，这将是儿童期后期与青少年期更复杂和有益关系的基础（Schlesinger et al.，2020）。

（一）玩伴和朋友的选择

在幼儿一起游戏、交往的时候，他们会发现自己更喜欢某些人，对另外一些人则兴趣不大。如前所述，幼儿更喜欢和同年龄、同性别的儿童一起玩，他们会花大部分时间与少数几个他们感觉不错的、行为与自己相似的儿童在一起。彼此之间经常有愉快体验的儿童更可能成为朋友（Rubin et al.，1998）。大约3/4的幼儿会有这样的共同友谊（Hartup & Stevens，1999）。

幼儿游戏和交往过程中的亲疏远近，使得幼儿在同伴团体中分化出不同的社会地位。研究者通过社会测量法（sociometric method）对此进行分析，提出了5种明显不同的类型，即“受欢迎型”“被拒绝型”“被忽视型”“有争议型”“普通型”（参见第六章）。这也反映了幼儿对玩伴和朋友进行选择时所注重的心理特质。

幼儿选择玩伴时看重的特质与他们选择朋友时看重的特质是相似的。4～7岁的幼儿列出的最重要的友谊特征是：一起做事、彼此喜欢和关心、分享、互助、住得比较近、上同一所幼儿园。年龄小一些的幼儿会更看重身体特征，比如外表、身材；年龄大一些的幼儿则认为感情和支持更重要（Furman & Bierman，1983）。幼儿更喜欢亲社会倾向的玩伴（Hart & Chmiel，1992），他们会拒绝搞破坏的、索求无度的、冒冒失失的、攻击性强的儿童，他们会忽视害羞或退缩的儿童（Ramsey & Lasquade，1996）。

受欢迎的幼儿和那些被父母及老师认为社会能力较强的幼儿，一般都能够很好地处理自己的愤怒。他们会避免侮辱和威胁。相反，他们会采取大事化小、小事化了的方式处理冲突，并让关系能够继续维持。而不受欢迎的往往是以牙还牙，或者说三道四、散布流言的幼儿（Fabes & Eisenberg，1992）。

（二）最初的友谊

随着幼儿之间交往的深入，最初的友谊也相继形成，成为幼儿情绪及社会性发展的重要背景。对成人而言，友谊作为一种相互关系，包含了陪伴、分享、对思想及情感的理解、在需要时的彼此关怀。此外，成熟的友谊经久不衰，也不会因为偶尔的冲突割席而坐。

幼儿的友谊更多的是建立在陪伴、游戏和需求乐趣上。幼儿对友谊的独特性略知一二。他们会说朋友是“喜欢我”的人，是与他们一起玩很长时间的人。然而，他们对友谊的认识还只是一知半解，远未成熟。4～7岁的幼儿把友谊看成令人愉快的游戏关系，是玩具的分享。年龄小一些的幼儿看重的是一起游戏时的乐趣，年龄大一些的幼儿会关心信任、兴趣等。到五六岁时，他们能够理解友谊的特征是相互信任和支持，并且朋友是自己一直可以依靠的人（Bagwell & Schmidt，2013）。

幼儿与朋友的交往不同于与他人的交往，总体上他们的交往关系较为积极，但是也有很多争吵（Rubin et al.，1998）。他们对朋友生气的时候，就像对不喜欢的人一样，只不过他们更可能忍住自己的怒火，而以恰当的方式来表现。此时，幼儿的友谊还不是以相互信任为基础的长期持久的关系（Hartup & Abecassis，2004）。玩得好的时候，他们会说："你是我最好的朋友！"而在发生争执时，他们会说："你不是我的朋友。"

不过，幼儿的友谊也有其独特之处，他们会给自己认为是朋友的人更多的强化，即给予问候、赞扬，并表现出顺从，也会从朋友那里得到很多。他们与朋友之间会有更多的情绪表达、更健谈、经常笑、彼此注视（Hartup & Stevens，1999；Vaughn et al.，2001）。而且，幼儿的友谊也会提供社会支持。在幼儿园时期就有朋友或容易交到朋友的人，上学以后适应非常顺利（Ladd et al.，1999）。

（三）父母对早期同伴关系的影响

幼儿同伴关系的建立实际上始于家庭，父母既可能对孩子的社交能力起促进作用，也可能起抑制作用。这样的影响可以从两个方面来看。

首先是促进同伴联系。父母对自己的孩子与同伴联系的总量会产生影响。比如，选择的居住地周围是否有游戏场地、玩伴是否方便接近等。如果幼儿自己不容易走到一起，那么他们与同伴的联系就有赖于作为中间人的父母——是否带他们去找玩伴，是否让他们上幼儿园，是否鼓励他们参加其他的儿童活动（Hart et al.，1997）。

如果幼儿的父母经常安排非正式的同伴游戏，孩子就会有较大的同伴网络、更为娴熟的社交技能（Ladd et al.，1993）。而父母在为幼儿提供游戏机会的同时，也向孩子演示了如何联系自己的同伴。

其次是对游戏活动的监控。父母会对幼儿之间的交往进行监控，以确保他们的游戏过程顺利、友善，没有激烈的冲突。研究表明，如果父母只是进行间接监控，即只是偶尔看看孩子们在干什么、很少介入他们的游戏，那么，他们的孩子会更受欢迎。父母就如何加入同伴团体、如何处理冲突的技能对孩子进行指导，能让幼儿形成更强的社会技能、获得较高的同伴接受（Parke et al.，2004；Mize & Pettit，2010）。

父母只是发脾气、下命令，而不是寻求建设性的解决方法，通常会引发自己孩子的消极反应，使他们仍然表现出糟糕的社会技能：同伴交往充满火药味，对消极情绪的调节不得要领（Isley et al.，1999）。这可能会抑制孩子的社会交往，因为他们教会孩子的是专横霸道。

此外，很多养育方式虽然不会直接促进形成儿童的同伴关系，但是仍然会有间接的影响。比如，形成安全依恋的幼儿在同伴交往中更具反应性，关系更和谐，拥有更大的同伴网络以及温暖而有支持性的友谊（Coleman，2003；Wood et al.，2004）。亲子之间情感投入的谈话和游戏可以帮助预测幼儿的亲社会行为和积极的同伴关系（Clark & Ladd，2000）。父母与幼儿之间情感投入的合作游戏也与幼儿的社会技能和同伴接受性有关。

前沿扫描

网上求帮助，
可会挺身出？

九、儿童的亲社会行为

亲社会行为是意在让他人获得好处的志愿行为，而其核心是利他，即不求回报地帮助他人的动机。甚至是在学前阶段，儿童也会在他人悲痛的时候给予关心或安慰（Spinrad & Eisenberg，2020）。

（一）帮助行为的发展

一系列采用违反期望法的研究表明，3个月大的婴儿就可能具有简单的亲社会行为概念，例如更喜欢看帮助而不是阻碍他人的角色（Van de Vondervoort & Hamlin，2016）。

对于18个月大的学步儿童来说，亲社会行为很简单，比如帮助成年人（甚至是不熟悉的实验者）捡起掉落的马克笔（Thompson & Newton，2013）。

18～24个月大的学步儿童对他人的情绪和身体痛苦表现出越来越亲社会的反应，但他们的反应仅限于他们自己的观点。也就是说，他们倾向于提供自己更喜欢的帮助，比如带自己的妈妈去帮助一个痛苦的同伴（Hepach，Vaish，& Tomasello，2012）。尽管学步儿童能够对他人的痛苦做出亲社会反应，但在此时没有成年人提示的自发亲社会行为是极为罕见的（Eisenberg et al.，2015）。

在3岁半时，儿童表现出更复杂的工具性帮助或显而易见的帮助。与18个月大的儿童相比，3岁半的孩子更有可能通过带上需要的物品来帮助成年人，在没有成年人具体要求的情况下自主地这样做，以及选择适合成年人需要的物品（Svetlova，Nichols，& Brownell，2010）。幼儿可能出于自我中心的动机参与亲社会行为，例如渴望表扬、避免惩罚和不赞成。随着发展，儿童变得不那么以自我为中心，会更多地意识到他人的观点。其亲社会行为受到共情以及良好行为的内化社会价值观的激励（Eisenberg，Spinrad，& Morris，2013）。

（二）分享行为的发展

除了帮助，儿童还通过分享来表现亲社会行为。他们对分享的看法随着时间的推移而改变。3岁的孩子将公平分享概念化为严格的平等，例如，无论如何每个孩子应该得到相同数量的糖果（Damon，1977；Enright et al.，1984）。研究人员利用非言语测量方法发现，3岁的儿童能够敏感识别不公平的贴纸分配并产生负面反应，尤其是当他们收到的贴纸少于另一个孩子时（LoBue，Nishida，Chiong，DeLoache，& Haidt，2011）。行为研究表明，尽管认可分享规范，3岁儿童还是倾向于偏向自己；但随着年龄增长，开始倾向于分享（Smith，Blake，& Harris，2013）。另外，儿童的分享还受情境影响。一项研究发现，在合作任务中，大多数3岁儿童积极合作获得奖励后，会与同伴平等分享（Warneken，Lohse，Melis，& Tomasello，2011）。

在3～5岁间，幼儿在分享方面表现出选择性。4岁和5岁的孩子相信有分享的义务，但他们通常根据可观察到的特征来分配奖励，比如年龄、大小或其他明显的身体特征（例如，“年龄最大的应该得到更多的糖果”）。通常，这些决定是基于个人的欲望和特点（成年人则会认为不相关），例如，“女孩应该得到更多，因为她们是女孩！”当被告知他们必须做出不平等的分配时，5岁的孩子倾向于与他们期望得到回报的人分享更多、与朋友分享更多，而不是与他们不喜欢的同龄人分享更多（Paulus & Moore，2014）。幼儿与表现出亲社会行为的儿童和成人分享更多，如分享和帮助他人（Kuhlmeier，Dunfield，&

O'Neill，2014）。

（三）亲社会行为的影响及相关因素

儿童早期的亲社会行为与积极的同伴关系、心理健康和学前及以后的社会能力相关（Malti & Dys，2018）。亲社会儿童倾向于表现出低水平的攻击性和问题行为。他们往往在学校很成功，在词汇、阅读和语言方面得分很高。这可能是因为亲社会的孩子很友好，并且与老师和同龄人互动良好（Eisenberg et al.，2015；Miller & Hastings，2020）。

到学龄儿童期，儿童通常会变得更具有共情能力，更倾向于表现出亲社会行为。具有高自尊的儿童通常更愿意帮助那些不如他们幸运的人，而助人又有助于儿童建立自尊。亲社会儿童往往在社交情景中举止得当，消极情绪相对较少，更能够建设性地解决问题。

是否存在着亲社会人格或先天素质呢？研究发现，气质特点上社会性强、张扬外露、善于调节情绪的儿童，更可能助人、分享，以及安慰悲伤的人（Eisenberg，Spinrad，& Knafo-Noam，2015）。但是，情绪调节能力差的人往往被自己的情绪左右，很少表现出同情和亲社会行为。有纵向研究对四五岁的儿童进行追踪，直到成人初期，结果发现确有其事，并且它出现得很早，在人的一生中也基本上保持稳定。具有同情心、自发与同学分享的学前儿童，往往到 17 岁以后也表现出相似的亲社会理解能力和共情行为（Coplan et al.，2004）。

实际上，亲社会行为从儿童期到青少年期典型地呈现一种增长趋势，而且，女孩的亲社会行为比男孩更加明显，这种差异在青少年期变得更加突出。相比男孩，女孩往往认为自己更具有共情能力和亲社会性，女孩的父母对亲社会性责任的强调超过男孩的父母。这一特点在涉及 7 个国家（澳大利亚、美国、瑞典、匈牙利、捷克、保加利亚和俄罗斯）的大型研究中也得到证明。在此值得一提的是，随着互联网的普及，亲社会行为也会表现在网络空间中。研究发现，青少年的网上亲社会行为总体上令人欣慰，不过，却表现出随年级升高而衰减的趋势（马晓辉，雷雳，2011）。

基因和环境对亲社会行为的个别差异都有影响，反映着基因和环境的相关。一项针对 9 319 对双生子的研究，通过对观察对象 3 岁、4 岁、7 岁时的亲社会行为的研究发现，那些富有感情并且遵循积极管教策略（引导策略）的父母，往往会鼓励自己孩子的先天亲社会行为倾向（Knafo & Plomin，2006）。另有研究还发现，这类父母的孩子更可能对不当举止避而远之，更可能为自己的错误言行后悔和做出弥补行为，更可能表现出亲社会行为（Choe，Olson，& Sameroff，2013）。

亲社会儿童的父母自身很典型地就是亲社会的。他们会指明亲社会行为的榜样，引导孩子去看描绘合作、分享和共情，并鼓励同情、慷慨和助人的故事、电影和电视节目。接触有教育意义、针对年轻人的媒体节目会产生亲社会的影响，会提升儿童的利他、合作甚至是对他人的容忍意识（Hughes & Roblyer，2023；Wilson et al.，2008）。与同胞的关系可以提供重要的场合让儿童尝试关爱行为，学习站在他人的角度看问题。同伴和老师也可以成为榜样，并强化亲社会行为。

文化对亲社会行为的培养也会产生影响。传统文化（人们居住在大家庭里，一起劳作）比强调个人成就的文化更能够灌输亲社会的价值观。

拓展阅读

为什么一些儿童常常推搡袭击他人呢？

在婴儿期快结束的时候，所有儿童都会时而表现出攻击性。随着与兄弟姐妹和同伴交往的增加，他们的攻击性也水涨船高（Tremblay，2002）。到幼儿期，会出现两种普遍的攻击类型。其中最常见的是工具性攻击（instrumental aggression），这当中幼儿的目的是获得物品、特权或空间。为达到目的，他们会推搡、吼叫或袭击阻挠他们的人。也就是说，幼儿把攻击当作达到目的的工具。另一种是敌意性攻击（hostile aggression），目的是故意伤害他人。

幼儿的攻击性一般出现在社会性游戏中。在2.5～5岁时，他们经常会争夺玩具、抢占空间。随着幼儿自我控制的发展，以及他们能够更好地通过语言来表达自我、为得到自己想要的东西而等待，攻击性的表现也明显地从拳脚相加转变为恶语相向。不过，这当中个体差异仍然存在。那些从2岁时就经常打人或抢他人的玩具的儿童，到5岁时身体攻击行为仍然随时可见。不过，有纵向研究表明，极为耐心、敏感和卷入度高的父母能够使儿童早期的高度攻击性到儿童中期时降低到中等程度（Rubin & Pepler Eds.，2013）。

到六七岁以后，大多数幼儿的攻击性减少了，因为他们这时候变得更有合作性、不那么自我中心、更有同情心、能够更好地沟通。他们能够设身处地地理解他人行为的原因，并且在社会关系中以更积极的方式来表现自我。不过，在假装游戏中经常涉及暴力想象的幼儿，到6岁时仍然可能缺乏自我控制和同情心，更可能对人发怒，与人发生冲突（Dunn & Hughes，2001）。

此外，值得一提的是，幼儿攻击性的性别差异也是显而易见的。从婴儿期开始，男孩就比女孩更可能去抢他人的东西。会说话以后，女孩更可能会采取口头抗议，通过语言解决冲突。从幼儿期开始，女孩的攻击行为更多地表现为关系攻击（Crick，1996），即通过社交排斥、造谣中伤或操控友谊来破坏他人的同伴关系。

要控制和减少幼儿的攻击行为，可以注意以下几方面：

（1）监控幼儿看电视的情况，尤其是少让他们看涉及暴力的节目。

（2）帮助幼儿对他人的行为做出非敌意的解释。

（3）帮助幼儿了解自己的感受，并以建设性的方式来处理情绪问题。

（4）对幼儿的攻击行为不能熟视无睹，应该予以制止，并剥夺其攻击行为的“战利品”。

（5）面对严重的攻击行为时，可以将进行攻击的幼儿带离现场，隔离起来。

（6）教给幼儿道德推理的基本原理，明确告诉他们什么才是恰当的行为。

（7）为幼儿提供机会，让他们能够学习合作、助人及采取亲社会的行为方式。

概念术语

前运算阶段，象征性游戏或假装游戏，自我中心，中心化，自传记忆，自我中心言语，私人言语，内部言语，主动词汇，被动词汇，前阅读技能，主动对内疚，主体自我，客体自我，自我价值感，性别认同，性别角色刻板印象，心理理论，父母养育方式，功能性游戏，建构性游戏

本章要点

1. 幼儿期运动技能的发展同样表现在粗大运动技能和精细运动技能上，其中精细运动技能的一个有趣表现是绘画技能。

2. 幼儿前运算思维的特点主要表现在符号思维、自我中心、中心化、以外表为真实等方面。

3. 在幼儿期，儿童表征和控制自己行为的能力的发展，使得他们有了更有效的注意、使用信息和解决问题的方式。自传记忆是幼儿期记忆的一个新特点。

4. 维果茨基把私人言语看成儿童认知技能迈向自我调节之前的垫脚石，它们会被内化为无声的内部言语，也就是维果茨基所指的思维。

5. 随着幼儿期言语的发展，幼儿词汇增长非常快，完成了电报句的蜕变，会说更长、更复杂的句子。初步的沟通技能和早期读写能力开始形成。

6. 幼儿期的发展要解决“主动对内疚”的冲突，它来自不断增强的目的感，来自幼儿因为这些计划而产生的内心痛苦。

7. 在幼儿期，语言的发展使幼儿能够谈论主体自我，即他们自己的主观体验，开始建立自我概念，自我价值感也开始萌芽。

8. 随着幼儿语言及自我概念的发展，其情绪能力也有了很大的进步。这首先反映在幼儿情绪理解的进步，其次是自我意识情绪的发展，最后是情绪调节能力的发展。

9. 在幼儿期，幼儿快速地学习其文化指定给男孩女孩的行为，同时，他们也开始确定自己是男孩还是女孩，开始了“心理性别定型”过程。

10. 幼儿心理理论开始发展，它是对心理与行为之间关系的朴素理解，是儿童对人的心理过程的理解。

11. 父母养育方式根据父母“接受-响应”维度和“要求-控制”维度可以分为四种类型，即权威型、独裁型、放任型、忽视型。权威型养育方式最有利于幼儿的发展。

12. 游戏是幼儿期的主导活动，幼儿能够通过游戏学会如何使用自己的肌肉、协调视觉与运动的关系、掌控自己的身体、获得新的技能。

13. 在幼儿一起游戏、交往的时候，他们会形成选择玩伴和朋友的初步标准。随着幼儿之间交往的深入，最初的友谊也相继形成。

14. 亲社会行为到了幼儿期有了更为明晰的表现，帮助行为和分享行为是其中的重要形式，它们也受到多种因素的影响。

复习思考

1. 幼儿精细运动技能在绘画技能上的表现是怎样的？

2. 幼儿前运算思维的特点主要有哪些?
3. 幼儿期的自传记忆有何特点?
4. 在维果茨基看来，私人言语在幼儿思维发展过程中有何作用?
5. 幼儿初步的言语沟通技能有何特点?
6. 埃里克森认为幼儿期“主动对内疚”的冲突有何表现?
7. 幼儿是如何建立自我概念和自我价值感的?
8. 幼儿情绪能力的发展反映在哪些方面?
9. 幼儿性别认同的过程是怎样的?
10. 幼儿心理理论的发展过程是怎样的?
11. 父母养育方式包括哪几种类型? 什么类型的养育方式最有利于幼儿的发展?
12. 幼儿期的游戏有何特点? 它对幼儿的发展有何影响?
13. 父母对早期同伴关系的影响是怎样的?
14. 幼儿的分享行为表现有哪些特点?

第六章

学龄儿童期的发展

开脑思考

1. 你对自己小时候的事最早的记忆是什么？对照一下，你和父母对你小时候的记忆是否有差异？你认为记得自己过去的事很重要吗？还是应该记住一些、忘记一些？

2. 据说诗人和艺术家对信息的加工与常人不同，你认为呢？他们对信息的编码、存储、提取会是什么样的呢？比如，音乐家的信息加工会有什么独特之处吗？

3. 通常情况下，我们想到小孩子时可能头脑中出现的是“乖巧”“可爱”之类的印象，但是我们可能也见识过或听说过“熊孩子”的可怕。为什么这些孩子的差异会这么大？这是先天因素决定的，还是家庭教育造成的呢？

教学目标

通过本章的教学，应该实现几个目标。其一，了解学龄儿童身体发展的基本特点。其二，从皮亚杰理论、信息加工理论等方面把握学龄儿童认知的发展特点，并从智力的角度理解认知发展的个体差异。此外，明确学习已经成为该时期的主导活动。其三，理解学龄儿童期的心理社会性发展任务，掌握学龄儿童期的自我发展、情绪发展、心理性别、社会认知、道德发展、家庭关系及同伴关系等方面的特点。

学习重点

了解学龄儿童身体发展的基本特点；把握具体运算思维的基本特点，领会智力的个别差异；理解学龄儿童期学习活动的基本特点；领会学龄儿童期的心理社会性发展任务；理解学龄儿童期情绪发展、心理性别及同伴关系等方面的特点；把握学龄儿童期自我发展、社会认知、道德发展的特点。

学龄儿童期一般指 6～11 或 12 岁的阶段，也称为儿童中期、儿童期，这时候的儿童相应地称为学龄儿童、小学儿童。学龄儿童运动技能的发展存在性别差异。学龄儿童的思维处于具体运算阶段，他们开始使用一些简单的记忆策略。认知发展中存在个体差异，这可以通过智力理论进行解释。开始上学的时候，学习也成为儿童的主导活动，其学习成绩的好坏受到多方面因素的影响。

学龄儿童期要解决“勤奋对自卑”的冲突。学龄儿童在自我、情绪、心理性别等方面都在进一步发展，其观点采择能力有了很大的进步。学龄儿童的道德发展处于他律阶段，或前习俗道德水平。父母对孩子的养育方式可以体现为具体的管教行为。此外，学龄儿童在班级中受欢迎的程度不同，有不同的同伴地位。他们形成的友谊已经较为深入和稳定。

第一节　学龄儿童期的身体和认知发展

一、学龄儿童期的身体发展

（一）学龄儿童期的身体发育

在学龄儿童期，儿童身体发育的速度与幼儿期相差无几，是比较缓慢的，不可能看到一天天过去会有什么变化。但是，到小学毕业时，整个变化还是令人惊讶的，这时候他们看起来更像成年人了。这些变化主要体现在身高、体重等外显的方面，也体现在神经系统的发展上。

6岁时，我国男童身高约为119厘米，女童身高约为118厘米；男童体重约为22千克，女童体重约为21千克。在7～12岁期间，我国儿童每年身高增长五六厘米，体重增长约3千克。到12岁时，男童平均身高达到150厘米，女童平均身高为151厘米；男童平均体重为41.68千克，女童平均体重为40.62千克。有趣的是，这一发育过程中，身体下半部长得比较快，身高的增长主要是来自腿部而不是躯干，所以，高年级小学生的腿比幼儿园时期显得长多了。

在学龄儿童期，大部分时候男孩女孩的体形大同小异，只不过，女孩的脂肪比男孩多。然而，女孩更可能在小学期间就进入青春期，进入快速发育的时期，所以，在十一二岁时，女孩一般会比男孩高一些。此外，同年龄儿童的身高、体重的个别差异也是存在的。

在学龄儿童期，身体骨骼在长长、长宽，但是韧带还未能紧紧地附在骨骼上，这时候儿童经常会在晚上体验到成长之痛（growing pains），即脚部的僵直和疼痛，这是因为肌肉还未适应已经长大的骨骼（Wall，2000）。

到学龄儿童期结束时，整个大脑容量变化微乎其微，但是大脑的各种结构和区域持续发生着显著变化（Torres-Ramos & others，2020），尤其是前额叶的沟回。这些变化与儿童注意、推理和认知控制的提升息息相关（Nussenbaum & Hartley，2021）。

到6～7岁时，儿童的大脑重约1 280克，为成人大脑重量的90%；9岁时，大脑重约1 350克；12岁时，约为1 400克，达到成人大脑重量的平均水平。同时，接近7岁时，儿童神经系统的髓鞘化过程基本完成，这极大地增强了神经传导的准确性，并反映在学龄儿童运动技能的改善上（Lopez-Vicente & others，2021）。学龄儿童的兴奋和抑制机能进一步增强，7 岁时每天需睡眠 11 小时，到 12 岁时则只需睡眠 9～10 小时；同时，内抑制的发展也使他们能够更好地调节和控制自己的行为。

（二）学龄儿童期的运动技能发展

1. 粗大运动技能

在上学期间，儿童的奔跑、跳跃、单腿跳和球类等技能更加精细，他们掌握了很多原来不能很好掌握的技能。三至六年级的儿童在操场上奔跑时能够冲刺，会跳绳，会玩复杂的“跳房子”游戏，会踢足球、运球，会在左右脚交替着“脚跟抵脚尖”走过很窄的边缘时熟练地保持平衡，大多数儿童很容易学会骑车、游泳、跳绳等（见表 6－1；Cratty，1986；Gabbard，2018）。这些不同的技能反映了四种基本运动能力的发展。

表 6－1　学龄儿童期运动技能的发展

年龄（岁）	运动技能表现
6	女孩在运动的准确性方面更有优势，男孩在需要力量但不太复杂的活动方面更有优势。可能能够跳跃。投掷时能够有恰当的重心转移和步伐。
7	能够闭着眼睛单腿平衡。能够在 5 厘米宽的平衡木上行走。能够单腿跳，并准确地跳到小方格里（“跳房子”）。能够练习双起双落的开合跳。
8	能够提起 5 千克重的物体。这一年龄的男生女生同时参加游戏的数目最多。能够以两下-两下、两下-三下、三下-三下的模式进行不同节奏的单腿跳。女孩能够把小球投出 12 米，男孩能够投出 18 米。
9	男孩每秒能够跑 5 米，男孩能够把小球投出 21 米；女孩也能够每秒跑 5 米，女孩能够把小球投出 12.5 米。
10	能够判断远处飞来的小球的方向并截住它。男孩女孩都能够每秒跑 5.2 米。
11	男孩立定跳远可能达到 1.5 米，女孩约为 1.4 米。

资料来源：Cratty，1986.

其一，柔韧。与幼儿相比，学龄儿童的身体更加柔韧、富有弹性，这可以反映在他们踢球、翻跟头、通过障碍上。

其二，平衡。平衡能力的改善为学龄儿童的多种运动技能的获得提供了支持，包括奔跑、单腿跳、蹦跳、投掷、踢球、许多团体运动所必需的快速改变方向的能力。

其三，敏捷。在舞蹈和啦啦队的步伐中、在比赛时前后左右躲避对手的运动中，更快、更准确的移动都是显而易见的。

其四，力量。年龄大一些的儿童能够很有力地踢球、投球，奔跑和跳远时可能会冲出边界。

随着身体的发育，更为有效的信息加工在运动技能的改善中起着关键作用。在整个学龄儿童期，儿童的反应时稳步发展，使他们能够做出更快的反应；11 岁儿童的反应时能够比 5 岁儿童快两倍。只对相关信息做出反应的能力也提高了（Kail，2003；Band et al.，2000）。

2. 精细运动技能

精细运动技能在学龄儿童期也在提高，儿童对手臂和手指的控制得到很好的发展，变得非常灵巧。他们会玩悠悠球、做航模、做编织。而且，很多儿童开始学习乐器，这对精细运动的控制要求非常高。

到6岁时，大多数儿童能够比较清晰地写出1～10的数字，这时候写的字比较大，因为每一笔每一画他们都是靠整个手臂，而不是手腕和手指完成的。6～7岁时，儿童能够系鞋带和扣扣子。8～9岁时，他们在需要手眼协调的游戏中也是得心应手；他们可以独立使用一只手；他们会使用螺丝刀；这时候写出的字小了一些，显得整齐、匀称。11～12岁时，他们操控物体的能力几乎达到成人的水平。

此外，学龄儿童期的绘画技能也有了非常大的发展。到幼儿期结束时，儿童能够准确地描摹很多二维的形状，并把它们整合到自己的绘画中。这时候，深度线索也开始出现，他们会把远的物体画得小一点，近的物体画得大一些（Braine et al.，1993）。到9～10岁时，他们会通过物体的重叠、斜线、会聚线来表现三维。而且，学龄儿童不仅仅是通过详细的细节来描绘物体，还会把各个部分组织为一个整体，表达一个完整的主题（Case，1998）。

3. 运动技能的性别差异

在粗大运动技能和精细运动技能上，都存在性别差异。女孩往往在精细运动技能上更出类拔萃，比如她们通常写字、绘画比男孩好。另外，在要求柔韧和平衡的粗大运动技能，比如翻跟头、单腿跳上，她们也比男孩好。然而，在强调力量的粗大运动技能上，男孩往往更有优势，他们投掷和跳远都比女孩远（Haywood & Getchell，2001）。

力量的差异反映了学龄儿童接近青春期时男孩女孩脂肪和肌肉比例的差异，即女孩的脂肪多一些，肌肉少一些。不过，在其他运动方面，儿童的经验也很重要。课间休息时，女生会玩荡秋千、跳绳，或者就是几个人一起说说话；男生则会踢足球、打篮球。同时，父母的看法也有影响，他们一般会认为运动对于女孩来说没什么意义，所以女生也很少花时间在运动上，而这些对运动技能的发展都是非常关键的（Fredricks & Eccles，2005）。

二、学龄儿童期的认知发展

（一）具体运算思维

具体运算阶段　皮亚杰提出的认知发展的第三阶段，年龄在7～11岁，这时候儿童开始使用心理运算来解决具体的实际问题。

如第二章所述，皮亚杰认为儿童的认知发展经历四个阶段，其中**具体运算阶段**是认知发展的第三阶段，年龄在7～11岁。之所以称为具体运算，是因为这时候儿童开始使用心理运算（mental operations）来解决具体的实际问题。尽管他们对此时此刻真实情境的思考仍然受到限制，但是其思维能力还是有了长足进步（见表6-2）。在此，我们仅看几个典型的方面。

表6-2 儿童前运算思维与具体运算思维的比较

概念	前运算思维	具体运算思维
自我中心	儿童认为其他人和自己有着相同的观点。	儿童可能有时候表现出自我中心，但是更多的时候会意识到其他人有不同的观点。
泛灵论	儿童可能认为自行移动的不熟悉的物体像是有生命的。	儿童能够认识到生命的生物基础，不会把生命特征安置到非生物上。
中心化	儿童的判断基于知觉表象，在寻求问题的答案时，关注的是情境的单一方面。	儿童能够忽视会产生误导的表象，在寻求问题的答案时，关注情境的多个方面（去中心化）。
可逆性	儿童心理上无法逆转所看到的变化。他们对物体或情境的变化不能反向思考。	儿童心理上能够逆转所看到的变化，并考虑变化是如何改变情境的。
逻辑推理	无法完成守恒任务，难以对物体进行分类，按照量的维度在心理上对物体进行排序的能力也很有限。	儿童能够完成守恒任务，能够基于几个维度对物体进行分类，能够依据量的维度在心理上进行排序。所得结论是基于逻辑而非表象。
因果关系	对因果关系的认识有限。儿童偶尔会表现出直接推理，认为两个相关事件中的一个是引起另一个事件的原因。	儿童对因果原则有了更好的理解。

1. 守恒

学龄儿童能够轻而易举地完成守恒任务，他们能够去中心化。比如，在完成容量守恒任务时，他们能够同时关注容器的高度和宽度，这表明其心理活动服从的是逻辑原则。

同时，学龄儿童也表现出可逆性（reversibility），他们可以在心理上逆转倒液体的过程，并想象液体在原来容器里的样子。他们知道两个不同容器里液体的量是相同的，他们通过逻辑来得出结论，而不是通过会产生误导的表象。

2. 分类

分类的能力有助于儿童有逻辑地思考问题。分类（categorization）包含了复杂的能力：序列化（seriation）、传递推理（transitive inference）等。

序列化是指儿童能够按照一个或几个维度对物体进行安排，比如重量（从最轻到最重）或颜色（从最亮到最暗）。

传递推理是指根据两个物体各自与第三物体的关系，来认识该两个物体之间的关系。比如有三根棍A，B，C，儿童首先看到A比B长、B比C长，在未能直接比较A和C的情况下，儿童会知道A比C长。

3. 空间关系

学龄儿童对空间关系有着较好的理解。他们有比较清楚的概念，知道从一个地方到另一个地方有多远，走过去需要花多长时间，并且他们也容易记住路线和沿途的路标。经验在其中起着重要作用。同时，儿童使用地图和模型的能力以及沟通空间信息的能力随着年龄增长而增长。6岁儿童能够搜索并找到藏起来的物体，但是他们无法清晰地向他人说明如何去寻找同一物体。

4. 教育上的意义

皮亚杰根据儿童思维发展的特点，提出了一些针对学校课程的建议，这些建议得到了广泛认可。

首先，根据儿童为学习而做的准备，量体裁衣地制订教育计划。恰当的学习经验是以现有图式为基础的。儿童能够从中获益的是中等新颖程度的教育经验，这能够激发他们的好奇心，挑战他们现有的理解，促使他们重新评价自己的知识。如果这些经验太复杂，儿童就无法同化（也很少顺应），那么也就不会有新的学习发生。

其次，要敏感地意识到个体差异。儿童智力发展的速率是有差异的，对于相同的课程，他们的准备性并不一样。老师应该接受这种差异，并为每个学生或小组制订计划，而不是对全班一视同仁。

最后，促进以发现为基础的教育。传统教育过分强调死记硬背的教学。皮亚杰认为，儿童先天具有追问的灵魂，当他们自己去探索环境和事物、参与到情境中时，他们学得最好，这能够让他们自己建构新的知识。

基于这些原则，皮亚杰认为应该让儿童自己探索教具，让他们能够“在做中学”（to learn by doing）。即使在正式的课程中，也可以嵌入主动学习。老师的任务是让好奇的孩子在自己发现知识的过程中获得内在的满足感。不过，值得注意的是，后来的研究表明，教育和文化对儿童发展的影响比皮亚杰所预期的更为强大（Morrison，Breffni，& Woika，2022）。

（二）信息加工

随着大脑髓鞘化的不断完善，尤其是连接两半球的胼胝体的髓鞘化，信息加工的速度提高了（Roeder et al.，2008）。结果，完成各种任务所需要的时间在学龄儿童期明显减少。

1. 注意

在学龄儿童期，大多数儿童维持注意和控制注意的能力大大提升（Pereira & others，2021），注意变得更具选择性、适应性和计划性。

首先，儿童会更好地把注意力集中在与其目标有关的那些方面，而筛选掉无关紧要的信息，避免环境噪声带来分心。这种能力在6～10岁期间有非常大的改善（Goldberg et al.，2001；Tabibi & Pfeffer，2007）。

其次，年龄大一些的儿童会灵活地根据任务的要求来调整注意。比如，要求儿童对颜色和形状不同的图进行分类时，5岁的儿童和大一些的儿童都能够按照要求，或以颜色为标准、或以形状为标准转换分类标准；而年幼的儿童通常会一成不变地只依据一种标准来分类（Brooks et al.，2003）。

最后，计划性在学龄儿童期有很大的改善（Gauvain，2004）。他们能够按照一定的顺序，决定先做什么、后做什么。儿童在收集信息方面越来越有系统性，这对他们解决问题大有裨益。

2. 记忆

儿童上学以后，其加工和保留信息的能力稳步增强。他们对记忆的原理会有更多的理解，这让他们能够使用记忆策略（Coughlin et al.，2018）。执行功能、工作记忆以及注意方面的提升，可以帮助预测策略的使用（Stone et al.，2016）。

学龄儿童很早就开始使用一些简单的**记忆策略**。记忆策略指的是经过主观努力，在一定的目标指导下，用以提高记忆成绩所采取的各种措施。随着年龄增长，他们会用到的记忆策略大体上包括四种，即外在帮助、有意复述、组织分类、精细加工（见表6-3），并且他们对策略的使用也更有效。此外，儿童通常会使用不止一种记忆策略来完成一项任务，也会针对不同的问题采用不同类型的记忆策略（Coyle & Bjorklund，1997；Morey et al.，2018；Horn et al.，2021）。

记忆策略　经过主观努力，在一定的目标指导下，用以提高记忆成绩所采取的各种措施。

表6-3　四种常用的记忆策略

策略	界定	在学龄儿童期的发展	举例
外在帮助	由身外之物提醒	五六岁的儿童能够这么做，但是8岁的儿童更可能想到要这么做。	把要做的事列出一个单子。
有意复述	有意识的重复	可以教会6岁的儿童这么做；7岁的儿童可以自发做。	一遍又一遍地重复电话号码，直到记住为止。
组织分类	按类分组	10岁以前，大多数儿童做不到，但是可以教他们这么做。	可以把在动物园看到的动物分为哺乳动物、爬行动物等。
精细加工	把要记的东西和其他东西联系起来	年龄大一些的儿童更可能自发地这么做，并且如果他们自己进行精细加工的话，记忆效果会更好。如果由他人进行精细加工，年龄小一些的儿童记得更好。	对一个没有意义的电话号码，利用数字的谐音赋予意义，想象一个情境或故事。

资料来源：Papalia & Feldman，2012.

几种记忆策略中，组织分类和精细加工可以把要记住的项目组合为有意义的组块（chunks），使得儿童能够把握更多的信息，进而扩展工作记忆。

纵向研究表明，儿童的记忆表现与其在班级背景中的多个方面相联系。学生记忆策略上的差异与老师对记忆策略的使用取向有关。老师对元认知信息的使用取向，以及对记忆的要求，可以强化学校背景对儿童记忆发展的重要性（Coffman et al.，2008）。

玩电子游戏，损认知能力？

3. 元认知

在上学期间，学龄儿童发展出了一种更高形式的思维——**元认知**（metacognition），也称为对思维的思维、对认知的认知，它指的是个人关于自己认知过程的知识和调节这些过程的能力。元认知包括元认知知识和认知调节。

元认知　也称为对思维的思维、对认知的认知，是个人关于自己认知过程的知识和调节这些过程的能力。

元认知知识（metacognitive knowledge）是指关于认知过程的知识和意识。它在小学阶段的增长突飞猛进（Flavell，1999，2000）。比如，学前儿童很难判断一项任务的难易，或自己是否记住了某个东西。这样，他们在学习时就可能把很多精力浪费在容易的任务上，或是放在自己已经知道的知识上。一些儿童直到开始上小学时仍然缺乏元认知（Schneider，1998）。然而，到八九岁时，学龄儿童的元认知就很明显了。他们非常清楚自己已经知道的是什么，在学习的时候也就更有效率。他们能够评估自己的学习过程，判断自己是否已经学会了某些知识，而不是简单夸海口说自己都知道了（Harter，2012）。

儿童元认知知识最重要的特征之一是他们对目标、策略、监控和结果之间联系的理解。他们会认识到，对于各种各样的任务，都需要选择实现目标的方法。认知调节（cognitive regulation）就是要确定目标，选择行之有效的策略，并对策略的有效性进行监控。如果策略有效，则可以专注于未学过的知识；如果策略无效，则需要重新开始确定目标、选择策略、监控策略的过程。有效的认知调节对获得学业成功是非常重要的。研究发现，元认知训练可以较好地促进该阶段儿童元认知水平的提高，元认知训练对学生的学业成就有着积极影响，学习困难的学生、成绩中上的学生可能是训练的最大受益者（张雅明，相喜伟，2009）。

4. 在教育上的意义

基于信息加工理论，研究者提出了教育中针对注意、记忆和问题解决的建议。

第一，给学生分析解决问题所需要的条件。要知道为得到正确答案或掌握所学的课程，必须对什么信息进行编码，必须进行什么心理运算。否则就很难告诉学生为什么他们错了，或者怎么去改正错误。

第二，把短时记忆的要求减到最少。短时记忆负担太重会妨碍学龄儿童对结果输出进行有逻辑的思考。老师应该以最简单的方式呈现问题。问题包含多个步骤，可以鼓励儿童进行分解，记下每一步的解决方法。

第三，鼓励儿童开心地记忆。玩策略游戏不仅对学龄儿童是一种乐趣，还能帮助他们理解记住信息及有目的地追忆的好处。

第四，创造机会让儿童学习有效的记忆策略。老师可以把材料分为特征鲜明的类别进行讲解，或者给学生容易分类的项目，以问答游戏的方式让他们自己做分类。

第五，提供机会进行分析推理。熟练的分析推理在帮助儿童和青少年掌握不熟悉或未见过的概念时非常有用。

第六，以让儿童能够获得元认知知识，并理解他们为什么应该做计划、为什么应该监控自己的认知活动为出发点来建构课程。老师可以表述自己的元认知知识，给儿童提建议，问能够提醒儿童刚刚学过的策略的问题。

拓展阅读

为什么一些儿童无论如何都坐不住呢？

多动症是注意缺陷多动障碍（attention deficit hyperactivity disorder，ADHD）的俗称，3%～5%的学龄儿童被诊断患有多动症，其中男孩比女孩多，大约是3∶1（Wicks-Nelson & Israel，2006）。多动症作为一种神经发展障碍，对学校生活和日常生活中的表现和行为都有干扰（Hinshaw，2018）。多动症的症状表现主要有三方面。

（1）注意力不集中。多动症儿童无法在上课时保持注意，也无法集中注意力完成作业，他们总是从一项任务跳到另一项任务。

(2) 活动过度。多动症儿童极端地精力充沛、坐立不安，无法保持不动，尤其是在需要他们限制自己的活动时，比如在教室里。

(3) 冲动。多动症儿童做事时常常不假思索，比如在教室里想说话时就脱口而出，或者在团体活动中无法等待轮候。

当然，并不是所有的多动症儿童在这几个症状上的表现都是一模一样的，有些儿童可能主要是活动过度和冲动，另一些儿童则可能是注意力不集中，活动过度和冲动的迹象却不明显。

多动症带来的消极影响主要体现在两方面：一是执行过程的损坏，它干扰了儿童以思维指导行为的能力；二是抑制的损坏，这使得儿童在有想法以后难以延迟相应的行动(Barkley，2003)。因此，多动症儿童经常出现行为问题和学业问题。他们比较有攻击性，不受同伴喜欢；虽然他们的智力正常，但是其阅读、书写、算术的成绩一般都低于平均水平。而且，到青少年期和青年期，这些人也未必能够走出多动症的阴影。

引发多动症的原因至今尚未完全澄清。一些儿童可能遗传了出现多动症的倾向（Kirov & others，2021）；其他儿童的情况可能是产前或产后的脑损伤所致（Y. Wang & others，2020）。另外，在胎儿期接触烟草和酒精，以及孕妇压力过大、低出生体重，都可能是罪魁祸首（Howell & others，2022；Kacharava，Nemsadze，& Inasaridze，2022）。另外，严厉而高度控制的养育方式会催生多动症的问题（Sroufe，1997）。

对多动症的治疗干预最好综合生物、心理和社会文化各方面（如 Hoza et al.，2008）。首先是使用哌甲酯这样的兴奋剂，乍一看这有点奇怪，因为多动症儿童已经够闹的了，但是哌甲酯的作用是刺激大脑中负责抑制多动和冲动的部分。这对很多多动症儿童都有效，尤其是对活动过度有效（Hawk et al.，2018）。其次，行为干预可以帮助儿童学会管理冲动和多动、指向目标及监控行为的策略（S. W. Evans et al.，2018）。不过，虽然有研究表明神经反馈、正念训练以及身体锻炼等都有助于改善多动症儿童的注意，但是这些非药物治疗是否同样有效，以及儿童是否可以从综合治疗中获得叠加的好处，尚不得而知（Riesco-Matias & others，2021）。

三、认知发展的个别差异

皮亚杰的认知发展理论以及信息加工理论等，关注的是认知发展的一般性特点，但是，认知发展中是存在个体差异的，人的认知能力的范围也是无所不包的。关于智力的理论对此进行了阐述，同时，对于智力差异的测评也有很大的发展。

（一）智力理论

关于智力的理论早期可见于斯皮尔曼（Spearman，1904）关于智力的一般因素（g因素）和特殊因素（s因素）的论述、瑟斯顿夫妇（Thurstone & Thurstone，1941）进一步提出的七种技能、吉尔福特（Guilford，1966）的智力三维结构理论等。在此，我们仅介绍近期较有影响的几种智力理论。

1. 三层智力理论

> **三层智力理论** 约翰·卡罗尔提出的智力模型，它像一个金字塔，顶部是g因素，其下是8种广泛的智力能力。第二层的每种能力又可以进一步分为第三层的更为具体的能力。这一模型认为每个人都有自己的智力长处或不足，它们反映在第二层的能力上。

约翰·卡罗尔

约翰·卡罗尔（John Carroll，1993）赞成智力的多层模型，在对50年内数百项关于心理能力的研究进行分析之后，他提出了**三层智力理论**（three-stratum theory of intelligence；见图6-1）。他的智力模型像一个金字塔，顶部是g因素，其下是8种广泛的智力能力。第二层的每种能力又可以进一步分为第三层的更为具体的能力。这一模型认为每个人都有自己的智力长处或不足，它们反映在第二层的能力上。因此，即使一般能力（g）低于平均水平的人，如果在第二层的某种能力上卓尔不群，也就可能在第三层的某一小的领域内出类拔萃。

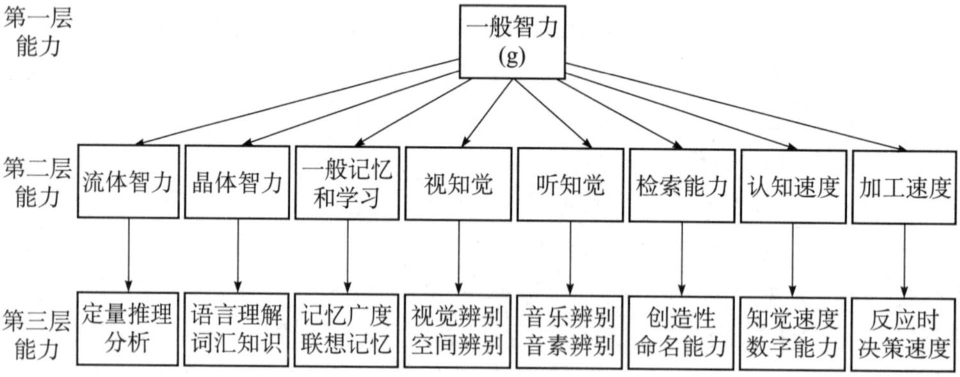

图6-1 卡罗尔的三层智力理论模型

2. 多元智力理论

> **多元智力理论** 霍华德·加德纳基于儿童发展的研究、脑损伤患者的研究和天赋优异的人群的研究，认为智力存在很多种形式，提出了七种不同的智力，后来又增加了两种。

霍华德·加德纳

霍华德·加德纳（Howard Gardner）认为智力存在很多种形式，传统的智力测验忽视了其中的大部分。他基于儿童发展的研究、脑损伤患者的研究和天赋优异的人群的研究，提出了**多元智力理论**（theory of multiple intelligences）。他起初确认了七种不同的智力（1983），后来又增加了两种（1999，2002，2017）（见表6-4）。

加德纳认为，每种智力都是相对独立的，某一领域的高智力未必意味着此人在其他领域也有高智力，一个人可能在艺术、运动、社会关系或自我理解方面极富天分，但是未必有高智商。“白痴天才”就是典型的例子。

表 6-4　加德纳的多元智力

智力类型	界定	运用领域
1. 语言	知道词汇的含义，能够用它们来理解新的观念，并用语言向他人传达观念。	写作，编辑，翻译
2. 逻辑-数学	理解物体、活动及观念之间存在的关系，以及其中的逻辑或数学运算。	科学，商业，医学
3. 空间	对物体的知觉非常准确，能够判断物体的空间关系。	建筑，木工，城市规划
4. 音乐	音乐演奏、创作、欣赏。	作曲，指挥
5. 身体-动觉	身体精确移动的能力。	跳舞，竞技运动，外科
6. 人际	识别他人的不同感受、情绪、动机、意图。	教学，演艺，政治
7. 内省	理解自己的情绪，知道自己的优缺点。	咨询，精神病学，精神领袖
8. 自然主义	认识和区分物种，描述其间的关系。	打猎，钓鱼，务农，园艺，烹饪
9. 存在主义	思考“终级”问题，比如生命的目的、死亡的本质。	哲学，神学

资料来源：Gardner，1983，1999，2002.

多元智力理论对教育有着重要影响。加德纳认为学校应该培养所有的智力，而不是仅仅培养传统的语言和逻辑-数学智力。

3. 成功智力三元理论

罗伯特·斯滕伯格

成功智力三元理论　罗伯特·斯滕伯格认为有三种广泛而有着交互作用的智力，即分析性智力、创造性智力、实践性智力。智力行为包含对这三种智力的平衡，以求在生活中获得成功，既实现个人的目标，又符合个人所处文化社区的要求。

罗伯特·斯滕伯格（Robert Sternberg，1997，2002，2005，2011）提出的**成功智力三元理论**（triarchic theory of successful intelligence）认为有三种广泛而有着交互作用的智力（见图 6-2）：分析性智力（analytical intelligence）、创造性智力（creative intelligence）和实践性智力（practical intelligence）。智力行为包含对这三种智力的平衡，以求在生活中获得成功，既实现个人的目标，又符合个人所处文化社区的要求。

分析性智力就是信息加工技能，包括对问题进行分析，并提出不同的解决方法。创造性智力是解决新问题的能力，包括适应性地应对新的情境和问题。实践性智力是在日常情境中对智力技能的运用，包括知道什么方法或计划可以解决问题。

在斯滕伯格看来，智力就是运用个人的能力以实现其目标。目标可以是短期的，比如考试获得好成绩、用微波炉加热汉堡包；也可以是长期的，比如事业成功、家庭幸福。运用个人的能力实现了这些目标，就是成功智力。

斯滕伯格认为，最有效的教学是配合学生专长的教学。比如，如果课程强调分析和评估，那么分析能力强的儿童可能觉得如鱼得水；如果学习的材料围绕实践应用来组织，那么实践能力强的儿童可能就会脱颖而出。

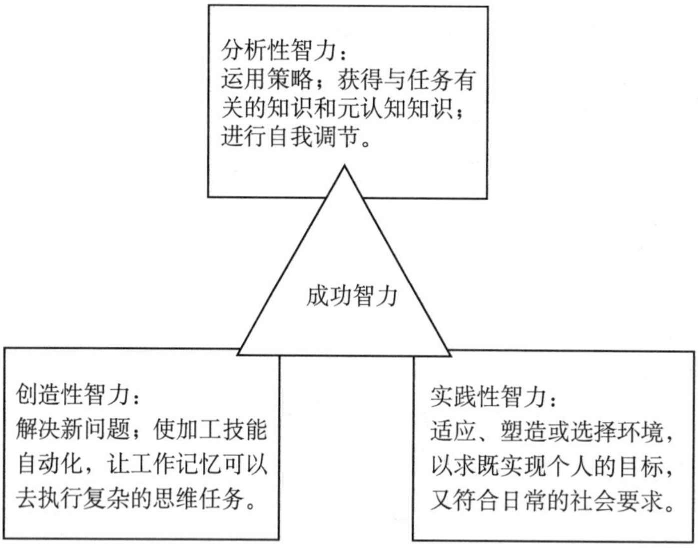

图6-2　斯滕伯格的成功智力三元理论模型

4. 思维三棱结构

思维三棱结构　林崇德在基础教育的教学实践中提出来的思维结构模型。他认为，思维结构应当包括思维的目的、思维的过程、思维的材料、思维的自我监控、思维的品质、思维活动中的非智力因素和环境等，它们之间的关系呈现为三棱结构。

林崇德

林崇德关于**思维三棱结构**（Lin & Li，2003；林崇德，2006）的构想是在基础教育的教学实践中提出来的，他在1979年中国心理学会学术年会上展示了这种思维结构的初步模型，后来又通过大量实证研究完善了该模型。

林崇德认为，思维结构应当包括思维的目的、思维的过程、思维的材料、思维的自我监控、思维的品质、思维活动中的非智力因素和环境等（见图6-3）。

目的性是思维的根本特点，它反映了人类思维的自觉性、有意性、方向性和能动性，并构成思维结构中的核心因素。思维过程的框架是这样构成的：确定目标→接收信息→加工编码→概括抽象→操作运用→获得成功。

思维的材料分为两类：一类是感性的材料，一类是理性的材料。能展示智力内容的发展变化或完善的具体指标是：感性认识（认知）材料的全面性和选择性；理性认识（认知）材料的深刻性和概括性；感性材料向理性材料转化的灵活性和准确性。

思维的自我监控，又叫反思，其功能包括：（1）确定思维的目的；（2）管理和控制非认知因素，有效地保护积极的非认知因素，努力将消极的非认知因素转化成积极的非认知因素；（3）搜索和选择恰当的思维材料；（4）搜索和选择恰当的思维策略；（5）实施并监督思维的过程；（6）评价思维的结果。总之，自我监控是思维结构中的顶点或最高形式。

思维的发生和发展，既服从一般的、普遍的规律性，又表现出个性差异。这种差异

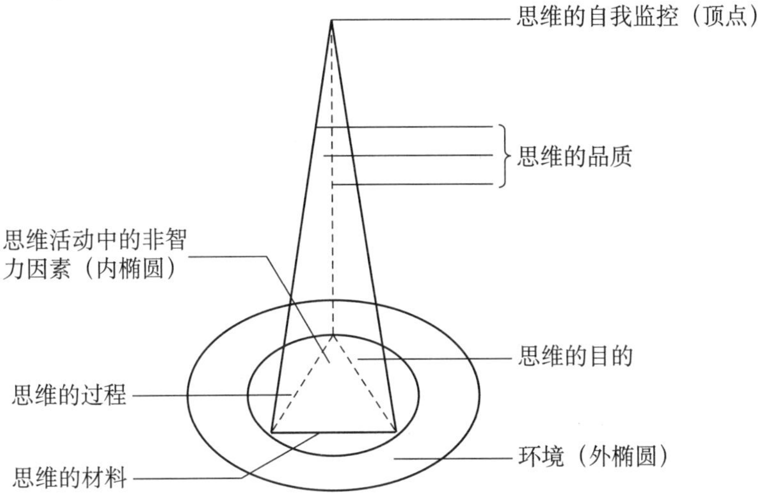

图 6－3　林崇德的思维三棱结构模型

体现为个体思维活动中的智力特征，就是思维品质，又叫作思维的智力品质。思维存在层次性。区别思维的超常、低常和正常的指标正是这种思维的智力品质。思维品质包括独创性、灵活性、深刻性、批判性和敏捷性等。思维品质既是思维的一个评价指标，又是培养思维、智力、能力的一个重大的突破口。

在考虑思维结构时，既要考虑思维的因素、智力的因素或认知因素，又要考虑非智力因素，即非认知因素。作为认知过程的思维，其水平、特征、品质和作用等固然具有各种智力或认知因素的特点，但是，它在完整的人的思维现象的大系统中，又带有浓厚的个性的色彩，和主体本身的动机、兴趣、情感、意志、性格、气质等非智力或非认知因素交叉在一起，密切相关，并受这些因素的制约。所以，在一种完整的思维结构里，应该有智力因素和非智力因素、认知因素和非认知因素，不兼顾这两者的关系就不能探索思维结构的整体性。

（二）智力的测评

对儿童智力的测评，传统的测验仍然有其用武之地，不过，新的方法也在另辟蹊径，不断发展，智力测评有了完全不同的思路。

首先，阿兰·考夫曼（Alan Kaufman）设计了考夫曼儿童评价表（Kaufman Assessment Battery for Children，K-ABC；Kaufman & Kaufman，1983）。该测验以信息加工理论为基础，并将重点放在儿童是如何解决问题上，而非关注他们解决的是什么问题（Kaufman & Kaufman，2001）。K-ABC 适用于 2.5～12.5 岁的儿童，包含两个分量表。一个量表测量的是儿童顺序加工信息的能力；另一个量表测量的是儿童整合多个信息片段的能力。该测验也有测量儿童成就（已获得的知识）的独立的部分。

阿兰·考夫曼

其次，动态评估（dynamic assessment）方法试图评估测验者给予儿童恰当的指导时，后者学习新材料能学得多好（Lidz，1997）。这种测验以维果茨基的最近发展区概念为基础，开发了学习潜力评估表（Learning Potential Assessment Device；Feuerstein et al.，1988），它测量的是儿童在成人指导下学习新东西的能力。这种测验把智力解释为稍加指导就能快速学习的能力。就儿童的智力能力和可能的成就而言，对学习能力的动态测量可以比传统测验提供更多的信息（Day et al.，1997；Lidz，1997）。

此外，还有一种智力测验的方法是认知评估系统（Cognitive Assessment Systems，CAS），它以智力PASS理论（Planning，Attention，Simultaneous，and Successive Theory）为基础（Kaufman，2001；Naglieri，2001）。根据这种模型，智力反映了四种基本的认知过程：为解决问题做计划；注意相关信息并忽略无关信息；同时加工各个独立的成分；以特定的顺序连续加工刺激。CAS评估的就是这四个过程，最后得到一个总的智力分数。

（三）智力测验的预测力

最初编制智力测验的目的是要估计儿童在学校里会学得怎么样，后来人们也关心智商与个人未来生活的关系。

1. 对学业成绩的预测

现代智力测验对学业成绩的确有预测力，儿童的智商分数与其当前和未来的学习成绩的相关系数大约是0.50（Neisser et al.，1996）。高智商的学生不但在学校里学得不错，而且不太可能辍学，更可能继续上完大学。

儿童的认知，冲动或沉思？

当然，智商和学业成绩的中度相关也意味着它不是最好的预测因素，学业成绩也受到学生的学习习惯、兴趣、成就动机的重要影响（Neisser et al.，1996）。

2. 对职业成就的预测

智商与职业地位也有着比较清晰的关系：尽管教育的改善已经使现在不同职业之间的智商差距变得很小，但是专业人士和其他白领商业人士的智力一般都比蓝领工人或手工工人高（Weakliem et al.，1995）。一般而言，职业声望越高，该职业的平均智商也越高。当然，每种职业中个体的智商差异是非常大的，很多从事底层工作的人也有很高的智商。

另外，智商也能够帮助预测工作成就，在管理层样本中，其相关系数大约是0.50（Hunter & Hunter，1984）。但是，精明的管理者或人事官员绝不是仅仅靠智商获得成功的。实践性智力、以前的工作业绩、人际技能、成就动机的重要性与智商相比不分伯仲，甚至是更为重要的因素。

纵向研究也表明，智商高的儿童在成年期更可能获得成功（Benbow & Lubinski，2009）。

对关于智力的纵向研究进行的元分析表明，儿童期的智商分数能够很好地帮助预测成年期的收入和职业地位（Strenze，2007）。处于智商分布高端25%的人，在职业中更加出类拔萃，他们收入高、晋升快、获奖多。

3. 对健康及社会适应的预测

聪明的人更加健康、快乐，并且适应更好吗？1922 年，推孟（Lewis Terman）开始追踪1 500 多名智商在 140 分以上的学龄儿童时，就想看看这些天才儿童长大以后会变成什么样。不久，人们就看到这些儿童在很多方面与众不同：他们走路、说话比大多数儿童早，身体更加健康，对学校更加适应，道德上更加成熟。尽管他们并没有更受同伴欢迎，不过他们很快就会获得领导位置。

当然，并不能说天才儿童对适应不良具有免疫力。实际上，他们更可能会被社交孤立，感到抑郁，甚至会试图掩饰自己的能力以博取同伴的喜欢（Winner，2000）。

而且，这些天才儿童长大成人以后，大多数人在很多方面仍然卓尔不群，只有不到5%的人被认为患有严重的适应不良。他们的职业成就也令人印象深刻，到中年的时候，88%的人在从事专业或半专业的工作。

简而言之，推孟的样本中大多数人适应良好、健康快乐、富有成就。大约 15%的人在中年期并不是太快乐，或不太成功（Shurkin，1992；Terman，1954）。他们成功是因为其受过良好教育的父母给了他们很多的爱和智力刺激；而不太成功的人则经历了父母离婚、家庭破裂，得到的社会支持和鼓励寥寥无几（Tomlinson-Keasey & Little，1990）。所以，高智商本身并不保证健康、快乐或成功，家庭环境的贡献更胜一筹。

（四）智力变化的弗林效应

在西方国家，智商分数的中位数在 20 世纪有了极大的提升，这一现象被称为弗林效应（Flynn Effect），它是以第一位注意到这一现象的学者詹姆斯·弗林（James Flynn）的名字命名的。

1932—1977 年，美国儿童的智商分数的中位数提升了 20 分（Howard，2001），这是一个巨大的差异，这意味着 1932 年的普通孩子的智商分数低于今天的普通孩子，或者说，今天一半的孩子在 1932 年的得分会高于 120 分，属于“智力优异”的范围。今天有 1/4 的孩子以 1932 年的标准看，属于“智力非常优异”的范围，而在 1932 年只有 3%的儿童属于这个范围。类似的结果在其他国家也相差无几（见图 6-4；Flynn，1999，2012）。

詹姆斯·弗林

究其原因，必然是环境的影响大于遗传的影响，因为人类的基因不可能在如此短暂的时间内发生那么大的变化。那么，环境中哪些方面的变化让智力分数提升了这么多呢？

研究者已经确认了几种可能的因素（Rodgers & Wänström，2007）：父母的照料优于 20 世纪早期、更小的家庭规模和更少的孩子、更多的孩子去上学、电视的发明等。后来更有研究者提出，传染病的减少也非常重要（Eppig et al.，2010）。这是因为大脑的发育需要身体能量——新生儿 87%，5 岁孩子约 50%，成年人 25%，而传染病会因为激活免疫系统、干扰食物消化等方面形成对能量的竞争。也就是说，智商与传染病发生率之

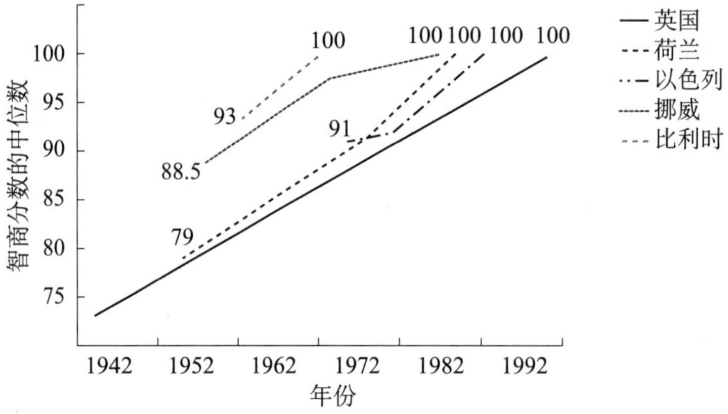

图 6-4　弗林效应

间应该呈负相关，这一点在研究者分析113个国家的数据时得到了证实。一个国家的传染病负担越重，其智商分数的中位数就越低。所以，弗林效应可能主要归功于发达国家消灭了主要的传染病。

四、学龄儿童期的言语

语言能力在学龄儿童期会持续发展，学龄儿童能够更好地理解和解释口头沟通和书面沟通的信息，并形成自己的理解。语音意识、命名速度和语素意识都是影响学龄儿童阅读能力的重要认知因素，它们直接影响阅读准确性，以及阅读流畅度（张玉平等，2017；赵英等，2024）。不过，学龄儿童的词汇知识与阅读理解之间未发现纵向预测关系（陈红君等，2019）

在上学期间，儿童的词汇量会持续增加，他们会越来越准确地使用动词。他们会明白像“跑”这样的一个词不只有一种意思，他们可以从语境中对此加以理解（Hoff，2014）。对于汉语儿童而言，口语词汇知识呈持续的非线性增长（程亚华等，2023）。明喻和隐喻的使用也会变得越来越普遍（Katz，2017）。到6岁时，尽管语法已经相当复杂，但是母语为英语的小学低年级的儿童很少会使用被动语态。

儿童对于句法规则的理解会随着年龄增长而变得日益复杂，他们在理解句子意思时会把它作为一个整体来看，而不是把注意力放在词序上。到8岁时，儿童能够对自己说的话进行语法对错的分析，并进行自我更正（Hanley et al.，2016）。此外，这一时期儿童使用的句子结构也变得更为精细，年龄大一点的儿童已经会使用从句；只不过，某些句子结构（比如，在开头使用“然而”“尽管”的从句）的使用直到进入青少年期才变得较为普遍。

学龄儿童期语言能力发展的另一个重要方面是“语用”（语言的运用），即通过使用语言来进行沟通。语用包含了交谈的技能和叙述的技能。这在学龄儿童期有了很大的发展（Ishihara，2014），儿童对讽刺的使用就是活生生的例子。认知灵活性、解读语调和面部表情的能力，以及评估一种说法与情境的匹配程度的能力，影响着对讽刺的加工和理解（Pexman，2014；Zając̨zkowska & Abbot-Smith，2020）。儿童在5～6岁时能够听出说话者的弦外之音；到8岁时，儿童能够以简单的讽刺运用一试身手（Glenwright & Pexman，2010）。

好的交谈者在与他人讨论其可能不太熟悉的话题之前，会问一些问题试试看。在沟通过程中，他们会很快地找到问题所在，并采取措施来加以补救。这种技能的个体差异非常大，某些7岁的孩子就可能比成年人更加善于交谈。同时，这方面的性别差异也非常明显。儿童的沟通在同性别者之间进行时，更具有合作性（Leman et al.，2005）。

从叙述来看，一年级的儿童讲故事时，常常会扯到自己的经历上。大多数6岁的儿童能够复述篇幅不长的书、电影或电视节目的情节。他们开始能够描述动机和因果联系。到二年级时，儿童的故事就变得更长、更复杂了。虚构的故事通常会有老生常谈似的开头和结尾（"从前……""从此以后，他们快乐地生活在一起"，或者简单地说"故事结束了"）。尽管词汇的使用比过去更加变化多样，但是角色人物不会成长或变化，情节也不会发展。

年龄大一些的儿童通常会设定一个场景，介绍一下背景和角色的信息，他们也会清晰地表明故事中时间和地点的变化。他们建构的故事情节比年龄小一些的儿童更加复杂，但是，不必要的细节并不多。他们会注重角色的动机和思想，会思考如何解决情节中遇到的问题。

五、学习成为主导活动

儿童到六七岁时，正是开始上学的时候，学习也成为儿童的主导活动。

（一）上学的准备

一方面，儿童开始上学时，其身体上和心理上也都做好了准备（林崇德，2002）。如前所述，学龄儿童的神经系统不断发展。接近7岁时，儿童神经系统的髓鞘化过程基本完成，这极大地增强了神经传导的准确性。学龄儿童的兴奋和抑制机能进一步增强，7岁时每天需睡眠11小时，到12岁时则只需睡眠9～10小时；同时，内抑制的发展也帮助他们更好地调节和控制自己的行为。这为学龄儿童的学习和生活奠定了重要的生理基础。

另一方面，他们在学习态度、学习习惯、学习方法、学习能力和社交能力方面也有了必要的准备。比如，他们大体上知道要在课堂上认真听讲、尊敬老师、好好完成老师要求的学习任务等。不过，正确的学习态度的形成是一个长期的过程。学习习惯方面，首先是培养有规律的生活习惯以适应学校的作息制度，然后是培养学习过程中的习惯，比如爱护学习用品、整理学习用具等，另外就是在校上课、学习的习惯。

此外，学龄儿童每天在学校度过的时间非常长，学校成为其重要的社会生活环境，相应的社会能力是其适应学校生活的重要条件。他们有了一定的自主能力、情绪表达能力、人际交往能力等，也为此有所准备。

让儿童入学一年级的过渡轻松自如非常重要，老师可以提供教学支持和情绪支持，比如注意学生的兴趣、促进主动性、提供适当的具有挑战性的学习机会、鼓励积极的社会关系（Cadima et al.，2015）。这些形式的支持不仅仅是帮助儿童发展学业技能，还包括帮助儿童发展社会技能，比如自我控制和听从指挥的能力（Lerkkanen et al.，2016）。

至于孩子是应该早上学，还是应该在幼儿园多待一年，很多家长都很关心，他们顾虑的是早上学的孩子是否能够跟上学业。发展心理学的一项大型研究表明，小学一年级学生中，年幼者与年长者学业进步不分高下。尽管年幼者在阅读方面稍逊一点，但其差异可以忽略不计。而且，那些选择让孩子在幼儿园多待一年、等到上一年级时成为班级里的年长者的父母，并没有给孩子带来好处——他们并不比最小的同学学得更好（Morrison et al.，2005）。甚至有研究发现，延迟上学不无弊端。纵向研究的结果表明，延迟上学的孩子在小学阶段虽无不良影响，在青少年期却有许多情绪问题和行为问题（Stipek，2002）。换言之，延迟上学可能弊大于利，而且，年龄本身并非关键所在，重点是要在各方面都做好准备。

（二）小学学习的特点

学习成为学龄儿童的主导活动，体现了几方面的特点。

首先，学习是一种社会活动。在学习过程中，学生系统地掌握知识技能，养成符合社会需求的人格品质，文化、价值观在这一过程中得以传承，个人也能成为合格的社会成员。学习不但具有社会性、目的性和系统性，而且有一定的强制性。

其次，小学教学的内容主要是基本知识和常识。它会引导学龄儿童逐步掌握书面语言，促进其思维特点由具体形象思维向抽象思维过渡。从小学开始，书面语言成为学习的专门对象。通过识字、阅读、作文来掌握书面语言，是儿童进一步掌握人类知识经验的基本途径。

最后，学习是在学校群体生活中进行的。学龄儿童有意识地参加各种群体生活，对其人格、社会性和道德的发展都有着重要作用。

前沿扫描

玩电子游戏，可助力学习？

（三）学业成绩的影响因素

儿童上学以后会有什么样的表现，除了受到其自身特征的影响外，家庭、班级、学校和社会文化都有影响。

第一是儿童的自我效能感和成就动机。按照班杜拉的社会认知理论，自我效能感强，即相信自己能够掌握学习任务、调节自己的学习的儿童，比起那些对自己的能力没有信心的儿童，更可能去尝试，也更可能获得成功。如果父母未能在儿童尝试挑战性的任务时提供问题解决的机会或干预，那么就可能抑制儿童追求成功的愿望，并可能导致习得性无助（Orkin et al.，2017）。

第二是父母的养育方式。这会为儿童创造不同的学习环境。学得好的儿童，其父母会为他们提供学习场所、书籍、文具；父母会合理安排儿童吃饭、睡觉和写作业的时间；父母会监控儿童看多长时间的电视、放学以后干什么；父母有兴趣和儿童谈学校的生活和儿童参加的活动。随着孩子长大，监督写作业的责任会转移到儿童自己身上（Cooper，1998）。表扬儿童的努力会激发儿童的内部动机，从而能够更有效地促进他们的学习。

权威型父母能够培养儿童的高成就动机，促使儿童对学习好奇而有兴趣，喜欢有挑战的任务，享受自己解决问题之后的乐趣。独裁型父母追在儿童后面要他们做作业，监督严密，靠的是外部动机，这些儿童往往成绩不佳。放任型父母置身事外，似乎并不关心儿童学得怎么样。针对中国父母养育方式与儿童学业成绩之间关系的元分析表明，积极养育方式（情感温暖和理解）可正向预测学业成绩，而消极养育方式（惩罚和严厉、过分干涉和过度保护、偏爱被试、拒绝和否认）可负向预测学业成绩（谢云天，史滋福，尹霖，兰洛，2022）。

当然，父母养育方式的影响并不是单向的，儿童的气质会与之发生交互作用。比如，困难型气质的儿童相比容易型气质的儿童，在父母养育方式质量较差时，他们的学业表现会更差；而如果父母的教养质量较高，他们的学业表现就会更好（Stright et al.，2008）。

第三是社会经济地位。它对学业成绩有显著的影响，主要是通过对家庭气氛、居住地选择、学校质量的选择以及养育方式的影响来发挥作用。社会经济地位会影响父母为孩子提供什么样的学习环境，境况好的父母对自己有信心，也会为孩子设定积极的目标，会通过养育方式促进孩子能力提升（Brody et al.，1999）。居住地的选择一般决定了所上学校的质量，同时，邻居同伴团体的态度也会对动机产生影响（Pong，1997）。当然，也有“穷孩子”学习不错，这是因为社会资本（social capital）在其中起到了关键作用，即家庭自身以及从社区获得的可以利用的资源。

第四是教师的期望。如果教师对儿童形成了积极的看法，儿童就可能会以此为据，做到不辜负教师的期望；这就是教育中的**自我实现的预言**（self-fulfilling prophecy）。自我实现的预言指的是在目的性情境中，个体或他人对自己的预期在自己以后的行为结果中成为现实的现象。这一效应在教师强调竞争、公开比较儿童时尤为明显（Weinstein，2002）。教师的期望对成绩不好的学生有更大的影响（Madon et al.，1997），如果教师信任这些学生，他们将获益；但是，教师带有偏见的判断常常使这些学生破罐子破摔。此外，教师的期望在儿童进入青少年期以后仍然重要（Wentzel，2002）。

> **自我实现的预言**　在目的性情境中，个体或他人对自己的预期在自己以后的行为结果中成为现实的现象。

第五，教育制度和文化也会对儿童的学业成绩产生深远的影响，在此不再赘述。

基于上述原因，我们可以采取一些具体的操作步骤来最大限度地为孩子创造成功的机会，比如下面的这些做法（Feldman，2011）：

其一，营造出“文化气氛”。父母应该给孩子读读书，让他们熟悉书籍和读物。成年人应该为孩子树立读书的榜样，以便孩子明白阅读是成年人生活中重要的一项活动。

其二，与孩子谈心交流。讨论新闻中的事件，谈论他们的朋友，分享他们的爱好。促使孩子去思考，并讨论他们自己周围的世界，是为他们上学能做的最好准备之一。

其三，给孩子学习场所。这可以是一张书桌、餐桌的一角，或是房间里的一块空间。无论如何，重要的是它应该是一个隔离出来的、精心规划的区域。

其四，多鼓励问题解决。要想解决一个问题，孩子就应该学会确定自己的目标，应该学会搞清楚自己知道什么、不知道什么，应该学会设计一项策略并加以执行，最后还要评估所得的结果。

第二节　学龄儿童期的心理社会性发展

一、学龄儿童期的心理社会性任务

勤奋对自卑　埃里克森提出的人的发展的第四个阶段，这期间儿童的发展主要是围绕能力展开的，关注的是儿童为应对父母、同伴、学校等提出的挑战而付出的努力。

如第二章所述，埃里克森（Erikson，1950）把人的发展分为八个阶段，学龄儿童期的发展处于第四个阶段——**勤奋对自卑**，这期间儿童的发展主要是围绕能力展开的，关注的是儿童为应对父母、同伴、学校等提出的挑战而付出的努力。

开始正式上学是进入学龄儿童期的标志。在学校里，儿童接受读写能力的训练，他们需要付出努力学习大量的知识，为将来从事林林总总的专业职业做准备。儿童会了解自己和他人的独特能力，了解劳动分工的价值，发展道德承诺和责任感。在学校里，儿童会发展与他人合作的能力。如果这一阶段顺利，学龄儿童就会体验到一种掌控感、熟练感，逐渐形成能力感，获得“能力”（competence）品质。埃里克森提出的勤奋感包含了学龄儿童期几方面的发展：积极而现实的自我概念、完成任务的骄傲感、更多的责任感、与同龄人的合作。

这一阶段的危险是“自卑”，它反映的是儿童缺乏信心，不相信自己能够把事情做好。如果在家里、在学校或与同伴一起时，儿童体验到消极的经验，觉得自己无能，儿童就会出现自卑感。比如，在学前阶段，家里未帮助儿童做好上学的各方面准备，或者老师和同伴以消极的反应摧毁了儿童的能力感和掌控感。

二、学龄儿童期的情绪发展

随着儿童的成长，他们对自己以及他人的情绪的意识也在发展。他们能够在社交情境中调节自己的情绪表现，也能够对他人的悲痛做出反应。

（一）学龄儿童期的情绪理解及自我意识情绪

学龄儿童对心理活动的理解意味着他们能够参考内心状态而不是外部事件来解释情绪（Flavell et al.，2001）。在8岁左右，学龄儿童意识到他们能够在同一时间体验到不止一种情绪，这些情绪既可能是积极的也可能是消极的，并且情绪强度也会大相径庭（Pons et al.，2003）。比如，他们会说自己因为过生日时收到很多礼物感到兴高采烈，但是，没有得到自己想要的东西却又有一点点美中不足。他们也越来越能够通过语言来表达冲突的情绪。

对混合情绪的理解使学龄儿童认识到，人们的表情未必反映了他们的情绪（Saarni，

1999)。这也有助于培养儿童的自我意识情绪，到七八岁时，羞耻和骄傲会影响到他们对自己的看法（Harter，1996)。比如，八九岁的儿童能够理解，骄傲是由两种快乐构成的，一种是完成任务之后的快乐，另一种是重要他人的认可所带来的快乐（Harter，2012)。在学龄儿童期的中后期，作为情绪理解的一部分，儿童能够进行“心理时间旅行”，借此他们可以对事件进行认知和情绪方面的预期和回忆（Lagattuta & Kramer，2021，2022)。

而且，这时候的儿童能够调和矛盾的面部线索和情境线索，以确认他人的情绪，幼儿则主要是依靠表情。他们也会知道情绪体验和情绪表达之间是有区别的。他们知道，情绪可以压抑，但是它并没有销声匿迹（Rotenberg & Eisenberg，1997)。

情绪理解的发展也得益于认知发展和社会经验，尤其是在成人对儿童的情绪比较敏感并愿意加以讨论时。同时，这也能够促进共情的发展。随着学龄儿童的成长，他们观点采择能力的提升使得他们的共情反应不再只是针对他人即时的悲痛，他们也会对一般的生活条件做出反应（Hoffman，2000)。比如，如果儿童想象到得病的人或饥饿的人的感受，他们就能有共情反应。10 岁的男孩可能能够理解同学父亲去世带给他的悲伤，并自己体会到这种悲伤（Oğuz & Akyol，2008)。在学龄儿童期，儿童的共情能力越来越强，他们也会表现出更多的亲社会行为。

（二）学龄儿童期的情绪调节

对消极情绪的控制也是学龄儿童情绪发展的一个方面，情绪调节能力在学龄儿童期快速增强。他们会明白什么东西会让自己愤怒、害怕或伤心，知道其他人对这些情绪的表现会做出什么样的反应，并相应地调整自己的行为。随着儿童越来越多地进行社会比较、越来越关心同伴的赞许，他们也就必须学会管理自己的消极情绪，以免威胁到自尊。擅长情绪调节的儿童往往更能够抗拒冲动、适应学校（Savina，2021)；而冲动控制糟糕的儿童更可能经历同伴拒绝（Lecce et al.，2020)。

到 10 岁时，大多数儿童能够恰当地轮换使用两种情绪调节策略。一是“聚焦于问题的策略”，即他们认为情境并非一成不变，搞清楚困难所在之后，会决定怎么做。如果这种策略不起作用，他们会使用第二种策略——“聚焦于情绪的策略”，即对情境无能为力时，自己在内心中控制悲痛（Kliewer et al.，1996；Lazarus & Lazarus，1994)。比如，面对一次令人烦恼的考试时，年龄大一些的学龄儿童会认为解决问题和寻求社会支持是最好的策略。但是，如果结果失控，比如考试考砸了，他们会选择转移注意，或者试图对情境进行重新界定：“这次考得真差。不过，还有下次。”与学前儿童不同的是，学龄儿童更多地使用内在策略来管理情绪，因为他们对思维和情绪进行反省的能力已经大为改善了（Brenner & Salovey，1997)。

此外，学龄儿童通过与父母、老师和同伴的交往，会越来越懂得如何以社会赞许的方式表露消极情绪。他们更多地使用言语策略，而不是吼叫、生气或攻击（Shipman et al.，2003)。只不过，低年级儿童这么做是为了逃避惩罚或获得成人的赞许；到三年级以后，他们开始强调要顾及他人的情绪。这种儿童特别受老师和同伴的喜欢，因为他们乐于助人、善于合作，社交反应性好（McDowell & Parke，2000)。

情绪自我效能感 对控制自己情绪体验的感受。

随着情绪调节能力的发展，学龄儿童还会获得一种**情绪自我效能感**（emotional self-efficacy），即对控制自己情绪体验的感受（Saarni，2000；Thompson & Goodman，2010）。这有助于培养积极的自我映像和乐观主义，进而有助于儿童面对以后的情绪挑战。情绪调节能力强的儿童在心境、共情和亲社会方面都会不断进步，而情绪调节能力弱的儿童随意宣泄消极情绪，势必妨碍其亲社会行为和同伴接受性。

总之，学龄儿童能够整合内外线索来理解他人的情绪，其共情反应变得更强，他们也意识到人们对相同的事件会有形形色色的情绪反应，能够理解人们可以同时体验到各种情绪。在学龄儿童期，儿童的自我意识情绪更紧密地与其内化的"对"的标准或"有能力"的标准相联系，其情绪调节策略也变得更加多样化、更加复杂（谢弗，2005）。

三、学龄儿童期的自我发展

在学龄儿童期，自我描述的方式变得更加现实、更加平衡、更加综合。在七八岁时，学龄儿童自我概念的发展达到了新皮亚杰理论所认为的第三阶段，他们具备了形成"表征系统"的能力（参见第五章），即把自我的不同方面整合为包罗万象的自我概念（Harter，1996，2006）。他们能够对真实自我和理想自我进行比较，并通过与他人的比较来判断自己在社会标准尺度下的状况。所有这些又影响着他们自尊的发展。

（一）自我概念的发展

在小学期间，学龄儿童对客体自我（自我概念）的认识更加精练，他们会把对行为及内心状态的观察组织为一般性的特质。他们对自我的描述不再强调具体的行为，而是强调能力。年龄大一些的学龄儿童相比之下不太可能以极端的方式进行自我描述（Harter，2003，2006）。这时候儿童的自我描述能够关注到自我的多个方面，他们摆脱了"全或无"的自我界定，他们会认识到自己某些方面还不错、某些方面不太行，既会提到积极的特征，也会提到不好的方面。其自我描述更加平衡，对自我概念的言语表述更好，也能够把握自我概念各个方面的轻重。

学龄儿童的自我概念来自他们的社会比较（social comparisons），即通过比较自己与他人来对自己的能力、外貌和行为等加以判断。年龄小一些的儿童会将自己与另一个儿童的表现进行对比，年龄大一些的儿童则会将自己与多个人进行对比（Guest，2007）。

学龄儿童自我概念的变化一方面受到其认知发展的影响。他们能够把典型的经验和行为整合为心理特征，能够混合积极的和消极的特征，能够比较自己的特征与很多同伴的特征，这使得其自我概念的结构发生了变化（Harter，2003）。

另一方面，学龄儿童自我概念内容的变化则是认知发展和他人反馈的结果。学龄儿童越来越能够"读懂"他人的想法，并把它们整合到自我界定中。随着儿童不断内化他人的期望，他们形成了一个用来评价"真实自我"的"理想自我"。如果这两者判若云泥，则有损自尊，进而导致悲伤、绝望和抑郁。同时，由于学龄儿童的社会活动范围越来越广，他们会从更多的人那里获得关于自我的信息，他们的自我描述也经常会参考他人的看法。

（二）自尊的发展

苏珊·哈特

自尊作为对自我的总体评价，基于个体对不同领域的能力的评价。苏珊·哈特（Susan Harter，2003，2012）提出了一个关于儿童自尊的多层次模型（见图 6－5），包含学业能力、社会能力、运动能力和身体外貌等多个宽泛的维度，每个维度又包含多个小的范围。这些方面随着年龄的增长会变得越来越清晰（Marsh & Ayotte，2003）。

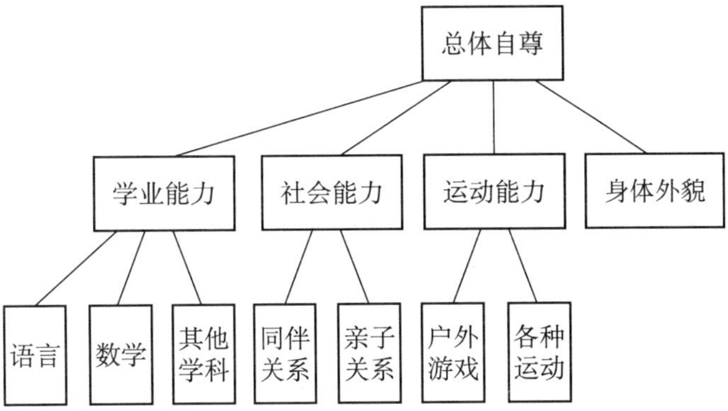

图 6－5　儿童自尊的多层次模型

一方面，如第五章所述，幼儿往往对自己的所有方面都给予正面评价，因而表现出“自我膨胀”，学龄儿童对自己的评价则更加接近他人对他们的评价（Marsh et al.，1998）。

另一方面，儿童对自我的评价中，有的方面他们会越来越看重。在儿童期和青少年期，对身体外貌的知觉与总体自我价值有很高的相关，超过自尊的任何其他方面（Klomsten et al.，2004；Hymel et al.，1999）。

在小学阶段的前几年，随着儿童开始对自己的多个方面进行自我评价，他们的自尊会有所下降（Marsh et al.，1998）。不过，这一下降在程度上还不足以造成伤害，大多数儿童对他们自己的特点和能力能够有现实的积极评价，能够保持基本的自尊态度。在四年级以后，大多数儿童的自尊会上升，因为他们对自己的同伴关系和运动能力会有非常好的自我感觉（Cole et al.，2001；Twenge & Campell，2001）。

积极的亲子关系和对父母的安全依恋可以帮助预测整个儿童期的积极自尊（Sroufe，2016）。自尊是由父母的温情所培育的，温情的父母会表达积极情绪和接纳，并让孩子感受到父母在乎自己。他们会内化这种认为自己有价值的感受，而这正是自尊的核心所在（Brummelman，2018）。家庭环境对人一生的自尊都有影响，纵向研究表明 6 岁以前早期家庭环境的质量可以帮助预测 8 岁直到成年期（28 岁）的自尊（Orth，2018）。

值得一提的是，文化对自尊有着深刻的影响。中国及日本儿童在自尊上的评分，随着年龄增长越来越低于北美儿童（Twenge & Croker，2002）。因为亚洲文化对社会关系非常看重，并强调社会和谐，所以亚洲儿童往往对自己的积极评价有所保留，而夸奖他人时则不吝赞美之词。实际上，在大多数地方、大多数时候，父母更担心自己的孩子会变得自私，而不是低自尊。因此，在家庭社会化的时候，父母并不鼓励自我膨胀（LeVine & New Eds.，2008）。强调个体主义的文化会促成儿童的高自尊。然而，如果父母过高评价孩子的品质、过度表扬孩子的表现、过分鼓励孩子与众不同，那么儿童可能会发展出一种自恋感，认为自己比其他人高一等（Brummelman，2018）。

四、学龄儿童期的心理性别

如第五章提到的，心理性别定型涉及三个方面：性别认同、性别角色刻板印象、行为的性别定型模式（见表5-5）。性别认同的发展主要体现在幼儿期，所以，在此我们再看看后两个方面。

（一）性别角色刻板印象的发展

性别角色刻板印象的发展实际上在儿童开始认识到自己是男是女时就已经开始了，2～3岁的儿童就有了一些关于性别角色的知识，能够正确指认照片上的儿童是男孩还是女孩（Fagot et al.，1986）。

在学前和学龄阶段，儿童越来越清楚玩具、活动、成就等领域适合男孩女孩的分别是什么（Welch-Ross & Schmidt，1996）。学龄儿童能够非常清楚地从心理上区分两性之间的差异，他们会了解到与自己的性别相联系的积极特质，以及与另一性别相联系的消极特质（Serbin et al.，1993）。比如，儿童会认为“坚韧不拔”“敢作敢为”“明智理性”“有支配性”等是男性特质，而“温柔贤淑”“有同情心”“依赖”等是女性特质。到10～11岁时，儿童人格特质的心理性别定型开始能够媲美成人，这在多种文化中都如出一辙（Best，2001；Heyman & Legare，2004）。

关于性别角色刻板印象，3～7岁的儿童非常认真，他们把性别角色标准看成不可违反的基本准则（Ruble et al.，2006）。比如，他们认为男孩不可以玩女孩的布娃娃，否则会受到取笑。

到8～9岁时，他们对性别的思考多了一些灵活性，不再那么顽固僵化。不过，虽然他们认为儿童可以去追求跨性别的兴趣和活动，但是这并不意味着他们赞成其他人这么做。比如，他们表示不会和涂口红的男孩交朋友，但是可以容忍女孩踢足球（McHale et al.，2001；Blakemore，2003）。

到青少年早期，这种灵活性仍有增强，但是，很快男孩女孩都表现出对跨性别行为方式的水火不容（Alfieri et al.，1996）。这是因为随着青春期的到来，心理性别的强化过程更加突出，男孩开始把自己看得更加男性化，女孩相应地会把自己看得更加女性化。

（二）行为的性别定型模式的发展

行为的性别定型模式的发展最早可见于儿童对玩伴和玩具的选择。14～22个月的男孩通常偏好卡车，女孩则更喜欢玩布娃娃和其他软的东西。18～24 个月的儿童就常常拒绝玩异性的玩具，哪怕是没有其他玩具可玩的时候也不委曲求全（Caldera et al.，1989）。行为的性别定型模式的发展可以从三个方面来看。

1. 性别隔离

行为的性别定型模式的发展存在**性别隔离**（gender segregation）。儿童对同性同伴的偏好在很早就出现了。2 岁的女孩就已经更喜欢和女孩玩（La Freniere et al.，1984）。到 3 岁时，男孩基本上选择男孩为伙伴。这种性别隔离在各种文化中都屡见不鲜，并且随着年龄增长而与日俱增（Gaskins，2015）。

> **性别隔离**　行为的性别定型模式发展中，儿童对同性同伴的偏好。2 岁的女孩就已经更喜欢和女孩玩。到 3 岁时，男孩基本上选择男孩为伙伴。这种性别隔离在各种文化中都可以看到，并且随着年龄增长而日益明显，在青少年期会减退。

6.5 岁的儿童与同性伙伴在一起的时间是与异性伙伴在一起的 10 倍（Maccoby，1998）。学龄儿童一般觉得与异性的交往并不愉快，更可能对异性有消极反应（Underwood et al.，2001）。10～11 岁明确坚持男女有别的儿童、避免和“敌人”搅在一起的儿童，通常被认为更具有社会能力、更受欢迎，而违反性别隔离原则的儿童就不太受欢迎，也有适应问题（Sroufe et al.，1993；Rieger & Savin-Williams，2012）。对性别隔离的进一步分析发现，潜在玩伴的性别是选择玩伴的首要标准，而非玩伴的活动（Martin et al.，2013）。实际上，偏好异性友谊的儿童更可能被同伴拒绝（Kovacs et al.，1996）。

在学龄儿童期，男孩女孩的性别自我知觉有着不同的发展方向（Banerjee，2005；Kapadia & Gala，2015）。男孩更多地以男性化的特征来描述自己，并避开被认为是女性化的活动。相比之下，女孩会把一些男性化的特征（比如，“有力”“自我依靠”）归于自己，而不是以女性化的“温情”“有同情心”来描述自己。相似地，女孩考虑的未来职业是与男性相联系的，男孩则不太可能考虑与女性相联系的职业（Gaskins，2015）。

不过，性别界限和对异性同伴的偏见在青少年期会减退，这时候青春期带来的影响会激发对异性的兴趣（Bukowski et al.，2000）。

2. 性别差异

行为的性别定型模式的发展存在性别差异。在多种文化中，在坚持行为的性别定型模式方面，男孩面临更大压力，男孩也比女孩更快地形成性别类型化的玩具偏好。比如，2 岁时，男孩就明显地喜欢“男孩的玩具”，女孩则不一定。到 3～5 岁时，男孩更可能说他们不喜欢异性的玩具，他们更可能喜欢玩男孩玩具的女孩而不喜欢玩女孩玩具的男孩（Alexander & Hines，1994）。

人们对男孩的期望严于对女孩的期望（Liben et al.，2013）。在 4～10 岁时，男孩女孩都越来越清楚文化的期望并服从它。但是，与男孩相比，女孩更可能保留一些对跨性别玩具、游戏和活动的兴趣（Ruble & Martin，1998）。在学龄儿童期，女孩之所以会有男性化的行为，不仅是因为她们意识到人们对男性化行为有较高的评价，还因为在参与跨性别活动时女孩得到的回旋余地多于男孩，女孩可以是一个“假小子”，但是男孩的“娘娘腔”必遭嘲笑和拒绝（Martin，1990）。

不过，到青少年早期，女孩最终还是偏好（或服从）大体上的女性角色。一方面，青春期的身体发育使她们更有女人味；另一方面，认知的发展使她们对此有了更好的理解，她们也变得更关心他人的评价，更倾向于服从相应的社会期望。

3. 性别认同的扩展

学龄儿童的性别认同会进一步扩展，包含三方面的自我评价。

其一，性别的典型性。即儿童认为自己与同性别的其他人相似的程度。尽管儿童不一定需要以非常典型的性别化观点来看自己，但是，是否与同性别的同伴吻合的感觉对其幸福感会有影响。

其二，性别的满意度。即儿童对自己的性别的满意程度，这也会促进幸福感的提升。

其三，服从性别角色的压力。即儿童感受到的来自父母和同伴对其与性别相关的特质的不满。因为这种压力会抑制儿童去探索与自己的兴趣和天赋相关的选择，所以强烈感受到心理性别定型压力的儿童常常会感到痛苦不堪。

心理性别典型的、对自己的性别满意的儿童，会获得更高的自尊；而心理性别不典型的、对自己的性别不满意的儿童，自我价值感会下滑。而且，感受到强烈的服从性别角色的压力的儿童会遇到严重的困难，比如退缩、悲伤、失望、焦虑（Yunger et al.，2004）。

拓展阅读

为什么有人始终无法接受自己的性别？

虽然大多数人在心理性别的发展中符合文化所期望的性别定型特征，但是仍然有少数人另辟蹊径，他们被认为存在性别认同障碍。

性别认同障碍的诊断标准主要有两方面（Bradley & Zucker，1997）。标准A包含了一些特别的愿望和行为，比如像异性那样大小便，或者内心深信自己可以拥有异性那样的典型感受或者行为反应。标准B指的是对自己的生物学性别或者性别角色深感不安的特定行为，比如解剖结构带来的烦躁不安，或者明显地厌恶同性的活动或者服饰。

研究表明，6%的4～5岁男孩和11.8%的4～5岁女孩的言行举止有时或经常像异性一样，并且这当中1.3%的男孩和5.0%的女孩有时或经常希望自己变成异性（Sandberg et al.，1993）。然而，在6～13岁期间，男孩在这些方面的表现都下降了；对女孩而言，要么是行为方面的表现下降了，要么是愿望方面的表现下降了。

虽然在正常样本中女孩显得比男孩更希望变成异性，但是临床样本中男孩与女孩的比率是7∶1。当然，这并不能够被解释为人口学变量上的性别差异，它反映的可能是同伴和成人对男孩女孩所表现出的异性行为的社会容忍度不同，男孩表现出女性化的行为时更容易被认为不正常。

从与性别认同障碍有关的心理病理学问题来看，6～11岁的男孩遭受的困扰比4～5岁的男孩多。这些问题主要表现为内化问题，而不是外化问题。有性别认同障碍的女孩也表现出相同水平的行为困扰，但是她们的内化问题更为突出。

儿童期的跨性别行为与成年以后的同性恋取向有着非常密切的联系（Bailey & Zucker，

1995）。不过，并不是所有成年以后自认为是同性恋的人都回忆自己小时候有过跨性别的行为。这表明性别认同障碍与同性恋之间的关系并不是必然的，性别认同障碍也不简单地是同性恋的早期表现（Bradley & Zucker，1997）。

有一些特定因素会导致儿童性别认同障碍，在父母方面就是对孩子的跨性别行为的容忍迁就，在儿童方面可能也有一些因素（比如，活动水平或者敏感性），它们使得跨性别行为更加突出。一旦儿童开始表现出明显的跨性别行为，尤其在性别认同还没有巩固时，儿童就可能会形成跨性别认同的自我，它将会起到重要的防御机制的作用，很难放弃。在导致这种情况出现的因素没有改变的情况下更是如此。所以，相应的干预应该考虑到这一点。

五、对他人的理解

一个人要融入社会，就必须和他人交往，如果我们对交往对象的思想情感有所认识，能够预测其可能的行为，那么交往过程就会如鱼得水。儿童在 3 岁左右心理理论的发展（参见第五章）是关键一步，这使其开始理解信念、动机和意图。儿童对人的认识由此随年龄增长变得越来越准确（Bartsch & London，2000）。

（一）对人的知觉

学前儿童是以具体的、可观察的词汇来对人加以描述的，很少涉及人格的描述，这与他们自我描述的方式相同。这并不是因为他们对人们表现出来的内部品质缺乏认识。即使是 18 个月大的婴儿也能够意识到意图可以指导人的行为（Meltzoff，1995）；到 3～5 岁时，幼儿会意识到其最密切的伙伴在各种不同情境中的行为方式（Eder，1989）。在幼儿园里，他们会知道小伙伴们在学业能力和社会能力上参差不齐，所以搞学习比赛时他们会选择和学业能力强的在一组，而玩游戏时会选择和社会能力强的在一组（Droege & Stipek，1993）；5～6 岁的儿童不但能够认识到同伴的“行为一致性”，而且开始基于愿望等主观心理状态来进行一些特质推理。

7～16 岁期间，儿童对朋友及熟人的描述越来越少使用具体的品质，而是更多地使用心理特质。6～8 岁的儿童不再简单罗列亲密伙伴的行为，而是在值得一提的行为维度上与其他人进行比较，比如“小贝比小杰跑得快”“她画的画是全班最好的”。这种“行为比较”在 6～8 岁期间增多，9 岁以后快速减少（Barenboim，1981）。

相对地，儿童越来越意识到同伴行为的规律性，并开始把它们归因于稳定的“心理结构”或特质。10 岁儿童说同伴画画得好时，会说她很有艺术天分。对心理结构的使用在 8～10 岁快速增长，这使得儿童能够在重要的心理维度上对他人进行比较和对比，比如“小贝比小杰害羞”“她是我们班最有艺术天分的人”。

到 14～16 岁，青少年不但能够意识到先天的相似性和差异性，而且开始意识到一些情境因素（比如，疾病、家庭冲突）可能会使一个人行为异常（Damon & Hart，1988）。

（二）观点采择能力

罗伯特·塞尔曼

观点采择　想象他人的想法和感受。

在学龄儿童期，**观点采择**（perspective taking）能力，即想象他人的想法和感受的能力，有了很大的进步。这一变化对自我概念、自尊、对他人的理解、社会技能的发展都有促进作用。

罗伯特·塞尔曼（Robert Selman，1980）认为，要想认识一个人，就必须认识其观点，理解其思想情感、动机意图，即通过内部因素来解释行为。如果儿童未获得这些重要的观点采择技能，他们就别无选择地只能通过外部特质——外表、活动、财物——来描述他人。塞尔曼（Selman，1976）根据儿童青少年对社会性两难故事的反应，提出了观点采择发展的五个阶段（见表6-5）。

表6-5　塞尔曼的观点采择发展阶段

阶段	年龄	特征
水平0：尚未分化的观点采择	3～6岁	儿童知道自己和他人会有不同的想法和感受，但是他们经常会混为一谈。他们认为自己的看法会得到他人的同意。
水平1：社会信息的观点采择	4～9岁	儿童认识到他人的看法可能与自己的不同，但是儿童相信是人们接触到的信息不同导致观点的不同。
水平2：自我反省的观点采择	7～12岁	儿童知道，即使得到相同的信息，自己和他人也会有不同的观点。儿童能够设身处地，能够从他人的观点来看自己的想法、感受和行为。他们也认识到别人也能够这么做。因此，他们能够预测他人的行为。
水平3：第三方的观点采择	10～15岁	儿童能够走出当事双方的情境，想象站在第三方的公正立场来看自己和他人。
水平4：社会的观点采择	14岁至成年	青少年认识到第三方的观点会受到更广泛的个人、社会和文化背景的影响。他们会试图比较他人的观点与社会系统（即“一般他人”）的观点。

资料来源：Selman，1976.

起初，儿童对他人思想情感的认识非常有限。随着时间的推移，他们越来越意识到人们对相同的事件会有截然不同的看法。不久，他们能够设身处地，反省他人对自己的思想情感和行为会有什么看法。最后，年龄大一些的儿童和青少年能够同时评估两个人的观点，先是从旁观者的角度，然后是以社会价值观为参照。

经验对儿童观点采择的发展有促进作用。擅长观点采择者反过来又很可能表现出共情和同情，并以有效的方式处理困难的社会情境（Fitzgerald & White，2003）。儿童的观点采择能力对其延迟满足决策也会产生影响（蒋钦等，2012）。

儿童观点采择能力的发展以相同的顺序走过每个阶段，而且，认知发展水平较高的儿童更可能处于较高的观点采择水平，这一点并不受年龄的影响。

在学龄阶段早期，自发采择他人观点的能力在发展，观点采择奠定了儿童的亲社会举动（Sobel & Blankenship，2021）。从反社会行为来看，缺乏良好观点采择能力的儿童和青少年更可能面临同伴关系的困难，更可能出现攻击性行为和对抗行为（Morosan &

others，2017），不愿意对别人做出让步（Van de Groep，Zanolie，& Crone，2020）。

六、学龄儿童期的道德发展

发展心理学关于道德发展的探索，主要关注道德的三个成分，即道德认知、道德情感、道德行为。认知发展理论家关注的是道德推理。精神分析理论家非常重视道德情感，他们认为儿童遵守道德原则是为了体验到骄傲等积极情感、避免内疚和羞耻等消极情感。而社会学习和信息加工理论家解释了道德行为。在此，我们先看看道德推理。

（一）皮亚杰的道德发展理论

皮亚杰对儿童道德判断的研究主要关注道德推理的两个方面，一是“对规则的尊重”的发展，二是“公正”概念的发展。通过分析 5～13 岁儿童的游戏行为及其对故事中角色的道德判断，皮亚杰提出道德推理的发展有三个阶段，虽然儿童到达每一阶段的年龄有差异，但阶段的顺序是一成不变的。

第一阶段是**前道德期**（premoral period）。皮亚杰认为，学前儿童不太关心规则，或者未意识到规则。在玩游戏时，前道德期儿童的游戏行为中很少包含赢的意图。取而代之的是，他们自己定规则，他们认为游戏时大家应该轮流得分，游戏是为了开心高兴。

第二阶段是**他律道德**（heteronomous morality）。在5～10岁时，儿童变得极其尊重规则，皮亚杰称之为他律道德，指的就是“服从他人的规则”。这时候，儿童相信规则是由有权威的人物制定的，它们是神圣而不可改变的。比如，对于急救车风驰电掣地开往医院，他们认为破坏了交通规则，是应该受到惩罚的坏行为。他们相信任何道德问题都有对错之分，而遵守规则就是对的。

他律儿童也可能根据行为的后果而不是意图来评定行为的好坏。比如，很多 5～9 岁的儿童认为，虽然有好的意图（目的是为了准备晚餐），但打碎 15 个杯子的儿童更加淘气；而不认为虽然偷吃糖果，但只是打碎 1 个杯子的儿童更加淘气。

他律儿童也赞成“赎罪惩罚”，即只要做错事就该受到惩罚，而不管它与该行为的本质关系。比如，6 岁儿童可能会赞成以打屁股的方式惩罚打碎玻璃的男孩，而不是让他赔偿玻璃。此外，他律儿童也相信“内在公正”（immanent justice），即认为任何违反社会规则的行为都会不可避免地受到这样或那样的惩罚。

第三阶段是**自律道德**（autonomous morality）。在 10～11 岁，大多数儿童会认识到规则是协商一致的结果，并非铁板一块、不可挑战，在管理者的认可下甚至是可以改变的。他们也觉得，为了人的需要，规则也是可以违反的。所以，急救车超速也不再是不道德的。

这时候，关于对和错的判断主要依赖于行为者违反社会规则的意图，而不是行为本身的后果。所以，自律

> **前道德期** 皮亚杰认为，学前儿童不太关心规则，或者未意识到规则。
>
> **他律道德** 在 5～10 岁时，儿童变得极其尊重规则，相信规则是由有权威的人物制定的，它们是神圣而不可改变的。
>
> **自律道德** 在 10～11 岁，大多数儿童会认识到规则是协商一致的结果，是可以挑战的，在管理者的认可下甚至是可以改变的。他们也觉得，为了人的需要，规则也是可以违反的。

阶段的儿童会说，为偷吃糖果（坏意图）而打碎1个杯子的儿童更加淘气，而不是为准备晚餐（好意图）而打碎15个杯子的儿童更加淘气。

这时候的儿童通常赞成“互换惩罚”，即惩罚是为了让规则破坏者明白犯规意味着什么，是为了减小其再次犯规的可能性。所以，他们会认为应该让打碎玻璃的孩子赔偿，而不是简单地打屁股。此外，此时儿童不再相信内在公正，因为经验告诉他们，违反社会规则通常是在神不知鬼不觉的情况下进行的，当然也未受到惩罚。

皮亚杰关于儿童道德发展的描述被认为大致上是不刊之论，只不过他可能低估了儿童获得道德能力的年龄（Yuill & Pearson，1998）。

（二）柯尔伯格的道德发展理论

柯尔伯格（Lawrence Kohlberg，1963，1984）通过道德两难故事，考察儿童青少年的两种选择：其一，服从规则、法律或权威人物；其二，采取与这些规则和要求冲突的行动以满足人的需要。柯尔伯格感兴趣的不是他们做何决定，而是有何依据，或“思维结构”。下面是这些两难故事中典型的一个，大意如下：

> 欧洲一位妇女得了一种特殊的癌症，快死了。特效药非常贵，她的丈夫海因茨想方设法也没有筹到足够的钱买特效药，药商又不肯降价或接受延期付款。最后，海因茨破门而入，偷了特效药。问题是：海因茨应不应该偷药？为什么？

柯尔伯格提出，每个人的道德都是随年龄经验的增长而逐渐发展的，并且这种发展遵循一种普遍性的顺序原则，这就是他提出的三水平六阶段道德发展理论（见表6-6）。在此，我们先看第一、第二水平的四个阶段。

表6-6　柯尔伯格的三水平六阶段道德发展理论

水平		阶段		心理特征
一	前习俗道德水平（4～10岁）	1	避罚服从取向	只从表面看行为后果的好坏。盲目服从权威，旨在逃避惩罚。
		2	相对功利取向	只根据行为后果是否带来需要的满足来判断行为的好坏。
二	习俗道德水平（10～13岁或以后）	3	寻求认可取向	寻求成人认可。凡是成人赞赏的，自己就认为是对的。
		4	遵纪守法取向	遵守社会规范，认定社会规范中所定的事项是不能改变的。
三	后习俗道德水平（青少年早期，或成人初期，或永远达不到）	5	社会法制取向	了解行为规范是为维护社会秩序而经过大家同意所建立的。只要大家同意，就可以改变社会规范。
		6	普遍伦理取向	道德判断是以个人的伦理观念为基础的。个人的伦理观念用于判断是非时，具有一致性和普遍性。

首先，**前习俗道德水平**（preconventional level of morality）。9岁以下的儿童当面对道德两难情境进行道德推理判断时，还带有自我中心倾向。他们凡事必先考虑行为的后

果是否能满足自己的需要，不能兼顾行为后果是否符合社会习俗或社会规范的问题。在这一水平上，道德发展又可以分为两个阶段，分别代表个体两种不同水平的心理取向。

第一阶段：避罚服从取向。这是人类道德发展的最低水平。属于这一水平的人对某种行为表现的是非，不从行为本身而从行为带来的后果进行判断。如果儿童因做一件事而被惩罚了，不管他的理由是什么，他都是错的。因此，儿童的服从并不表明他确实知道他应该遵守社会规范，而只是表明他害怕受到惩罚。

第二阶段：相对功利取向。这种取向是一种利益交换的心态，个体帮助别人就是因为他希望别人帮助他，而且在利益交换时总希望得到的比付出的多。这种取向是具体而现实的。所以，个体进行道德判断时会认为，不管理由如何，打破 3 个杯子的过失就比打破 1 个杯子的过失大。

其次，**习俗道德水平**（conventional level of morality）。10 岁以后一直到成年，青少年一般都是遵从世俗或社会规范来进行道德推理判断的。在家里符合父母期望，在学校遵守校纪校规，在社会遵纪守法，这样的人其道德发展都是达到了习俗水平的。这一水平也可以分为两个阶段，分别代表个体两种不同水平的心理取向。

> **前习俗道德水平**　柯尔伯格认为，9 岁以下的儿童当面对道德两难情境进行道德推理判断时，还带有自我中心倾向：凡事必先考虑行为的后果是否能满足自己的需要，不能兼顾行为后果是否符合社会习俗或社会规范的问题。
>
> **习俗道德水平**　10 岁以后一直到成年，青少年一般都是遵从世俗或社会规范来进行道德推理判断的。在家里符合父母期望，在学校遵守校规，在社会遵纪守法，这样的人其道德发展都是达到了习俗水平的。

第三阶段：寻求认可取向。这是一种社会从众的心态：大家认可的就是对的，大家反对的就是错的。这种取向是由于在家里顺从父母管教养成的，以后会扩大到社会的人际关系中。一般认为，帮助别人、使别人快乐的行为就是良好行为。

第四阶段：遵纪守法取向。这种取向是一种信守法律权威、重视社会秩序的心理取向。道德发展达到这一水平的人在心理上认同自己的角色，在行为上有责任心，有义务感。在学校做学生就应该尽学生的责任，在社会做公民就应该尽公民的义务。而每个人的责任和义务通常都是以法律规定或习俗限制为基础的。

值得注意的是，柯尔伯格的道德发展理论一方面由于其文化偏见而受到质疑，该理论被认为更适合西方文化（Snarey，1995）；另一方面也被认为难以解释女性的道德发展（Gilligan，1993），这一点我们在下一章再阐述。

七、学龄儿童期的家庭关系

儿童开始上学以后，亲子关系会随之变化，但是，家庭关系的质量仍然是决定学龄儿童发展状况的重要因素。

（一）家庭功能

家庭功能是一个家庭满足家庭成员需要的方式，它随家庭成员的年龄变化而变化。对于学龄儿童而言，家庭功能主要表现在五个方面（Berger，2003）。

第一，提供衣食住所。在学龄儿童期，儿童已经能够自己吃饭、穿衣、洗漱和睡觉，但是，如果没有家庭的帮助，他们就无法获得这些生活必需品。

第二，鼓励好好学习。如前所述，学习是学龄儿童期的主导活动，掌握学习技能是学龄儿童的关键任务。家庭必须让儿童去上学，并指导和激励他们接受教育。

第三，发展积极自尊。随着学龄儿童认知的不断成熟，他们会变得更具有自我批评意识。家庭会帮助他们，让他们觉得自己有能力、被认可。

第四，培养同伴友谊。家庭会通过提供时间、空间、机会和传授社会技能来帮助学龄儿童发展同伴关系。

第五，提供和谐稳定。学龄儿童需要有安全感，觉得受到保护，要有可预测的家庭常规。

总之，家庭会给儿童提供物质资源和认知资源，以及情感安全，以促进其身体和心理的发展。不过，有些家庭在这五个方面中有的地方做得卓有成效，有的地方就不尽如人意，也没有任何家庭能够做到十全十美。比如，家庭中周而复始的冲突就屡见不鲜，无论儿童是否直接牵涉其中，对儿童的成长都是不利的（Cummings & Cummings，2002）。

（二）亲子关系

在学龄儿童期，儿童与父母在一起的时间急剧减少，他们不断增加的独立性给父母带来了新的问题：安排他们做多少家务活，给他们多少零用钱，他们的朋友是不是好孩子，学校里遇到问题怎么办，他们不在家的时候在干什么，他们在家而父母不在家的时候又怎么样。

面对这些问题，已经在之前确立了权威型养育方式的父母就显得游刃有余（Berk，2018）。对学龄儿童来说，晓之以理的养育方式比较有效，因为他们的逻辑思维能力增强了，他们对父母的专业知识更为敬重（Collins et al.，2002）。当父母与儿童开放地进行沟通，让他们尽可能地参与家庭决策时，儿童更可能在需要服从的时候对父母的观点言听计从（Kuczynski & Lollis，2002；Russell et al.，2004）。

随着孩子不断地证明自己对日常活动的管理能力和责任感，管理有方的父母会渐渐地把控制权转给儿童。当然，这并不意味着完全不管他们了，而是**亲子“共治”**（coregulation），即让儿童对自己的一言一行负责，父母只是进行一般性的监督。亲子“共治”源于亲子之间互惠和相互尊重基础上的合作关系。父母与孩子在一起时，只是从旁指导和监控，并清楚地告诉孩子自己的期望。而孩子必须告诉父母他们去哪里、干什么、有什么问题，以便父母能够在必要时介入。在儿童走向青少年期、为自己做很多重要决定的过程中，亲子“共治”对他们有支持和保护作用。在传统文化中，父母和孩子之间的关系在学龄儿童期也会进入亲子“共治”阶段：孩子已经学会家庭规则和日程常规，其对家庭义务的履行不必在父母的告知或催促下完成了（Gaskins，2015）。

> **亲子“共治”**　让儿童对自己的一言一行负责，父母只是进行一般性的监督。亲子“共治”源于亲子之间互惠和相互尊重基础上的合作关系。

尽管如此，在学龄儿童期，父母仍然是儿童生活中最有影响的人，儿童通常还是会向父母寻求情感支持、建议，以提升自我价值和解决日常遇到的问题。

（三）父母的管教行为

在第五章提到的父母养育方式实际上是父母行为的一般性特征，在面对具体情境时它还不足以澄清父母的管教行为，以及父母行为如何对儿童的发展产生影响。而父母具体的管教行为大体上可以分为四类（Kail & Cavanaugh，2007）。

1. 直接教导

父母通常会告诉孩子做什么，但仅仅是像训练教官一样给儿童下命令——“把电视关了!”“把你的房间打扫干净!”——未必能够做到令行禁止。所以，更好的方法是直接教导，也就是要告诉儿童做什么、什么时候做、为什么要这么做。父母想要儿童做什么时，应该向他们解释什么时候做、为什么这样做是重要的，而不是对他们大喊大叫。

此外，就像教练帮助运动员掌握运动技能一样，父母也可以帮助孩子掌握社会技能和情绪调节技能。父母可以向孩子解释情绪与行为的关系——“小琳有点伤心，因为你弄坏了她的蜡笔”。父母也可以教孩子如何处理困难的社会情境——“在你问小琳是否愿意到家里来玩的时候，最好悄悄地跟她说，这样就不会伤害小茜和小娜的感情”。一般而言，得到父母这种训练的儿童往往具有较好的社会技能，自然而然，他们与同伴就能够融洽相处。

2. 榜样示范

直接教导如果辅以榜样示范的话，其效果将锦上添花。要促使儿童以特定的方式做事，比如让他们与同伴分享，最有效的方式莫过于让他们自己观察其他人的分享行为，这更加具有说服力。

儿童通过观察父母学到很多东西。父母的榜样示范和儿童的观察学习会引发模仿，这样一来，儿童的行为与他们观察到的行为就如出一辙。同时，观察学习也能引发“反模仿”，即学到什么是不能做的。比如，如果儿童看到有孩子踢人后遭到父母的惩罚，他们就能学会不能踢人。

有时，观察学习也能够引发“去抑制”，即观察到的各种行为都增加。如果儿童看到父母生气地大喊大叫，他们就可能会对其他小孩大喊大叫或推推搡搡。与“去抑制”相反的是“抑制”，如果儿童看到父母惩罚兄弟姐妹，他们就可能不会再有相同的行为，以免受到惩罚。抑制与反模仿有相似之处，但是它更为宽泛，并不限于某一具体的行为。

前沿扫描

父母低头族，
孩子让人蹙？

3. 给予反馈

通过给孩子以反馈，父母会表明某种行为是否适当，是否可以保持下去。反馈通常以两种方式来表现：一是强化，它会增加反应再次出现的可能性，比如父母可以通过表扬来强化孩子的学习，或通过奖励来强化孩子做家务；二是惩罚，它会遏制反应再次出现的可能性，比如，如果孩子考试考砸了，父母可以禁止他们看电视，或者如果孩子不做家务，父母可以减少给他们的零花钱。

就强化而言，需要注意的是，有时候父母不知不觉中强化了他们恰恰想要禁止的行为，陷入了“消极强化陷阱”（Patterson，1980）。这通常是发生在母子之间的三部曲：首先，母亲要儿子做他不想做的事，比如，当儿子在外面与朋友玩的时候，让他回家打扫自己的房间，或让他别再看电视去学习。然后，儿子的表现是大多数父母无法忍受的，他们争辩、抱怨、发牢骚，而且是没完没了地。最后，母亲让步了，儿子不必照她开始要求的做，这样做仅仅是为了让儿子停止那些让人无法忍受的行为。这当中，儿子得到的反馈是，争辩、抱怨或发牢骚是行之有效的；母亲通过撤回儿子不喜欢的要求奖励了儿子。也就是说，取消儿童不喜欢的东西，也能够起到强化的作用。

就惩罚来看，在以下情况下，惩罚能够发挥最大的效应（Parke，1977）：其一，在不期望的行为发生后，立即进行管理，而不是拖延数小时；其二，不期望的行为一定永远导致惩罚，而不是时有时无；其三，对儿童进行处罚后向他们解释为什么，并告诉他们以后要避免惩罚该怎么做；其四，执行惩罚的人要与儿童有很好的感情。

当然，惩罚也有一些严重的缺陷。一方面，惩罚主要是压制性的，如果儿童没有学到新的替代行为，被处罚的反应停止了也只是一时一刻的。另一方面，惩罚也会带来不期望的副作用，受惩罚的儿童会感到心烦意乱，导致其无法理解为什么受惩罚。而且，如果是受到体罚，他们对其他人也可能会如法炮制。

最好的惩罚方式是隔离（time-out），即让做错事的儿童在一个安静、枯燥的地方独自坐一会儿，比如洗手间内、房间角落等。隔离具有惩罚作用，因为它打断了儿童正在进行的活动，使儿童与家庭成员、玩具、图书及各种具有奖励作用的东西分离开。同时，隔离的时间要短，通常只需几分钟，父母也容易做到前后一贯。在隔离的时候，父母和儿童都能够冷静下来。隔离结束后，父母可以和孩子谈一下，解释为什么受惩罚的行为是不对的，他们应该做的是什么。这种“晓之以理”的方式是行之有效的，甚至对学前儿童也是屡试不爽。

4. 正面管教

最有效的管教方式是鼓励良好行为，方法包括与儿童共同建立相互尊重的连接、让儿童事先知道如何行动、表扬成熟的行为等，这也就是“正面管教”或“积极养育”（positive parenting）。当敏感、合作与共享的积极情绪在父母与儿童的共同活动中显而易见时，儿童就会显示出牢固的良心的发展，即越轨之后表示同情、在游戏中公平玩耍、考虑他人的利益（Thompson & Voyer，2014；Kochanska et al.，2008）。

父母要想对处理儿童养育中的挑战得心应手，减少使用体罚手段，可以尝试下面的方法（Durrant et al.，2014；见表6-7）。当父母把关注的焦点集中于儿童的合作共事、问题解决和顾及他人时，他们就会大大减少惩罚的需要。

表6-7 正面管教的策略

策略	含义
把越轨作为教育机会	当孩子在做有害的或不安全的事时，坚决地干预，然后通过诱导来激励孩子做出修正，并表现出亲社会行为。

续表

策略	含义
减少错误行为的机会	在超市，与孩子交谈，让他们帮助购物。孩子之后会学会在机会有限时如何建设性地充实自己。
提供制定规则的理由	当孩子认可规则是合情合理的而非父母随心所欲的时，他们更可能努力遵守这些规则。
安排参与家庭的日常	当孩子与成人一起准备餐食、清理桌子、打扫树叶时，他们会发展出参与家庭和社区生活的责任感，并获得很多实践技能。
给予承诺和解决问题	对于固执的孩子，当孩子拒绝服从时，要表示对孩子感受的理解（“我知道打扫卫生并不好玩”），并给予承诺（“你把那些东西拿走，这些归我”），同时帮助孩子思考将来避免问题的方法。坚决而善意、尊重的反应会增加合作意愿的可能性。
鼓励孩子成熟的行为	表达对孩子学习能力的信心，欣赏他们为合作做出的努力。成人的鼓励可以培养自豪和满意度，从而激励孩子不断改善。

资料来源：Berk，2018；Grusec，2006.

拓展阅读

为什么一些父母会虐待自己的孩子?

儿童虐待的主要形式包括四种类型：一是躯体虐待，即对儿童的攻击，比如踢、咬、摇、戳、刺，会导致身体伤害；二是性虐待，比如抚摸、性交、逼迫卖淫、制作色情物品；三是忽视，即不满足儿童在食物、穿衣、治病或监控方面的需要；四是心理或情感虐待，即能够导致严重心理或行为障碍的举动，比如社交孤立、反复而无理的要求、取笑、羞辱、胁迫、恐吓。国内一项对儿童虐待流行病学研究的文献系统评价研究指出，城市地区儿童遭受躯体虐待的发生率为41.2%～67.3%，农村地区为32.4%～39.4%；儿童情感虐待发生率在10.6%～67.1%；男性遭受性虐待的发生率为10.2%～23.0%，女性遭受性虐待的发生率为14.2%～25.5%；城市3～17岁儿童的被忽视发生率为22.4%～32.8%；农村0～6岁儿童的被忽视发生率为53.7%～54.9%（徐韬等，2014)。另一项针对儿童虐待发生率的元分析指出，儿童受虐率为54%（杨世昌等，2014)。

儿童虐待有80%以上是由父母实施的，大约7%是由亲戚实施的，其他的实施者还包括父母的未婚伴侣、学校官员、俱乐部教练及其他成人。忽视方面，母亲超过父亲；而父亲在性虐待方面超过母亲。躯体虐待和心理虐待方面，父亲与母亲不相上下。婴儿和幼儿是最容易受到忽视的，幼儿和学龄儿童则容易受到躯体、情感和性方面的虐待。

虐待是一种典型的秘密犯罪，较难识别，但是也会有一些警示信号给我们暗示：明显的、无法解释的严重伤痕；咬痕或颈部勒痕；烟头烫伤或开水烫伤；无明显原因的疼痛感；对成人或者照料者的恐惧；热天也穿长衣长裤；极端行为（比如，高攻击性、极端顺从、极端内向)；对身体接触的恐惧。

儿童之所以会受到虐待，有多方面的因素（Li et al.，2011；Zielinski，2009；Cuartas，2018)，也是风险因素的累积所致（Vial et al.，2020)。第一，父母特征方面：年纪轻（25岁以下)、低教育水平、抑郁或其他的心理困扰、受过拒绝或虐待、相信严厉的体罚、缺乏安全感。第二，儿童特征方面：困难型气质、多动、早产儿、注意力不集中、经常生病、慢性病。第三，家庭特征方面：经济拮据或贫穷、经常搬家、婚姻不稳定、缺乏配偶支持、孩子太多、离婚。第四，社区特征方面：社区服务极少、从朋友和亲戚那里得到社会支持的机会几乎没有、没有公园、没有娱乐中心。第五，文化特征方面：赞成以体力和暴力来解决问题、以体罚来管教儿童。

针对儿童虐待的危险因素，国内对儿童虐待流行病学文献的分析指出，城市地区儿童遭受性虐待的比例高于农村地区，生活在重组家庭中的儿童性虐待的报告率高于核心家庭，父亲或母亲经常在家庭中使用暴力、有不良嗜好、体弱多病、家庭关系紧张等是儿童性虐待发生的危险因素（陈晶琦等，2014）。

儿童受虐待的消极影响表现在多方面，它会破坏幼儿情绪的自我调节、共情和同情心、自我概念、社会技能及学业动机等方面的发展。随着时间的推移，这些幼儿会表现出严重的学习问题和适应问题，包括学业失败、严重抑郁、攻击行为、同伴交往困难、药物滥用、犯罪（Boden et al.，2007；Fergusson et al.，2008；高翠青等，2011）。元分析表明，心理虐待和忽视更可能导致抑郁（于增艳等，2017）。童年期的虐待经历甚至可以帮助预测大学生的网络成瘾（魏华等，2020）。此外，反复受到虐待也与中枢神经系统受损相联系（Cicchetti，2003）。到了成年期，曾在儿童期受过虐待的人更可能体验到身体疼痛、心理问题以及性问题（Bakema & others，2020；Duprey & others，2022）。一项从2岁到24岁的追踪研究表明，儿童虐待破坏了情绪发展，并导致情绪识别和情绪痛苦应对方面的困难（Warmingham & others，2022）。

对儿童虐待的预防和控制可以从以下三个水平展开：

一级预防是指制定相关的儿童政策，起到防患于未然的作用。

二级预防是指捕捉到相关的警示信号后介入，以免事态恶化，包括社会工作者的家访、高质量的日间照料、预防医学的治疗。

三级预防旨在减少实际的虐待发生后带来的伤害，包括为儿童规划长期的照料计划、设定改进目标和时间表。

八、学龄儿童期的同伴关系

大量的研究表明，决定同伴地位的最重要的因素是社会技能，比如待人友好、乐于助人、善于合作、体贴关心（Caravita & Cillessen，2012；Chan et al.，2000）。拥有社会技能的孩子善于观点采择，进而能够更好地理解其他儿童的需要和兴趣并做出回应（Cassidy et al.，2003）。其他影响因素还包括智力、外貌及运动能力（男孩）（McHale et al.，2003）。

（一）同伴地位

> **同伴接受性** 儿童在同伴交往过程中会分化出不同的同伴地位，这反映了其在班级中受欢迎的程度。

如在第五章提到的，儿童在同伴交往过程中会分化出不同的同伴地位，这反映了他们的**同伴接受性**（peer acceptance）。根据学龄儿童在班级中受欢迎的程度，可以把他们分为五类（Hymel et al.，2004；Rubin et al.，

2008)：

一是受欢迎型儿童（popular children），他们受到很多同学的喜欢。

二是被拒绝型儿童（rejected children），很多同学都不喜欢他们。

三是有争议型儿童（controversial children），既有很多同学喜欢他们，又有很多同学不喜欢他们。

四是被忽视型儿童（neglected children），他们被同学忽视，既无积极评价，又无消极评价。

五是普通型儿童（average children），有些同学喜欢他们，有些不喜欢他们，但是在受欢迎、被拒绝、有争议方面并不是很明显。

受欢迎和被拒绝的儿童各自又有两种亚类型。一类受欢迎的亲社会儿童学习成绩好、社会能力强。他们对人友好、乐于合作、乐于助人（Cillessen & Bellmore，2004），值得信任、有趣、亲社会（Laursen et al.，2020；Lecce et al.，2020）。他们擅长沟通，能够很好地融入正在进行的谈话或游戏中（Rubin et al.，2006）。另一类受欢迎的反社会儿童人数较少，包括那些和人打架的高攻击性男孩以及进行关系攻击的女孩，尽管他们不太友好，但其所作所为对一部分同伴有吸引力，因为他们被认为很“酷”（Marks，2017；Rose et al.，2004）。

值得一提的是，这在多种文化中都具有普遍性，只不过受欢迎的儿童还有其他一些与文化相联系的特征。比如，在中国，羞涩的儿童也会受到欢迎（Chen et al.，1995）；而在以色列，则是张扬、直率的儿童受欢迎（Krispin et al.，1992）。

被拒绝的攻击性儿童攻击性过强、多动、社会技能差、无法调节自己的情绪、冲动（Duffy et al.，2020）。他们的观点采择有缺陷，往往错误解读同伴的无辜行为，以为是有敌意的。他们好像是以攻击为乐（Prinstein & Cillessen，2003）。相比之下，被拒绝的退缩儿童则是害羞、退缩、胆怯、孤独的（Asher & Paquette，2003；Coplan et al.，2013），他们笼罩在社交焦虑中，担心被嘲笑和攻击（Hart et al.，2000）；他们很少主动接触同伴，往往也沉默寡言（Duffy et al.，2020）。两种被拒绝的儿童都可能受到同伴骚扰。由于被拒绝的儿童受到排斥，他们的班级参与度会降低，孤独感会增强，学业成绩起伏不定，并且想要回避学校（Buhs et al.，2010；Gooren et al.，2011）。由于几乎没什么朋友，甚至是一个都没有，这种境况可能导致他们严重的适应困难（Hooijsma & others，2020；Ladd et al.，2011）。甚至有证据表明，被拒绝的经历与儿童身体的发炎过程也有联系，这可能会给他们以后生活中的健康问题带来影响（Murphy et al.，2012）。

有争议的儿童会表现出积极的和消极的社会行为，使得同伴对他们的评价褒贬不一。他们可能有敌意、有破坏性，但是他们也会有积极的亲社会举动。尽管有些同伴不喜欢他们，他们却拥有使自己免受社会排斥的品质（Newcomb et al.，1993）。他们经常欺负人、进行关系攻击，以维持自己的影响（De Rosier & Thomas，2003；Putallaz et al.，2007）。

被忽视的儿童是最令人意外的，他们通常有很好的社会适应。尽管他们社会交往少，被同学认为很羞涩，但是他们的社会技能并不比普通儿童差。他们没有觉得孤独或不快；

只要他们愿意，他们就能走出自娱自乐的圈子（Ladd & Burgess，1999；Ladd et al.，2011）。这也意味着，外向、合群的人并不是唯一感到幸福的人。

有研究考察了不同社会行为倾向的小学生的同伴地位特点（王文，盖笑松，2014），发现：（1）高水平积极社会行为的儿童易受同伴欢迎，不易受同伴拒绝。高水平积极社会行为又伴有高退缩行为的儿童在低年级也会受同伴欢迎。（2）高攻击行为的儿童当伴有高退缩行为时，在低年级易受到同伴拒绝，在中高年级易受到同伴争议。（3）社会行为倾向不显著者易获得一般性的同伴关系，而不易获得受争议的同伴关系，但在中低年级不易受同伴欢迎。

（二）友谊的发展

1. 友谊发展的阶段

威廉 · 戴蒙（William Damon，1977；Damon & Hart，1988）认为，儿童的友谊发展经历了三个阶段。

威廉 · 戴蒙

第一阶段是“基于他人行为的友谊”。大约在 4～7 岁时，儿童把那些和自己相似的人、与自己分享玩具的人、一起玩游戏的人当成朋友。此时，他们不太考虑个人的品质，而是根据他人的具体行为来判断谁是朋友。实际上，朋友就是那些能够相互提供愉悦机会的人。他们不喜欢那些不愿意分享、不愿意一起玩或发生冲突的人。

第二阶段是“基于相互信任的友谊”。大约在 8～10 岁时，儿童会根据他人的个人特点、特质及他人可以提供的奖赏来看待友谊。这时候，友谊的核心是相互信任，在需要时能够帮忙的人会被当成朋友。相应地，如果辜负信任，后果很严重，友谊关系难以像小时候那样大家高兴地玩一玩就破镜重圆，必须有正式的解释和道歉。

第三阶段是“基于心理亲密的友谊”。大约在 11～15 岁时，友谊的标准转向亲密和忠诚，基本特征是亲密感。他们会相互倾诉以分享各自的想法和感受，进而建立友谊。此时的友谊具有排他性。

此外，塞尔曼（Selman，1980）也提出了友谊发展有五个相互重叠的阶段（见表 6 - 8），学龄儿童主要处于阶段 2，大一些的儿童可能会处于阶段 3。

表 6 - 8　塞尔曼的友谊阶段

阶段	特点	举例
阶段 0： 临时玩伴关系 （3～7 岁）	友谊尚未分化出来，儿童还处于自我中心，难以考虑他人的观点；他们往往只想到从关系中得到自己想要的东西。大多数年幼的儿童根据物理距离的远近来界定朋友，看重他们有什么东西。	“她住在我家附近。”“他有电动玩具。”
阶段 1： 单向的帮助需要 （4～9 岁）	“好朋友”会做儿童想让他做的事。	“她不再是我的朋友了，因为我想她跟我玩的时候她不跟我玩。”“他是我的朋友，因为我找他借橡皮时他总是借给我。”

续表

阶段	特点	举例
阶段 2：双向的公平合作（6～12 岁）	这一水平与阶段 1 有重叠。这一阶段包含了礼尚往来，但仍然是为各自的利益服务，而不是为两个人的共同利益服务。	“我们是朋友，我们都为对方做一些事。”“朋友就是别人不和你玩的时候他会和你玩的人。”
阶段 3：亲密的共享关系（9～15 岁）	在这一水平上，儿童把友谊看成有自己的生命。它是不断成长的承诺关系，超越了为彼此做一些事的水平。朋友表现出占有欲，要求排他性。	“成为亲密朋友需要花很长时间，所以，如果你发现自己的朋友在与其他人交往，那么感觉真的糟透了。”
阶段 4：自主的相互依赖（12 岁开始）	儿童会尊重朋友的依赖需要和自主需要。	“好的友谊是一种真正的承诺，值得为它冒险；你必须支持、信任朋友，帮助朋友，但是你也必须能够放手。”

资料来源：Selman，1980.

2. 友谊的特点

受欢迎反映的是同伴团体对某个儿童的看法，是单向的，友谊则是双向的。

学龄儿童的友谊更具有选择性，大多数的朋友是年龄相仿、性别相同、社会经济地位相似的（Hamm，2000）；他们往往有共同的兴趣爱好、娱乐偏好、人格特质（Laursen，2017）。友谊也常常在认知能力和智力方面有相似性，这会影响儿童的观点采择和相互回应能力（Boutwell et al.，2017），他们也会因为对学校、娱乐和未来有相似的态度而走到一起。随着时间流逝，朋友之间在态度和价值观方面更为相似（Rubin et al.，2008）。

尽管学前儿童会说自己有很多朋友，但是到八九岁时，学龄儿童报出的朋友名字却是屈指可数。学龄儿童会根据亲密度和在一起的时间的多寡，来区分“最好的朋友”“好朋友”“临时朋友”（Hartup & Stevens，1999；Rubin et al.，2015）。他们通常有 3～5 个“最好的朋友”在一起度过了大部分的自由时间，但是他们通常每次只是和其中的一两个在一起。

由于女孩对亲密感的要求更高，所以她们的友谊中排他性也更强（Markovits et al.，2001）。学龄女孩不太关心朋友的数量，更在意的是有几个可以信赖的知心朋友。男孩的朋友较多，但是往往不太亲密、感情肤浅（Hartup & Stevens，1999；Rubin et al.，2015）。不过，男孩女孩在友谊中的反应性、主动性或合作能力上并无差异（Lansford & Parker，1999）。

对小学三、四年级儿童的三年追踪研究发现，小学儿童与男生、女生的互选友谊数在三年间都呈显著的上升趋势，随着儿童年龄的增长，他们不断发展壮大自己的朋友网络。同时，儿童同伴交往中存在明确的性别疏离现象，即偏爱或倾向于与同性别的同伴进行交往（赵冬梅等，2008；周宗奎等，2015）。

儿童关于友谊的看法、对待朋友的方式都随年龄增长而变化。学前儿童的朋友在一起玩，但是学龄儿童的友谊则更加深入和稳定，通常能够持续几年。

有时候儿童的友谊非常短暂，那是因为他们虽然有了结交朋友的技能，比如他们会

研究范例

朋友铁不铁？
地位最直接。

讲有趣的故事、会开别人的玩笑、知道好玩的八卦消息，但是缺乏维系友谊所需要的技能，比如他们守不住秘密、太任性霸道或者太情绪化（Blair et al.，2014；Jiao，1999）。有时候，友谊的终止是因为有冲突，儿童更关心自己的兴趣，并且不愿意妥协或者谈判（Glick & Rose，2011；Rose & Asher，1999）。而有时候，友谊的终止是因为儿童发现他们的需要和兴趣并不如起初所想的那么相似（Gavin & Furman，1996）。

概念术语

具体运算阶段，记忆策略，元认知，三层智力理论，多元智力理论，成功智力三元理论，思维三棱结构，自我实现的预言，勤奋对自卑，情绪自我效能感，性别隔离，观点采择，前道德期，他律道德，自律道德，前习俗道德水平，习俗道德水平，亲子"共治"，同伴接受性

本章要点

1. 学龄儿童粗大运动技能的发展主要反映在四种基本运动能力上：柔韧、平衡、敏捷、力量。在粗大运动技能和精细运动技能上，都存在性别差异。

2. 具体运算思维的特征主要表现在守恒、分类及空间关系等方面。

3. 学龄儿童很早就开始使用一些简单的记忆策略。随着年龄增长，他们会用到的记忆策略大体上包括四种，即外在帮助、有意复述、组织分类、精细加工。

4. 认知发展存在个体差异，关于智力的几种理论对此进行了阐述，包括三层智力理论、多元智力理论、成功智力三元理论、思维三棱结构等。

5. 开始上学的时候，学习成为儿童的主导活动。儿童上学以后会有什么样的表现，除了受到其自身特征的影响外，家庭、班级、学校和社会文化都有影响。

6. 学龄儿童期的发展要解决"勤奋对自卑"的冲突，主要是围绕能力展开，关注的是儿童为应对父母、同伴、学校等提出的挑战而付出的努力。

7. 学龄儿童自我描述的方式变得更加现实、更加平衡、更加综合，能把自我的不同方面整合为包罗万象的自我概念，继而又影响他们自尊的发展。

8. 学龄儿童能够在社交情境中调节自己的情绪表现，也能够对他人的悲痛做出反应，他们还会获得情绪自我效能感。

9. 学龄儿童期心理性别的发展主要体现在性别角色刻板印象及行为的性别定型模式的发展上，行为的性别定型模式的发展存在性别隔离。

10. 学龄儿童观点采择能力有了很大的进步。这一变化对自我概念、自尊、对他人的理解、社会技能的发展都有促进作用。

11. 皮亚杰认为，学龄儿童的道德发展处于他律道德阶段：儿童变得极其尊重规则，主要是服从他人的规则。

12. 柯尔伯格认为，学龄儿童主要处于前习俗道德水平：凡事必先考虑行为的后果是否能满足自己的需要，不能兼顾行为后果是否符合社会习俗或社会规范的问题。

13. 父母养育方式可以体现为具体的管教行为，大体上可以分为四方面，即直接教导、榜样示范、给予反馈、正面管教。

14. 根据学龄儿童在班级中受欢迎的程度，可以把他们分为五类，即“受欢迎型”“被拒绝型”“有争议型”“被忽视型”“普通型”。

15. 儿童关于友谊的看法、对待朋友的方式都随年龄增长而变化。学龄儿童的友谊已经较为深入和稳定，通常能够持续几年。

复习思考题

1. 学龄儿童基本运动能力的发展反映在哪些方面？有何性别差异？
2. 具体运算思维的特征主要表现在哪些方面？
3. 学龄儿童使用的记忆策略包括哪些？
4. 关于智力发展的理论主要有哪些？其主要观点是什么？
5. 为什么学习成了儿童的主导活动？其学习成绩主要受哪些因素的影响？
6. 埃里克森认为学龄儿童“勤奋对自卑”的冲突有何表现？
7. 在学龄儿童期，自我发展的特点有哪些？
8. 学龄儿童的情绪发展主要表现在哪些方面？
9. 学龄儿童期心理性别的发展有何特点？
10. 在学龄儿童期，观点采择能力是如何发展的？
11. 在皮亚杰看来，学龄儿童的他律道德和自律道德有何区别？
12. 柯尔伯格提出的前习俗道德水平及习俗道德水平的主要表现是什么？
13. 父母针对儿童的具体管教行为有哪些？
14. 根据学龄儿童的受欢迎程度，其同伴地位包括哪几种？
15. 儿童友谊的发展特点有哪些？

第七章

青少年期的发展

开脑思考

1. 在中学阶段，我们很容易看到：同一个班级里的同学，有的人很高很壮，有的人却显得和小学生没什么区别。这种同年龄的人在身体外形上的巨大差异是否会给青少年的成长带来影响呢？

2. 我们时常可以看到一些年轻人在自己的耳朵、鼻子、嘴唇、舌头等身体部分穿刺、打钉，或者是在身体的某些部位文身。你认为他们为什么要这么做？是他们不接受自己的身体，是他们为了更加吸引人，还是由于其他什么原因？

3. 有时候，我们会听到一些青少年离家出走，让关心他们的人又气又恨又担心。你认为是什么导致了青少年离家出走？他们这么做的目的是什么？有什么办法可以预防这类问题的发生？

教学目标

通过本章的教学，应该实现几个目标。第一，了解青春期身体发育的特点及其带来的心理影响。第二，把握青少年思维发展的一般特点，同时，了解青少年学习的特点。第三，明确青少年期的心理社会性发展任务，掌握自我发展、情绪发展、心理性别、道德发展，以及青少年的自我中心思维、亲子关系及同伴关系等方面的特点，理解青少年问题行为的特点。

学习重点

把握青少年身体发育带来的心理影响；把握青少年思维发展的特点，领会青少年期的心理社会性发展任务；掌握青少年期自我发展、亲子关系、同伴关系及问题行为的特点，理解其自我中心思维的特点；理解青少年期情绪发展、心理性别、道德发展的特点。

青少年期一般指11或12～18或19岁的阶段，这时身体的快速发育会给青少年的心理适应带来不同的影响。身体映像成为青少年自我概念中的核心要素，对女孩而言尤其如此。青少年的思维处于形式运算阶段。

青少年期的发展要解决“自我认同对角色混乱”的冲突，自我认同的发展会表现为四种不同的状态，同时他们在情绪情感上会逐渐独立于父母。青少年期是一个心理性别强化的时期，他们会进一步走向传统的性别认同。吉利根认为，女性在道德问题上有“不同的声音”，表现为“关怀道德”。青少年的自我中心思维也很突出地表现为“假想观众”和“个人神话”观念的建构。友谊随着青少年彼此之间交往的加深而产生，而服从同伴的压力也变得非常强大。青少年的问题行为可能恰恰是有助于青少年适应自己的环境的行为。

第一节　青少年期的身体和认知发展

一、青春期的身体发育

青春期是个体发育的第二个高峰，这期间青少年的身体外形发生剧变，内部机能走向成熟。根据医学史的资料分析，随着经济的发展、医学的进步与社会的开放，新一代进入青春期的年龄有逐渐提前的趋势。

如前所述，学龄儿童身体发育速度比较缓慢，而进入青春期之后，就开启了第二个生长发育高峰。所谓生长发育高峰，就是指个体在身心发展过程中，其身体发育的增长速度比其他阶段相对更快的时期。每个人从出生到走向成熟，都会经历两个生长发育高峰。第一个是在出生之后的第一年（即乳儿期），第二个是在青春期。青春期的身体发育，除了表现为身体外形的剧变和内部机能的增强外，也反映在第二性征的出现和性的成熟上。

（一）身体外形的变化

身高迅速增长、体重迅速增加是青少年在青春期最为显著的变化之一。我国女孩大约从 9 岁时开始进入生长发育高峰期，身高增长一直持续到 15 岁左右，此时女孩基本上有了成人的身段，17 岁以后身高的增长就很少了。男孩大约从 11 岁开始进入生长发育高峰期，身高增长一直持续到 16～17 岁，体重方面的增长也与身高的增长有着如出一辙的趋势。

青少年身高及体重的增长存在性别差异，这表现在快速增长时期开始的早晚以及增长速度和增长量上。女孩的发育一般早于男孩，但是男孩开始发育之后，其增长速度快于女孩，并且最终的增长量也大于女孩。此外，研究表明，就同一性别而言，青少年身高、体重的增长存在**早熟**、**晚熟**现象，即有的人比一般人更早开始长身体，提前一两年进入生长发育高峰，有的则较迟进入生长发育高峰。

> **早熟**　就同一性别而言，青少年身高、体重的增长方面，有的人比一般人更早开始长身体，提前一两年进入生长发育高峰。
> **晚熟**　就同一性别而言，青少年身高、体重的增长方面，有的人比一般人更迟开始长身体，迟一两年进入生长发育高峰。

青少年身高迅速增长的主要原因是其腿骨和躯干的变化，青春期激素活动的加强促进了软骨的生长，从而引起身高的增长。体重的增加则主要取决于肌肉和脂肪的生长。

除了上述身高、体重的剧变以外，青少年的胸围、肩宽、骨盆宽、坐高等外形特征在青春期也都有引人注目的变化，这反映了青少年处于第二个生长发育高峰的特点。

此外，从历史上看，青少年的发育也呈现一种“长期趋势”（代际变化），即在身体变化的幅度和方向上存在代际差异。1985 年我国城乡青少年在身体外形的各项指标上均高于 1979 年，1996 年的各项指标又高于 1985 年。这种趋势也反映在身体发展的其他方面。

（二）内部机能的变化

1. 肌肉和脂肪的变化

到青春期以后，青少年肌肉在体重中的比例增加了，而且其肌肉组织也变得更为紧密，肌肉力量大大增强，体力也随之增强。不过，肌肉的发展上有明显的性别差异：男孩的肌肉发展更快，力量也比女孩大，手的握力差异就是最好的例证。

在肌肉发展的同时，青少年的脂肪也有了很大的变化。不过，与肌肉发展不同的是，男孩的脂肪呈现渐进性减少的趋势，他们发育更好的是肌肉，所以他们看起来显得强健。而女孩的脂肪却没有减少，而是“积存”在胸部、背部上方、上臂、臀部和髋部，使得她们日益丰满。

2. 内脏及腺体激素的变化

青春期发育使个体的内脏机能得以加强。一方面，心脏的重量大大增加。10 岁时，心脏重量增长为新生儿的 6 倍，到青春期后可达 12 倍。另一方面，血压、脉搏已接近成人水平。青少年的肺功能也大大提升，12 岁时肺的重量约为新生儿的 9 倍。

此外，激素在很大程度上决定了青春期的身体变化，包括身体外形、内脏、大脑的发育和性的成熟。激素是内分泌腺分泌到血液中的化学物质，它能够促进人体外形和结构的变化，影响人的先天行为模式的获得，调节体内平衡。人体内有 20 余种激素，在青春期起明显作用的是人体生长激素、睾丸素、雌激素和黄体酮。

人体生长激素刺激骨骼的发展，促进生长。如果它分泌不足会导致侏儒症，而分泌过多则会导致巨人症。睾丸素、雌激素、黄体酮都可以称为性激素，它们主要由性腺产生，对第一性征、第二性征的发展有重要影响。这三种激素在男女体内均有，只是浓度不同。睾丸素的主要作用是促进生殖系统和肌肉的生长发育。雌激素的主要作用是促进女孩的肌肉生长、第二性征的发展和身高增长，并影响脂肪分布。睾丸素和雌激素都会影响男女的性驱力。黄体酮的主要作用是促进乳房的发育，启动月经周期等。

3. 大脑的变化

12 岁时，青少年的平均大脑重大约是 1 400 克，已经与成人的平均大脑重不分高下，所以，在青春期这方面的变化微乎其微。不过，大脑的结构和功能在青少年期发生了巨大变化（Morris et al.，2018）。一方面，随着年龄增长，脑电波活动逐渐加快，10 岁左右出现的 α 波（频率 8～13 赫兹）越来越活跃，14 岁以后成为脑电波的主要形式。

另一方面，青少年的脑部不断分化，沟回增多加深，兴奋过程和抑制过程逐步平衡，尤其是内抑制机能日臻完善。到青少年中期，兴奋过程和抑制过程已能够协调一致。随着青少年的发育，大脑各区域之间有了更多的联结（Oldham，Ball，& Fornito，2022），这些联结与高水平的认知，尤其是问题解决和谋划未来息息相关（Calabro & others，2020）。通过 fMRI 的脑部扫描发现，青少年的大脑经历着显而易见的结构变化（Modabbernia & others，2021），胼胝体持续加厚，直到 30 多岁（Danielsen & others，2020），这有助于信息加工能力的不断提升。

青少年大脑的变化为其多种认知技能的获得提供了支持，包括更快的加工速度、注意、记忆、计划、对信息的整合以及自我调节。

针对青少年的大脑神经影像学研究发现，青少年期大脑自上而下的控制系统（如前额皮层）与皮下组织（如边缘系统、伏隔核）功能成熟度不平衡，额叶控制皮层发育不成熟，而脑部边缘系统等与情绪、动机加工有关的脑区发育迅速，即奖赏加工的脑区比与决策和控制相关的脑区发育更快（见图 7-1），因此青少年不能很好地抑制冲动的冒险行为。换言之，脑部两个系统发育的进程不同，导致青少年期更多地表现出冒险的行为倾向。

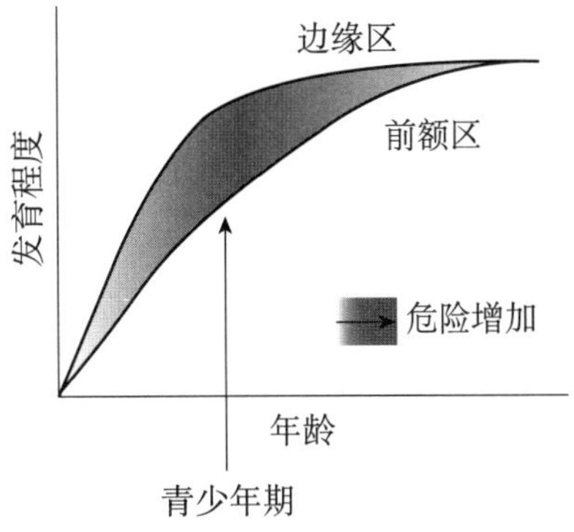

图 7-1　青少年期前额皮层与皮下组织的发育轨迹

资料来源：Casey et al.，2011.

（三）性成熟

青春期表现出的身体形态上的性别差异称为第二性征。在青春期，性激素促成了第二性征的出现，引发了青少年男孩女孩身体形态上的性别差异及性器官、性功能的成熟（见表 7-1）。在这方面，男女存在比较明显的差异，女生的性成熟一般比男生早一两年。相似地，这方面的成熟也表现出年龄提前的长期趋势，对女生月经初潮年龄进行的历史比较就是明显的例子，例如，北京地区女生 1962 年月经初潮平均年龄为 14.16 岁，2005 年则为 12.24 岁（中国学生体质与健康研究组，2007）。在 1962—2005 年的 43 年间，月经初潮年龄大约提前了 1.9 岁。其他国家的情况也大致如此（见图 7-2）。

表 7-1　青春期的主要变化

男孩的变化	大致年龄（岁）	女孩的变化	大致年龄（岁）
睾丸增大	12	子宫和阴道长大	10
阴毛生长	12～13	乳房发育	11
阴茎长大	13	阴毛生长，体重快速增长	12
遗精	14	身高快速增长	12
身高快速增长	14	肌肉和器官发育高峰	12～13
腋毛生长，长出胡须	14	月经初潮	12～13
肌肉和器官发育高峰	15	腋毛生长	14
嗓音变化	15	阴毛成型	16
阴毛成型	18	乳房成型	18

此外，有关研究还表明青春期是性意识发展最快的时期。研究者认为，初中二年级是一个关键转折期。同时，尽管女孩的身体比男孩更早成熟，然而在性意识的发展上，

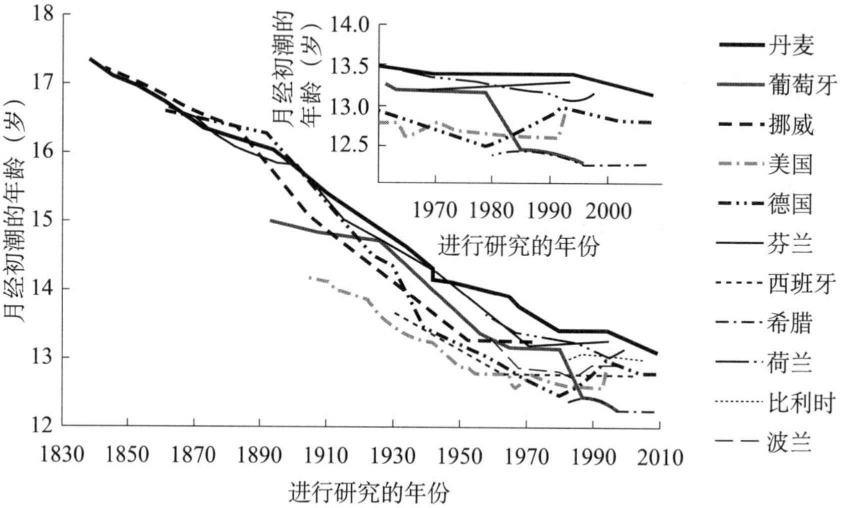

图7-2 月经初潮年龄的长期趋势

资料来源：Sorensen et al.，2012.

男孩比女孩早。

除了以上性别差异，第二性征的出现和性的成熟也存在早熟、晚熟现象。这些个别差异与青少年在身体外形和内部机能的变化方面表现出的个别差异一起，使早熟者、晚熟者面临不尽相同的适应问题。

二、青少年期的运动能力

青春期的开始会使得青少年的粗大运动技能有稳定的改善，只不过对于男女生而言，变化的模式大相径庭。对女孩而言，变化稍慢，而且是循序渐进，在14岁达到顶峰。相比之下，男孩在力量、速度、耐力等方面在青少年期突飞猛进。到青少年期中期，在奔跑速度、跳远及投掷等方面，很少有女孩的表现能够和一般的男孩一较高下，而且，几乎没有男孩的表现不如一般的女孩（Haywood & Getchell，2014）。

因为男孩女孩在身体上已经没有可比性，所以在中学里一般体育课都是男女生分开上。同时，男孩女孩对运动项目的选择也成了课程中的一部分，比如田径、摔跤、足球、举重、曲棍球、射箭、网球和高尔夫球等，萝卜白菜各有所爱。

对男孩而言，运动能力与同伴尊重和自尊有着千丝万缕的关系。一些青少年会因为在运动方面乏善可陈，极受困扰，转而寻求服用提高成绩的药物。一项大规模的研究发现，大约8%的美国高中生（绝大多数是男生）报告说使用过肌氨酸，这是一种可以提高短时肌肉力量的非处方药，但是有着危险的副作用，可能导致肌肉组织疾病、脑惊厥以及心律不齐（Castillo & Comstock，2007）。大约2%的高中生（同样绝大多数是男生）服用过合成代谢类固醇或相关的药物雄烯二酮，这是强劲的可以促进肌肉组织生长和力量增长的处方药（Johnston et al.，2015）。青少年通常是通过非法途径获得类固醇，而且对其副作用视而不见。教练和健康专家都应该提醒青少年关注这些药物可能带来的危害。

在中学，男孩女孩都受到鼓励参加运动，但是只有30%左右的人每天都进行体育锻炼。实际上，运动及锻炼不但可以改善运动能力，而且会对认知和社会性发展产生影响。团队合作、相互竞争、自信张扬以及问题解决等，都可以得到磨炼。青少年是否进行锻炼与养育方式和同伴关系，以及邻里特征息息相关（Reynolds，Haycraft，& Plateau，2022）。

三、青春期的心理适应

（一）对青春期变化的反应

青春期身体变化最显著的表现就是遗精和月经，它们分别是男孩和女孩性成熟的标志。青少年对此是否有所准备，会对心理适应产生很大的影响。

1. 男生对遗精的心理反应

遗精是在非性交状况下的射精，标志着男性的成熟。青少年期男孩首次遗精是其身体发育走向成熟的结果。我国男孩首次遗精年龄是十四五岁，最早的可能在12岁左右，一般到20岁几乎所有的男性都经历了遗精（黄煜峰，雷雳，1993；张金山等，2006）。

关于遗精对青少年的心理发展可能产生的影响，研究表明青少年期男孩主要的心理体验依次是害羞、新奇、恐慌、无所谓，其中52%的人感到害羞和恐慌（邓明昱等，1989）。西方的研究也表明，男孩对此的反应包含了各种体验。不过，相比女孩对月经初潮的反应，男孩对首次遗精的反应要积极一些，62%的男孩对首次遗精的感受是积极的（Oldehinkel et al.，2011）。

一般而言，首次遗精可能是男孩的身体发育达到了一定的成熟水平时，阴茎由于受到性刺激（比如与异性的接触、看到媒体中与性有关的内容等）、体温上升和运动等原因而勃起，从而导致射精。如果青少年期男孩对遗精有所认识、有所准备，他们的反应相对就会比较积极（Stein & Reiser，1994）。如果他们对此一无所知，不理解这是正常的生理现象，遗精就可能会引起惊慌和困扰，使他们产生无谓的焦虑。

2. 女生对月经的心理反应

随着青春期的发育，女孩会出现月经初潮，这是其走向成熟的标志。我国女孩月经初潮的年龄在13岁左右，最早的可能在9岁，最晚的在20岁左右（引自黄煜峰，雷雳，1993；侯冬青等，2006）。有研究发现，如果营养和生活条件在两代人之间保持稳定的话，女孩的月经初潮年龄往往与其母亲相似。如果母亲怀孕期间吸烟、怀的是第一胎，那么月经初潮往往较早（Maisonet et al.，2010）。此外，如果家庭冲突不断，月经初潮就可能会较早出现；如果父母充满温情、家庭关系和谐、父母很投入地照料孩子，那么月经初潮会出现得比较晚（Belsky et al.，2007）。家庭分裂、与父亲分居（Tither & Ellis，2008）、母亲严苛的养育方式，都可能导致月经初潮较早出现（Belsky et al.，2010）。

对于月经初潮，我国女孩的主要心理体验依次是害羞、恐慌、新奇、无所谓，其中68%的人感到害羞和恐慌（邓明昱等，1989）。西方的研究也表明女孩对月经初潮既有积极的感受，也有消极的感受（Ruble & Brooks-Gunn，1982）。一项研究表明，有23%的女孩对月经初潮的感受是积极的（Oldehinkel et al.，2011）。

而且，月经初潮带来的影响很大程度上取决于女孩是否对此有所准备，即她们是否具备相应的知识。时至今日，初潮仍然令大多数女孩感到惊讶，只不过她们大多数人不会对此感到害怕了，因为她们已经从健康教育课程和父母那里学到了相关的知识（Stidham-Hall et al.，2012；Wigmore-Sykes et al.，2021）。西方的研究表明，女孩基本上是从母亲那里获得有关信息的（Brooks-Gunn & Ruble，1983），她们通常也会在月经初潮之后立刻告诉母亲；两三个周期后，她们也会告诉父亲。这种女孩的社会适应尤其好，它可能反映的是家庭气氛对青春期身体变化的高度接受性。后来的研究发现，几乎所有的女孩都会把来月经的事告诉朋友，而很少有男孩会把遗精的事告诉任何人（De Rose & Brooks-Gunn，2006）。但是，很多发展中国家的女孩对月经初潮一无所知、毫无准备（Chandra-Mouli & Patel，2017）。

在经历了月经初潮之后，女孩的心理会发生一些变化，她们与尚无此经历的女孩相比，对女性的特点会有更多的兴趣（Greif & Ulman，1982）。她们开始更多地注意到身体的外表，更多地注意到与男孩的关系。而且，经历了月经初潮的女孩在心理上也表现得更加成熟。

（二）早熟与晚熟的影响

对于某些青少年，青春期的起始时间和发展速率与众人不同，比如，北京早熟的青少年占1%～3%（张金山等，2006；侯冬青等，2006）。身体上的早熟和晚熟会给青少年的心理适应带来不同影响，总体上看，晚熟的男孩和早熟的女孩尤其可能因为青春期的变化而受到消极影响。在全世界，早熟的男孩女孩都更可能出现有风险的活动，比如抽烟、喝酒、服药、攻击，以及抑郁（Hamlat et al.，2019，2020；Hoyt et al.，2020；Ullsperger & Nikolas，2017）。不过，值得注意的是，早熟青少年与同伴之间的差异在整个青少年期持续消退，到青少年期结束时则不分彼此了（Dimler & Natsuaki，2021）。

青春期起始时间对行为的影响，可能因为背景因素而被放大（Natsuaki et al.，2015；Seaton & Carter，2018）。青少年的早熟和晚熟更多地受到遗传影响，两个人在遗传上越相似，他们的青春期就越同步，而同卵双生子的青春期是所有人当中最相似的（Ge et al.，2007）。

1. 早熟的男孩

男孩的早熟与积极的自我评价联系在一起，晚熟则一般是和消极的自我评价联系在一起（Alsaker，1992；Richards & Larson，1993）。与晚熟的男孩相比，早熟的男孩相对于他们的年龄来说显得身材高大，更为强壮有力，动作更为协调，在体育运动中更加得心应手，喜欢体育运动的竞争，这继而提高了他们的威信和地位。

他们在与同伴的交往中也有很大的社会性优势，他们更多地参加学校的课外活动，并且常常被选为领导角色。早熟的男孩也往往表现出对女孩更感兴趣，更受女孩欢迎，因为他们更有型，社会兴趣和技能更为娴熟老到。较早的性成熟也使他们比较早地开始了异性交往。

成年人也往往比较喜欢早熟的男孩，认为他们比晚熟的男孩在身体上更有吸引力、更为强壮，并觉得他们修饰得当，心理上没那么紧张慌乱。更重要的是，成年人也认可和接受早熟的男孩，认为他们比较成熟、有能力。而且，社会也会比较早地认可他们希望承担成人角色和责任的愿望。这样一来，他们就能够获得年龄较大的人才能够获得的特权。

值得注意的是，成年人的这种态度是利弊并存的。成年人往往对早熟的男孩期望更多，希望他们的行为举止像个成年人，并且希望他们承担起相应的责任，这导致他们的心理压力更大（Ge et al.，2001）。同时，早熟的男孩也没有时间去享受儿童期的那种自由自在。

不过，有些早熟的男孩并未能好好地利用他们所得到的自由。因为父母不再像以前那样盯紧他们，所以他们往往会和年龄更大的伙伴一起玩，结果早熟的男孩比其他人更有可能去做违法犯罪的事（Westling et al.，2008；Biehl et al.，2007）。当然，总体上而言，对早熟的男孩而言，还是利大于弊（Lynne et al.，2007）。

2. 晚熟的男孩

晚熟的男孩会受到由晚熟所引发的自卑的困扰。一个在15岁还没有开始青春期发育的男孩比起早熟的男孩，身高和体重都相形见绌。伴随身材上的差异，他们在体格、力量和协调方面的差异也是不言而喻的，这导致其形成消极的自我知觉和自我概念。他们典型的特征是缺乏魅力、不受欢迎；他们往往好动、专横，并反叛父母；他们会有不自在感，觉得会遭拒绝，且比较有依赖性。由于他们遭受了社会拒绝，所以他们会变得自我意识更强，也会表现出退缩。

晚熟者有时会通过变得过分依赖他人，或者变得过分渴求地位和注意，来获取一种过度补偿。另一些时候，他们会试图通过藐视、袭击或取笑他人，或者其他引起注意的方法，来补偿他们的不自在感。很典型的表现是，他们会高谈阔论，别人稍一挑衅，他们就怒火中烧、动手打架。

这些早期的负面社会态度所产生的影响可能会一直持续到成年期，当他们的身体差异及其在社会交往中的重要性已经消失殆尽时也挥之不去。大多数晚熟的男孩延迟了成年期的心理承诺，比如晚婚。而且，他们由于挣钱较少，对自己的职业地位也惶惶不安。

3. 早熟的女孩

对青少年期女孩来说，早熟并不像对于青少年期男孩那样是一件好事。女孩通常都比男孩早两年进入青春期，早熟的女孩则更是超前了。由于她们个子长得更加高大，性方面更加成熟，所以她们往往会感到尴尬，自我意识更强。早熟者体重也比她们的朋友重一些，这一点在大多数的女孩看来绝非好事。与同伴有很大的差异，使得她们的自尊受到消极的影响（Alsaker，1992）。

由于有这样的压力，并且早熟的女孩更可能会和年龄较大的男孩混在一起，所以她们出现各种行为问题的风险就大大增加了（Sarigiani & Petersen，2000），包括抑郁情绪、消极的自我映像、进食障碍、药物滥用、攻击行为、违法犯罪、学校问题以及与父母的冲突（Lynne et al.，2007；Harden & Mendle，2012；Ullsperger & Nikolas，

2017）。她们的身体可能会招来男性的关注，使她们更早与男性约会，而且，她们也可能过早卷入性行为。

研究也发现，早熟的女孩受教育程度往往较低，在成年后其职业成就也往往较低。显然，这是其社会性及认知的不成熟与过早的身体发育混合的结果。早熟的女孩容易受到诱惑而沾上问题行为，并且不会意识到这给她们的成长可能带来的长期影响（Weichold & Silbereisen，2005）。这些影响在其他国家也屡见不鲜（Prokopčakova，1998）。

4. 晚熟的女孩

晚熟的女孩在社会交往中明显处于不利的地位。她们看起来像是小姑娘，但是她们自己拒绝别人以这样的态度来看待她们。在男女生聚会以及组织社会活动的时候，她们往往被撇在一边，大家对她们视而不见。到14～18岁才出现月经初潮的女孩，很可能也比较晚才会有亲密的关系。结果，晚熟的女孩可能会妒忌那些已经发育成熟的朋友。她们一般与正常发育的男孩处于同一水平，所以通常是以这些人为朋友。晚熟的女孩回避规模较大、男女混合的团体，她们对年龄小一些的团体更感兴趣，她们和这些团体在一起的时间更长。

当然，晚熟的女孩具有的一个优势是，她们不会像早熟的女孩那样遭到父母及其他成年人的尖锐批评。晚熟的女孩在情绪方面的困扰也相对较少，因为她们的体形相对于早熟的女孩而言更倾向于符合社会赞许的苗条纤瘦类型（Moore & Rosenthal，2006）。而她们主要的不利之处似乎是由于她们身体上相对不太成熟，所以她们在社会交往中暂时处于不利的地位。

5. 不合时宜的成熟

关于青春期起始时间的研究提出，不合时宜，无论是早了还是晚了，也无论是对男孩还是对女孩而言，都可能会带来问题。关于这一点，有两个比较有影响的理论观点提出了早熟、晚熟所产生的结果。

“另类假设”（deviance hypothesis；Alsaker，1995）提出，如果青春期开始的时间不合时宜，那么，无论是早熟还是晚熟都会给青少年的适应带来困难，因为它把青少年放到了社会性发展的“另类”中。

“发展阶段终结假设”（developmental stage termination hypothesis；Petersen & Taylor，1980）则认为，早熟让青少年很容易遇到发展困难，因为早熟可能会引发青少年的某些角色和活动（比如约会），而这些角色和活动所需要的技能还没有在早熟的青少年身上形成。

成熟速率与性别的交互作用会给青少年带来混乱和压力，由此产生的那些不当行为可能在表面上看起来如出一辙，但是同样的行为对于早熟和晚熟的青少年来说却可能有不同的动机。早熟和晚熟的男孩犯罪率都比较高，但是早熟者是由于受到年龄较大的同伴的怂恿才去干这些坏事的，晚熟者则是为了提升自尊和赢得社会地位（Williams & Dunlop，1999）。所有的青少年都希望得到同伴的喜欢和尊重，为了赢得大家的接受，他们会去做一些具有补偿作用的事。

四、青少年的身体映像

> **身体映像** 个体对自己身体特征的态度和反映。

在青少年期，**身体映像**（body image）作为个体对自己身体特征的态度和反映，一直被认为是青少年自我概念发展过程中的核心要素，并且对实际的社会适应有着举足轻重的影响（Leppanen & others，2022）。在女孩开始青春期的发育以后，她们的体形会由于脂肪的增加而发生变化，这常常使得她们看起来与主流文化所推崇的女性纤瘦的审美偏好大相径庭（Lamb et al.，1993）。就对身体的满意度而言，存在明显的性别差异：与男孩相比，女孩往往对自己的身体更为不满，特别是对小腿、大腿以及臀部耿耿于怀。

（一）发育时间与身体映像

从青春期起始时间的角度看，相对准时的青春期发育进程与女孩对身体映像的正面感受相联系。然而，早熟的女孩往往比准时的或者晚熟的女孩对自己的身体更为不满（Petersen & Crockett，1985）。早熟者也不满自己相对于同龄伙伴更重的体重（Stattin & Magnusson，1990），所以早熟者对身体的低满意度可能部分地造成了对自己外表某些方面的不满（Dorn et al.，1988）。而且，早熟女孩对身体的不满源自她们的乳房开始发育时遭到同伴的取笑，有时甚至是受到父母的取笑（Silbereisen & Kracke，1997）。不过，关于晚熟者身体映像的研究并没有得出一致的结论。

身体魅力和身体映像与青少年积极的自我评价、受欢迎程度以及同伴接受性有着重要的联系（Koff et al.，1990）。身体魅力影响个性的发展、社会关系和社会行为。有吸引力的青少年可能由于别人对待他们的方式不同，一般具有更高的自尊、健康的个性品质，社会适应更好，拥有更广泛的人际交往技能。无论男女，身体魅力都与自尊有着显著的联系（高红艳等，2007；高亚兵等，2006；Thornton & Ryckman，1991）。和那些被认为缺乏魅力的青少年相比，那些较有身体魅力的青少年被认为拥有较好的同伴关系和亲子关系，并且这与这些青少年自己的看法也是不谋而合的。而且，身材容貌对女孩自尊的影响超过对男孩的影响，对女孩社会地位的影响也是毫无二致（Wade & Cooper，1999）。

（二）身体映像的性别差异

青少年对自己身体的知觉存在性别差异（Marta-Simoes，Tyka，& Ferreira，2022）。一般来说，在整个青春期，女孩比男孩更不满自己的身体，她们的身体映像更为消极（Griffiths & others，2017；唐东辉等，2008；陈红，黄希庭，2005；骆伯巍等，2005）。而且，随着青春期进程的变化，女孩往往变得对自己的身体更加不满，这可能是由于她们身体脂肪增加，以及媒体过度宣传以瘦为美（Rodgers & Rousseau，2022）；而男孩在这一过程中却是越来越满意，这可能是由于他们的肌肉增加（Seiffge-Krenke，1998）。只有那些希望自己是强壮的“肌肉男”的男孩未能如愿时，他们才会对自己的外表感到怏怏不乐（Jones，2004）。

以往这些领域关注的是女性，而男性的很多问题被忽视了。人们一直关注的是减肥，但是很少关注体重增加或者如何使肌肉变得更健壮。实际上，除了暴饮暴食和过分锻炼这些可能导致明显健康问题的行为模式之外，身体映像不良的男孩还可能会出现心理问题，比如低自尊、抑郁、焦虑等（Braun et al.，1999；Morken et al.，2018）。

女性用以调节体重的主要方式是节食，但是男孩却对此不屑一顾，也就是说，他们很少做什么以达到改变自己身材体形的目的（Drewnowski et al.，1995）。而且，节食会使男孩更加偏离他们理想的身材。

（三）身体映像的影响因素

总体上，关于身体映像的影响因素，可以从生态系统的角度来分析父母、同伴、伴侣、媒体、社会文化等微系统、外系统、宏系统的影响（杜岩英等，2010），当然，具体到青少年的身体映像，则可能稍有不同。

首先，父母基本上对男孩女孩身体映像方面面临的困扰都有影响，但是对女孩的影响更为突出（McCabe & Ricciardelli，2001）。父母在向男孩传递社会文化关于理想身材的信息方面起着重要作用。对女孩来说，社会文化推崇纤瘦身材对理想身材所产生的影响是不言而喻的（Monteath & McCabe，1997）。尽管母亲对女孩的态度和行为有着重要的影响，但父母在鼓励女儿节食方面却别无二致（Moreno & Thalen，1993）。

此外，父亲对女儿的态度有更大的影响，母亲则更主要是影响儿子的态度（Vincent & McCabe，1999）。母亲主要是影响青少年男孩的身体映像，而父亲主要是影响他们参加锻炼的水平和饮食多少（Ricciardelli et al.，2000）。母亲通过一些积极的评价来产生影响，父亲则是通过批评来产生影响。

前沿扫描

女孩常上网，毁身体映像？

其次，从角色榜样来看，同性榜样对女孩的减肥行为有影响，而对男孩而言，同性榜样则会鼓励他们加强锻炼，以改变身材和体形（Vincent & McCabe，1999）。比如，相当多的青少年期女孩和同性朋友谈论体重、体形，有时也会谈论节食（LeVine et al.，1996）。但是，青少年期女孩说很少有朋友会鼓励她们节食。高友谊质量会促使个体乐观积极地对待自己，关心身体状态与需求，进而增加直觉进食（陈曦梅等，2020）。

最后，媒体，特别是大众杂志，对青少年期女孩的身体映像以及饮食方面的困扰具有重要影响（LeVine et al.，1991）。在一定程度上，媒体的信息也对男孩的身体映像有影响，使他们做一些事以便增加体重、强健肌肉。观看纤瘦的模特会使女孩产生焦虑感以及对身体的不满，但是男孩不会这样（Kalodner，1997）。

拓展阅读

为什么有些少女会减肥到瘦骨嶙峋?

神经性厌食症（anorexia nervosa）是一种威胁生命的情绪障碍（Bruni & Dei，2018），它是主要由食物和体重引起的困扰。一个人被诊断为患有厌食症，除了实际体重比其身高和身材应该达到的重量低 15%之外，也必须表现出对体重增加和发胖的恐惧，并且对自己的身体映像产生扭曲认识，甚至是在他们已经非常瘦的时候，也认为自己臃肿肥胖（Fuchs，2022；Magrini & others，2022）。对体重的强迫性思维和强迫性锻炼也和神经性厌食症关系紧密（Novara & others，2021）。而且，女性必须出现月经停止或月经周期紊乱。

厌食症在男性中难得一见，通常限于必须控制自己体重的运动员、舞蹈演员或模特（Rolls et al.，1991）。大约95%的厌食者是女性，年龄通常在12～18岁间。青少年女性中大约1%的人受到厌食症影响（Dolan，1994）。研究表明，大多数罹患进食障碍的女性其患病起始是在青少年期和20岁出头之时（Smink et al.，2012）。

神经性厌食症往往在青春期第二性征发育之后出现，性方面的冲突是其中一个核心问题。女孩发育中的身体要求她们进行女性性别认同，她们必须把自己新的身体映像与女性性别角色整合起来。如果不能接受自己的女性性别自我认同，她们就会设法压制自己的身体发育。实际上，她们是通过极端的减肥措施来扭曲自己的身体映像，其外形是纤细的、男性化的。有些厌食者也会大吃大喝，然后通过药物引致呕吐或腹泻。

厌食者可能变得外表极其憔悴，丧失了所有外在的第二性征，月经也会停止。这一切反映了她们试图阻止自己性发育的绝望。其青少年期的发育不是向前迈进，而是走向一种病理性的变异，压抑倒退，使之回到了青春期之前的阶段。

厌食者有一种普遍的不自在感和扭曲的身体映像，这常常会导致抑郁。她们自尊低、焦虑高，这反映了她们对身体魅力的负面态度。在旁人看来，厌食者爱发牢骚、自我怀疑、依赖黏人、追求完美、焦虑不安。厌食者往往会把身体和她们自己分离开，觉得身体好像是在拖自己后腿，这种分离甚至使得她们不知道自己到底是什么样。

有些厌食者只会出现一次相应障碍，有些人则会反反复复。最终，有6%～10%的厌食者死于与营养不良有关的疾病或自杀（Katzman，2005；Moore & Bokor，2022）。厌食者进食方面的困扰和强迫锻炼也是联系在一起的，后者会导致社会性孤立、退缩而不与家人和朋友来往（Davis，1999）。厌食者常常否认饥饿和疲劳，也愤怒地拒绝任何食物疗法的干预，所以厌食者很难接受治疗。

神经性厌食症的起因包括社会、心理及生理的因素（Tyrka et al.，2000）。社会因素方面最主要的是现在流行的纤瘦的身体映像。心理因素包括吸引注意的动机、追求独特性的愿望、对性的否定，甚至是作为对付父母过分控制的方法（Agras，2000）。生理因素则包括下丘脑的异常等。不过，神经性厌食症的实际起因仍然有待探索。

概括起来，进食障碍的危险性因素包括：接受社会关于"身体要纤瘦"的态度、完美主义、女性、儿童期有过焦虑症状、感到越来越关心或注意体重和体形、在儿童期有进食或消化问题、有成瘾或进食障碍的家族史、父母很关心体重和减肥、自我映像消极。

从干预来看，通过住院治疗、服用药物或心理治疗来治疗神经性厌食症（Hail & Le Grange，2018；Herpertz-Dahlmann，2017），其效果还不足为道（Shapiro et al.，2007；Grilo & Mitchell Eds.，2010）。尽管一些人的症状会有所改善，但是对有些人而言则成了长期性的问题。不过，研究也表明，家庭治疗常常是行之有效的（Frostad & Bentz，2022）。

五、青少年期的认知发展

青少年的发展不但使得他们在外形上区别于学龄儿童，而且使得他们的所思所想也令人刮目相看。尽管青少年的思维仍然有不成熟的地方，但是很多人都能够进行抽象思维了。

（一）形式运算思维

形式运算阶段 皮亚杰提出的认知发展的第四阶段，年龄大约从11岁开始。这时候，抽象、系统的思维能力使得青少年在面对问题时能够先提出假设，演绎出可供检验的推理，孤立和综合各种变量，看看哪一个推理会得到证实。

如第二章所述，皮亚杰认为儿童的认知发展经历四个阶段，其中**形式运算阶段**是认知发展的第四阶段，年龄大约从11岁开始。这时候，抽象、系统的思维能力使得青少年在面对问题时能够先提出假设，演绎出可供检验的推理，孤立和综合各种变量，看看哪一个推理会得到证实。换言之，形式运算阶段的青少年能够“对运算进行运算”（operation on operation），他们不再非要以具体的东西为思维对象，取而代之的是，能够通过内部反省形成新的一般性逻辑原则。

1. 假设演绎推理

皮亚杰认为，假设演绎推理（hypothetico-deductive reasoning）是形式运算思维的标志。青少年面对问题时，能够先进行假设，或对可能影响某种结果的变量加以预测。然后，他们根据假设进行演绎，进行逻辑性的、可检验的推理，他们会系统地孤立某些变量、组合某些变量，来看看哪一种推理在现实生活中能够得到验证。

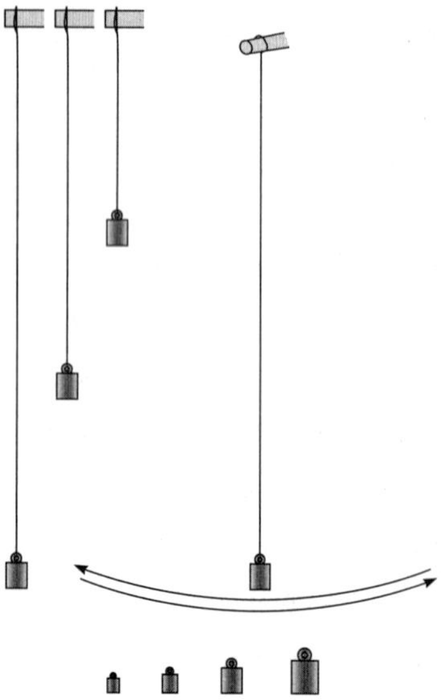
图7-3 皮亚杰的钟摆实验

这一问题解决过程的特点是始于可能、终于现实。而具体运算阶段的儿童则是始于现实：他们从明显可以观察到的具体现实情境开始预测，如果这些预测未能获得验证，他们往往也无法另辟蹊径来解决问题，最后以失败告终。

皮亚杰用以研究形式运算思维的经典问题中，很著名的一个是“钟摆问题”：向儿童和青少年展示一个钟摆，并向其演示如何改变四个因素，即摆绳的长度、砝码（摆锤）的重量、释放砝码的高度和推送砝码的力量（见图7-3）。然后要求他们确定哪一种因素或因素的组合能够决定摆动的速度。

形式运算阶段的青少年会设计检验所有可能的假设的实验，每一次只改变一个因素，并保持其他三个因素不变：首先是摆绳的长度，然后是砝码的重量，之后是释放砝码的高度，最后是推送砝码的力量。也就是说，他们会单独试验每个变量（比如，改变摆绳的长度），继而，他们也会组合不同的因素进行试验，直到最后发现只有摆绳长度是决定因素。整个假设检验的过程是以“如果-那么”（if-then）的方式进行的，比如，“如果是摆锤重量起作用，那么在同样长度的摆绳上使用不同重量的摆锤，就应该看到速度的差异”。形式运算阶段的青少年最终会发现，“重量假设”是错误的，决定速度的只有摆绳的长度。

相比之下，具体运算阶段的儿童则无法分离每个变量的效应，他们可能会在未保持砝码重量一致的情况下试验摆绳长度的影响，比如把短摆绳、轻砝码的钟摆与长摆绳、重砝码的钟摆相比较。此外，他们通常也无法注意到任务中非具体材料提示的变量——释放摆锤的高度和推送摆锤的力量。

2. 命题思维

形式运算思维的第二个重要特征是命题思维（propositional thought），即青少年对以语言表述的命题进行评价时，能够不依赖现实世界的环境。相比之下，学龄儿童对命题逻辑的评估只能是在考虑现实世界中的具体证据时进行。

为探索命题推理的能力，研究者给儿童和青少年看一堆各种颜色的筹码。在其中一种条件下，研究者把一个筹码藏在手心，然后向他们提出两个命题：一是“我手中的筹码要么是绿色的，要么不是”，二是“我手中的筹码是绿色的，并且它不是绿色的”。在另一种条件下，研究者拿一个红色的或绿色的筹码让他们看到，并提出相同的两个命题（Osherson & Markman，1974）。

学龄儿童会把注意力放在筹码的具体属性（颜色）上，当筹码藏起来时，他们会回答说对两个命题的对错都不确定。当看到筹码时，他们就会判断：如果筹码是绿色的，那么两个命题都是对的；如果筹码是红色的，那么两个命题都是错的。相比之下，青少年会分析命题的逻辑，他们明白“要么-要么”命题总是对的，而“并且”命题总是错的，与筹码的颜色无关。

命题思维使青少年明白，如果某个前提是正确的，那么得出的结论也一定是正确的。比如：“所有的男人都是凡人”（前提），“苏格拉底是男人”（前提），“因此，苏格拉底是凡人”（结论）（Feldman，2011）。

皮亚杰认为，语言在青少年认知的发展中是重要的，形式运算要求以语言以及其他的符号系统为基础，比如在高等数学中所遇到的符号系统，它们未必代表真实的东西。同时，形式运算也涉及对抽象概念的言语推理，比如物理学中对时间、空间、物质的关系的思考，哲学中对公正与自由的思考（Berk，2018）。

研究范例

少年迷上网，自控受影响。

值得注意的是，形式运算思维作为皮亚杰所认为的最高级的思维形式，并不是每个人都会拥有的，包括成人也是如此。实际上，形式运算思维也和具体运算思维一样，常常是与具体的任务和情境相联系的（Keating，2004）。皮亚杰也承认，如果没有机会解决假设性的问题，人们就可能不会表现出形式运算思维。

（二）信息加工

大脑的发育会对青少年的执行功能产生影响，使他们能够拥有更强的认知控制和注意调节、思维、问题解决能力（Carlson et al.，2013；Crone et al.，2018）。不过，根据信息加工理论的观点，青少年期是具有快速变化的认知过程的儿童期与具有成熟的认知过程的青年期之间的过渡阶段，本身并没有明显的本质变化。青少年期认知上发生的变化与儿童期相比有些微不足道，但仍然可以指出的是，元认知是青少年期认知发展的中心（Kuhn，2000；Berk，2018）。

1. 工作记忆与加工速度

在青少年期，工作记忆与加工速度差不多都达到了成人的水平，这意味着青少年能够较好地存储认知过程中所需要的信息。此外，以简单反应时来反映的加工速度在儿童期稳步提高，从8岁的1/3秒缩短至12岁的1/4秒，但之后就没什么变化了。这一模式不但针对简单反应时，而且在范围广泛的认知任务中也如出一辙，也就是说，青少年信息加工的速度一般而言与年轻成人不分伯仲（Kail，2004）。工作记忆与加工速度的变化意味着青少年的信息加工比起儿童来说是非常有效率的。

2. 策略与元认知技能

青少年面对特定的任务时，能够更加熟练地确定解决问题的适当策略，并对所选策略的有效性进行监控（Schneider & Pressley，1997）。比如，青少年更可能列出课文的提纲和重点。他们也更可能把自己理解不透彻的材料列出来，以便深入学习。所有这些都能够帮助青少年学习更有效率，记忆更加准确。

元认知技能的发展也非常突出地反映在青少年的科学推理中。科学推理的核心是协调理论与证据。青少年经常会让理论和证据针锋相对，他们会试验各种各样的策略，反省并修改策略，最终明白逻辑的本质。随着时间的推移，他们会把自己对逻辑的理解应用到越来越广泛的情境中。

六、青少年期的言语

儿童的语言反映了他们的认知发展水平。学龄儿童一般都能够非常娴熟地使用语言，但是，到了青少年期，其语言能力会变得更加精练准确。随着他们的阅读材料越来越成人化，其词汇量也在持续增长。到16～18岁时，以英语为母语的青少年一般能够掌握大约8万个单词（Owens，2016）。

随着抽象思维的发展，青少年开始能够对一些抽象概念（比如爱、公正、自由）加以界定。他们也更经常地使用“然而”“另外”“不管怎样”“因此”“真的”“可能”等词语来表达逻辑关系。他们会更加清楚地意识到词汇是具有多重含义的符号，并且他们很乐意使用讽刺、双关以及隐喻等表达方式。

青少年在社会观点采择方面也变得更加娴熟，这种能力使得他们可以根据他人的知识水平和观点，来对自己的言语进行调整。这种能力在说服过程中，以及在礼貌的谈话中都是不可或缺的。

有语言学家认为，青少年的言语构成了一种属于他们自己的方言——“青春期社会方言”（pubilect，or social dialect of puberty；Danesi，1994）。这种方言与其他的方言一样，都起到强化团体认同、清除异己（成年人）的作用。青少年的词汇有变幻莫测的特点。尽管这些词汇中很多都有其通常的表达意义，但是青少年一直在为它们发明标新立异的含义。青少年的词汇会因为性别、种族、年龄、地区、邻里、学校类型而不同，也会因为团体的不同而大相径庭。

由于对其谈话对象有特别的意识，青少年与同伴谈话时使用的言语，与同成年人谈话时使用的言语相比是别出心裁的。青少年的俚语是其从父母处及成人世界中获得独立的自我认同的过程中一个自然的构成部分。在创造诸如此类的表述时，青少年会使用他们新发现的能力来玩一些文字游戏，以此界定他们这一代对于价值观和爱好的独树一帜的立场（Elkind，1998）。

七、青少年的学习

小学毕业后，儿童会升入初中。初中毕业后，很多人会升入高中。每一次升学以后，开始新的学校生活对青少年来说都是适应挑战的过程，其社会适应和学习都会有不同于过往的新特点。

（一）新入学的适应

青少年升入初中以后，学校一般都比小学大，班里的同学大多数可能不认识，老师也是陌生人，而且作业也比小学多了。随着从小学到初中、从初中到高中的每一次学校变化，青少年的成绩会下降。这一方面是由于中学的学业标准更加严格，另一方面则是由于学校的改变通常使得个人受到的关注减少，老师更多的是面向全体学生进行教学，每个人参与班级决策的机会也减少了（Barber & Olsen，2004）。因此，学生对中学生活的评价就不如对小学那么正面。青少年会说老师对他们不太关心、不太友好，老师评分不公，学校竞争激烈。结果，很多青少年感到学习上无能为力，学习动机下降了（Otis et al.，2005；Booth & Gerard，2014；Felmlee et al.，2018）。相比小学阶段，进入中学的第一年学生们适应性的应对水平较低，而非适应性的应对水平则较高（Skinner & Saxton，2020）。

相应地，青少年的自信和自我价值也会进行调整。追踪研究发现，青少年的学习成绩在下降，但自主性在提升（Rudolph et al.，2001；Seidman et al.，2003）。但是，升入初中带来的消极影响更大，尤其是对女孩而言，女孩升入初中以后自尊急剧下降，之后逐渐会恢复。女孩的情况不妙，是因为升入初中以后她们往往同时遇到其他的生活变化，比如青春期发育的开始。

升学常常使得环境变化无法很好地满足青少年的发展需要（Eccles，2004）。就在青少年需要成人支持的时候，与老师的亲密关系被打断；青少年高度关注自我的时候却要面对竞争；青少年更加关心同伴接受性的时候，同伴网络却受到干扰。因此，来自父母、老师和同伴的更多支持将会有利于青少年适应学校的转变。而具有心理弹性的学生能够更好地适应中学的学习生活（张光珍等，2017）。

父母介入、监控，并逐渐地给孩子更多的自主，与孩子上中学以后的良好适应相联系（Grolnick et al.，2000）。在学校里建立一些较小的团队能促进青少年与老师和同伴建立更为密切的关系（Barber & Olsen，2004）。入学分班时，让青少年与几个熟悉的同伴在一个班级，也有助于他们获得安全感和社会支持。此外，学校尽量减少竞争气氛、不以能力区别对待学生，也对青少年的情绪、自尊、学业价值观及学习成绩有利（Roeser et al.，2000），而自我超越型价值观和自我完善型价值观更能够促使青少年努力学习（顾婷玉等，2019）。

（二）青少年学习成绩的影响因素

青少年的学习成绩是日积月累的结果，同时，在小学阶段对学习成绩产生影响的因素一如既往会对青少年的学习成绩发挥作用。

1. 自我效能感

根据班杜拉（Bandura et al.，1996）的观点，自我效能感强的学生相信自己能够学得懂，对自己的学习能够进行调节，更可能努力尝试并获得成功。自我调节的学生会设置具有挑战性的目标，并使用恰当的策略去实现目标。他们面对困难时勤勉努力、持之以恒，必要的时候也会寻求帮助。不相信自己能够成功的学生则感到受挫、郁闷，这使得他们要想获得成功举步维艰。

此外，父母的自我效能感也对孩子的学习成绩有影响。有经济安全感、对孩子有较高期望、有强烈效能感的父母，他们的孩子通常也有较高的学业目标和学习成绩。

2. 家庭因素

社会经济地位通过影响家庭气氛、居住选择、养育方式，对学业成就产生重要影响。贫穷困顿、未受过良好教育的父母更可能带给孩子消极的家庭气氛以及各种压力事件（Felner et al.，1995）。父母之间的冲突、粗暴养育也不利于孩子的学业成绩（王明忠等，2018，2020）。当然，如果这些父母在孩子身上投入较多的时间精力，这将有助于孩子摆脱这些不利影响。父母学业参与可以帮助正向预测青少年早期个体的学业投入、负向预测学业抽离（张云运等，2021）。有研究者检验了50项涉及5万多名学生的研究后发现，强调教育的价值、把学业成绩与未来目标相联系、讨论学习策略的父母，对学生的学业成绩有着非常重要的影响（Hill & Tyson，2009）。

与儿童期相同的是，权威型的父母养育方式在青少年期也对学习成绩有重要影响，它与青少年较高的学业分数相联系。这一点在包括中国、阿根廷、澳大利亚、苏格兰、巴基斯坦等国家或地区在内的多种价值体系中如出一辙（Steinberg，2001）。而独裁型和放任型的养育方式都与较低的分数相联系（Vazsonyi et al.，2003），最差的则是忽视型的养育方式，并且其消极影响是与日俱增的（Aunola et al.，2000）。

此外，父母与学校之间的配合也至关重要（Hill & Taylor，2004）。学习好的学生，其父母通常会掌握孩子的学习进程，与老师进行沟通，确信孩子上的是“好班”。父母经常联系学校会向青少年传递关于教育价值的信息，使他们做出明智的教育决策。密切的学校联系也能够缓解家庭的日常压力。

3. 同伴因素

同伴在青少年的学业中起着重要作用，那些父母看重学业的青少年会选择具有相同价值观的朋友（Rubin et al.，2006），他们在一起学习，可以相互激励，力争优异。青少年的社交焦虑则可以帮助显著预测其学习投入（周爱保等，2022）。

当然，同伴对优异学业的支持也有赖于同伴文化的气氛。研究发现，融合到学校的同伴网络中的高加索裔和西班牙裔美国青少年，其学业会有较高的分数，但是这一效应对于亚裔和非裔美国青少年而言则荡然无存（Faircloth & Hamm，2005）。亚裔文化更加强调对家庭和教师期望的尊重，而不是亲密的同伴联系（Chen，2005）。非裔美国青少年基于对现实的观察，会形成自己“不够聪明”的刻板印象，继而自我怀疑，导致学业下滑，其交往的同伴也是对学业毫无兴趣的人（Wong et al.，2003）。

4. 学校因素

学校的质量对学习成绩的影响毋庸置疑。好的中学通常井然有序又不压抑，校长充满活力、精力充沛，老师对学生有很高的期望，更加强调学业而非课外活动。喜欢自己学校的学生一般学习较好，也很健康。得到老师和同伴支持的青少年一般都对自己的学校很满意（Samdal & Dür，2000）。积极的学校氛围有助于提高学生的心理素质，尤其是认知品质的发展，从而提高学生的学业成绩（聂倩等，2018）。在对学生因材施教的学校，学生收获更大，学生的实践性智力或创造性智力也会得到很好的发展（Sternberg，1997）。

第二节 青少年期的心理社会性发展

一、青少年期的心理社会性任务

如第二章所述，埃里克森（Erikson，1950）把人的发展分为八个阶段，青少年期的发展处于第五个阶段——**自我认同对角色混乱**。这期间，青少年试图回答“我是谁”“我在社会中的位置是什么”这样的问题。他们经历着一种自我认同危机，这是一个暂时的痛苦时期。他们在解除了三个主要的困惑后，才会形成个人的自我认同：价值观的确立、职业的选择、令人满意的性别认同的发展。成功解决这一危机的青少年会形成一种忠诚（fidelity）品质，即对所爱的人、朋友和伙伴持久的忠诚、信任或归属感。

> **自我认同对角色混乱** 埃里克森提出的人的发展的第五个阶段。这期间，青少年试图回答“我是谁”“我在社会中的位置是什么”这样的问题。他们经历着一种自我认同危机，成功解决这一危机的青少年会形成一种忠诚品质。

这一过程中，他们会进行内在的灵魂摸索，审视儿童期界定的自我，并把它与新的特质、能力和承诺进行综合，塑造出稳固的内核，形成成熟的自我认同。尽管自我认同早已植根，但是只有到了青少年后期和青年期才会大功告成。

不过，后来理论家不再把自我认同的发展过程看成一个“危机”，而是看成一种“探索”之后的“承诺”（Grotevant，1998；Kroger，2005）。青少年尝试生活中的各种可能性，收集关于自我和环境的重要信息，并做出持久的决定，在这一过程中他们形成了组织化的自我结构（Moshman，2005）。

青少年期发展的消极后果是角色混乱，即他们对未来的成人角色含混不清。在面对成年期的挑战时，他们可能会显得苍白无力、漫无目的、措手不及。当然，某种程度的混乱也是正常的，它解释了青少年许多行为杂乱无章的本质及其痛苦的自我意识。

二、青少年期的情绪发展

（一）青少年情绪的基本特点

情绪作为个体生活中必不可少的一部分，在青少年期呈现新的特点。青少年在谋求独立的过程中，在情绪情感上要逐渐脱离父母，追求一种情绪自主，这是其情绪的基本特点，并且其日常生活中也会表现出一些基本的情绪反应。

1. 情绪自主

青少年个体化和自我认同探索的过程，要求他们在情绪情感上逐渐独立于父母。从情绪的角度看，青少年再次进入了向父母争取自主的阶段。

情绪自主 青少年表现出的更强的自我依靠、主动性、对同伴压力的抗拒力、对自己的决定和活动的责任感。

青少年期的**情绪自主**（emotional autonomy）表现为更强的自我依靠、主动性、对同伴压力的抗拒力、对自己的决定和活动的责任感。它是在从以父母为中心的人际关系向以同伴为中心的人际关系转化的过程中产生的。

青少年在情绪情感上越来越独立于自己的父母是由几方面的原因造成的（Steinberg，1990）。第一，年长一些的青少年在面对自己的情绪需要时，已经不太可能去求助于父母；第二，青少年很可能已经对自己的父母形成了复杂的看法，认为他们也是有欠缺的、不完美的；第三，青少年往往对家庭之外的人际关系投入了更多的情绪情感；第四，青少年越来越可能以一种平等的方式与自己的父母交往。所有这些认知的以及社会性方面的原因促成了青少年走向同伴文化。

在青少年发展的过程中，其情绪自主在青少年早期是平稳上升的，但对同伴影响的抗拒力则每况愈下（Steinberg & Silverberg，1986）。青少年变得更加自主、同伴影响不断增强的过程往往不是一帆风顺的。而且，青少年对自己的父母形成了批评性的态度，他们能够从父母身上挑剔出自己从前看不到的欠缺。这可能是青少年在塑造独立自我认同的过程中迈出的重要一步。在这一时期，他们可能经常会觉得从“真正理解”自己的同伴那里听取的意见才是金玉良言，比从父母那里听取的意见更好。

不过，父母与青少年之间的关系在冲突和变化之中一般也能够保持一定程度的凝聚力。情绪自主和一定程度上脱离父母的制约对青少年的多方面发展会起到推动作用（Chang，2003；McBride-Chang & Chang，1998）。

2. 日常的情绪体验

青少年日常生活中的情绪特点可以从其平均的情绪状态和情绪体验的变化中看到。研究者对五到八年级的学生进行了四年追踪，直到他们九年级时，发现学生平均的情绪状态（从积极到消极以－3～＋3做7点评价）随年龄增长而下降，越来越走向消极（见

图 7－4；Larson et al.，2002）。通常，初中生体验到的消极情绪比学龄儿童更为突出（Greene，1990）。虽然消极情绪在高中阶段又有稍许下降，但是，女孩沉浸在消极情绪状态中的时间似乎比男孩更长。年龄较大的青少年比儿童和年幼的青少年更少产生频繁和强烈的积极情绪，却产生更频繁和强烈的消极情绪（Frost et al.，2015；R. Larson et al.，2014；Reitsema et al.，2021）。

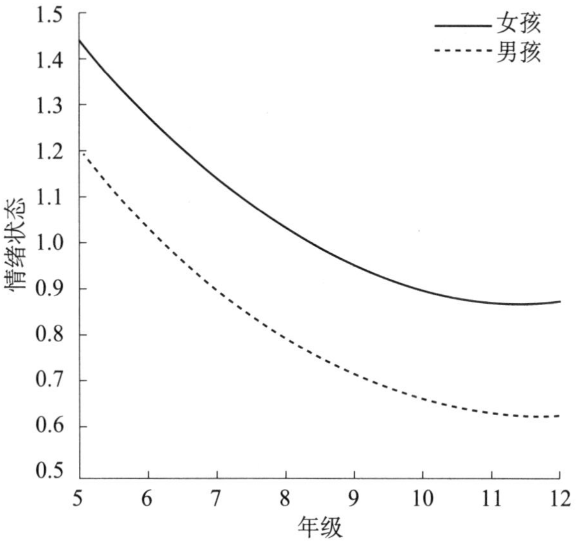

图 7－4　青少年期情绪状态的变化

青少年报告的极端积极情绪和消极情绪都比他们的父母多，但是中性的或者温和的情绪状态则不及他们的父母那么多（Larson & Richards，1994）。比如，青少年所报告的非常高兴的情况比他们的父母多出六倍，非常不高兴的情况比父母多出三倍。除了这些较为普遍的情绪范畴，与父母相比，青少年也更可能报告感到窘迫、神经紧张、冷漠和厌烦。

厌烦在青少年期可能具有独特的意义。比如，虽然厌烦常常被作为一种冷漠情绪的表现，但是青少年期的厌烦与愤怒、受挫以及缺乏精力或动机相联系（Larson & Richards，1991）。尽管厌烦在学校里并不是最常见的，但在各种社会情境中都感到厌烦的青少年，一般被老师认为在个性上较具分裂性。

如果把父母的情绪体验和青少年的情绪体验在几天内的变化过程进行对比，可以看到他们所报告的情绪体验大同小异，只是情绪体验的强度方面青少年更为突出一些。可以认为，有处于青少年期的孩子的家庭，其生活未必就是风雷激荡、充满压力的。此外，青少年的心境会随着背景的不同而摇摆起伏，比如从学校到工作到家庭到同伴，他们的变化比成人更为频繁（Noë et al.，2017）。

看脸识表情，擅长数女性。

国内有研究通过时间取样的方式，考察了中国青少年日常情绪体验的平均水平和情绪调节策略使用的基线状况，发现：中国中学生日常情绪体验分布遵循正态分布，即日常情况下以中性情绪为多，极端正性与负性情绪相对较少；有效调节组（日常情绪体验主要为高水平正性情绪被试）的孤独感评分比无效调节组（日常情绪体验主要为高水平负性情绪被试）低；有效调节组使用的调节策略主要表现为减弱调节策略（桑标，邓欣媚，2010）。中国青少年情绪调节的发展以减弱调节策略的运用为主导，并形成了非享乐主义的调节模式（桑标，邓欣媚，2015）。

（二）青少年的情绪与家庭及同伴

青少年在情绪情感上逐渐独立于父母的过程中，基本上都会涉及家庭冲突，这些冲突通常又会涉及更多的消极情绪。诸如争执、打断等言语冲突在青少年早期会增加，到青少年后期则会减少（Laursen & Collins，1994）。不过，很多家庭冲突并没有严重到使青少年觉得自己在家里无立锥之地。相反，他们总是在为日常生活中的问题对嘴对舌，青少年在家的时间充满了没完没了并且经常是微不足道的恼怒。而且，青少年期家庭冲突的增加未必就会导致家庭纽带的断裂（Paikoff & Brooks-Gunn，1991）。

解决家庭冲突的过程是与青少年的情绪功能和心理社会性功能联系在一起的。父母鼓励青少年表达意见的家庭，能够更好地应对这些冲突。同时，父母给予的情绪支持对青少年的情绪发展有着重要的影响（Willis，1990），这种影响也存在与性别的交互作用（雷雳，张雷，2015）。

另外，没有哪一个时期像青少年期那样，同伴团体在社会性和情绪的发展中起着如此重要的作用。青少年与同伴成群结队在一起的时间，以及对同伴压力的敏感性，都超过任何其他的发展阶段。青少年在努力转变自己在家庭中的角色时开始依靠同伴，特别是依靠朋友来寻求情绪支持；同伴能够帮助青少年调节自己的情绪、提供情感支持和安全感、提供自信和认可，也有助于青少年的自我表白和自我探索。总之，存在着一种缓冲效应。

随着青少年同伴交往的深入，友谊对其情绪发展的影响也越来越突出。进入青少年期后，诸如焦虑、忧伤和愤怒这样的消极情绪都增加了，并且这些增加主要是与朋友联系在一起的（Larson & Richards，1991）。

三、青少年期的自我发展

（一）自我概念与自尊的变化

1. 自我概念的变化

在从儿童期向青少年期转变的过程中，个体开始发展关于自我的更为抽象的特质，青少年会把儿童期使用的孤立的特质（“聪明”“有天赋”）统一为更为抽象的描述（“智力”），并且其自我概念变得更加分化且得以更好地组织。青少年开始根据个人的信仰和标准来看待自我，而不是根据社会比较（Harter，2003，2006）。

青少年期自我概念的典型特征是，他们常常以相互矛盾的方式来描述自我，比如，他们可能会提到一些相反的特质——“害羞”和“闹腾”、“聪明”和“脑残”。这是因为其社会世界扩展之后产生了新的人际压力，并在不同的人际关系中表现出不同的自我。

即他们的自我概念在不同背景下有不尽相同的表现，青少年与同伴在一起时和与父母、老师在一起时对自己的看法是判若两人的（Harter et al.，1998）。

青少年常常会采取“虚假的自我行为”（其行为方式不是真实的自我表现），特别在同学之间以及在恋爱关系中更是如此。不过，虚假的自我行为对青少年心理健康产生的影响有赖于这种行为的动因：出于贬低真实的自我目的而采取虚假的自我行为的青少年，会受到抑郁及绝望的困扰；而目的在于取悦他人或者只是试一试的青少年，其采取虚假的自我行为并不会遇到这些问题（Harter et al.，1996）。

青少年自我概念的不一致会使他们痛问“真我是谁”。但是，这种矛盾在几年之后就会减少，因为青少年形成了更为一致的关于自我的看法。

此外，青少年既从总体上对自身进行评价，也从一些具体的方面进行评价——学业、运动、外表、社会关系，以及道德行为。而且，自我概念的具体方面与总体自我价值之间的关系在不同领域是迥然不同的。例如，外表对总体自尊就非常重要，对女性而言更是如此（Usmiani & Daniluk，1997）。与学龄儿童相比，青少年尤其重视社会性品质，比如互助友好、细心周到、慷慨仁慈、乐于合作等；年龄大一些的青少年对自我进行描述时，个人价值观和道德价值观都是关键所在。

2. 自尊的变化

青少年的自尊与其对各种活动的价值评估，以及在这些活动中获得的成功之间的联系变得更强。比如，根据青少年的学业自尊就可以很清晰地预测他们对学习科目的有用性及其重要性的判断，预测他们会付出努力的程度，以及最后的职业选择（Whitesell et al.，2009；Dennissen et al.，2007）。

总体自尊通常在 11 岁左右有所下降，在 12 或 13 岁时抵达谷底，然后反弹上升（Orth，2017）。这种模式对男孩女孩而言并无区别（Von Soest et al.，2016）。总体自尊的下降可能是由于青少年经历的多重转变，比如身体变化、相应的情绪变化，以及与同伴的自我比较（Schaffhuser et al.，2017）。另一项包含 30 多万名被试的研究，也显示青少年期自尊处于低水平（见图 7－5）。之后到中年期，中年人因为对自己的优点和不足有更好的认识和接纳，所以对自己的感受更为积极，自尊在整个中年期一直上升，50～60 岁达到又一个顶峰（Orth et al.，2015）。

一般而言，总体自尊在青少年期是稳定的，并且稍有增强（Trzesniewski et al.，2003；Harter，2012）。与年龄更小或者更大的人相比，处于青少年早期的个体其自尊更为波动起伏，但是随着年龄增长，自尊会变得稳定。到青少年后期，十几岁的孩子会发现自己更容易接受行为和感受会随着情境而变化（Hitlin et al.，2006）。美国一项具有全国代表性的纵向研究表明，不断增强的情绪掌控感和对自己生活的掌控感，对与年龄相关的自尊的增强有很强的预测作用（Erol & Orth，2011）。

当然，有些青少年的自尊比较稳定，有些则不是。在不同的种族和性别之间，自尊的状况也大相径庭（Gray-Little & Hafdahl，2000）。然而，高水平的自尊与父母的赞同、同伴支持、社会适应以及在学校获得成功等因素联系紧密（Miconi et al.，2017；Birkeland et al.，2014）。

总之，自我概念在青少年期并没有完全得到巩固，并且会因为一些有影响力的事件

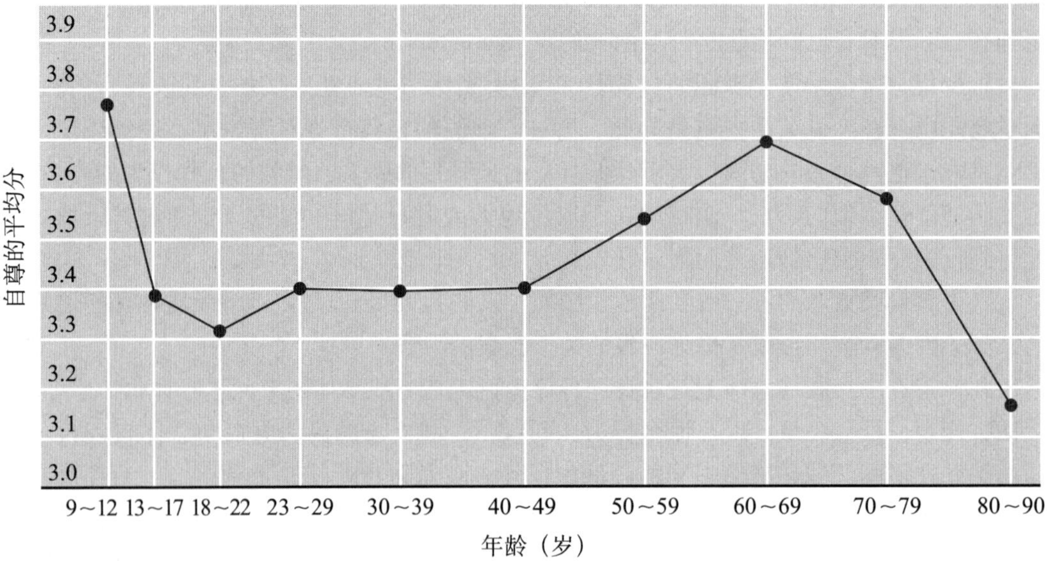

图7-5 自尊的毕生发展

资料来源：Robins et al，2002.

而发生改变。帮助已经形成消极自我认同的青少年找到一个成熟的、积极的自我映像是可行的，并且这种改善在青少年期比在成年期更容易做到。可以通过四个途径使青少年的自尊得到改善：一是确定低自尊的起因，以及对自我而言极重要的能力领域；二是给予情绪情感支持和社会赞许；三是获取成就感；四是直面问题（参见雷雳，张雷，2015）。

（二）自我认同的形成

青少年自我概念和自尊的发展为其自我认同的形成奠定了基础。詹姆斯·马希耳（James Marcia，1980，1991，2010）根据埃里克森的理论衍生出两个关键的标准（“探索”和“承诺”）来评估自我认同的发展，并提出了四种自我认同的状态：自我认同完成（identity achievement），指的是经过探索之后，对价值观、信念和目标有所承诺；自我认同延迟（identity moratorium），指的是只有探索，尚无承诺；自我认同早闭（identity foreclosure），指的是未经探索就有承诺；自我认同扩散（identity diffusion），指的是既无探索也无承诺的无动于衷（见表7-2）。

詹姆斯·马希耳

表7-2 马希耳的四种自我认同状态

自我认同状态	特征	举例
自我认同完成	个体经过对各种选择的探索后，对一个清晰的、自我选择的价值观和目标有了承诺。他们会产生一种幸福感，知道自己该往何处去。	在整个初中阶段，小付都想去打篮球。高一、高二时，她觉得做物理学家很棒。高三时，她选修了计算机课程，一见钟情——她找到了适合自己的方向，她知道自己以后应该学的是计算机专业。

续表

自我认同状态	特征	举例
自我认同延迟	个体仍未做出明确的承诺，他们还在探索，在收集信息、尝试各种活动，希望能够找到指导自己生活的价值观和目标。	小白很喜欢中学的所有课程，他有时候觉得当化学家很有意思，有时候又想当作家，有时候又想当老师。虽然他也觉得自己总是见异思迁有点奇怪，但是却乐在其中。
自我认同早闭	个体已经有了承诺，但其价值观和目标并不是自己探索后确定的。他们接受权威人物（通常是父母，有时是老师或恋人）为他们选择的现成的自我认同。	自从记事起，小苏的父母就告诉她，她以后应该做律师，所以她没有多想就言听计从地去学法律了。
自我认同扩散	个体缺乏明确的方向。他们既没有对价值观和目标做出承诺，也没有积极地进行探索。他们可能永远都不会去尝试，或已经被困难吓倒。	小李讨厌思考自己未来应该做什么，所以他把自己的自由时间都用来玩电子游戏，得过且过。

每个人自我认同的发展有不同的道路。有些人会逗留在某一种状态，有些人则会经历多种状态。而且，在不同的自我认同领域内，比如性取向、职业、政治价值观等，其模式也各不相同，通常见不到在各个领域内同时获得自我认同的人（Kroger & Green，1996；Kroger et al.，2010；Meeus et al.，2012）。

自我认同的不同状态伴随不同的发展结果。

自我认同完成者具有高自尊、成熟的自我感、高道德推理、对工作和学校的积极看法（Jespersen et al.，2013；Spencer et al.，2015）。

延迟者常常因为摆在自己面前的诸多选择而困惑迷茫（Lillevoll et al.，2013）。在教育和人际领域厘清并给予承诺，让他们感到压力重重、心灰意冷；极端情况下，他们可能变得麻木不仁，放弃自我认同的探索（Klimstra et al.，2016）。

早闭者往往立场顽固僵化，缺乏弹性。面对新的经验时，他们会逃避对自我认同选择的反思，拒绝与其立场矛盾的信息。

扩散并不多见，并且被视为适应不良（Kroger et al.，2010）。扩散者掌控着生活，却不寻求形成自我认同感的必要经验（Carlsson et al.，2016）。他们在逃避，学业困难、无动于衷、时间管理问题、酒精和药物滥用都与之联系紧密（Crocetti et al.，2013）。

通过叙事方式进行的研究也表明，自我认同混乱与抑郁、焦虑和进食障碍关系紧密（Potterton & others，2022）。

当然，这四种状态并不是恒久不变的，它们随着个体的发展也会波动起伏（Marcia，2002）。很多人会从“较低”的状态（早闭、扩散）走向“高级”的状态（延迟、完成），但是有些人也会走回头路（Kroger，2003）。从青少年后期开始，越来越多的人处于延迟或完成状态（Kroger，2005；Branje，2022；de Moor et al.，2022），但是也有一些人，甚至是年轻的成人，仍然处于早闭或扩散状态。在 21 岁以前，大多数人没有达到自我认同完成的状态（Kroger et al.，2010）。早闭者到中年时，回顾自己的生活历程，往往会由早闭状态转为延迟或完成（Kroger & Haslett，1991）。实际上，成人在面对个人和家庭的危机时，可能会数次经历“延迟—完成—延迟—完成”（MAMA）的循环（Marcia，1991）。

后来有研究者提出了“自我认同双循环模型”（dual cycle identity model），把自我认同发展分为两个各自独立的过程：一是“形成环”，它主要依赖探索的广度，以及对承诺的认同；二是“维持环”，它涉及探索的深度，以及对承诺的反思（Luyckz & others，2017）。一项跨度为10年、从青少年早期（13岁）到初显成年期（24岁）的追踪研究，证明了自我认同形成过程存在双循环（Becht & others，2021）。

（三）自我认同的影响因素

自我认同的形成是一个终生动态的过程，这当中个人或环境的变化都可能为自我认同的重新塑造带来可能（Kunnen & Bosma，2003）；自我认同的建构过程通过人际关系以及与父母和同伴的互动来完成（Branje，2022）。综合来看，对自我认同可能产生影响的因素包括以下几方面（Berk，2018）：

前沿扫描

迷网游太深，认虚拟化身？

一是个人的人格特征。这既是自我认同的原因，也是其结果。那些认为绝对真理可期可求的青少年往往会早闭，而对此满腹疑虑的青少年更可能出现自我认同扩散。那些认为自己能够依据合理可行的标准对各种可能性做出选择的青少年，则可能处于延迟或完成状态。

二是个人的家庭特征。当家庭作为安全基地让青少年满怀信心地进入更为广阔的世界时，其自我认同可以得到提升。那些觉得自己对父母有依恋同时又可以自由表达意见的青少年常常处于自我认同延迟或完成状态。早闭的青少年通常与父母联系紧密，但是缺乏健康的分离机会。扩散的青少年自认为得不到父母的支持，没有温情而开放的沟通。

三是个人的同伴交往。在社区和学校里与各种同伴的交往可以鼓励青少年开展对各种价值观及角色的探索，而亲密的朋友也可以像父母一样提供安全基地，为他们提供情绪支持、协助和自我认同发展的榜样。

四是学校及社区特征。那些提供丰富多彩的探索机会的学校和社区能够促进自我认同的发展。这些机会体现在促进高水平思考的班级、让青少年发扬主人翁精神的课外活动、鼓励处境不利的青少年上大学的老师和辅导员、让青少年融入真实的成人工作世界的职业训练等。

此外，文化的价值取向以及社会的变化都可能给自我认同的发展带来影响。

四、青少年期的心理性别

（一）心理性别的强化

青少年期是心理性别强化开始的时期，即关于男性女性的刻板印象进一步提升，更走向传统的性别认同（Basow & Rubin，1999；Shanahan et al.，2007）。

在青少年早期，男孩女孩经历很多身体和社会性变化的时候，他们也必须对自己的性别角色进行重新界定。青少年对性别角色的认识发展会出现波动，呈现一种近似字母“N”形的趋势，11 岁以后达到一个顶峰，而后下降，14 岁左右再次上升，18 岁以后稳定（引自赵淑文，1996）。

随着青春期的开始，男孩女孩与心理性别有关的期望也会日益深化，男孩女孩之间的心理及行为差异在青少年早期会变得越来越大，因为这时迫使他们服从传统的男性化及女性化性别角色的社会化压力与日俱增（Lynch，1991）。尤其对女孩更为突出（Crouter et al.，1995），她们这时候尝试异性活动的自由与儿童期相比已经不可同日而语。父母，尤其是那些持传统性别角色信念的父母，可能会比过去更加明确地鼓励孩子表现出“与性别相适宜的”活动和行为（Shanahan et al.，2007；Priess & Lindberg，2014）。

吉利根（Gilligan，1996）认为，青少年早期对女孩心理性别的强化具有特别意义。她认为，女孩通常显示出对人际关系有很清楚的认识，这是她们通过倾听和观察人与人之间所发生的种种而获得的。女孩能够很敏感地把握到人际关系中的不同脉搏，并且常常能够追随自己的感情走向。女孩对生活的体验与男孩不同，她们有“不同的声音”。

女孩发展到青少年期，对她们来说是一个关键点。在青少年早期，女孩会意识到自己对亲密感非常感兴趣。虽然社会也推崇关心他人的、利他的女性，但这在男性主导的文化中是没有什么价值的。所以，女孩面临一个两难问题：要么让自己显得自私（如果她们变得独立，追求自我满足），要么让自己显得无私（如果她们保持对他人的有求必应）。吉利根认为，处于青少年早期的女孩面对这一两难问题时，会越来越“沉默”，不再发出“不同的声音”。她们会变得更加不自信，在发表自己的意见时更具有试探性，这种状况往往会一直持续到成年期。

不过，背景会影响青少年女孩是否沉寂自己的“声音”。女性化的女孩在公共场合（在学校与老师和同学在一起时）很少发表意见，但是在更为私人的人际关系中（与亲密的朋友和父母在一起时）则别有风貌（Harter et al.，1996）。

（二）心理性别的影响因素

心理性别的形成可能受到多方面因素的影响，综合起来大概可以归纳为三大方面，一是生物学因素的影响，二是认知的影响，三是社会的影响。

1. 生物学因素的影响

青春期的变化促成了青少年的性与其心理性别态度和行为的整合。随着体内激素的增加，很多女孩渴望成为尽可能完美的女性，很多男孩则努力变得尽可能具有男子汉气概。这种整合意味着青少年期女孩常常会表现出更多女性化的行为，男孩则表现出更多男性化的行为。同时也是因为青春期向社会化主体（比如父母、同伴、老师）发出了信号，即青少年正在迈向成年期，所以他们的举手投足都应该是典型的成年人的样子。

此外，进化心理学强调进化适应促成了心理性别的差异（Buss，2000）。在原始社会，男性女性面临不同的进化压力，因为男性要和他人竞争以获得女性，所以男性得以进化的潜质是喜欢暴力、竞争、冒险。反之，女性喜好的是能够支持家庭的长期配偶（Konner，2010）。不过，进化心理学的观点也受到了一些质疑。

2. 认知的影响

认知发展理论认为，儿童心理性别类型的形成是在他们发展了性别概念之后开始的，一旦他们开始把自己看成男性或者女性，他们就会以此为基础来组织自己的世界。当个体已经能够依据什么对男性是合适的、什么对女性是合适的来对信息进行编码和组织时，心理性别类型的强化才真正开始。

青少年会对心理性别进行主动建构，但是社会决定了什么图式才重要，决定了相关的联系（Rodgers，2000；Ruble & Martin，1998）。在大多数文化中，这些界定涉及一个盘根错节、与心理性别相联系的网络，它不仅包括直接与男性女性相关的特征（比如，解剖结构、生殖功能、劳动分工、个性特质），还包括风马牛不相及或者只是在隐喻上相关的特征（比如，形状的尖锐或者圆润、月亮的盈亏）（Paludi，1998）。

3. 社会的影响

从社会的影响来看，研究者认为心理性别不是由生物进化的潜质决定的（Eagly，2000），父母、同伴、学校及老师、媒体等对个体社会角色的塑造反而有着重要的影响。

在生命的早期，父母就会传递文化中关于心理性别的信息（Gerdes & others，2022；Kapadia & Gala，2015；Ruble et al.，2006）。从他们给孩子取的名字中通常就可以看出性别，他们给男孩女孩的穿着和玩具也各不相同（Bandura & Bussey，2004）。父母的养育方式（Baumrind，1991）、儿童青少年对榜样的模仿学习、母亲女性角色的演变（Huston & Alvarez，1990）等，都是可能对心理性别产生影响的家庭因素。从儿童中后期开始，青少年同伴交往的日益密切又是一种重要的相互强化（Maccoby，1996，1998）。

此外，学校的教育体系（Sadker & Sadker，1994）和大众传媒（Calvert，1999）也无时无刻不在传递着关于心理性别的信息。比如，老师对男生女生的态度、教育环境都蕴含着关于心理性别的信息。在中国、英国和美国，教师对男孩比对女孩盯得更紧，对男孩更多使用控制性的管教措施，他们似乎觉得男孩更容易出现行为不良（Chen & Rao，2011；Davies，2008）。而电视的世界就是高度性别类型化的，看电视节目越多，青少年越可能尊崇传统的性别角色。

五、青少年期的道德发展

（一）柯尔伯格的后习俗道德

后习俗道德水平　道德发展达到这一水平的时间大约是在青少年早期或成人初期，一些人也可能永远达不到。处于这一水平的人超越了他们所处社会的特定规则来思考普遍的道德原则，其道德原则比特定社会所使用的更加宽泛。

如第六章所述，柯尔伯格提出，每个人的道德都是随年龄及经验的增长而逐渐发展的，并且这种发展遵循一种普遍性的顺序原则，这就是他提出的三水平六阶段道德发展理论（见表6-6）。在此，我们再看看后习俗道德水平的第五、第六阶段。

柯尔伯格提出的道德发展第三水平是**后习俗道德水平**。道德发展达到这一水平的时间大约是在青少年早期或成人初期，一些人也可能永远达不到。处于这一水平的人超越了他们所处社会的特定规则来思考普遍的道德原则，其道德原则比特定社会所使用的更加宽泛。

第五阶段，社会法制取向。处于这一阶段的人会进行理性的思考，看重大多数人的意志和社会利益，会做出正确的事，因为他们对社会公认的法律具有一种义务感。他们认识到法律与人的需要有时会发生冲突，但是，从长远来看，遵守法律对社会有好处。当然，法律可以作为固有社会契约中变化的一部分而被修改。

第六阶段，普遍伦理取向。在最后这一阶段，个体遵守法律是因为他们以普遍的伦理原则为基础。他们不会服从违背原则的法律。他们的所作所为是基于自己对对与错的判断，而不管他人的意见。他们的举动遵循内化的标准，如果不这么做，他们会谴责自己。

可以注意的是，柯尔伯格于1987年离世前不久，提出了道德发展的第七阶段，它摆脱了对公正的考虑，更接近于东方传统的自我超越。在第七阶段，成人考虑的问题是："为什么要讲道德?"（Why be moral?）（Kohlberg & Ryncarz，1990）柯尔伯格认为答案在于获得一种宇宙观——"宇宙、自然或上帝的统一感"，它使人能够"站在宇宙统一体的角度"来看待道德问题。体验到宇宙的统一性，人们就会看到万事万物息息相关，每个人的一举一动都会影响到其他的任何事、任何人。

不过，这种观点的形成也是罕见的，柯尔伯格自己也不禁怀疑是否应该称之为道德发展的一个阶段，而且，对这一观点还缺乏相应的研究探索。

（二）吉利根的关怀道德

尽管很多证据支持柯尔伯格的道德认知发展观，但是它也面临很多重要的挑战。比如，人们往往是先行动，然后再激活道德判断来对自己的行动加以合理化，而不管自己的行为是自我中心的还是亲社会的（Haidt & Kesebir，2010）。

卡罗尔·吉利根

此外，由于柯尔伯格最初的研究是以男性为被试进行的，所以卡罗尔·吉利根（Carol Gilligan，1982；Gilligan & Wiggins，1987）认为柯尔伯格的道德系统过分重视公平和公正这一"男性"价值观，而忽视同情、责任和关怀等"女性"价值观。吉利根认为，女性核心的道德两难是自己的需要与他人的需要之间的冲突，在道德问题上她们有"不同的声音"——**关怀道德**（morality of care）。

关怀道德　吉利根认为，女性核心的道德两难是自己的需要与他人的需要之间的冲突。

吉利根提出了一种道德发展阶段理论，以解释个体对关怀和责任的深入理解的发展过程（见表7-3）。在第一阶段，儿童完全关注自己的需要。在第二阶段，人们开始关心他人，尤其是那些无力照顾自己的人，比如婴儿和老人。在第三阶段，对他人的关怀和对自己的关怀统一为对整个人类关系的重视、对剥削和人类暴力的谴责。比如，青少年可能会去无家可归者收容所帮忙，这样做并不是因为其相信无家可归者真的一贫如洗，而是因为其认为所有的人都应该彼此照应，并且认为收容所里的很多人是因为受剥削才落到这般田地。

表 7-3 吉利根的女性道德发展阶段

阶段	特征	举例
水平 1：个人生存取向	女性关注的是自己，看什么是实用的、什么是对自己最有利的。	一年级女孩和朋友玩耍时，可能坚持只玩自己选择的游戏。
过渡 1：从自私到责任	女性认识到自己与他人的联系，并且会考虑从他人以及自己的角度看什么是有责任的选择。	
水平 2：自我牺牲的善良	女性为了他人的需要而牺牲自己的愿望，并把它当成自己的愿望。她认为自己对他人负有责任。	女孩可能认为，作为一个好朋友，她必须玩朋友选择的游戏，即使自己并不喜欢这些游戏。
过渡 2：从善良到真实	女性对自己的决定的评估，不只是基于他人会如何对自己做出反应，还基于自己的意图和行动的后果。她的判断会考虑到自己的需要以及他人的需要。她想通过对他人负责来成为“好人”，也想通过对自己负责来成为“诚实的人”。生存再次成为关注的重点。	
水平 3：非暴力的道德	女性把对他人（包括自己）的伤害的禁令提升到统领所有道德判断和活动的原则水平，从而在自身和他人之间建立一种“道德平等”，并能够为道德两难中做出的选择承担责任。	女孩可能认识到，朋友必须在一起分享时间，并寻找双方都喜欢的一些活动。

吉利根认为，女性不像男性那样关心抽象的公正和公平，她们更关心的是对他人的责任。不过，对大量相关研究的元分析却指出，尽管女性更可能想到关怀，男性更倾向于公正，但是这些差异却显得微不足道，对大学生而言尤其如此。这当中，年龄和两难问题的类型可能是比性别更为重要的影响因素（Jaffee & Hyde，2000）。男孩女孩以及男人女人对道德问题的推理都是相似的，他们都会从关怀和人际关系的角度进行思考（Turiel，2006）。

实际上，在吉利根后来的研究中，她认为男性女性的道德发展都超出了抽象推理的范围，很多人在 20 多岁时对狭隘的道德逻辑已经心生不满，但他们更可能搁置道德矛盾（Gilligan et al.，1990）。所以，吉利根早期研究中“不同的声音”可能反映的是另一种价值系统，但它不是以性别为基础的。而且，柯尔伯格所提出的第七阶段与吉利根的观点更为一致，两种理论都认为道德思维的最高阶段是对他人的责任，都承认对两性而言，与他人的联系、对他人的同情和关怀都是重要的。

可以认为，吉利根的关怀道德更有意义的是扩展了道德范畴，让我们看到，道德领域除了公平公正，还有关爱关怀。后来，海特（Haidt，2012）进一步提出，除了公平、关爱，道德范畴还涉及忠诚、权威、圣洁等（参见第八章）。

六、青少年的自我中心思维

关于青少年的自我中心，两个截然不同但又有着千丝万缕联系的概念——假想观众和个人神话对此进行了描述（Elkind，1967；Goossens et al.，2002）。

假想观众（imaginary audiences）指的是青少年认为每个人都像他们自己那样，对他们的行为特别关注。这一信念导致了过高的自我意识、对他人想法的过分关注，以及在真实和假想的情境中预期他人反应的倾向。**个人神话**（personal fables）指的是青少年相信他们自己是独一无二（unique）、无懈可击（invulnerable）、无所不能的（omnipotent）。

假想观众 青少年认为每个人都像他们自己那样，对他们的行为特别关注。这一信念导致了过高的自我意识、对他人想法的过分关注，以及在真实和假想的情境中预期他人反应的倾向。

个人神话 青少年相信他们自己是独一无二、无懈可击、无所不能的。

（一）自我中心的产生

关于假想观众和个人神话的理论解释，在此主要介绍两种：一是传统的观点，二是“新视点”（New Look）理论（参见雷雳，张雷，2015）。

1. 传统的自我中心观

根据大卫·艾尔金德提出的观点（David Elkind，1967），假想观众和个人神话与从儿童期向青少年期过渡过程中发生的重要认知变化有关。认知的自我中心有一种特殊的形式，即无法区分自己的想法和他人的想法，它是形式运算思维必然的副产品。这种区分的缺乏本身反映在假想观众这一心理结构中（特别是无法区分自己所关注的东西与他人所关注的东西），个人神话则是这些感受的过分区分。

大卫·艾尔金德

青少年期的巨大变化经常会占据个人思维的中心位置。然而，青少年可能会错误地相信自己的外表和行为是其他人非常关注的，就好像他们自己非常关注一样（Elkind，1985），并且错误地认为其他人对他们的评价与他们自己的评价是相似的。所以，青少年建构了假想观众，认为这些“观众”一直在观察和评价他们，并且青少年会对这些“观众”做出反应。

什么类型的人总是受到他人的关注和评价呢？独一无二的人、与众不同的人。因此，另一个被误导的观念——个人神话出现了，它反映了青少年认为自己的感受和经历完全与他人不同的错误信念。青少年因此可能会相信“别人无法理解我做的事”“那种事不会发生在我身上”“我可以摆平一切”。

假想观众和个人神话可以解释青少年某些方面的典型行为。比如，与外貌有关的自我意识以及对同伴团体的服从等——他们相信其他人（即假想观众）正在看着自己、正在评价自己。而孤独感及冒险行为可以被视为个人神话的结果——他们相信自己是独一无二、无懈可击的。

2. 自我中心的“新视点”理论

青少年对自我认同的探索，也可以解释其看似自我中心的思维过程，特别是解释假想观众的建构过程（O’Connor，1995）。当青少年开始质问自己是谁、要怎么适应以及应该为自己的生活做点什么的时候，青少年的自我意识就增强了，他们也开始关心别人对他们的看法——这就是“新视点”（New Look）。

丹尼尔·莱普斯利提出的“新视点”理论（Daniel Lapsley，1991，1993）并没有把

丹尼尔·莱普斯利

假想观众和个人神话与逻辑思维或一般的认知发展相联系。相反，与之相联系的两个观念是：(1) 社会认知的发展；(2) 分离-个体化(separation-individuation) 的过程。

青少年开始发展自我认同时，初期可能会以对他人的观察作为个体化和自我认同发展的参照。对自我认同发展过程的自我关注和社会要求，可能会导致青少年混淆自己所关注的东西与他人所关注的东西（O'Connor，1995）。与那些不关心自我认同的人相比，纠缠于各种自我认同问题的青少年就可能会有比较高的假想观众的敏感性，自我认同危机的经验往往伴随着更强的假想观众观念的建构(Vartanian & Saarnio，1995)。

“新视点”理论指出，假想观众和个人神话有助于青少年从心理上脱离父母。假想观众和个人神话的观念建构都不完全是自我中心本身，事实上，这一观念的建构仅仅是关于人际交往和人际情境中的自我的白日梦。

分离-个体化作为青少年期的任务，也是获得成熟的自我认同感所必须迈出的一步。其目的在于，在建立家庭关系之外的自我的同时，保持一种与家庭成员的亲近感。在分离-个体化的过程发生时，假想观众和个人神话的观念建构有助于分离-个体化过程的进展。当这一发展过程向前推进时，青少年会越来越关注与非家庭成员的关系，并且开始思考或者想象自己在各种社会性情境或者人际情境中的样子，在这些情境中他们是注意的焦点。当他们重新评估和建构与父母的关系时，这种人际倾向的白日梦让他们能够维持一种与他人的亲近感。对独一无二、无懈可击、无所不能等的强调（即进行个人神话的观念建构），有助于青少年构思独立的自我，即脱离家庭纽带的自我。

（二）自我中心与行为问题

假想观众和个人神话常常被用来解释成人所关注的大量青少年典型行为，其反映的思维模式似乎切合并解释了与青少年早期相关的典型感受和行为。研究支持自我中心与有害的健康结果之间的联系。比如，仅仅是一个同伴的存在，就可能导致青少年更高的冒险可能性，甚至当这些风险人尽皆知而同伴也没有施加明显的压力时，也是如此(Smith et al.，2013)。同伴对积极社会结果的反馈（比如，更高的受欢迎度和接受性），也可能促使青少年做出不健康的进食决策，而不顾其显而易见的健康风险（Padrón et al.，2016)。

1. 自我中心与冒险行为

差不多每种类型的冒险行为青少年都会参与（Arnett，1992)。虽然大多数青少年能够准确认识到风险所在，但是他们在决策的时候却经常对此不屑一顾，而自我中心可能就是原因之一。

个人神话中的“独一无二”对青少年冒险行为的态度具有很强的预测作用，并且假想观众能够很好地预测主观标准。个人神话与青少年对回避冒险行为的态度之间呈负相关（Greene et al.，1996)。假想观众和个人神话也能够有效地帮助预测青少年是否会产生能够减少自己冒险行为方式的意图（Greene et al.，1996)。个人神话，尤其是其中的

“无懈可击”，与青少年感知到的易感性、避免冒险行为的意图以及主观标准等呈负相关。青少年可能会相信自己对那些发生在别人身上的冒险行为的后果具有免疫力。比如，青少年期女孩列举她们不使用避孕药具的原因时，个人神话的解释是最常见的——“我觉得怀孕这种事绝对不会发生在我身上”。

假想观众可能也对行为有影响。高假想观众敏感性的青少年的表现与更明显的服从他人的倾向相联系，这可能对行为有正面的影响，可能会使得青少年更加在意。而较高的个人神话表现与较高的“感觉寻求”表现气味相投，能够解释大多数青少年的冒险行为（Greene et al.，2000）。

2. 自我中心与内化问题

在青少年的成长过程中，他们会经历分离-个体化的过程；就此来看，假想观众与亲近感相联系，而个人神话与分离有关（Lapsley，1993）。假想观众反映的是与丧失联系有关的焦虑，个人神话的观念建构则对分离焦虑有一种缓冲作用。换言之，建构了假想观众的青少年体验着正常的分离焦虑，但是，恰恰是这些观念建构又补偿了这种丧失。相比之下，个人神话的信念是对这种焦虑以及相关的消极情绪状态的防御性否认。所以，从这种意义上讲，个人神话的信念是一种根本的防御机制，它可以使青少年避免消极情绪体验。

青少年的假想观众和对自己“独一无二”的信念与心理压力有着直接的联系，而他们对“无懈可击”和“无所不能”的感受则与其心理压力水平呈负相关（Docherty & Lapsley，1995）。“无懈可击”和“无所不能”的高分数与青少年低水平的抑郁和孤独感有关（Goossens et al.，2002）。

七、青少年期的亲子关系

儿童和青少年的成长已经不再被视为单向社会化的过程，而是一个“交互社会化”的过程。儿童和青少年会给父母带来社会化影响，就像父母使他们社会化一样。

青少年希望父母能够表现出以下三方面的品质（Newman，1989；Rice & Dolgin，2002)：一是亲近感（connection)，即在父母和孩子之间有温情的、稳定的、充满爱意的、关注的联系。二是心理自主（psychological autonomy)，即提出自己的意见的自由、隐私自由、为自己做决定的自由。如果缺乏自主，青少年就容易出现问题行为，难以成长为独立的成人。三是监控（regulation)，成功的父母会监控和督导孩子的行为，制定约束行为的规矩。监控能够让孩子学会自我控制，帮助他们避开反社会行为。

（一）亲近感

青少年期望在亲子关系中能够体会到一种亲近感，这反映在以下方面：第一是父母的关怀及帮助。青少年对父母是否关怀他们的判断，是以父母和他们一起度过的时间的长短、是否支持他们的想法及在需要时给予帮助等为依据的（Amato，1990)。同时，青少年希望得到父母的注意和陪伴（Henry et al.，1989)，他们特别怨恨只知道叫他们没完没了地写作业的父母，或者是经常不在家的父母。不过，有些父母在陪伴方面做得又过犹不及。

第二是倾听和共情理解。在青少年期，与父母的沟通在一定程度上恶化了。青少年很少向父母表白心迹，和父母的沟通常常困难重重（Beaumont，1996）。一个原因也许是很多父母并不倾听孩子的想法、接受他们的意见或试图去理解他们的感受和观点。如果父母拒绝对话，感情沟通的大门就会慢慢关闭。相应地，即使是共情的、关怀的父母也常常低估青少年所经受的压力（Hartos & Power，1997）。

第三是爱和积极情感。大多数青少年想要父母给予很多的爱和明显的关怀。然而，有时候父母自己并不善于表达爱，他们根本不表现自己的温情。而青少年既需要内在的支持（鼓励、赞赏、和孩子在一起感到高兴、信任及爱），也需要外在的支持（拥抱和亲吻、带孩子去吃饭或看电影，以及给孩子买特别的东西）（Young et al.，1995）。

第四是接受和赞许。表达爱的一种方式就是了解并实实在在地接受青少年的一切。青少年希望父母认为他们是有价值的、被接受的、受喜欢的。他们也希望父母能容忍他们的与众不同和隐私（Bomar & Sabatelli，1996）。父母也必须做出努力来表现对孩子的赞许，青少年不希望换取父母的爱的前提是他们自己必须变得完美无瑕。

第五是信任。青少年往往会抱怨父母对自己不够信任，最令人恼火的是父母拆看他们的信件、偷看他们的日记、偷听他们打电话。比如，父母借口打扫房间、收拾桌子等，想看看孩子们到底在干些什么。而父母的信任主要是基于他们对青少年的了解的多少，以及了解哪些方面。青少年每天都自动地向父母讲述他们的日常活动，则使他们在各方面都会得到信任（Kerr et al.，1999）。

（二）心理自主

每个青少年都需要成长为自主的成年人。青少年要渐渐地脱离父母，成为独立的个体。自主通常有两个方面的表现：一是行为自主，它包括获得足够的独立和自由，在不过于依赖其他人指导的情况下自行其是；二是情绪自主，它指的是抛弃儿童期那种在情绪情感上对父母的依赖。

行为自主在青少年期有很大的提升（Feldman & Wood，1994）。青少年期望获得行为自主的方面包括衣着的选择和朋友的选择，但是在另外一些方面，比如规划教育计划，他们会听从父母的指导。青少年希望并且也需要在学会把握自主的同时，父母能慢慢地、一点点地给予他们相应的行为自主。如果给予的自由太多、太快，则可能被解释为拒绝。

青少年期情绪自主的变化并不如行为自主那么大，这往往有赖于父母的行为。有些父母一直鼓励过度的依赖，这会干扰孩子作为成年人的能力。过度依赖走向相反的极端是离开父母，这样青少年则完全不会依赖父母以得到指导或建议。

亲近感和心理自主乍一看似乎相互排斥，实际上这两种特质是互补的（Montemayor & Flannery，1991），最健康的家庭会在独立和情感支持之间保持平衡。随着孩子的成长，尤其在他们成长为青少年时，高度的家庭凝聚力应该渐渐地过渡为一种更为平衡的亲密感，这在青少年寻求个体化的过程中能促进其自我认同的建立。支持自主的养育方式与青少年积极的学业和心理发展息息相关，而控制自主的养育方式则与心理病理问题的可能性和受损的学业表现难脱干系（Teuber & others，2022）。

（三）监控

父母的监控与青少年的总体幸福相联系，包括高学业成就、延迟的性活动、低水平药物使用和违法行为（Ethier et al.，2016；Malczyk & Lawson，2017）。父母低水平的监控与青少年低效的执行功能息息相关（Sangawi，Adams，& Reissland，2021），后者在此种情况下更可能酗酒和抽烟（Mills & others，2021）。而父母借以指导和控制青少年的方法各有千秋，如前所述的四种基本的养育方式（参见第五章）就是集中体现。

相对而言，权威型的家庭对青少年产生的影响是最积极的。在不同种族和社会经济地位的群体中、在全世界的不同国家中，权威型的父母都在青少年期培养了孩子的自主、自信、自尊，对工作价值的积极看法，以及学业能力（Bornstein & Putnick，2018；Uji et al.，2013）。和青少年交谈是最常用的管教方法，也是对这一年龄段的孩子来说最好的方法。父母也鼓励青少年承担个人责任、自己做决定及自主。青少年在听取父母的意见、和父母讨论他们做出的解释时，也会自己做出决定。青少年也被鼓励逐渐地脱离家庭。因此，其家庭气氛可能充满尊重、赞赏、温情、接受，父母的养育方式也是保持一致的（Necessary & Parish，1995）。在这种家庭长大的孩子，无论男女都很少会惹麻烦或犯罪。

当然，有一些父母是非常顽固的。他们相信只有一种方法是对的，并且认为这种方法就是他们自己所使用的那种方法。这种父母顽固不化，拒绝改变自己的观念和行为反应。他们不会去讨论不同的观点，不允许争论，所以他们与自己处于青少年期的孩子永远不会相互理解。顽固的父母常常是完美主义者，往往对孩子的言行举止吹毛求疵、满腹怨言。其结果是破坏了青少年的自尊，造成难以承受的压力和紧张。

父母除了制定规矩、进行处罚外，也会对孩子的行为进行监督。成功的父母知道自己的孩子在做什么、去了何处、和谁一起（Jacobson & Crockett，2000）。而且，青少年在认为父母不会知道的情况下，也不会去惹是生非（Brown et al.，1993）。

尽管专家提倡一致的养育方式，但是，聪明的父母可能会觉得在某些场合可以宽容一些，另一些场合可以表现得独裁一些，还有一些场合可以是权威型的。

（四）亲子冲突

人们通常认为，父母和青少年之间有一道鸿沟，即所谓的“代沟”——在青少年期，青少年的价值观和态度越来越远离父母的价值观和态度。在很大程度上，代沟是一种刻板印象，是神话而非现实（Knafo & Schwartz，2003），亲子之间绝大多数冲突的程度都是中等的或较低的（方晓义等，2003；王美萍，张文新，2007）。

1. 亲子冲突的特点

在青少年早期，父母与青少年之间的冲突开始逐渐增加，超过之前父母与儿童之间的冲突（Smetana et al.，2003）。很多冲突反映在家庭生活的日常琐事中，比如要保持房间干净、衣着应该整洁、在规定时间之前回家、不要没完没了地打电话等。反而关于像吸毒和青少年犯罪这样的严重问题，冲突则屈指可数。一项纵向研究通过八年的追踪，分析五种场合下美国母亲和儿子之间的交往录像，显示从学龄儿童期到青少年期冲突是在增加的（见图7-6；Granic et al.，2003）。其他研究也显示了如出一辙的趋势（Juang & others，2018）。从青少年早期到后期，是一个冲突逐渐减少的过程（Laursen et al.，1998；Hadiwijaya et al.，2017）。

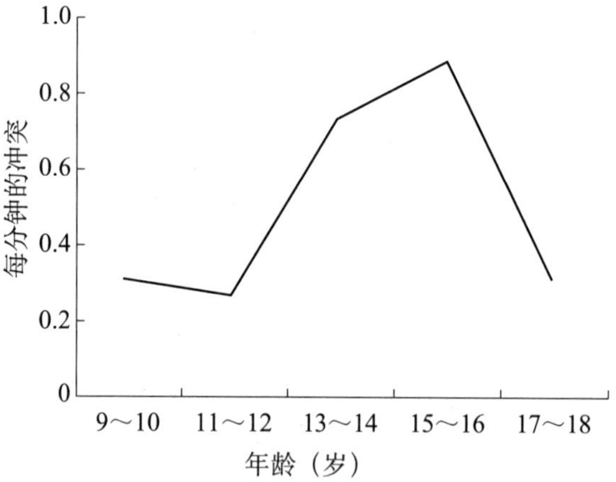

图7-6 青少年期的亲子冲突

青少年与其母亲的不一致多于其他任何人——排在后面的依次是朋友、恋人、兄弟姐妹、父亲、其他成人及同伴（Laursen，1995）。此外，冲突激烈也是某些父母与青少年的关系的特征。据估计，在大约20%的家庭中，父母和青少年之间存在漫长的、剧烈的、反复的、不健康的冲突（Montemayor，1982）。这种没完没了的剧烈冲突与青少年的问题难脱干系，比如，离家出走、违法犯罪、抑郁、辍学、怀孕、早婚、加入邪教组织和药物滥用（Akin & others，2020）。

有些冲突对青少年的发展而言也有塞翁失马之益，可以帮助他们学会调节情绪、解决冲突（Branje，2018）。这种对发展有益的冲突伴随的是接受、尊重和自主支持。父母和青少年之间的冲突与青少年社会认知能力的发展有关（Smetana，1997），这反映在他们提出有争议的问题时有不同的立足点。比如，就父母不喜欢孩子穿衣打扮的方式来说，青少年常常把它看成个人问题（"这是我的身体，我想怎么穿就怎么穿"），而父母往往从更广的意义上来看（"搞清楚，我们是一家人，你是其中一分子。你有责任为我们而穿得合适点"）。很多这样的问题穿插在父母与青少年的生活中，比如房间干净与否、晚上回家的时间、同伴朋友的选择等。在青少年越来越大时，他们更可能从更广的意义上看待父母的观点和这些问题。

2. 冲突的焦点

亲子之间一旦发生冲突，其焦点可能集中在五个方面（Laursen，1995）：

（1）社会生活和习俗。比如，朋友或恋人的选择、外出可以到什么地方、可以参加什么类型的活动、晚上回家的时间、谈恋爱、衣服和发型的选择等。

（2）责任感。在青少年显得不负责任时，父母是最为恼火的。父母希望孩子在以下方面负起责任：做家务，挣钱和花钱，注意自己的财物、衣服和房间，打电话，为外人做事，家庭财产（家具、工具、器材等）的使用。

（3）学校。青少年的学习成绩、在学校的行为以及对学校的态度，都会引起父母的很多注意。

（4）家庭关系。比如，不成熟的行为、对父母的一般态度和尊重水平、和兄弟姐妹吵架情况、与亲戚的关系（特别是在家里与老年祖父母的关系）、顾家的程度或在家里要求自主的程度。

（5）价值观和道德。比如，酗酒、抽烟，语言和言语，基本的诚实，性行为，遵守法律、少惹麻烦等。父母特别担心青少年的性行为。

八、青少年期的同伴关系

（一）青少年的友谊

在青少年期，同伴关系大致可以分为三个方面：一是个人友谊，二是朋党，三是团伙。团伙是最大、最松散、个人特征最少的青少年同伴团体。团伙成员通常是因为对某一活动有共同的兴趣而聚在一起。朋党则规模较小，成员之间关系更为亲密，凝聚力比团伙强。不过，和个人友谊相比，朋党的规模大一些，亲密度则低一些。与团伙相比，个人友谊及朋党的成员聚集在一起都是因为相互吸引。

友谊随着青少年彼此之间交往的加深而产生，它能起到六种基本的作用（Gottman & Parker，1987）：一是陪伴。友谊给青少年提供了熟悉的伙伴，他们愿意待在一起，并参加一些相互合作的活动。二是刺激。友谊为青少年带来了有趣的信息、兴奋、快乐。三是物理支持。友谊会提供时间、资源及帮助。四是人格自我支持。友谊会提供对支持、鼓励和反馈的期望，这有助于青少年维持他们对自己的能力、魅力及个人价值的肯定。五是社会比较。友谊会提供信息让青少年知道自己和他人的立场，以及他们的所作所为的对错。六是亲密。友谊为青少年提供了一种温情的、密切的、信任的相互关系，这种关系中包含自我表白。因此，朋友成了青少年最快乐体验的来源，朋友是令他们感到最舒适的人，朋友是他们觉得可以敞开心扉无所不谈的人（French，2015；Richards et al.，1998）。

尽管拥有朋友可能是一种发展优势，但是并非所有的友谊都一模一样，友谊的质量才事关重大（Mak，Fosco，& Lanza，2021）。元分析表明，青少年友谊质量与其主观幸福感呈中等程度的正相关（牛凯宁，李梅，张向葵，2021）。当朋友社会技能娴熟、提供支持、追求学业成绩时，发展优势就会体现出来（Simpson & Lewis，2021）。青少年期积极的友谊与大量的发展收益息息相关，包括较低可能的违法犯罪、物质滥用、危险的性行为、欺凌受欺，以及较高水平的学业成绩（Shartle，2021）。反之，强迫服从、隐含冲突和质量低下的友谊恰恰是一种发展劣势（Clayton & others，2021）。

一般青少年都有4～6个亲密朋友（French & Cheung，2018），青少年的友谊印刻着亲密、自我表白、信任和忠诚（Bowker & Ramsay，2016；Bukowski et al.，2020）。亲密是青少年友谊的一个重要特征（Sesma，2000），即个人秘密思想的表白或分享。青少年通常会说，最好的朋友能够分担他们的困难、理解他们、听他们谈论自己的想法或感受。年幼的孩子在谈到自己的友谊时，则很少涉及自我表白或者相互理解等方面。友谊的亲密度对 13～16 岁的青少年来说比 10～13 岁时更重要（Buhrmester，1989）。

和学龄儿童相比，青少年把忠诚或信任看成友谊中更重要的东西（Hartup & Abecassis，2004）。在谈到自己要好的朋友时，青少年常常提到的是，当和其他人一起时，朋友支持的是自己。

此外，青少年对朋友的选择极为挑剔（Urberg et al.，1995），这可能是由于其增长了的社会认知技能所致，他们可以对谁会喜欢自己做出更为准确的判定。

值得一提的是，男孩往往擅长作为乐趣伙伴，应对违逆期望的朋友，在拥有其他朋友的情况下保持友谊（Rose & Asher，2017）。相比之下，大多数女孩更喜欢一对一的互动，常常花时间在一起说话聊天、分享思想感受、彼此支持（Erdley & Day，2017）。就亲密朋友而言，女孩比男孩更加强调亲密的交谈和信任感（Markovits et al.，2001）。而表白自己困难和问题的男孩，则可能被认为是“窝囊鬼”（Maccoby，1995）。然而，在非裔美国青少年中却没有发现这种自我表白方面的性别差异（Jones et al.，1994）。

友谊的另一个显著特征是，从儿童期到青少年期，朋友一般都是相似的——包括年龄、性别、种族和很多其他的因素（Luo et al.，1995；Bowker & Ramsay，2016）。比如，如果朋友之间对学校有不同的态度，一人坚持要做完作业，另一人坚持要去打篮球，这种冲突就可能会削弱他们的友谊，两人可能以分道扬镳收场。

拓展阅读

为什么校园里时常会发生欺凌事件？

欺负行为是一种特殊类型的攻击行为，它是指力量相对较强的一方对力量相对弱小或处于劣势的一方进行的攻击，通常表现为以大欺小、以众欺寡、以强凌弱，包括拳打、脚踢、取外号、嘲笑、回避，或者羞辱（Olweus，2013；张文新，2023）。

欺负通常具有重复发生性，即欺负者和受欺负者通常会在较长的一段时间内形成稳定的欺负-受欺负关系，受欺负者在一段时间内重复性地遭受来自另外一个或多个学生的攻击。欺负通常包括身体欺负、言语欺负、关系欺负和财产欺负（赵莉，雷雳，2003）。

在我国小学阶段，欺负者和受欺负者所占的比例分别是 6%和 22%；在初中阶段，欺负者和受欺负者分别占 2%和 12%（张文新，2004）。国外的研究表明，欺负者为 10%～20%，受欺负者为 15%～30%。男孩更多地进行身体攻击和言语攻击，女孩主要是进行言语攻击（Pepler et al.，2004）。欺负行为发生时，很少有人帮助受害者，而旁观者的行为实际上是在鼓励欺负，其中一部分人甚至为虎作伥（Salmivalli & Voeten，2004）。

受欺负者更可能会经历抑郁、低自尊、想要自杀、尝试自杀（Husky & others，2022；Waseem & Nickerson，2021）。受欺负者大概可以分为两类：一是被动型受欺负者，他们几乎从不反击，通常具有某些消极的自我概念，自尊心较弱，表现出浓重的自卑感，较内向，对外界刺激过于敏感，易产生情绪波动和心理挫折感，为抑郁、焦虑所困扰。这类受欺负者行为退缩、顺从，有抑郁倾向。二是攻击型受欺负者。这类儿童数量较少，他们由于一些不恰当的言行得罪或激怒了别人，从而受到欺负或伤害。受到欺负时，他们通常会还击，但大多以失败告终。他们可能有注意力缺失的现象，或是过度活跃的特质。他们性情暴躁，容易激动或是喜欢奚落、嘲笑别人。此外，他们还有情绪问题，如抑郁、焦虑。

欺负行为在今天又有了新的形式——网络欺负（cyberbullying），它主要是通过社交媒体、电子邮件或移动电话来进行的欺负行为（Kennedy，2021；Santre，2022；Kowalski，2008）。有研究发现，网络欺负与传统的欺负行为有着相似的年龄模式，即在青少年早期会达到高峰，在整个青少年后期一直减退（Slonje & Smith，2008）。但是，在网络欺负中，受害者往往不知道欺负者的身份，这是与传统欺负行为的一个关键差别。

对欺负与受欺负的干预可以针对受害者、欺负者以及学校展开（Hutson et al.，2018；Nese et al.，2014）；从另一个视角看，也可以从三方面入手（李洋，雷雳，2005；雷雳等，2004）：

一级干预的目标是减少整体性的问题，而不仅仅针对那些可能出现欺负行为的个体。这种模式主要的对象是整个社区和整个校区，目的就是减少青少年将来的暴力性表现，使他们学会如何管理自己的行为。

二级干预针对的对象是有潜在问题表征的个体，他们不一定有严重的暴力性，但在将来有可能出现直接的身体欺负行为。

三级干预策略是针对那些已经犯罪的青少年，是在暴力性的行为发生之后向其提供个体治疗或团体治疗，帮助他们改过自新，所以三级干预的对象已经不属于普通的学校群体。

（二）青少年的恋爱关系

尽管很多青少年通过正式的和非正式的同伴团体有了一些社会交往，但是男女之间更为认真的交往却是通过约会才发生的。青少年的约会实际上经常是发生在团体内，而不是发生在二人世界中。青少年约会时最经常做的事是看电影、吃顿饭、逛商场、逛校园、看演唱会、串串门（Feiring，1996）。到青少年后期，关系常常发生在同伴团体之外（Furman & Rose，2015）。这些关系可能包含了情感联结、亲密和承诺（Kindelberger et al.，2020）。

1. 恋爱关系的发展阶段

青少年恋爱关系的发展可以分为三个阶段（Connolly & McIsaac，2009）：

一是在 11～13 岁，为爱情所吸引。这一阶段由青春期所激发，青少年对恋爱有强烈的兴趣，它主导了同性朋友之间的很多谈话。对某个人的迷恋随处可见，这种迷恋只会和一个同性朋友谈起。青少年与其迷恋的对象可能有交往也可能没有。如果有约会的话，那也是在团体背景下。

二是在 14～16 岁，探索恋爱关系。此时可能出现两种类型的恋爱关系：其一，相互吸引的人偶尔约会，但这种约会往往很“短命”，最多持续几个月，通常只是几个星期。其二，在团体中的约会司空见惯，反映了对团体背景的融入。朋友往往在可能的约会关系中担任中间人传话，并决定关系是不是互惠互利的。

三是在 17～19 岁，巩固二人纽带。在中学后期，更为严肃的恋爱关系会发展，这当中强烈的情绪连接与成年人的恋爱关系更为接近。这些连接常常比早期的更为稳定、持久，会持续一年多或更久。

2. 恋爱关系的影响

很多青少年开始谈恋爱，并不是为了满足依恋或者性需要。相反，初期的恋爱关系被作为一种背景，青少年在其中探索自己究竟有多少吸引力、自己应该怎样谈恋爱，以及所有这些在同伴眼中又是如何被看待的（Brown，1999）。只有在青少年获得某些基本的与恋爱对象交往的能力之后，对依恋和性需要的满足才会成为这种关系中的核心功能（Furman，2002）。

此外，至于约会的原因，年龄较小的青少年提到的往往是娱乐、获得同伴地位；此时和约会相联系的很可能是糟糕的适应状况，包括喝酒、服药、违法、抑郁，以及成绩差（Beckmeyer & Weybright，2020；Connolly et al.，2013）。到了青少年后期，年轻人对心理上的亲密感有了更大的需求，这时候他们想要找一个可以提供陪伴、感情和社会支持的人（Collins & Van Dulmen，2006）；此时和约会相联系的是积极的适应状况，包括心理成熟、积极的自我概念、同伴接受，以及良好的身体和心理健康（Beckmeyer & Weybright，2020；Gonzalez Avilés et al.，2021）。

实际上，大多数青少年并没有在谈恋爱，一些人只是有过短期的恋爱关系，平均4～5个月，高年级的青少年持续的时间长一些（Carver et al.，2003）；并且，随着年龄增长，结束关系的情况也相应增加（Connolly & McIsaac，2008）。特别值得注意的是，过早约会以及和某人“外出”往往是和青少年怀孕、在家里及学校里的问题联系在一起的。

虽然青少年对性的兴趣很大程度上受到青春期激素变化的影响，但是文化对于何时以及如何开始约会有着截然不同的期望。社会文化背景对青少年的约会模式有着毋庸置疑的影响（Romo & Hurtado，2022）。亚洲的青少年开始约会比较晚，与西方社会中的年轻人相比，其约会伴侣也更少，后者会容忍甚至鼓励在中学时期就开始约会（Carver et al.，2003）。此外，研究发现，青少年恋爱关系发生倾向与母亲依恋及同伴依恋呈显著的负相关，青少年母亲依恋在一定程度上可以帮助预测其恋爱关系的发生，母亲依恋程度较低的青少年更易过早卷入恋爱关系（刘文等，2014）。

（三）对同伴的服从

个体因为来自他人的、真实的压力或者想象的压力而采纳他人的态度或行为时，就会表现出服从。在青少年期，服从同伴的压力变得非常强大（Barberis & others，2022）。从儿童期到青少年中期，个体在价值观、行为、爱好（如音乐、服装等）及反社会行为方面服从同伴团体的倾向变得越来越明显。

从同伴团体那里获取建议、听取意见、得到社会支持的这种日益突出的倾向，可能有助于青少年从事实上、情感上、社交上减少对父母的依赖。有研究表明，积极同伴压力可显著帮助预测普通高中生的社会可接受冒险行为（田录梅等，2016）。同伴也可能成为家庭冲突之后的避难所，成为青少年寻求更多独立感的资源。

青少年期服从同伴压力也可能有消极面。青少年会表现出各种消极的服从行为——说脏话、偷东西、搞破坏、取笑父母和老师。被同伴拒绝的痛苦是刻骨铭心的，而为服从同伴做出的努力则可能会妨碍独立自立。而且，服从同伴的推动力可能会损害青少年早期的发展，特别是在同伴团体本身的价值观和目标有问题的情况下。

虽然同伴关系可以减少孤独，但实际上，中等程度的孤独最有利于心理适应。那些自己的空闲时间中有1/3～1/2是在独处中度过的青少年，抑郁程度较低，父母和老师对其社会适应及心理适应的评价较高。孤独可以提供必要的放松机会，帮助其躲开同伴的种种要求。在与家人的关系中，孤独在青少年寻求更多的自主方面也可以起到作用（雷雳，张雷，2015）。

同伴服从也有其发展模式。在小学三年级时，父母和同伴的影响经常是直接抵触的，这时候儿童主要是服从父母。到六年级时，父母和同伴的影响就不再是直接对抗的，儿童对同伴的服从增加，但父母和同伴的影响在不同的方面起作用。到初三时，父母和同伴的影响再次产生强烈的冲突，这可能是因为青少年此时对同伴的服从比其他任何时候都更为强烈。青少年如果采纳同伴推崇的反社会标准，就不可避免地会与父母发生冲突（Douvan & Adelson，1966）。在青少年后期，青少年对同伴推崇的反社会行为的服从会下降，而在某些方面父母和同伴之间的一致性开始增加。此外，到高二、高三时，青少年不受同伴及父母的影响而独立决策的表现更多了。

值得一提的是，尽管大多数青少年会服从同伴压力和社会标准，但是有一些青少年则是“不服从者”或“反服从者”。不服从者是独立的，比如青少年选择不参加任何朋党。而当个体对团体的期望做出相反的反应，并刻意与团体所提倡的行动或者信念背道而驰时，反服从就会出现。比如，“光头党”“朋克”就是反服从的代表。

（四）同伴关系与家庭关系

与青少年和父母的关系相比，友谊是基于完全不同的结构建立的人际关系。在青少年期，人际关系的模式和社会背景发生了明显的变化。同伴在陪伴、提供建议、支持与反馈、作为行为榜样以及作为涉及个人品质和能力的比较信息源等方面，都起着越来越重要的作用。

青少年与父母的关系在朝着更加平等和互动的方向变化（Hendry et al.，1992），并且他们认为父母的权威也是可以讨价还价的。与父母的交往越来越牵涉到日常生活的方方面面，比如整洁、外出和回家的时间、听音乐时的音量等（Smetana & Asquith，1994）。在青少年开始渴望获得更多的平等时，他们也越来越挑战父母的控制。

随着时间的推移，青少年越来越喜欢和同伴在一起，而不是和家人在一起（Larson et al.，1996）。但是，与父母的关系在这一时期及一些未来定向的领域（比如教育和职业）仍然是很重要的，只不过同伴对眼前的一些事、赶时髦和休闲活动的影响越来越大（Hendry et al.，1992）。重要的是，青少年在与父母和朋友探讨人际关系及个人问题时，从父母那里获取了主要的生活价值观（Meeus，1989）。

当然，青少年与家人交往的机会减少并不意味着亲密度降低或关系的质量下降（O'Koon，1997）。与家人共处时间大大减少的另一个原因是青少年在家里独处的时间增加了（Smith，1997）。

尽管同伴是家庭日常冲突中主要的支持源，但是父母所提供的社会支持在紧急情况下是无可替代的。然而，对大多数青少年来说，同伴团体和外部世界（兼职工作、体育运动、恋爱）的吸引力比家人的吸引力大（Larson et al.，1996）。不过，这两种关系在成功应对发展任务上的重要性不分伯仲。

一般而言，父母和同伴的影响是互相补充的，都为青少年在未来生活中建立成熟的人际关系做着准备。儿童期的家庭关系为青少年期的同伴关系提供了强有力的情感基础。同伴往往会相互模仿和强化从父母那里学到的行为及价值观（Chang，2003）。

此外，从依恋的角度看，青少年日益转向朋友来满足自己的依恋需要（Fraley & Davis，1997）。依恋学者确认了青少年时期的四种依恋方式（Hazan & Zeifman，1994）：（1）寻求亲近，指对依恋对象的趋近、保持临近和发生接触；（2）抗议隔离，青少年抵制把自己与伙伴分开，并因这种隔离而苦恼；（3）避风港湾，在危急困难时刻求助于依恋对象以获得安慰和支持；（4）安全基地，依托伙伴来探索新环境和进行其他大胆的尝试。所有这些依恋方式在年幼儿童和父母的关系中亦有所表现，只不过随着他们长大，青少年逐渐地把依恋的对象从父母转向同伴。

比如，11～14岁的青少年常常把避风港湾的依恋对象从父母转换到同伴；如果有事情令他们不安，他们在接近父母前会寻求朋友的帮助。的确，许多大一点的青少年（41%）把同伴（一般为恋人而非普通朋友）而不是父母，看成他们主要的依恋对象（Hazan & Zeifman，1994）。

所以，在青少年的生活中，同伴会逐渐取代父母的角色，但即便是年轻的成年人也会依赖父母以获得某些依恋。大学生最有可能向朋友寻求亲近，也愿意将他们视为避风港湾，但不太可能把朋友作为安全基地（Fraley & Davis，1997）。这一角色通常是保留给父母来扮演的。当人们搬到新的住所、从事新的工作、接受新的职业培训时，心中知道只要自己愿意就可以随时回家探望父母、清洗衣物和免费食宿，这仍令大多数人感到心安。

九、青少年期的问题行为

（一）青少年问题行为的特点

外化问题 那些对他人有伤害和破坏性的行为。
内化问题 自责型的情绪所带来的困扰。

青少年的问题行为可以分为两大类，即**外化问题**（externalizing problem）和**内化问题**（internalizing problem）。外化问题主要是那些对他人有伤害和破坏性的行为，内化问题主要是自责型的情绪所带来的困扰。实际上，这两种功能障碍都包含行为和情感内容，以及典型的认知特征。

关于青少年的问题行为，至少有三个方面是值得注意的：

第一，从持续时间上看，青少年的问题行为分为偶尔的尝试性行为与持久性的危险行为或者惹麻烦行为。偶尔的尝试性行为通常是无伤大雅的，其发生率却远远超过持久性的危险行为的发生率（Johnston et al.，1997）。

第二，从问题起源上看，青少年的问题行为可以分为在青少年期才萌芽的问题与在之前就已经生根的问题。比如，某些青少年是在青少年期走上犯罪道路的，因此人们也往往会把犯罪和青少年期联系起来。然而，大多数现在惹上法律问题的青少年在其早年就已经在家里和学校“臭名昭著”了；对一些犯罪的青少年来说，甚至在学前期就已经有明显的问题了（Moffitt et al.，2002）。

第三，从问题本质上看，青少年所遇到的很多问题是相对暂时性的，进入成年期之后这些问题就会销声匿迹，很少有长期的影响。比如，在西方，药物滥用、失业以及犯罪就是三个典型的例子：在青少年群体中，药物滥用、酗酒、失业以及犯罪的比率高于成人群体，但是大多数在青少年期吸过毒、酗过酒、曾失业或者犯过法的人，在长大成人之后都审慎行事，找了工作，遵纪守法（Steinberg，1999）。

此外，青少年的问题行为包罗万象，其严重程度各不相同。有些问题行为更可能在某一发展水平出现，而不是在另一发展水平出现。比如，恐惧在幼儿期是比较普遍的，很多与学校有关的问题在儿童中后期也可以看到，而和药物有关的问题则在青少年期更多一些。抑郁、逃学、药物滥用多出现在年龄较大的青少年身上，而争吵、打架和高声喧哗则多出现在年幼一些的青少年身上（Edelbrock，1989）。

来自社会底层的青少年比有中产阶层背景的青少年更容易出问题（Achenbach et al.，1991）。来自社会底层的青少年的大多数问题属于失控的外化问题行为——比如破坏别人的东西、打架斗殴等。这些行为在男孩身上比在女孩身上多。中产阶层背景的青少年以及女孩的问题行为则更可能是过分控制的内化问题——如焦虑或抑郁。此外，父母婚姻质量较低的孩子更容易产生外化问题及内化问题（吴莹婷等，2017；王振宏等，2020）。

研究者（Loeber et al.，1993）提出了一个青少年破坏行为发展的三路径模型。其一，外显路径开始于小的攻击（如欺负），然后发展出身体打斗行为，最终发展成为严重的暴力。其二，内隐路径开始于小的非暴力行为（如偷商店的东西），然后发展为故意破坏公物行为，最终发展为严重的财物犯罪。其三，权威冲突路径开始为固执行为，然后发展为反抗，最终发展为逃避权威（如离家出走）。通常，如果个体的破坏行为属于外显路径，他在沿着这一路径发展的同时，也沿着内隐路径发展。这些假设的路径在很大程度上在美国国家青少年调查（U. S. National Youth Survey；Tolan & Thomas，1995）以及美国芝加哥青少年发展研究（Chicago Youth Development Study；Gorman-Smith & Tolan，1998）中得到了证实。

（二）青少年问题行为的隐义

网上不行好，
是因为年少？

实际上，要想真正全面理解青少年的问题行为，我们也必须考虑到行为的积极面——该行为起什么作用或者该行为能够满足青少年的什么需要。比如，以青少年在学校的休息室里吸烟为例，这是一种司空见惯的“问题行为”。这一“问题”的消极面是显而易见的：弄得到处是烟雾，违反学校的规章制度等。那它有没有积极面呢？也许在休息室里吸烟能够起到一种作用，那就是张扬自己的独立性。

那些被成人标定为“异常”或“不当”的行为，可能恰恰是有助于青少年适应自己的环境的行为。青少年需要学会更为有效的、恰当的方法来应对自己的环境，以便在满足自己的需要时不惹麻烦。青少年的各种冒险行为有其潜在的功能，能够反映相应的发展任务，这些行为是由一些可能产生破坏性影响的做法引发的，但又是可以通过有益的替代性措施来抵消的（Siegel & Scovill，2000）。从表7－4中可以看到一些典型的问题行为所蕴含的种种关系。

表7－4　问题行为的潜在功能及其他

问题行为或反社会行为	行为的潜在功能（青少年可能追寻的结果）	发展任务	对发展不利的因素	可以促进发展的措施
逃课逃学，不服从老师管教。	无力在学校内获得成功的挫折感的表现。	能力	规模较大的学校；班级内生师比很高；按照能力分组。	提供个别化的计划；让拥有各种能力的青少年都能够获得成功。
做“准成人”的事，比如喝酒、滥用药物、过早地发生性行为。	应对焦虑、受挫和由不适感带来的恐惧的方式——通过模仿成人的行为来寻求他人对自己能力的认可，寻求他人的尊重。	向成年期过渡	父母经常不在家而导致的与成年人之间亲近感的缺乏；在学校或者社区与成年人建立关系的机会太少；与成年人一对一独处的时间几乎没有。	教给青少年应对压力的方法；提供成年人的角色榜样；提供学习职业技能的机会；参与辅导或者实习计划。
“青少年行为”（比如，荒诞的服饰、音乐，污言秽语），违反宵禁之类的规矩。	表明个人状态的一种方式（我多么与众不同、多么重要、多么生气）——寻求他人对自己的个人价值的认可，希望做出独特的贡献。	自我认同、自主、个体化	大众传媒把青少年作为一个消费群体时所设定的目标；青少年缺乏为家庭和社会做出积极贡献的机会。	让青少年参与规矩的制定；让他们参加决策；给他们提供更多的贡献社会的方式；在学校组织各种俱乐部。
加入帮会，与犯罪同伴交往。	满足归属需要的方式（我想要成为他们中的一分子）。	建立亲密感、建立关系	缺乏与亲社会同伴的交往机会；强迫性的家庭关系。	教给他们建立人际关系的技能、交谈的技能、共情技能；提供与亲社会同伴及成年人交往的环境。
出格行为（比如，在学校惹是生非、打架斗殴、威胁恐吓、偷窃、离家出走）。	希望别人能够倾听自己的心声，希望得到理解；引起别人对自己所受不公平对待的注意。	自我认同、能力、勤奋	未能倾听青少年的心声；没有让他们参加规矩的制定和决策的过程；“替”青少年做一些事而不是“和”他们一起做事。	提供更为有力的、能够倾听青少年心声的成人角色榜样；教给青少年分辨和表达各种情绪的方法；教给他们谈判技能；让他们参与决策过程。

续表

问题行为或反社会行为	行为的潜在功能（青少年可能追寻的结果）	发展任务	对发展不利的因素	可以促进发展的措施
吸烟，发生性行为，喝酒。	表现从儿童期向成年期过渡的方式——试图让他人认可自己是不可小视的，试图为自己确立一个角色。	向成年期过渡	对成年人和青少年的行为采取双重标准。	创建更为规范的标志来确认向成年期的过渡； 当成年人“食言”时，向青少年认错。
超速驾驶，“感觉寻求”。	逃避烦恼、寻求刺激的方式——寻找一种方式以感到没有被羞辱、被忽视或者被认为无足轻重。	能力	社区中心、俱乐部或者其他成年人可以辅导青少年的环境太少。	为青少年组织令人兴奋的、有成年人进行指导的活动（如午夜篮球赛）。
自己玩游戏机，和别人一起打游戏，在商店偷窃，故意破坏。	检验个人局限和地位的方式——寻求能力感，找一些可以“担当”的事。	自我认同	青少年缺乏获取成功的机会； 青少年缺乏向成年人学习的机会（比如，职业技能、沟通技能）； 青少年缺乏为社会做贡献的机会。	创建使青少年能够从中获得自信、在某些事情上获得成功的环境； 拓宽青少年获得成功的界定范围； 不要只是局限在学业和运动上。
制造暴力，犯法。	表达对成年人权威的反抗或者愤怒——寻求对没有安全感的环境的控制和把握。	信任对不信任，安全需要	未能使青少年摆脱贫穷、虐待、忽视、心理劣势。	比较早的儿童期干预最有效，而在青少年期则收效甚微。

资料来源：Siegel & Scovill，2000.

（三）青少年的抑郁

在青少年期，比较普遍的抑郁症状可能反映为经常穿黑衣服、写病态主题的诗歌或沉迷于忧伤的音乐。睡眠方面也可能出现问题，抑郁者们通宵达旦地看电视，早上无法按时起床去上学，或者成天昏昏欲睡。他们上课时缺乏动机，无精打采。由于感到忧郁，他们可能会出现厌烦的现象。针对我国青少年抑郁的研究发现，其核心症状为压抑情绪、失败感、悲伤和乏力（黄顺森等，2022）。青少年的抑郁也可能会与行为障碍、药物滥用或者进食障碍联系在一起。

从青少年早期到中期，将近5%的青少年感到抑郁；到青少年后期，抑郁更为常见，将近25%的女孩和10%的男孩遇到过抑郁的情况（Wicks-Nelson & Israel，2006）。青少年期女孩的抑郁比例大大高于男孩（Thapar et al.，2012；Sekhon & Gupta，2022）。国内一项针对较大样本的调查发现，有35.5%的中学生“非常可能”存在抑郁问题，但是，大多数的中学生并没有持续存在的抑郁问题，与抑郁症患者有明显的差别。同样，女生的抑郁得分高于男生；抑郁得分表现出随着年级升高而逐渐增高的趋势，年级之间差异显著（陈祉妍等，2009）。造成这种性别差异的原因大概有以下几个方面：（1）女孩经常会沉浸在自己忧郁的情绪中，并且会夸大这种情绪；（2）女孩的自我映像，尤其是她们的身体映像比男孩的消极；（3）女孩面对的歧视比男孩多。而青少年期的抑郁症状可以帮助预测成年期相似的症状（Garber et al.，1988）。

实际上，青少年期的抑郁状况可能经常未被确诊，因为即使是正常的青少年也时常会情绪不稳，喜欢沉思，抱怨生活，表现出无望感。这些行为很可能只是一时一刻的，并不代表心理障碍，它们只不过是正常的青少年行为和想法。

青少年抑郁的最常见原因往往是司空见惯的经历：与朋友或家人的冲突、失恋、在学校表现差（Costello et al.，2008；Alsaad，Azhar，& Nasser，2022）。青少年的抑郁也和家庭因素有关。在儿童期和青少年期，父母中有一人患有抑郁症，就可能导致孩子的抑郁症（Windle & Dumenci，1998）。得不到父母的情感支持、父母的婚姻冲突没完没了、经济上有麻烦等，往往会成为青少年患抑郁症的高危因素（Marmorstein & Shiner，1996；李旭，钱铭怡，2002）。不良的同伴关系也与青少年的抑郁相关（Vernberg，1990；丁新华，王极盛，2002）。受到同伴侵害可以帮助预测青少年的抑郁（纪林芹等，2018）。与罹患抑郁症的朋友交往也可能导致青少年自己抑郁症状的增加，其原因可能是这种关系中常见的共同陷入沉思的特点（Conway et al.，2011）。经历过困难的变化或者艰巨的挑战，也可能和青少年的抑郁症状相关（Compas & Grant，1993；程文红等，2007）。而且，基因使得某些人更容易受到情绪障碍的侵袭，而压力又会变本加厉地增加其风险（Lussier et al.，2021；Caspi et al.，2003）。青少年抑郁的遗传解释率不存在性别差异，处于青少年早期的青少年抑郁的遗传解释率高于青少年中期的青少年抑郁。遗传是处于青少年早期的青少年抑郁的主导因素，而环境是处于青少年中期的青少年抑郁的主要因素（侯金芹等，2012）。

概念术语

早熟，晚熟，身体映像，形式运算阶段，自我认同对角色混乱，情绪自主，后习俗道德水平，关怀道德，假想观众，个人神话，外化问题，内化问题

本章要点

1. 青春期是个体发育的第二个高峰，这期间青少年的身体外形发生剧变，内部机能走向成熟。

2. 某些青少年青春期的起始时间和发展速率与众人不同，身体上的早熟和晚熟会给其心理适应带来不同影响。

3. 在青少年期，身体映像是青少年自我概念发展过程中的核心要素，并且对实际的社会适应有着重要的影响。女孩往往对自己的身体更为不满。

4. 形式运算思维使得青少年在面对问题时能够进行假设演绎推理，他们能够通过内

部反省形成新的一般性逻辑原则。

5. 青少年期的发展要解决“自我认同对角色混乱”的冲突，青少年试图回答“我是谁”“我在社会中的位置是什么”这样的问题。

6. 青少年个体化和自我认同探索的过程，要求他们在情绪情感上逐渐独立于父母。从情绪的角度看，青少年再次进入了向父母争取自主的阶段。

7. 青少年期是心理性别强化开始的时期，即关于男性女性的刻板印象进一步提升，进一步走向传统的性别认同。

8. 吉利根认为，女性核心的道德两难是自己的需要与他人的需要之间的冲突，在道德问题上她们有“不同的声音”，即关怀道德。

9. 青少年的自我中心思维包含两个截然不同但又有联系的概念，即假想观众和个人神话。

10. 青少年在亲子关系中，希望父母能够表现出三方面的品质，即亲近感、心理自主、监控。亲子之间绝大多数冲突的程度是中等或较低的。

11. 友谊随着青少年彼此之间交往的加深而产生，它起到多方面的作用。同时，在青少年期，服从同伴的压力变得非常强大。

12. 青少年的问题行为可以分为两大类，即外化问题和内化问题。而这些行为可能恰恰是有助于青少年适应自己的环境的行为。

复习思考题

1. 为什么说青春期是第二个生长高峰？这期间的身体变化会带来什么影响？
2. 青少年身体上的早熟和晚熟会给其心理适应带来什么影响？
3. 青少年期身体映像上的性别差异是怎样的？
4. 形式运算思维的主要表现是什么？
5. 埃里克森提出的“自我认同对角色混乱”冲突的主要表现是什么？
6. 青少年情绪发展的特点是什么？
7. 为什么说青少年期是心理性别强化开始的时期？
8. 吉利根认为女性的关怀道德是如何发展的？
9. 青少年的自我中心思维与其问题行为有何联系？
10. 青少年的亲子关系有何表现？亲子冲突又有何表现？
11. 青少年友谊发展的特点是什么？
12. 试对自己见到或经历的青少年问题行为进行原因分析。

第八章

青年期的发展

开脑思考

1. 如果你正在上大学，你对自己的大学生活有何规划？你向往的大学生活是什么样的？如果你已经大学毕业，你认为自己的大学生活有何缺憾？如果有机会重新来过，你会做什么调整？

2. 通常，一个人在成年以后会开始工作、结婚成家、生儿育女等。你设想过自己会何时开始工作、何时结婚成家、何时生儿育女吗？40 岁时再工作如何？18 岁结婚、20 岁生育怎么样？周围人对此会怎么看？

3. 你是否记得小时候被问“你长大以后想干什么”时，你的回答是什么？你现在的想法或者现在从事的工作和小时候想的一样吗？你现在对工作的选择主要考虑的是哪些因素？

教学目标

通过本章的教学，应该实现几个目标。第一，了解青年期身体发展及运动能力的状况。第二，掌握青年期认知发展的特点以及大学学习生活的特点。第三，了解青年期的心理社会性发展任务，掌握青年期友谊、爱情及婚姻的基本特征，理解职业选择的发展特征。

学习重点

领会青年期身体发展状况及影响身体健康的因素；把握青年期认知发展的基本特点；领会青年期的心理社会性发展任务；把握青年期“生活季节”“社会时钟”的特点；把握青年期友谊、爱情及婚姻的基本特征；理解职业选择的发展特征。

青年期一般指 19～40 岁的阶段，此时身体发展和其他很多方面的发展会达到巅峰状态，青年的感觉能力和运动能力也处于发展高峰期。成人思维的特征就是处理不确定、不一致、矛盾、不完美、妥协等的能力，这也被称为后形式思维。进入大学学习的人能否受益，取决于个人对学业及非学业活动的投入，以及校园生活的丰富性和多样性。

青年期要解决“亲密对孤独”的冲突。“生活季节”“社会时钟”等概念都为解释青年期的发展提供了独特视角。成人的友谊中，男性女性往往有着天壤之别。在青年期很多人会坠入爱河，多种爱情理论对此进行了描述。而人们在选择配偶时，会考虑与自己在许多方面相似的伴侣；配偶选择标准也常常反映出婚姻梯度。职业选择也是青年期重要的社会化任务，多种职业选择理论对此进行了分析解释。

第一节 青年期的身体和认知发展

一、青年期的身体发展

（一）青年的身体状况

身体发展和其他很多方面的发展在青年期会结束，个人的健康、力量、耐力、精力在此时都达到了巅峰状态。青年期也是感觉能力和运动能力发展的高峰期。到 25 岁左右，大多数的身体机能得到了完善发展。从 20 岁左右到 40 岁左右，视力是最敏锐的；在 45 岁以前，味觉、嗅觉及对疼痛和温度的感觉一般都能够保持不衰。不过，听力会逐渐丧失一些，到 25 岁以后变得明显，尤其是对高音。与此同时，身体发展仍在继续，某些人（比如，晚熟者）20 多岁时身高仍然在增长。而且，虽然人们在青少年后期身高就达到了最高值，但是骨骼的密度却在继续增大，直到 20 多岁时才达到高峰（Zumwalt，2008）。

值得注意的是，实际上年老化也是从青年期开始的，而最显然的是可以看到一些年轻人长出了灰白头发，虽然这一现象的个体差异很大，但是很多人在其 30 多岁时就会长出白发（Tobin，2010）。

据历年的《中国卫生统计年鉴》，中国城乡居民各主要致死原因包括肿瘤、心脏病、呼吸系统疾病，以及损伤等外因（比如，交通事故、意外跌落、自杀等）。与中年人及老年人相比，青年人由于这些原因致死的比例都明显较低，这显示了其出色的健康状况。

（二）健康的影响因素

在青年期，身体机能的状况为以后奠定了基础，尽管健康会受到遗传的影响，但是行为因素对当前及未来的健康和幸福也有毋庸置疑的影响，比如进食什么东西、睡眠是否充足、是否抽烟喝酒、是否进行锻炼等。生活方式与健康状况息息相关，继而又会影响到生活满意度（Fahey，Insel，& Roth，2023）。

1. 遗传的影响

人类基因图谱的制定使得我们可以发现很多障碍的遗传基础，从肥胖症到某些癌症（比如，肺癌、前列腺癌、乳腺癌），再到心理健康问题。当然，很多疾病是多种因素造成的，既包括遗传的因素，也包括环境的因素（比如，非胰岛素依赖型糖尿病）。

2. 行为的影响

良好的健康状况并不仅仅是靠福星高照，人们可以通过做某些事、克制某些行为来追求健康。对20～70岁成人的一项追踪研究表明，与健康有直接关系的几种习惯是：按时吃饭（包括吃早餐），不吃快餐；进食和锻炼适量；每晚睡7～8小时；不抽烟；饮酒适量。十多年以后，那些抛弃这些健康习惯的人比起基本上保持这些习惯的人，身体瘫痪残疾的可能性要高两倍（Breslow & Breslow，1993）。

采取预防性的措施也大有裨益。定期体检可以预防疾病或在可治疗的阶段及早发现疾病。很多肌肉骨骼的问题与工作有关，也是可以预防的。比如，背部受伤就是举、推、拉、扛东西时用力过度造成的。

行为与健康的关系说明了身体、认知和情绪等方面发展的交互作用。不过，仅仅知道什么是好的健康习惯还不够，人格、情绪、社会环境的影响经常会压倒人们的健康知识，使人们把它抛到九霄云外，出现不健康的行为。

3. 心理压力

职业搞电竞，健康可要紧?

青年期面对的诸多颇具挑战性的任务使青年期成为人生一段充满压力的时期。而心理压力与各种令人不满的健康后果有关。除了不健康的行为，心理压力还有明显的生理后果。比如，它可能会使血压升高。经济困难导致的慢性压力与过度紧张有关，进而会引发心脏病，因为这些人更可能认为压力源无法消除（Carroll et al.，2001）。心理压力也会干扰心理免疫系统，继而引发多种癌症。当血液涌向大脑、心脏和手足时，消化活动会减弱，继而可能导致肠胃疾病，比如便秘、腹泻、溃疡等（Henderson & Donatelle，2004）。不过，社会支持对压力具有缓冲效应，并且是终生受用的。

4. 间接影响因素

社会经济地位与健康有关。高收入者更加健康、更加长寿。教育也同样重要，上学越少，得传染病、受伤害、患慢性疼痛并死于这些疾病的概率越高。当然，并不是收入和教育确保了健康，而是因为它们与可能是原因的环境和生活方式相联系。贫穷者营养差，住房挤，更多接触污染和暴力，医疗条件有限。受过良好教育及较富有者饮食更健康，医疗条件更好，他们会经常锻炼、适量饮酒。

性别也是一个间接因素。女性寿命更长，一生中死亡率更低。这固然和染色体及激素有关，但是心理及社会文化的影响也是显而易见的。女性更经常去看病，这反映了其更有健康意识，且相关的知识更加丰富。而男性可能会认为生病是软弱无能的表现，从而否认自己感觉不好（Williams，2003）。

总而言之，要想保证成年期的健康，可以通过减少有害健康的行为、增加有利健康的行为来实现（Schiff，2022）。下面的一些建议是值得一试的（见表8-1）。

表8-1 成年期健康生活的建议

建议	特征
安排健康饮食	培养自己及一起生活的人懂得健康的饮食结构。饮食适中，学会区分饥饿与由于厌烦或压力而引发的进食。

续表

建议	特征
保持合理体重	如果需要减肥，就应该在饮食习惯上有长远打算，而不仅仅是临时节食。选择一个可见的平衡的节食计划，并经常锻炼。
经常锻炼身体	选择一个特定的时间进行锻炼，并坚持下去。为此，可以让它有一定的娱乐性。和伴侣或朋友一起锻炼，相互鼓励。设定合理的期望，为健身目标留出充足的时间。很多人半途而废就是因为他们的期望太高。
少喝酒，不抽烟	少喝酒，或干脆别喝。不要觉得只有喝酒才会得到他人的认可，或因为在社交场合而放纵自己。如果已经在抽烟，那么选一个压力相对小一些的时间来戒烟。寻求伴侣或朋友的支持。
负责的性行为	为建立健康亲密的关系，明确自己需要改变的性态度和性行为。了解性解剖和性机能方面的知识，以便确定避孕及使自己免染性病。
合理管理压力	在工作、家庭、休闲等方面寻求合理的平衡。对压力源要有更加清楚的认识，并确定有效的应对方式，以便有备无患。经常锻炼，每天都找时间放松一下，并安静地冥想反思。

资料来源：Donatelle，2009.

拓展阅读

为什么一些人总是忍不住要吸支烟？

吸烟是全球首要的致死性因素中的可控因素。全球大约有11亿人吸烟，其中80%的人生活在低收入和中收入国家。每年约有700万人死于直接吸烟，另有120万人死于接触二手烟（WHO，2020）。

烟草包含的成分（尼古丁、焦油等）对整个身体都会造成伤害。吸烟的时候，氧气的传递会减少，心率和血压会上升。长此以往，不断接触毒素、缺乏氧气，会导致：视网膜损伤；皮肤异常，包括早衰、受伤后愈合慢；脱发；骨质疏松；女性更早绝经；男性精子数量减少，更可能性无能（Dechanet et al.，2011；Thornton et al.，2005）。其他致命的后果包括心脏病、脑卒中、口腔癌、喉癌及肺癌等的发病率上升。

既然吸烟有这么多危害，为什么很多人还要吸烟呢？人们即使希望戒烟也仍然继续吸烟的主要原因是尼古丁的成瘾性。尼古丁是一种在烟草中发现的物质。尼古丁的成瘾性与海洛因和可卡因一样。成瘾倾向可能是遗传的（Ware & Munafo，2015）。遗传易感性与成瘾可能性之间的联系对于那些年轻时开始吸烟的人来说最为强烈（Weiss et al.，2008）。尝试戒烟者经常以失败告终：一年以后，70%～90%的人又开始吸了（Ludvig et al.，2005）。

如果戒烟的话，大多数的疾病风险会在3～8年内降低至与不吸烟者相同的水平。戒烟可以减少心脏病和脑卒中的危险。无论男女，戒烟后在3～20年间患心脏病或死于心脏病的概率都不大。英国一项针对120万名妇女的研究发现，那些在45岁以前戒烟的老烟民因为吸烟而早早死亡的风险降低了90%（Pirie et al.，2012），在35岁以前戒烟的则降低了97%。

用嚼口香糖等方法，辅以心理辅导，可能有助于成瘾者逐渐而安全地戒除烟瘾。值得一提的是，一些人认为电子烟是一种健康的替代选择，但是研究表明电子烟产生的尼古丁和气溶胶包含能够抵达肺部的化学物质、重金属和极细微粒，与肺部疾病有关联（Ghosh et al.，2018；Murthy，2017）。总之，如果你没有吸烟，那就不要开始；如果你已经吸烟了，那么任何时候戒烟都不嫌晚。

二、青年期的运动能力

在青年期，随着心肺功能的减弱，以及肌肉的逐渐减少，运动能力的表现也会发生变化。就普通人而言，运动技能的衰退除了生物学上的原因外，动机和练习的影响也是至关重要的。对优秀运动员的研究表明，只要他们进行强化训练，其竞技水平就能达到相应年龄的最大极限（Tanaka & Seals，2003）。

很多运动技能在20～35岁达到巅峰（见表8-2），然后慢慢衰退。奥运会运动员及职业运动员竞技状态最好的年龄一个世纪以来并无太大变化，变化的是随着训练方法的改善，世界纪录不断刷新。在要求肢体运动速度、爆发力、躯体粗大运动协调的项目中，比如短跑、跳远、网球，巅峰年龄是20岁出头。在依靠耐力、手臂稳定性及瞄准的项目中，比如长跑、棒球、高尔夫球，通常是在接近30岁前后达到巅峰。这些技能因为要求耐力或精确的运动控制，所以需要长时间练习才能日臻完美。

表8-2　某些运动技能的巅峰年龄（岁）

运动技能	男性	女性
游泳	19	17
短跑	23	22
跳远	24	23
中距离跑、网球	24	24
长跑	27	27
棒球	28	—
高尔夫球	31	31

资料来源：Schulz & Curnow，1988.

对赛跑名将的追踪研究表明，只要练习持之以恒不中断，从35岁左右到60多岁，速度只会下降一点点，之后才急剧下降（Trappe，2007）。在长距离游泳这一没有身体负重、较少受伤的运动中，随着年龄增长而发生的速度的下降更是缓慢，直到70岁左右才急剧下降（Tanaka & Seals，1997）。

持续的训练能让身体结构得以适应，最大限度地减少运动技能的衰退。无论是年轻人还是老年人，只要积极地参与运动，其关键的能力都比不参加运动的健康同龄人强1/3（Pimentel et al.，2003；Tanaka et al.，1997）。训练也能减少肌肉的损失，提高肌肉收缩的速度和力量，让快收缩肌肉纤维转化为慢收缩肌肉纤维，为长跑和其他需要耐力的技能提供保障（Trappe，2001；Faulkner et al.，2007）。

总之，尽管运动技能在青年期达到巅峰，但是直到老年期，运动能力的衰退原因中，与年龄有关的生物学方面的老化只是一小部分原因。六七十岁的健康人运动技能的低水平，主要反映的是其生活方式对身体的要求越来越小，从而导致能力的下降。

三、青年期的认知发展

在生活中我们可以看到，成人考虑问题的方式与儿童或青少年是迥然不同的。研究者从不同的角度对成人的认知特点进行了探索。

（一）后形式思维

尽管皮亚杰当初认为形式运算思维是认知发展的最高阶段，但是一些发展心理学家认为在那以后认知的发展仍在继续。后来，皮亚杰也承认了这一点。

吉塞拉·拉布薇-薇芙

吉塞拉·拉布薇-薇芙等（Gisela Labouvie-Vief et al.，1987）以10～40岁的人为被试，采用故事法考察其思维过程。其中一个故事大意如下：

> 约翰经常饮酒过量，尤其是在聚会时。他的妻子警告他，如果他再喝醉，她就会带着孩子离开他。一次公司聚会后，约翰又喝得醉醺醺地回家了。妻子会离开他吗？

研究表明，儿童及年幼的青少年会根据形式运算的逻辑回答“是”或“不是”，成熟的青少年和成人则会考虑很多现实生活的可能性因素，比如：丈夫道歉后妻子要不要离开？妻子真的会离开吗？妻子有地方去吗？拉布薇-薇芙认为，单纯的形式运算思维并不能解决这类问题。

> **后形式思维**　即成人思维，其特征是处理不确定、不一致、矛盾、不完美、妥协等的能力。成年期的思维经常是灵活的、开放的、适应的、个人化的，它会利用直觉和情绪以及逻辑来帮助人们应对看似混乱的世界。

实际上，成人思维的特征就是处理不确定、不一致、矛盾、不完美、妥协等的能力。成年期的思维经常是灵活的、开放的、适应的、个人化的。它会利用直觉和情绪以及逻辑来帮助人们应对看似混乱的世界。成人认知的这一更高阶段也被称为**后形式思维**（postformal thought）。

后形式思维的特征是“相对主义”，即认识到：真相可能随情境而改变，模糊性和矛盾并非例外而是常态，情绪和主观因素通常会在思维中发挥作用。不成熟的思维看问题时“黑白分明”，比如正确与错误、理智与情感、心理与身体；后形式思维看问题时则并非泾渭分明。

针对后形式思维的基本特征，简·辛诺特（Jan Sinnott，1984，1998，2014）提出了后形式思维的一些标准，典型的包括：

第一，改弦易辙（shifting gears）能力，即在抽象推理与实际的、真实的问题之间转换的能力。比如，“这可能是纸上谈兵，现实中未必可行”。

第二，多因殊途（multiple causality，multiple solution），即意识到大多数问题的起因不止一个，解决方法也不止一种，并且某些解决方法比另一些更行之有效。比如，“我

简 · 辛诺特

们试试你的办法；如果不行，再试我的”。

第三，实用主义（pragmatism），即在几种可能的解决方案中择优的能力，以及认清选择标准的能力。比如，“如果你想要最实用的方法，就选甲；如果你想要最快的方法，就选乙”。

第四，悖论意识（awareness of paradox），即认识到问题或解决方案包含了内在的冲突。比如，“这么做可以给他想要的东西，但是，到最后这也会害了他”。

虽然后形式思维的成熟可能在中年期甚至是老年期才会达到，但是青年期的经验会对逻辑思维的重构产生深远影响（King & Kitchener，2004），而且，并非所有人都能够达到后形式思维水平（Hamer & van Rossum，2017）。

华纳 · 谢伊

（二）认知毕生发展模型

华纳 · 谢伊（Warner Schaie，1978）认为认知发展跨越人的一生，他提出的认知毕生发展模型把智力的发展性运用放在社会背景下来看。该模型强调新的角色、需要和责任在认知功能中的决定作用。成人在生命的不同时期面对崭新的需要，对此的适应是认知功能的转变，即知识和技能运用的转变。成年人认知的发展可以分为七个阶段（见图 8－1），不过，并非所有的人都在相应的时间点走过这些阶段（Schaie，1978；Schaie & Zanjani，2006）。

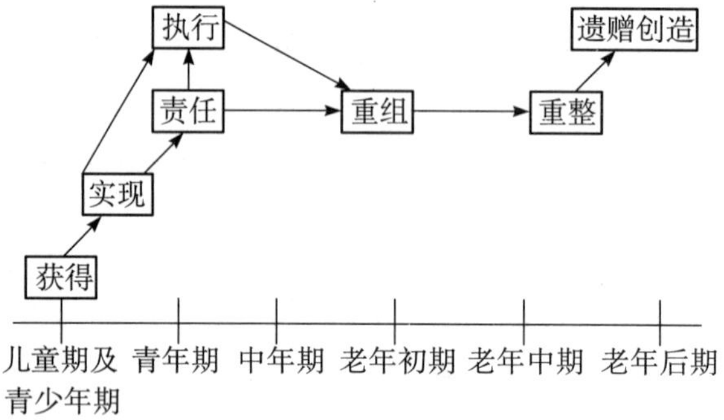

图 8－1　成年期认知发展阶段

资料来源：Schaie & Zanjani，2006.

第一阶段是获得阶段（儿童期及青少年期）。儿童和青少年主要出于自身的原因或为参与社会生活做准备而去获得信息和技能，是为未来的运用做储备。

第二阶段是实现阶段（青少年后期或 20 岁出头到 30 岁出头）。青年不再仅仅是出于自身的原因来获得知识，他们也会运用自己的知识去追求目标，为一些重要的问题做决定，比如职业和家庭。

第三阶段是责任阶段（接近 40 岁到 60 岁出头）。中年人会运用自己的心理能力解决与责任感相联系的实际问题，比如，对家庭成员或雇员的责任，保护和照顾配偶、家庭和事业等。

第四阶段是执行阶段（从三四十岁开始，持续整个中年期）。此阶段可能与责任阶段有交叉重叠。在这一阶段，个人会对社会系统（比如，政府、商业组织）或社会运动负起责任，其视野更为广阔，不再仅仅关注自身的生活。他们会在多层次的水平上处理复杂的关系。实际上，并非所有的人都会经历这一阶段。

第五阶段是重组阶段（从中年后期到老年初期）。退休的人会围绕有意义的追求来重组自己的生活和智力能量，直接针对自己特别感兴趣的问题获得信息，而这些追求之前因为要工作而被排挤在一边。

第六阶段是重整阶段（老年期）。仍然参与一些社会活动，但是认知功能由于生物学变化而受到限制的老年人通常会对参加什么样的活动进行选择。他们关注自己所作所为的目的，聚焦于对自己最有意义的事情。

第七阶段是遗赠创造阶段（老年后期）。随着生命终点的临近，如果已经完成了重整，老年人可能会指示如何处理有价值的财物、对葬礼进行安排、口述历史或记录自己的生活故事作为给所爱的人的遗赠。所有这些任务都涉及认知能力在社会背景、情绪背景下的运用。

四、情绪智力

“情绪智力”（emotional intelligence，EI）这个词最早于1964年出现在贝尔多奇（M. Beldoch）的一篇论文中，之后塞洛维（P. Salovey）和梅耶（J. D. Mayer）于1990年提出了较早的情绪智力理论模型。而丹尼尔·戈尔曼（Daniel Goleman，1995，1998，2001）则使得这一概念风靡一时。

情绪智力的适应优势得到了研究支持，情绪智力测评得高分的青少年和成年人都显示出在压力情境中较低的压力机体反应和释放较少的压力激素（De la Barrera et al.，2021；Laborde et al.，2014；Lea et al.，2019）。情绪智力与儿童、青少年和成年人的幸福感和心理健康息息相关（De la Barrera et al.，2021；Mavroveli et al.，2007；Pauletto et al.，2021；Villanueva et al.，2022）。它与亲社会行为、高质量的社会关系也密不可分（Frederickson et al.，2012；Malouff et al.，2014）。它与儿童、青少年和大学生的学业成绩也关系紧密（Joseph et al.，2015；MacCann et al.，2019；Sanchez-Ruiz et al.，2013）。还有研究发现，父母情绪智力对青少年情绪智力存在代际传递效应（麻书滔，麦哲豪，黄郁槐，麻彦坤，2021）。时至今日，关于情绪智力已经有了一些理论模型。

首先是以能力为基础的模型（ability-based model）。梅耶和塞洛维（Mayer & Salovey，1997）认为，情绪智力是知觉情绪的能力、整合情绪以促进思维的能力、理解情绪的能力、调节情绪促进个人成长的能力。该模型把情绪看成有用的信息资源，可以帮助人们理解和把握社会环境。人们处理带情绪的信息的能力、把情绪加工与广泛的认知联系起来的能力都是不同的。这种能力在特定的适应行为中会有清晰可见的表现。

该模型认为情绪智力包括四种能力：一是对情绪的知觉，即侦测和解读面部、图片、嗓音及艺术品中的情绪的能力，也包括对自己情绪的识别。这是情绪智力中最基本的方面。二是对情绪的运用，即利用情绪来促进各种认知活动的能力。三是对情绪的理解，即理解情绪语言、鉴别各种复杂情绪的关系的能力。四是对情绪的管理，即调节自己和他人的情绪的能力。

其次是戈尔曼的情绪能力模型（emotional competencies model；Goleman，1998）。戈尔曼认为，情绪智力对于一个人在工作中以及其他方面获取成功来说，是比智力更为重要的能力。情绪智力可能是那些带来成功的能力的基础。戈尔曼认为，这些能力可以包含以下几方面：其一，自我意识，即情绪自我意识、准确的自我评价、自信；其二，自我管理，即自我控制、可信赖度、责任心、适应性、成就驱力、主动性；其三，社会意识，即共情、服务倾向、组织意识；其四，关系管理，即促进他人的发展、发挥影响、沟通、冲突管理、领导力、作为变化的催化剂、建立联系、团队合作、协作。

在这四个方面中，至少有一方面的能力出类拔萃，就几乎能成为在所有的工作中获取成功的关键（Cherniss，2002）。此外，情绪能力并非天赋的，而是可以学习的，先天的一般情绪能力只是为情绪能力的学习奠定了基础。不过，有研究批评戈尔曼的模型纯粹是通俗心理学的产物（Mayer et al.，2008）。

再次是情绪-社会智力模型（model of emotional-social intelligence），由卢文·巴昂（Reuven Bar-On，2006）提出，他是最早提出情绪商数（emotion quotient，EQ）的人之一，他认为情绪智力关注的是对自我和他人的有效理解、与人和睦相处、对环境的成功适应和应对。

巴昂指出，情绪智力会随时间变化，通过训练、治疗也能够得到改善。情绪商数高的人一般能够成功满足环境的要求和应对压力。同时，在情绪智力方面有缺陷则意味着难获成功，并存在情绪问题。在问题解决、压力忍受、冲动控制方面有欠缺的人，通常也难以应对自己周围的环境。巴昂认为，情绪智力和认知智力对一个人的一般智力贡献旗鼓相当。不过，巴昂的模型也受到质疑（Kluemper，2008）。

最后是特质情绪智力模型（trait emotional intelligence model）。康斯坦丁·佩萃德斯等（Konstantine Petrides & Furnham，2000；Petrides et al.，2004，2007）认为，情绪智力是个人对其情绪能力的自我知觉，它包含行为意向及自我知觉到的能力。特质情绪智力可以在人格的框架内进行测量，也可以称为特质情绪自我效能感。

该模型提出了15种特质情绪智力的表现：适应性（灵活，愿意适应新的条件）、张扬（豪爽、直白，会维护自己的权利）、情绪知觉（清楚自己和他人的情绪）、情绪表达（能与他人交流自己的情绪）、情绪管理（能够影响他人的情绪）、情绪调节（能够控制自己的情绪）、冲动性低（常反省，不太可能屈从于自己的欲望）、关系（能够建立令人满意的关系）、自尊（成功、自信）、自我动机（有动力，面对逆境不言放弃）、社会意识（能通过出色的社会技能建立良好的人际网络）、压力管理（能够顶住压力、调节压力）、特质共情（能够考虑他人的观点）、特质快乐（愉快，对自己的生活感到满意）、特质乐观（自信，能够看到生活的光明面）。

特质情绪智力模型被认为更具一般性，包含了戈尔曼和巴昂的模型。

不过，情绪智力的理论基础受到了许多批评，比如情绪智力的界定被认为过于宽泛且变来变去，无法把它看成智力的一种形式，它也没有太大的预测价值等（Locke，2005；Landy，2005）。

五、成年期的言语

一方面，成年人会维持自己在儿童期就已经掌握的语音体系，不过，如果一些老年人听力受损或区分所听到的东西的认知能力有缺陷的话，他们就可能难以分辨一些语音（比如，英文中的 b 和 p；Thornton & Light，2006）。同时，成年人也会保持自己关于语法或句法方面的知识。只不过，和年轻成年人相比，老年人更经常使用不太复杂的句子。而且，对于那些有记忆困难的人来说，他们也不容易理解语法结构过于复杂的句子，等他们听完这样的句子后，他们可能已经不记得句子的开头了（Stine et al.，1996）。

另一方面，成年人关于语义、词义方面的知识在整个成年期会一直扩展，甚至会持续到七八十岁时（Obler，2013；Schaie，1996）。毕竟成年人年复一年地从外部世界获得经验，所以他们的词汇量一直增长就不是什么新鲜事了，并且成年人对词语的含义的理解也会变得更加丰富。然而，老年人在需要去回忆一个物体的名字或者某个人的名字时，可能会更经常地出现“就在嘴边，却难想起”的问题，即所谓的“舌尖现象”（Campos-Magdaleno & others，2020；Thornton & Light，2006）。这一问题主要是无法从存储记忆中提取信息导致的，而非对这些词一无所知。老年人难以阻止与当前任务无关的信息进入注意中心（通达功能不足），以及难以从注意中心中删除与当前任务不再相关的信息（删除功能不足），是舌尖现象增多的重要原因（彭华茂，毛晓飞，2018）。相比自己年轻时，为了保证面对这些回忆问题时的流畅性，老年人说话会更加缓慢，提前对词汇的选择进行规划（Spieler & Griffin，2006）。相比年轻成年人，老年人会在言语中更多地使用停顿和填充词（Diaz & others，2021）。

此外，成年人在语用方面也会变得更加精细，使之适应不同的社会背景和专业背景（Obler，2013）。比如，医生必须形成与病人进行有效沟通的言语风格。在一起生活多年的伴侣通常会形成彼此心有灵犀而旁人觉得云里雾里的独特沟通方式。总之，成年人的语言使用能力日臻娴熟，除非他们出现认知功能的重要衰退（Kemper & Mitzner，2001）。

六、大学的学习生活

我国教育部 1998 年底出台了《面向 21 世纪教育振兴行动计划》，拉开了大学招生数快速增长的序幕。我们可以先看一下 1998 年的情况，当时全国普通高等学校有 1 022 所，本专科生招生数为 108 万人，在校生 340 万人。经过 20 余年的发展，据《2022 年全国教育事业发展统计公报》，2022 年全国有普通高校 3 013 所，在校生总规模达 4 655 万人，高等教育毛入学率为 59.6%。我国的高等教育有了巨大的发展，越来越多的人上了大学，他们也开始了一段特殊的生活。

（一）大学生活的适应

对于大学一年级的新生来说，上大学意味着生活的转变，他们第一次离开熟悉的环境和亲人，面临巨大的挑战和压力。通常，大学新生会经历一段时间的调整，一些人会出现新生适应反应，即与大学体验相关的心理症状，比如孤独、焦虑、忧郁等。能否尽快适应这一重要转折，不但直接影响到大学生当前的学习和生活，而且会影响到他们成年期人格、职业等诸方面的发展。

追踪研究发现，在刚入学时，新生的学习、人际、情绪三方面适应状况都处于中等或以上的水平，新生在入学时总体上没有表现出严重的适应困难（曹亦薇，毛成美，2008）。其中，新生人际适应的水平最高，情绪适应次之，学习适应较低些。这在一定程度上反映了我国新生适应性的特点。其部分原因可能是我国高中学习模式与大学自主学习模式存在较大差异。

从适应过程来看，新生学习适应的变化轨迹呈U形，即刚入学时有一个短暂的下降过程，第二学期开始上升而且速度越来越快。人际适应方面，在第一学年呈下降趋势。刚入学时，由于环境的陌生，新生对周围人有较强的依赖感，有强烈的交往需求，对大学新生活充满了好奇与兴趣；经过一段时间的交往后，这种热情就会降低。而且随时间的推移，交往中的各种矛盾逐渐凸显出来。

此外，新生适应能力的个体差异至少在大学生活开始不久就显露无遗，且这种差异相对稳定。国外的研究也表明，适应性稳定组和不稳定组在第一学年末的学业和情绪适应存在显著差异（Duchesne et al.，2007）。而且，大学生活适应者更幸福，而不是幸福者更适应（陈永香，刘晓薇，2017）。

（二）大学生学业成绩的提升

在高中的时候，一些高中生常常会听到班主任这样讲："你们现在好好学习，等上大学就可以好好玩了。"有多少懵懂少年傻傻地相信了这句话，结果上了大学之后，或沉迷于游戏，或热衷于社交，或昏睡于宿舍，浑浑噩噩度过了几年的时光。国内的研究表明，我国大学生成就动机总体水平在进入21世纪的十几年间显著降低（辛素飞，王一鑫，2019）。

实际上，大学的时光正是人生中最宝贵的几年，如果珍惜时间，努力学好课堂和课外的知识，对未来自身的发展将是一件大有裨益的事情。如何提升大学生的学业成绩，一直是研究者或教育者关注的问题和努力的方向。总结相关的研究工作，可以发现有三种旨在提升大学生学业成绩的干预措施值得尝试（Harackiewicz & Priniski，2018）。这些干预措施针对特定的学习问题，以及问题背后的心理过程，以学生为中心，并能够取得相应的成效。

1. 任务价值干预

任务价值干预（task value interventions）重点关注的是当前的学习任务，向学生传达所学内容的价值和重要性。它可以通过提供学习任务与个人目标的相关性或有效性的例子，或者通过写作练习鼓励学生思考学习任务对自己的价值。

教育工作者可以通过两种基本策略来提高学生对任务价值的认识：其一，他们可以告诉学生课程主题是有用和重要的（即教育工作者直接传递价值）；其二，他们也可以让学生发现自己的价值（即学生创造价值），通常是通过学生将课程主题与自己的生活联系起来的写作练习来实现的。例如，研究者让大学生完成一系列的课程写作任务，并组织讨论该课程的实用价值（Hulleman et al.，2010）。这种干预为学生提供了机会，使他们能够将所学知识与他们所关心的内容具体联系起来，培养对课程价值的认识以及对课程内容的参与。

2. 框架设定干预

框架设定干预（framing interventions）重点关注的是学生在学习过渡期间如何看待可能面临的挑战，帮助学生应对逆境，有助于提高学生在关键的学习过渡期的适应能力。

框架设定干预以归因理论为基础（Weiner，1974；Ross & Nisbett，2011），主要向学生传递两个关键信息：其一，在刚入学期间，面临的困难是正常的、普遍存在的（即不完全归因于个人自身的特点）；其二，学生可以通过个人成长来控制自己的学业成绩（即挑战可以通过努力来克服）。例如，研究者组织大一新生参加一小时的小组讨论会，在会上，不同的学生讨论了他们所面临的困难，并描述了他们用来克服挑战并成为一名成功学生的策略。这些学生在大一结束时都报告了更多的学业和社会参与，他们更善于使用校园资源（Stephens et al.，2014）。

3. 个人价值干预

个人价值干预（personal values interventions）重点关注的是学生的核心价值，通过强化个人价值来间接发挥作用。书写个人价值可以增强学生的认同感和自我价值感，为他们应对大学生活中的逆境提供缓冲。

个人价值干预以自我确定理论为基础（Steele，1988），该理论认为个体有保持整体自我完整意识的动机。如果一名学生在重要的学业领域（例如，参加物理考试的女生）经历了身份威胁，那么其自我完整性就会受到质疑。个人价值干预使学生有机会思考其他领域自我价值的来源。例如，研究者发现，当学生在课堂上完成价值确认练习（要求学生写出自己最重要的价值）时，其学业成绩会有所提升（Cohen et al.，2006）。

因此，提升大学生学业成绩的有效干预措施通常可以通过写作练习来实现，进而提高学生对课程内容的参与度和积极的预期，增强其归属感，增加其感知到的课程价值。

（三）大学期间的认知变化

大学时期是智力发展和个人成长的时期。大学生会因为课程、同学、教师、校园文化而变化：课程让他们增长见识，给他们带来新的思维方式；同学挑战他们习以为常的观点和价值观；教师则会提供新的角色榜样；校园文化往往与社会文化不同（Papalia & Feldman，2012）。

大学专业的选择可以反映个人兴趣的追求，或为将来的职业拉开序幕。它往往也对大学生的思维方式产生影响。追踪研究发现，到四年级时，大学生日常生活中的推理都会有改善，只不过学不同的课程产生的影响不尽相同。社会科学方面的训练让大学生在统计和方法学方面受益匪浅，其中概括模式的能力较为突出。专业是人文学科及自然科学的大学生，在条件推理方面表现出色，即擅长形式演绎逻辑。这两类学生的言语推理也有长足进步，他们能够更好地认清论点、评估证据、理清相似性（Lehman & Nisbett，1990）。

威廉·佩里

此外，大学生活也会带来思维方式的根本变化。威廉·佩里认为，在大学期间，个人的思维会从“僵化”走向“灵活”，最终达到“自由选择的承诺”（Willian Perry，1970）。很多学生上大学时对真理的看法是固执僵化的，认为只有对错之分。在他们接触大量不同的观点看法之后，他们会为不确定所困扰。不过，他们认为这只是暂时的，并期望最终找到“一个正确的答案”。

接着，他们会看到所有的知识和价值观都是相对的。他们会认识到不同的社会和个体会有自己的价值系统。这时，他们会认识到自己对很多问题的意见与其他人，包括父母或老师的意见一样行之有效。不过，他们还不能在这一迷津中找到意义或价值。此时，混乱取代了秩序。

最后，他们会获得“相对主义的承诺”，即他们会做出自己的判断，选择自己的信仰和价值观，把所有的不确定和可能的有效性都置之脑后。这就是后形式思维的关键所在。而通过头脑风暴等多种方法也可以训练大学生的后形式思维（Sinnott，1998）。

（四）大学生活产生的影响

对上过大学的人来说，大学生活是成年期最有影响的阶段，此时，个人全神贯注地探索着各种价值观、角色和行为。大学生活也经历着一种“文化休克”：他们会遇到许多新的观念和信念，有了新的自由和机会，面对新的学业要求和社交要求。上大学的经历与道德推理、自我认同发展和社会性发展等方面的提升都密不可分（Lapsley & Hardy，2017；Patton et al.，2016）。

大量研究表明，从大学一年级到四年级，个人心理方面会发生广泛的变化（Montgomery & Cote，2003）。大学生对没有明确解决方案的问题的推理变得越来越好，他们会确定复杂问题正反两方面的优劣，会反思自己思维活动的质量。他们的态度和价值观也变得更加开放。他们对文学、表演艺术、哲学及历史问题越来越有兴趣，更能够容忍各种文化差异。接触各种世界观也能够让大学生更加认真地审视自己。在大学期间，他们会形成更好的自我理解、更高的自尊、更加稳固的自我认同感。

西方的研究表明，在四年制的大学中，名牌学校和普通学校对大学生心理的影响毫无二致，甚至对最后的事业成败或收入高低的影响也不分伯仲（Montgomery & Cote，2003）。即使是上两年制的社区大学，认知上的成长也和上四年制的大学并驾齐驱（Bohr et al.，1994；Mayhew et al.，2016）。

实际上，大学生活的影响关键取决于两方面的交互作用：一是个人对学业及非学业活动的投入，二是校园生活的丰富性和多样性。大学生在学业上及课外与同伴的交往越多，他们就越能受益。

学业方面的质量会对大学生活是否有收获产生影响。大学生付出的努力越多，越有意愿去上课，越是投入具有挑战性的学习（整合各门功课的学习、与教师的广泛接触、课程与实际工作的联系）中，其心理发展就越有收获（Franklin，1995）。

同时，集体宿舍的生活对认知发展有最好的预测，因为它会让大学生最大限度地参与到学校的教育系统和社交系统中（Bronkema & Bowman，2017）。所以，让走读生融入校园生活是非常重要的。

研究范例

我是什么样？
他人怎么想？

第二节　青年期的心理社会性发展

一、青年期的心理社会性任务

如第二章所述，埃里克森（Erikson，1950）把人的发展分为八个阶段，青年期处于其中的第六阶段——**亲密对孤独**，这一阶段的主要任务是建立深厚的友谊，从另一个人那里获得爱和陪伴，或共享自我认同，它反映在青年对与一个亲密的伴侣形成永久承诺的想法和感受中。这时候的孤独感或孤立感可能是由于无力建立友谊或亲密关系造成的。不过，青年也需要适当的独处来反省自己的生活。

亲密对孤独　埃里克森提出的人的发展的第六阶段所面临的冲突，这一阶段的主要任务是建立深厚的友谊，从另一个人那里获得爱和陪伴，或共享自我认同，它反映在青年对与一个亲密的伴侣形成永久承诺的想法和感受中。

埃里克森认为，成年期的每个阶段都是机遇与风险并存的，是分水岭，未来要么更好、要么更糟。亲密关系的建立需要牺牲和妥协。个体在青少年期刚刚形成坚实的自我，最近刚刚获得经济独立；但是，亲密却要求他们部分放弃自己的独立，重新界定自我，以纳入伴侣的价值观和兴趣。他们需要把自己的自我认同融入另一个人的自我认同中。

埃里克森认为，亲密一方面包括牺牲自己的需要以满足伴侣的需求，另一方面也包括性的亲密，这当中双方都会获得快感，而不仅仅是考虑自己的满足；此外，亲密也意味着更深的投入，反映为努力把自我认同融入伴侣的自我认同中。亲密感的获得得益于之前自我认同的获得，对有意义的价值观和目标的承诺让青年为人际承诺做好了准备（Kroger，2005）。

研究者对关于自我认同与亲密状态之间关系的研究进行概括分析时指出，自我认同的发展有时先于亲密，但是，它们也可能齐头并进、相互强化（Arseth et al.，2009）。这当中也存在明显的性别差异：对女性而言，亲密出现得更早，因此，女性的亲密先于自我认同，或女性的自我认同的发展过程与建立亲密的过程是相得益彰的，而男性的自我认同往往先于亲密。

如果没有获得亲密感，青年就会面对这一阶段的消极后果——孤独和自私。这些青年可能是孤立的、疏离的，害怕与人建立关系。其原因可能是之前自我认同发展的失败。

这一阶段冲突解决的结果是形成爱（love）的品质，即对托付终身的伴侣的相互奉献，他们准备共享人生，生儿育女，让孩子健康成长。这将为中年期的顺利发展奠定基础。

二、成年期的情绪体验

进入成年期以后，情绪体验上什么因素会产生重要影响是研究者较为关注的问题。对年轻成年人的研究表明，让他们感到最幸福的东西不是金钱或物质，而更可能是感到独立、拥有能力、自尊或人际关系（Sheldon et al.，2001）。

让年轻人回忆他们的快乐时刻时，他们更可能提到的是自己的心理需要得到满足的时候，而不是物质需要得到满足的时候。比较典型的回答包括：找到一份新工作，形成了一种深入的人际关系，或者搬到公寓居住或有了自己的家。相反的是，当他们回忆自己最不满意的时刻时，他们提到的是其基本的心理需要未得到满足的情况。

当然，至于什么样的心理需要对于幸福而言是重要的，文化有着显然的影响。比如，泰国的年轻人更经常地把满足感与和他人在一起的经验相联系，美国的年轻人则把满足感与和自我及自尊有关的经验相联系（Diener et al.，2003；Jongudomkarn & Camfield，2006）。

此外，越来越多的研究表明，成年人的主观幸福感或一般幸福感在其一生中基本上会保持不变。即使是赢得彩票大奖，也只会短暂地增强主观幸福感；一年以后，人们的幸福感往往会回落到赢得彩票大奖之前的水平（Dunn & Laham，2006）。

主观幸福感的稳定性表明，大多数人对于幸福感都有一个"设定值"——无论生活有何起落，这一水平都会保持一致。特定的事件可能会使一个人的心境暂时地呈现为兴奋或是郁闷，比如在工作中得到很好的评价或是失业了，但是人们最后都会恢复到他们一般的快乐水平。而且，性别、种族、经济状况、居住国家等对幸福感水平的影响并无差异。

三、青年期的社会性特点

（一）青年期的生活季节

丹尼尔・莱文森（Daniel Levinson，1996）通过对35～45岁的人进行深入访谈，提出发展涉及一系列有本质区别的时期，即所谓的**生活季节**（seasons of life；见表8-3）。在每个阶段，生物学因素和社会因素都会带来崭新的心理挑战。每个阶段都以一个过渡期开始，持续大约5年，这期间个人会对前一阶段进行总结，为下一阶段做好准备。在两个过渡期之间，个人处于一个稳定期，它会持续5～7年，这期间个人会建立一种生活

丹尼尔・莱文森

生活季节　莱文森提出成年期的发展涉及一系列有本质区别的时期。在每个阶段，生物学因素和社会因素都会带来崭新的心理挑战。每个阶段都以一个过渡期开始，持续大约5年。在两个过渡期之间，个人处于一个稳定期，它会持续5～7年。

结构（life structure），旨在协调内心世界和外部世界的要求，提升生活质量。最后，个人又会怀疑当前的生活结构，新的过渡期就油然而生。生活结构是个人生活的基础设计，包括个人与重要他人的关系。在其诸多成分中，通常只有一小部分是核心的，比如与婚姻和职业有关的部分。

表 8-3　莱文森的生活季节

阶段	年龄（岁）	变化或挑战
青年过渡期	17～22	走出青少年期，为成人的生活做最基本的选择。
进入成年期	22～28	为爱情、友谊、职业、价值观、生活方式做出最初的选择。
30 岁过渡期	28～33	生活结构会发生变化，它可能是和风细雨似的，但往往是暴风骤雨般的，剧烈而充满压力。
安居乐业期	33～40	在社会中建立了一个小生境。在家庭和职业方面，日子按部就班地过着。
中年过渡期	40～45	生活结构遇到问题，个人在生活意义、生活方向、价值观方面通常处于危机期。自我中被忽视的部分（比如，天赋、愿望、抱负）会寻求表现的机会。
进入中年期	45～50	必须做出选择，新的生活结构得以形成。个人必须对新的任务做出承诺。

青年期是精力最旺盛的时期，同时矛盾和压力也最大（Levinson，1986）。这一阶段个人在爱情、性、家庭生活、职业晋升及生活目标的实现方面，能够得到很大满足。但是，很多人在获取足够经验以做出聪明的选择之前，就已经对很多重要问题做出了决策，包括婚姻、孩子、工作和生活方式等方面。

1. 进入成年期

莱文森指出，在青年过渡期（17～22 岁），大多数人会建构自己的梦想。比如，男性会看重在职业中获得成就，而大多数职业取向的女性会有“分裂的梦想”——婚姻和职业都重要。同时，女性的梦想往往是根据与丈夫、孩子和同事的关系来界定的。男性的梦想则更加个人化：他们把重要他人（尤其是妻子）看成自己实现目标的关键支撑，但很少认为自己是他人实现目标的后盾。

青年也会与一位“导师”建立关系，后者将帮助他们实现梦想，这往往是职位更高的同事，偶尔也可能是经验更丰富的朋友、邻居或亲戚。“导师”可以扮演老师的角色来提升青年个人的职业技能，在职业背景中对其价值观、习俗和性格进行指导，也会支持其事业发展。

2. 30 岁过渡期

在 30 岁过渡期，青年会重新评估自己的生活结构。那些醉心于工作而形单影只的人通常会关注生活伴侣的寻觅。但是，男性很少会扭转职业相对于家庭的优先，而职业取向的女性有时候也会这样。

看重婚姻、想做母亲的女性通常会形成更加个人化的目标。女性也会越来越意识到婚姻对她们的梦想会有威胁，已婚女性经常会要求丈夫承认和接受其家庭外的兴趣和抱负。

对于没有令人满意的亲密纽带、职业发展也不尽如人意的男男女女，30岁过渡期可能是一个危机。对那些质疑自己是否能够建立有意义的生活结构的人来说，这是充满冲突和相当不稳定的时期。

3. 安居乐业期

为建立青年期最终的生活结构，男性通常会安居乐业，专注于某些关系和抱负，而把其他的放在一边。他们会试图在社会中建立一个稳定的、与其价值观一致的小生境。然而，青年女性则可能会“颠沛流离”，很多女性无法“安居乐业”，因为她们在职业或关系中有额外的承诺，她们在工作和家庭之间疲于应付。很多女性直到中年期才会达到30多岁男性的稳定状态。

（二）青年期的社会时钟

波奈丝·纽加滕

关于个体发展的理论观点，之前我们看到的基本上是阶段模型。实际上，即使是生物钟也会受到个人因素和文化因素的影响，比如医疗条件、生活方式、知觉等。波奈丝·纽加滕（Bernice Neugarten，1968，1979）指出，影响成人发展的一个重要文化因素是**社会时钟**（social clock），它是社会关于主要生活事件发生的恰当时机的标准或期望。

社会时钟 社会关于主要生活事件发生的恰当时机的标准或期望。

大多数成人在生活中的某些时候会遇到一些事，比如开始第一份工作、娶妻嫁夫、为人父母、成为祖父母、离职退休等。所有的社会都有这样的时间表，这些标准为重要的事件确定了“最佳”年龄（Keith，1990）。

这些事在人们所期望的时候发生，就是“准时”的；这些事的发生早于或晚于通常的情况，就是“不准时”的。人们通常对自己的时间表和社会时钟有着敏锐的意识，他们会进行社会比较，看看自己的进度与同龄人是否同步，所以，准时与否对自尊有着深刻的影响。

在青年期遵循社会时钟的节奏可能有助于信心的培养，因为它可以让青年融入社会，发展技能，增进对自我和他人的理解（Helson，1997；Hendry & Kloep，2007）。青年期出现危机并不是因为青年到了一定的年龄，而是因为重要生活事件的发生及其时机不合预期。如果生活事件准时发生，发展过程就会如行云流水；如果不是，就可能危机四伏，它来自意外的事件（比如，失业）、未准时发生的事件（比如，35岁守寡，45岁生第一子，55岁被迫退休）或者是某些事件应该发生而未发生（比如，没有结婚或不能生育）。

比如，追踪研究发现，准时开始家庭生活的女性会变得更有责任感、善于自我控制、宽容和关怀，但是，她们的自尊有所下降，感到自己越来越脆弱。而追随典型的男性职业时间表的女性，则变得更有支配性、社会性、独立性且更聪明（Vandewater et al.，1997）。与社会时钟的时刻不合拍的女性（比如，既不结婚，在30岁时也没工作的），状况尤其糟糕。她们在自我怀疑、无能感和孤独感中备受煎熬（Helson，1992；Helson et al.，2006）。

在不同的文化中，社会时钟的标准在范围和灵活性上不尽相同。在很多国家，针对驾驶、饮酒、投票、结婚等都有法定年龄，对结婚成家、生第一子、生最后一子、成为祖父母等也有一个预期的年龄。比如，在一些南美洲国家，男女结婚的法定年龄分别是 14 岁和 12 岁；巴西、厄瓜多尔、巴拉圭、委内瑞拉等国家超过一半的新娘年龄不足 22 岁。相比之下，德国人在 18 岁以后才可以结婚，大多数人等的时间更长，男性大约是在 31 岁，女性约在 27 岁（Eurostat，2004）。在中国，结婚的法定年龄是男性 22 岁、女性 20 岁；实际结婚年龄在大中城市里，男性约为 29 岁，女性约为 27 岁。

除了国家标准，社会经济地位对社会时钟也有着举足轻重的影响。社会经济地位越低，人们期望到达生活中的主要里程碑的时间就越早（见表 8-4）。

表 8-4　西方女性的社会时钟（岁）

事件	社会经济地位低者	社会经济地位高者
完成学业	18（中学）	30（研究生学位）
结婚成家	18	32
生第一子	19	34
生最后一子	30（3～4 个孩子）	40（两个孩子）
全职工作	20～50	30～60
成为祖母	40	65
成为老太太	55	75

四、成年期的道德

（一）道德发展的世界观理论

理查德・谢韦德

尽管柯尔伯格声称其关于道德发展的理论具有跨文化的普遍性，但是文化心理学家理查德・谢韦德（Richard Shweder，2003；Shweder et al.，2006）对此提出了挑战。谢韦德相信，要想理解道德发展，就必须理解作为其基础的文化世界观（cultural worldview）。谢韦德提出，人们道德推理的"内容"（包括他们关于对与错的看法）是道德发展的核心所在，不能漠然视之。

个人对其文化中的规则和期望的了解并不是与生俱来的，他们必须学习这些东西，甚至有时候是无意当中违反了这些规则和期望，并从父母及其他人那里观察到相应的反应之后而学习得到的。谢韦德（Shweder Eds.，2009）通过比较印度和美国的儿童、青少年及成年人发现，到 5 岁的时候，儿童已经掌握了其文化中的道德标准，他们的看法从儿童期到青少年期直至成年期基本上保持不变。两国之间虽然有一些相似之处，但是也在很多方面相去甚远。比如，5 岁的时候，两国的儿童都知道了拿别人的财物（比如，从邻居的花园里偷花），或者有意伤害（比如，踢睡在路边的狗）是错的。然而，两国幼儿对很多问题却有着不同的道德观点。比如，印度幼儿认为父亲把遗产分给儿子较大份额、分给女儿较小份额，是理所当然的；而美国孩子却认为这样做大错特错。

丽恩 · 简森

谢韦德及其同事提出了一种理论来替代柯尔伯格的道德发展理论（Shweder & Haidt，1993）。这一新的理论可以被称为“道德发展的世界观理论”，主要是由他过去的一个学生丽恩 · 简森（Lene Jensen，1997，2008；Jensen Ed.，2011，2015）发扬光大的。根据简森的看法，道德的终极基础是个人的“世界观”（worldview）。世界观是一整套文化信仰，它可以解释世界对人而言有何意义、人类的关系应该如何处理、人类的问题应该如何解决。世界观提供了道德推理（对一种行为之对或错的解释）的基础。道德推理的结果是道德评价，即对一种行为之对或错的判断，这进一步又会对道德行为加以描述界定。道德行为会强化世界观。这一理论可以由图 8－2 来形象地说明。

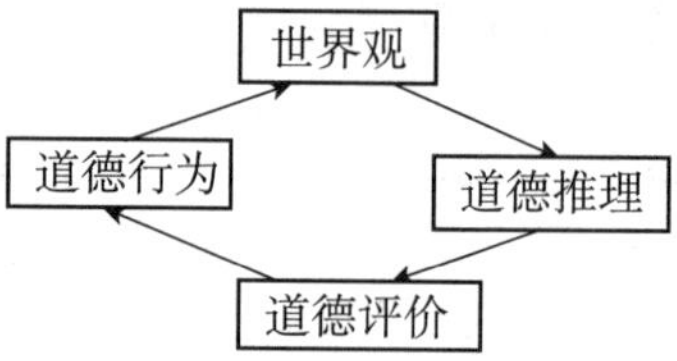

图 8－2 道德发展的世界观理论

简森在她的研究中对人们关于道德问题的反应进行了编码，依据是基于不同世界观的三种“伦理”（ethics）。

一是“自主的伦理”（the ethics of autonomy），它把个人界定为主要的道德权威。个人有权做自己想做的事情，只要他们的行为不会对他人造成伤害。

二是“社区的伦理”（the ethics of community），它把个人界定为社会团体的成员，对社会团体有承诺和义务。在这种伦理中，个人在家庭、社区及其他团体中承担的角色的责任，是其道德判断的基础。

三是“神性的伦理”（the ethics of divinity），它把个人界定为神的实体存在，服从于神的权威的指引。这种伦理包括基于传统宗教权威和宗教文本（比如，《圣经》《古兰经》）的道德观。

研究表明，美国年轻成年人的道德主要基于自主的伦理。简森（Jensen，1995）发现，在解释自己关于道德问题（比如，离婚和自杀）的看法时，美国年轻成年人相比中年期成年人或老年期成年人更多地依赖于自主的伦理。而且，有研究发现，在美国和巴西，大学生在处理各种各样的道德问题时更多地依赖于自主的伦理（Haidt et al.，1993）。然而，也有研究发现年轻成年人在涉及指导其生活的价值观，以及希望能够传递给下一代的信仰和价值观方面，对自主的伦理和社区的伦理的使用不分伯仲，但是很少会使用神性的伦理。针对印度青少年的一项研究发现，青少年比他们的父母更多地使用自主的伦理，父母则更多地使用社区的伦理，但是对神性的伦理的使用都很少（Kapadia & Bhangaokar，2015）。对美国人的研究发现，相比儿童，青少年和成年人一样较少使用自主的伦理，更多地使用社区的伦理（Jensen Ed.，2015）。一项在芬兰进行的研究发现，大多数青少年在道德推理中混合使用自主和社区的伦理，但是对宗教保守的青少年来说，神性的伦理使用更多（Vainio，2015）。

当然，基于道德发展的世界观理论的研究才刚刚起步，其在不同的文化中如何经历一个人毕生发展的历程，还需拭目以待（Jensen Ed.，2011）。

（二）道德基础理论

现实生活中，个体不可避免地面临道德判断。无论是与非，还是善与恶，都需要个体在特定的参照系统中进行评价。其中，这一参照系统所涵盖的范畴就是道德内容，而个体在这一范畴中依据参照点进行量化评价的过程就是道德形式。也就是说，个体道德系统除了判断道德水平的道德形式之外，还包括界定道德范畴的道德内容。然而，基于理性主义的传统道德心理学研究重视道德形式，忽视道德内容。具体而言，传统道德心理学研究忽视道德情绪因素，未能充分揭示道德判断规律；忽视道德情感与行为，未能系统描述道德发展全貌；忽视道德文化多样性，未能全面概括道德内容（张梦圆等，2016）。

乔纳森·海特

“新综合取向”（new synthesis approach）的道德心理学研究更注重道德内容的研究，这也使得道德形式的研究更加深入（Haidt，2007）。该研究取向认为，道德是在心理机能调配下，由多元道德价值观念、多种道德行为实践、多样社会习俗共同构成的心理系统。这一心理系统通过抑制和调节个体的利己性来维护日常社会生活的正常运转。基于这一研究取向，乔纳森·海特（Jonathan Haidt，2012）提出了“道德基础理论”（moral foundation theory）。该理论是基于进化心理学和多元文化而形成的新综合理论体系，包括四个基本理论假设和五种基本道德内容。

假设一：道德源自进化，是先天性的反应机制。进化过程使人类形成了先天道德性（Haidt，2012）。先天道德性早于个体经验而存在，是个体道德系统发展的起点。

假设二：道德具有文化可塑性。个体的先天道德性会在不同的文化背景下，形成特定的道德规则与行为模型，表现为道德的文化特异性。

假设三：道德判断直觉先行，推理在后。个体的道德判断是快速、自动化的直觉反应，情绪在这一过程中起着十分重要的作用。道德推理只是对道德判断的解释与辩护。

假设四：道德内容是多元的。进化过程中，生存适应的多样化使得人类道德内容呈现多元特征，并且多种道德内容普遍存在于不同文化个体的头脑中（Davis et al.，2016）。

依托四个基本理论假设，基于道德内容的先天存在性、共享意向性、直觉反应性、跨文化普遍性，海特等认为人类具有五种基本道德内容（见表 8-5）：公平/欺骗（fairness/cheating）、关爱/伤害（care/harm）、忠诚/背叛（loyalty/betrayal）、权威/颠覆（authority/subversion）、圣洁/堕落（sanctity/degradation）。这五种基本道德内容具有各自的适应性挑战、原初诱因、即时诱因、特有情感和相关美德（Graham et al.，2013）。

公平/欺骗：在与无亲缘关系的人进行价值交换和社会互动时，人们为确保双赢而形成的道德内容。

关爱/伤害：与关心、照顾和保护他人免受伤害相关的道德内容。为了人类的传承，在进化过程中，个体会先天形成同情心、利他性等涉及关爱的道德内容。

表 8－5 五种基本道德内容

	公平/欺骗	关爱/伤害	忠诚/背叛	权威/颠覆	圣洁/堕落
适应性挑战	以双向的合作方式获得利益	对儿童的保护和关爱	形成团结的集体	在等级制度内形成受益关系	避免受到玷污
原初诱因	欺骗、合作、诈骗	自己的孩子表现出来的痛苦、不快和需求	对群体的威胁或挑战	支配和服从的标志	废弃物、病人
即时诱因	对婚姻的忠诚、遭破坏的自动贩卖机	海豹宝宝、可爱的卡通人物	运动队、民族	老板、受敬重的专业人士	禁忌观念（种族主义）
特有情感	愤怒、感激、罪恶感	同情	集体荣誉感、对叛徒的愤怒	尊重、畏惧	恶心
相关美德	公平、正义、守信	关爱、仁慈	忠诚、爱国主义、自我牺牲	服从、尊重	节制、贞洁、虔诚、洁净

资料来源：Haidt，2012.

忠诚/背叛：在与外群体竞争中，个体指向内群体的道德内容。忠诚内群体会使所在群体在竞争中获得更多的资源和利益。忠诚内群体使成员获得自豪感，背叛内群体则使成员感到愤怒。

权威/颠覆：在层级化群体互动中，人们指向上下级的道德内容。资源竞争和权力争夺而形成的合法不对称地位，使得人们尊重上级、保护下级。尊敬与服从被认为是与权威相关的美德，破坏秩序则会引起人们的蔑视。

圣洁/堕落：与保持圣洁、避免玷污相关的道德内容。在进化过程中，人类为了避免接触致命的病菌和寄生虫，形成了快速检测危险源，并通过厌恶情绪自动远离危险源的行为免疫系统。

随着道德基础理论研究的深入，有些学者认为，除了五种基本道德内容外，还存在其他未被纳入的道德内容，如自由/压迫（liberty/oppression）、诚实/欺诈（honesty/deception）、拥有/偷盗（ownership/theft）等（Graham et al.，2013）。经过深思熟虑，海特等将自由/压迫作为第六种基本道德内容，认为这一基本道德内容可以解释无明确层级结构的群体运行过程，其具体的含义是：个体面对统治和限制其自由的人，所表现出的与反抗、怨恨有关的道德内容。

五、青年期的友谊

青年期的友谊可能不如之前及之后几个时期的友谊那么稳定，因为这一年龄段的年轻人往往在东奔西跑，居无定所（Collins & Van Dulmen，2006）；不过，尽管如此，很多年轻人还是能够保持高质量、有承诺、跨时空的友谊关系（Johnson et al.，2009）。较高的友谊质量与心理适应和幸福感相联系，包括高社会能力、高生活满意度以及低水平的抑郁和孤独（Gillespie et al.，2015；Holt et al.，2018）。

（一）青年期的友谊发展

1. 青年期友谊的基本特征

在青年期，人们结交的朋友比以后任何时期都多（Sherman et al.，2000）。与之前儿童期、青少年期的友谊一样，青年期的友谊也通过肯定和接受以及在有压力时提供支持来提升个体自尊（Bagwell et al.，2005；Hartup & Stevens，1999）。友谊关系网络强的大学生能够较好地适应充满压力的生活事件（Brissette et al.，2002）。

友谊在整个成年期都很重要，部分是因为个人的生活满意度与朋友的数量和质量有非常紧密的联系。友谊也在我们如何享受生活方面起着重要作用。通过扩展社交机会、交流知识和各种观点，朋友也使得生活充满乐趣。

在成人的友谊中，信任、亲密和忠诚仍然很重要，思想情感的分享有时比婚姻中更多，只不过随着朋友的聚散离合，朋友之间的承诺没有那么突出。因此，有些成人的友谊会持续几年，有些则会持续一生。友谊的持续性对女性而言更为重要，她们会经常看望朋友，进而使得关系得以延续（Sherman et al.，2000）。在成人迎来 20 多岁并开始承担成人角色时，他们往往会减少看望朋友（Nicolaisen & Thorsen，2017）。相比已婚者，单身的年轻成人通常主要依靠友谊来满足社会支持和接受等需要（Wrzus et al.，2017）。

成人友谊的基础涉及三个广泛的主题（De Vries，1996）：首先是友谊的情感基础，它指的是自我表白以及亲密感、欣赏和支持的表现，这一切都以信任、忠诚和承诺为基础。其次是友谊的共享性，即朋友会参加共同感兴趣的活动或给予支持。最后是友谊的社交性，朋友可以让我们高兴，是乐趣的源泉。这三个方面在各个年龄段的友谊中都司空见惯，也会表现在传统的友谊和以互联网为基础的在线友谊中（Ridings & Gefen，2004；李宏利等，2001）。

2. 成人友谊的发展阶段

从发展的观点看，成人友谊的发展有五个清晰的阶段（Levinger，1983）：相识（acquaintanceship）、建立（buildup）、继续（continuation）、恶化（deterioration）、结束（ending），这也被称为“ABCDE 模型”。它不仅描绘了友谊发展的阶段，还反映了友谊变化的过程（见图 8－3）。比如，相识是否会转变为友谊的建立，有赖于几方面的因素，包括是否有吸引力、彼此的了解程度、双方沟通的情况、对友谊重要性的判断等。尽管很多友谊会走到恶化阶段，但它们是否会结束则很大程度上有赖于是否能够建立新的关系。如果可以结交到新朋友，旧的友谊就会到此为止；否则，双方即使不再认为对方很重要，也会继续得过且过。

任何亲密关系的建立，由相识而形成友谊，都需要经过四关（Fehr，1996）：一是身体的吸引力；二是明显的可得性（聊天的意愿、一起做事的意愿）；三是“排斥标准”的缺失（没有无法接受的特征）；四是有机会经常接触。

前两个因素都是显而易见的，历来人们都会被长相俊美的人吸引，并对其感兴趣。全世界的人都在找看起来健康、强壮的人及有时间陪伴自己的人来做朋友或伴侣。第三个因素（排斥标准）则是“萝卜白菜，各有所爱”。比如，宗教或政治对某些人来说无关

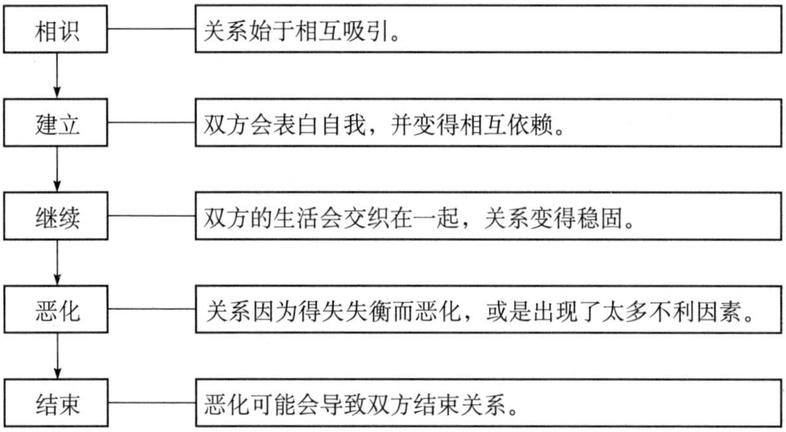

图8-3　成人友谊发展的五个阶段

紧要，某些人则因此势不两立。有些人会排斥吸烟者、同性恋或肥胖者，另一些人对此则满不在乎。而第四个因素是极其重要的，终身的朋友往往是那些上学时比邻而坐的人，而不是隔着几个座位的人。工作中的熟人也可能因为碰巧日复一日坐同一班汽车而成为朋友。

（二）同性友谊

成年期男性女性的友谊往往不尽相同，反映了由儿童期习得的行为的连续性（Blieszner & Roberto，2012）。同性朋友的四个特征似乎对男性女性而言并无差别，它们在各种文化和年龄组中都是如出一辙：地理位置接近、兴趣价值相似、相互包容，以及平等互惠。

然而，能够区分女性同性友谊与男性同性友谊的三个特征是：交流与表白、来自朋友的更多努力与期望、共同冗思的更大风险（过度讨论和反复回顾问题、聚焦于消极感受）。相比之下，男性友谊的基石往往是共享的活动或兴趣。

因此，女性朋友在一起时通常更喜欢说说笑笑。女性朋友热衷于自我表白的聊天，说说自己过去的秘密、健康上的问题、与恋人或亲戚相处时的困惑。女性朋友之间更加亲密，感情也更深厚，她们相互信任，并相互提供实际的帮助。

男性朋友则会在一起打打闹闹，比如踢足球、打篮球。男性认为朋友之间亲密感的形成存在一定的障碍，他们感到彼此之间存在着竞争，因而不太愿意表露自己的弱点，或者是担心谈了自己的弱点后，朋友未必会想听（Reid & Fine，1992）。男性朋友间会分享活动和兴趣；男性朋友谈得更多的是外面的事情——运动、政治、汽车，通常围绕着某些共享的活动。

相应地，男性女性对友谊会有不同的期望。女性会与朋友谈自己的弱点和问题，希望得到注意和同情，必要的时候有个肩膀可以靠着哭一场。女性对同性友谊的评价一般比男性更为积极，她们对朋友的期望也更高（Blieszner & Roberto，2012）。因此，如果朋友未能满足她们的期望，她们也会更加失望。男性则不太可能谈自己的弱点和问题，但是，如果真的讨论到这些问题，他们需要的是切实可行的建议，而不是同情怜悯。而且，竞争常常是男性友谊的一部分（Helgeson，2020），比如和朋友在球场上一较高下，这时候在乎的并不是输赢，而是社会交往。

当然，友谊质量的个体差异也是存在的。男性的友谊越长久，他们也会变得越亲密，表白的个人信息也越多（Sherman et al.，2000）。而且，家庭角色会影响对朋友的依赖。对单身成人来说，朋友是优先考虑的陪伴对象和信任对象。青年同性友谊的亲密感越是反映在社会支持和自我表白上，其关系就越令人满意、越经久不衰（Sanderson et al.，2005）。

在青年谈恋爱和结婚以后，他们（尤其是男性）就把自我表白的对象指向了自己的伴侣（Carbery & Buhrmester，1998；Kito，2005）。不过，友谊在整个成年期仍然会是个人体验的重要背景。

（三）异性友谊

尽管异性友谊不如同性友谊那么普遍，也没有那么长久，但是它对于成人而言仍然是重要的。异性友谊既可能带来机遇，也可能带来问题（Helgeson，2020）。上大学期间，这种联系与恋爱关系一样习以为常。结婚以后，男性的异性友谊会减少，女性的异性友谊则随年龄而增加，而这些关系通常是在工作场所建立起来的。受过高等教育的职业妇女，其异性朋友最多。在这些关系中，青年常常能够获得陪伴、自尊，同时对亲密感的性别差异有非常深入的认识（Bleske & Buss，2000；Weger，2016）。因为男性极其容易对女性朋友产生信任，所以这种友谊就给他们提供了一个独特的机会来扩展自己的表达能力。女性则会说，男性朋友会对问题和情境提供客观的看法，这从女性朋友那里则是无法获得的（Monsour，2002）。

很多人在异性友谊中会克制性方面的吸引，努力使这一友谊保持在一种柏拉图式的理想状态（Messman et al.，2000）。当然，男性比女性更可能感受到性方面的吸引，如果这种感受挥之不去，关系就可能会变为恋爱。如果稳固的异性友谊真的转变为恋爱关系，那它会比没有友谊基础的恋爱关系更为稳定和持久（Hendrick & Hendrick，1993）。在青年期，人们对友谊关系网络的看法更具有灵活性（Barry & Madsen，2010），他们甚至可能把谈恋爱分手以后的前任也看成朋友。

研究范例

社交上退缩，网聊也哆嗦。

六、青年期的爱情

人们为什么会相爱，爱情中包含什么东西，爱情会怎么发展变化，这些令人关注的问题也得到了理论上的解释。

（一）刺激-价值-角色理论

伯纳德·穆尔斯坦（Bernard Murstein，1987）提出了一种描述爱情发展的**刺激-价值-角色理论**（stimulus-value-role theory，SVR），他认为亲密关系沿着三个顺序固定的阶段不断推进。

> **刺激-价值-角色理论** 描述爱情发展的理论，认为亲密关系沿着三个顺序固定的阶段不断推进。

伯纳德·穆尔斯坦

第一阶段是刺激阶段。通常，这是最初的相遇。此时，关系建立在表面的、身体方面的特征上，外貌长相、社会地位等扮演着重要角色。人们关心的是：这个人的外貌长相、社会阶层、举手投足与自己的相配吗？

第二阶段是价值阶段。这一阶段通常出现在双方第二次到第七次相遇的过程中。此时，关系的特征是双方价值观和信念方面不断增加的相似性。人们关心的是：这个人对性、信仰等问题的价值观与自己的相配吗？

第三阶段是角色阶段。此时，关系建立在双方所扮演的特定角色的基础上。比如，双方可能会把彼此的关系界定为男女朋友的关系或夫妻关系。人们关心的是：这个人对人际关系、沟通方式、性别角色等的看法与自己的相配吗？

如果上述三个问题的答案都是肯定的，那么伴侣关系就可能水到渠成地建立起来。

尽管刺激、价值、角色等因素各自在特定的阶段发挥着主导作用，但是，它们也会在亲密关系的其他转折点发挥作用（见图8－4）。

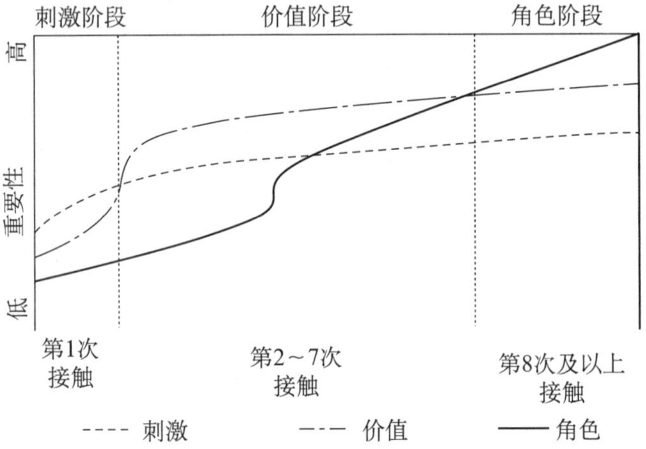

图8－4　亲密关系之路

（二）爱情的投资模型

卡莉尔·拉斯宝特

卡莉尔·拉斯宝特（Caryl Rusbult，1980，1983）提出的**爱情的投资模型**（investment model）以社会交换论的观点，将穆尔斯坦SVR理论中的阶段论加以修改。对于亲密关系的发展，她认为，亲密关系中的双方在关系中会有得失，而当事人会以一种理性且公平的方式加以评估，衡量自己在关系中的付出与收获，以决定其对此关系的应对方式。

爱情的投资模型　对于亲密关系的发展，亲密关系中的双方在关系中会有得失，而当事人会以一种理性且公平的方式加以评估，衡量自己在关系中的付出与收获，以决定其对此关系的应对方式。

拉斯宝特指出，“承诺”是指个人希望维系该关系，并对此在心理上有依恋（Rusbult，1980）。它包含的是“行为意向”与“情感依恋”。男女亲密关系中的“承诺”由满意度、替代者的质量以及投资量等因素共同决定（见图 8－5）。

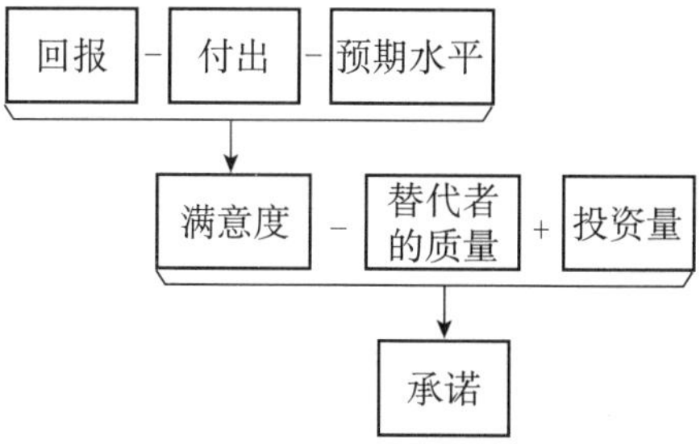

图 8－5　拉斯宝特的爱情的投资模型

“满意度”指的是关系中所体验到的积极情感或消极情感（Rusbult et al.，1998），是“预期水平”与“实际结果”的比较。预期水平越低，实际结果越好，则满意度会越高。预期水平是个体依据过去曾有的亲密关系以及旁人的看法形成的对当前情感的期待。实际结果则是个体在当前关系中的付出与得到的回报相抵的结果。随着关系的长期发展，彼此的依赖性增强，个体也会将对方的结果列入考虑，与伴侣同甘共苦。

“替代者的质量”指的是对放弃这段关系后可能结果的好坏判断。可能的结果包括建立另一种关系、同时有许多约会对象或是没有任何亲密关系而单身的状态。因此，个体欲放弃此段关系所考虑的对象，不单是特定的第三者，亦有可能是不特定的个体，或是无形的理想、自主性等内在的因素。也就是说，个体的内在倾向与价值观也会影响替代性的主观知觉。比如，如果个体认为放弃当前恋情可使其有更好的发展、更独立的空间、较佳的自主性，则主观知觉的替代性便会增强，而易于离开此亲密关系。

前沿扫描

情侣热恋中，
网上查行踪？

“投资量”是指在此关系中所投入的资源。因为投资是无法从关系中单独抽取出来的，所以当这段关系结束时，投资是无法回收的，会随着关系一同消失。当事人会因为舍不得这些投资而不愿意放弃这段恋情，但它相对地加强了整个关系的承诺，使得关系不太容易破裂。投资可分为直接的投资和间接的投资。直接的投资是指由外部投入关系内的资源，比如互相所做的牺牲、投入的时间、隐私权的放弃、个体能量的损耗等。间接的投资诸如双方共同的回忆、双方共同的朋友、双方共有的财物、双方共同从事的活动等。此外，因长期相处而形成于双方关系内部的认同感、默契、思想相似性、可互补的记忆等，也是一种投资的形式，也会随着关系的结束而烟消云散。因此，这些因素涉及的层面越广越重要，投资量亦会增加，则承诺会越高，关系越不容易破裂。

根据投资模型的预测，在亲密关系中，如果满意度较高而替代者的质量较低，那么随着投资量的增加，个体会做出较多的承诺，彼此的关系也会变得固若金汤。更高的关系承诺可以形成有助于关系维持的认知和行为，比如视与某人的关系比与另一人的关系更好（包括性关系；De Jong & Reis，2015），忽视或者在心里贬低替代者，为关系做出牺牲和奉献，以及原谅伴侣的出轨（Rusbult et al.，2001）。

此外，拉斯宝特认为还有两个因素与承诺相联系。首先是“平等”。关系中的平等非常重要，因为不平等会让人心碎。拉斯宝特认为，在不平等的关系中，伴侣对该关系的承诺很有限，并且想要挥去悲伤，结束关系。其次是“社会支持”，比如家庭和朋友。这是外部因素，如果家人朋友都对这段关系看好，双方就更有可能长相厮守。

（三）爱情三角理论

罗伯特·斯滕伯格（Robert Sternberg，1986，2013）提出了**爱情三角理论**（triangular theory of love），他认为爱情包括三种成分，即亲密（intimacy）、激情（passion）和承诺（commitment）。亲密是情绪成分，涉及自我表白（这会增进亲近感）、温情、信任。激情是动机成分，它以内在驱力为基础，即把心理唤起转化为性欲望。承诺是认知成分，是对去爱并与所爱的人在一起的决定。三种成分可以构成一种三角形的关系（见图 8－6）。

爱情三角理论 该理论认为爱情包括三种成分，即亲密、激情和承诺。亲密是情绪成分，激情是动机成分，承诺是认知成分，三种成分可以构成一种三角形的关系。

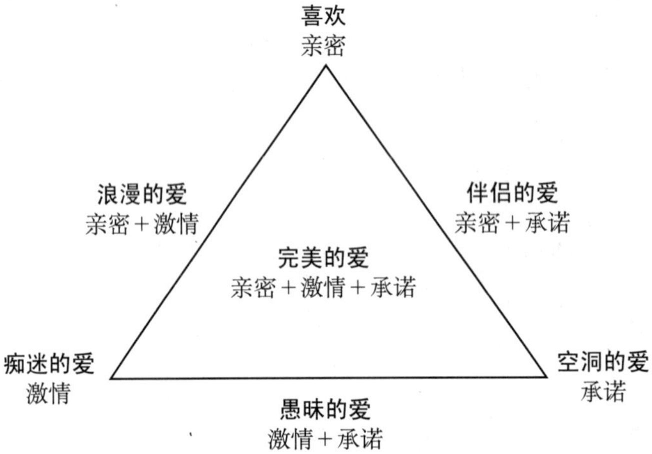

图 8－6 斯滕伯格的爱情三角理论

这三种爱的成分都有助于维持爱的关系。只不过，每种成分的表现程度决定了人们拥有的爱情是什么样的爱情。三种爱情成分的组合构成了七种爱，再加上一种没有任何亲密、激情和承诺的关系，总计八种形态（见表 8－6）。一项跨文化的研究考察了 25 个国家超过 7 000 人，印证了斯滕伯格的爱情三角理论（Sorokowski & others，2021）。

表 8－6 爱情的类型

类型	特征
没有爱	爱情的三种成分都没有，这指的是普通的人际关系，彼此之间只是偶尔联系。
喜欢	亲密是唯一表现出来的成分。关系中有理解、情绪支持、感情、牵挂、温情。激情和承诺都没有出现。
痴迷的爱	激情是唯一出现的成分。这就是“一见钟情”——一种强烈的身体吸引和性唤起，没有亲密或承诺。痴迷的爱来去匆匆，当然，某些条件下，它也会持续很长时间。
空洞的爱	承诺是唯一出现的成分。它通常反映在已经失去亲密和激情的长期关系中，或者是指腹为婚这样的包办婚姻中。
浪漫的爱	亲密和激情都会出现。浪漫的爱情中，双方身体上相互吸引，情感上彼此牵挂。然而，他们彼此并无承诺。

续表

类型	特征
伴侣的爱	亲密和承诺都会出现。这是一种长期的有承诺的友谊，通常反映在已经失去身体吸引力的婚姻中，但是伴侣双方觉得彼此亲密，决定长相厮守。
愚昧的爱	有激情和承诺，但是没有亲密。这种爱会使人旋风般结婚，双方在激情的基础上做出承诺，却未给自己时间来发展亲密关系。这种爱通常会昙花一现，而不管最初有什么承诺。
完美的爱	在这种完美的爱中，三种成分都会见到，这是很多人，尤其是处于浪漫的关系中的人孜孜以求的。这种爱得之不难，但失之也易。双方希望从关系中获得的东西可能会变化。如果另一方也随之变化，则关系可能会以另一种形式继续。如果另一方不做改变，那么关系就可能会破裂。

完美的爱看起来是“最理想的”爱，但是，实际上很多持久的、双方都满意的爱情却并非基于此。而且，双方关系中占主导地位的爱的类型也会随着时间的推移而改变（见图 8－7）。在关系的发展过程中，爱的三种成分（亲密、激情、承诺）的强度会有所变化。比如，在坚定的爱情中，爱的承诺会达到顶点，并且一直保持稳定状态；而在恋爱关系的早期，爱的激情成分很快攀上顶峰，但是最后会逐渐下降，趋于平缓；此外，爱的亲密成分会持续快速增长，并随时间推移继续增长。这也与关于婚姻满意度在头一两年处于最高水平的研究发现相互印证（Cherlin，2009）。

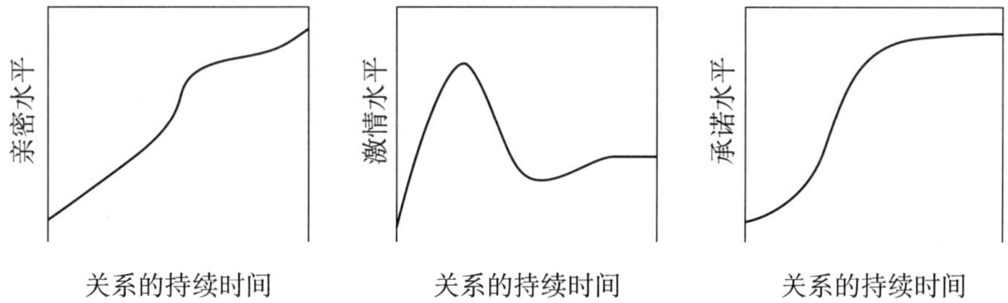

图 8－7 爱情随时间而发生的变化

（四）爱情的维系

爱的每种成分都有助于维系关系的发展，不过，不同的爱并不都能够做到海枯石烂。激情的爱能够让双方保持约会，但是，如果没有恬静的亲密感、缺乏伴侣的爱所包含的共享态度及价值感，大多数的爱情最终只会以分道扬镳收场（Hendrick & Hendrick，2002）。如同在友谊中一样，亲密在成年期的恋爱关系中变得比青少年期时更加重要（Shulman & Connolly，2016）。

持久的关系要求伴侣双方都付出努力。双方倾心谈天的时间大幅减少，无暇给对方带来快乐，面对冲突时未能准确读懂对方的思想情感，总之，未尽力去理解对方，而是让步或退缩，就会让人感到爱情正在随风而去（Kilpartrick et al.，2002）。

关系持久的人会说他们的爱比过去更加深厚（Sprecher，1999）。激情的爱转化为伴侣的爱，其中的承诺可能决定了一段关系是否能够继续发展。而通过温情、注意、共情、关怀、接受、尊重等来传递承诺，能够起到最好的效果。经常表达自己承诺的亲密伴侣，其关系质量更高，持续时间更久（Fitzpatrick & Sollie，1999）。其沟通过程中一个重要的特征是建设性地解决冲突，包括：直接表达自己的愿望和需要；耐心地倾听；感到含糊时要求澄清；妥协让步；承担责任；避免以批评指责、轻蔑藐视、狡辩防御、矢口否认的方式火上浇油（Johnson et al.，2005；Schneewind & Gerhard，2002）。

因此，如果要保持爱情之树长青，有几方面的建议值得一试（Donatelle，2009；McCarthy & McCarthy，2004）：

第一，要为爱情付出时间。要想培植恋爱关系的满意度、有一种“恋爱中”的感觉，就应该规划出固定的时间，以便两个人可以在一起共度时光。

第二，向伴侣表白自己的爱。要在适当的时候表达感情和关怀，包括使用威力强劲的“我爱你”。这些信息会增强对承诺的知觉，并鼓励你的伴侣投桃报李。

第三，伴侣需要时如影随形。当伴侣悲伤的时候，要给予情绪支持，你自己就是最好的礼物。

第四，出问题时要恰当沟通。当你自己或你的伴侣感到不满时，可以建议一些克服困难的方法，让伴侣一起来挑选，并通力合作。此时要避开亲密关系的“四大敌人”：批评指责、轻蔑藐视、狡辩防御和矢口否认。

第五，关注伴侣的重要方面。询问伴侣的工作、朋友、家庭和爱好等方面的情况，对其特殊的能力和成就表示欣赏。这样做会使伴侣产生一种价值感。

第六，给予伴侣足够的信任。和伴侣分享内心的感受，保持亲密感。

第七，忘记小错并体谅大错。任何时候，只要可能，就要克制愤怒，给予原谅。这样做虽然表明自己承认了不当行为，但是也可以避免纠缠不清。

七、成年期的依恋风格

鉴于婴儿依恋与成人对恋爱对象的爱有相似之处，研究者也从依恋的视角对恋爱关系进行了探索。如同婴儿对父母有着依恋一样，恋爱中的成人也对其伴侣有着强烈的情绪联结，容易受到分离的困扰，觉得伴侣无可替代，恋爱中的伴侣可以作为安全基地让他们在充满压力的时候回去，并获得舒适感和安全感（Vaillancourt-Morel & others，2022）。

研究者（Bartholomew & Horowitz，1991）基于内部工作模式对成年期的依恋进行了分析，认为成人的依恋类型的划分与婴儿的依恋类型的划分有所不同。从对自我的看法和对他人的看法这两个维度可以将成人的依恋类型划分为四类：安全型依恋（secure attachment）是指对自我和他人的看法都是积极的；痴迷型依恋（preoccupied attachment）是指对自我的看法是消极的，但是对他人的看法是积极的；拒绝型依恋（dismissing attachment）是指对自我的看法是积极的，但是对他人的看法是消极的；恐惧型依恋（fearful attachment）是指对自我和他人的看法都是消极的。

具体来说，成人的安全型依恋与婴儿的安全型依恋相同，成人的痴迷型依恋是指过分寻求他人的认同并且担心被他人抛弃，成人的恐惧型依恋和拒绝型依恋是婴儿回避型依恋的扩展，恐惧型依恋是指内心渴望与他人产生亲密关系但是担心自己会在这一关系中受到伤害，而拒绝型依恋是指个体认为独立更加重要并且自己不需要亲密关系和依恋对象。

在这一分类基础之上，有研究者引入了依恋焦虑和依恋回避这两个概念。安全型依恋风格的个体具有低依恋焦虑和低依恋回避，痴迷型依恋风格的个体具有高依恋焦虑和低依恋回避，拒绝型依恋风格的个体具有低依恋焦虑和高依恋回避，恐惧型依恋风格的个体具有高依恋焦虑和高依恋回避（见图 8-8；Gallo et al.，2003）。

他人模式 ＼ 自我模式	积极	消极
积极	**安全型依恋** 安全型依恋史 依恋和自主之间健康的平衡；自由探索 低焦虑、低回避	**痴迷型依恋** 反抗型依恋史 对自己作为有价值的人所需要的爱感到绝望；担心被抛弃；公开表达焦虑和危险 高焦虑、低回避
消极	**拒绝型依恋** 回避型依恋史 不让自己表现情绪；通过回避亲密、不理会关系的重要性，以及“强迫性地自力更生”，来抵抗伤害 低焦虑、高回避	**恐惧型依恋** 混乱型依恋史 需要关系但是怀疑自己的价值并且恐惧亲密；缺少满足依恋需要的一致性策略 高焦虑、高回避

图 8-8 基于内部工作模式的成人依恋风格

鲍尔比（Bowlby，1973）提出的内部工作模式这一概念表明个体在婴儿期与主要养育者之间的关系质量会影响成年期的恋爱关系和其他人际关系，这种内部工作模式是一种对于人际关系的稳定的、普遍的认知。也就是说，个体在早期经历中体验到的亲密关系的质量可以帮助预测其成年期的依恋风格（Fraley et al.，2013）。而成人当前的依恋风格与其生活的方方面面都息息相关（Fraley & Shaver，2021）。

有研究表明，成人的依恋风格是与其恋爱关系的质量相关的（Hazan & Shaver，1987）。安全型的个体会信任自己的伴侣，有能力维持良好的恋爱关系；拒绝型的个体会和自己的伴侣保持一定的距离，缺乏对伴侣的信任；恐惧型的个体渴望并愿意与伴侣亲近，却担心对方对这段关系的看法（Mikulincer & Shaver，2021；Hazan & Shaver，1987）。依恋风格除了影响恋爱关系的质量，也会影响生活的其他方面，例如能否应对工作压力、对工作的满意度、对表现情况的焦虑等（Burge et al.，1997）。安全型依恋的成人有更整合的自我接受、自尊和自我效能感。他们能够控制情绪，充满乐观，富有心理弹性。面对压力和逆境时，他们对自己周围发生的状况心知肚明，可以选择行之有效的应对策略（Mikulincer & Shaver，2019，2021）。而不安全型依恋的成人其心理理论更差（葛国宏，2022）。

然而，婴儿期形成的依恋类型并不是决定个体成年期依恋类型以及恋爱关系质量的唯一因素，后天经历也会影响个体的依恋风格（Davila & Cobb，2003）。一项关于成人依恋类型的元分析表明，在一段时间内，虽然安全型依恋类型的个体所占比例最大，但是安全型的比例不断减小，不安全型的比例不断增大，这可能是受到了社会信念与文化、新媒体发展导致的人际疏离等因素的影响（Konrath et al.，2014）。

八、青年期的婚姻与家庭

（一）配偶的选择

找到一位伴侣分享自己的人生是成年期发展的重要里程碑，对自我概念和幸福感有着重要影响。相比独身、同居或离婚者而言，结婚者寿命更长、生活更健康（Olson，DeFrain，& Skogrand，2022）。很多因素影响人们对配偶的选择。

通常，对伴侣选择产生最大影响的是相似性（Finkel et al.，2012；Strong et al.，2011；Shulman & Connolly，2016），人们会选择与自己在许多方面相似的伴侣，这些方面包括态度、教育、人格、智力、身体吸引力，甚至是身高。在相似性确认之后，他们可能会寻找一些互补性，即伴侣之间彼此不同却有助于弥补对方弱点的优势。所以有时，他们也会有一些互补的特质，只不过这些特质不可妨碍个人爱好和目标的实现，这样才能获得相容性（Dryer & Horowitz，1997）。伴侣之间的相似性越强，其对关系的满意度越高，关系也越可能持续（Lucas et al.，2004；Leikas et al.，2018）。有趣的是，伴侣相似性可能并非出于主动选择，而仅仅是基于伴侣可得性，因为他们往往有着交叉重叠的背景，比如工作场所、大专院校、俱乐部或活动、同伴团体以及社区（Eastwick et al.，2017）。

不过，男女在配偶选择过程中却有不同的关注点。在许多国家，女性看重的是智力、进取心、经济地位、道德品质，男性看重的是身体吸引力和家庭技能。此外，女性更喜欢同年龄或年龄稍长的伴侣，男性则喜欢较年轻的伴侣（Buunk et al.，2002；Cramer et al.，2003）。进化心理学对这些性别差异进行了解释（Buss，2012）。

但是，在某些特征上不同国家的男女所看重的程度却不同（引自 Feldman，2011）。综合起来看，全世界（综合了37个国家的调查）在配偶选择中各种特征的重要性上有着令人印象深刻的一致性，“相互吸引（爱）”排到了第一位，紧接着是“性格特点可靠”“情绪稳定成熟”（引自 Arnett，2012）。

这些特点所反映的婚姻配偶选择标准就是所谓的**婚姻梯度**（marriage gradient），即男性倾向于迎娶比自己年轻、矮小、地位低的女性，女性则倾向于嫁给比自己年长、高大、地位高的男性（Bernard，1982；Geary，2006）。对女性而言，婚姻梯度限制了潜在配偶的数量，尤其是当她们年龄越来越大的时候，但对男性来说，年龄增长反而增加了潜在配偶的数量。男女在择偶时对某些特征的重要性的看法不同，以进化的观点来看是合理的，比如，研究表明男性追求的关系是尽快建立身体的亲密感，而女性更喜欢优先花时间获得心理的亲密感（Buss，2012）。

> **婚姻梯度** 男性倾向于迎娶比自己年轻、矮小、地位低的女性，女性则倾向于嫁给比自己年长、高大、地位高的男性。

也有理论家（Janda & Klenke-Hamel，1980）对配偶选择的过程进行了阐述，其中配偶选择过滤模型（selection filtering model of spouse）认为，人们选择配偶的过程就好像是使用越来越精细的过滤器对潜在的人选进行过滤筛选一样，一层层地把不合格的人选过滤掉，最后得到合格的人选（见图 8－9）。整个过滤的过程，首先是从宽泛的吸引力的角度进行过滤，然后是一些具体的、更为精细的方面——居住地接近、相似性与互补性（比如，年龄、种族、教育、社会经济地位、宗教信仰）、人际吸引力（比如，人格、身体吸引力），最后得到的结果是基于两个人的相容性（比如，气质、态度、价值观、需要、角色、习惯）。

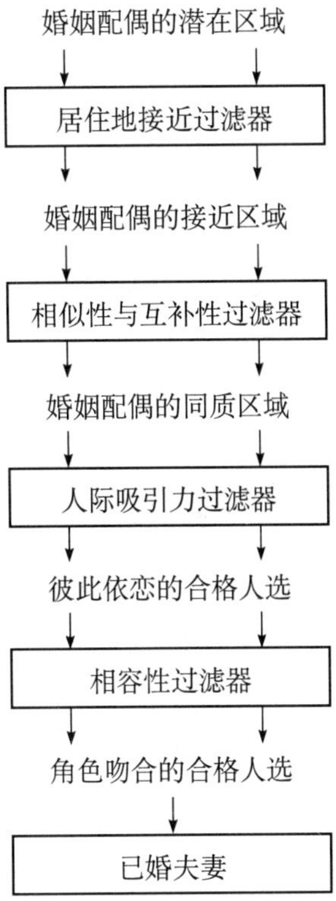

图 8－9　配偶选择过滤模型

（二）婚前教育与婚姻的早期阶段

1. 婚前教育

研究表明，婚前教育能够提升婚姻质量，并可能减少导致婚姻以离婚收场的那些变化。婚前教育与高水平的婚姻质量和对配偶的承诺、低水平的破坏性婚姻冲突关系紧密（Stanley & others，2006）。

针对当代婚姻的特点，为了维持积极的婚姻，研究者提出了婚前教育中四个需要注意的方面（Clyde，Hawkins，& Willoughby，2020）：其一，关于个人主义与承诺矛盾，婚前教育需要指导夫妻从“我”转变为“我们”，并发展出对自己婚姻的承诺。其二，关于婚姻的意义和态度，婚前教育应该帮助个体及伴侣澄清婚姻的意义和他们对婚姻的态度。其三，关于婚前关系史和经历，婚前教育需要聚焦于很多伴侣都会经历的婚姻复杂性和挑战性，比如婚前经历、未婚同居和婚前生育。其四，关于媒体的影响，婚前教育应该帮助伴侣探索媒体使用对婚姻态度和行为的影响。

2. 婚姻的早期阶段

新婚的生活是热烈的，也会带来极大的幸福感。而当冲突出现时，婚姻早期的这种热烈则可能会带来相当的不愉快（Faulkner et al.，2005）。

在婚姻早期，夫妻双方都必须学会适应对彼此的不同认识和期望。妻子通常比丈夫更关心与朋友保持密切联系，她们也更可能发现婚姻中存在的问题，并试图谈一谈。夫妻双方也必须学会如何处理对抗，学会有效地解决冲突是确保婚姻稳固的一个关键因素。一项纵向研究表明，新婚夫妻在问题解决方面存在消极状况可以帮助预测之后十年内的婚姻不满以及离婚（Sullivan et al.，2010）。

在婚姻早期，夫妻双方往往对配偶的品质都有一种爱慕（Neff & Karney，2005；Seychell，2016）。而妻子对丈夫真实状况的准确知觉，与其支持性的行为、婚姻中的掌控感以及婚姻是否以离婚而告终有关。基于对配偶品质的准确知觉的爱，比“盲目”的爱更加稳固。

当夫妻双方的生活步入正轨时，婚姻的满意度往往会下降（Lamanna & Riedmann，2003）。第一个孩子的出生是重要原因（Carstensen et al.，1996）。对大多数夫妻来说，生养孩子意味着性别角色方面的很大压力，同时，为人父母也意味着用以经营婚姻的时间大大减少，而且，照顾孩子是辛苦的。大多数夫妻在有了第一个孩子时会欣喜若狂，毕竟这是实实在在的爱的结晶。但是，照料孩子的现实很快就摆在眼前了——凌晨两点要起来喂奶、更换尿布等，遑论孩子长大成人之前的抚养义务了。

当然，以孩子出生来解释婚姻满意度的下降显得过于简单化，实际上，没有孩子的夫妻其婚姻满意度也会下降。选择不生育的夫妻如此，由于不孕而没有孩子的夫妻则更是要面对相关的压力。

（三）婚姻满意度

1. 婚姻满意度的变化

洞房花烛夜是人生大幸之一，夫妻双方都会沉浸在极度的幸福中。不过，随着时间的流逝，他们对婚姻的满意度也会发生变化，婚姻和其他任何关系一样，也会有起伏。

对大多数夫妻而言，新婚燕尔之际总体上的婚姻满意度是最高的，之后下滑，尤其是在婚姻的第一年内（Bühler et al.，2021），直到孩子长大成人，离家独立生活为止，到晚年又会上升（见图8-10；Lamanna et al.，2014）。其中，在婚姻的头十年内，夫妻双方对婚姻质量的看法在早几年会下降，接着会有一段稳定期，然后又下降（Karney & Bradbury，2005）。不过，对某些夫妻来说，满意度则永远未能反弹，一直处于低水平，可以说他们在感情上已经离婚。国内一项针对21个省份已婚人群婚姻质量的调查表明，城市户籍、收入水平和受教育程度较高、无子女和与配偶一起居住的已婚者婚姻质量较高，婚姻质量随结婚年限呈U形趋势（程菲等，2014）。

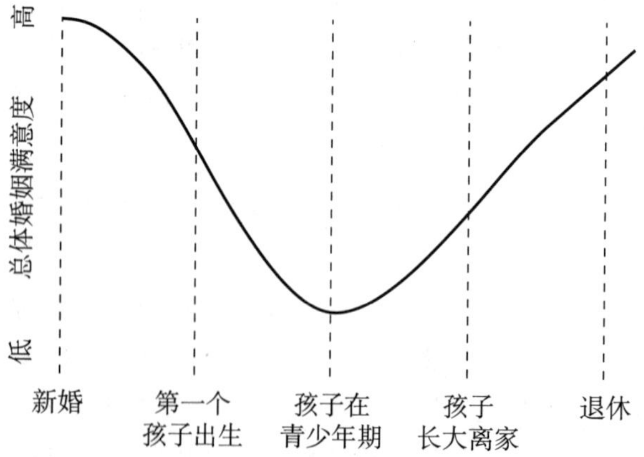

图8-10　婚姻满意度的变化

婚姻满意度的起伏模式取决于夫妻双方相互依赖的性质。如果这种依赖是相互的、平等的，婚姻就会是牢固的、亲密的。如果一方的依赖明显地高过另一方，那么婚姻就可能会充满压力和冲突。此外，夫妻双方在怀孕之前是否快乐、怀孕是否属于意料之外，也可能会对第一个孩子出生后的婚姻满意度产生影响（Lawrence et al.，2008）。

2. 婚姻满意度的影响因素

婚姻满意度受到多方面因素的影响（见表 8-7）。比如，男性报告的婚姻满意度通常比女性报告的高一些（Kurdek，2005；Dillaway & Broman，2001）。尽管在过去婚姻关系的质量对女性的幸福感有很大的影响，但是在今天婚姻对男女心理健康的影响不相上下。只不过，如果丈夫的要求及孩子、家务和职业的负担让女性不堪重负，她们对婚姻尤其不满（Saginak & Saginak，2005；Forry et al.，2007）。在许多国家，婚姻关系中权利平等、责任共担，通常都能够提升夫妻的婚姻满意度，进而促进婚姻的和谐美满（Amato & Booth，1995；Xu & Lai，2004）。

表 8-7 影响婚姻满意度的因素

影响因素	愉快的婚姻	不愉快的婚姻
家庭背景状况	双方在社会经济地位、教育水平、宗教信仰和年龄上相似	双方在社会经济地位、教育水平、宗教信仰和年龄上差异较大
结婚时的年龄	23 岁以后	23 岁以前
求婚持续时间	至少 6 个月	不足 6 个月
首次怀孕时间	结婚一年以后	结婚之前或婚后第一年内
与亲家的关系	温情、积极	消极，希望保持距离
亲家婚姻模式	稳定	不稳定，经常分居、离婚
经济就业状况	安全	不安全
家庭责任分担	分担，觉得公平	主要是女方承担责任，觉得不公平
人格特征表现	情绪积极，良好的冲突解决技能	情绪消极、冲动，冲突解决技能差

注：各种因素出现得越多，婚姻愉快或不愉快的可能性越大。

资料来源：Johnson et al.，2005；Diamond et al.，2010；Gere et al.，2011.

婚姻满意度的起伏模式在不同的夫妻身上存在天壤之别，婚姻质量可以被看成一个动态过程，会经历一个“弱点—压力—适应”的过程（Karney & Bradbury，2005）。婚姻质量取决于夫妻双方基于自己的弱点和资源来处理压力事件的能力。比如，当夫妻双方处理压力情境的能力随着时间的流逝而变得游刃有余时，婚姻质量可能就会改善。婚姻满意度与择偶标准重要性无关，期待满足对婚姻满意度的影响比期待未满足更大（陈怡等，2015）。值得一提的是，夫妻会相互影响，伴随婚姻的进程，结果往往是他们在个性特点、健康状况和幸福感方面趋于更加相似，包括身体活动、抑郁程度、物质使用、疾病和衰老迹象等方面（Dew，2020；Lewis & Yoneda，2021；Umberson et al.，2018；Wilson et al.，2020）。

另外，新婚夫妻也必须打破一些婚姻神话，因为它们似是而非（Segrin & Nabi，2002）。比如：婚姻满意度在婚后第一年内会一直上升；婚姻满意度最重要的取决于夫妻性生活的质量；配偶如果爱我，就应该本能地知道我的需要；不管我做什么，单凭我们是夫妻，配偶就应该无条件爱我。

3. 婚姻成败的影响因素

正如托尔斯泰所言：“幸福的家庭都是相似的，不幸的家庭各有各的不幸。”稳固持久的婚姻有其共同的决定因素。

首先，两个人结婚时的相对成熟度是关键（Smock & Schwartz，2020），双方越年轻，婚姻持久的可能性越小，尤其是不足20岁或20岁刚出头就结婚的。然后是价值观和兴趣方面的相似性，即同质性，这在前面谈配偶的选择时已经提到。

其次，从婚姻过程来看，关系中的平等感有着重要影响。双方如果从婚姻关系中的各方面都感到一种公平交换或平等，就会觉得婚姻快乐幸福。而承诺感也是成功婚姻中非常重要的一个因素，它一方面来自夫妻双方的相互依赖，另一方面来自对配偶的义务感（Nock，1995）。婚姻成败也与双方如何沟通、做决定、处理冲突密切联系（Brubaker Ed.，1993）。新婚夫妇的共情、确认及关爱与其对亲密程度的感受和良好的关系质量相联系（Sullivan et al.，2010）。

再次，结婚多年仍然能够愉快相处的伴侣都显示出一种"逆来顺受"的能力，以及适应关系中的环境变化的能力。成功的夫妻也会找到让关系保持浪漫的方式，从长远来看这是婚姻满意度非常重要的决定因素。主动迎合伴侣的性需求似乎就是一个关键因素（Birnbaum et al.，2016；Muise et al.，2013）。

最后，相比受教育少、收入低的夫妻，受过良好教育、家庭收入较高的夫妻离婚的可能性更小一些（Bramlett & Mosher，2001，2002）。宗教信仰虔诚的人也不太可能经历婚姻的破裂。进行过婚前心理辅导的夫妻更可能对自己的婚姻感到满意、有承诺感，他们的婚姻不太可能以离婚来画上句号（Stanley et al.，2006）。

婚姻失败的原因则包括双方的相容性低、相互的期望不匹配、缺乏情感支持、经济困难、缺乏事业支持、配偶虐待等。

（四）为人父母

伴侣第一次怀孕对关系而言是一个里程碑，既有好处也有压力（Lavner & Bradbury，2017）。是否决定生孩子在过去是生物学决定的或是无法回避的文化要求，而在今天，是否准备为人父母则有了更多的个人选择。有效的生育控制技术能让人在很多情况下避免生孩子。文化价值观的变化也允许人们不生育，而不必担心像从前那样受到社会批评和拒绝。不过，大多数的夫妻还是把为人父母作为人生最重要的体验之一。

1. 生育的决定

是否生孩子是夫妻必须做出的重大决定之一，它实际上受到极其复杂的因素的影响，夫妻双方必须权衡养育孩子的诸多利弊（见表8-8）。在决策过程中，心理和婚姻因素的重要性毋庸置疑，同时职业及生活方式的因素也不容忽视（Benokraitis，2005），这四个因素是盘根错节交织在一起的。

比如，女性内心的决定因素包括：与母亲的关系、与父亲的关系、女性角色的认同、人格特征（灵活性、相互依赖）。婚姻方面的决定因素包括：婚姻稳定性、对配偶支持的满意度、压力管理。职业方面的决定因素有：责任感水平、改变职业可接受的程度、职业满意度。生活方式方面的决定因素有：经济问题、生育孩子之前的人际关系、社会比较团体。那些社会地位较高、工作要求高的女性较少选择生孩子，即使要生孩子，她们也往往会延迟这一计划。为人母通常会减少工作时间，放慢事业型女性的职业进程（Abele & Spurk，2011）。相比之下，这些事不会发生在男性身上。

表 8－8　当代夫妻对为人父母利弊的看法

好处	坏处
付出感情，也有回报； 体验孩子给生活带来的刺激和乐趣； 成为负责任的、成熟的社会成员，为人接受； 体验自我新的成长，有机会获得新的生活意义； 夫妻一方去世后还有依靠； 从帮助孩子成长中获得成就感和创造性； 学会变得不那么自私，会做出牺牲； 子女可以帮助父母工作或增加家庭收入。	失去自由，作茧自缚； 经济压力大； 角色不堪重负，没有足够的时间兼顾家庭和工作； 干扰母亲的就业机会； 担心孩子的安全、健康和幸福； 在充满罪恶、战争和污染的世界里抚育孩子，风险太大； 与伴侣共处的时间减少； 失去隐私； 害怕孩子变坏，即使不是自己的错。

资料来源：Cowan & Cowan，2000.

这些因素综合起来，就可以让人们做出是否生育的决定了。

2. 成为父母

孩子降生的头几周，家里的很多事情就会发生翻天覆地的变化：新的照料责任和家务、夜不能寐、无暇顾及夫妻关系、更大的经济压力等。相应地，夫妻双方更可能因此而回归传统的角色。

不过，对大多数新晋父母来说，孩子降生并未引起严重的婚姻紧张。第一个孩子的降生并不会让所有夫妻的婚姻满意度下降（Cowan & Cowan，2011），看似因为孩子出生而导致的婚姻满意度的下降更可能是反映了婚姻关系本身的一般性变化特征，而未必是夫妻双方晋升为父母带来的影响（Mitnick et al.，2009）。

令人满足的、支持性的婚姻通常保有同样的快乐，与没有孩子时不相上下（Feeney & Collins，2001）。但是，有麻烦的婚姻则会因为孩子的降生而变得更加不堪重负。追踪研究发现，丈夫充满关爱、“咱俩”不离口、关注妻子的日常生活，可以帮助预测母亲在孩子出生后会对婚姻越来越满意。相反，丈夫表现消极、夫妻冲突失控，则可以帮助预测母亲满意度的下降（Shapiro et al.，2000）。对于孩子出生前就有麻烦的伴侣、孩子是困难型气质的伴侣，以及对另一半或孩子有不安全依恋的伴侣而言，婚姻满意度的下滑更为突出（Doss & Rhoades，2017；Simpson & Rholes，2019）。

当准父母预期伴侣在未来对于孩子的抚育不肯出力时，他们的预期往往会“噩梦成真”，进而导致很难适应孩子出生后的局面（McHale & Rotman，2007；Driver et al.，2012）。相互支持的夫妻会更加平等地分担责任，从而适应孩子降生带来的变化（Feinberg et al.，2009）。

同时，双方分担照料责任可以让父母得到更大的快乐和对婴儿更加敏感（Feldman，2000；Feeney & Collins，2001）。不过，这当中的例外是，认同传统角色的低收入妇女即使在丈夫分担了很多照料责任时也会感到伤心，原因可能是其为无法给孩子提供最好的满足而感到失望（Goldberg & Perry-Jenkins，2004）。

此外，养育方式的形成也是非常重要的。养育技能不是与生俱来的，而是必须学习的。夫妻双方实际上是一个合作团队，在养育角色中精诚合作、相互尊重，则更可能建立温暖的婚内关系，获得做父母的效能感，采用有效的养育措施，让孩子能够健康成长

（Schoppe-Sullivan et al.，2004）。一旦父母在孩子出生后的几个月内就达成了一致的养育方式，它就更可能保持下去。

对于双双在职的父母来说，主要的冲突来自在好好照料孩子时，尤其是在孩子生病或遭遇紧急情况时，从工作中抽出时间。孩子越小，父母感受到的困难越大，尤其是对于低收入、单位不准请病假、孩子看病缺钱、孩子的安全经常出现紧急状况的父母而言（Nomaguchi & Brown，2011）。

无论如何，抚育年幼的孩子对成年期的发展而言很重要。父母们报告说这拓展了他们的情绪能力，丰富了他们的生活，提升了他们的幸福感（Schindler，2010）。

拓展阅读

为什么一些人经常对家人拳打脚踢？

家庭中的暴力是一个广泛存在的问题，在不同文化、种族、社会经济地位、性取向、婚姻状况或者性别中，都是屡见不鲜的（Ahmadabadi et al.，2018；S. G. Smith et al.，2017）。在中国也是如此（Xu et al.，2005）。施暴行为既可能表现在性和身体上，也可能表现在心理上。

丈夫打妻子是最可能被曝光的家庭暴力。但很多家庭暴力事件却是神不知鬼不觉地发生的。女性更可能因被攻击身体而导致严重伤害，比如被殴打、被掐脖、被溺水等。男性可能被用脚踢、被扇耳光、被扔东西或被持刀威胁（Hoff，2001）。不过，有研究表明，虐待的严重程度上的性别差异微乎其微（Dutton，2012）。

“引起他（她）的注意”“我要说了算”“表达愤怒”等是伴侣相互虐待的典型原因（Straus，1999）。在暴力关系中，支配与服从在夫妻之间不断拉锯。大约一半的个案中，夫妻双方都有暴力性（Cook，1997）。国内一项研究表明，男性、女性均可能会在亲密关系中施加暴力或遭受暴力，其比例不相上下（常蕾等，2013）。人格、生活史、家庭环境以及文化因素综合在一起，使家庭暴力得以发生（Dixon & Browne，2003；Spencer et al.，2019；Kaufman-Parks et al.，2018）。

很多施暴者对配偶过分依赖，并且嫉妒心重，占有欲和控制欲强。忧郁、焦虑及低自尊也是施暴者的特征。因为他们很难控制怒火，所以鸡毛蒜皮的小事就会触发家庭暴力，比如吃饭晚了一点、衣服没有洗等。他们还常常把原因归咎于伴侣而不是自己（Henning et al.，2005）。

很多施暴者成长于父母关系敌对、管教苛刻、虐待孩子的家庭（Bevan & Higgins，2002）。儿童期有行为问题、青少年期有暴力犯罪的人，更可能成为家庭暴力的施暴者。此外，充满压力的生活事件，比如丢了工作或经济困难，都会增加家庭暴力发生的可能性。酗酒也是一个相关因素。在社会层面，赞成男性主导、女性服从的文化标准，会加剧家庭暴力的发生（WHO，2005）；社会对男性女性的社会地位区分越是突出，家庭暴力就越有可能发生（Vandello et al.，2009）。

受害者通常会有慢性焦虑和忧郁，经常遭到痛苦的袭击（Stuart et al.，2006）。为什么他们不一走了之，离开破碎的家庭呢？很多情境因素打消了他们的出走念头。受伤害的妻子可能要靠丈夫养着，或觉得没脸见人、投诉无门。而伴侣分居后往往会发生极端的攻击，包括杀人（Statistic Canada，2005）。此外，家丑不可外扬的观念也会让双方委曲求全，尤其是男性受害者。国内一项研究表明，受害者主观依赖婚姻的最主要因素是经济方面（62.57%），其次是情感孤独和父母亲朋不悦（均为 50.84%）。分别约有四成受害者对家庭暴力持有“家丑不可外扬”“夫妻之间打闹是常事”“对方动手是控制不住，可以原谅”等偏差性认知（毋嫘等，2013）。再者，受害者也会误信对方将改过自新（Straus，1999）。

遗憾的是，对于家庭暴力的干预和治疗，现在的方法只能说是聊胜于无。

九、青年期的职业选择

在青年期，每个人都会面对一个重要的人生决定：选择一个适合的工作角色。不过，职业选择的过程并不是在青年期才开始的，它早在青年期开始之前就已经进入了个体的思考中。职业选择是一个循序渐进的过程，它也受到多方面因素的影响，一些理论家对此进行了分析阐述。

（一）工作的意义

对大多数人来说，工作可以赚钱以换取生活必需品甚至是一些奢侈品，同时，工作也提供个人成长的机会。即使是在高度重复性的工作中（Isaksen，2000），或者是失业率高的夕阳产业中（Dorton，2001），人们也能够找到对个人而言重要的意义。

人们能从工作中找到的基本意义包括四方面（Lips-Wiersma，2003）：发展自我、结盟他人、表现自我和服务他人。换言之，工作的意义是：发展个人的技能，并使之有用武之地；以导师或者朋友的身份给同事以帮助和建议；表现自己的创造性；通过提供产品或服务来为社会做出贡献。如果人们能够从工作中获得所有这些，他们就会把工作看成实现自我的方式。所以，获得收入只是参加工作的诸多好处之一，除此之外，工作还可以提供一种日常生活的结构，提供人际交往的背景，提供获取社会地位和自我实现的源泉（Werthington，2002）。

因此，职业是个人获得自我认同感和自我效能感的关键因素（Lang & Lee，2005；Thatcher & Greer，2008）。比如，人们初次见面进行自我介绍时，往往都会告知对方自己从事什么职业，可见工作在自我认同中占有重要地位。同时，职业对人们生活的影响体现在方方面面，它会影响你住在什么地方、结交什么朋友，甚至是穿什么样的衣服。同时，它也是一种主要的社会角色，对成人的生活产生影响，是爱情的重要支撑。职业也是决定社会地位的重要因素，不同的职业与一定的社会地位相联系，比如在西方，外科医生、律师、大学教授等具有很高的社会地位，而算命者、洗碗工、擦鞋工等则处于社会底层（Feldman，2011）。

前沿扫描

工作安全感，自动化相伴？

总之，工作会在最基本的一些方面对人加以界定（Schiller & Gebhardt，2022），它会影响人们的财务状况、生活地点、居住条件、休闲方式、同伴友谊，以及健康状况

(Nickels，McHugh，& McHugh，2022)。由于工作对人们而言如此重要，所以，选择职业的重要性也就不言而喻了。下面，我们就看看对职业选择的一些理论解释。

（二）生涯发展阶段模型

1. 生涯发展阶段

唐纳德·苏帕

唐纳德·苏帕（Donald Super，1953，1980）提出的**生涯发展阶段模型**（segment model of career development）认为，人生的职业发展经历五个阶段（见表8-9），每一阶段有其特定的发展任务，其完成状况关系到后一阶段的发展。

生涯发展阶段模型 苏帕认为，人生的职业发展经历五个阶段（成长期、探索期、建立期、维持期、衰退期），每一阶段有其特定的发展任务，其完成状况关系到后一阶段的发展。

表8-9 苏帕的生涯发展阶段

阶段	年龄	主要任务	
成长期	0～14岁	由对重要他人的认同而发展自我概念，以各种方式表达自己的需要。该阶段可再细分为幻想期（4～10岁）、兴趣期（11～12岁）、能力期（13～14岁）。	1. 发展自我映像。 2. 形成对工作世界的正确态度，并了解工作的意义。
探索期	15～24岁	在日常各种活动及工作经验中，进行自我检讨、角色试探及职业探索。该阶段又可分为试探期（15～17岁）、过渡期（18～21岁）、试验及初步承诺期（22～24岁）。	1. 职业偏好渐渐具体化、特定化。 2. 实现职业偏好，发展符合现实的自我概念。 3. 学习开创更多的机会。
建立期	25～44岁	确定选择的职业领域，建立稳固的职业类别和地位。	1. 找到所期望的工作机会并投入。 2. 学习建立人际关系。 3. 确立职业的稳固性与重要性。 4. 生活和职业稳定。
维持期	45～64岁	在职场上取得相当的地位，但较少有创意的表现。	1. 维持职业领域中既有的地位和成就。 2. 找出工作上新的难题。 3. 也需发展新技巧。
衰退期	65岁以上	身心状况逐渐衰退，从工作中退休，向新的角色转换，以不同方式满足需求。	1. 使工作适应生理状况。 2. 发展非职业性角色，如转移到无酬性服务工作上。

苏帕后来进一步修正了其关于发展任务的看法，认为人一生的生涯发展中，在不同阶段都要经历成长、探索、建立、维持和衰退的问题，从而形成一个循环（见表8-10）。比如，个体在大学毕业后找到一份工作，就必须学习适应新的角色和工作环境，经过成长和探索之后，在建立过程中开始创业，并检验已经做出的职业选择，同时也面临下一阶段的成长——在当前职业中继续成长或另谋他职。原来已经适应的一切将会慢慢衰退，而新一阶段的成长、探索、建立、维持和衰退循环又将开始。

表 8-10　生涯发展任务循环

阶段	年龄			
	15～24 岁	25～44 岁	45～64 岁	65 岁以上
成长	发展适宜的自我概念	学习与他人之间的关系	接受个人的限制	发展非职业性的角色
探索	了解更多的工作机会	寻找机会，做自己喜欢做的事	辨识新问题，并寻求解决方法	寻求适合的退休后的活动场所
建立	开始创业	安于当前的职业	学习新的技能	从事向往已久的事
维持	检验已经选择的职业	努力保持工作的安定	巩固自己，面对竞争	保持仍然有兴趣的事
衰退	减少用于个人嗜好的时间	减少运动时间	集中于主要的活动	减少工作时间

2. 生涯彩虹图

苏帕把角色理论加入其生涯发展模型中，提出了一个发展阶段与角色交互作用的生涯彩虹图（见图 8-11）。彩虹图中横向层面反映的是人一生的生活广度，彩虹外层是人生发展的主要阶段和大致的年龄。纵向层面反映的是生活空间，由一系列的职位和角色组成。苏帕认为，人一生中必须扮演九种主要的角色，依次是儿童、学生、休闲者、公民、工作者、夫妻、家长、父母和退休者。图中未列出“退休者”“夫妻”“父母”，后两者统一并入“家长”。

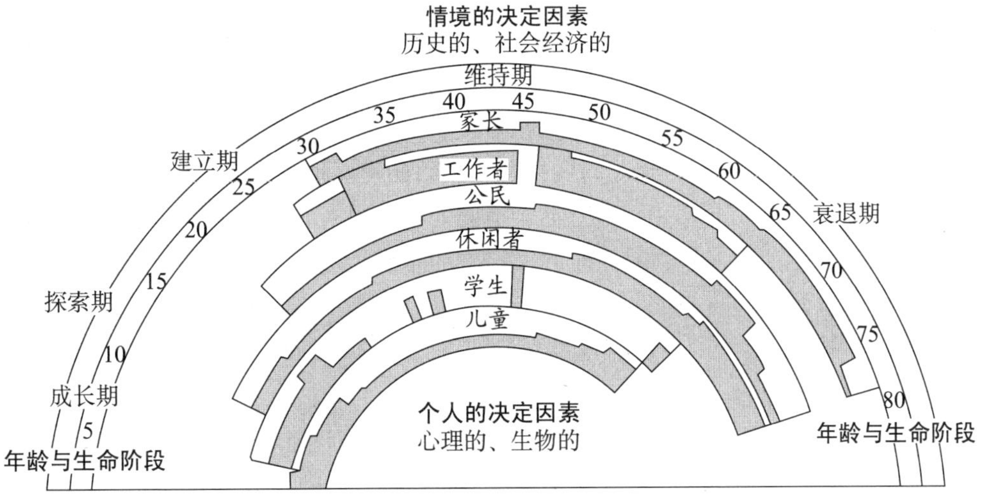

图 8-11　生涯彩虹图

资料来源：Super，1980.

人生的各种角色主要表现在四个人生舞台上，即家庭、社区、学校和工作场所，当然也有少数人还有其他的舞台。不同角色之间存在交互作用，每一角色的成功可能会促进其他角色的成功，反之亦然。不过，为了某一角色的成功而付出了太多的代价，有可能会导致其他角色的失败。

彩虹图中阴影部分反映的是角色的相互替换、盛衰消长，在这一过程中，年龄、相应的社会期望、个人的时间和情感投入是影响因素。阴影的比例反映的是“角色凸显性”，即每一阶段最显著的角色是什么。比如，成长期最显著的角色是儿童；探索期则是学生；建立期是家长和工作者；在维持期，工作者角色突然中断，又恢复学生角色，同时，公民和休闲者角色逐渐增加，反映的是“中年危机”。

（三）职业抱负发展理论

琳达·戈特弗雷德森

琳达·戈特弗雷德森（Linda Gottfredson，1981，1996，2005）提出的**职业抱负发展理论**（developmental theory of occupational aspirations）讨论了职业抱负的内容及其发展过程，她认为自我概念在职业抱负的发展过程中起重要作用，职业自我概念包括三个方面：性别类型、社会声望和职业兴趣（引自侯志瑾，梁湘明，2005）。

> **职业抱负发展理论** 该理论认为，自我概念在职业抱负的发展过程中起重要作用，职业自我概念包括三个方面：性别类型、社会声望和职业兴趣。

戈特弗雷德森认为，每个人对职业都有一种概括的职业映像（image of occupation）：工作者的人格、他们做的工作、他们过的生活、工作的报酬与工作的条件，以及工作对于不同类型的人的恰当性等。这些职业映像都是沿着职业的性别类型和职业的社会声望两个维度对职业进行划分的。人们对它们与自我概念的两个方面（自己希望将来从事职业的社会声望和性别类型）的符合程度进行评估，从而确定自己将要选择什么职业。由于有许多障碍会阻止人们实现自己的自我概念，因此个体在确定自己实际要追求的职业时，必须对进入这种职业的可能性做出评估。

通常，人们很难找到完全适合的职业。人们的职业偏好也并不是一个单一的点，而是一个范围。也就是说，在众多可供选择的职业中并不是只有一种职业与自我概念完全符合，一定范围内的职业都可以与自我概念的核心要素不相冲突且被认为是可以接受的。这就是社会空间（social space）。虽然社会空间的大小因人而异，但是每个人的社会空间在社会声望维度上都有一个下限，即“可容忍的水平边界”（tolerable-level boundary），同时也都有一个上限，即“可容忍的努力边界”（tolerable-effort boundary）。对于性别类型维度，男女也都有一个自己可以容忍的边界，在这个空间内的职业就构成职业选择的可接受区域（见图8-12）。

戈特弗雷德森认为，自我概念的发展受到个人所在的社会阶层、个人兴趣及性别类型影响，一个人最喜欢的职业不一定是真实的或可能的，因为可能会有许多障碍妨碍我们选择自己最喜欢的职业。一个人在选择职业时，会在自己认为可以接受的区域内进行。而职业选择的过程实际上是一个不断限定选择范围的过程，即设限（circumscription）。

接着，人们会找出那些可以接受的选择，即他们最喜欢的，同时又是最可能进入的职业。此时，他们开始把人格、价值观、经验、特殊才能、家庭需要等各种因素纳入考虑，他们还会考虑实施不同的选择时可能遇到的困难和障碍。这一阶段开始了妥协（compromise）。

戈特弗雷德森认为，职业抱负的发展可以分为四个阶段（见表8-11）。

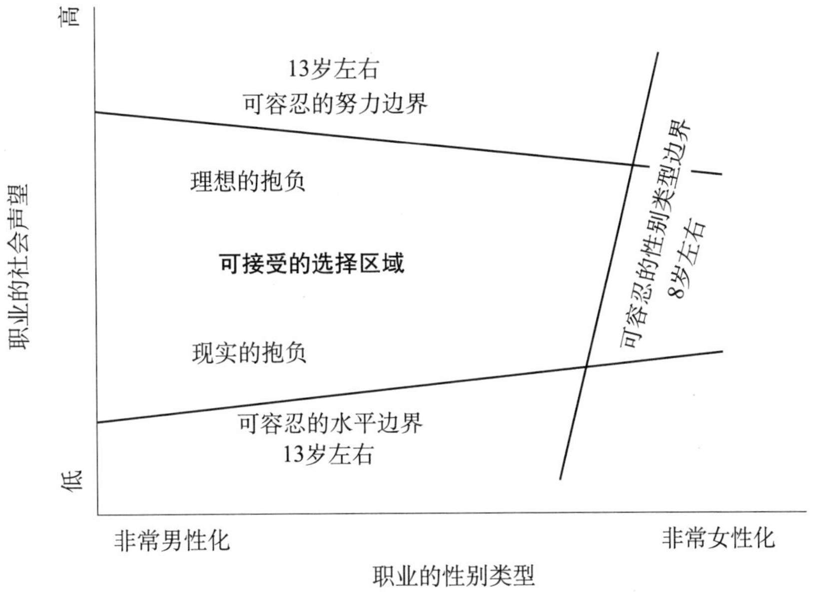

图 8-12 职业选择的可接受区域

表 8-11 戈特弗雷德森职业抱负发展阶段

阶段	年龄	特征
第一阶段：大小和力量取向	3～5岁	儿童以一种最简单的方式——大与小对人进行分类，他们对性别角色并无固定的认识，也没有对男女形成抽象的概念。他们开始对成人的意义有了一些了解，知道职业是成人的主要任务，工作是成人世界的一部分。
第二阶段：性别角色取向	6～8岁	儿童的性别角色意识开始发展。职业抱负主要反映在他们认为什么工作是与一个人的性别相符合的工作。此时，儿童均认为自己的性别是最好的，他们拒绝那些跨性别的行为。儿童已经形成了一个可容忍的性别类型的界限。
第三阶段：社会评价取向	8～13岁	此时，儿童对社会评价非常敏感，他们关心的职业问题已不再是与性别有关的问题，而是社会地位的高低问题。儿童也知道，相对于同学而言，自己的一般能力水平是怎样的。他们开始知道自己未来成就的上限和下限。 儿童开始把社会阶层、能力等因素纳入自己的自我概念，他们拒绝接受那些与自我概念中这些新元素不相符合的职业，特别是那些在他们自己的参照群体中被认为是不能接受的、低社会声望的职业。这一时期的儿童开始建立可容忍的水平边界，即社会空间的下限。低于这一下限的职业，他们不会予以考虑。 同时，他们也拒绝那些太困难、不可能得到的工作，或是那些高风险的工作。他们开始为自己设立一个可容忍的努力边界，即社会空间的上限。在此之上的职业，他们也不会考虑。

续表

阶段	年龄（岁）	特征
第四阶段： 内在独特自我取向	14岁及以上	个体正处在自我认同发展阶段，对自己的兴趣、能力、人格特征、价值观等的看法并不十分肯定，有时会出现自我认同混乱的情况。但处于这一阶段的学生更关注工作领域，也就是说，他们更看重自己希望从事的、与其内在而独特的自我概念相一致的工作类型，即他们的职业兴趣。

我们可以注意到，前三个阶段都是拒绝不能接受的选择，而第四阶段是找出那些可以接受的选择。设限是个体拒绝那些他们认为不能接受的选择，而妥协是个体放弃那些他们最喜欢的选择。为了那些虽然不太喜欢但更可能得到的机会，个体需要调整抱负以适应外部世界。

戈特弗雷德森认为，在某一维度上的妥协可能比另一维度上的妥协更令人不安。因此，妥协会遵循一定的次序进行。当个体需要处理选择中较小的不一致时，兴趣是优先要考虑的。当需要有中等程度的妥协时，人们最要回避的是声望的丧失，此时人们很少考虑性别类型。当面临很重要的妥协时，人们会首先牺牲兴趣，其次是声望水平，最后是性别类型的界限。不过，性别类型的界限对女性比对男性宽松。跨性别的工作在女性中引发的焦虑水平低于男性。总之，职业选择首先是与社会认同一致，其次是个人认同。

（四）职业主题模型

约翰·霍兰德

约翰·霍兰德（John Holland，1985，1997）提出了一个职业发展模型，即“霍兰德职业主题”（Holland Occupational Themes），也称为“霍兰德密码”（Holland Codes）。他认为，从人格类型上看，人们大致可分为六种类型，即现实型（realistic）、研究型（investigative）、艺术型（artistic）、社交型（social）、进取型（enterprising）、传统型（conventional）。而职业环境也可区分为这六种类型。

人格及职业的六种类型都可以按一定的顺序排成一个六角形（见图8-13）。距离接近者更具有一致性（consistency），比如现实型与研究型相邻，其相似性比间隔一个类型的“现实型-艺术型”间的相似性更高。

同时，某些人格特征或职业环境的界定比较清晰，更加接近某一类型，而与其他类型甚少相似，其区分性（differentiation）较强；相反，另一些人格特征或职业环境不太清晰，可能与多种类型相近，其区分性较弱。

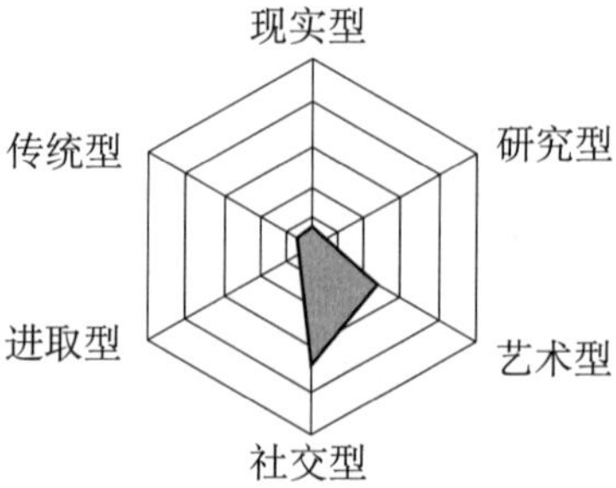

图8-13 人格及职业六角模型

不同类型的人需要不同的生活或工作环境。比如，现实型的人需要现实型的环境，因为只有这种环境才能给予其所需的机会与回报，这种情况具有较高的和谐度（congruence）。如果人格类型与职业环境不和谐，则该环境就无法配合个人的能力与兴趣而提供其所需的机会与回报，比如现实型的人在社交型的环境中就达不到和谐。

霍兰德认为，特定的人格类型与特定的职业可以进行完美的匹配（见表 8－12）。如果人格与职业的匹配度较高，那么，个体会更加喜欢自己的职业，其职业发展道路也更加稳定。相反，如果人格与职业的匹配度低，个体可能会觉得不开心，更可能更换职业。区分性较好的人格特征或职业环境，更容易让人在人格和职业之间找到和谐的匹配对应。

表 8－12　霍兰德的人格-职业匹配

类型	人格倾向	典型职业
现实型	该类型的人具有顺从、坦率、谦虚、自然、坚毅、实际、有礼、害羞、稳健、节俭、物质主义等特征，其行为表现为：(1) 喜爱实用性质的职业或情境，避免社交性质的职业或情境；(2) 以具体实用的能力解决工作及其他方面的问题；(3) 认为自己拥有机械和动作的能力，而较缺乏人际关系方面的能力；(4) 重视具体的事物或个人明确的特性，如金钱、权力、地位等。	一般工人、工匠、农民、机械员、土木工程师
研究型	该类型的人具有善于分析、谨慎、爱批评、好奇、独立、聪明、内向、有条理、谦逊、精确、理性、保守等特征，其行为表现为：(1) 喜爱研究性质的职业或情境，避免进取型职业或情境的活动；(2) 以研究方面的能力解决工作及其他方面的问题；(3) 认为自己好学、自信，拥有数学和科学方面的能力，但缺乏领导才能；(4) 重视科学。	工程师、化学家、数学家、科研人员
艺术型	该类型的人具有复杂、有想象力、冲动、独立、相信直觉、无秩序、情绪化、理想化、不顺从、有创意、富有表情、不重实际等特征，其行为表现为：(1) 喜爱艺术性质的职业或情境，避免传统性质的职业或情境；(2) 以艺术方面的能力解决工作或其他方面的问题；(3) 认为自己富有表达能力，具有相信直觉、独立、有创意、不顺从、无秩序等特征，拥有艺术与音乐方面的能力（包括表演、写作、语言）；(4) 重视审美的特质。	诗人、小说家、音乐教师、舞台导演、艺术家
社交型	该类型的人具有合作、友善、慷慨、助人、仁慈、负责、圆滑、善于社交、善解人意、善于说服他人、理想主义、富有洞察力等特征，其行为表现为：(1) 喜爱社交型的职业或情境，避免现实型的职业或情境；(2) 以社交方面的能力解决工作或其他方面的问题；(3) 认为自己喜欢帮助别人、了解别人，有教导别人的能力，但缺乏机械与科学能力；(4) 重视社会与伦理的活动与问题。	教师、传教士、辅导人员
进取型	该类型的人具有爱冒险、有野心、独断、冲动、乐观、自信、追求享乐、精力充沛、善于社交、喜欢获取注意、知名度高等特征，其行为表现为：(1) 喜欢进取型的职业或情境，避免研究性质的职业或情境；(2) 以进取方面的能力解决工作或其他方面的问题；(3) 认为自己有冲劲、自信、善于社交、知名度高、有领导与语言能力、缺乏科学能力；(4) 重视政治与经济上的成就。	推销员、企业经理、政治家
传统型	该类型的人具有顺从、谨慎、保守、自控、服从、规律、坚毅、实际、稳重、有效率、缺乏想象力等特征，其行为表现为：(1) 喜欢传统性质的职业与情境，避免艺术性质的职业与情境；(2) 以传统方面的能力解决工作及其他方面的问题；(3) 认为自己顺从、有规律、有文书与数字能力；(4) 重视商业与经济上的成就。	出纳、会计员、银行职员、行政助理、秘书

不过，值得注意的是，大多数人的特质不仅仅是对应一种人格特质，他们也可能在几条迥然不同的职业道路上都获得成功（Hansen，2020；Spokane & Cruza-Guet，

2005）。而且，很多职业所需要的技能和天赋可能跨越六种类型的分类。

概念术语

后形式思维，亲密对孤独，生活季节，社会时钟，刺激-价值-角色理论，爱情的投资模型，爱情三角理论，婚姻梯度，生涯发展阶段模型，职业抱负发展理论

本章要点

1. 身体发展和其他很多方面的发展在青年期会结束，个人的健康、力量、耐力、精力在此时都达到了巅峰状态。青年的感觉能力和运动能力此时也处于一个高峰期。

2. 成人思维的特征就是处理不确定、不一致、矛盾、不完美、妥协等的能力。它会利用直觉和情绪以及逻辑来帮助人们应对看似混乱的世界。这也被称为后形式思维。

3. 大学生活的影响关键取决于两方面的交互作用：一是个人对学业及非学业活动的投入，二是校园生活的丰富性和多样性。大学生在学业上及课外与同伴的交往越多，他们就越能受益。

4. 青年期要解决“亲密对孤独”的冲突，要建立深厚的友谊，从另一个人那里获得爱和陪伴，或共享自我认同。青年会有对与一个亲密的伴侣形成永久承诺的想法和感受。

5. 莱文森提出发展涉及一系列有本质区别的时期，即生活季节。每个阶段都以一个过渡期开始。在两个过渡期之间，个人处于一个稳定期。

6. 大多数成人在生活中的某些时候会遇到一些事，比如开始第一份工作、娶妻嫁夫等。所有的社会都有这样的时间表，即社会时钟。

7. 成人友谊的基础涉及三个广泛的主题，首先是友谊的情感基础，其次是友谊的共享性，最后是友谊的社交性。在友谊中，男性女性往往有着天壤之别。

8. 道德发展的世界观理论认为，要想理解道德发展，就必须理解作为其基础的文化世界观。

9. 关于爱情发展的刺激-价值-角色理论认为，亲密关系沿着三个顺序固定的阶段不断推进，即刺激阶段、价值阶段和角色阶段。

10. 爱情的投资模型认为，亲密关系中的双方在关系中会有得失，而当事人会以一种理性且公平的方式加以评估，衡量自己在关系中的付出与收获，以决定其对此关系的应对方式。

11. 爱情三角理论认为爱情包括三种成分，即亲密、激情和承诺，每种成分的表现程度决定了人们拥有什么样的爱情。

12. 人们在选择配偶时，会选择与自己在许多方面相似的伴侣；婚姻配偶选择标准也常常反映出婚姻梯度。婚姻满意度会有起伏，它受到多方面因素的影响。

13. 生涯发展阶段模型认为，人生的职业发展经历五个阶段，即成长、探索、建立、维持和衰退。各发展阶段与角色的交互作用构成了生涯彩虹图。

14. 职业抱负发展理论认为，自我概念在职业抱负的发展过程中起重要作用，职业自我概念包括三个方面：性别类型、社会声望和职业兴趣。

15. 霍兰德认为，不同类型的人需要不同的生活或工作环境，特定的人格类型与特定的职业可以进行完美的匹配。

复习思考题

1. 影响健康的因素有哪些？如何保持健康？
2. 后形式思维的特点是怎样的？
3. 大学生活会带来什么影响？
4. 埃里克森提出的“亲密对孤独”冲突的主要表现是什么？
5. 在莱文森看来，青年期的生活季节是怎样的？
6. 青年期的社会时钟是怎样的？它会带来什么影响？
7. 成人的友谊是如何建立的？有何特点？
8. 相关的爱情理论能否解释你所见到的爱情？
9. 人们是如何选择配偶的？婚姻满意度受哪些因素的影响？
10. 生涯彩虹图能否解释你所见到的职业发展历程？
11. 职业抱负发展理论是否可以解释你自己的职业发展状况？
12. 如何看待霍兰德的人格-职业匹配理论？

第九章

中年期的发展

开脑思考

1. 人到中年会开始出现白发，对一些人而言甚至在青年期就会出现白发。当人们发现自己开始长出白发时，心里会想到些什么？白发会给他们当下的生活以及未来的人生规划带来影响吗？

2. 随着年龄的增长，人们可能会出现骨质疏松，所以很多中老年人在日常活动中都显得小心翼翼。但是，也有一些人“不服老”，仍然进行着“激烈的”运动，保持着健朗的身体。你认为是什么造成了这种差异？

3. 我们可能都听说过，去医院看病时要找老医生。难道今天接受过大学专业教育、掌握了最新医学研究成果的医科毕业生不值得信任吗？你认为“老专家”是如何炼成的？

教学目标

通过本章的教学，应该实现几个目标。第一，了解中年期身体状况的变化及健康与压力的关系。第二，把握中年期智力发展的特点，以及专业技能形成的特点。第三，了解中年期的心理社会性发展任务，以及人格特质的个别差异，掌握中年期家庭生活、工作及休闲活动的特点。

学习重点

理解中年期身体状况的变化及健康与压力的关系；把握中年期智力发展及专业技能形成的特点；领会中年期的心理社会性发展任务；把握生活故事模型对中年期发展的阐述，以及中年期生活季节、生活适应的特点；理解人格特质的个别差异；把握中年期家庭生活与工作的基本特点；领会中年期休闲活动的特点及其意义。

中年期一般指 40～60 岁的阶段，是人生的转折期，人们会走向衰老，这包括原发性衰老与继发性衰老。中年期也是压力较大的时期。流体智力（fluid intelligence）在青年期达到顶峰，20 多岁时开始下降；而晶体智力（crystallized intelligence）在中年期一直稳定增长，甚至会持续到生命的尾声。中年期是某些最为复杂的心理能力和专业技能登峰造极的时期。

中年期要解决“繁衍对停滞”的冲突。麦克亚当斯认为，成人的心理社会性发展反映在其对自己的生活故事的叙述中。莱文森认为，中年人要评估自我及其与外部世界的关系，需要个人协调自我的两个对立面，以获得一种内在的和谐。完整婚姻传统的家庭发展模式会遵循一个“家庭生活循环”。工作满意度通常随着年龄增长而提升，尤其是从中年期开始会有明显提升，但是一些人可能会产生工作疏离感与倦怠感。在中年期开始做退休计划将有助于退休生活的良好适应与满意度的提升。休闲活动也是很有意义的。

第一节　中年期的身体和认知发展

一、中年期的身体变化

当人们看到自己有了一丝白发，或是眼角出现了一条细小的皱纹，或是掉落太多的头发时，可能就会担心自己青春不再，行将老去。此时，人们对身体自我映像进行修正，不是太关注希望得到什么，而更加在意可能出现的衰退（Frazier et al.，2012）。的确，所有人都会变老，而一些研究者认为衰老可以分为两种类型，一是**原发性衰老**，二是**继发性衰老**（Busse，1969）。

原发性衰老　由于年龄的增长而无法避免的衰老。
继发性衰老　个人行为经年积累的影响或社会无法消除的不健康条件产生的影响。

原发性衰老是由于年龄的增长而无法避免的衰老。而继发性衰老包含个人行为经年积累的影响或社会无法消除的不健康条件产生的影响。它包括多种疾病，从皮肤癌到关节炎、糖尿病、心脏病等，这是人们在日渐衰老的过程中受到酗酒、吸烟、饮食及锻炼等习惯的影响而产生的。幸运的是，这些继发性衰老过程比较缓慢，并且通过改变行为或治疗甚至可以得到逆转。当然，实际的衰老往往是这两种类型的共同表现。

（一）外表的变化

在人们走向老年期的过程中，显而易见的衰老迹象不计其数。头发会变得灰白，因为黑色素减少了；同时，头发也会变得稀疏，因为头发的再生速率降低了。皮肤变得干燥、起皱，因为皮下脂肪变薄使得皮肤张力减少、不再光滑。

人们甚至会变矮，背部肌肉、连接组织及骨骼疏松失去力量，使得脊柱有所收缩。这会使得身高在 65 岁以前损失 2～3 厘米（Merrill & Verbrugge，1999）。对女性而言，身高更容易下降，因为她们更容易患骨质疏松症，这通常是由饮食中缺少钙质引起的。女性骨质损失的速度是男性的两倍（Whitbourne，2001）。

在中年期，体内的脂肪会增加，脂肪会堆积在身体的各个部位，尤其是肚子上，也包括上臂、臀部、眼皮、下巴。即使是对那些一直都相对苗条的人来说，他们的体重也会增加。而且，由于身高不升反降，所以中老年人更容易出现肥胖。

随着身高体重的变化，中年人的体力也会逐渐下降，尤其是背部和腿部的肌肉会变得松弛。

（二）感觉能力的变化

随着年龄的增长，各种知觉能力的下降对于成年人而言已司空见惯，视觉和听觉方面的困难就是很典型的（Pleis & Lucas，2009）。

1. 视力的变化

与年龄有关的视觉问题主要有五个方面：视敏度、近距离视力、动态视觉、视觉搜索和视觉信息的加工速度（Kline & Scialfa，1996）。最常见的是，大约从40岁开始，视敏度会下降。总体上，大约12%的45～64岁的成年人视力会下降（Pleis & Lucas，2009）。眼睛的晶状体形状发生变化，弹性下降，眼睛难以将图像聚集于视网膜，并且晶状体日益变得混浊，透过眼睛的光线也减少了，所以，中年人看东西时需要更高的亮度来补偿。

此外，中年期视力上还有一种变化是近距离视力的损失，即眼睛成为“远视眼”。即使是那些之前视力正常、没有戴过眼镜的人也会发现，为了看清楚文字，必须把阅读材料放到远一点的地方才行。最终，老花镜成了随身必备之物，而从前的近视眼则需要两副眼镜了（Koopsmans & Kooijman，2006）。当然，随着技术的发展，通过进行“拉斯科手术”（Lasik），即“准分子激光原位角膜磨镶术”，可以对视力进行矫正，让人们摆脱对眼镜的依赖（Kato et al.，2008）。

其他方面，深度知觉、距离知觉、三维知觉等视觉能力在中年期也有所下降。同时，中年人适应黑暗的能力也减弱了，他们在光线昏暗的环境里更难以看清楚。而眼科疾病，比如青光眼，也会对中年人的视力造成损伤。

对中年人的研究表明，视力问题（尤其是在阅读报纸和街上认人方面的困难）与生活满意度、自尊的下降，以及抑郁症状和社交孤立的增加密不可分（Hajek & others，2021）。

2. 听力的变化

听力的敏锐度在中年期也开始有所下降，只不过，其下降程度不如视力那么明显，这通常在50多岁时发生（Merrill & Verbrugge，1999）。大约18%的成年人会遇到听力方面的问题（Pleis & Lucas，2009）。

中年期听力下降的原因一方面是环境因素。比如，所从事的职业长期接触高分贝噪声，更容易造成听力下降和听力的永久性损伤。另一方面，听力的下降与衰老有关。比如，随着年龄增长，耳内的毛细胞数量减少、耳膜的弹性下降等，都会减损听力。

听力的损失首先表现在对高频声音的感知上，这也被称为老年性耳聋（Kline & Scialfa，1996）。在45～65岁的人中，大约12%的人患有老年性耳聋。此外，听力的减损方面，男性比女性更为明显，大约快两倍（Quaranta et al.，2015），这一性别差异大概是从55岁开始的。有听力障碍的人在声音定位方面也有问题。

听力敏锐度的下降并不会明显地影响大多数的中年人，他们在生活中也很容易对听力下降带来的不便进行弥补，比如要求别人说话时声音大一点、调高电视机的音量、听人说话时更加集中注意力等。而且，由环境噪声带来的损伤也可以通过戴耳塞、耳罩等来避免。

（三）性与生殖功能的变化

对于大多数中年人来说，性生活仍然是其日常生活的重要部分，性的欢愉能够持续整个成年期。尽管性行为的频率随年龄增长而下降，但是这种减退量并不算大（B. King，2019），而性快感对大多数中年人来说仍然很重要。60%～70%的中年人报告每周会有一次以上的性生活（Michael et al.，1994）。对中年人而言，性活动的主要预测因素是健康状况和有无伴侣（King，2019；Smith et al.，2017）。一项针对40～64岁中年人的研究表明，性满意度与低水平的身体疾病、较好的自评健康、没有抑郁、看重性和亲密、拥有伴侣、与伴侣共同居住，以及低水平的孤独感关系紧密（Buczak-Stec，Konig，& Hajek，2021）。

1. 女性更年期

女性大约在45岁开始进入更年期（climacteric），这一阶段会持续很多年，它意味着女性由能够生育向不能生育的转变。更年期最明显的标志是绝经（menopause），即月经的终止。大多数女性在四十七八岁时月经开始变得没有规律，频率下降，之后如果一年内没有来月经，就可以认为是已经绝经，平均而言，这一情况大约发生在50～51岁时（Li et al.，2021）。

那些吸烟的、营养失调的、接触污染物的、从未生育的女性，绝经会来得更早一些（Rossi，2004；Grindler et al.，2015；Langton et al.，2020），而绝经在经常锻炼的女性身上则会姗姗来迟（Santoro et al.，2007）。

更年期的激素变化会引发一系列的症状，其中潮热最为普遍，即一些中年女性会感到腰部以上的身体突然发热并流汗，之后感到寒冷。此外，生殖系统的不适表现为阴道干燥、性欲减退、性交疼痛或白带增多、外阴痛痒等。有关的变化也可能包括骨关节痛、腰背痛、肌肉痛、脊柱后突和行走困难。

心理上，通常人们认为绝经与忧郁、焦虑、注意力不集中、易怒等症状相联系，但是没有证据表明两者之间存在因果关系（Lachman，2004）。女性看待这些问题的方式可能会影响其绝经期的症状（Rossi，2004）。对绝经的预期会给绝经后的体验带来不同的影响。预料绝经期会有困难的女性，更可能把所有的生理症状和情绪波动归因于绝经。相反，对绝经持积极态度的女性则不太可能这样。这种归因影响她们对绝经痛苦的知觉，进而影响这期间的真实体验（Breheny & Stephens，2003）。

2. 男性更年期

对中年男性而言，也有更年期，只不过没有与女性的绝经相对应的变化。男性的更年期大约出现在中年后期，尤其是在50多岁时，此时生殖系统的变化引起了一系列的生理和心理的变化。这时，中年男性的睾丸激素和精子生成量持续下降，但是他们仍然具有生殖能力，这甚至可以持续到90多岁。而且，对一直有性生活的健康男性而言，睾丸激素量的减少是微乎其微的（Hermann et al.，2000）。

中年期一个容易发生的生理变化是前列腺增大。这有可能在40岁时开始。到80岁时，大约有一半的人会出现这种变化。前列腺增大会引起小便困难，包括排尿困难和夜间尿频等。

此外，随着男性的衰老，性问题也开始增加，尤其是勃起功能障碍更加常见，即男性不能达到或维持勃起的障碍。在60岁以前，40%～50%的男性可能受此影响（Kingsberg，2002；Shaeer & Shaeer，2012）。这种事出现一两次实际上无关紧要，但如果经常这样，则可能会使得某些男性害怕自己的性生活就此结束，并损害其自我映像。不过，随着医疗科技的发展，已经有一些药物有助于解决这一问题。

二、中老年期的运动能力

现在清楚的是，经常锻炼有着广泛的好处，既包括身体上的，也包括心理上的，比如可以让成年人减少患多种疾病的风险，有效地应对压力。过去疏于运动的中年人可能会问：现在开始锻炼是否可以解决过去常年不运动留下的问题呢？而且，惯于久坐的中年人中，往往有一半的人在开始锻炼之后6个月内又停止了锻炼。即使是经常锻炼的人中，大约20%的人运动量也是不足的。

在中年期开始锻炼必须克服一些障碍，比如缺乏时间和精力不足、诸多不便、工作冲突以及健康因素（比如，体重超重）。自我效能感在锻炼计划中也是举足轻重的。获得自我效能感是中年人开始锻炼计划的一项重要成果，它可以进而促进身体运动，尤其是对于久坐不动的人而言（Elavsky & McAuley，2007；Parschau et al.，2014）。反过来，体能的改善会促进中年人对自己的身体有更好的感觉。随着时间的推移，他们的身体自尊也会提升。

在增加中年人体育活动方面，有很多团体的方法和个人的方法能够奏效。比如，工作单位可以奖励达到锻炼目标的员工，手机或网络工具可以帮助设定目标、自我监控和反馈进程（Duncan et al.，2014；Morgan et al.，2011）。此外，诸如公园、步行道、自行车道、社区娱乐中心等方便而有吸引力的安全锻炼环境，以及经常可以观察到有人使用这些设施，都会促进中年人参与身体运动。

到老年期，个体的运动能力受到几方面因素的影响。首先，肌肉力量在老年期的下降速度明显比中年期快。一般而言，到60～70岁时，10%～20%的肌肉力量会丧失；而到70～80岁时，这一数字会攀升到30%～50%（Whitbourne，2001）。其次，骨骼的力量也因为骨骼组织的减少而受损，对压力做出反应的微小缝隙也会进一步让骨骼变得脆弱。最后，关节、韧带和肌腱的力量与柔韧性也减弱了。

此外，耐力会随着年龄增长而持续下降，尤其是对女性而言，这一方面的下降超过体能的其他方面，比如柔韧性。

在成年期一直坚持锻炼的人，到六七十岁时，仍然可以保持其体格和肌肉力量的大部分。长期进行身体活动的人到晚年时往往也会是更加活跃的人（Koster et al.，2007）。最终看到身体活动的内在价值的老年人，比如自我感觉更加强壮、更加健康、更有活力，则更可能进行锻炼。同时，肌肉力量和耐力等方面的丧失看起来部分地是可逆的，在老年期开始的负重锻炼可以提升肌肉力量（De Jong & Franklin，2004）。精心规划的锻炼计划可以增强老年人关节的柔韧性和扩大其活动范围。

锻炼也可以提升通达脑部的血液循环，这有助于保护脑结构和行为能力。大脑扫描显示，进行健身的老年人大脑皮层的组织损失更少（Erickson et al.，2010；Miller et al.，2012）。相比不太活动的同龄人，之前久坐不动但开始进行有规律锻炼的老年人，不同脑区都显示有所获益，包括前额皮层和海马，这对执行功能和记忆都有好处（Erickson，Leckie，& Weinstein，2014）。

三、压力与健康

（一）中年期的压力

中年人面对的压力源相比青年而言有所不同（Aldwin & Levenson，2001）。中年人的压力来自角色的改变，比如换工作、孩子长大成人离家独自生活、家庭关系的重构（Almeida & Horn，2004）。

相比老年人，青年和中年人都可能面对更为频繁的、多方面的、沉重的压力。人际紧张的频率，比如与配偶的争吵，从青年期到老年期一直下降。而中年期独有的压力却增加了，主要是涉及财务和孩子方面。

尽管中年期的压力与青年期有所不同，但是它对健康的影响却并无二致。心理压力对心血管、免疫及胃肠系统都会产生消极影响。压力越来越被认为是与年龄有关的疾病的影响因素，比如高血压、心脏病、中风、糖尿病、骨质疏松症、肠胃溃疡、癌症等（Wittstein et al.，2005）。

心理神经免疫学的研究认为，压力主要会带来三方面的影响：一是导致血压升高、激素活动增多、免疫系统反应能力下降等一系列直接的生理结果；二是促使人们做出不健康的行为，比如睡眠减少、吸烟、酗酒或服药等；三是对健康相关行为的间接影响，比如承受巨大压力时人们更不可能找到好的医疗护理，或进行锻炼，或听从医疗建议（Suls & Wallston Eds.，2003；Ray，2004）。

（二）压力管理

成年人在家庭及工作中遇到的烦扰不断积累，可能会带来沉重的压力负担。虽然在人生的每个年龄段压力管理都是重要的，但是对中年人来说，其更重要的意义在于抑制与年龄相关的疾病的增加，或者当疾病袭来时，减小其破坏性。

中年期的后半段，即 50 岁之后，日常压力往往慢慢减小，幸福感则日渐增加（Stone et al.，2017）。幸运的是，让中年人一筹莫展的压力源相对比较少；面对压力，他们基本上能够做到胸有成竹（Almeida & Horn，2004）。中年人对压力的应对好过其他年龄段的人（Lachman，2004）。面对压力环境时，对于自己能够做什么，中年人有更好的感觉，他们也更能够接受那些无法改变的东西。同时，中年人也掌握了更为有效的应对策略。

因此，掌握有效的压力管理策略是非常有益的（见表9-1）。即使某些压力源无法消除，人们也能够改变应对某些压力的方式，或改变对某些压力的看法，来缓解压力感。

表9-1 压力管理策略

策略	特征
重新评估情境局面	学会区分正常的反应与那些基于不合理信念的反应。
专注于可控制的事	不要为自己无法改变的事，或永远不会发生的事而担心。把注意力放在处理自己能够控制的事件的策略上。
视生活如行云流水	寄希望于变化。当事件不可避免时，就接受它。之后，很多意外的变化就不会带来太大的情绪影响。
考虑可替代的选择	不要莽撞行事，要三思而后行。
制定合理可行的目标	眼光要高，但是也要现实地考虑自己的能力、动机和情境。
进行有规律的锻炼	身体健康的人在身体上及情绪上都能够更好地应对压力。
学习掌握放松技术	放松有助于重新集中精力，减少由压力带来的身体不适。参加培训班、阅读自助书籍都可以学到这些技术。
建设性地消减愤怒	通过延迟反应（“我再查查看，回头再找你”）、使用心理分心行为（倒数10个数）、自我指导（偷偷说“停!”）等方式控制愤怒的唤起；然后以平和的、自我控制的方法解决问题（“我应该打电话给他，而不是和他见面”）。
寻求各方社会支持	朋友、家庭成员、同事、有组织的支持团体都能够提供信息、协助及建议，来应对压力情境。

资料来源：Berk，2018.

实际上，压力管理的策略可以概括为两种取向：一是“聚焦于问题的应对”，比如，视情境为可变的，先澄清问题之所在，再决定可以做什么；二是“聚焦于情绪的应对”，比如，当人们对情境无能为力时，自己在内心控制悲伤。那些能够减缓压力的成人，会依据情境自如地运用这两种技术（Zakowski et al.，2001）。这些人的方法是精细的、深思熟虑的，他们既尊重自己又尊重他人。相比之下，无效的应对方式往往是以情绪为中心的，要么冲动，要么逃避。

四、中年期的记忆

在青年期，大多数成年人的记忆能力都处于巅峰期。实际上，无论是感觉记忆还是短时记忆在中年期都没有衰退。

不过，对于长时记忆而言，情况就有所不同了，它对有些人来说会随着时间的推移而衰退。但是，这种衰退并非是因为记忆的衰退，或是记忆的完全丧失，而是随着年龄增长人们登录和存储信息的效率下降了。此外，年龄增长也使得人们从记忆存储中提取信息的效率有所下降。换言之，即使信息在长时记忆中得到很好的存储，要对其进行定位或分离，也变得越来越困难了。

此外，至少在中年期，大多数人只显示有一点点的记忆损失，很多人则完全没有。而且，由于社会对于年老化的刻板印象，中年人可能倾向于把走神的情况归因于年老化，即使他们整个一生中都有这种心不在焉的情况发生也是如此。所以，发生变化的是他们赋予自己忘事的意义，而不是他们实际的记忆能力（Phillips & Henry，2008）。尽管对于记忆在中年期是否衰退仍有争议，但是大多数专家都认定在中年期的某个时间点记忆的确会衰退（Davis & others，2017；Salthouse，2017）。

在中年期，记忆的衰退相对而言是微乎其微的，并且绝大多数情况下可以通过各种认知策略来进行补偿。比如，在初次接触材料时给予更多的注意，则有助于日后的回忆。在回忆东西方面有麻烦的中年人常常使用几十年来积累的元认知知识，以帮助记忆，即做重要报告之前回顾要点，对信息和文件进行组织分类以便快速查找，专注于最有用的信息等。年老化对元认知知识，以及运用这种知识提升学习的能力，所产生的影响是微不足道的（Blake & Castel，2016；Horhota et al.，2012）。

而且，记忆能力开始显示出切切实实的衰退迹象的成年人，常常可以发展出或训练出一些策略，使他们的能力能够保持很多年。

五、中年期的智力发展

雷蒙德·卡特尔

中年期认知能力的状况一直是一个颇有争议的问题，基于不同的方法论及测量手段的研究得出的结论也是有所不同的。而关于流体智力和晶体智力的研究则得出了一些令人鼓舞的结论。

流体智力和晶体智力实际上是雷蒙德·卡特尔（Raymond Cattell，1971）最初提出的一般智力的因素。

流体智力是在混乱中找出意义并解决新问题的能力。它对先前的知识要求甚少或没有要求。它是利用推理的能力，是理解各种概念之间关系的能力。它主要由神经系统的状态决定，不太受文化影响（Horn & Noll，1997）。

晶体智力是记住和使用一生中所获得的信息的能力，比如技能、知识和经验的使用。它不等同于记忆或知识，但是确实有赖于长时记忆的提取。这些能力主要取决于教育和文化经验。

> **流体智力**　在混乱中找出意义并解决新问题的能力。它对先前的知识要求甚少或没有要求。它是利用推理的能力，是理解各种概念之间关系的能力。它主要由神经系统的状态决定，不太受文化影响。
>
> **晶体智力**　记住和使用一生中所获得的信息的能力，比如技能、知识和经验的使用。它不等同于记忆或知识，但是确实有赖于长时记忆的提取。这些能力主要取决于教育和文化经验。

大多数智力测验试图对它们进行测量，空间视觉、数字广度、排序、符号搜索等测量的是流体智力；而词汇、一般信息、言语理解、逻辑推理等测量的就是晶体智力。比如，韦氏成人智力量表（Wechsler Adult Intelligence Scale）就是通过操作分量表来测量流体智力，通过词汇分量表来测量晶体智力（Lee et al.，2005）。

很多横断研究表明，流体智力在青年期达到顶峰，20多岁时开始下降，而晶体智力在中年期一直稳定增长，这一增长趋势甚至会持续到生命的尾声（Horn，1982；N. Anderson & Craik，2017）。一项研究面向2 500名16～85岁身心健康的被试，结果发现词汇IQ（晶体智力商数）在45～54岁期间达到顶峰，而且直到80多岁也未见衰退。相比之下，非言语IQ（流体智力商数）则在整个年龄跨度内稳步下滑（Kaufman &

Kaufman，2001）。后来的研究也表明，流体智力在青年期达到顶峰，然后下降。不过，其增长是渐缓的，在成年期的大多数时间保持相对稳定，65 岁以后开始下降（Cavanaugh & Blanchard-Fields，2006）。

此外，历时约 50 年的纵向研究结果表明，中年期是某些最为复杂的心理能力达到顶峰的时期（Willis & Schaie，1999），这反映在语言能力、归纳推理、言语记忆、空间定向、数字能力等方面。不过，知觉速度（一种流体智力因素）从 20 多岁直到 80 多岁一直在下降。而且在老年期，流体智力因素（空间定向、数字能力及知觉速度）的减少比晶体智力因素（语言能力、归纳推理及言语记忆）快。这些趋势也得到短期纵向追踪研究的验证（McArdle et al.，2002）。

研究范例

追三十五年，探智力之变。

值得注意的是，流体智力的衰减实际上是渐进性的，未必会引起功能丧失。中年人通过学习与经验获得的高级能力，可以对这些基本的神经能力的损失有所补偿（Lachman，2004；Willis & Schaie，1999）。当然，如果不足 60 岁的人出现认知能力的明显衰退，可能反映的是神经系统的问题（Schaie，2012）。

流体智力和晶体智力的不同发展趋势提示我们：第一，随着年龄增长，学习会变得越来越困难；第二，不同技能的发展之间存在巨大差异，同时还存在个体差异。

六、专业技能的发展

专业技能是指对特定领域知识或技能的掌握，是精细而整合的知识基础，决定了在完成特定任务时的极为熟练的表现（Ericsson，2017），这些知识和技能使专家得以区别于新手及经验不足的人。

（一）专家与新手

在很多领域，有能够区分专家与新手的客观测量指标。比如，职业棋手几乎总是能够赢得对业余棋手的比赛，专业医师更可能对疾病做出正确的诊断。

区分专家与新手，最重要的是专家在解决问题或决策方面已经就林林总总可能的选择做好了充分准备（Ericsson & Smith，1991）。专家更有灵活性、创造性和好奇心，他们解决问题时有更好的策略（Charness & Bosman，1990）。专家能够快速地从长时记忆中提取复杂的信息结构。他们把情境看成有意义的，正是这种对意义以及意义与情境联系的关注，促成了专业技能的发展。

新手面对问题的时候，会遵循正式的程序和规则，非常严格地照章办事；专家则依靠经验和直觉，并且经常打破常规。专家拥有丰富的经验，他们的行为往往是自动化的，不需要太多思考就可以完成（Charness & Schultetus，1999）。因而，专家也往往难以清楚地解释自己得出结论的过程，但他们的解决方案却往往看起来是对的，且屡试不爽。

此外，面对困难的情境时，专家也能够比其他人形成更好的解决方案。他们对问题的思考更加灵活。经验为他们提供了解决同一问题的多种方案，从而提高了问题解决的成功率（Willis，1996；Clark，1998）。相对而言，中年人及老年人是更加理性的决策者，他们的选择不会像年轻人的选择那样看似不错，但从长远来看并非最佳（Kim & Hasher，2005；Mienaltowski，2011）。

（二）专业技能的形成

前沿扫描

徜徉网络里，靠数字能力？

认知科学中提出来的很多计算模型对从新手到专家的发展进行了解释。研究者认为，大约需要 5 万个组块（chunks）（即记忆单元）的积累，新手才可能成为专家（Simon & Gilmartin，1973），也就是说，需要很多年才可能达到这一水平（Horn & Masunaga，2000）。专业技能的获得可以使人们在自己的领域内更加迅速、更加娴熟地提出问题和完成任务（Chi et al. Eds.，2014）。

专家的造就在发展特征上主要体现为以下几方面：第一，时间上通常至少需要十年持续不断的实践，在某些特定的领域甚至需要更长的时间（Feldman，1999；Simonton，2000）。第二，这种实践的特征是深思熟虑，即要迫使实践者想出新的方法来使自己达到新的操作水平。第三，在学习的早期阶段，只有快乐、兴奋和参与，没有与目标相联系的结果。第四，具有在更高级的、创造性的层面对所学进行重新安排或建构的能力。专家因为对相关知识非常熟悉或掌握高级的知识，而能够发展出自己更为抽象的概念、操作。

研究表明，专业技能的发展始于青年期，在中年期达到顶峰，之后稍有下降（Masunaga & Horn，2001；Dixon，2003）。然而，专业技能表现的下降并不像信息加工能力的下降那么显而易见，专业技能有时可能会对信息加工能力的下降有补偿作用（Masunaga & Horn，2001；Taylor et al.，2005）。基于经验的知识似乎是专业技能的重要成分。

当然，值得一提的是，专业技能并非只是受过高等教育的人及升至行政领导职位的人所专属的，有经验的工人也可以九转功成，比如医院的工人、航班柜台员工等（Billett，2001）。此外，也并非每个进入中年期的人都会在特定领域发展出专业技能、成为该领域的专家。职业责任、教育水平、收入水平、婚姻状况、休闲时间等都会影响专业技能的发展。

第二节　中年期的心理社会性发展

一、中年期的心理社会性任务

如第二章所述，埃里克森（Erikson，1950）把人的发展分为八个阶段，中年期处于其中的第七阶段——**繁衍对停滞**。在此阶段的成人要面对的任务是，在自己的工作中做出成绩，支撑家庭，或关照年轻人的需要。这些相关标准是由个体生活于其中的文化决定的。那些无法或者不愿承担这些责任的人就会变得停滞和自私自利。

繁衍对停滞　埃里克森提出的人的发展的第七阶段所面临的冲突。在此阶段的成人要面对的任务是，在自己的工作中做出成绩，支撑家庭，或关照年轻人的需要。

在埃里克森看来，繁衍的含义之一是通过给予和指导下一代的方式来帮助他人。繁衍感在青年期就已经出现，最典型的表现是生儿育女、在职业中建立小生境。到中年期，它会大大扩展，这时候承诺延伸到自我及伴侣之外，触及更大的团体，比如家庭、社区或社会。具有繁衍感的成人会把个人目标与更大的社会世界的福祉联系起来。

埃里克森认为，繁衍包括所有使自我得以生存、社会得以发展和进步的东西，比如孩子、观念、产品、艺术品。养育子女是产生繁衍感的一种主要方式，但并非唯一的，成人也可以在其他的家庭关系中产生繁衍感，比如养育亲戚的孩子；在工作中充当导师、担任志愿者，以及从事其他多种形式的生产和创造活动，也是异曲同工。

繁衍感整合了个人的愿望与社会的要求。一方面，中年人会感到有一种被他人需要的需要。通过做出一些贡献，使自己在身后获得象征性的不朽，这可能是人类进化的结果。另一方面，社会给中年人设置的社会时钟（参见第八章）也要求他们为下一代人承担起责任，为人父母、为人师表、为人导师、为人领导等。繁衍感从 30 多岁到 60 多岁，一直持续增长，与种族和社会经济背景无关（Nantais & Stack，2017；Newton & Stewart，2010）。

繁衍感强的人社会适应尤其好，他们的焦虑、忧郁水平低，自我接受和生活满意度高，更可能有成功的婚姻和亲密的朋友。他们也对各种不同的观点更加开放，具备领导素质。他们从工作本身获得的满足超过金钱，他们也更加关心子女、伴侣、年老的父母以及社会的福祉。这一阶段形成的品质是关爱（care）。

这一阶段的消极后果是停滞。一旦人们无法实现某些生活目标，比如结婚生子、事业有成，他们就可能变得自我中心、自我放纵。拥有停滞感的成人无法为社会福祉做出贡献，因为他们更关心自己的舒适和安全。他们的自私有五花八门的表现形式——对年轻人（包括自己的孩子）缺乏兴趣，关心从他人那里可以得到什么而不是关心能够给他人什么，对在工作中提高效率、开发自己的潜能或以其他方式造福世界都兴趣索然。

鉴于埃里克森提出的中年期人格发展观点较为宽泛，后来的研究者通过各种方式对繁衍感进行了更为深入的探索。

二、中年期自我认同的发展

如前所述，埃里克森认为自我认同主要是青少年期的发展任务，同时它也是贯穿人一生的发展任务。一些发展心理学家也把自我认同的形成过程看成成年期的中心问题。

（一）自我认同过程理论

苏珊 · 维特伯恩（Susan Whitbourne，1987；Jones et al.，2006）提出了**自我认同过程理论**（identity process theory）。她认为，自我认同是由不断积累的对自我的知觉构成的。对身体特征、认知能力以及人格特质的知觉（比如，“我很敏感”“我很固执”），会整合到自我认同图式（identity schemas）中。人们会接触来自亲密关系的新信息、来自工作情境的新信息、来自社区活动的新信息以及来自其他经验的新信

> **自我认同过程理论**　维特伯恩认为，自我认同是由不断积累的对自我的知觉构成的。对身体特征、认知能力以及人格特质的知觉，会整合到自我认同图式中。

息，在对这些信息做出反应的过程中，自我知觉不断地得以确认或进行修改。

苏珊·维特伯恩

人们对自己与环境的交互作用的解释，会通过两个过程来完成，这与皮亚杰描述的儿童认知发展的机制如出一辙，即自我认同同化（identity assimilation）和自我认同顺应（identity accommodation）。自我认同同化指的是人们在面对与现有图式并不吻合的新经验时，试图保持一种前后一致的自我感；自我认同顺应指的是面对新的经验时，对图式进行调整。自我认同同化往往可以保持自我的连续性；而自我认同顺应往往会带来所需要的变化。

然而，维特伯恩等认为，无论是同化还是顺应，只要使用过度，都是不健康的。一直只是进行同化的人往往缺乏灵活性，无法从新经验中学到东西。一直只是进行顺应的人则软弱无力，面对批评时不堪一击；他们的自我认同很容易被打得支离破碎。而最健康的是自我认同平衡（identity balance），这可以让一个人在调整自我图式来整合新信息（比如，年老化的影响）时，保持一种稳定的自我感。

人们在应对与年老化开始相联系的身体变化、心理变化和情绪变化时，其方式与他们应对可能给自我图式带来挑战的其他经验时一模一样。过度使用同化的人可能会寻求保持年轻时的自我映像，而忽视自己身体一直在发生的变化，一些人在这一点上可能有着不切实际的幻想。当这些变化到了已经无法忽视之时，这种否认的过程可能使得他们更加难以面对年老化的现实。而过度顺应的人可能对年老化的早期迹象（比如，长出第一根白发）反应过度。他们可能会觉得希望渺茫，而悲观主义会加快他们身体的衰退及认知的衰退。使用自我认同平衡的人能够认识到正在发生的变化，并做出具有灵活性的反应；他们会试图控制自己能够控制的方面，对无法控制的东西则欣然接受。一种更加强大、更加稳定的自我认同使得他们能够抵御消极的自我刻板印象，在需要时寻求帮助，在面对未来时毫不慌乱、不过分焦虑（Jones et al.，2006）。

（二）自我认同的生活故事模型

丹·麦克亚当斯

丹·麦克亚当斯（Dan McAdams，1994，1999，2001，2013）就成年期的发展提出了**自我认同的生活故事模型**（life story model of identity）。他认为，成人的心理社会性发展反映在其对自己的生活故事的叙述中。

1. 生活故事与自我认同

> **自我认同的生活故事模型**　麦克亚当斯就成年期的发展提出的模型。他认为，成人的心理社会性发展反映在其对自己的生活故事的叙述中。

麦克亚当斯认为，个人的自我认同感只有通过反映先天特质或个人关注的问题的语言才可能得以理解（McAdams，1994，1999，2001；Bauer & McAdams，2004；Bauer et al.，2005）。自我认同感并不仅仅是一系列特质的组合，也不仅仅是一系列计划、策略或目标的组合。它基于个人的生活故事，即关于人何以得生、居于何处、将往何方、将成为何人的故事。个人的生活故事就是一种个人的叙事，它把过去的事以一定的内在顺序整合起来。到成年期以后，我们的生活故事就成了自传。

麦克亚当斯认为人们创作的生活故事是一种内化的叙事，有开篇、有中篇、有预期的结尾。随着个人在成年期的变化及不断变化的环境提出新的要求，生活故事得以创作并被不断修改。

人们的生活故事形成于青少年后期和青年期，但是追根溯源却与其婴儿期最早的依恋发展有关。在青少年期，自我认同开始形成，接着，连贯的生活故事就开始谱写了。在青年期，生活故事继续着，也得以提炼；从中年期开始，它会因为生活中的重大变化以及无关紧要的变化而重写。

每个生活故事所包含的情节都可以让我们深入透视生活中发生的变化及其连贯性。人们通过指出特定的事件向自己和他人证明，他们要么已经改变，要么一如既往。人们生活中的主要特征代表了自我的理想，比如“尽职的母亲”“靠谱的工人”等。在中年期和老年期，把自我的这些不同方面整合起来是一项主要的挑战。最后，所有的生活故事都需要一个结尾，通过它，自我能够留下遗产、开创未来。中年人和老年人的生活故事都有一种清晰的性质——给下一代带来新生。而“繁衍感”就标志着个人试图创作一个引人入胜的故事“结尾”，它将为后代开创一个新的起点。

总而言之，麦克亚当斯（McAdams，2001；Bauer & McAdams，2004；Bauer et al.，2005）相信，自我认同随时间而改变的模式是个人创作和改写自己生活故事的过程。这一过程显然受到文化的深刻影响。有时候，生活故事的重构是在意识层面进行的。比如，当人们做出明确的决定准备另谋他职时。有时候，这一过程是无意识的、内隐的，在日常生活中潜移默化地继续着。

2. 生活故事与繁衍感的形成

繁衍感是由社会因素及内部因素复杂的交互作用引起的（社会因素使人产生对下一代的关注，内部因素使人产生对人类善良的信仰），它会使人产生繁衍承诺，接着产生繁衍行动（见图9-1）。从图中可以看出，繁衍感（行动）是由多个因素交互作用决定的。个人通过生活故事的建构形成自我认同，也因此变得具有繁衍感，并从中衍生出个人生活的意义。

同时，模型中的各个成分与人格特质有着不同的联系。比如，“关注”与生活满意度和总体幸福感有关，“行动”则不是。成为祖父母可能使人从孙辈身上获得一种满足感，并对孙辈的幸福非常关注，但是，他们未必愿意日复一日地照料孙辈。

3. 生活故事的主题

为了理解具有繁衍感的成人如何认识自己生活的意义，麦克亚当斯等（McAdams et al.，1997；McAdams，2001）访谈了两组中年人，一组是有繁衍行动的，另一组则没有。他们要求被试讲述自己的生活故事，讲讲人生的高潮、低谷及转折，以及从儿童期到青少年期、成年期生活中的重要场景。通过对生活线索和主题的分析，他们发现繁衍

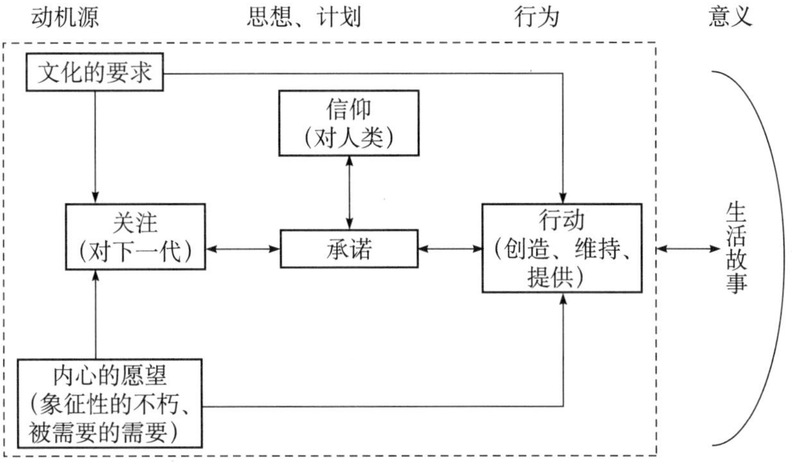

图 9-1 麦克亚当斯的繁衍感模型

感不同的成人对自己过去和未来的建构方式是截然不同的。

繁衍感强的成人，其生活故事通常包含有序的生活事件，他们把给予他人作为一种回馈家庭、社区和社会的方式。他们通常会描述自己早期的一种特别优势（比如，良好的家庭或天赋），以及早期对他人苦难的意识。这种福分和苦楚的撞击使得个人觉得自我"被召唤"，对他人的福祉有种承诺。在这种承诺故事中，"救赎主题"是显而易见的。他们经常描绘的情境中有极为消极的事件，包含了挫折、失败、丧失或死亡，但是都有美好的结局——个人得到重生、改善和启迪。也就是说，糟糕的情境因为后面的事件而得以救赎或柳暗花明。

与此同时，繁衍感弱的成人讲述的故事包含了"污染主题"，即美好的情境会变得一塌糊涂。比如，儿童得到一件心爱的乐器，却在转瞬之间被偷了；少女减肥后看起来漂亮了，却无法克服自卑感。

繁衍感之所以和救赎主题相联系，首先是因为有些成人可能把自己的繁衍行动看成救赎自己生活中消极面的方式。比如，很多犯过罪的人会有一种强烈的愿望——做点好事来救赎自己的罪孽。其次，繁衍感也会使人深信，纵然今天有缺憾，但明天更美好。通过对下一代的指导和馈赠，成熟的成人更有机会让过去的错误不再发生。最后，以救赎的方式来解释自己的生活，会给个人以天道酬勤的希望，它会维持人们的各种繁衍行动，包括养育孩子、服务社区等。

繁衍感强的成人会认识到，尽管自己的故事将来有一天会结束，但其他故事仍将继续，而这当中就包含着自己为之付出的努力、倾注的心血（McAdams & Logan，2004）。

三、中年期的社会性特点

如第八章提到的，丹尼尔·莱文森（Daniel Levinson，1996）认为中年期的开始也是一个过渡期（40～45 岁），然后才进入中年期的"生活结构"（45～50 岁），之后又会进入一个过渡期（50～55 岁），继而再次进入一个稳定期（55～60 岁）。莱文森最初的研究只是访谈了35～45岁的人，对50岁以后的心理变化很少谈及。不过，乔治·维兰特（George Vaillant，1977，2002）通过追踪研究提出的生活适应观（adaptation to life）弥补了这一欠缺。

（一）中年期的生活季节

在40岁左右，人们会评估现在取得的成就是否代表实现了早年的目标。他们会认识到，从现在起，不再是来日方长，而是时日无多，他们会更加珍视剩余的时光。结果，有些人在生活结构中的家庭和职业方面会做出重大的改变：离婚、再婚、换工作，或表现出更强的创造性。另一些人则依然如故，他们仍然维系原来的婚姻，留在原来的环境、职业和工作场所。

不管这些年经历的是和风细雨还是暴风骤雨，大多数人都会把注意力转向内心，花时间关注个人的生活意义。一个原因是，对很多中年人来说，事业发达、个人提升的机会已经屈指可数。有些人对未能实现年轻时的梦想感到意懒心灰，想要赶在为时未晚之际另辟蹊径。即使是那些已经实现自己目标的人，也会问所有这些成就对他人、对社会、对自己又有何益。

在莱文森看来，中年人要评估自我及其与外部世界的关系，就必须面对四方面的发展任务，每项发展任务都需要个人协调自我的两个对立面，以获得一种内在的和谐："少与老"（young-old）、"破与立"（destruction-creation）、"男与女"（masculinity-femininity）、"入与出"（engagement-separateness）的对立。

第一，"少与老"的对立。中年人必须找到新的方式来适应既年轻又年长的状态。这意味着放弃某些年轻人的特质，转变为另一种人，从作为年长者中寻找积极的生命意义，接受自己开始变老的事实。唯有如此，他们才会保持一种自我连续感及高自尊。

大多数中年女性会关注随年龄增长的花颜渐失，少数人甚至为此焦虑不堪。而她们一般都会认为自己比实际年龄年轻。男性对自己外表的变化也有忧虑，尤其是从事体力劳动的人更为敏感。

第二，"破与立"的对立。随着越来越意识到死亡的问题，中年人会关注自己所作所为的破坏性。过去对父母、伴侣、孩子、朋友及竞争对手造成伤害的言行举止被拨乱反正，他们有一种强烈的"创立"的愿望，想让自己所作所为的结果对自我及他人都有价值，并积极参与增进人类福祉的活动。这种馈赠可以表现为慷慨大方的礼物、有创造性的产品、志愿者服务或对年轻人的指导。

第三，"男与女"的对立。中年人对自我的男性化及女性化特质必须做出妥协，建立一种平衡。对男性而言，这意味着要更加接受"女性化的特质"，变得更有同情心和关爱他人，这有助于提升亲密关系和工作场所的权威。对女性而言，它常常意味着更加接受"男性化的特质"，变得更加自主、主导和张扬。

第四，"入与出"的对立。中年人必须在参与外部世界和从中走出来之间建立一种良好的平衡。对男性而言，这一般意味着收回雄心和对成就的追求，变得更接近自我。这一点对于专注于事业的女性而言也是大同小异。与此同时，那些在青年期全副身心养儿育女的女性、那些工作不顺的女性，经过一段时间的自我反省，通常会走另一条路，她们会更多地投入工作世界和宽广的社会。

不过，值得注意的是，生活结构的重建有赖于社会背景的支持。那些能够根据与年龄相关的变化灵活修正自己的自我认同的人，仍然可以维持一种自我连续感，可以更好地意识到自己的思想感受，因而有更高的自尊和生活满意度（Sneed et al.，2012）。相反，如果主宰生活过程的是贫穷、失业、在社会中没有受尊重的地位，那么人们的精力专注的是生存，而非追求令人满意的生活结构。即使是工作无忧、邻里和睦的成人，也可能发现工作条件限制了发展的机会，因为不得不关心生产效率和利润而无暇顾及工作的意义。

如果发展的机会让青年期的梦想得以实现，中年期的过渡就会一帆风顺。不过，这对女性而言就相对山遥路远。从事体力劳动的人也没什么提升的机会，只是有些人可以通过成为工会会员、工人代表、青年工人的导师而在职业适应上有所调整。另外，很多人因成为家族中最长的一辈人，而觉得有所补偿（Christensen & Larsen，2008）。

（二）中年期的生活适应

乔治·维兰特

乔治·维兰特对 250 名大学生进行访谈，然后进行追踪研究，在他们 47 岁、60 岁、70 岁时再次访谈，内容涉及工作、家庭、身体健康和心理健康。据此，他提出了成年期发展的生活适应观（adaptation to life）。

维兰特认为，与重要他人的关系质量塑造了生活过程。20 多岁的青年专注的是亲密关系，过了这一时期，30 多岁的青年目光聚焦于巩固事业，他们会努力工作，事业蒸蒸日上。

到 40 多岁时，人们对个人成就的追求会有所收敛，会变得更有繁衍感，会给予他人、指导他人。在五六十岁时，他们关注的是下一代的价值观和社会状态。很多人深切地感到有一种需要，应该保留和传递文化传统，他们会教给其他人自己的经验教训。四五十岁的中年人，其社会责任感会达到顶峰，最终成为“生命意义的守望者”或文化卫士。大多数成功人士和适应良好的人都会进入一个平静安详的生活阶段。“传递火炬”，即关注自己文化精华的延续，成了当务之急。

人到中年时，关注的是长期的、非个人化的目标，比如社会中人际关系的状态。他们也会变得更有哲学味，会接受并非所有事情都会在有生之年得以解决这一现实。

在 70 多岁时，他们会变得更加超脱和善于反省，会沉思生活的意义、接受生活的局限。从全世界来看，老人都是传统、法律及文化价值观的卫士。这股稳定的力量可以抑制由青少年和青年的质疑与挑战所激发的过快变化。

（三）中年期的社会时钟

正如在第八章提到的，波奈丝·纽加滕（Bernice Neugarten，1968，1979）指出，影响成人发展的一个重要文化因素是社会时钟，它是社会关于主要生活事件发生的恰当时机的标准或期望。

在中年期，个体的社会角色往往会进行一番重新建构，比如，“放飞”孩子，成为祖父母，变换工作或职业，直到最后离职退休。在通常情况下，诸如此类的重要事件是否发生、何时发生，都是非常容易预测的。然而，时至今日，随着生活方式的日益多样化，中年期的边界已经变得模糊不清，过去对社会时钟的界定正在悄然消退（Josselson，2003）。

直到20世纪中叶，成年期的社会时钟都是非常一致的，对于发达地区的中上层人士更是不言而喻。在以往，职业模式非常稳定，人们在60岁（一些国家是65岁）退休几乎是司空见惯的；然而，在如今，中年期工作的意义对于男性女性而言已经可能有所不同，现在人们经常会变换工作，也可能会提前退休，或者延迟退休。

在过去，女性的生活成天围绕着孩子的抚育时，适宜生育年龄的截止所包含的意义与今天所包含的意义就不可同日而语了；在今天，很多中年妇女都在工作。在过去，人们寿命不长的时候，中年人就会觉得自己已经垂垂老矣，会认识到自己离生命的终点只剩咫尺之遥了。但是，在今天，很多中年人会发现自己比以往更加忙碌，牵涉的方面更多——当一些人仍然在抚育年幼的孩子时，另一些人已经开始重新界定自己是作为青少年的父母，还是作为年轻成人的父母，或是日渐衰老的父母的照料者。然而，尽管中年人面对着形形色色的挑战和五花八门的事件，大多数中年人看起来在应对这些问题时仍能够胸有成竹、游刃有余（Lachman，2004）。

瑞微娜·海尔森

瑞微娜·海尔森（Ravenna Helson）及其同事认为，人们会从不同的社会时钟中进行选择，而他们做出的选择对于自己在中年期的个性发展具有重要意义。海尔森等在20世纪60年代早期开始的纵向研究检验了把注意力放在自己的家庭、职业或更加个人化的目标上的女性的社会时钟（Helson et al.，2006）。在整个研究期间，她们对被试在21岁、27岁和43岁时进行了评估，结果发现：女性会变得越来越自律，对自己的义务更有承诺，她们也会感受到越来越多的独立和自信，能够更加有效地应对压力和逆境。

在21～27岁期间，找到配偶并成为母亲意味着很多女性展现了传统的女性行为。但是，当孩子长大以后，母性义务就减退了，女性会选择并非传统的角色。此外，无论是选择家庭还是选择职业，她们一般都会表现出积极的变化。相比之下，既不关心家庭又不关心职业的女性在个性发展方面却没有什么变化，甚至是出现消极变化，比如，随着时间的推移，满足感下降。因此，海尔森认为，这当中重点不是选择了什么样的社会时钟，而是选择社会时钟的“过程”，是要对某一特定的发展轨迹倾注心力。

四、人格的个别差异与发展

前面我们谈到的人格变化对很多中年人来说是难分彼此的，但是，稳定的个别差异也是实实在在的。研究者对纷繁复杂的人格特质进行了归纳组织，提出了少数几个基本因素。这种划分又可以反映为两种方式，一是人格的特质模型，二是人格的类型模型。

（一）人格的特质模型

保罗·科斯塔和罗伯特·麦克瑞（Paul Costa & Robert McCrae，1997；McCrae，2002）提出的**"大五"**（big five）**人格结构**是典型的特质模型（trait model），他们认为人格可以表现为五种典型的特质，即神经质、外向性、开放性、宜人性、责任心（见表 9-2），这一模型也被称为人格五因素模型（five-factor model）。这一观点在横断研究、纵向研究及序列研究中都得到了验证（Roberts & Yoon，2022）。五因素模型还具有跨文化性（Church，2016；McCrae，2016），研究证据显示至少在 50 种文化中都存在这种模型。

> **"大五"人格结构** 科斯塔与麦克瑞提出的人格结构，认为人格可以表现为五种典型的特质，即神经质、外向性、开放性、宜人性、责任心。

保罗·科斯塔

罗伯特·麦克瑞

表 9-2 "大五"人格特质及表现特征

特质	表现特征
神经质（neuroticism）	神经质维度高的人往往表现为焦虑、敌意、自我意识、忧郁、冲动、脆弱。他们可能会表现出强烈的或消极的情绪，这会困扰他们与他人的相处，或者影响他们日常生活中解决问题的能力。该维度低的人突出表现为平静、温和、自足、舒适、非情绪化、大胆。
外向性（extraversion）	外向性维度高的人在社会交往中如鱼得水，喜欢交谈，能担责，能表达自己的意见和感受，喜欢忙碌，精力充沛，偏好充满刺激和挑战的环境。这种人往往喜欢人际取向的工作，比如社会工作和销售，他们也经常有博爱的目标。该维度低的人往往矜持、安静、被动、严肃、情绪反应弱。
开放性（openness to experience）	开放性维度高的人有栩栩如生的想象力和梦幻生活，他们喜欢艺术，有强烈的愿望去尝试任何东西。这些人有天然的好奇心，他们做决定是基于情境因素而非绝对的规则。他们对个人的经济回报不太看重。他们选择的是服务业或咨询业这些提供各种丰富体验的行业。该维度低的人则脚踏实地，枯燥乏味，墨守成规，谨小慎微。
宜人性（agreeableness）	宜人性维度高的人易被他人接受，愿意与他人合作，关心人。该维度低的人会表现出很多 A 型行为模式。他们通常冷酷无情，疑神疑鬼，吝啬小气，吹毛求疵，容易发怒。
责任心（conscientiousness）	责任心维度高的人通常勤奋努力，雄心勃勃，精力充沛，小心谨慎，不屈不挠。该维度低的人往往粗心大意，懒惰散漫，杂乱无章，漫无目的，容易半途而废。

针对北美被试的纵向研究及横断研究表明，宜人性和责任心从青少年期到中年期在增加，而神经质在减少，外向性及开放性基本不变。这种趋势在德国、意大利、日本、俄罗斯及韩国等多种文化中得到了检验（Costa et al.，2000；Roberts et al.，2003）。因此，一些研究者认为成年期人格特质的变化受遗传影响。"大五"特质上的差异广泛而高度稳定。对 150 多项纵向研究的分析表明，从青年期到中年期，人格特质的稳定性在增加，在 50 多岁时达到顶峰（Roberts & DelVecchio，2000）。后来有元分析表明，人格的最大变化发生在成年早期（Roberts，Walton，& Viechtbauer，2006），中年以后人格更为稳定（Roberts & Nickel，2021）。这些发现支持了"人格发展的累积连续性模型"（cumulative continuity model of personality development），即认为人们随着时间的推移和年龄的变化，越来越擅长与环境的互动，其互动方式有助于提升人格的稳定性（Caspi & Roberts，2001；Roberts & Yoon，2022）。

人格会对人们的生活产生重要影响，尤其是因为每个人都要为自己找到一个适合的小生境，也就是所选择的生活方式和社会背景，包括个人的职业、邻居、配偶和日常规律等。人们做出的选择是适合其人格的。在科斯塔和麦克瑞看来，不是生活经验改变了人格，而是人格塑造了生活（ McCrae & Costa，2003）。比如，在中年期再婚的男性往往在神经质方面会变得更弱（Roberts & Mroczek，2008）。

乍一看，既然人格特质是稳定的，那么成年期的变化就与之矛盾了。对此，研究者认为，成年期人格的宏观组织和整合会发生变化，但这一变化是以基本的、持久的先天素质为基础的，它使人在生活环境发生变化时能够保持连贯的自我感（Berk，2018）。

此外，值得一提的是，国内的研究者认为中西方的文化对人格特质的表现会有不同的影响，通过区分中西方人格结构的共性与特异性及其性质，提出了七因素模型（崔红等，2003，2004，2007）和六因素模型（张建新，周明洁，2006）。

（二）人格的类型模型

杰克 · 布洛克

杰克 · 布洛克（Jack Block，1971）是研究人格的"类型模型"（typological models）的先驱之一。这种模型试图通过把人格看成具有整体性功能的，来对特质模型进行补充和扩展。自我控制被认为是极有社会价值的社会赞许特质，而冲动和缺乏控制一般被认为是适应不良和社会不赞许的（Block & Block，2006）。

研究者（Block & Block，1980）确定了三种人格类型：自我弹性型（ego-resilient）、过分控制型（overcontrolled）、不受控制型（undercontrolled）。这三种类型在自我心理弹性（ego-resiliency）及自我控制性（ego-control）上是各不相同的。自我弹性型的人具有最好的适应性：自信、独立、清晰、专注、助人、合作，聚焦于任务（见表 9 - 3）。过分控制型的人羞怯、安静、焦虑、依赖，他们往往把自己的思维囿于自身，逃避冲突，很容易受到抑郁的折磨。不受控制型的人活跃、积极、冲动、固执、容易分心。

表 9-3　自我弹性型成人的特征

最典型的特征	最不典型的特征
对自己的动机和行为有透彻的了解	自我防御脆弱，在压力下适应不良
温情，有能力建立亲密关系	自我诋毁
在社交中镇静从容，举止恰当	面对不确定性和复杂局面时手足无措
具有生产性，能够完成任务	对微不足道的挫折反应过度，易怒
行为举止平和、放松	否认令人不快的想法和经验
在想象游戏中社会技能娴熟	不会转变角色，处理问题方法单一
能够知觉人际线索中的社会含义	时时处于焦虑中
能够看到重要问题的核心所在	遭遇挫折或面对逆境时缴械投降、退缩逃避
真正地可靠和富有责任感	情绪冷漠，无动于衷
懂得幽默	面对现实的或想象的威胁时脆弱不堪，恐惧
看重自己的独立性和自主	倾向于胡思乱想，头脑中有挥之不去的想法
通常能够得到他人的喜欢和接受	感到被生活欺骗，觉得自己是生活的受害者
能够制造幽默	感到自己的生活没有意义

资料来源：Block，1971.

自我心理弹性与自我控制性通过交互作用可以决定行为是适应性的，还是适应不良的。比如，不受控制型的人可能会表现出创造性和足智多谋，也可能会表现出外化问题和反社会行为。相似地，过分控制型的人既可能会是一个非常专注和有计划性的人，也可能在行为中表现出不可捉摸和不受约束。过分控制或不受控制的更为极端的形式通常都与低水平的心理弹性相联系。这些或与之相似的人格类型可能在男性女性身上都存在，并不会受到文化、种族、年龄的影响（Caspi，1998）。

人格类型在大范围的文化和人群中都具有可重复性，并且能够帮助预测成年人的社会功能和心理健康（Bohane et al.，2017）。在慕尼黑做的一项纵向研究对 3～12 岁的儿童进行评估，然后在他们 17～23 岁时再次进行评估，结果发现，4～6 岁时的过分控制型儿童在青少年后期、成年初期同样是羞怯的人，而那些在儿童早期不受控制型的人则颇具攻击性；这些特质在 17～23 岁时会变得更加突出。此外，过分控制型和不受控制型在承担成年期的社会角色（比如，离开原生家庭、建立恋爱关系、找到兼职工作）时，都比自我弹性型更加困难重重（Dennissen et al.，2008）。

当然，态度和行为保持连续的趋势并不意味着人格是永不可变的，或者某些类型的人注定一生都是适应不良的。不受控制型儿童如果在成年早期找到一个环境，在其中他们的精力和自发性被认为是优点的话，他们也能够适应得很好。过分控制型儿童如果发现他们安静的依赖性得到首肯的话，有可能会走出自己的保护壳。

（三）人格的发展变化

从生命全程观来看人格发展，目前，涉及个体心理差异的广泛特征在时间上的连续性与变迁（McAdams & Olson，2010），获得认可的整合的框架是个体心理差异三层次理论：一是先天素质特质（dispositional traits），在此个体作为行动者（person as actor）；二是独特的适应（characteristic adaptations），在此个体作为能动者（person as

前沿扫描

人格有云泥，网瘾亦有异？

agent)；三是整合的生活叙事（integrative life narratives），在此个体作为创作者（person as author）。先天素质特质勾画了心理差异的先天素质轮廓；独特的适应填充了动机和社会认知的细节；整合的生活叙事说出了个人生活的全部意义。

1. 先天素质特质

先天素质特质是心理差异广泛的、内部的、可比较的特征，它解释了行为、思想及情感在不同时空中的一致性。最流行的特质分类是人格特质的“大五”模型。今天大多数的人格心理学家认为人格特质是心理差异的基础，这一点至少表现在两方面：其一，外向性及宜人性，这样的特质描述了个体间最基本和最少偶然性的差异，这是在不同时空中通过外显行为一目了然观察到的。其二，先天素质特质反映了人类生活中最开始就表现出来的广泛差异和一致性。人类一开始有社会活动（比如，与照料者的交互作用），其行为中的差异（或高兴，或忧伤；或趋近，或抑制）就一览无遗。

一方面，气质是人格特质得以发展的“早期生活框架”（Saucier & Simonds，2006）。对儿童与成人人格的文献综述提出（Caspi et al.，2005）：儿童气质中的外向性因素，可以帮助预测成人特质中外向性及积极情绪方面的发展。儿童期集中注意及努力控制的能力，以及行为抑制，奠定了成人责任心、拘束及宜人性特质的发展。遗传决定的行为方式的差异，可能最终决定了个体会选择进入的环境。

另一方面，特质的差异连续性往往随着年龄的增长而增大。特质的差异连续性（differential continuity）指的是在经过一段时间后某种特质的个别差异保持稳定的程度。对纵向研究进行的元分析发现，先天素质特质的稳定系数在儿童身上是最低的（平均 0.41），到青年时升至较高的水平（平均 0.55），然后在 50～70 岁成人身上达到高峰（平均 0.70）（Roberts & DelVecchio，2000）。

此外，值得注意的是特质在一生中的发展趋势，即特质的平均水平的变化。对 92 项纵向研究的元分析（Roberts et al.，2006）表明，从 10 岁到 70 岁，责任心主要呈现为一种渐进而稳定的增长。宜人性的增长则并非一帆风顺，它先是慢慢地爬升到 50 岁，然后在 50～60 岁期间猛增，之后又平缓下来。神经质一直下降到 40 岁，以后平稳下来。外向性较为复杂：与社会性支配有关的，在 30 岁以前上升；与生命活力有关的，在 50 岁以后才下降。开放性是一种曲线趋势：20 岁以前上升，50 岁以后下降。

2. 独特的适应

独特的适应（McAdams & Pals，2006）包括动机、目标、计划、努力奋斗、策略、价值观、美德、图式以及很多其他的人类生活中具有动机作用的人格结构。很多人格心理学家声称，人类是自我决定和自我调节的能动者，他们会围绕目标追求来组织自己的生活。

个人的能动性在人格发展的头几年也在逐渐发展（Walls & Kollat，2006）。1 岁时，婴儿会模仿和即兴表现成人表现出的意图行为。到 4 岁时，儿童有了稳固的“心理理论”（Wellman，2002）。上学以后，儿童开始规划和评估自己在特定领域内的目标指向的努力。到七八岁时，人格的第二层结构开始形成。在基本的先天素质继续塑造着行动者独特的情绪和行为方式的同时，能动的自我则使个人化的动机变得清晰，有了自己的意图、计划、愿望、目标、价值观、规划、经验、与目标有关的策略。

目标直截了当地表明了成人生活中的一般主题（包括先天素质特质）是如何以特定的、因背景而有细微差异的方式表现出来的。目标是“成人人格的建筑砖石”（Freund & Riediger，2006）。在年轻成人中，与教育、亲密感、友谊及职业有关的目标可能非常突出；中年人则专注于孩子未来的目标，保住他们已经获得的一切，关心与贫穷有关的问题；老年人的目标涉及的是健康、退休、休闲、对世事的理解（Freund & Riediger，2006）。

人们管理多种相互冲突的目标的方式，可能会随时间而变化。年轻成人更可能容忍不同生活目标之间高水平的冲突，但是，中老年人管理目标的方式却是减少冲突（Riediger & Freund，2008）。在试图协调目标与环境的限制时，年轻人更可能试图改变环境来配合自己的目标追求；相比之下，中老年人更可能改变自我来适应环境的限制和制约。

3. 整合的生活叙事

叠加在先天素质特质和独特的适应之上的，是一个内化的、仍在继续的生活故事——叙事自我认同（narrative identity），其目的是为个人的生活提供关于整体、目的、意义的副本（McAdams，2008；McLean et al.，2007）。叙事自我认同是对一个人发展过程中从哪来、往哪去的故事化理解。它是对过去的自传回忆及预期未来的想象进行的叙事重构（Conway & Pleydell-Pearce，2000）。

人类的生活始于社会行动者。到儿童中期，他们会变成社会能动者。直到青少年期或青年期，他们才变成社会中的自我创作者。直到青少年期，自我创作所必需的认知技能才出现。对个人的发展进行解释的关键能力是所谓的“因果一致性”（causal coherence）（Habermas & Bluck，2000）。随着年龄增长，青少年能够更好地提供叙事事件来解释一件事是如何发生、延续、转变的，它与个人生活后来的事件又有何关系。继而，他可能会确定一个大的主题、价值观或原则来整合自己生活中的不同事件，表达个人传记的主旨——这一认知操作被称为“主题一致性”（thematic coherence）。对 8～20 岁被试建构的生活叙事的分析表明，因果一致性及主题一致性在儿童后期及青少年早期的自传事件中比较少见，在青少年期及成年初期后会激增。

研究范例

讲生活故事，靠自传记忆。

到中年以后，年长的成人通常会建构比年轻人和青少年更为复杂和一致的生活叙事（Baddeley & Singer，2007）。

五、中年期的家庭生活

（一）家庭生活循环

家庭生活循环　反映了完整的传统婚姻家庭发展模式。随着新婚夫妻为人父母，新的家庭循环就产生了，夫妻沿着代际阶梯，一步步走向家庭生活循环的新阶段——生儿育女，“放飞”孩子，成为“空巢”者，最后成为老人。

随着年龄的增长，以及家庭生活需要的潮起潮落，婚姻及家庭关系会发生变化。**家庭生活循环**（family life cycle）反映了完整的传统婚姻家庭发展模式（Duvall，1971）。随着新婚夫妻为人父母，新的家庭循环就产生了，夫妻沿着代际阶梯，一步步走向家庭生活循环的新阶段——生儿育女，“放飞”孩子，成为“空巢”者，最后成为老人，而每个家庭生活阶段所花费的时间是截然不同的（见图 9-2）。不过，在今天看来，越来越多的人并不会经历传统的家庭生活循环。一些成年人建立了亲密关系，却保持单身或者不生孩子，或者多次结婚（Cherlin，2009；Patterson & Hastings，2007）。

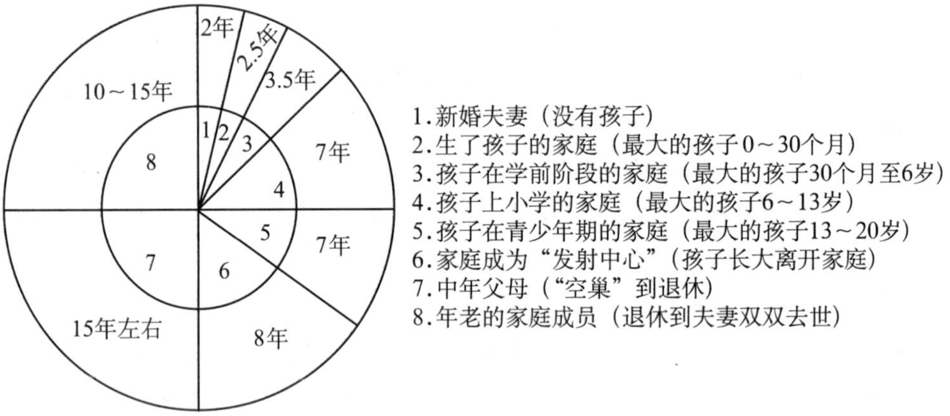

图 9-2　家庭生活循环（每一阶段家庭与孩子在一起的大致年数）

不仅如此，实际上每个阶段面对的过渡和任务也是不尽相同的。研究者对此加以整合，提出了一个相似的模型，把家庭生活循环分为六个阶段（Carter & McGoldrick，1999）。

一是“离开家庭的单身成人”。此时，个人要在情绪和经济上自负其责。这一过程的变化有：自我与原生家庭的分离；亲密同伴关系的发展；在工作和经济方面建立自我。

二是“结婚成家的新晋夫妻”。此时，个人需要对新的系统做出承诺。这期间的变化包括：婚姻系统的形成；重新定位与原生家庭及朋友的关系，以纳入配偶。

三是“孩子在童年期的家庭”。此时，个人要接受新成员进入家庭系统。这期间的变化有：调整婚姻系统，腾出空间给孩子；共同养育孩子，承担经济及家务的负担；重新定位与原生家庭的关系，以便包括父母角色、祖父母角色。

四是“孩子为青少年的家庭”。此时，家庭界限需要有更大的灵活性，可以让孩子逐渐独立，接受祖父母的日渐虚弱。这期间的变化有：亲子关系转向，让青少年可以有家庭外的空间；重新关注中年期的婚姻问题和职业问题；开始转向关怀老人。

五是“放飞孩子且继续前行”。此时，个人要接受家庭系统人员的进进出出。这期间的变化有：婚姻系统作为二元关系的重建；发展长大的孩子与其父母之间成人对成人的关系；重新定位与儿媳、女婿及孙辈的关系；应对父母（祖父母）的瘫痪和死亡。

六是“进入晚年生活的家庭”。此时，个人要接受代际角色的转变。这期间的变化有：面对生理衰退，要维持自己或配偶的机能及兴趣，即探索新的家庭角色和社会角色；为成为中心角色的中年一代提供支持；腾出空间来总结智慧和经验；应对配偶、同胞及同伴的死亡及准备面对死亡。

（二）中年期的亲子关系

人到中年，家庭中的很多关系会发生变化。孩子一点点长大了，成为更加追求独立的青少年，成为能够独立生活的年轻人；而父母也在渐渐老去，需要照料。研究表明，如果中年人与父母和已经长大的孩子关系融洽，那么他们是最快乐的（Kim & others，2020）。

1. 与青少年子女的关系

中年期和青少年期这两个容易出现情绪危机的时期，往往“冤家”聚首于同一屋檐下。人到中年，其子女往往也进入青少年期；他们在处理自己的种种问题时，还必须每天应付正在经历巨大身心变化的孩子。

如第七章所述，青少年会寻求独立自主，挑战父母的权威，而这也是其走向成熟所必需的。对父母而言，重要的是接受孩子的变化，而不是按自己的期望去限制孩子。当然，这会给父母带来一些伤感，使其幸福感下降；不过，与没有孩子的人相比，为人父母会带来更强的幸福感、繁衍感，尤其是对男性而言更是如此（Marks et al.，2004）。

对某些父母来说，孩子进入青少年期会带来更强的满足感、幸福感，甚至是骄傲。对大多数父母而言，青少年期正常的变化混杂着积极的情绪和消极的情绪。对女儿进入青春期的母亲而言尤其如此，这时候母女关系一般会变得既亲密无间又充满冲突。最脆弱的母亲是那些对自己的工作并不上心的母亲（Silverberg，1996）。追踪研究表明，如果母子关系和父女关系中缺乏接受性和温情，父母往往会更加投入工作，花更多的时间在工作上，以求从中有所补偿（Fortner et al.，2004）。

2. 与成年子女的关系

在经历孩子处于青少年期的紧张后，父母一般都会珍惜孩子进入成年期的转变。通常，孩子长大成人后，亲子关系会峰回路转、得以改善（Troll & Fingerman，1996），亲子关系会转变为朋友关系，对母亲而言变化可能更大。决定这种转变的一个关键因素是父母对孩子独立倾向的培养和支持程度。随着时间的推移，亲子关系中的亲密感会增加，而冲突会减少，这在各种文化中都相差无几（Akiyama & Antonucci，1999；Fingerman & Yahurin，2015）。

在孩子离开家独自生活时，情感联系会被打断。孩子离开家，会留下所谓的“空巢”（empty nest）。这对那些基本把心思放在生儿育女上的女性而言，会带来适应的困难，她们会报告更多的悲伤及消极情绪（Hobdy，2000）；但是更多的人却觉得这是一种解放，觉得自己终于从一堆责任中解脱出来了（Morfei et al.，2004；Antonucci，2001），现在可以做自己喜欢做的事了！在孩子离开家以后，父母也会体验到一种新的自由的迸发（Arnett & Schwab，2013）。他们不再需要协调自己和孩子的日程安排了。

成年的孩子离开家后，中年的父母通常每周都会与孩子联系，双方也会彼此给予支持和帮助。当然，在必要的时候，父母会给予孩子经济支持（Swartz，2009）。生活过得不错的年轻人通常与父母保持亲密且愉快的关系，而父母会给孩子提供帮助，他们认为这对自己的孩子未来获得成功来说很关键（Fingerman et al.，2012）。父母在孩子的成年初期一直会以各种方式提供支持，尤其是对于未婚的孩子，或者面临生活转变的孩子，比如失业或者更换工作或者离婚（Fingerman，2017）。不过，这种支持在孩子 20 岁以后会一直减少，直到孩子30岁时，孩子会与父母形成更为平等的关系（Arnett Ed.，2015)。父母则从其他方面得到子女的回馈。他们经常为孩子的成就感到骄傲，自尊也因孩子出息而得以提升（Keyes & Ruff，1999)。

当然，也有一些父母由于自身的问题，或是经济的，或是个人的，而无暇顾及自己刚刚成年的孩子（Fingerman & Yahirun，2015)。

值得一提的是，“空巢”会给婚姻带来影响，这取决于婚姻的质量和长度。在甜蜜美好的婚姻中，长大成人的孩子离开家可能会让父母有第二次蜜月。而在摇摇欲坠的婚姻中，如果父母双方待在一起只是因为孩子的缘故，那么这时候就没什么理由再耗下去了。

3. 与年迈父母的关系

中年人与其父母的关系通常随着时间的推移而改善（Connidis，2001)。其中一个原因是，人到中年以后，尤其是在回首自己的成长历程时，对与父母的关系会有更加平衡的看法。两代人都会承认过去犯过的错，都会给予宽恕。对那些已经体验过为人父母的人来说，尤其如此。

通常，母女关系会比其他关系更加密切（Fingerman，2001；Fingerman et al.，2008)。随着青少年期的紧张关系渐渐逝去，女儿和母亲会建立起具有奖酬性质的亲密关系。女儿会因母亲的支持而受益匪浅。当女儿进入中年期时，她们对母女关系的看法会更加复杂，女儿爱自己日渐衰老的母亲，希望得到母亲的支持，但是，她们也必须面对自己时间和精力有限的问题。所以，年迈的母亲对女儿的情感投入比中年女儿对她们的投入更多一些。

成年儿女与年迈父母之间的相互帮助（Kahn et al.，2011)，是其过去及当前家庭环境的反映。从前的亲子联系越积极，他们给予和得到的帮助就越多。同时，相互帮助的方式在成年期也发生了转变，父母给孩子提供建议、帮做家务、赠送礼物、经济支持等减少了，而孩子给父母的各种帮助却增加了（Künemund et al.，2005；Zarit & Eggebeen，2002)。甚至在亲子关系已经疏远的时候，成年孩子也会出于家庭义务在父母渐老时给予父母更多的帮助。此外，既有成年孩子又有年迈父母的中年人，更可能给孩子提供经济支持，但是会为两代人提供相差无几的情绪支持（Birditt et al.，2017；Parker & Patten，2013)。

对年迈父母的照料是一个两难问题。大多数成年孩子会有一种照料年迈父母的责任感，即所谓的“孝顺”。他们有时候会觉得自己欠父母的，毕竟父母养育了自己那么多年，现在该回馈父母了。但是，这并不容易，年迈父母需要照料的时机并不是由成年孩子选择的。而且，日常生活规律和生活方式的潜在冲突非常大。在照料需要的知觉方面，两代人的差异也非常大，父母可能觉得不需要孩子管那么多，孩子的看法则可能截然相反（Stuifbergen et al，2010)。研究表明，老年人孝道期待的实现程度是提高其生活满意度的重要因素，而情感期待高于情感支持是影响老年人孤独感的重要因素（李西营等，2022)。实际上，父母和子女对于成年子女应该为父母做点什么有着大致相似的看法（见表9-4；Feldman，2011)。

表 9-4　父母和子女对于成年子女应该为父母做点什么的看法

	子女的排序	父母的排序
要相互体谅对方	1	2
给予情绪的支持	2	3
讨论重要的事务	3	1
紧急时留有空间	4	7
牺牲个人的自由	5	6
生病时进行照料	6	9
特殊场合聚一起	7	5
提供财物的支持	8	13
给父母提供建议	9	4
调家庭日程来帮忙	10	10
解除父母的责任	11	8
调工作日程来帮忙	12	12
相信双方应住一起	13	15
每周去探访一次	14	11
住得离父母近点	15	16
每周要写一封信	16	14

在照顾日渐衰老的父母时，即使是最孝顺的成年子女照料者有时候也难免感到抑郁、不满、愤怒或内疚（Haley，2013；Hyer et al.，2017）。很多照料者经济上并不宽裕，而且有时候年迈父母患有痴呆症这样的慢性病，需要每天看护。所以，很多专家指出应该注意避免照料者倦怠（Ghosh et al.，2017）。不过，在这一过程中，孩子心理上会有回报，双方的依恋会持续增长，双方会变得更加亲近，更能够接受对方的缺点、欣赏对方的优点（Mancini & Blieszner，1989）。

对中年人而言，减少照料老年父母的压力的一种方式是兄弟姐妹一起来分担照料的责任。比如，在中国农村，兄弟姐妹们就轮流接老年父母到自己家里来照料其饮食起居（Zhang & Wang，2010），而在西方国家也是由兄弟姐妹们轮流承担照料父母的责任，每家负责一段时间，或者不同的人负责不同的方面，比如财物、看望等。

（三）成为祖父母

成为祖父母有时候被看成衰老的标志，但是实际上很多人在 50 多岁时就会成为祖父母。随着预期寿命的延长，这意味着很多人在生命中 1/3 的时光要承担祖父母的角色。

成为祖父母的时机影响着成年人对这一角色的体验。相对于同伴而言，太早和太晚成为祖父母都可能面临具有挑战性的过渡期（Hank et al.，2018）。太早成为祖父母的成年人可能会发现自己既要照顾自己年幼的儿童和青少年，又要扮演祖辈的看护和支持的角色。而全天候照顾孙辈的祖父母会面临健康问题、抑郁和压力的更大风险（Fokakis，Nadorff，& McKay，2020）。当然，祖父母的角色具有奖酬性，照看新孙子的时间与积极的心理健康有关。然而，对很多成年人而言，这一状况伴随着角色压力，因为他们可能需要在雇员、配偶、年幼或年长孩子以及孙子的期望中穿梭不息。

1. 成为祖父母的意义

在中年期，很多人会成为祖父母。当然，这首先取决于他们自己做了父母，然后再看孩子们是否决定生育。

对绝大多数人来说，成为祖父母是一件有意义的事，并且可以和繁衍感相联系（Gonyea，2013；Thiele & Whelan，2008）。一项针对40岁及更年长的祖父母的研究表明，孙辈对祖父母的尊重提升了祖父母的繁衍感和生活满意度（Scott & others，2022）。这体现在以下几方面（Hayslip et al.，2003）：第一，“孙辈成为生活中心”，即对某些人来说，祖父母的角色是其生活中最为重要的事，许多人也戏称为“操练‘孙子’兵法”；第二，“受人尊重的年长者”，即被视为贤明的、有帮助的人；第三，“通过子孙获得不朽”，即在自己身后已经留下了两代人，为此感到骄傲；第四，“个人过去的再卷入”，即能够向孙辈传递家族史和价值观；第五，“纵情享受天伦之乐”，即与孙辈尽情玩乐，而无须承担主要的养育责任。

大多数祖父母能够体验到几种不同的意义，而不管他们与孙辈的关系是什么样的模式（Alley，2004）。祖孙关系最为亲密的时候是：孙辈相对比较小的时候、孙辈的父母是兄弟姐妹中第一个生孩子的、祖父母既不太年轻也不老（已经退休但还未衰弱）。

2. 祖父母的类型

从全世界来看，祖父母的角色是千差万别的，这主要有赖于其在孙辈的日常照料中卷入的程度。在亚洲、非洲及拉丁美洲家庭，祖父母经常会卷入孙辈的照料中（Ice et al.，2008）。尤其是当母亲外出工作时，祖母会承担起对孩子进行照料的责任（Parker & Short，2009）。

一般而言，从社会性及个人的维度可以对祖孙关系进行分类。社会性维度可以包括祖父母的社会需要及期望，个人维度包括作为祖父母获得的个人满意度及得以满足的个人需要。比如，祖父母通过讲故事或提建议的方式，向孙辈传授技能、社会价值观、职业价值观等（社会性维度），他们可能会感到非常骄傲和满足（个人维度）。基于此，祖孙关系可以分为三种基本形式（Gratton & Haber，1996）：

第一，投入型祖父母积极投入孙辈的日常生活中。他们和孙辈住在一起或住在附近，每天可以看到孙辈并提供大量的照料。他们对孙辈的言行举止具有明确的期望，对孙辈的生活具有影响。

第二，陪伴型祖父母比较独立自主，他们自己居住，有自己的生活方式。他们会决定如何与孙辈建立什么样的关系、哪一个孙辈会得到最多的注意、是否照料孙辈。他们会与孙辈一起玩，会宠爱孙辈，但是不会去管教孙辈。

第三，疏远型祖父母与孩子及孙辈在情感上有距离，孩子及孙辈对他们抱敬畏之情。通常他们控制着家族的土地、事业或其他财富。他们自视为家长，有责任维护传统的价值观。他们与孙辈关系冷淡，保持距离，对孙辈几乎没有兴趣。

此外，祖孙关系也存在明显的性别差异，通常祖母比祖父对孙辈更感兴趣，也更满意，尤其是双方互动较多的时候更是如此（Smith & Drew，2002；Monserud，2010）。同性别的祖孙之间关系也较为亲密，尤其是祖母与孙女之间（Brown & Rodin，2004）。

祖孙之间最常见的活动是一起做饭、看电视、逛街购物、读书看报，祖父母也会和孙辈一起锻炼或进行体育活动。祖父母和成年孙辈往往会认可双方的关系既亲密又持久（Hayslip & Blumenthal，2016）。祖父母对孙辈而言是一个重要的情绪支持来源（Huo et al.，2018）。随着孙辈们一点点长大，祖孙之间的联系会减少，但是感情会加深。

六、中年期的友谊

在中年期，人们的社交网络会变得越来越窄，同时也变得越来越亲密。而且，友谊会长久保持，成为情绪支持及幸福感的重要来源，这一点对女性而言尤其如此（Antonucci，2001；Bruine de Bruin et al.，2020）。中年人的友谊常常是围绕工作及子女养育的问题来发展的；除此之外，通过邻里接触或参加志愿者服务等，也可能建立起友谊。

由于日常生活中有繁杂琐事要做，所以很多中年人也乐于通过社交媒体保持联系。中年人对社交媒体的使用虽然不及年轻人多，但是增长很快（Perrin，2015）；而且，女性也是更为活跃的用户。

当然，中年期的友谊也和其他年龄段的友谊一样，男性之间的友谊不如女性之间的友谊那么紧密。男人们在一起更多地是讨论体育、政治和商业，女人们则更多地谈感受和生活中的问题。女性报告的亲密朋友的数量更多，她们从朋友那里接受的情绪支持更多，也更多地给予朋友情绪支持（Fiori & Denckla，2015）。

尽管如此，男女两性的朋友数量都会随着年龄增长而减少。随着友谊选择性的增加，他们会更加努力地和朋友好好相处，他们会对这种关系赋予更大的价值，小心翼翼地保护好这种关系。

中年期的友谊质量常常可以弥补由于缺乏时间带来的损失。尤其是在遇到危机时，比如离婚或照料垂垂老去的父母而遇到困难时，成年人一般会去找朋友寻求情绪支持、实践指导、安慰、陪伴，甚至只是聊天（Hartup & Stevens，1999）。这种友谊的质量会对健康产生影响，而缺乏友谊也会对健康产生影响。比如，孤独感就能够很好地帮助预测血压上升，甚至是在考虑了诸如年龄、性别、种族和心血管风险因素时，也是如此（Hawkley et al.，2010）。

然而，有时候，友谊本身就可能会带来压力。与朋友的冲突往往集中在价值观、信仰及生活方式等方面的差异上。不过，朋友之间通常能够在维护彼此的尊严及相互尊重的情况下，把这些冲突坦坦白白地谈清楚。

此外，到中年期，家庭纽带和友谊为幸福感提供了不同的支持。家庭纽带保护中年人免受严重的威胁和损失，在更长的时间内提供安全感。相比之下，友谊则主要提供即时的快乐和满足，而女性从中受益更多（Levitt & Cici-Gokaltun，2011）。同时，随着中年夫妻对陪伴关系的重新认识，他们会对家庭和友谊进行最好的融合。

七、工作及其平衡

（一）工作满意度

在中年期，工作仍然是自我认同和自尊的重要方面。此时，人们会更加看重职业生活给自己带来的意义。如果人们对自己的工作进行评估，所获得的积极的感受就是**工作满意度**（job satisfaction）。它在心理和经济方面都有重要意义。如果人们对工作不满，就会产生包括旷工、换岗、发牢骚、罢工等后果，这一切都会让雇主付出代价。

工作满意度 人们对自己的工作进行评估所获得的积极的感受。

1. 工作满意度的变化

工作满意度通常随着年龄增长而提升，尤其是从中年期开始会有明显提升（Hochwarter et al.，2001；Besen et al.，2013），这体现在各种职业中，从经理到小时工概莫能外。这一方面是因为对工作职位不满意的年轻人会辞职，去寻找自己更满意的工作。另一方面，对年长者来说，改变工作的机会越来越小，他们会容忍并接受现在的职位就是最好的选择，最终这种接受会变为满意度。

不过，年龄与满意度的关系对女性而言相对弱一些，可能是因为女性晋升的机会少一些，这导致她们有一种不公平感。同时，这种关系对体力劳动者而言也弱一些，可能是因为他们对自己的工作计划及活动缺乏话语权（Stern et al.，1994）。

此外，内在满意度（工作本身带来的快乐）随年龄增长会有更大的提升，中年人更满意工作带给他们的内在感受，比如掌控感、自我效能感、与工友的友谊、自尊等（Kehr et al.，2018）。而外在满意度（与管理、报酬、晋升有关）则随年龄增长变化不大（Glickman，2001）。

2. 影响工作满意度的因素

工作满意度通常随着年龄增长而提升，这是由多方面的因素决定的。

首先，自我选择会有影响。那些真正喜欢自己工作的人会坚守岗位，而不喜欢的人则会转身离去（Hom & Kinicki，2001）。所以，只要假以时日，人们最终会找到自己满意的工作。

其次，工作满意度的提升可能并非只受年龄影响，而是取决于个人与工作的吻合度（Holland，1997）。中年职员会有更多的时间找到自己满意的工作，或可能接受现状，这都会导致其愿望与工作性质的和谐（Glickman，2001）。中年人也可能会修正自己的期望，以更好地反映现实状况。

再次，随着年龄增长，工作渐渐地不再是人们生活中的焦点，原因之一是他们或多或少已经事业有成。所以，工作在让人感到满意方面所起的作用减弱了。

又次，工作类型与不同职业阶段的家庭责任感可能会影响年龄与工作满意度的关系（Engle et al.，1994）。经验的积累、环境的变化、职业发展的阶段都可能会对工作满意度有影响。

最后，工作满意度可能是一个循环。也就是说，它可能有一种周期性的波动，与年龄本身无关，而是取决于人们在职业中的主动求变。即工作满意度的提升源于人们不断改变工作，使之充满乐趣和挑战。

3. 工作疏离感与倦怠感

实际上，没有任何工作是完美的，工作中总有一些东西不尽如人意：或是工作时间太长，或是报酬不高，或是老板难相处。对大多数人而言，这些方面仅仅是让人有点心烦意乱。但是对某些人来说，工作中极端的压力可能会导致根深蒂固的不快，进而令其对工作产生疏离感和倦怠感。

当职员觉得自己所做的事没有意义、自己付出的努力没有价值，或看不到自己的工作与最终的产品之间有何联系时，他们就可能产生**工作疏离感**（alienation）。有工作疏离感的职员会觉得自己是一台大机器上无名无姓、没头没脸的齿轮。最可能产生工作疏离感的是那些做重复性工作的人，比如装配线上的工人。

工作疏离感　当职员觉得自己所做的事没有意义、自己付出的努力没有价值，或看不到自己的工作与最终的产品之间有何联系时的感受。

人格中玩世不恭的特征最能帮助预测工作疏离感（Abraham，2000），它继而会导致对工作的不满。外控型的员工比内控型的员工工作疏离感强。也有研究发现工作疏离感首要的预测因子就是工作特征，包括工作的意义、自我表达的机会以及工作中的人际关系（引自周浩，龙立荣，2011）。要避免员工出现工作疏离感，提升组织承诺，关键是信任（Sousa-Lima et al.，2013）。同时，让雇员参与决策过程、建立灵活的工作计划、制订雇员发展与晋升计划等都会有帮助（Freund，2005）。

与此同时，如果工作的节奏和压力超过了个人能够承受的限度，就可能导致**工作倦怠感**（burnout），即感到个人精力和动机的衰竭、职业理想的消失，感到被榨干。它是一种因为工作压力而导致的身体、情绪及心理衰竭的状态（Malach-Pines，2005）。工作倦怠感的易感人群是从事助人职业者，比如教育教学、社会工作、医疗救护、健康护理、职业治疗以及警察与军队这类职业的从业者（Malinen & Savolainen，2016；Shanafelt et al.，2015），从事这类职业的人经常因为帮助他人时无力做到自己所希望的那么好而感到挫败（Maslach，2003）。国内的一些研究也对此有所验证（赵玉芳，张庆林，2004；蒋奖等，2005；李永鑫等，2007）。

工作倦怠感　如果工作的节奏和压力超过了个人能够承受的限度，个体就会感到个人精力和动机的衰竭、职业理想的消失，感到被榨干。

工作倦怠感通常打击的是理想主义的人，这些人过于专注自己的工作，但发现自己在面对贫穷困顿和医疗救助等巨大的社会问题时几乎束手无策，所以感到失望和泄气（Bakker & Heuven，2006）。理想主义最终被悲观主义取而代之，剩下的态度是感到为问题提供一个有意义的解决方案是大海捞针般的任务（Schaufeli & Salanova，2007）。

数字化办公，有利于员工？

产生工作倦怠感的人通常首先会经常感到受挫，继而演变为愤怒，接下来会有焦虑和恐惧，然后是忧郁，极端情况下会绝望。相应地，这些症状会伴随业绩下降、退缩及人际困难、药物滥用、旷工等。

防范工作倦怠感最有效的措施是练习减压技术、降低对自己的期望、对工作情境进行认知重构、寻找可替代的方式来提升自我（Van Dierendonck et al.，2005）。

简而言之，通过让个人参与决策、让他们的期望得以实现、确保良好的沟通、提升团队精神，从而让他们觉得自己对组织机构来说是重要的，将有助于避免工作疏离感和倦怠感。而展现出信任和道德的领导是关键所在（Bachman，2017；Bligh，2017）。

（二）工作与家庭的平衡

当年轻人刚刚进入职场时，他们关心的往往是地位、薪水及工作要求。他们愿意加班加点地工作，愿意没有规律地倒班，愿意频繁出差。但是对中年人来说，则完全不是那么回事，这时候他们更关心的是在工作、家庭和自我之间找到平衡点（Werner & Smith，2001）。而有效地平衡工作与家庭，可以带来很多好处，比如更好的生活、工作效率的提高、幸福感的提升、更大的自我实现以及更快乐的婚姻（Lunau et al.，2014；Russo et al.，2016）。

在青年期，工作的要求与个人对晋升、收入、成功及权威的期望结合在一起，可能使人变成工作狂，醉心于长时间的工作和具有挑战性的工作。当今社会中，工作场所充斥着要求高速度的工作规划与雷打不动的截止期限，工作单位的期望正好与员工的愿望不谋而合，当然也给他们带来了压力。很多公司希望甚至是要求雇员长时间工作，包括晚上和周末也要加班。有研究表明，新婚夫妻中，工作对家庭的冲突都高于家庭对工作的冲突，且丈夫的工作对家庭的冲突和家庭对工作的冲突都高于妻子的冲突水平（郑颖娴等，2015）。

通常，成年男女承担多重角色（比如，工作者、配偶、父母）对他们的身心都是有益的。不过，角色过载却与健康不佳、抑郁症状、无效养育以及婚姻冲突相联系（Carnes，2017；Duxbury et al.，2018）。要应对工作上的及家庭中的压力，最好的办法不是放弃某些角色，而是利用家庭来缓冲工作压力，反之亦然（Rogers，2009）。与配偶讨论工作中的问题、在家里放松身心，将有助于应对有压力的工作；而且，生活中某一领域的压力是否得以释放，得益于其他领域的人的态度和陪伴（Grzywacz & Bass，2003；Rogers & May，2003）。

要达到工作与家庭的平衡，不仅仅是要适应工作压力，还包括在生活的其他方面寻求满足感。实际上，很多夫妻在婚姻初期就摸索了成功整合工作与父母角色的方式（Becker & Moen，1999）。其中一种特别的模式是，双方共同决定有意识地收缩在工作上付出的精力，为工作时间或责任设定限制，比如拒绝需要经常出差或加班的工作。所以，一个关键而常常被忽视的因素是，伴侣双方的工作日程是否允许他们就孩子照料这样的问题进行协调（Van Klaveren et al.，2013）。

另一种模式是，夫妻中一方赚钱很多，足以保障生活，另一方则从事追求人格自我实现的低收入职业，比如追寻艺术梦想。还有一种策略是双方轮换，即：一段时间内，一方专注于事业；另一方则专注于照料孩子，暂时把大部分时间奉献给家庭，并为以后重新工作做准备。实际上，在西方，已婚的中年妇女比年轻女性更容易找到工作。

此外，工作与家庭的冲突具有阶段性（Blanchard-Fields et al.，2004）。冲突最多的时候是至少有两个学前儿童在家的时候。在后来的阶段，多重角色的冲突会减少，尤其是在婚姻极为和谐的时候冲突更少。

一般情况下，女性会比男性感受到更大的工作与家庭的冲突，但是双方都会感受到压力（Saginak & Saginak，2005）。对新加坡和日本的研究表明，女性受到的影响更大（Aryeel，1993；Honda-Howard & Homma，2001）。而对中国和美国进行的比较研究发现，导致工作与家庭冲突的原因并无差异，都是工作压力（Yang et al.，2000）。

值得一提的是，对男性和女性而言，父母角色通常都被认为比工作角色更加重要。当然，在孩子年幼时，母亲花在照料孩子上的时间比父亲多，但是这种趋势已经有所改变。在孩子上学以后，父亲会非常关心孩子的幸福，如果因为工作而妨碍了自己做好父亲，会让他们心烦意乱（Milkie & Peltola，1999）。研究表明，对两性而言，他们都认为，做合格的父母、钟情的配偶、忠诚的朋友，比成为好员工更加重要（Barnett & Hyde，2001）。

拓展阅读

工作中的性骚扰会带来什么影响？

性骚扰包含的行为较广泛，从看似无关紧要的冒犯和骚扰，到实际的性虐待或性侵犯。典型的表现包括：以色眯眯的眼光斜视；对长相、服饰、身体部位评头论足；以可能让雇员感到不舒服的方式触摸，比如轻轻抚摸、捏、故意蹭他人的身体；讲黄色笑话，贴色情招贴画，摆性姿势等；发送、转发或索取与性有关的信件、纸条、电子邮件或图片等。

工作中的性骚扰包括三个主要的方面（Fitzgerald et al.，1997）：一是“性强迫”，即试图迫使人性服从，以换取工作中的好处，或威胁进行惩罚。这是最少被报告的一种。二是“不情愿的性注意”，即受害者不愿接受的行为，可能是言语的或非言语的，它会造成一种胁迫的、敌意的或冒犯的环境。最常见的是反复要求约会及对衣着进行淫秽的评论。三是“性别骚扰”，即性别歧视的言论，包括讲黄色笑话、展示裸体照片、对他人的身体评头论足。这是最常见的形式，占到女性投诉的性骚扰中的70%（Sbraga & O'donohue，2000）。

据估计，欧洲有40%～50%的女性雇员在工作场所受到某种形式的性骚扰，在美国为40%～60%。尽管大多数的性骚扰投诉来自女性，但是，男性的投诉也在快速增长。美国有16%的男性雇员投诉性骚扰，其中11%的人投诉女上司。英国2006年的一项研究表明，2/5的性骚扰受害者是男性，其中有8%的人进行了投诉。中国香港2007年的一项研究表明，1/3的性骚扰受害者是被女上司骚扰的男性。

性骚扰的影响因人而异，也取决于骚扰的严重程度和持续时间。通常性骚扰只是让人“有点烦”，但是，如果它涉及严重的或长期的虐待，或受害者因为不顺从而遭到报复，或事件公开，则可能对人造成终生影响。通常的影响包括工作绩效下降、旷工、丢工作、收入损失、个人生活被公众指指点点、名誉受损、极端的人际关系压力、被迫搬家或换工作等。同时，心理和健康方面也会受影响，有些人可能会出现忧郁、焦虑、疼痛、羞耻、内疚、失眠、噩梦、头疼、疲劳等。

与此同时，性骚扰也会给组织带来影响，比如，生产效率下降、团队冲突增加、工作满意度下降、人员和专家损失等。

对工作场所中性骚扰的预防需要多方面的共同努力。第一，政策方面，厘清其范围、影响、后果，以及如何在工作场所中进行管理。第二，投诉处理系统方面，要澄清报告、调查、解决及控诉的程序。第三，人力资源系统方面，业绩管理和开放的沟通系统可以助一臂之力。第四，培训和教育方面，相应的培训和教育可以提升相关的意识、减少性骚扰行为的发生。

（三）退休的准备

中国现行规定的退休年龄，男性是60岁，女性是55岁，但事实上执行结果却远远没有达到这个年龄。因此，面对退休并不只是老年人的事。与此同时，随着我国预期寿命的不断提升，很多人大约1/4的生命将在退休以后度过。

当中年人第一次考虑到退休的问题时，这一漫长而复杂的过程就开始了（Kim & Moen，2001）。做退休计划非常重要，因为退休会导致两项与工作相联系的重要损失，即收入与地位；同时，退休也会改变生活的其他很多方面。退休通常是一个充满压力的过程，人们想到退休就会百感交集，不过一般而言快乐超过恐惧（Kim & Moen，2001）。

一些人会把退休看成“江河日下”，可能会慢慢脱离活跃的生活方式，只是坐在摇椅上度过剩余的时光。但是，退休实际上可能会带来很多选择，也包括就像没有退休一样保持活跃，退休者可能展开新的期望、追求新的目标、实现新的计划，以弥补退休前的缺憾（Goodman et al.，2006；Nuttman-Schwartz，2007）。研究者基于广泛的访谈提出了六种基本的退休路线执行者（Schlossberg，2004）：

一是继续前行者。这些人通过从事兼职工作或志愿者工作来尽量保持他们退休前的活跃程度。

二是参与旁观者。这些人会承担更多的幕后工作，以保持与之前的工作领域的联系。

三是大胆冒险者。这些人把退休看成一个探索全新领域的时机，包括可能进入一个新的工作领域。

四是积极探索者。这些人会尝试各种各样的活动，以便摸索清楚适合他们消磨退休时光的方式。

五是悠然自得者。这些人并不会因为退休有多少烦恼，他们会按部就班地度过每一天。

六是退却逃避者。这些人会变得郁郁寡欢，退缩逃避，不去寻求如何有意义地度过退休生活。

当然，每个人可能选择的路线会在退休的过程中发生变化。研究表明，那些不把退休看成一种退缩和停滞，而是把它看成发展和探索的新机遇的人，是最成功的（Greer，2004；Wang，2007）。

做退休计划将有助于个人评估自己的选择，了解资源的可得性，为即将发生的变化做好情绪上的准备。尽管相当多的人并未制订具体的退休规划，但是研究表明相应的规划会为退休生活带来良好的适应与较高的满意度（Jacobs-Lawson et al.，2004）。很多人在 50 岁时就会为退休做准备，工作上减少投入、强化养老金的准备或考虑退休后的居所。

退休以后，人们消磨时光的方式主要取决于自己的兴趣，而不是义务。那些没有仔细考虑过如何度过这些时光的人，会发现自己的生活目的感遇到严重威胁。研究表明，为积极的生活进行规划，给退休以后的快乐带来的影响超过经济方面的准备。参与各种各样的活动会促使人们建立结构化的日程规划、社会联系及自尊，这些都有助于提升幸福感（Schlossberg，2004）。仔细考虑退休后是否搬家也与积极的生活相联系，因为它会影响人们见家人、朋友是否方便，娱乐、休闲及从事兼职工作是否方便（王爽，高健，2007）。

不过，工作期间收入一直比较低的人就不太可能做退休方面的准备。与男性相比，女性也较少做退休的规划。

有效的退休计划应该包括以下几个方面（Berk，2018）：

第一是财务状况。最理想的是从拿到第一笔收入开始就为退休做经济上的准备；最不济也应该在退休前 10～15 年开始，很多人退休前会有超过 20 年的时间进行这一准备。

第二是健身计划。在中年期开始一项健身计划很重要，因为健康对于退休后的幸福来说异常关键。

第三是角色适应。退休对那些强烈认同自己工作角色的人而言更加艰难。为角色的根本变化做好准备能够减少压力。

第四是居住选择。应该仔细考虑搬迁的利弊，因为住在什么地方会影响见家人、朋友是否方便，娱乐、休闲及从事兼职工作是否方便。

第五是休闲活动。退休者一般每周会多出约 50 小时的自由时间。对这些时间做仔细规划是影响幸福感的主要因素。

第六是健康保险。加入有政府支持的健康保险有助于保障退休后的生活质量。

第七是法律事务。临近退休的一段时间是最适宜定遗嘱的时间。

八、休闲活动

不会休息的人就不会工作。实际上，成人的生活中，也不是每时每刻都在工作的，并且人到中年，休闲的机会会更多一些。**休闲**就是工作之外自由决定的活动，包括简单的放松、娱乐活动等。

> **休闲**　工作之外自由决定的活动，包括简单的放松、娱乐活动等。

（一）休闲活动的类型

休闲活动可以分为主动休闲和被动休闲。主动休闲需要耗费身体或心理能量。低消耗的身体活动包括散步、瑜伽等，消耗的能量少，几乎没有身体接触或对抗。高消耗的身体活动如散打、踢球等，需要耗费大量的能量，具有对抗性。另一些主动休闲活动几乎没有身体活动，却要求付出巨大的心理努力，比如下棋、绘画等。被动休闲活动则是人们几乎不必耗费任何身体或心理能量的活动，比如看电影、看电视等。

此外，休闲活动也有其他维度的分类，包括四方面：一是文化活动，比如观看体育比赛、听音乐会；二是身体活动，比如打球、远足、游泳、跑步、园艺等；三是社交活动，比如拜访朋友、参加聚会等；四是独自活动，比如看书、听音乐、看电视等（Glamser & Hayslip，1985）。

在室内工作、长时间坐办公室的人，可以在休闲时间从事一些身体活动，比如打球、野营、远足、钓鱼等。与此同时，工作本身就有大量身体活动的人，可能更喜欢安静地消磨时间，比如看书读报、翻翻杂志、看看电视。有些人发现收集邮票、明信片、徽章、车模、瓶子或古董是一种可以放松身心的爱好。

休闲活动也可以是由机构组织的，比如俱乐部、退休之家等，组织的活动可以是爱好小组、运动会、合唱团，甚至就是大家在一起聊聊天。也有很多人喜欢在工作之后与朋友喝上一杯、看场电影、玩电子游戏或到酒吧跳舞。还有很多人把休闲时间用来上夜校，一方面是因为他们喜欢学习，另一方面是因为这也有助于事业发展。

（二）休闲活动的选择与变化

实际上，任何休闲活动都有其因人而异的意义和价值。每个人都有自己的保留节目，它取决于两方面的影响：一是个人的能力知觉，即与同龄人相比，自己在所选择的活动上表现如何；二是心理努力，即自己的努力在多大程度上实现了自己的目标。此外，其他因素也是重要的，包括收入、兴趣、健康、能力、交通、教育、社会特征等。比如，滑雪的花费就比较多，还需要交通条件、良好的健康状况、身体协调能力等。相比之下，读书就花费较少，对体力也没什么要求。

随着计算机技术和互联网技术的发展，通过计算机技术和互联网技术来进行的休闲活动有了很大的发展（Bryce，2001；李宏利等，2001）。而掌握计算机技术和互联网技术的人，其休闲活动也有了新的选择，比如网上聊天、网络游戏、网上学习等。

从性别差异上看，女性往往不太愿意从事涉及身体活动的休闲活动（Eyler et al.，2002）。

针对休闲活动的横断研究表明其存在年龄差异。青年会从事的休闲活动范围比中年人大得多。而且，青年往往更喜欢剧烈的休闲活动，比如深水潜水、悬挂滑翔等。相比之下，中年人则更喜欢围绕家庭的活动。在中年后期，中年人花在剧烈的身体活动上的休闲时间较少，更多的是独自活动，比如读书看报、看电视等。

对休闲活动的纵向研究表明，个人的休闲活动在相当长的时间内非常稳定（Hillsdon et al.，2005；Lahti et al.，2016）。一个人对某种类型的休闲活动的爱好是在早年建立的，变化的仅仅是身体活动的剧烈程度。

（三）休闲活动的作用

休闲活动能给人们带来什么？研究表明，各个年龄段的人都说在休闲时感到自由

(Larson et al.，1997)。从事休闲活动与幸福感相联系（Paggi et al.，2016；Warr et al.，2004)，它也有助于提升心理健康、减缓消极生活事件带来的压力。这种关系在中国也是如此（Dai et al.，2013)。研究表明，假期可以提升认知功能和身体功能。拥有假期的工人其生产效率和工作满意度都高于没有假期的工人（Kühnel & Sonnentag，2011)，身体健康状况也更好（Stern & Konno，2009)。

休闲活动是应对压力的好方法。休闲活动已经被证明是人们使用的主要应对机制（Kleiber et al.，2002；Kleiber，2013)，它通过四种方式起作用：第一，休闲活动让人从消极生活事件中分散注意力；第二，休闲活动会使人对未来持乐观态度；第三，休闲活动使人因为一直从事相同的活动而与过去的自我联系起来；第四，休闲活动也可以作为自我转变的工具。

无论消极生活事件属于个人事件（比如，所爱的人去世）还是社会事件（比如，遭遇恐怖袭击)，休闲活动都是同样有效的应对方式，尤其是对于未曾预见的消极事件更是如此（Chun et al.，2016)。

此外，与其他人一起从事休闲活动还可以强化与伴侣、朋友、家人的情感依恋（Carnelley & Ruscher，2000；Otway & Carnelley，2013)。成人也可以把休闲活动作为探索人际关系或寻求社会支持的方式。事实上，婚姻满意度也会得益于夫妻双方一起和他人从事休闲活动（Shebilske，2000；Zabriskie & Kay，2013)。

当然，如果休闲活动走极端玩过了头，则会带来休闲与家庭的冲突。所以，休闲活动也应该适可而止。

概念术语

原发性衰老，继发性衰老，流体智力，晶体智力，繁衍对停滞，自我认同过程理论，自我认同的生活故事模型，“大五”人格结构，家庭生活循环，工作满意度，工作疏离感，工作倦怠感，休闲

本章要点

1. 中年期人们会走向衰老，可分为两种类型，一是原发性衰老，二是继发性衰老。中年期也是压力较大的时期。

2. 流体智力在青年期达到顶峰，20 多岁时开始下降；而晶体智力在中年期一直稳定增长，甚至会持续到生命的尾声。中年期是某些最为复杂的心理能力达到顶峰的时期。

3. 专业技能的发展始于青年期，在中年期达到顶峰，之后稍有下降。专业技能也并非只是受过高等教育的人及升至行政领导职位的人所专属。

4. 中年期要解决“繁衍对停滞”的冲突，要面对的任务是，在自己的工作中做出成绩，支撑家庭，或关照年轻人的需要。

5. 麦克亚当斯认为，成人的心理社会性发展反映在其对自己的生活故事的叙述中，生活故事通常有两种主题，即救赎主题和污染主题。

6. 莱文森认为，中年人要评估自我及其与外部世界的关系，需要个人协调自我的两个对立面，以获得一种内在的和谐。

7. 中年人稳定的个体差异是存在的，“大五”人格结构就是一种反映，“大五”即神经质、外向性、开放性、宜人性、责任心五种典型特质。

8. 完整婚姻传统的家庭发展模式有一个家庭生活循环。随着新婚夫妻为人父母，新的家庭循环就产生了，夫妻沿着代际阶梯，一步步走向家庭生活循环的新阶段。

9. 工作满意度通常随着年龄增长而提升，尤其是从中年期开始会有明显提升，这体现在各种职业中，但是一些人可能会产生工作疏离感与倦怠感。

10. 做退休计划将有助于个人评估自己的选择，了解资源的可得性，为即将发生的变化做好情绪上的准备，也会带来退休生活的良好适应与较高满意度。

11. 休闲活动有各种类型，各个年龄段的人在休闲时都会感到自由，从事休闲活动与幸福感相联系，它也有助于提升心理健康、减缓消极生活事件带来的压力。

复习思考题

1. 中年期是压力较大的时期，应对压力可以做些什么？
2. 中年期智力发展的特点是怎样的？专业技能是如何形成的？
3. 中年期“繁衍对停滞”的冲突主要表现在哪些方面？
4. 个人的生活故事与其繁衍感之间的关系是怎样的？与生活故事的主题有何关系？
5. 中年期的“生活季节”有何特点？
6. “大五”人格包括哪些方面？各自的主要特点是什么？
7. 家庭生活循环包含哪些环节？
8. 工作满意度是如何变化的？工作疏离感和工作倦怠感是如何产生的？
9. 为退休做准备需要注意哪些方面？

第十章
老年期的发展

开脑思考

1. 性的发展持续人的一生。虽然男女到了中老年期性的欲望会有所下降，但是也都能够进行性活动。你认为哪些因素可能会影响到老年人的性活动？老年人的性活动和年轻人的有什么不同？

2. 你想象过自己的老年生活吗？你会做出什么样的选择？是悠哉游哉地坐在摇椅上看着周围世界的变幻，还是忙忙碌碌地如同工作时期一样？你认为什么样的生活方式更适合老年人？

3. 假设你正在规划退休后的生活，没有经济方面的顾虑，那么选择什么样的生活方式更有意义呢？是围着第三代“操练‘孙子’兵法”，还是重拾早年被迫放弃的兴趣爱好，或是抓住人生的最后机会再开创一片新天地？

教学目标

通过本章的教学，应该实现几个目标。第一，了解老年期身体状况的变化及衰老的原因。第二，掌握老年期智力发展的特点及智慧形成的特点。第三，了解老年期的心理社会性发展任务，以及年老化的过程、主观年龄的特点、老年期的婚姻家庭、老年人友谊的特点、退休生活的适应。

学习重点

理解老年期身体状况的变化及衰老的原因；把握老年期智力发展及智慧形成的特点；领会老年期的心理社会性发展任务；把握年老化过程的特点、主观年龄的特点；理解老年期家庭生活和友谊的特点及退休生活的适应。

老年期一般指 60 岁以后的阶段。随着年龄增长，感觉能力方面的变化出现了很大的个体差异，到老年期变化更是显而易见，这种变化也有一目了然的性别差异。遗传预设理论认为，身体是按照基因决定的正常发展时间表衰老的。可变速率理论把衰老看成因人而异的随机过程。智力的双过程模型认为，智力的过程通常随年龄而衰退，而智力的应用可能会持续发展到个人非常高龄的时候。智慧与年龄之间并无直接关系，智慧未必是老年人才有的财富。

老年期要解决“完善对失望”的冲突。关于年老化的连续理论强调人们维持过去与现在之间联系的需要，人们只需要维持自己所需要的社会参与水平就可以得到最大的幸福感和自尊。老人会面对配偶去世，适应这样的生活大体上会经历准备期、悲痛和哀悼期、适应期。随着家庭责任和职业压力的减退，友谊变得越来越重要。退休既是一个过程，也是一个生命阶段，多方面因素会影响退休满意度。

第一节　老年期的身体和认知发展

一、老年期的身体变化

（一）大脑和神经系统的变化

健康老年人大脑的变化通常是有限的，这种变化对大脑功能的影响微乎其微，并且也因人而异（Deary et al.，2003）。在30岁以后，大脑重量基本上都会减少，刚开始是一点点地，之后会比较快；到90岁时，大脑重量可能会损失10%。大脑重量的损失被认为是大脑皮层中神经元的损失所致，后来的研究认为主要是由于神经元的收缩（West，1996；Raz & Daugherty，2018；Barter & Foster，2020），这关系到记忆和高水平的认知功能。中枢神经系统的减速也伴随着发生，这可能会影响身体的协调和认知。而轴突白质的损坏可能会降低认知效能（Deary et al.，2003）。

某些大脑结构（包括大脑皮层）的收缩在男性身上比在女性身上快（Kirov & others，2021；Coffey et al.，1998），但是大脑萎缩更可能早早地发生在体重超重或肥胖的女性身上（Gustafson et al.，2004）。皮层萎缩在受教育少的人身上也比较快（Coffey et al.，1999）。有氧锻炼可能会减缓脑组织的损失（Colcombe et al.，2003）。对高龄者脑组织的尸检发现某些基因的DNA有明显的损坏，它们对大多数高龄老人的学习和记忆有影响。

研究表明，大脑一直具有的灵活性和可塑性使得老年人在加工速度、记忆和抑制方面全面衰退的时候，其前额皮层的活动实际上却反其道而行之（Park & Reuter-Lorenz，2009；Fabiani，2012）。磁共振的研究也表明，老年人在完成认知任务时，脑部的活跃区比年轻成人更为扩散（Brayne，2007），这些过程可能具有补偿性，当某些区域发生衰退时，大脑可以利用可替代的路径，因此老年人的脑部衰退并不像看起来的那么严重。

自主神经系统在老年期也表现欠佳，这使得老年人难以应对热浪与寒流。不过，对于身体健朗、没有生病的老人而言，这种衰退就没那么严重（Whitbourne，2001）。自主神经系统也可能会释放比从前更高水平的压力激素，似乎意在唤起身体组织年轻时那样的反应。

（二）老年人的感觉能力

随着年龄增长，老年人感觉能力方面的变化存在很大的个体差异，到老年期变化非常明显，有些老年人的感觉能力每况愈下，另一些老年人的感觉能力则几乎丝毫未减。对老年人而言，视力及听力的问题可能会剥夺他们的社会关系和独立性，也可能限制他们的日常活动。在性别差异上，女性比男性更容易出现视力受损，听力方面则是男性更容易受损。

1. 老年人的视力

大约 20%的老年人有视力问题，主要体现在深度知觉、颜色知觉的困难，以及在日常生活中面临的阅读、缝纫、购物、烹饪等方面的困难上。老年人的视敏度急剧下降，暗适应也更加困难。在老年期发生的视力衰退与认知衰退（Nagarajan & others，2022）同社会接触少、从事非挑战性的社交活动和休闲活动息息相关（Brunes，Hansen，& Heir，2019）。

老年期视力受损主要是由于到达视网膜的光线减少，60 岁时透过来的光线可能只有 20 岁时的 1/3，而且，视神经在转化神经冲动方面也不如过去那么有效了（Gawande，2007）。而大多数视力损失（包括失明）是由白内障、黄斑变性、青光眼、糖尿病视网膜病变等引起的（蒋向丽，杨玉杰，2010）。白内障和黄斑变性可以治疗，青光眼则是不可逆的。

中度的视力问题通常可以通过矫正晶状体或改变环境（比如，更亮的阅读照明、更大的印刷字体等）来改善。不过，70 岁以上的老人中，1/5 的人的视力损失已经无法弥补（Desai et al.，2001）。

2. 老年人的听力

老年人听力受损最突出的是在高频声音上，此外，对令人惊讶的声音的反应也会减弱，对复杂音调的区分也更加困难（Hietanen et al.，2004）。

老年人的听力损失与其日常生活活动、认知功能和语言表现水平的下降密不可分（Armstrong & others，2020；Huber & others，2020）。听力的损失可能导致他人对老年人的错误知觉，以为他们容易分心、心不在焉、易怒易恼，这往往给听力受损的老年人及其配偶的幸福感带来消极影响（Wallhagen et al.，2004）。这也可能会造成老年人难以记住他人说过的话（Wingfield et al.，2005）。听力受损会使老年人自我效能感降低，感到更加孤独和抑郁，使其社交网络变得更小（Kramer et al.，2002；Huang & others，2021；Shukla & others，2021a，2021b）。有听力问题的老年人户外活动和休闲活动的时间更少（Mikkola & others，2016），更可能摔倒（Wang & others，2022）。

如果有成功的听力损失管理，比如，进行有效沟通方面的教育、安装助听器以及耳蜗移植，那么老年人的生活质量会得到改善（Wettstein & Wahl，2016）。虽然助听器可能有一定的帮助，但是老年人通常难以适应，因为它在放大人们想听的声音的同时，也会放大背景噪声。

（三）老年人的性

维持性功能的最重要因素是经年累月前后一贯的性活动。性方面活跃的健康男性一般到七八十岁也能够保持某种形式的性活动。女性的性活动在生理上则是能够持续到生命的终点。

老年人是否会进行性行为，取决于两个主要的因素（Papaharitou et al.，2008）。一个因素是身体健康和心理健康——身体健康自不必说，同时老年人也必须对性活动持有积极的态度。另一个因素是过往有规律的性活动。老年的男性女性没有性活动的时间越长，在以后发生性活动的可能性就越小。老年人在性功能方面真的是“用进废退”。而且，研究还发现老年人的性活动有着某些意想不到的附加好处：经常进行性活动与较低的死亡率关系密切（Henry & McNab，2003）。

老年期性方面的差异与青年期不同。男性这时候勃起及射精所需要的时间更长，可能需要更多的手刺激，两次勃起之间的不应期时间更长。此时期，勃起功能障碍也会增加。通常男性是停止性生活的一方（Pedersen，1998；De la Mater，2012）。女性方面，乳房充血及其他的性唤起反应都不及从前；阴道可能会变得缺乏弹性，也可能会需要人工润滑剂。女性减少性活动的原因主要是健康状况差，以及缺乏性伴侣（Lindau et al.，2007；Fischer et al.，2021；Freak-Poli，2020）。

不过，大多数老年男性及女性仍然能够享受性生活，大多数健康的夫妻也有持续而规律的性生活（Levy，1994）。如果双方在年轻时及年老时都认为性是正常的、健康的，那么性活动对这些老年人而言可能会更加令其满足。早年和谐的性生活可以帮助预测以后和谐的性生活。据调查，在美国社会，很多45岁及以上年龄的成年人仍然有各种性活动。在调查之前的6个月内，每周一次或多次进行性活动的比例如图10-1所示（Montenegro，2004）。所以，起居的安排及照料者、医生等各方面都应该考虑到老人的性需要（Hajjar & Kamel，2003）。

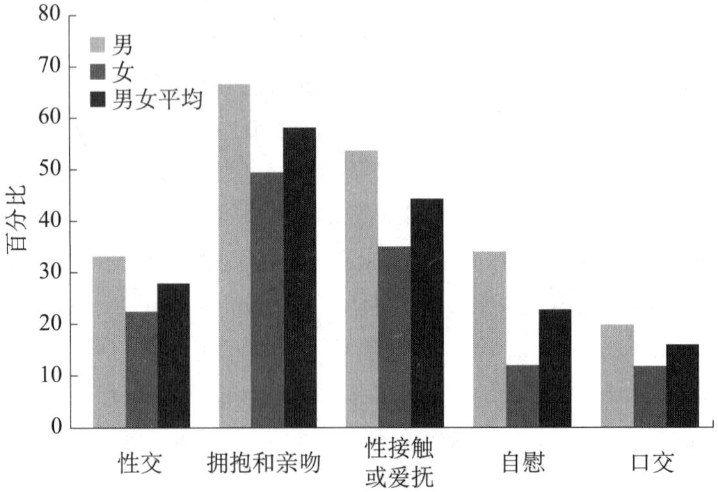

图10-1　中老年期的性活动

二、衰老的原因

对衰老过程进行解释的理论有许多，这些理论大致可以分为两类（见表10-1），一是遗传预设理论（genetic-programming theories），二是可变速率理论（variable-rate theories）。

表 10-1　生物学衰老的理论

遗传预设理论	可变速率理论
预设衰老理论（programmed senescence theory）：衰老是某些基因在一个连续的过程中开始起作用和不起作用的结果。当与年龄相关的缺陷变得显而易见时，就是衰老之时。	磨损理论（wear and tear theory）：细胞和组织的关键部分被磨损了。
内分泌理论（endocrine theory）：生物钟通过激素控制衰老的步调。	自由基理论（free-radical theory）：氧基不断损坏的积累引起细胞、最后是器官功能停止。
免疫理论（immunological theory）：免疫系统功能预设的衰退导致个人更容易感染传染病，继而导致衰老和死亡。	生活速率理论（rate-of-living theory）：机体的新陈代谢率越高，其寿命就越短。
进化理论（evolutionary theory）：衰老是一种进化特质，它使得种系的成员只需要活到能够繁殖就可以。	自体免疫理论（autoimmune theory）：免疫系统紊乱，攻击自己的身体细胞。

资料来源：NIH，1993.

（一）遗传预设理论

遗传预设理论认为，身体是按照基因决定的正常发展时间表衰老的。其中的预设衰老理论认为，特定的基因“关了开关”，从而导致与年龄有关的损失，比如视力、听力、运动控制等方面的损失变得显而易见。甚至细胞的死亡是随机的，也被认为可能在一定程度上主导遗传程序（Perls & Terry，2003；Mackenzie，2012）。

遗传预设理论　该理论认为身体是按照基因决定的正常发展时间表衰老的。

内分泌理论认为，生物钟可以通过控制激素变化的基因起作用。肌肉力量的损失、脂肪的堆积、器官的萎缩，都可能与激素活动的衰退有关。长寿也许不是卡路里减少的直接结果，而是卡路里减少所带来的内分泌活动的改变所致（Redman & Ravussin，2009）。

免疫理论认为，某些基因可能引起免疫系统的问题，继而使得机体容易感染传染病、得癌症（Di Carlo et al.，2009）。而且，免疫系统的效率也随年龄增长而下降（Holliday，2004）。

关于衰老的进化理论认为，生殖的适切性是自然选择的主要目的，把基因资源投入适合生殖的年龄之后是没有意义的（Baltes，1997）。所以，衰老是一种进化特质，它使得种系成员只需要活到能够生殖就可以了。人类寿命的延长是因为年长者不必再和年幼者争夺资源（Travis，2004），寿命的延长也有助于年长者继续照料年幼者（Lee，2003；Rogers，2003）。

（二）可变速率理论

可变速率理论把衰老看成因人而异的随机过程。这当中，大多数的理论认为衰老是由生物系统偶然的错误，或环境对生物系统的损坏造成的。另一些理论则强调新陈代谢这样的内部过程，它们可能对衰老的速率有直接而持续的影响。

可变速率理论　该理论认为衰老是因人而异的随机过程。

磨损理论认为，机体的衰老是分子水平上发生的系统损坏的积累所致（Hayflick，2004；Holliday，2004）。细胞分裂的过程是平衡已死细胞或危险细胞的关键，以使机体和系统功能运转正常。随着人们的衰老，它们越来越难以修复或替换已经损坏的部分。内部及外部的压力源可能加快这一磨损过程。

自由基理论关注自由基的有害影响，即新陈代谢过程中形成的高度不稳定的氧原子或分子，它们可能与细胞膜、细胞蛋白质、脂肪、碳水化合物甚至是DNA发生反应，并可能对其造成损坏。自由基的损坏随着年龄增长而日积月累，它与关节炎、肌肉营养失调、白内障、癌症等有关。

生活速率理论认为，身体的工作额度是有定数的，就那么多，它工作得越快，消耗的能量越多，那么它损耗得就越快。所以，新陈代谢的速度决定了生命的长度。

自体免疫理论认为，不断衰老的免疫系统可能会"犯糊涂"，释放攻击自己细胞的抗体。这种功能紊乱就是自体免疫，某些与衰老相关的疾病和障碍被认为与它有关（Holliday，2004），比如中风、老年痴呆症、癌症等。

综合起来看，这两类理论都对衰老过程进行了一定的解释，可控的环境因素和生活方式因素与遗传因素交互作用，共同决定了一个人能够活多久，以及状况如何。一项针对不同年龄成人的研究表明，遗传因素解释了57%的骨组织衰老过程，剩余的部分则由环境因素决定（Karasik et al.，2004）。

拓展阅读

为什么有老人的记忆会衰退到记不清家人？

随着年龄增长，一定程度的认知衰退是不足为奇的，也不会影响到日常活动。而老年痴呆症（dementia）则是指由生理引起的认知及行为衰退已经对日常活动产生明显影响。在西方，大约1%的60岁老人受此影响，75岁以后这一比例激增，85岁以上的人有50%受此影响（Beers，2006；Berr et al.，2005）。此症发病率没有性别差异。大约2/3的痴呆症是由阿尔茨海默病（Alzheimer's disease）引起的，然后是帕金森病（Parkinson's disease）等。所以，通常所谓的老年痴呆症更多是指阿尔茨海默病。

阿尔茨海默病的典型症状是记忆损失、语言退化、视觉和空间加工的缺陷，最显著的早期症状是无法回忆起最近的事或无法摄取新信息。患者可能会不断重复刚刚问过的问题，或者遗忘日常应该做的事。这些症状可能被忽视，因为它们看起来与一般的遗忘一样，或者被误解为正常的衰老信号。

病人在发病早期通常就会出现人格的变化，比如固执、冷漠、自我中心、情绪失控。接踵而至的是易怒、焦虑、忧郁，再往后会出现错觉、谵妄、神志恍惚。长时记忆、判断、集中注意力、定向及言语都会受损，患者日常的基本生活能力出现麻烦。到最后，患者无法理解或使用语言，不认识家人，无法自己吃东西，不能控制肠和膀胱，失去走路、坐立、吞咽固体食物的能力。通常在症状出现8～10年后，患者会死亡（Larson et al.，2004）。

阿尔茨海默病涉及大脑化学物质乙酰胆碱的缺乏，乙酰胆碱在记忆中起着重要作用（Barter & Foster，2020）。此外，一种称为"β淀粉状缩氨酸"的异常蛋白质的积累，似乎是导致阿尔茨海默病的罪魁祸首（Bird，2005；Counts et al.，2017）。阿尔茨海默病在其始发阶段具有很强的遗传性，常常在家族中反复出现（Naj & Schellenberg，2017），但是教育及刺激认知的活动可能会减少发病的风险。受过良好教育的人更喜欢动脑筋，从而起到保护作用（Hoenig et al.，2017）；工作的复杂性，尤其是与人一起工作时，也会减少发病风险。饮食、锻炼及其他的生活方式因素也会起作用（Ettcheto & others，2021）。

虽然迄今为止尚未找到治愈老年痴呆症的方法，但是早期诊断和治疗可能有助于延缓病变的进程，改善生活质量。神经成像技术、通过验血来测量氨基酸巯基丁氨酸的水平及淀粉状前体蛋白的水平、认知神经筛查测验等方法都有助于诊断。后来的治疗方法着眼于去除淀粉状斑块，人们也尝试开发抗击斑块形成的疫苗（Rafii & Aisen，2009）。

（三）寿命及其相关因素

世界卫生组织（WHO，2023）报告，全球 2019 年预期寿命为 73.3 岁（女性 75.9 岁，男性 70.8 岁）。预期寿命的延长也意味着老年人在人口中的比例上升。

全国老龄工作委员会办公室发布的《中国人口老龄化发展趋势预测研究报告》（2006）显示，1999 年，中国已经进入了老龄社会，是较早进入老龄社会的发展中国家之一。中国是世界上老年人口最多的国家。

寿命的相关因素涉及几个方面。首先，从个人特征看，就全世界而言也是女性比男性更加长寿（Kinsella & Velkoff，2001；WHO，2023）。其原因是女性更倾向于自我照料，更倾向于求医问药，她们更多地接受社会支持，而男性整个一生身体上都相对更加脆弱。同时，研究表明人类寿命有 25%是由个人的遗传因素决定的（Passarino et al.，2016）。历史经验让我们看到，长命百岁者多出自长寿家族。

其次，从地域特征看，预期寿命的差异非常大，主要反映为大部分发展中国家人口的预期寿命比较短。寿命主要受一个国家的医疗条件、营养状况、住房条件、社会服务以及生活方式因素影响。一个地方人口的预期寿命低主要是由于这些地方经济和社会不稳定，人们吸烟酗酒率高、营养不良、抑郁，医疗系统恶化。非洲一些地方则是因为饱受艾滋病的蹂躏。此外，从历史上看，中国在 1949 年以前，历朝历代的平均寿命很少有超过 40 岁的，即便是坐拥天下的皇帝的平均寿命也不过如此而已。相似地，欧洲人的平均寿命在工业化之前、现代医学发展起来之前，也很少有超过 40 岁的。

三、老年人的记忆

记忆力下降常常被看作衰老的一种标志。对老年期记忆的研究除了关注其短时记忆的变化外，通常还会关注记忆的两种类型：一是外显记忆，即当个体需要有意识或主动收集某些经验，用以完成当前任务时所表现出的记忆；二是内隐记忆，即在不需要意识或有意回忆的情况下，个体的经验自动对当前任务产生影响而表现出来的记忆。

其中，外显记忆又可以分为情景记忆和语义记忆。情景记忆（episodic memory）是指人们根据时空关系对某个事件的记忆。这种记忆是与个人亲身的经历密不可分的，如想起自己参加过的一个会议或去过的地方。语义记忆（semantic memory）是指人们对一般知识和规律的记忆，与特殊的地点、时间无甚瓜葛。

（一）短时记忆

对短时记忆的研究通常是让个人重复一系列的数字，或是按数字呈现时的顺序，或是以倒序的方式。顺序重复的能力随着年龄增长还能够保持得不错，但是倒序重复的能力则日益不复往昔（Craik & Jennings，1992）。其原因是，顺序重复要求的仅仅是感觉记忆，这种记忆在人的一生中都会保持其效能；倒序重复则要求工作记忆对信息的操作，而工作记忆在 45 岁以后就会逐渐萎缩（Swanson，1999）。所以，老年人要在同一时间处理多项任务就变得更加困难。除了数字以外，老年人比起年轻人，对图形和颜色的短时记忆广度都有显著的下降，记忆的搜索速度也减慢（王晓丽，陈国鹏，2005）。一项针对 15～80 岁被试的研究表明，工作记忆在 36 岁开始显而易见地衰退，而另一种一目了然的衰退则发生在 66 岁以上被试的言语及视觉空间记忆上（D'Antonio & others，2022）。不过，老年人的工作记忆可以通过训练得到改善（Iordan & others，2021）。

研究范例

老人的记忆，水平高或低？

与此同时，任务的复杂性也是一个影响因素（Park & Reuter-Lorenz，2009）。在仅仅要求复述或重复的任务上，老年人的记忆几乎没有什么衰退；而在要求重新组织或精细加工的任务上就有很大的衰退（Craik & Jennings，1992）。

（二）长时记忆

关于长时记忆的数百项研究得出了几点基本结论（Bäckman et al.，2001）。和年轻人相比，老年人在情景记忆的回忆测验上的表现往往稍逊一筹，他们会省略掉更多的信息，他们会更多地重复之前已经回忆出来的项目。这一任务的年龄差异非常大，比如 80%以上 20 多岁的成人的表现好过 70 岁成人的表现。不过，这种差异在某些情况下未必可靠，比如，以较慢的速度呈现记忆内容时，或在回忆过程中给予一定的提示时，差异就减少了。在再认测验中，年龄差异小一些，但也不是小到可以忽略不计（Zacks et al.，2000）。老年人在自发使用记忆策略来帮助自己记住东西方面，也不是那么有效（Hertzog & Dunlosky，2004）。同时，情景记忆也存在个体差异，一些老年人也有着非常出色的情景记忆（Karpouzian-Rogers & others，2022）。

相比之下，语义记忆任务方面的年龄差异则不明显（Bäckman et al.，2001）。大多数情况下，老年人的情景记忆衰退比语义记忆衰退更多（Jariat & others，2021）。实际上，从青少年期到成年期，记忆文章过程中已经存在加工模式的转变，青少年的反应是复述性的、以原文为基础的，而成年人的反应从青年期和中年期就表现出更多的重构性和解释性（雷雳，申继亮，1992）。相似地，在内隐记忆测验中，也未见到年龄差异（Nilsson，2003）。与外显记忆相比，内隐记忆不太可能受到衰老的负面影响（Davis & others，2021）。

关于记忆的研究中，另一个值得注意的是自传记忆，即关于个人一生中发生的事的记忆。老年人的自传记忆也有与年轻人一样的特点，他们对愉快的事件的记忆比对不愉快事件的记忆更好，他们也更容易忘记那些与自我知觉不一致的部分（Rubin & Greenberg，2003；Loftus，2003；Boals et al.，2014）。此外，不论对于年轻人还是对于老年人，他们对自己在 10～30 岁的事都有着栩栩如生的记忆，对这一阶段记忆的报告超过对 30 岁以后的记忆（Liao，Bluck，& Gluck，2021；Fitzgerald，1999）。相似的模式也反映在对世界大事的记忆上（见图 10－2；Rubin et al.，1998）。研究者认为，可能是早年的生活对自我界定至关重要，继而有助于人们对自己的记忆进行组织（Fitzgerald，1999）。

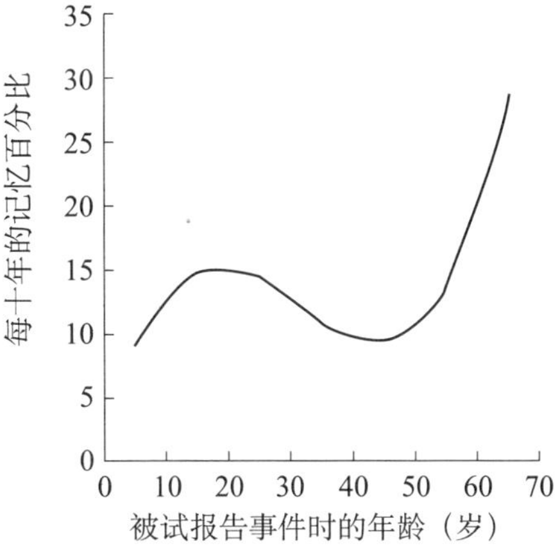

图 10－2　对世界大事的记忆情况

四、老年人的智力

智力在老年期会下降吗？这要看谈的是什么能力，以及如何对其进行评估。某些能力，比如心理过程及抽象思维的速度，在老年期可能会下降，但是，其他的能力在成年期的大多数时候通常会有提高。此外，尽管加工速度的变化可能反映了神经系统的退化，但个体差异也是随处可见的，认知技能的衰退未必是不可避免的，而可能是可以预防的。

一些身体方面的因素及心理因素可能导致人们对老年人智力的低估。视力及听力的损失可能导致老年人对智力测验的指导语难以理解；大多数智力测验的时间限制也使得老年人难以适应，但是如果给他们充裕的时间，他们的表现就会好很多（Hertzog，1989）。老年人自己可能觉得难有好的表现，而这可能会成为自我实现的预言（Schaie，1996）。老年人也可能对智力测验缺乏动机，除非这有助于他们找到一份工作或达到其他重要的目的。

保罗·波蒂斯（Paul Baltes，1997）提出了一个智力的双过程模型（dual-process model），来考察智力随着年龄增长哪些方面会继续提高、哪些方面会渐行衰退。该模型中，智力的机制（mechanics of intelligence）是大脑的神经生理“硬件”，即信息加工和问题解决机能，它与特定的内容无关。该维度像流体智力一样，通常随年龄增长而衰退。另一维度是智力的应用（pragmatics of intelligence），它是以文化为基础的“软件”，即实践性思维、积累的知识和技能的应用、专业技能、智慧。该领域可能会持续发展到个人非常高龄的时候，趋势与晶体智力相似，但是更加广泛，包括从教育、工作及生活经验中得到的信息和技术诀窍（见图 10－3）。一项历时六年的纵向追踪研究得到了对这一问题的支持性证据（Singer et al.，2003）。

综合诸多研究的结论，关于老年人智力的特征，已经形成了一些基本看法（Schaie，1994，2012；Craik & Salthouse Eds.，1999；申继亮等，2000，2003）：第一，进入成年期以后，个体的某些能力逐渐下降，另一些能力则相对稳定。成年人各种智力能力随年龄增长的变化模式大相径庭，流体智力会下降，晶体智力则保持稳定，甚至会上升。第二，在 60 多岁以前，个体的某些认知能力会下降，但是下降幅度微乎其微，80 岁以后才会明显下降，而且，只有不到一半的人比 7

前沿扫描

数字留痕易，有人爱囤积？

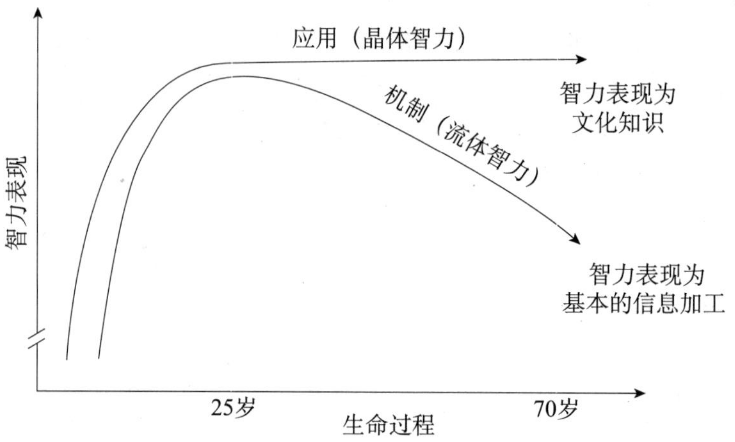

图 10-3　智力的年老化

年前的测验成绩有所下降。第三，智力变化的个体差异显而易见，一些人从30多岁就表现出智力下降的迹象，另一些人则到70多岁才会出现下降。事实上，70多岁的老人中，大约1/3的人智力测验的分数高于年轻人的平均水平。第四，环境因素及文化因素对智力下降的程度会有影响。如果个体没有患慢性病、社会经济地位高、所处环境能够激发智力、人格具有灵活性、配偶乐观、对过去的成就感到满意，那么其智力下降的幅度就比较小，显示出“用进废退”的特点。

五、老年人与智慧

千百年来，全世界的各种文化都非常尊崇拥有智慧（wisdom）的人。智者（wise person）（通常是老人）的故事代代相传，告诉人们生活中重要的教训。

（一）智慧的特征

心理学对智慧的研究主要关注三个方面，即社会判断、人格和认知专长（Shedlock & Cornelius，2003）。社会判断角度关注的是人们对智者的基本概念，看他们有何共同之处。人格角度则把智慧看成个人成长及自我发展的顶点。认知专长角度把智慧看成关于生活条件及人类事务的极其广泛而深入的知识，以及对这种知识的运用的反省判断。还有人把智慧看成后形式思维的延伸，是理智与情感的综合。

波蒂斯等对智慧进行了最为广泛的研究，通过对青年、中年人及老年人出声思维的深度访谈，考察他们在面对正常的及异常的问题时的反应，提出了智慧的四个基本特征（Baltes & Staudinger，2000；Baltes & Smith，2008）：首先，智慧处理的是生活中及人类面对的重要问题或困难的问题。其次，智慧是真正的高级知识、判断和建议。再次，智慧是具有非凡眼界、深度及平衡的可以应用于特定情境的知识。最后，智慧是心智与美德完美的组合（Staudinger，2013）。

与智慧相关的成分则包括五个方面（Staudinger et al.，2005；Staudinger，2013）：第一，对生活基本关注的知识，包括人性、社会关系、情绪等。第二，运用知识来进行生活决策、处理冲突及提出建议的有效策略。第三，认识到人们会考虑自己生活背景中的多方面需要。第四，关注终极人类价值，比如善，以及价值观的个体差异。第五，对生活不确定性（很多问题并没有完美的结局）的意识和管理。

（二）智慧的形成

关于智慧的研究表明，出乎大多数人预料的是，智慧与年龄之间并无必然的关系，智慧未必是老人才有的财富（Baltes & Staudinger，2000；Hartman，2001）。一个人能否成为智者，有赖于其是否拥有解决既定问题的广泛生活经验，是否拥有必需的认知能力和人格等（Baltes & Staudinger，2000；见图 10－4）。可以看到，年龄并不保证智慧的获得。不同年龄段的成人中都可能有智者。

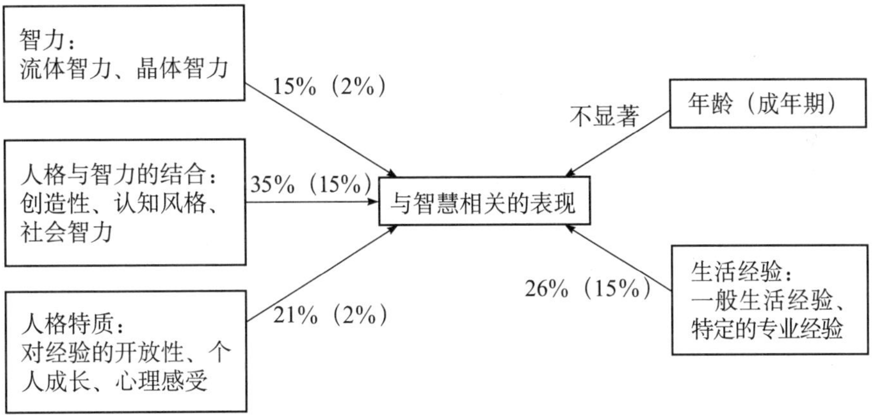

图 10－4　影响智慧的因素

资料来源：Baltes & Staudinger，2000.

波蒂斯（Baltes，1993）确定了三个有助于人们成为智者的因素：一是一般的个人条件，比如心理能力；二是特定的专业条件，比如担任导师、实践；三是有利的生活背景，比如教育或领导经验。其他人还提出了额外的标准，比如成年期情感与认知的整合可以让人拥有智慧（Kramer，1990）；成年期反映了埃里克森“繁衍”与“完善”概念的个人成长，也有助于促进智慧的形成。而所有这一切都需要时间。因此，尽管年龄的增长并不确保智慧的获得，但是它提供了时间这一智慧得以形成所需要的支持性背景。

从生活经验来看，从事服务行业的人，由于长年累月处理人类面对的各种问题，可以得到广泛的锻炼和实践，更容易成为智者。此外，担任过领导职务的人也是近水楼台先得月。把年龄与生活经验放在一起考虑时，就会看到年长者比年轻人更有智慧。

除了生活经验外，一个人如果面对过逆境并战胜了逆境，则更可能在晚年获得智慧。与压力有关的成长可能是通向智慧的道路之一。

有趣的是，人们围绕智慧是否会带来快乐争论不休。一方面，有研究发现，与同龄人相比，拥有智慧的老人通常受过良好教育，身体健康。他们形成了积极的人际关系，人格上更具有开放性，更加快乐。他们对自己的生活有更强的掌控感，应对策略更聚焦于问题，并做出积极评价，拥有更高的生活质量（Kramer，2003；Bergsma & Ardelt，2012；Krause et al.，2016；Thomas et al.，2017）。另一方面，也有证据表明，获得智慧带来的是更大的痛苦（Staudinger & Glück，2011），这也许是因为智慧让人们理解了生活并非万事顺意。

第二节　老年期的心理社会性发展

一、老年期的心理社会性任务

如第二章所述，埃里克森（Erikson，1950）把人的发展分为八个阶段，老年期处于其中的第八阶段，也就是最后一个阶段——**完善对失望**。此时，老年人回首自己的生活，要么觉得它有意义、富有成果，是愉快的经历，要么对未履行的诺言、未实现的目标充满失望。对自己的生活不满意的人会害怕死亡。个体的生活经验，尤其是社会经验，决定了生命最后阶段的结果。

完善对失望　埃里克森提出的人的发展的最后一个阶段所面临的冲突。此时，老年人回首自己的生活，要么觉得它有意义、富有成果，是愉快的经历，要么对未履行的诺言、未实现的目标充满失望。

埃里克森认为，完善对失望的斗争是人们在生命后期尝试梳理自己的生命意义的过程。如果个人认识到自己的生命会通过子子孙孙得以延续，认识到社会作为一个整体仍会发展，那么他们对于自己死亡的思考会得到平衡。在这一阶段会形成的品质是智慧（wisdom），这是一种面对死亡时，对生命本身见多识广且超然的关注。它意味着接受个人曾经有过的生活而没有太大的遗憾。

完善对失望的斗争要求人们进行生命回顾（life review）。在这一过程中，人们会对自己一生中的事件和体验进行反思。要获得完善感，个人必须对过去那些塑造了自我的选择和事件做出妥协，也必须接受自己的生命即将画上句号这一事实。

回首自己的生活，可能会帮助解决青年期做出的但是事后又后悔的某些决定所带来的困扰。比如，那些曾经怀疑自己为孩子所做的决定是否正确的人，可能因为现在一切都步入正轨而感到欣慰释怀。

相比之下，对自己的决定感到难以接受、因为不幸而责备自己或他人的那些人，会把生活看成毫无意义的，他们会非常害怕死亡。这些人终将在失望中面对自己的生命结束。他们会觉得自己做过太多的错误决定，可是时日无多，来不及找到其他的获得完善感的途径了，所以他们觉得死亡的临近是难以接受的。这些人会表现出愤怒、对他人的蔑视，这实际上掩饰的是对自己的蔑视。

研究表明，进行生命回顾与获得完善感之间存在着联系，在团体中进行生命回顾有助于改善老年人的生活质量（Hanaoka & Okamura，2004；Villar & Serrat，2017）。接受自己过去的老年妇女相比不接受的人，罹患抑郁症的可能性更小（Rylands & Rickwood，2001）。繁衍感与完善感很大程度上决定了年龄与幸福感之间的关系（Sheldon & Kasser，2001）。

生命回顾可能涉及社会文化维度（比如，文化、种族和性别），也可能涉及人际关系维度（比如，与亲朋好友的分享和亲密）（Kaplan & Keser，2021），还可能涉及个人维度（比如，对意义和一致性的创造和发现）。埃里克森认为，要想获得完善感，通天大道不止一条（Erikson，1950；McAdams，2013），它会因为个人的背景和文化而不同。它不仅仅可以来自对过去的反省，还可以来自持续的刺激和挑战，比如通过政治活动、健身计划、创造性的工作，或通过与孙辈的关系来获得。埃里克森认为，虽然成功的老年期必然是完善战胜失望，但是某些失望仍然是不可避免的。人们会为自己犯过的错误、丧失的机会感到遗憾，也会因为人生的脆弱和短暂而感到遗憾。

二、自我完善的任务

埃里克森关于老年期发展的理论观点也得到很多心理学家的认同，并被加以深化扩展，研究者特别提出了促成老年期自我完善感的任务和思维过程。得到一致认可的是，最好的发展包含更大的整合及人格的深化。

罗伯特·派克（Robert Peck，1968）认为，要达到自我完善，需要完成三个清晰明了的任务：

一是“自我分化”（ego differentiation），即对于那些过多投入自己的职业的人而言，需要找到其他的方式来确认自己的自我价值——通过家庭、友谊，以及社区生活。

二是“身体超越”（body transcendence），即通过强调认知、情绪及社会能力所带来的奖酬，来克服身体的局限。

三是“自我超越”（ego transcendence），即随着同龄人一个个驾鹤西去，老年人需要建构性地面对死亡的问题，通过努力让生活变得更加安全、有意义及满足年轻人的需求。

在派克的理论中，自我完善要求老年人走出他们毕生的工作、走出他们的身体以及走出他们分离的自我认同，而投入一个可以扩展到自己生命界限之外的未来中。研究认为，随着老年人年龄日渐增长，身体超越（专注于心理优势）和自我超越（指向更加广大深远的未来）会与日俱增。对老年妇女的研究表明，八九十岁的她们认为自己比在60多岁时有更强的确定感，她们“接受了随着年老化而来的种种变化”，“已经看透死亡，无所畏惧”，“对生活的意义有更加清晰的感受”，“找到了崭新的、积极的、值得去探索的精神礼物”（Brown & Lowis，2003）。

此外，埃里克森的遗孀琼·埃里克森（Joan Erikson）认为，所有这一切实际上反映的是超越自我完善（即对自己过去生活的满意感）的一种发展，从而达到了一种全新的心理社会性阶段，她称之为“老年超越”（gerotranscendence），这是一种超越自我、指向未来、指向外在的宇宙观和超越观。她以自己的亲身体验、对自己丈夫最后几年时光的观察，以及他人关于死亡之前短暂数年的积极潜能的研究工作为据，提出成功实现老年超越的人内心极为平静和满足，会花额外的时间进行平静的反思（Erikson & Erikson，1998；Tornstam，1997，1999）。

尽管对100位左右的老年人的访谈显示很多人会经历这样的平静而沉思的状态，但还是需要更多的研究来确认是否存在一个明显的、超越的生命后期阶段。而且，除了更加专注于生命的意义，很多老年人会一直投身于现实世界——访亲问友、关心时事、睦邻而居、休闲娱乐、做志愿者等（Adam，2004）。

三、年老化的过程

年老化 个体在成熟期后的生命历程中表现出来的一系列形态和生理、心理功能上的变化。

年老化（aging）指的是个体在成熟期后的生命历程中表现出来的一系列形态和生理、心理功能上的变化。过去，人们通常认为年老化会导致不可避免的、内在的损失和衰退。但是，华纳·谢伊（Warner Schaie，2016）提出，年老化的过程有三种不同的发展模式，可以反映年老化过程中的个体差异：

一是正常年老化（normal aging），其反映了大多数人的特征，即心理功能在中年早期达到顶峰，一直到60岁上下都保持相对稳定，然后直到80多岁呈现适度下降。然而，显而易见的下降出现在人们临近死亡之时。

二是病态年老化（pathological aging），其反映的是那些在整个成年期随年龄增长而呈现比平均水平更大的衰退的人的特征。在老年早期，他们可能会有轻微的认知损失，之后会出现阿尔茨海默病，或者损害其日常功能的慢性病。

三是成功年老化（successful aging），其反映的是相比大多数人而言，那些身体、认知及情绪社会性都积极发展，且持续很长时间，直到老年后期的人的特征。

（一）成功年老化

成功年老化包括三种主要的成分：一是避免疾病或疾病导致的瘫痪；二是维持高水平的身体机能和认知机能；三是持续活跃地参与社会活动和生产活动（无论是否有报酬，都会产生社会价值的活动）（Rowe & Kahn，1997）。成功的老年人在情绪及物质方面都拥有社会支持，这对他们的心理健康大有裨益；并且只要他们保持活跃、具有生产性，他们就不会认为自己垂垂老矣。如果日常饮食恰当、生活方式积极、思维活跃灵活、应对方式积极、社会关系和支持良好、没有疾病缠身，那么很多能力都可以在日渐变老的过程中得以维持，甚至在某些领域还会有所改善（Fitzgerald，2022）。

另一种对年老化的关注是考察老年人的主观体验，即他们在多大程度上实现了自己的目标、他们对自己的生活是否满意。比如，可以考察老年人对自己生活中各方面的掌控感。有研究表明，随着年龄增长，人们对自己的工作、财务及婚姻的掌控感与日俱增，但对性生活及与孩子的关系的掌控感则每况愈下（Lachman & Weaver，1998）。人们如果对自己生活中的重要角色（比如，配偶、父母、资源提供者或朋友）具有掌控感，他们就更加长寿（Krause & Shaw，2000）。

然而，所有关于成功年老化的界定都是有价值负载的，这些东西被认为可能是老年人的负担，而不是对老年人的解放，它们会给不能或不愿达到这些标准的人带来压力（Holstein & Minkler，2003）。并非所有的成人都有良好的基因、教育背景及有利的环境去创建自己想要的生活。给老年人贴上成功或不成功的标签，可能是对受害者的侮辱，可能使得他们在面对年老化的过程中破罐子破摔。而且，这也会贬低老龄本身的价值，否认顺其自然的重要性。

后来，有研究者对成功年老化提出了更为丰富的界定，考虑到了疾病或损伤对个人日常生活的限制，以及老年人参与生活活动的能力。无论老年人是否有疾病，只要他们够独立，在追求自己满意的生活方式，他们就是在成功年老化（Lowry et al.，2012）。

上述理论观点反映了关于年老化的经典理论及当前理论的转变。

（二）脱离理论

什么样的人对年老化的适应是比较健康的？是那些坐在摇椅上静静地观看周围世界的人，还是那些从早到晚忙忙碌碌的人？根据**脱离理论**（disengagement theory），年老化通常会使老人渐渐地减少社会参与，越来越关注自我。

> **脱离理论**　该理论认为，年老化通常会使老年人渐渐地减少社会参与，越来越关注自我。

脱离理论是早期较有影响的老年学理论，它把脱离看成年老化的普遍过程（Cumming & Henry，1961）。该理论认为，身体机能的衰退及意识到死亡的临近，会导致社会角色（工作者、配偶、父母）的一种逐渐的、不可避免的退缩，而社会也会停止向老年人提供有用的角色，所以，脱离是交互性的。老年人的精力下降，生活节奏减缓；他们对外部世界的兴趣减弱，更关注内心；他们更少去参与社会活动（Bishop，2008；Nair，2008）。社会标准和人们对年老化的期望也使社会远离老年人。

然而，脱离未必是坏事，它可以让老年人有更多的时间思考自己的生活，它伴随着反省及情绪的宁静。从某种意义上说，脱离是一种解放（Carstensen，1995；Settersten，2002）。

不过，脱离理论几乎没有得到研究的支持，已经淡出了实验研究的视野。

（三）活跃理论

与脱离理论形成鲜明对比的是，**活跃理论**（activity theory）认为，老年人越是保持活跃，他们的年老化过程就越好。它把老年人的活跃程度与其幸福感联系在一起（Consedine et al.，2004）。老年人参与社会世界会提高他们的幸福感和生活满意度（Hutchinson & Wexler，2007）。由于活跃程度往往是与社会角色拴在一起的，所以，退休、丧偶、远离孩子或体弱多病所导致的社会角色的损失越多，老年人的满意度就会越低。年老化过程好的人，会在年龄增长的同时尽可能地保持忙碌，并寻找已经丧失的角色的替代者。丧失主要的角色认同的人，其幸福感及心理健康都很容易江河日下（Greenfield & Marks，2004）。研究者发现，活跃理论得到了很强的支持（Schmidt & others，2022）。当老年人保持活跃、精力充沛、有生产性时，他们比脱离社会的情况下年老化的过程更成功，也更快乐（Cornwell & Waite，2022）。

> **活跃理论**　该理论认为，老年人越是保持活跃，他们的年老化过程就越好。它把老年人的活跃程度与其幸福感联系在一起。

不过，活跃理论现在被认为是一种盲目乐观的理论。早期的研究表明，活跃度与满意度相联系，可是一些脱离社会参与的人适应状况照样有滋有味。这表明活跃或脱离可能适用于不同的人（Johnson & Barer，2002）。而且，健康的老年人的的确确会减少与社会的联系，活跃度本身与幸福感或生活满意度没有太大关系（Carstensen，1996）。

（四）连续理论

连续理论 该理论强调人们维持过去与现在之间联系的需要，人们只需要维持自己所需要的社会参与水平就可以得到最高的幸福感和自尊。

连续理论（continuity theory）综合了脱离理论和活跃理论的观点，强调的是人们维持过去与现在之间联系的需要（Atchley，1989），人们只需要维持自己所需要的社会参与水平就可以得到最高的幸福感和自尊（Atchley，2003）。它认为，活跃度本身并不重要，重要的是其所反映的生活方式的连续性。对总是很活跃并参与社会的老年人而言，继续保持高水平的活跃度可能至关重要。很多人退休后继续从事的工作或休闲活动如果与他们过去所喜欢的大同小异，他们就感到非常心满意足（Kelly，1994）。与此同时，那些一直都不太活跃的人可能坐在摇椅上静看世界、在静谧的地方悠闲散步、自己看看书，也会过得怡然自得（Holahan & Chapman，2002）。

当年老化带来明显的身体变化及认知变化时，老年人可能就会开始依赖照料者，或不得不对生活做出新的安排。来自家人、朋友或社区服务机构的支持，可能有助于减少这种断裂。根据连续理论，应该让老人住在社区而不是养老院，并尽可能帮助他们独立生活。

（五）社会情绪选择理论

社会情绪选择理论 该理论认为，社会交往在人的一生中都是一个选择的过程。在中年期，婚姻关系加深、同胞之情更浓，而朋友的数量会下降。在老年期，与家人及老友的联系会持续到80多岁，此时，老年人的人际交往会逐渐减少到只与屈指可数的几个非常亲密的朋友保持联系。

社会情绪选择理论（socioemotional selectivity theory）解释了老年人在社会网络收缩的情况下如何保持其连续性。根据这一理论，社会交往在人的一生中都是一个选择的过程。在中年期，婚姻关系加深、同胞之情更浓，而朋友的数量会下降。在老年期，与家人及老友的联系会持续到80多岁，此时，老年人的人际交往会逐渐减少到只与屈指可数的几个非常亲密的朋友保持联系（Carstensen et al.，2003；Carstensen，2016，2021）（见图10－5）。

这种变化是因为老年人更强调社会交往的情绪调节功能。老年人会趋近令人愉快的关系，而回避令人不快的关系。与亲戚和朋友的交往在大多数情况下有利于老年人保持情绪的平衡。通过这些亲密的关系，老年人能够利用其情绪专长促成和谐。面对紧张关系时，他们很少会使用破坏性的策略（比如，大喊大叫、争得面红耳赤），更可能使用建设性的策略（比如，平静地让事态随风而去）（Birditt & Fingerman，2005）。老年人也可能以不会带来压力的方式重新解读冲突，看到其积极面（Labouvie-Vief，2003）。因此，尽管他们的社会网络较小，他们也非常快乐。也就是说，老年人在他们的人际关系中，对情绪目标的追求超过对知识目标的追求。年轻人在其人际关系中追求的目标是“基于知识”的，旨在与雇主和同事一起顺利完成工作任务，与邻居相处是为了彼此提供信息和方便；而老年人随着慢慢退出工作场所和日常责任，其人际关系的目标更多是“基于情绪”的，旨在维持和发展低冲突的关系，享受更多的共同乐趣。这种目标转变的一个主要原因涉及时间知觉（Carstensen，2021）。当人们认为来日方长时，他们正值青春年华，追求的是信息，甚至以损失情绪满意度为代价。当老年人认为来日无多时，他们会更多地追求情绪满意度。

此外，对于年老化过程的适应，还有其他理论进行了阐述，比如，带补偿的选择最优化模型（Baltes，1997；Baltes & Heydens-Gahir，2003）（参见第二章）。

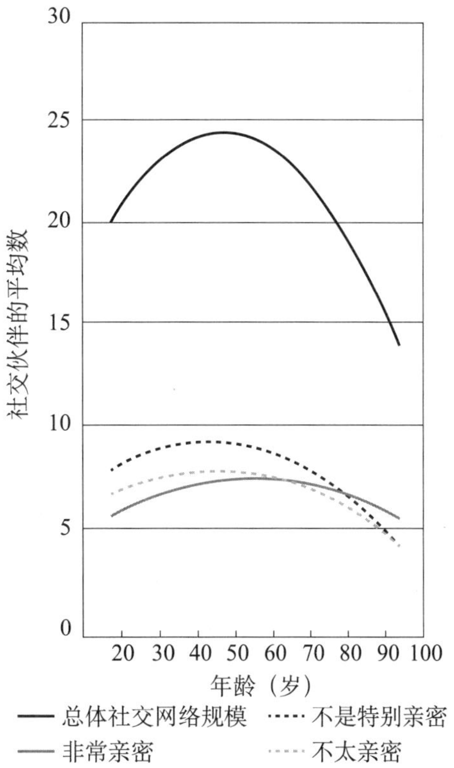

图 10－5　基于亲密度的社交伙伴数随年龄的变化

资料来源：T. English & L. L. Carstensen，2014.

四、主观年龄

主观年龄（subjective age）指个体感觉自己的年龄有多大，即一个人感觉的年龄，是自我认知的重要方面（Barrett & Montepare，2015）。儿童、青少年和刚成年的年轻人往往觉得自己比实际年龄大。但到了 30 岁，成年人往往觉得自己比实际年龄小。研究发现，大多数人的主观年龄自进入成年的早期阶段就开始逐渐与实际年龄存在差异，主观年龄小于实际年龄，并且差异会随着年龄的增长而扩大（见图 10－6）（Bergland et al.，2014；Shinan-Altman & Werner，2019），这种主客观年龄的差异在高龄老人中尤为明显（蒋炜康，孙鹃娟，2021；见图 10－7）。

这种趋势到了中年期尤为突出，以至于到了老年期，来自北美、西欧、澳大利亚和非洲的成年人平均感觉自己比实际年龄年轻 13%～18%（Bergland et al.，2014；Pinquart & Wahl，2021；Shinan-Altman & Werner，2019）。平均而言，60 岁以上的成年人感觉自己比实际年龄年轻 18%，即大约 20 岁（Pinquart & Wahl，2021）。针对美国、德国和中国的成年人的研究表明，这种模式具有跨文化普遍性（O'Brien et al.，2017）。

人们对年龄的感知受到自身的健康状况、生命事件和其他各类历史、文化以及社会因素的影响。健康状况是影响年龄认知的重要因素，拥有较强的日常生活自理能力、工具性生活自理能力的老年人感到年轻的可能性更高（Choi et al.，2021）。此外，一些日常生活事件与重大生活事件也是影响人们主观年龄的关键因素，如面临财务困境的人往往报告感觉自己的主观年龄更大（Agrigoroaei et al.，2017）。再者，主观年龄更小可能是一种补偿策略，以抵消与年老化相关的负面文化信息。感到“老了”是一种负面的感知，与年老化相关的负面标签和刻板印象会促使老年人的主观年龄小于其实际年龄；也就是说，人们更倾向于将觉得自己年轻作为一种对年老化的消极刻板印象的自我保护（Kornadt et al.，2018）。

主观年龄与各种衡量健康的指标息息相关。那些认为自己比实际年龄小的成年人往

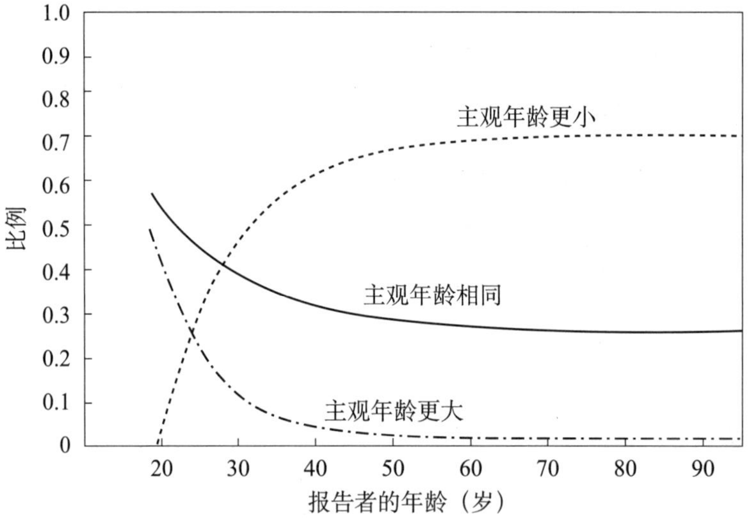

图 10-6 一生中主观年龄的变化趋势

资料来源：Rubin，D. C.，& Berntsen，D.（2006）.

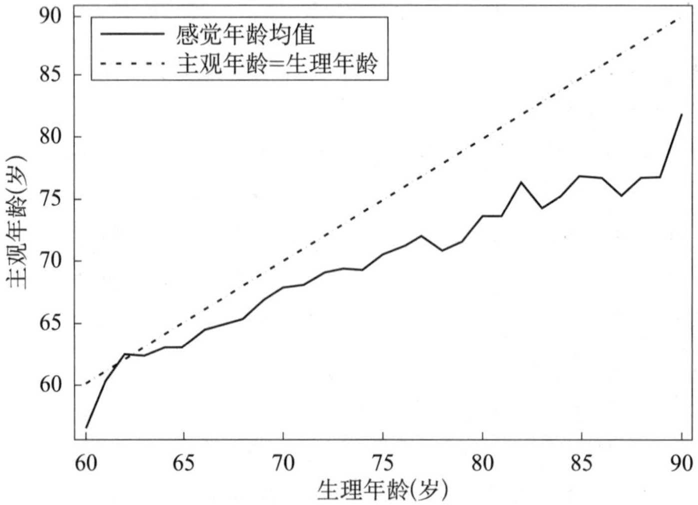

图 10-7 中国老年人主观年龄的变化趋势

往在幸福感、心理健康和生活满意度方面得分较高，他们患心血管疾病的比例甚至是死亡率更低（Degges-White & Kepic，2020；Stephan et al.，2018，2021）。主观年龄比实际年龄小的个体不太可能对年老化产生消极的刻板印象，他们仍然保持活跃，这有助于他们保持良好的健康状况（Kotter-Grühn et al.，2016）。

主观年龄也与认知表现有关。一项纵向研究表明，相比同龄人，感觉更年轻的成年人在十年间表现更好，回忆、执行功能等任务下降速度更慢（Stephan et al.，2014）。而主观感知年龄较大与日常生活中的认知能力下降和认知功能较差以及痴呆风险的增加关系紧密（Qiao et al.，2021；Stephan et al.，2021）。

主观年龄更小的人在工作时也倾向于表现出更强的掌控感和动机（Shane et al.，2019）。感觉比实际年龄小与幸福感有关，可以增强一个人的活力和创造力，提升一个人追求目标的动力和信心（Debreczeni & Bailey，2021）；感觉变老则会激活对年老化的负面刻板印象，使个体产生失控感（Shane et al.，2019）。

总而言之，虽然人们不能改变自己的实际年龄，但认为自己比实际上更年轻或更年长可以改变人们对自己生活的掌控感。

连接高科技，老人不孤立？

五、老年期的婚姻与家庭

（一）老年期的婚姻

根据全国人口普查数据，有配偶的老年人仍然是老年人口的主体。由于死亡率、预期寿命以及婚姻模式等的差异，不同性别老年人的婚姻状况各有特点。男性老年人有配偶的比例明显高于女性老年人，丧偶比例远低于女性老年人，但男性老年人未婚和离婚的比例也均高于女性老年人。

1. 老年人婚姻的特点

与从未结婚、离婚或丧偶的人相比，婚姻中的老年人往往更加健康、富有和快乐（Myers，2000）。如前所述，婚姻满意度从中年期到老年期一直上升，到老年期正值最高峰。老年人的婚姻呈现新的特点，不过，亲密、陪伴甚至激情都是很多老年夫妻婚姻关系中不可或缺的部分（Melton et al.，1995）。

第一，老年期的婚姻已经没有什么可能给关系带来消极影响、充满压力的责任，比如抚育孩子、平衡职业与家庭的要求等（Kemp & Kemp，2002）。实际上，孩子往往成为共享快乐和骄傲的源泉。而且，男性主要从妻子那里获得社会支持，女性则更多地从朋友、亲戚和孩子那里获得支持（Gurung et al.，2003）。

第二，对关系中公平感的知觉增加了，因为男性在退休以后会多做一些家务活。不过，对于那些在年轻时就不受性别平等观念影响的老年人而言，家里的劳动分工仍然反映着传统的角色。男性搞维修，女性负责采买、清洗、烹饪——一如既往。而今天退休的人会更加平等地分担“女性的”任务（Kulik，2001）。

第三，由于有更多的时间在一起，绝大多数的夫妻会有共同的休闲活动，比如散散步、种种花、打打球、白天出去逛一逛。这些都会使婚姻关系变得更加亲密（Vinick & Ekerdt，1991）。大多数老年夫妻也长得非常“相像”，他们已经内化了彼此关于适当行为的看法（Huston et al.，2000）。

第四，很多老年夫妻对过去不愉快的事，以及对配偶的知觉会表现出一种选择性记忆，他们可能会忘记婚姻的冲突而记得婚姻的快乐，这种人身体及心理都比较健康，并且这一点上没有性别差异（O'rourke & Cappeliez，2005）。

第五，尽管婚姻中解决冲突的方式往往是非常一致的，但是老年人更好的情绪理解能力及对情绪调节的重视，使夫妻之间的交往变得更加积极。与青年夫妇不同的是，老年夫妇很少意见不合，他们会以更有建设性的方式来解决彼此的分歧。即使在不美满的婚姻中，老年人也很少让分歧升格为怒火和怨恨（Hatch & Bulcroft，2004；Carstensen et al.，1999）。婚姻满意度高的老年人在情绪调节策略方面，更少使用归责于他人和沉思消极事件的策略（叶婉青等，2018）。

第六，对老年人婚姻最为严峻的挑战是不断增长的年龄和身体疾病。那些不得不照料瘫痪配偶的人可能会觉得孤立无援，感到愤怒和受挫，尤其是在自己力不从心的时候。这类夫妻可能会陷入恶性循环：疾病带来婚姻紧张，这些紧张又会进一步恶化疾病，使得应对系统处于崩溃的边缘，导致照料者的生命也处于高度危险中（Schulz & Beach，1999）。

2. 中老年期婚姻的功效

针对婚姻关系这样的长期关系在进入中老年期以后会如何变化和发展，有研究者（Wickrama et al.，2013）提出了一个模型来加以解释（见图10－8）。这一模型考虑了基因型、个人特征、积累的生活经验以及在中老年期发生的压力事件等因素的影响。

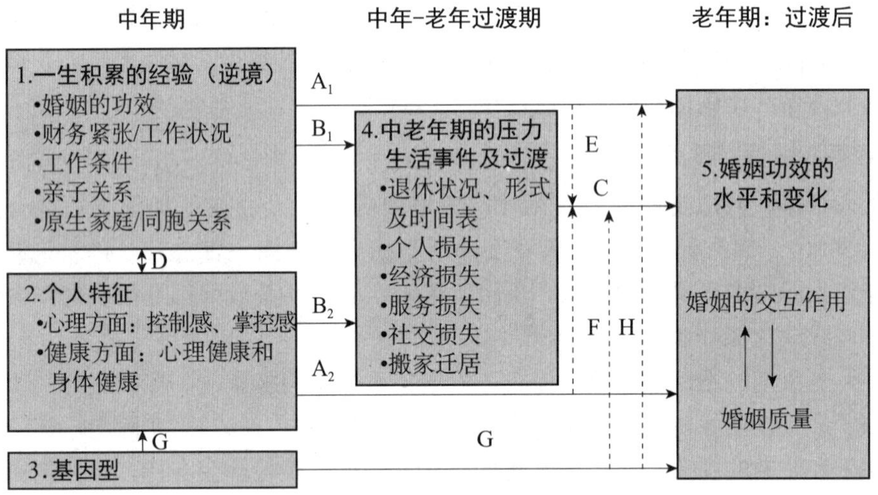

图10－8　中老年期婚姻功效

这一模型让我们可以看到的一个关键问题是，人们在进入老年生活时，会把自己的过去带过来，而这些经验（包括他们的遗传结构）会共同作用，形成其作为老年人所经历的人际关系。

（二）鳏寡之身

1. 鳏寡生活的适应过程

在配偶去世以后，老年人成为鳏夫或寡妇，适应这样的生活大体上前后会经历三个阶段（Heinemann & Evans，1990）：

第一阶段是准备期。此时，夫妻双方都要有心理准备：在不久的将来，对方可能会驾鹤西去。他们需要学习适应性的行为，发展出相应的技能和能力，有预期的行为。

第二阶段是悲痛和哀悼期。这是配偶去世后健在一方的即时反应。他们首先会承受丧偶带来的痛苦和打击。丧偶是一种巨大的创伤经历，他们会做一系列哀悼的事，经历丧偶带来的情绪起伏。成为鳏寡老人后马上面对的最大问题是孤独（Lund，1993），不过大多数人在面对孤独时是具有心理弹性的，尤其是那些外向的、高自尊的人（Moore & Stratton，2002；Van Baarsen，2002）。这一阶段可能会持续几年，也可能是几个月，取决于他人给予的支持及个人的人格特质。

第三阶段是适应期。此时，鳏寡老人会接受丧偶的事实，准备开始重新生活。他们会发掘和利用可能的资源，开始新的角色，建立新的友谊，重新整合自我，建立新的形象、态度及观念，形成新的自我认同、新的生活方式等。对大多数人来说，生活会恢复正常，重新变得愉快。

2. 鳏夫寡妇之别

由于很多婚姻的建立反映了婚姻梯度（参见第八章），并且通常女性比男性更加长寿，所以，也如前面可以看到的，男性丧偶的比例大大低于女性。

一般而言，失去配偶的生活对男性来说会更困难一些。他们更可能在丧偶之后感到抑郁，恢复到之前的心理健康水平所需要的时间也更长，尤其是如果他们没有再婚的话（Galatzer-Levy & Bonanno，2012）。很多男性不太考虑如果妻子先去世会发生什么事；而女性因为通常寿命更长一些，所以她们会考虑相关的问题。此外，女性守寡后通常有朋友和邻居给予她们同情和支持，而男性成为鳏夫后常常会失去社会支持。

男性在日常起居及情绪支持甚至是社会支持方面（比如，邀请客人、提供忠告等）也有赖于妻子（Bennett et al.，2005；Gurung et al.，2003）。男性丧偶老人的朋友网络显著窄于男性在婚老人，而女性老年人中无此差异（唐丹，乔欣，邓雨萌，2021）。在妻子去世以后，男性丧偶老人常常感到难以向另一个人表达自己脆弱的感受和悲痛，难以提出请人给予帮助，难以照料自己，甚至找人聊天也感到困难（Lund & Caserta，2004）。所以，成为鳏夫者在配偶去世的几个月内非常容易生病，出现心理上的问题，他们恢复情绪平衡更加举步维艰（Berg et al.，2009）。如果他们战胜了最初的抑郁，一些人可能会选择再婚。

对女性而言，尽管丈夫的去世常常是可以预见的，但它也不是小事一桩。配偶的去世不仅意味着失去一位亲密的朋友和爱人，还意味着收入减少、地位下滑、社交圈受损。此外，日常生活的常规，比如洗衣做饭、访友散步，甚至是按时上床睡觉等，都会乱套，其结果是心理压力大增。对那些其主要角色为配偶、家庭主妇的女性而言，更关键的是自我认同的丧失（De Garmo & Kitson，1996）。但是，她们在加强自己与孩子和朋友的联系、为自己建立新的生活的过程中，会表现出相当大的心理弹性（Rossi et al.，2007）。

老年寡妇通常不会再去找一位丈夫，很多人最终会享受孤身一人的自由。她们会满足于与朋友以及自己的子孙共度时光。

（三）老年人的祖孙关系

拥有成年孙辈及曾孙的老人能够从更大的社会支持网络中获益。体贴的孙辈会不时给垂垂老去的祖父母打打电话、上门看望、寄送贺卡以表达他们的感情。

很多孙辈觉得有义务帮助有需要的祖父母。祖父母从孙辈那里更期望的是感情，而非实际的帮助，大多数情况下，他们能够如愿以偿。老年人认为与成年孙辈的联系非常有意义，它是自己与未来的关键联系（Langer，1990）。老年人通常报告自己与成年孙辈的联系是非常积极的（Scharf，2015）。

当然，老年人与成年孙辈的关系也是因人而异的。祖父母在儿童期介入孙辈生活的程度能够非常明显地帮助预测现在的关系质量。通常，老年人与一个孙辈的联系比较“特殊”，他们经常联系，相互表达感情，在一起共享快乐时光，这些都会提升老年人的幸福感（Fingerman，1998）。不过，在整个生命过程中，祖孙之间的联系是日渐减少的。孙辈们在较远的地方成家立业，他们忙于工作和家庭，挤占了与原生家庭在一起的时间。

尽管联系减少了，但是祖父母对孙辈的感情却是与日俱增，超过了孙辈对祖父母表现出的感情（Harwood，2001；Giarrusso et al.，2001）。这种情感投入的差异反映了每一代人不同的需要和目标：成年孙辈要建立自己独立的生活，祖父母则要保持家庭关系的亲密感以及代际价值观的连续性。与成年孙辈在一起的时候，祖父母经常会传递信息、进行与家庭文化遗产相关的活动，比如讲一讲过去的故事，讨论一下家庭传统和习俗（Wiscott & Kopera-Frye，2000）。孙辈会成为老年人生命最后十几甚至二十年中生活意义的重要源泉。

值得一提的是，随着寿命的延长，不少老年人还会拥有曾孙。当然，初婚的年龄及成为父母的年龄在这当中非常关键——较年轻时就结婚及成为父母的人更可能成为曾祖父母。

尽管大多数曾祖父母只把自己的新角色看成高龄的象征，但他们还是充满热情地欢迎曾孙的诞生，认为这进一步巩固了家庭的延续（通过基因传递，家庭的连续性真的得以保持）。成为曾祖父母获得的满足感与成为祖父母时明显不同，他们不会像做祖父母时那样介入孩子的生活。

成为曾祖父母似乎在三方面是非常重要的：第一，成为曾祖父母可以提供一种个人及家庭生生不息之感，这是获得完善感的重要成分。孙辈带来的新生命能够重新唤起对生命的感动。看到自己的家庭延续至第四代，老年人也可能会因为一种象征性的不朽而感受到一种心理支持，这有助于老年人坦然面对死亡。他们知道自己的家庭在百年之后仍然会延续，会感到骄傲和舒坦。第二，曾孙会给曾祖父母带来新的生活乐趣——现在又有新的人来分享自己的过去了。第三，成为曾祖父母是一个里程碑，标志着大多数人难以企及的长寿，而自己长寿到可以看到第四代的感受是非常积极的。

六、老年人的友谊

对于老年人而言，随着家庭责任和职业压力的减退，友谊变得越来越重要、越来越令人感到充实（R. Adams，2017）。老年人是否拥有朋友，对其心理健康有极其重要的预测作用（Rawlins，2004）。随着越来越多的时间可以用于休闲活动，友谊也更加集中于活动，比如打打牌，并且老年人报告的与朋友在一起时的乐趣比年轻成人更多（Blieszner & Ogletree，2017）。

（一）老年人友谊的特点

决定友谊选择的因素对于老年人来说可能尤为重要，因为老年人可能会觉得正在失去对自己生活的控制。友谊关系中的开放性、自发性、相互关怀及共同兴趣仍然有影响。

老年人与朋友共享的时光超过与家人在一起的时光。老年人与朋友在一起的愉快体验超过与家人在一起时的体验。与从前一样，友谊围绕着快乐及休闲，家庭关系则往往涉及的是日常需要（Antonucci & Akiyama，1995）。朋友能够带来即刻的快乐，家人则提供更大的情绪安全感和支持。友谊对于老年期的心理健康和幸福感的重要性，与家庭关系不分伯仲（Blieszner et al.，2019；Dunbar，2018）。友谊对老年人的幸福感有着非常大的积极影响，而如果家庭关系差或没有家人，其消极影响也是极其深刻的。

通常，紧急情况下是远亲不如近邻。亲戚提供一种长期的承诺，比如照料生活，而朋友只能是偶尔为之。尽管朋友无法替代配偶或伴侣，但在没有配偶或伴侣的情况下，朋友可能起到补偿作用（Hartup & Stevens，1999）。对从未结婚者、离婚者或鳏夫寡妇的研究发现，从朋友那里得到较多情绪支持及实际支持的老年人不太可能感到孤独（Dykstra，1995；Adams & Taylor，2015）。

长期的友谊通常也会持续到人们非常老的时候（Hartup & Stevens，1999）。不过，如果搬家、生病或瘫痪了，则可能使保持与朋友的联系变得困难。尽管很多老年人甚至在 85 岁时也能够结交到新的朋友，但是老年人更可能从不易替代的人那里得到友谊的好处（比如，融洽的感情、忠诚），除非这些人去世、到养老院去或搬走了（De Vries，1996）。当同龄人去世以后，非常老的人也会结交一些忘年交朋友，既可能是同性，也可能是异性（Rook，2000）。

老年人的亲密友谊并没有受到日常生活模式，比如参加社会团体或做志愿者的影响（Dugan & Kivett，1998）。即使是健康状况下滑限制了他们的行动，很多老年人也都会想办法与朋友保持联系。

与年轻人不同的是，老年人的异性友谊比较少。不过，有一些人也有异性朋友，那是可以追溯到几十年前的交情。总体上，异性友谊会给老年人带来独特的好处（Monsour，2002）。

年轻人友谊中的性别差异也会延伸至老年期。女性更可能拥有亲密的朋友；男性的沟通则依靠妻子，或在一定程度上依靠同胞姐妹。而且，老年女性还有很多普通朋友，即那些不是太亲密，但偶尔在一起消磨时间的朋友，比如见面吃顿饭、打打牌或逛逛博物馆之类的。通过这些关系，老年人可以认识新的人，保持社会参与，获得幸福感（Adams et al.，2000；Blieszner & Roberto，2012）。

（二）老年人友谊的意义

大多数的老年人和他们在青年期及中年期一样，拥有一些亲密的朋友，而拥有活跃的朋友圈的老年人往往也更加健康、更加快乐（Antonucci & Akiyama，1995）。那些向朋友倾诉自己的思想感受、讨论自己的忧愁痛苦的人，通常能够更好地处理因为衰老而产生的变化和危机，也更加长寿（Steinbach，1992）。老年期友谊的重要性表现在以下几个方面：

第一，亲密和陪伴对老年人的友谊而言是最基本的。他们一起散步、一起购物或相互串门，他们会敞开自己的心扉，谈自己的快乐和忧虑。他们愉快地交谈，开怀大笑，开开玩笑。老年人认为自己亲密的友谊中包含共同的兴趣、归属感、表达情感的机会、相互信任（Field，1999）。亲密是老年人友谊中一个重要的好处，因为这时候老年人需要知道尽管自己的身体及其他方面在走下坡路，但他们仍然是有价值的，人们需要他们。

第二，老年女性认为接受性是其亲密友谊的主要方面。老年期的朋友能够保护彼此免受对其作为一个人的能力及价值的消极评价，而这一消极评价通常来源于关于老年期的刻板印象。

第三，友谊可以把老年人与更为广泛的社会生活联系在一起。对那些不能经常外出的老年人而言，与朋友的联系可以使他们跟上外部世界的变化。

第四，友谊有助于保护老年人不致心理失落。健康状况下滑的老年人如果经常保持与朋友的电话联系，经常见见面，其幸福感会提升。相似地，在亲人去世的时候，朋友也能够提供社会支持的补偿（Newsom & Schulz，1996）。

七、退休生活的适应

（一）退休的阶段

罗伯特·艾其里

退休既是一个过程（要做计划，要去适应），也是一个生命阶段（会持续多年）。罗伯特·艾其里等（Robert Atchley & Barusch，2000）提出个人彻底退出工作场所的退休过程包括六个阶段。

第一阶段是前退休（pre-retirement）。这是实际退休之前的阶段，通常包括脱离工作场所，以及为退休做准备。

第二阶段是退休（retirement）。此时，个人不再参与付酬的工作，它可能会有三种方式：一是蜜月之路。其特征是个人感到好像在过无期限的假期。男性女性都会忙于他们此前无暇顾及的休闲活动，尤其是去旅游。二是即刻的退休常规生活。这是那些日程表已经排得满满的人的退休生活。三是休息和放松。相比蜜月之路，这种方式下的活动非常缓慢，曾经工作非常忙碌的人往往会在退休后的前几年选择什么都不做，不过，在他们休息和放松几年之后，其活动又会多起来。

第三阶段是觉醒（disenchantment）。在度过“蜜月期”或休息放松了一段时间以后，很多人可能会感到失望和迷茫，因为某些人可能在工作期间并没有获得什么成就感，有些人则可能是在退休期间遇到丧偶或被迫迁徙等重要的破坏性事件。

第四阶段是重新定位（reorientation）。此时，人们会盘点过去一段时间的退休生活，为改善退休生活提出新的构想。积极参与社区活动、形成新的爱好、搬到一个花费适中的地方等，都可能给退休带来第二次机会。重新定位通常的目标是设计一种令人满意、充满乐趣的退休生活方式。

第五阶段是退休的常规生活（retirement routine）。形成舒适且具激励性的退休常规生活是退休生活的最终目标，一旦形成则可能会持续很多年。有些人在离开职场之后不久就能做到，有些人则要花很长时间。

第六阶段是退休的终结（termination of retirement）。最终，退休的角色与老年人的生活变得没太大关系了。当个人因为瘫痪或疾病而无法独立生活时，瘫痪老人的角色成了其生活的主要焦点。

（二）退休后的生活方式

能够很好地适应退休的老年人往往身体健康、积极活跃、受过教育、社交广泛，退休之前对自己的生活心满意足（Moss，2021）。很多老年人都报告说在退休以后社会性和智力活动方面仍然积极活跃（Henning et al.，2021）。很多老年人也报告心理健康有很大改善，尤其是从工作条件恶劣的工作岗位上退休的，比如那些要求较高、没有权威以及缺乏支持的工作岗位（Fleischmann et al.，2020）。连续理论认为，那些保持自己原来的活动及生活方式的人，对退休的适应是最好的。社会经济地位可能影响退休者打发时间的方式。退休以后，人们的生活方式主要表现为以下几种。

第一种方式也是比较常见的方式是家庭中心方式。这种生活方式主要包括围绕家庭、家人和伙伴的方便且花费低的活动，比如聊聊天、看看电视、访亲问友、非正式的娱乐、打打牌，或者仅仅是有什么事就做什么事。这是大多数老年人从事的活动，并不需要“费脑筋”（Hooyman & Kiyak，2011）。

第二种方式可称为均衡投入方式。这在受过良好教育的人中比较典型，他们把自己的时间比较均衡地分配给家人、工作及休闲。当然，这种方式会随着年龄增长而变化。对自己的生活质量非常满意的年轻退休者会经常旅游、参加文化活动。但是，到 75 岁以后，围绕家人或家庭的活动会带来最大的满足感（Kelly et al.，1986）。

第三种方式是严肃休闲方式。退休者主要是从事需要技能、注意及承诺的休闲活动（Kelly，1994），比如画画、做木工等需要付出努力来掌握一门技艺，或需要投入极大热情的兴趣活动。以这种模式为主的退休者通常对自己的生活非常满意。

研究范例

夫妻幸福感，退休后更高？

此外，值得注意的是，老年人从事志愿者工作的比例越来越高，它与退休后的幸福感有着密切联系，它可能有助于替代个人退出工作领域之后所丧失的社会资本（Kim & Moen，2001）。退休可能会使个人丧失一种主要的角色认同，而从事志愿者工作通常会减少与之相联系的幸福感的降低（Greenfield & Marks，2004）。针对日本老人的研究发现，人们鼓励健康活跃的老年人从事志愿者工作，而这些人也往往觉得自己对他人、对社会有用，更可能增寿六年（Okamoto & Tanaka，2004）。志愿者工作可以让老年人获得各种各样的心理上的好处，比如更高的生活满意度、更强的意义感，以及认知挑战和刺激（Wilson & Harlow-Rosentraub，2008）。志愿者工作甚至在身体方面也有好处，比如更好的自评健康状况、更低的瘫痪率以及更小的死亡风险（Greenfield & Marks，2007）。

（三）退休满意度的影响因素

退休并不是一个孤立事件，它是一个过程，个人的资源、经济状况、社会关系资源等都可能会影响人们如何度过这一过渡期（Kim & Moen，2001）。成功地适应退休的预测因素包括：身体健康、财务状况、休闲活动、自愿退休、社交整合、心理健康，以及相关的人格特质（Barbosa et al.，2016）。退休满意度与实现退休计划、具有心理弹性、社会性的整合、采纳新的角色，尤其是家庭关系的质量密不可分（Principi & others，2020）。

关于退休的一个刻板印象是，只要人们一退休，健康就开始每况愈下。但是，没有研究证据支持这一点，退休并不会给健康带来立竿见影的消极影响，相反，是健康影响着退休的决定（Weyrnouth，2005）。而且，对男性而言，退休的第一年幸福感明显上升（Gall et al.，1997）。

个人对工作的依恋也会影响其对退休生活的适应过程。配偶已退休的老人中，常年从事全职工作的人更难以适应，退休之前持消极期望、自我效能感低的人也是如此（Van Solinge & Henkens，2005）。

由于婚姻幸福感在退休后呈上升趋势，所以，如果夫妻双方的关系不错，就可能对退休后的迷茫感起到缓冲作用。退休也会因为给夫妻双方提供了更多相互陪伴的时间，而提升婚姻满意度（Kim & Moen，2001）。因此，不仅仅美好的婚姻有利于退休适应，退休也会因为带来更多的自由而使婚姻变得更加甜蜜。

从性别特点看，对相对健康的已婚中老年男女的追踪研究表明，工作士气低的男性通常在退休之后马上会享受一段“蜜月期”，但是一直无所事事的退休生活则与抑郁症状的增加相联系。与此同时，女性的幸福感不太受退休影响，无论是她们自己退休还是丈夫退休，其精神面貌更多的是受婚姻质量的影响。个人的掌控感对于男性女性的精神面貌都是关键的预测变量（Kim & Moen，2001）。个人对生活事件的掌控感，包括缘于内心想去做什么而决定退休，与退休满意度有着很强的联系（Kubicek et al.，2011；Siguaw et al.，2017）。

纵向研究表明，最能够帮助预测退休后的满意度的是退休者的社会支持网络规模（Tarnowski & Antonucci，1998），社会支持有助于减少退休带来的压力。退休不会带来个人关系数量和质量的暴跌，如果友谊有什么变化，那也是由于其他因素（比如，严重的健康问题）干扰了人们维持友谊的能力。尽管退休以后与从前同事的关系削弱了，使得社会支持网络的规模有所缩减，但是社会支持的质量仍然保持相当的稳定，即老年人能够“依靠”的人的数量依然如故。同时，退休以后人们可以结交到新的朋友，从事有益的休闲活动，这都有助于削减退休带来的困难。除了朋友之外，配偶在促进退休适应方面也是一个关键的支持源，夫妻双方共同喜好的休闲活动的数量能够帮助预测退休满意度（Reeves & Darville，1994；李幼穗等，2008）。

总之，要使退休生活快乐而有意义，起码做到两点：一是从事令人满意的事（Grotz et al.，2017；Siguaw et al.，2017），二是拥有令人满意的人际关系。对大多数人来说，这两方面都是其个人生活史的延续。

概念术语

遗传预设理论，可变速率理论，完善对失望，年老化，脱离理论，活跃理论，连续理论，社会情绪选择理论

本章要点

1. 随着年龄增长，人们感觉能力方面的变化存在很大的个体差异，到老年期变化非常明显，也有明显的性别差异，女性更容易出现视力受损，男性更容易出现听力受损。

2. 遗传预设理论认为，身体是按照基因决定的正常发展时间表衰老的。可变速率理论把衰老看成因人而异的随机过程。

3. 智力的双过程模型认为，智力的机制通常随年龄增长而衰退，而智力的应用可能会持续发展到个人非常高龄的时候。

4. 老年人在情景记忆的回忆测验上的表现往往稍逊一筹，而语义记忆任务方面的年龄差异则不明显。

5. 智慧与年龄之间并无必然的关系，智慧未必是老人才有的财富。一个人能否成为智者，有赖于其是否拥有解决既定问题的广泛生活经验，是否拥有必需的认知能力和人格等。

6. 老年期要解决“完善对失望”的冲突。老年人回首自己的生活，要么觉得它有意义、富有成果，是愉快的经历，要么对未履行的诺言、未实现的目标充满失望。

7. 关于年老化的连续理论强调人们维持过去与现在之间联系的需要，人们只需要维持自己所需要的社会参与水平就可以得到最高的幸福感和自尊。

8. 随着年龄增长，尤其是到了中老年阶段，很多人的主观年龄越来越小于实际年龄。主观年龄的判断与人们的健康和幸福息息相关。

9. 在配偶去世以后，老年人成为鳏夫或寡妇，适应这样的生活大体上前后会经历三个阶段，即准备期、悲痛和哀悼期、适应期。而男女的适应过程又有所不同。

10. 随着家庭责任和职业压力的减退，友谊变得越来越重要。老年人是否拥有朋友，对其心理健康有极其重要的预测作用。

11. 退休既是一个过程，也是一个生命阶段。退休过程包括做计划、适应，这也会持续多年。个人的资源、经济状况、社会关系资源等都会影响退休满意度。

复习思考题

1. 老年期感觉能力方面的变化主要体现在哪些方面？
2. 对衰老过程进行解释的理论观点主要有哪些？
3. 老年期智力和记忆的特点是什么？
4. 智慧的表现是什么？它由哪些因素决定？

5. 老年期要解决的“完善对失望”冲突体现在哪些方面？
6. 面对年老化的过程，怎样才能有良好的适应？
7. 人们对配偶去世的适应会经历怎样的过程？
8. 友谊对老年人而言有何意义？
9. 退休过程是怎样的？影响退休满意度的因素有哪些？

第十一章
生命的尾声

开脑思考

1. 日常生活中，我们可能经常会说“电脑死机了”“某某人是死脑筋”“这件事让人高兴死了”……那么，这些“死”和一个人生命的“死”所反映的东西有何不同呢?

2. 人死了还能够复生吗?人死了以后还有思想吗?也许你的答案是否定的。那么，你是否记得在什么时候、是什么原因促使你明白这些道理的呢?

3. 当我们见到身患绝症的人时，我们可能会发现有些患者充满怒气，有些患者则似乎心平气和。这是为什么?你认为什么原因会让他们面对死亡时的表现大相径庭?

教学目标

通过本章的教学，应该实现几个目标。第一，了解关于死亡的一些界定及人们对死亡概念的理解过程。第二，把握一个人在面对自己的死亡时的临终反应，以及面对亲人死亡时的应对过程。

学习重点

理解关于死亡的界定及人们对死亡概念的理解过程；领会一个人在面对自己的死亡时的临终反应，以及面对亲人死亡时的应对过程。

每个人都会面对他人或自己的死亡，而对死亡概念的理解必须把握其本质特征，包括认识死亡的永久性、普遍性、终结性、适用性、因果性。人们在面对死亡时，会经历五个阶段的变化，或有五种典型的临终反应，即否认、愤怒、讨价还价、抑郁、接受。面对亲人死亡的悲痛过程需要解决四个问题，即承认亲人亡故的现实、解决相伴随的情绪混乱、适应亲人亡故后的环境、减弱与亡故亲人的联系。丧亲应对的双程模型认为，丧亲的人们在面对悲痛和试图继续生活之间循环往复，一时间可能会沉浸在悲痛之中，一时间又会继续前行。

第一节 对死亡的界定与理解

在如今的工业社会中，大多数的人会在医院死去，有时候最后时刻陪伴他们的是医生和护士，而未必是他们珍爱的人。在被问到自己将要如何死去时，很多人会说希望有尊严地死去——或是突如其来、无痛苦感地在梦中死去，或是在最后时刻可以意识清晰地回顾人生、说声再见。

事实上，对大约1/4的人来说，死亡算是突然的，这一过程大约延续几小时，其中80%～90%的人是心脏病发作的受害者。但是，大多数人却并非如此。对于3/4的人来说，由于医疗技术等方面的原因，死亡是一个较漫长的、被拉长的过程。

一、对死亡的界定

什么是死亡？乍一看，你可能觉得答案很简单：一个人不再活着就是死了。但是，随着医学的发展，过去曾经被认为已经死亡的患者在今天看来可能还是活着的。

功能性死亡 以心跳停止、呼吸停止为判定死亡的依据。

脑死亡 使用脑功能测量的方式来判定死亡，即当所有大脑及脑干的活动都完全不可逆地停止后，才判定一个人死了。

功能性死亡（functional death）以心跳停止、呼吸停止为判定死亡的依据。但是，这些标准可能已经不再适用，因为现代医学的相关技术常常使刚刚“死去”的人复生且毫发无损。所以，现在医学上使用脑功能测量的方式来判定死亡，即当所有大脑及脑干的活动都完全不可逆地停止后，才判定一个人死了，这就是**脑死亡**（brain death）标准。

但是，并非所有国家都接受这一标准。比如，在日本，医生还是沿用传统的标准，以心跳和呼吸的停止为指标。其原因可能是，佛教、儒家思想及神道教对死亡的看法都强调祖先崇拜，给时间让灵魂脱离肉体。不过，愿意捐赠器官的人也可以选择脑死亡标准，只要其家人不反对（Morioka，2001）。

而且，很多情况下脑死亡标准并未能够解决什么时候停止治疗这一两难问题。比如，对于进入永久植物人状态（persistent vegetative state）的人来说，其大脑并未死亡，虽然其大脑皮层不再有电活动，但是脑干仍然是活的。医生已经肯定这些人无法恢复意识或活动。一些专家认为，大脑皮层停止活动就足以宣布一个人的死亡；但是，另一些人却指出，一些植物人几个月后又有皮层反应及意识了，尽管其功能非常有限（Kotchoubey et al.，2005）。不过，事实上，通常死亡发生的时候并不需要监测脑电波，除非在一些特殊情况下才这样，比如涉及犯罪、法律问题时。

值得一提的是，除了医学上的界定外，文化上也对死亡的界定赋予了丰富的含义（见表11-1）。

表 11－1　对于死亡的多种文化界定

界定	具体表现	界定	具体表现
死亡是一种象征或物体。	降半旗，墓碑，黑纱，纪念碑，纪念馆。	死亡是一种神秘的事件。	死是什么样的？死了还能见到家人吗？死了之后会发生什么事？
死亡是一种统计。	死亡率，染艾滋病死亡人数，谋杀率、自杀率，预期寿命。	死亡是一种界限。	我还剩多少年？我死了以后，家人会怎么样？我现在该做什么？
死亡是一种事件。	葬礼，家人聚集，纪念仪式。	死亡是生命意义的盗贼。	我觉得被骗了。为什么我还要活下去？生活并没有什么意义。我还有好多事要做。
死亡是一种存在状态。	等待的时间，一无所有。	死亡是恐惧和焦虑。	要死的时候疼吗？我担心我的家人。我害怕自己死掉。我死了以后，谁来照看孩子？
死亡是一种类比。	死胡同，死脑筋。	死亡是一种奖励或惩罚。	长寿、儿孙满堂。恶人会下地狱。天堂有公正。

二、对死亡的理解

我们对**死亡概念**的理解必须把握其本质特征，这些认识可以基于五个方面：一是永久性，即一旦死了，就不能复生；二是普遍性，即所有生物最终都会死；三是终结性，即所有生命机能，包括运动、身体过程、思想、感受，都会在死的时候停止；四是适用性，即只有生物才会死；五是因果性，即死亡是由身体机能的崩溃引起的。

死亡概念　即“死亡”的含义，个体对这一概念的理解必须把握其本质特征，主要涉及五个方面：永久性、普遍性、终结性、适用性、因果性。

对于死亡的理解存在一个发展过程。首先，儿童要理解死亡，就必须获得一些基本的生物学概念，知道动物和植物都有维持生命的重要部件，比如大脑、心脏、肚子、根系。他们也必须打破把“不是活的”归为“死的”的分类方法。此后，儿童会根据自己熟悉的经验来解释死亡：他们可能会相信自己导致了某位亲人的死；可能相信死人会吃东西、会睡觉、会看、会想（Slaughter et al.，1999；Irish et al. Eds.，2014）（见表 11－2）。学前儿童会把死看成类似睡觉，死人最后会醒过来；如果人们竭尽全力，比如进行治疗、提供食物或施行魔法，那么死者就会“回来”（Poling & Evans，2004；Rapa et al.，2020）。

永久性是掌握死亡概念首先要把握的成分，学前儿童对这一点接受得非常快，可能是因为他们经常看到这一点，比如小动物的死亡。对普遍性的理解紧随其后。开始，学前儿童会认为某些人不会死，比如他们自己、与他们感情深厚的人。之后，学前儿童会认识到死者会失去身体功能和知觉。但是，大多数 10～12 岁的孩子仍然会说死者能够思考和感觉（Bering & Bjorklund，2004）。

研究范例

生命与死亡，儿童怎么想？

表 11-2 儿童青少年对死亡的理解

年龄（岁）	关于死亡的典型问题	思维特点	对死亡的理解
1～3	“妈妈，我死了以后要多长时间才能活过来?”“爸爸，我死了之后，你还会挠我痒痒吗?”	对事件、未来和过去的时间，以及生死之别的理解很有限。	死亡通常被看成生命的延续。生与死被认为是不同的状态，就好像睡觉与醒来一样。
3～5	“我一直是一个坏孩子，所以我必须死。”“我希望天堂的食物味道不错。”	儿童可能还未区分真实与想象。知觉主导着判断。	儿童把死亡看成暂时的、可逆的，也不是普遍的（只有老人会死）。因为自我中心的影响，他们常常会相信自己一定程度上导致了死亡，或者把它看成一种惩罚。
5～10	“我会怎么死?”“死会伤人吗? 死让人害怕吗?”	儿童开始表现出逻辑思维，自我中心减弱。他们开始具体问题具体解决。	儿童开始理解死亡是真实的、永久的。死亡意味着心脏停止跳动，血液不再循环，呼吸停止。死亡也被看成暴力事件。儿童可能不会接受死亡会发生在自己或熟人身上，但认识到人都会死。
10～13	“我担心如果我死了，我妈会受不了。”“我担心如果我死了，我可能会想念我家里的人。”	思维更加抽象，纳入了形式逻辑的原则。提出抽象命题、多重假设及其可能结果的能力变得明显。	儿童开始理解死亡是真实的、终极的、普遍的。它会发生在自己或家人身上。儿童可能把死亡看成对不良行为的惩罚。他们会担心如果父母去世，谁来照顾自己。他们需要得到保证以后仍然有人照料自己、爱自己。
14～18	“这不公平！我不相信癌症把我搞得这么难看。”“我想自己待着。”“我不相信我快死了。我做错了什么?”	思维更加抽象。他们会很典型地表现出冒险行为，这看起来像是否认自己会死。	对死亡有更为成熟的理解。死亡被看成可以战而胜之的敌人。所以，真的要死了会被看成一种失败、放弃。

资料来源：Hurwitz et al.，2004.

青少年的死亡往往是人为原因所致，比如意外伤害，这使得青少年清楚地知道死亡随时随地可能降临到任何人身上。但是，这却没有引发他们足够的安全意识，很多人的冒险行为显示他们没有把死亡当回事。这可能与他们的个人神话观念有关。

在青年期，很多人根本不去想与死亡有关的事。但是，年轻成人如果面临死亡，会感到非常愤怒，觉得世界不公平，会把自己的怒火烧向照料者及所爱的人。另外，这种事也会让提供直接照料的人（护士和护理员）感到极其脆弱，因为这些人自己就非常年轻（Oltjenbruns & Balk，2007）。

在中年期，虽然威胁生命的疾病并不会带来很大的震撼，但人们对自己的死亡有了模糊的概念，他们知道来日无多，自己会一天天老去，直至死亡。中年期对死亡的恐惧往往超过其他任何阶段，甚至超过老年期。这种恐惧会使得中年人更多地审视自己余下的时光（Cicirelli，2001）。很多人对于自己希望有什么样的死法，会说突如其来、无痛苦感、毫发无损的死法最好（Hanger et al.，2000）。

老年人则对死亡想得多、谈得多，因为它越来越近了。他们在自己周围看到的死亡也越来越多，配偶、兄弟姐妹和朋友中都可能有人已经去世，这些都不断地提醒老年人自己将要面对死亡。恰恰是这一点使得老年人对死亡并不那么焦虑，他们有更加现实和反思的态度，他们可能会开始准备面对死亡（Hallberg，2013；Oyebode，2008）。他们会花更多的时间思考临死的过程和情景，而不是死亡的状态（Corr，2019）。横断研究和纵向研究都表明，在人的一生中死亡焦虑水平一直在下降，老年人报告的死亡焦虑水平低于年轻成人和中年人（Chopik，2017）。

第二节　面对死亡

一个人如果不得病，那么在 100 岁左右可能会因为功能衰竭，失去进食的兴趣，最后自然死亡（Johansson et al.，2004；Small et al.，2003）。但是，很多人却没有那么幸运，必须更早地面对自己的死亡。

一、临终的过程

前沿扫描

社会不脱离，死亡率降低？

死亡之前人们的功能衰退速率千差万别，这一过程可称为“临终轨迹”(dying trajectory)（Cohen-Mansfield et al.，2018；Lunney et al.，2003）。根据持续时间和功能衰退的不同，临终轨迹可以分为四种模式（见图 11－1）。

一是“突然震惊型死亡”(abrupt-surprise death)，其突如其来、出乎意料，发生于转瞬之间，比如事故、枪击或心脏病发作，也包括婴儿猝死综合征。当事人在陡然而降的灾难发生、毫无预警地导致死亡之前，一切功能正常。当事人及其家人都无暇准备或适应。

二是“短期预期型死亡”(short-term expected death)，这是由癌症这样的绝症导致的持续稳定、可以预期的衰退。

三是“预期拖延型死亡”(expected lingering death)，其可以预期，但是持久拖延，比如在虚弱和老龄的情况下。

四是“循环往复型死亡”(entry-reentry death)，这是指衰退过程被一系列陷入危机和有所恢复的循环不断打断，临终者可能不断地住院、回家、住院、回家。

临终轨迹对临终者及其家人的适应会带来部分影响。由于短期预期型死亡最具可预测性，所以当事人最可能在临终关怀中死亡，毕竟临终者剩下的日子屈指可数了。预期拖延型死亡和循环往复型死亡的衰退过程旷日持久，这对照料者的应对技能构成巨大的挑战，因为这种死亡在近在咫尺之前往往带来令人难以承担的临终关怀耗费。

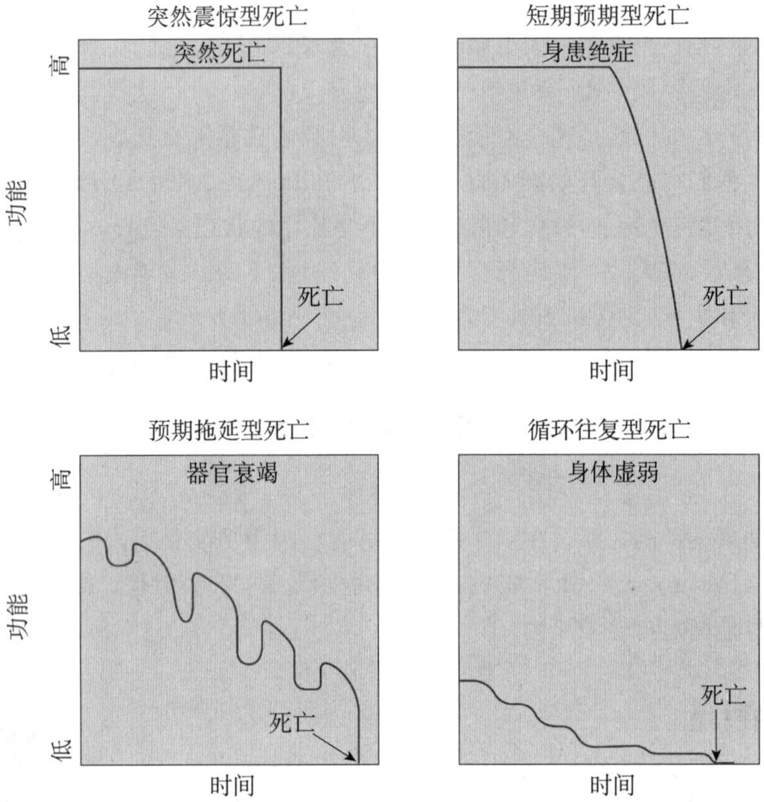

图 11-1　临终的理论轨迹

资料来源：Lunney et al.，2003.

二、面对自己的死亡

伊丽莎白·屈布勒-罗丝

（一）临终反应的阶段

伊丽莎白·屈布勒-罗丝（Elisabeth Kubler-Ross，1969）关于临终者心理的研究是开创性的，她发现大多数知道自己快要走到生命尽头的人，都愿意谈一谈自己的感受。屈布勒-罗丝基于对大约500名患绝症的病人的访谈，指出人们在面对死亡时，会经历5个阶段的变化，后来，这被看成5种典型的临终反应（见图11-2）。

首先是否认。在得知自己患的是绝症时，个人会否认已经严重到难以逃避，他们可能感到震惊和难以置信。否认是一种自我保护，使人能够以自己的节奏来应对疾病。一些人会寻求更好的诊断，大多数人则觉得肯定是搞错了。这时典型的反应如："这不可能发生在我身上！"大多数人的否认会像坐过山车一样，今天还在制订宏伟的计划，一觉醒来，又承认末日快到了。屈布勒-罗丝认为，家人及健康专家不宜歪曲病况来延长否认，因为这样可能妨碍病人对步步逼近的死亡的调适，妨碍他们做

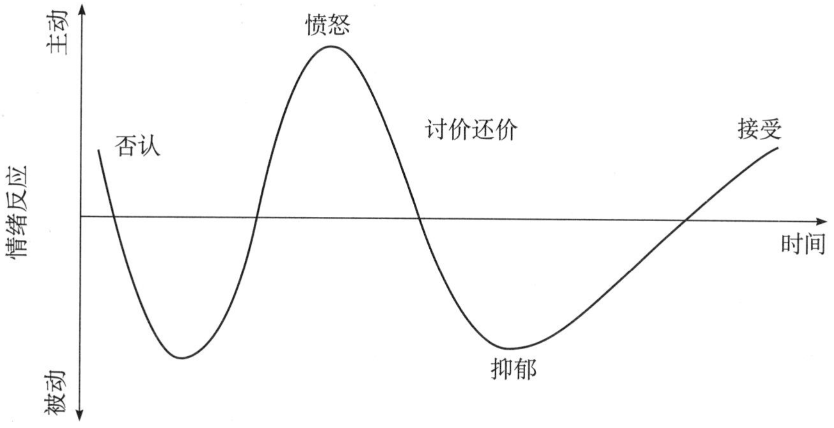

图 11－2　屈布勒-罗丝提出的临终反应

出必要的安排，比如寻求社会支持、结束某些关系、安排治疗计划。

其次是愤怒。认识到来日无多会使人感到愤怒，因为他们觉得自己没有机会去做自己想要做的事了。这时典型的反应如："为什么是我?"病人会有很强的挫折感。家人及健康专家可能成为病人发泄怒火、怨恨及嫉妒的对象，因为他们还会好好地活着，而且，他们还必须忍受病人的行为，而不是以牙还牙，因为他们知道根本原因是死亡的不公平感。

接着是讨价还价。认识到死亡不可避免之后，绝症患者会试图通过讨价还价来多赢得一些时间，他们可能会向家人、朋友、医生、护士等交涉。这时典型的反应如："如果我能够活到看着孩子大学毕业，我就别无他求了。"对这种试图留住希望的努力，最好的反应是同情地倾听。最终，他们会意识到这一切都是徒劳无功的。

然后是抑郁。在否认、愤怒及讨价还价都不能延缓疾病发展以后，患者会为自己即将逝去的生命感到抑郁。不幸的是，很多与垂死相联系的体验（包括心理颓废、疼痛、缺乏掌控感、浑身插满管子）都会进一步让人感到绝望。屈布勒-罗丝认为，让患者与他人谈论自己的感受会有助于其接受死亡。

最后是接受。这是面对已经逼近的死亡时的平和而安宁的状态，大多数人只是在生命的最后几周或几天才这样。虚弱的病人向死亡屈服了；除了屈指可数的几个家人、朋友及照料者，他们与其他所有人都脱离了。一些垂死的人也会试图推开所有他们爱的人，很长时间内就自己待着。

当然，并非每个人都会有所有这些体验，或以相同的速率、相同的顺序走过这几个阶段，个体之间的差异是非常大的（Kubler-Ross，1974；Neimeyer，1997）。这 5 个阶段与其说是阶段，倒不如说是人们在面对死亡威胁时可能使用的 5 种应对策略。临近死亡的人们的反应方式也可能是形形色色的，或努力抗击疾病，或展现慷慨仁慈，或转移注意、珍惜当下。所以，屈布勒-罗丝的理论观最大的问题被认为是脱离背景来看待人们的思想感受。

（二）临终应对的任务

查尔斯·柯尔（Charles Corr，1992，2013）提出了“基于任务的临终应对模型”（task-based model for coping with dying），指出临终者在应对死亡的过程中会完成一些任务，这些任务可以分为四个领域：身体、心理、社会和精神。柯尔认为，对临终应对的深入理解必须可以反映那些应对死亡的人所做的具体事情。

查尔斯·柯尔

第一，身体领域的任务主要与身体的需求和痛苦有关。临终者常常会忍受疼痛、恶心、眩晕，并且希望获得食物和营养。身体需求指的是那些维持生命及机体功能的基础；身体痛苦则迫使人们放弃一些追求以便更好地度过余生。例如，那些忍受剧烈疼痛的人无法追求心理社会性或精神性互动。当然，在很多情况下，人们会把身体疼痛放在一个次要位置，如人们会牺牲自我来保护自己所爱的人。临终者也会忍受着身体上的疼痛而选择在家中接受治疗或度过最后阶段，却不愿待在专业机构（如医院）接受专业化的管理和服务，这是因为他们觉得家会让他们产生更少的孤独感。

第二，心理领域的任务主要与心理上的安全感、自主和充实有关。临终者和其他人一样都需要心理上的安全感。如临终者需要依靠他人服务时，他们必须确保这些人是可靠的。自主指的是人们可以支配和管理自己的生活。尽管完全的自主是不存在的，但是自主的满足可以在一定程度上让人们改变社会约束对人们生活的影响。在多数情况下，满足安全感和自主实际上是为了获得一种心理充实感。一些临终者认为品尝美食或保持他们一生的习惯对心理幸福感非常重要。

第三，社会领域的任务指的是临终者的社会互动。社会领域的任务主要包括两方面。一是人际依恋。临终者对时事政治，自己早年的学习、工作或运动，较大范围的朋友圈都不感兴趣。他们通常将关注点集中于那些为数不多的重要他人，并与这些人保持社会互动。这种选择可以让他们从繁重的责任中解脱。二是与社会团体或整个社会互动。社会为生活在其中的居民提供保护的同时也提出了各种约束，各种社会团体也有着一定的宗教或文化上的习惯、期望和约束。与生命中其他事件一样，死亡意味着作为个体的人还处于社会之中。因此，临终者在应对死亡时的社会任务既包括履行社会义务（如纳税），也包括享受社会权利（如专业救助、社会福利）。

第四，精神领域的任务。相比其他三个领域，精神领域的任务是最难描述的。它与宗教信仰有密切关系，但是又不仅仅限于那些有宗教信仰的人，因为那些无宗教信仰的人也可以完成精神领域的任务。此外，现代社会产生了许多亚文化，这些亚文化也的的确确与精神领域有关。临终者精神领域的任务大体可以分为三种：意义、联结、超越。意义指的是临终者往往会追寻对生命、死亡、苦难以及“人”的意义的认同。如他们会思考：“我一生过得是否有意义？”“如果我必须死去，那么我活着的意义是什么？”“为什么我的死要忍受那么多的痛苦？”“人的意义是什么？”等等。联结指的是疾病——尤其是威胁生命的重大疾病——往往会威胁到的那些有关自己的身体与他人或超自然事物的联结。如临终者会觉得自己的身体无法受自己支配、周围的人无法理解自己的痛苦、上帝在哪里。因此，对于临终者来说，重新建立或维持尚存的联结是非常重要的。超越是指在平凡事物之上的、终极性的、非凡的价值。超越往往和期望密切关联。有宗教信仰的人会深化自身与神明的联系，寻求实现一些宗教期望（如救赎）；而没有宗教信仰的人也可以有超越希望，如他们会觉得对于宇宙而言自己的生命不过是沧海一粟，或者他们会认为自己死后可以通过那些他们留下的发明创造、培养的学生或者自己的子孙后代继续对社会做出贡献。

柯尔最后指出，这一理论模型描绘了人们（不仅仅指临终者）在应对死亡过程中的一般模式。模型中提出的各项任务并不是每个临终者临终时都会完成的。柯尔还指出，人们在应对临终时可以不完成模型中提到的任何一项任务。这一模型的目的是准确地揭示人们对临终应对的参与。这就意味着人们在应对临终的过程中可以自由地选择完成哪些任务，同时还反映出，尽管这一模型已经非常复杂，但其仍然无法穷尽人们在应对临终过程中所要完成的所有事情。

（三）临终适应的影响因素

根据相关理论家的看法，面对死亡时单一的策略（比如，接受死亡）未必对每个人都是上上之策。相反，所谓死得其所却是因人而异的。个人的生活方式、价值观、重要关系的保持或恢复，以及尽可能免受病痛折磨等，都是重要的因素（Worden，2000）。对于什么是“好死”，大多数病人会提到要保持自我认同感或与自己过去的内在连续性，搞清楚生与死的意义，保持和提升现有的人际关系，对剩余时间保有掌控感，面对死亡及为死亡做好准备（Kleespies，2004；Proulx & Jacelon，2004）。这些要求能够在多大程度上获得满足，则受到生物学的、心理的、社会的、文化的因素影响。

首先，疾病及其症状的演变过程影响着临终者的反应。比如，初期病人可能会抱有信心去战胜病魔，病情恶化后则可能会感到焦虑和恐惧。此外，大约 1/3 的癌症病人会有严重抑郁，这会放大其疼痛感、破坏其免疫反应、妨碍其快乐和亲近的能力，当然其存活的可能性就会减小（Williams & Dale，2006）。

其次，个人面对有压力的生活事件时，如何看待、如何应对也影响着他们管理临终过程的方式。那些适应不良的人，即人际关系矛盾重重、生活当中悲观失望，在面对日益恶化的病情时通常是最痛苦不堪的（Kastenbaum，2007）。

最后，家人的社会支持会对临终者产生影响。临终者如果觉得有太多未竟之事，则可能对已经逼近的死亡感到非常焦虑。而与家人的接触会减轻他们延长生命的急迫感，家人至少可以帮他们做一些未做的事（Zimmerman，2012）。

精神信仰、宗教和文化也是重要的影响因素。有强烈信仰的人会减少对死亡的恐惧，他们可能会更加坦然。比如，在中国、印度及其他地方较为普遍的佛教，对死亡持一种接受的态度。为临终者念佛经会让他们内心平静，佛教徒会相信自己能够得到涅槃（Kubotera，2004）。在新西兰的毛利人中，亲戚和朋友会聚在临终者周围给予其精神力量和安慰。长者及部落习俗的专家会举行特殊的仪式，向造物主祈求和平、仁慈和指导。之后，病人被鼓励与最亲近的人讨论遗产分配等重要事宜（Ngata，2004）。

三、面对亲人的死亡

人的一生中几乎不可避免地会遇到亲人的去世，丧亲（bereavement）就是由于挚爱的人的死亡而引发的丧失体验。相应地，人们会感到悲痛（grief），这是身体上及心理上的强烈痛苦感受。

逝者的年龄、死亡的性质、丧亲者的年龄都会影响悲痛的过程。儿童或年轻成人的死亡更让人悲痛，更可能被视为灾难（Jecker，2011）。突如其来的意外死亡更让人难以接受，很多人会深感内疚。因灾难而死可能会加剧悲痛、抑郁和孤独（Tang & Chow，2017）。由慢性病导致的死亡同样让人悲痛，原因是存在“预期悲痛”（Coelho et al.，2018）。值得注意的是，很多人相信如果有时间和机会为死亡做准备的话，可能会感到不那么悲痛，但是研究发现并非如此（Coelho et al.，2018）。所有的死亡都绝非小菜一碟，只不过其产生影响的方式不同而已。

质性访谈研究发现，对丧亲者给予社会支持，可以通过调节情绪、改变认知等方式来促进个体对丧亲的适应。这些社会支持内容包括后事处理、情感支持、生活恢复帮助、经济与物资支持等；支持来源除家人和朋友之外，还包括同事、相同经历者，以及相关机构等（李梅等，2017）。

（一）悲痛的过程

丧亲者悲痛的过程可以分为三个阶段，每一阶段有其特定的反应（Rando，1995）。同时，悲痛的过程也可以看成一系列需要解决的问题，整个过程中个人必须解决四个问题（Worden，2009）：第一是承认亲人已亡故的现实，人们必须克服对亲人亡故现实的否认，全面而公开地接受这一现实，并认识到它会对自己生活的各个方面产生影响。第二是解决相伴随的情绪混乱，人们必须找到有效的方式来面对和表达亲人亡故后的各种情绪，不能回避或压抑这些情绪。第三是适应亲人亡故后的环境，人们必须重新确定新的生活方式，以恰当地适应亲人亡故的现实。第四是减弱与亡故亲人的联系，人们必须从与故人的联系中解放自己，以便重新安排社会网络，这也意味着找到有效的方式与故人说再见。

因此，人们可以采取一些积极的步骤来克服悲痛，医治丧亲带来的脆弱。这可以包括三个方面。

其一是回避。在听到不幸的消息时，生者会感到震惊，觉得难以置信，这可能会持续几小时甚至几周。在人们开始悲痛的第一步，即非常痛苦地意识到亲人已故去时，麻木感可以起到情绪麻醉的作用。

其二是面对。哀者面对亲人亡故的现实时是最为悲痛的。人们会经历情绪反应的起伏跌宕，包括焦虑、悲伤、反抗、愤怒、无助、挫折、放弃、同情。通常的反应包括强迫性地回顾死亡的环境、求问本来可以做什么以阻止这一切、探求这件事的意义。此外，被悲痛击垮的人可能会心不在焉、无法集中注意力、满脑子想的都是逝者，他们可能会失眠、没有胃口。有些人会出现自毁行为，比如服药或高速驾驶。这些反应大多数是抑郁的症状。

尽管面对现实是困难的，但是它也会让哀者开始处理第二个问题——解决相伴随的情绪混乱。与逝者无法重逢所带来的一阵阵痛苦，会让哀者一点点接受亲人已故去的现实。经过千百次的挣扎，哀者明白了所珍爱的关系必须从真实存在转到内心当中。因此，哀者会开始考虑第三个问题，即适应斯人已逝的世界。

其三是恢复。对亲人亡故的适应不仅仅是内在的情绪问题，哀者也必须面对其他的衍生压力，比如与他人接触以减轻孤独感，学习此前由逝者负责的技能（挣钱、做饭等），重组缺少一人的日常生活，修订自我认同（“配偶”变“寡妇”等）。

随着悲痛渐渐减弱，人们转入第四个问题，即形成与逝者的象征性联系，恢复日常活动，继续生活，投身于新的活动及目标，加强旧的联系，建立新的联系（Corr & Corr，2007）。在特定的日子里，比如周年纪念日，悲痛反应可能会再次返回，不过，这已经不会对健康积极的生活造成干扰了。

（二）悲痛的应对

随着时间的推移，也许是几周或者是几个月，强烈的悲痛情绪会渐渐地平复，悲痛之人开始能够恢复过去的日常活动和社会关系（Lotterman et al.，2014）。但是，悲痛的过程会持续多长时间很难确定，有时会持续几个月，有时可能是几年。在外人看来，也许几个星期后生者就已经恢复正常，而实际上要解决丧亲引起的情绪问题所需的时间要长得多（Stroebe et al.，1996），可能至少会需要一年，而花费两年的时间也未必不常见。尽管根据一般性的发展心理学理论可以对悲痛的过程进行解释，但是仍显不足，因此研究者提出了专门化的理论来解释这一过程。

1. 四成分模型

四成分模型（four component model）主要以情绪理论为基础提出，对悲痛的理解基于四点：一是丧失的背景，指死亡是否意外等；二是与丧失相联系的主观意义的连续性，包括对日常生活的关注、对生命意义的质疑等；三是丧失的关系随时间推移而发生的变化；四是应对及情绪调节过程的作用。这四点涵盖了所有用于应对悲痛的策略（Bonanno & Kaltman，1999）。

根据四成分模型理论，应对悲痛的过程只能在随时间流逝而展开的复杂结果中得以理解。该模型的一个重要方面是，认为鼓励人们表达自己的悲痛实际上可能是无济于事的。

2. 悲痛过程即沉思假设

悲痛过程即沉思假设（grief work as rumination hypothesis）认为，悲痛过程并不是从丧亲中恢复所必需的，而且，过多的悲痛过程是沉思的一种形式，而这实际上可能会增加悲痛（Bonanno et al.，2001）。那些只是经历最小规模的悲痛过程的人，其悲痛的结果相对有利；而经历较长悲痛过程的人，往往完全沉浸在悲痛中，结果悲痛的过程会被拖延得比较长（Nolen-Hoeksema，2001；Bonanno et al.，2001）。对中国和美国的对比研究表明，过长的悲痛过程实际上可能会增加丧亲者的压力及不适感，而不会有什么帮助（Bonanno et al.，2005）。这些发现与通常的观念是矛盾的。

该假设也把悲痛回避看成一种独立但适应不良的应对丧亲的方式。具有心理弹性的人会通过相对自动化的过程来最大限度地缩短丧失的过程，比如分心，或把注意力转到更为积极的情绪体验上。对悲痛的故意回避或压抑则是一种不太有效的应对方式，它往往会恶化而不是减少悲痛的体验。

3. 丧亲应对的双程模型

丧亲应对的双程模型 该理论认为，丧亲应对有两类压力源，其中丧失导向压力源是指与丧失本身有关的因素，恢复导向压力源是指与生者适应新的生活情境相联系的因素。应对这些压力源是一个动态的过程，丧亲的人们在面对悲痛和试图继续生活之间循环往复，一时间可能会沉浸在悲痛之中，一时间又会继续前行。

丧亲应对的双程模型（dual process model of coping with bereavement）整合了现有的各种观念（Stroebe & Schut，2016，2021；Stroebe & Archer，2013）。该模型确定了两类压力源，反映了丧亲者日常的生活经验。其中，丧失导向压力源是指与丧失本身有关的因素，比如悲痛过程中必须做的事；而恢复导向压力源是指与生者适应新的生活情境相联系的因素，比如建立新的关系、找到新的活动等。它还提出，应对这些压力源是一个动态的过程（见图 11－3），丧亲的人们在面对悲痛和试图继续生活之间循环往复，一时间可能会沉浸在悲痛之中，一时间又会继续前行。丧亲者往往在两者之间来回摆动，既接近又逃避悲痛，来回往复于丧失导向和恢复导向的经验之间。

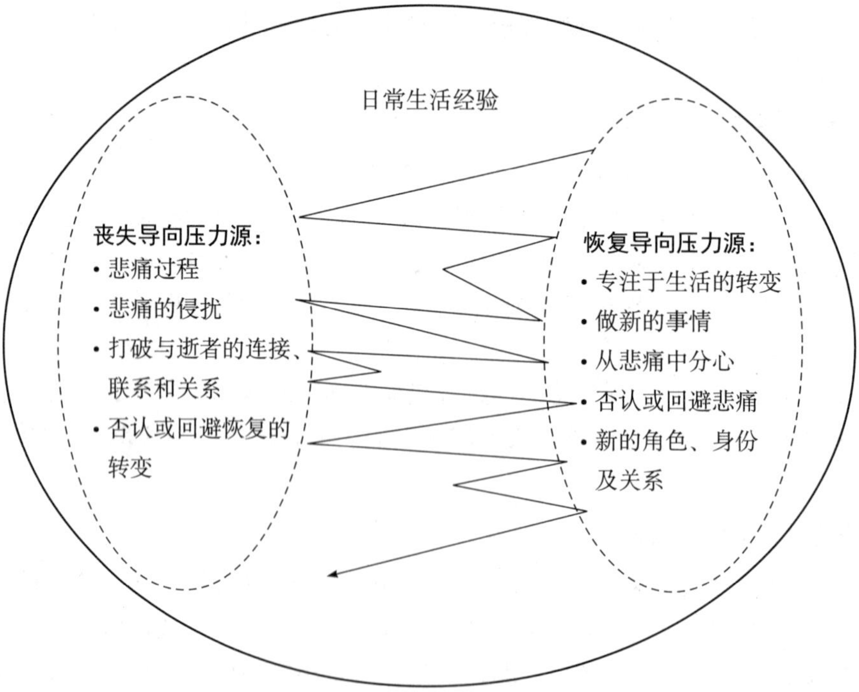

图 11－3 丧亲应对的双程模型

丧亲应对的双程模型较好地描述了丧亲者的亲身体验：有时，他们几乎已经战胜了悲痛；有时，他们能够很好地适应生活。该模型有助于我们理解，随着时间的推移，人们如何最终在长期的悲痛与继续生活的需要之间求得平衡。

（三）丧亲之痛

1. 成人丧亲之痛

父母中任何一人的去世都是令人痛心的困难时刻，在成年期亦是如此。有研究者对83名35～60岁的志愿者进行深度访谈，发现在父母去世1～5年以后，大多数处于悲痛中的成年子女仍然在情绪上感到痛苦，轻则感到忧伤，重则抑郁，甚至产生自杀的念头，这些现象在母亲去世以后表现得尤为突出（Scharlach & Fredriksen，1993）。

当然，父母中有一人去世也可能成为一种成熟的经验。它可能会促使成年人去解决重要的发展问题：获得更为强大的自我感，对自己的死亡有更为紧迫和现实的意识，更富有责任感、承诺及对他人的依恋（Moss & Moss，1989；Scharlach & Fredriksen，1993）。

父母中有一人去世通常会带来其他关系的变化。悲痛的成年子女可能会感到对在世的父母有更多的责任，感到更有责任维护家族的团结（Aldwin & Levenson，2001）。悲痛中的强烈情绪可能会使兄弟姐妹们走得更近，或者兄弟姐妹们也可能因为在父母弥留之际产生的分歧而日渐疏远。父母中有一人去世也可能让某位成年子女得到解放，可以花更多的时间和精力在过去因为照料而被忽视的关系上。或者，父母中有一人去世也可能让某位成年子女摆脱过去因为满足父母的期望而予以维持的关系。

父母中另一人的去世可能会带来更大的影响。成年子女或许会觉得此时此刻死亡已经是触手可及了。这种意识可能对成长而言是一个机会，使得人们对生命形成更为成熟的看法，更加珍视人际关系的价值。认识到死亡的终结性，以及认识到已经无法对逝去的父母哪怕再多说一句话，会促使某些人去解决一直以来与在世者纠结不清的烦恼。某些人可能会与自己的成年子女重归于好；有时候，早已疏远的兄弟姐妹因为认识到父母过去在他们之间提供的联系已经不复存在，可能会尝试摒弃前嫌、弥补裂痕。

2. 成人丧偶之痛

配偶去世之后，对于孤寡生活的适应会因为年龄、社会支持、人格等的差异而大相径庭。经过一段刻骨铭心的悲痛之后，大多数的孤寡老人会恢复正常，年轻人则表现出更多的消极后果。青年期或中年期丧偶并不是正常的事件，它会让人生计划完全乱套。

年轻的及中年的鳏夫寡妇除了要应对感情的损失，通常也必须在安慰他人（尤其是孩子）方面承担更多的责任。他们也会面对单亲父母的压力，夫妻双方共同建立的社交网络会快速收缩（Lopata，1996）。此时，年轻的寡妇更经常得到母亲的帮助。

对老年的鳏夫寡妇而言，这种事已经在同龄人身上屡见不鲜，并且大多数人已经实现了自己生活中重要的目标，或是已经接受了某些目标无法实现的状态。对刚刚失去配偶的老年人而言，形形色色的心理问题比婚姻完整者多10倍，这当中包括抑郁、焦虑、药物滥用及记忆和集中注意方面的认知困难（Hooyman & Kiyak，2011）。老年丧偶者的悲痛可能会持续数年（Naef et al.，2013）。

婚姻关系的质量影响丧偶后的心理健康。对配偶非常依赖的人往往变得更加焦虑，也更加思念自己的伴侣（Carr et al.，2000）。丧偶的压力也会给身体健康带来影响。一方面可能是因为丧偶导致生者失去了陪伴所起的保护作用（Ray，2004）；另一方面，很现实的是可能因为无人提醒鳏寡老人吃该吃的药或注意适当的饮食（Williams，2004）。在配偶去世之后一年内，生者死亡的风险是婚姻完整者的 7 倍（Subramanian et al.，2008）。芬兰一项大规模的研究发现，丧妻之后 5 年内去世的男性比同期婚姻完整者多 21%，女性为 10%（Martikainen & Valkonen，1996）。通常，在失去配偶后死亡率会随时间推移而下降，但是在 7 年之内它仍然停留在一种高水平上（Brenn & Ytterstad，2016）。这种在配偶死亡之后不久自身死亡概率增大的现象，常常被称为“鳏寡效应”（widowhood effect），显示了社会关系与健康状况之间的联系。社会支持有助于适应配偶去世，这对鳏夫寡妇而言别无二致（King，Carr，& Taylor，2021）。鳏寡效应见之于世界各地、各个年龄段的男男女女。

从个人特质上看，面对伴侣的死亡，人们的心理弹性千差万别。那些性格外向、自尊较高、对日常生活的管理自我效能感较强的人，往往能够更好地过渡到鳏寡之身（Corr，2019；Leming & Dickinson，2016）。男女在应对鳏寡生活上也是迥然不同的（参见第十章）。

3. 父母丧子之痛

很少有父母对孩子的死亡有情绪准备。孩子离世无论是意外发生的，还是预料之中的，也无论孩子多大年龄，对父母而言都是残酷的打击，会带来无法想象的悲痛（Stroebe et al.，2013）。因为孩子是父母的情感寄托，父母的希望和梦想，包括不朽之感，都在孩子身上，所以，孩子的离世会给父母带来特别的悲痛。而且，由于孩子对父母的依赖、钦佩、欣赏会带来一种透彻的满足感，所以，孩子也是无与伦比的爱的源泉。此外，通常孩子的死亡也是非自然的，他们本来不应该在父母之前去世。

失去孩子的父母通常在多年以后仍然非常悲痛，经常会想到已离世的孩子。在多年以前失去孩子的老年人所报告的生活体验最为消极（Bratt et al.，2018）。内疚是失去孩子之后父母司空见惯的反应（Leming & Dickinson，2016，2020），孩子先己而去所激发的内疚常常成为父母巨大的负担，即使他们已经明白不是自己的错时也是如此。父母可能会感到自己非常失败，无论自己多么爱孩子、关心孩子，都无济于事，一切都已无可挽回。

面对孩子的死亡，如果婚姻关系稳固，夫妻双方会因此靠得更近，相互支持渡过难关。如果父母能够对失去孩子给自己的生活所带来的影响赋以价值，把心思放到其他的孩子和活动上，重新调整家庭，重建生活的意义，那么，其结果将是更加稳固的家庭承诺和个人成长。从父亲母亲的区别来看，母亲更多地表现为“丧失导向”的应对，悲痛的表现更为开放，她们会全身心地去照顾活着的孩子；父亲则更多地表现为“恢复导向”的应对，专注于工作和重建家庭生活（Alam et al.，2012）。研究也表明，失去孩子的父母如果更多地表现为“恢复导向”的应对、更少地表现为“丧失导向”的应对，则状况会比较好一些（Wijngaards-de Meij et al.，2008）。而且，妻子是“恢复导向”的男性能够比妻子深陷于丧子之痛的男性更好地适应新的生活。

另外，有时孩子的离世会削弱婚姻关系，甚至导致婚姻破裂，这通常发生在婚姻关系早已名存实亡的情况下（Wheeler，2001）。失去孩子的父母，尤其是母亲，非常容易罹患心理疾病（Li et al.，2005），孩子离世带来的压力甚至可能会加速父母的死亡（Li et al.，2003）。

很多父母会觉得难以对孩子说孩子快死了，但是那些真正谈过的人往往会产生一种了结感，有助于应对孩子的离世。而未谈的人中，相当大比例的人在多年以后仍然在抑郁和焦虑中苦苦煎熬（Kreicbergs et al.，2004）。此外，虽然每一对失去孩子的父母在应对悲痛时各有各的做法，但是投入工作及自己感兴趣的事，加强与他人的联系或加入支持团体，都会缓解痛苦。

拓展阅读

为什么一些婴儿会在睡梦中突然死去？

婴儿猝死综合征（sudden infant death syndrome，SIDS）是指看似健康的婴儿在睡觉时突然停止呼吸并死去。在工业化国家，这是导致婴儿在生命的第一年中死亡的首要因素（American Academy of Pediatrics，2000）。不过，相比欧洲或非洲，亚洲的婴儿不太可能死于 SIDS。

人们对导致 SIDS 的确切原因尚不清楚。能够确定的是，男孩、早产儿、低体重婴儿是脆弱人群。这种婴儿的母亲也可能吸烟、服用非法药物、产前照料较差（Dwyer et al.，1999）。SIDS 也非常可能会出现在冬天时刚好 2～4 个月大的婴儿身上，以及呼吸道感染的婴儿身上。

这一问题看起来是由多种原因造成的（Spinelli et al.，2017；Sahni et al.，2007）。基本的生物学缺陷可能使得一些婴儿在发展的关键时期对某些经验非常脆弱，比如吸二手烟、胎儿期接触咖啡因或者趴着睡觉。有研究发现，脑干中神经末梢的缺陷会影响调节呼吸、心跳、体温和觉醒的信息的接收和发送。这种缺陷可能源自胎儿期，它可能会使得 SIDS 婴儿在被裹在毯子里呼吸了太多二氧化碳时也不会觉醒。尤其是当婴儿趴着睡觉时更是如此。研究发现，仰卧的睡姿相比俯卧或侧卧的睡姿，发生 SIDS 的可能性更小（Kim & Pearson-Shaver，2022）。死于 SIDS 的婴儿通常都接触了或具有多种危险性因素（Ostfeld et al.，2010）。

为了减少 SIDS 的发生，应该注意以下几方面：

1. 不要让婴儿睡在水床、沙发、软垫或者其他松软的表面上。

2. 应该让可能会妨碍婴儿呼吸的软东西（比如，不必要的枕头、填充玩具、长围巾）远离婴儿睡觉的地方。

3. 婴儿睡觉时应该少穿一些，卧室的温度应该保持在成人穿不多的衣服时也感到舒适的水平，以免婴儿太热。

4. 在婴儿周围创造一个无烟区。母亲在怀孕期间不应该吸烟，婴儿出生后家里人也不应该吸烟。

5. 如果可能，最好是母乳喂养。有证据表明，母乳喂养的婴儿很少出现 SIDS。

SIDS 对大多数受影响的家庭来说是最大的打击：父母通常会感到非常痛苦，或者极其内疚；哥哥姐姐有可能会非常悲痛并出现行为问题。此外，熟人也可能会怀疑“真正的”死因是什么。实际上，父母并不应该承受这些内疚，SIDS 原因不明，有随机性（Krueger，2006；Paterson et al.，2006）。这些家庭都需要社会支持来帮助他们应对面临的问题。

4. 儿童青少年丧亲之痛

对儿童而言，失去依恋对象会产生长期影响（Lotterman et al.，2014）。在父母一方去世后，儿童的基本安全感和关爱会受到威胁。儿童在家人去世后几个月，甚至是几年内，都可能会哭泣、难以专注于学习、睡眠困难、头痛或出现其他的身体症状。临床研究表明，持续的中度抑郁、焦虑及愤怒在其身上都是司空见惯的（Dowdney，2000）。同时，很多儿童说他们与死去的父母经常保持心灵沟通，经常梦见他们，和他们说话。

认知的发展影响应对亲人亡故的能力。对死亡尚无成熟理解的儿童可能会觉得死去的父亲或母亲是自愿离开的，有可能是生自己的气了，并且在世的母亲或父亲也可能会消失。由于这些原因，年幼的儿童就需要细心反复的解释，让他们明白父亲或母亲并不想死，也没有生他们的气（Christ et al.，2002）。不让孩子知道真相会孤立他们，常常会导致更深的遗憾。儿童期丧亲本身通常并不会带来长期影响（Oltjenbruns，2001），出问题更可能是因为在亲人去世后他们没有得到适当的关照。不管儿童的理解水平如何，诚实、慈爱、保证等会有助于他们承受丧亲之痛。受悲痛打击的学龄儿童比青少年更可能信赖父母。

青少年遇到亲人亡故时，可能觉得非常难以理解。青少年的丧亲之痛可能会非常严重，如果他们的悲痛未能很好消除，他们就可能出现慢性病、持久的内疚感、低自尊、在学校表现差以及人际关系问题（Balk & Corr，2001；Malberg，2014）。青少年常常会为了显得正常，不在父母和同伴面前表现出悲痛。结果，他们比儿童更可能变得抑郁，或通过出格的行为来逃避悲痛（Granot，2005；Brent et al.，2009）。他们可能会抱怨身体不适、企图自杀、辍学。青少年期关键的发展任务的完成可能被打断，悲痛的青少年较少形成对同伴的依恋，完成任务时更加困难，教育期望更低下，职业规划更糟糕（Brent et al.，2012）。研究表明，有助于青少年更好地适应和有效应对丧亲的因素包括：家庭支持、宗教信仰、意义建构、锻炼身体和日记写作（Ludik & Greeff，2022）。

总体上，情况最糟糕的是失去母亲的孩子、为死亡而责备他人的孩子、低自尊的孩子、使用消极应对策略的孩子、抑郁的孩子，以及健在的父母极度悲痛或抑郁情况下的孩子（Brent et al.，2009；Melhem et al.，2011）。

概念术语

功能性死亡，脑死亡，死亡概念，丧亲应对的双程模型

本章要点

1. 对死亡概念的理解必须把握其本质特征，包括认识死亡的永久性、普遍性、终结

性、适用性、因果性。这一过程是逐步发展的。

2. 屈布勒-罗丝认为，人们在面对死亡时，会经历五个阶段的变化，或有五种典型的临终反应，即否认、愤怒、讨价还价、抑郁、接受。

3. 面对亲人死亡的悲痛过程需要解决四个问题，即承认亲人亡故的现实、解决情绪混乱、适应亲人亡故后的环境、减弱与亡故亲人的联系。

4. 丧亲应对的双程模型认为，丧亲的人们在面对悲痛和试图继续生活之间循环往复，一时间可能会沉浸在悲痛之中，一时间又会继续前行。

复习思考题

1. 对死亡概念的理解需要把握哪些方面？这一过程是如何发展的？
2. 人们在面对死亡时，会有什么样的典型反应？
3. 面对亲人死亡的悲痛过程需要解决哪些问题？

本书参考文献，请关注微信公号“心理书坊”并回复“发展心理学”，或者登录中国人民大学出版社网站（www. crup. com. cn）搜索本书书名进行下载。

图书在版编目（CIP）数据

发展心理学：数字教材版/雷雳著．-- 5 版．
北京：中国人民大学出版社，2024.8．--（新编 21 世纪心理学系列教材）．-- ISBN 978-7-300-32948-2

Ⅰ．B844

中国国家版本馆 CIP 数据核字第 2024WK6023 号

新编 21 世纪心理学系列教材

发展心理学（第 5 版·数字教材版）

雷　雳　著

Fazhan Xinlixue

出版发行	中国人民大学出版社		
社　　址	北京中关村大街 31 号	**邮政编码**	100080
电　　话	010－62511242（总编室）		010－62511770（质管部）
	010－82501766（邮购部）		010－62514148（门市部）
	010－62515195（发行公司）		010－62515275（盗版举报）
网　　址	http://www.crup.com.cn		
经　　销	新华书店		
印　　刷	北京溢漾印刷有限公司	**版　　次**	2009 年 6 月第 1 版
开　　本	787 mm×1092 mm　1/16		2024 年 8 月第 5 版
印　　张	24.75 插页 1	**印　　次**	2024 年 12 月第 2 次印刷
字　　数	562 000	**定　　价**	59.00 元

关联课程教材推荐

书号	书名	作者	定价（元）
978-7-300-28095-0	心理学基础	白学军	55.00
978-7-300-32716-7	普通心理学（第 3 版）	张钦	69.00
978-7-300-26722-7	心理学（第 3 版）	斯宾塞 · A. 拉瑟斯	79.00
978-7-300-30451-9	认知心理学（第 3 版）	丁锦红 等	58.00
978-7-300-25882-9	生理心理学（第 2 版）	隋南 等	49.90
978-7-300-32539-2	实验心理学（第 3 版）	白学军 等	59.90
978-7-300-30715-2	社会心理学（第 4 版 · 数字教材版）	乐国安　管健	68.00
978-7-300-25588-0	变态心理学（第 3 版）	王建平　张宁 等	59.80
978-7-300-27212-2	教育心理学：原理与应用	刘儒德	58.00
978-7-300-32062-5	人格心理学导论（第 2 版）	许燕	59.00
978-7-300-32565-1	管理心理学（第 2 版）	孙健敏　穆桂斌	65.00
978-7-300-26659-6	高级心理统计	刘红云	59.80
978-7-300-28096-7	学校心理健康教育课程设计与教法	刘宣文　赵晶	49.00
978-7-300-27971-8	心理学研究方法：从选题到论文发表	王轶楠	45.00
978-7-300-29844-3	伯克毕生发展心理学（第 7 版）	劳拉 · E. 伯克	258.00

配套教学资源支持

尊敬的老师：

衷心感谢您选择使用人大版教材！相关配套教学资源，请您到人大社网站（http：//www. crup. com. cn）下载，或是随时与我们联系，我们将向您免费提供。

欢迎您随时反馈教材使用过程中的疑问、修订建议，并提供您个人制作的课件。您的课件一经入选，我们将有偿使用。让我们与教材共成长！

联系人信息：

地址：北京海淀区中关村大街 31 号 802 室　　翟然 收　　邮编：100080

电子邮件：lgcbfs@crup. com. cn　　电话：010－62511967　　QQ：492788991

如有相关教材的选题计划，也欢迎您与我们联系，我们将竭诚为您服务！

选题联系人：张宏学　电子邮件：zhanghx@crup. com. cn　电话：010－62512127

人大社网站：http：//www. crup. com. cn

心理学专业教师 QQ 群：259019599

欢迎您登录人大社网站浏览，了解图书信息，共享教学资源

期待您加入专业教师 QQ 群，开展学术讨论，交流教学心得